Fot. Hoffmann

Der Führer und Reichskanzler
Adolf Hitler
Oberster Befehlshaber der Deutschen Wehrmacht

Fot. Hoffmann
Der Reichsminister der Luftfahrt und Oberbefehlshaber der Luftwaffe
Generalfeldmarschall Göring

Presse-Bild-Zentrale   Fot. Hoffmann
Der Chef des Oberkommandos der Wehrmacht   **Der Oberbefehlshaber des Heeres**
Generaloberst Keitel   Generaloberst von Brauchitsch

Fot. Scherl
Der Oberbefehlshaber der Kriegsmarine
Großadmiral Dr. h.c. Raeder

REIBERT

Der Dienstunterricht im Heere

Ausgabe für den Schützen der Schützenkompanie

Zusammengestellt und bearbeitet

von

Dr. jur. W. Reibert
Major

Mit über 500 Abbildungen im Text

Zwölfte, neubearbeitete Auflage

Verlag von E. S. Mittler & Sohn / Berlin 1940

Preis 1,50 RM, bei 50 Exemplaren je 1,40 RM, bei 75 Exemplaren je 1,25 RM

> **Soldaten,
> Vorsicht in jeder Beziehung!
> Spionage- und Sabotagegefahr!**

Abkürzungen.

A. V. J.	= Ausbildungsvorschrift für die Infanterie.
H. Dv.	= Heeresdruckvorschrift
H. V. Bl.	= Heeresverordnungsblatt.
mot	= motorisiert.
O. K. H.	= Oberkommando des Heeres.
O. K. W.	= Oberkommando der Wehrmacht.
St. P. O.	= Strafprozeßordnung.
T. F.	= Truppenführung (H. Dv. 300).
tmot	= teilweise motorisiert.
U. v. D.	= Unteroffizier vom Dienst.
W. St. G. B.	= Wehrmachtstrafgesetzbuch.
Z. P. O.	= Zivilprozeßordnung.

Weitere Abkürzungen S. 131.

Alle Rechte aus dem Gesetze vom 19. Juni 1901 sind vorbehalten.
Ernst Siegfried Mittler und Sohn, Buchdruckerei, Berlin.

Vorwort zur 12. Auflage.

Das vorliegende Buch erschien erstmalig im Jahre 1929. Es wurde verfaßt in dem Bestreben, für das neue Heer ein Dienstunterrichtsbuch zu schaffen, wie es die alte Armee in dem bekannten und bewährten „**Transfeldt**" besessen hat. Dieses Ziel verfolgte das Buch von Anfang an, wenn ihm auch erst später die Nachfolge von „Transfeldts Dienstunterricht" übertragen worden ist.

Wie die erste wurden auch alle nachfolgenden Auflagen unter Mithilfe von erfahrenen Offizieren und anderen Sachbearbeitern zusammengestellt.

Seit der siebenten Auflage erscheint das Buch in Ausgaben der verschiedenen Waffengattungen. Der „Waffenteil" ist von Offizieren dieser Waffe bearbeitet.

In der vorliegenden Auflage wurden alle eingegangenen Wünsche der Truppe, soweit es möglich war, berücksichtigt. Ebenso haben die gemachten Erfahrungen des letzten Jahres zusammen mit der Auswertung der neuen Vorschriften ihren Niederschlag gefunden.

Das Buch soll in erster Linie ein N a c h s c h l a g e b u c h sein. Praktische Beispiele aus dem Leben des Soldaten, Erläuterungen, Bilder, Skizzen und Tafeln wollen dem Soldaten den Dienstunterricht und die Vorschriften näherbringen. Daneben soll das Buch die Vorgesetzten in der Erziehung des Soldaten zum vaterlandsliebenden, pflichtbewußten und brauchbaren Kämpfer unterstützen.

Allen Herren und Dienststellen, die seit Bestehen des Buches Anregungen für Vervollständigung und Verbesserung desselben gegeben haben, sage ich aufrichtigsten Dank. Insbesondere danke ich den Kp.- usw. Chefs für die wertvollen Hinweise bei der Abfassung der gegenwärtigen Auflage.

Ich bitte auch weiterhin um freundliche Mitarbeit und Unterstützung.

Z. Z. D ö b e r i t z (Inf.-Schule), im Januar 1940.

                                                                                          Reibert.

Inhaltsverzeichnis.

	Seite
Anleitung für den Dienstunterricht	1

Leitsätze / Arten des Unterrichts / Vorbereitung des Unterrichts / Durchführung des Unterrichts / Schlußbemerkungen.

Erster Abschnitt.
Vaterländischer Teil.

	Seite
Abriß der deutschen Geschichte	7

Urgeschichte / Das Erste Reich / Die Keimzelle des Zweiten Reiches / Das Zweite Reich / Der Weltkrieg / Das Friedensdiktat von Versailles / Das Staatsdiktat von St. Germain / Das Zwischenreich von Weimar / Das Dritte Reich (Großdeutschland) / Der Feldzug in Polen.

Zweiter Abschnitt.
Soldatenberuf und seine Pflichten.

1. Die allgemeine Wehrpflicht 28
2. Die Pflichten des deutschen Soldaten 29

   Der Fahneneid (Bedeutung des Eides, Eidesformel, die Truppenfahnen und Standarten).
   Wortlaut der Pflichten des deutschen Soldaten . 31
   Erläuterung der Soldatenpflichten 32
   Die Wehrmacht ist der Waffenträger des deutschen Volkes / Der Dienst in der Wehrmacht ist Ehrendienst am deutschen Volke / Die Ehre des Soldaten / Treue / Vergehen gegen die Treue / Mut und Tapferkeit / Beispiele von Mut, Tapferkeit und Treue aus dem Kriege / Gehorsam / Vergehen gegen die Mannszucht / Kameradschaft / Sonstige Pflichten.
   Belohnungen und Auszeichnungen 45
   Orden und Ehrenzeichen 46
3. Soldatenpflichten nach dem Kriegsrecht 48

   Gesetze und Gebräuche des Krieges / Verhalten bei mobiler Verwendung.
4. Spionage- und Sabotageabwehr 49

   Spionage und Sabotage / Wie verhält sich der Soldat, um Spione, Agenten und Landesverräter unschädlich zu machen?
5. Militärische Strafen 54

   Disziplinarstrafen / Gerichtliche Strafen.

Dritter Abschnitt.
Innerer Dienst.

1. Kasernen-, Stuben- und Schrankordnung 56

   Allgemeine Grundsätze / Die Stuben-, Flur- und Hofdiensthabenden / Die Aufsichtspersonen und ihre Aufgaben / Sonstige Bestimmungen / Die Schrankordnung.

2. Körperreinigung und Gesundheitspflege 62
   Allgemeine Gesundheitsregeln / Die tägliche Reinigung, Baden und Fußpflege / Gesundheitspflege bei Märschen und im Einsatz / Verhalten bei Hitzschlag / Verhalten bei Erkrankungen.
3. Anzug 68
   Anzugarten / Sitz und Trageweise der Bekleidungs- und Ausrüstungsstücke / Gepäck und Packordnung (Packen des Tornisters und der Packtasche 31) / Behandlung und Reinigung der Bekleidungs- und Ausrüstungsstücke / Abzeichen zum Anzug.

Vierter Abschnitt.
Benehmen des Soldaten.

1. Benehmen gegen Vorgesetzte 82
2. Verhalten bei besonderen Gelegenheiten 85
   Meldungen und Gesuche / Verhalten außer Dienst, auf Urlaub, Kommandos, Transporten, in Ortsunterkunft, im Ortsbiwak, Biwak, auf dem Truppenübungsplatz.
3. Ehrenbezeigungen 92
   Ehrenbezeigungen des einzelnen / Ausführung der Ehrenbezeigungen / Ehrenbezeigungen geschlossener Abteilungen / Ehrenbezeigung vor dem Führer und Obersten Befehlshaber / Grußpflichten.

Fünfter Abschnitt.
Heerwesen.

1. Gliederung der Wehrmacht 96
   Gliederung des Heeres / Gliederung der Kriegsmarine / Gliederung der Luftwaffe.
2. Vorgesetzte und Dienstgradabzeichen 99
   Vorgesetztenverhältnis / Rangklassen und Dienstgradabzeichen des Heeres / Rangklassen und Dienstgradabzeichen der Kriegsmarine / Rangklassen und Dienstgradabzeichen der Luftwaffe.
3. Beschwerdeordnung 109
4. Wachdienst 110
   Truppenwachdienst / Posten / Streifen / Vorgesetzte der Wachen usw. / Vorbereitungen für den Wachdienst / Aufziehen und Ablösen der Wachen / Verhalten auf Wache / Pflichten des Wachhabenden / Pflichten der Posten (Postenanweisung) / Aufziehen und Ablösen der Posten / Ehrenbezeigungen der Wachen und Posten / Zapfenstreich.
5. Festnahme und Waffengebrauch 119
   Festnahme / Durchsuchen von Wohnungen / Waffengebrauch.
6. Polizei und Wehrmacht 125
7. Militärischer Schriftverkehr 127
   Allgemeines / Taktische Befehle und Meldungen / Dienstschreiben / Lebenslauf / Schriftverkehr in eigenen Angelegenheiten / Abkürzungen.

Sechster Abschnitt.
Gasschutz.

1. Chemische Kampfstoffe 133
   Arten / Wirkung und Erkennungsmerkmale.
2. Schutz gegen chemische Kampfstoffe 134
   (Gaskampf / Abwehrmittel (Gasbereitschaft, Gasalarm, Riech- und Absetzprobe) / Entgiftung / Gaskranke / Die Gasmaske 30 (Schutzleistung, Beschreibung, Behandlung, Tragweise und Handhabung).

Siebenter Abschnitt.
Waffen- und Gerätkunde.

	Seite
1. Das Gewehr	139
Beschreibung / Behandlung / Reinigung.	
2. Das Seitengewehr und der Säbel	148
3. Die Pistole 08	148
Beschreibung / Handhabung.	
4. Die Leuchtpistole	152
Beschreibung / Handhabung.	
5. Das Maschinengewehr (M. G. 34)	152
Beschreibung des M. G. / Die Schießgestelle / Die M. G.-Zieleinrichtung / Auseinandernehmen und Zusammensetzen des M. G. / Bewegungsvorgänge im M. G. beim Spannen, Schuß und Sichern / Verhindern von Hemmungen durch Zurechtmachen zum Schießen / Häufigste Hemmungen, ihre Verhütung und Beseitigung / Reinigung des M. G. / Behandlung und Pflege des M. G.	
6. Munitionsarten und ihre Wirkung	169
Munition für Gewehr, M. G. und Pistole / Munition für Geschütze.	
7. Handgranate und ihr Gebrauch	173
Verwendung und Wirkung / Beschreibung / Fertig- und Scharfmachen der Handgranate / Sicherheitsbestimmungen / Vorgang in der Handgranate beim Wurf / Werfen scharfer Handgranaten.	
8. Der leichte Granatwerfer 36	200
Beschreibung / Behandlung und Reinigung.	
9. Die Maschinenpistole 38 und 40	177
Aufgaben der Hauptteile / Hemmungen / Handhabung.	

Achter Abschnitt.
Exerzier- und Waffenausbildung.

1. Einzelausbildung ohne und mit Gewehr	181
2. Ehrenbezeigungen des einzelnen Soldaten	191
3. Einzelausbildung mit M. G. 34 (l. M. G.)	193
4. Die Gruppe	197
5. Der Schützenzug	199
6. Ausbildung am l. Gr. W. 36	200

Neunter Abschnitt.
Schießausbildung.

1. Schießlehre für Gewehr und M. G.	212
2. Schießausbildung mit Gewehr	219
Zielen / Abkrümmen / Scheiben / Anschlagarten.	
3. Schießausbildung mit M. G. 34 (l. M. G.)	224
Zielen / Scheiben / Anschlagarten.	
4. Schießausbildung mit Pistole	226
5. Flugzielbeschuß	227
Das Wichtigste der Schießlehre / Flugzielbeschuß mit M. G. und Gewehr / Flugzeugarten.	
6. Schulschießen mit Gewehr und M. G.	234

Zehnter Abschnitt.
Ausbildung im Feld- und Gefechtsdienst.

1. Leitsätze für den Infanteristen	237
2. Geländekunde und Kartenlesen	239
Bodenbedeckungen / Bodenformen / Die Karte / Die Kartenzeichen, Bodenbewachsung und Wohnplätze der Karten 1 : 25 000, 1 : 100 000, 1 : 300 000 / Abkürzungen / Erläuterungen zum Gebrauch der Karte.	

— VIII —

3. Der Schütze im Feld- und Gefechtsdienst 249
   Zurechtfinden im Gelände / Geländebeschreibung, -beurteilung und -erkundung / Zielerkennen, Zielbezeichnen und Entfernungsermittlung / Geländebenutzung (Tarnung, Deckung, Geländebenutzung zum Vorgehen und zu Feuerstellungen, Geländeverstärkung) / Allgemeines Verhalten bei Feindeinwirkung (M.G.-Feuer, Art.-Feuer, chemische Kampfstoffe, Fliegerangriffe, Panzerkampfwagen) / Verwendung der Waffen / Täuschung und Überraschung / Beobachtungs- und Meldedienst (Beobachter, Melder, Meldekarte, Abfassen von Meldungen und Skizzen) / Taktische Truppenzeichen der Inf. / Aufklärungs- und Sicherungsdienst / Abkochen und Verwendung der Zeltausrüstung.

4. Die Gruppe im Gefecht 271
   Einteilung, Ausrüstung und Aufgaben der Gruppe / Die geöffnete Ordnung / Bewegungen / Sammeln / Feuerkampf und Kampfweise / Das Vorarbeiten / Der Einbruch / Besetzen einer Stellung.

5. Der Feuerkampf der Infanterie 281
6. Waffen und Kampfarten der Infanterie 283
   Waffen der Infanterie / Kampfarten der Infanterie (Angriff, Verteidigung).

7. Der Marsch 286
   Verhalten auf dem Marsch / Marschsicherung.

8. Vorpostendienst 289
   Vorposten / Feldposten / Postenanweisung.

9. Panzerfahrzeuge und ihre Abwehr 291
10. Flaggen für den Gefechtsdienst 295
11. Zeichen für den Gefechtsdienst 296
    Armzeichen / Zeichen mit Kopfbedeckung, Waffen und Gerät / Leuchtzeichen / Sonstige Schallzeichen / Gefechtssignale / Warnungs-, Alarm- und Morsezeichen / Tuchzeichen.

Anhänge.

Anhang I: Uniform- und Abzeichenübersichten.
    1. Regierungstruppe des Protektorats Böhmen und Mähren . 304
    2. Rangabzeichen der politischen Leiter der NSDAP . . . 308
    3.   =   des Reichsarbeitsdienstes 309
    4.   =   = Reichsluftschutzbundes 309
    5.   =   der SA., ⚡⚡ und NSKK. 310
    6.   =   = Polizei und Gendarmerie 310
  II: Das M.G. 13 311
    Beschreibung / Hemmungen und ihre Beseitigung / Die Einzelausbildung mit M.G. 13.
  III: Das Pferd, Fahr- und Reitlehre 317

Verzeichnis der Bildtafeln.

Uniformen des Heeres 102
Uniformen der Luftwaffe 103
Flaggen des Deutschen Reiches 104
Kommando- und Stabsflaggen des Heeres 105

Anleitung für den Dienstunterricht.

Leitsätze.

„Was im praktischen Dienst gelehrt und geübt wird, muß im Dienstunterricht vorbereitet, geistig vertieft und gefestigt werden" (H. Dv. 130/1, Ziff. 30).

Es ist Aufgabe des Unterrichts, dem Soldaten auf erzieherischer Grundlage Kenntnisse zu vermitteln, das Sprachgefühl und die Denkfähigkeit zu schärfen sowie seine inneren Werte (Charakter und nationalsozialistische Gesinnung) zu fördern.

Der Dienstunterricht ist ein wichtiges Mittel, die geistige und seelische Fühlung zwischen Vorgesetzten und Untergebenen zu erzielen. Diese Fühlungnahme ist unentbehrlich für die wahre, unerschütterliche Disziplin.

Arten des Unterrichts.

Man unterscheidet zwischen:
- Lehrunterricht (Erstunterricht),
- Wiederholungsunterricht,
- Prüfungsunterricht (Besichtigung).

Im **Lehr- und Wiederholungsunterricht** hat der Lehrer für das Erreichen der Unterrichtsziele zu sorgen. Für den Weg zu ihnen gilt der für alle Ausbildungsziele maßgebende Leitsatz: Gründlichkeit geht vor Vielseitigkeit!

Im **Prüfungsunterricht** sollen das Können der Schüler und der geistige Zusammenhang zwischen Lehrer und Schüler unter Beweis gestellt werden.

Vorbereitung des Unterrichts.

Ohne gründliche Vorbereitung kann kein guter Unterricht erteilt werden. Es ist eine Täuschung, wenn z. B. „der alte Praktiker" glaubt, auf diese Vorarbeit verzichten zu können. Ein solcher Lehrer verletzt seine Pflicht und erreicht niemals die Leistung, die von ihm verlangt werden kann.

Im allgemeinen erfordert die Vorbereitung weit mehr Zeit als der Unterricht selbst. Daneben können, wie die Erfahrung lehrt, Schwierigkeiten mannigfacher Art auftreten. Sie zu überwinden und in jedem Fall zu einer brauchbaren Lösung zu kommen, ist ein grundlegendes Gebot. Nach beendeter Vorbereitung muß der Lehrer „über dem Stoff stehen" und einen genau festgelegten Unterrichtsplan haben. Geistiges Durchdringen und Beherrschen des Unterrichtsstoffes durch den Lehrer ist Voraussetzung für nutzbringenden Unterricht" (H. Dv. 130/1, Ziff. 30).

Die Vorbereitung für jede Art des Unterrichts umfaßt:
- die persönliche Vorbereitung des Lehrers,
- Vorbereitungen allgemeiner Art,
- Vorbereitungen der Schüler.

Die persönliche Vorbereitung des Lehrers für den Lehr- (Erst-) Unterricht vollzieht sich unter dem Leitgedanken, dem Schüler den befohlenen Stoff zu vermitteln und ihn soldatisch denken und urteilen zu lehren (Erziehung!). Im einzelnen sind dabei zu beachten:

1. **Lehrziel.** Das Lehrziel umfaßt alles, was durch den Unterricht erreicht werden soll. Der Lehrer hat es sich klarzumachen, dabei vor allem an die stets anzustrebende Erziehung zu denken. Das Lehrziel ist bei der ganzen Vorarbeit nicht außer acht zu lassen. Ist ein solches nicht befohlen, so muß es der Lehrer im Rahmen der angestrebten Aus- und Fortbildung selbst bestimmen. Je weniger Zeit für den Unterricht zur Verfügung steht, desto geradliniger muß der Weg zum Ziele führen.

Vom Lehrziel darf der Lehrer nicht abweichen. Der festgelegte Grad der Ausbildung muß erreicht werden. Die Beanspruchung der Schüler durch den anderen Dienst ist zu berücksichtigen.

2. **Lehrstoff.** Er wird nach dem Lehrziel ausgewählt und ergibt sich aus der Praxis, den Vorschriften und Lehrbüchern. Es kommt darauf an, daß der Lehrer eine umfassende Stoffsamm-

lung erhält, bei der Umfang und Reihenfolge zunächst keine Rolle spielen. Ältere Sammlungen können oft noch sehr nützlich sein. Die beste Stoffsammlung verfehlt aber ihren Zweck, wenn ihr Inhalt nicht kritisch geprüft und geistig verarbeitet wird. Bei dem vorwiegend erzieherischen Thema, wie z. B. Stubenordnung, Verhalten in der Öffentlichkeit, Pflege der Waffen usw., hat der Lehrer im Sammeln von Beispielen unermüdlich zu sein. Jedes Beispiel usw. ist auf den Bildungs= usw. Grad der Schüler abzustellen und nur dann als gut anzusehen, wenn durch es ein Stück Erziehungsarbeit geleistet wird.

3. **Lehrzeit.** Die verfügbare Zeit für ein Thema ist aus den Dienstplänen (Ausbildungs= pläne, Wochenpläne!) zu ersehen oder zu erfragen. Sind mehrere Stunden vorgesehen, so ist der Stoff entsprechend zu teilen, ohne aber zusammenhängende Gebiete zu zerreißen.

4. **Vorkenntnisse und Bildungsgrad der Schüler.** Sie bilden die geistige Grundlage, auf der sich der Unterricht bewegt. Sie wird im Durchschnitt bestimmt von der Aufnahme= und Er= kenntnisfähigkeit der s c h w ä c h s t e n Schüler. Es kommt darauf an, daß a l l e Schüler mit= arbeiten können und daß vorerst Durchschnittsleistungen, nicht Spitzenleistungen, erzielt werden (Näheres Seite 6.)

Im allgemeinen wird der Lehrer durch den täglichen Umgang mit seinen Schülern von ihren geistigen Fähigkeiten und Vorkenntnissen unterrichtet sein. Ist dies nicht der Fall, so muß er sich beim Innendienst oder in einer Unterhaltungsstunde darüber Gewißheit verschaffen.

5. **Anschauungsmittel.** Anschauungsmittel erleichtern und beleben den Unterricht. Durch sie nimmt der Schüler nicht allein mit dem Gehörsinn auf. Sie dürfen niemals fehlen. Bei einigen Themen, wie z. B. bei der Waffenkunde, ist der Unterricht ohne Anschauungsmittel geradezu wert= los. Nach alter Erfahrung kann selten zuviel Anschauungshilfe geboten werden. Übertreibungen, die auf Kosten der Hauptsache gehen, sind jedoch abwegig.

Zu Anschauungsmitteln zählen: Waffen und Gerät selbst, Zeichnungen, Skizzen, Bilder, Tafeln, Filme, Bücher, Schilderungen, eigene Erfahrungen, Beispiele, praktische Vorführungen, Vorbilder usw. sowie ganz besonders V e r g l e i c h s = und B e w e i s m i t t e l. Gerade sie überzeugen, sind nachhaltig, beleben an sich „trockene" Stoffgebiete und vermeiden, richtig ange= wendet, stures Aufzählen von Dingen oder langweiliges Beschreiben von Gegenständen (z. B. bei der Waffenkunde!). Der Lehrer muß in dem Beschaffen der Anschauungsmitteln s c h ö p f e r i s c h sein und darf sich nicht mit den vorhandenen allein begnügen. — Zwischen Lehr= und Lern= mitteln ist zu unterscheiden.

6. **Gliederung.** Unter Beachtung der genannten Punkte und des Unterrichtsweges (Lehrform, Seite 5) wird der Gedankengang („roter Faden") für den Unterricht in der Gliederung festgelegt. Dazu ist der gesamelte Stoff zu sichten, zu ordnen und folgerichtig in Stichwortform zu gliedern. Die Gliederung kann gedanklich oder schriftlich festgelegt werden. Sie soll so kurz wie möglich sein, muß aber das ganze Thema umfassen. Die Gliederung für eine Stunde soll etwas mehr Stoff umfassen, als man glaubt, durchnehmen zu können. Dadurch wird der Lehrer vor dem oft vor= kommenden Fehler des Stoffmangels bewahrt.

Die persönliche Vorbereitung des Lehrers für den **Wiederholungs= u n t e r r i c h t** geht von folgenden Überlegungen aus:

Es sollen der Erziehungsgrad und die erworbenen Kenntnisse der Schüler überprüft, aufgefrischt, gefestigt, vorhandene Lücken aufgedeckt und geschlossen werden. Dabei ist es nötig, daß der Lehrer „in die Tiefe" geht.

Die Schüler sollen ihre soldatische Erziehung, ihre Kenntnisse, ihre Ge= wandtheit im Denken und Sprechen und ihr Verständnis für militärische Dinge zeigen. Dazu ist es nötig, daß alle Schüler zu Wort kommen und über eng= umrissene Gebiete kurze Vorträge halten oder bestimmte Fragen beantworten (aber stets mit wenigstens einem vollständigen Satz!).

Diesen Anforderungen entsprechend hat sich der Lehrer die Aufträge und Fragen zurechtzulegen. Fragen und Aufträge, auf die der Schüler nur mit einem Satz antworten k a n n oder die mehrere Lösungen zulassen, widersprechen den Grundsätzen des militärischen Unterrichts. Oft sind sie auch ein Zeichen von man= gelhafter oder falscher Vorbereitung. Aufträge, wie z. B. „Sprechen (vergleichen, beweisen usw.) Sie …", oder „Worauf kommt es an?" und Fragen nach G r u n d und Z w e c k, sind meistens richtig und zweckmäßig. Aber schon bei der Vor= bereitung ist darauf zu achten, daß durch die Vorträge der Schüler der Einfluß des Lehrers auf den Unterricht (auch auf den folgerichtigen Ablauf) nicht verloren= gehen kann.

Die Vorbereitung für den **Prüfungsunterricht** (Besichtigung!) voll= zieht sich im allgemeinen nach den Grundsätzen des Wiederholungsunterrichts. Zu beachten ist, daß beim Prüfungsunterricht — falls er nicht ein anderes Ziel hat — die Person des Lehrers zurückzutreten hat (nicht seine Lehrbefähigung zeigen wollen!), damit das K ö n n e n der Schüler klar hervortreten kann.

Besonders ist zu betonen, daß die Gliederung für den Wiederholungs= und Prüfungsunterricht unbedingt feststehen muß. Die Erfahrung lehrt, daß sonst der

Unterricht in einer ganz anderen Richtung verlaufen kann. Man merke sich: der „rote Faden" wird hier zum „roten Seil"!

Zu den **Vorbereitungen allgemeiner Art** gehören:

1. **Herrichten des Unterrichtsraumes.** Dieser muß sauber, gelüftet und gut beleuchtet sein (keine Zugluft, nicht zu kalt oder zu warm!). Die Anschauungsmittel (in gutem Zustand) sind so anzubringen, daß sie von jedem Schüler gesehen werden können. Tische sind aufzustellen, vor allem dann, wenn sich die Schüler Notizen machen sollen. Tafel (u. U. hochgestellte Tischplatte), Kreide, Lappen, Zeichenstock usw. dürfen nicht fehlen. Auf den Tisch des Lehrers gehören: Vorschriften, Unterrichtsbücher, Uhr und Sitzliste (nur solange der Lehrer die Schüler noch nicht kennt). Wird der Unterricht im Freien abgehalten, so sind windgeschützte (schattige) Stellen auszusuchen, und an denen die Schüler nicht in ihrer Aufmerksamkeit abgelenkt werden.

2. **Anordnungen an die Schüler.** Den Schülern ist rechtzeitig zu befehlen, was sie zum Unterricht mitbringen sollen (Blei- und Buntstifte, Karten usw.), welcher Anzug zu tragen ist, wie sie sich aufstellen und was sonst im Unterricht von ihnen gefordert wird.

Vorbereitungen der Schüler. Die Schüler haben im ordentlichen Anzug, mit sauberen Fingern, gekämmtem Haar und gut vorbereitet zum Unterricht zu erscheinen. Hefte und Vorschriften sind sauberzuhalten. Fragen oder Unklarheiten vom letzten Unterricht sind nach Möglichkeit vor der nächsten Unterrichtsstunde zu melden, falls sie nicht durch Unterhaltung mit Kameraden oder dem Stubenältesten geklärt werden können.

S e h r w i c h t i g i s t d e r h ä u s l i c h e F l e i ß. Auf ihn kann wegen der kurzen Zeit, die zum Unterricht zur Verfügung steht, nicht verzichtet werden. Deshalb liest der ordentliche Soldat das gehörte Thema in der Vorschrift oder seinem Unterrichtsbuch zu Hause nach, übt sich in der Nutzanwendung, durchdenkt oder bespricht mit Kameraden den Unterrichtsstoff und versucht, durch allergrößte Mitarbeit sich auf die nächste Unterrichtsstunde vorzubereiten. — Schwache Schüler dürfen sich nicht entmutigen lassen; sie sollen sich sagen, daß „kein Meister vom Himmel fällt" und daß selbst dem Schwachen durch Fleiß und Ausdauer oft schöne Erfolge beschieden sind.

Durchführung des Unterrichts.

Grundsätze für den Lehrer. Der Dienstunterricht ist außer an die allgemeinen soldatischen Grundsätze an keine bestimmte äußere Form gebunden. Exerziermäßiger Drill hat zu unterbleiben. Der Unterricht soll lebendig, aber nicht zackig sein.

Die Unterrichtsstunde ist pünktlich einzuhalten. Der Lehrer steht so weit vor der Abteilung, daß er sie übersehen kann. Im allgemeinen setzt er sich nicht (geht auch nicht umher), sondern s t e h t vor ihrer Mitte. Soldatische Haltung, einwandfreier Anzug und ein klarer Blick sollen den Lehrer besonders auszeichnen.

Der Lehrer spricht frisch, kurz und deutlich. Nur eine solche Sprache wirkt, wobei nach Wichtigkeit des Stoffes die Stimme abwechselnd zu heben und zu senken ist. Stimme und Haltung des Lehrers tragen sehr viel zu der gewünschten Lebendigkeit des Unterrichts bei. Schreien im Unterricht schüchtert ängstliche Schüler ein; eine eintönige Sprache verfehlt ihre Wirkung; verschrobene Sätze und schwülstige Redewendungen erschweren das Verstehen. Kurze und klare Ausdrucksweise ist soldatisch. Jedes nicht vermeidbare Fremdwort ist an die Tafel zu schreiben und zu erläutern.

Der Lehrer soll „persönlich" unterrichten, d. h. nicht allein sein Unterricht, sondern auch seine Persönlichkeit soll die Aufmerksamkeit der Schüler erzwingen. Grundsätzlich ist so zu unterrichten, daß die Schüler zum Mitdenken g e ‑ z w u n g e n werden.

Der Unterricht ist möglichst ohne Unterlagen (frei!) zu erteilen. Werden für schwierige Teile Hilfsmittel benötigt, so sind sie alsbald beiseite zu legen.

Betritt ein Vorgesetzter den Unterrichtsraum, so hat der Lehrer zu melden. Im Unterricht fährt er dort fort, wo er stehengeblieben ist (keine Wiederholung!).

Grundsätze für den Schüler. Der Schüler muß sich darüber klar sein, daß seine geistige Mitarbeit ausschlaggebend dafür ist, ob sich der Unterricht in der Form einer anregenden Arbeitsgemeinschaft bewegt, oder ob er vielleicht drillmäßig durchgeführt werden muß. Der ordentliche Soldat beherzigt deshalb alle Hinweise und befleißigt sich der größten Aufmerksamkeit. Er sitzt in aufrechter Haltung des Oberkörpers, richtet die Augen auf den Lehrer und paßt im Unterricht gut auf. Hat er etwas nicht verstanden, so meldet er sich sofort. Gemeldet wird durch Aufrichten des Oberkörpers und Hochheben des Kopfes (keine Arm- oder Fingerzeichen!).

Wird der Schüler gefragt, so steht er kurz auf (oder steht still) und antwortet in frischer, lauter Sprache — ohne die Frage zu wiederholen — genau auf die Frage in einem vollständigen Satz oder er hält einen kleinen Vortrag. Ist sich der Schüler über die Richtigkeit der Antwort nicht im klaren, so beantwortet er die Frage, soweit es ihm möglich ist. Falsch ist es, wenn er z. B. wegen allzu großer Bedenken an der Richtigkeit der Antwort ganz schweigt.

Bild 1. Abteilung im Unterricht.

Etwas wird er in den meisten Fällen wissen, und wenn die Beantwortung der Frage nicht ganz gelingt, so wird der Lehrer schon helfen. Im schlimmsten Fall soll der Schüler antworten: „Ich weiß es nicht!" Diese Antwort ist soldatischer als ein verstocktes Schweigen. Beim Antworten ist der Lehrer anzusehen (nicht auf den Boden oder geradeaus stieren!).

Wenn der Schüler zum Vortrag oder zu Erklärungen an den Anschauungsmitteln vor die Front gerufen wird, steht er kurz still, rührt dann und führt im allgemeinen in dieser Haltung seinen Auftrag aus. Zum Zeigen am Anschauungsmaterial tritt er zur Seite.

Beim **Lehrunterricht** (Erstunterricht) hat der Lehrer den Stoff an die Schüler „heranzutragen". Dazu ist es nötig, daß sich der Lehrer auf die Aufnahmefähigkeit seiner Schüler einstellt. Schüler mit und ohne Vorbildung oder Schüler einer höheren und niederen Ausbildungsabteilung sind nicht nach der gleichen Art zu unterrichten. Die Erfahrung lehrt, daß oft z u v i e l bei den Schülern vorausgesetzt wird.

In der Regel verläuft eine Unterrichtsstunde in folgenden Stufen:
1. A n g a b e d e s U n t e r r i c h t s z i e l s u n d E i n l e i t u n g : Die Zielangabe kann in Form einer Ankündigung (z. B. Thema an die Tafel schreiben), einer Frage (z. B. „Wer ist der höchste Vorgesetzte des Soldaten?") oder eines Auftrags (z. B. „Sprechen Sie über die Maßnahmen des zivilen Luftschutzes") geschehen und hat den Zweck, die Schüler von ihren bisherigen Gedanken loszureißen und auf das Thema hinzuführen. Hieran schließt sich die E i n l e i t u n g , die kurz sein soll. Es ist zweckmäßig, wenn sie durch ein gutes Beispiel oder durch einige gut durchdachte Sätze (möglichst mit erzieherischem Wert), die

im Zusammenhang mit dem nachfolgenden Stoffgebiet stehen (sog. Vorspruch!), gegeben wird. Die Einleitung soll das Interesse des Schülers für die folgenden Ausführungen wecken.

2. **Herantragen des Stoffes in entwickelnder Darstellung.** Am besten werden die Schüler durch kurze Fragen auf den ersten Gliederungspunkt hingeführt. Dabei muß der Lehrer zweckmäßige Erläuterungen geben. Wichtig sind: Fragen nach Grund und Zweck, Vergleiche, Beweise, praktische Ausführungen, ausgiebige Benutzung der Anschauungsmittel, konstruierende Zeichnungen (besonders bei der Waffenkunde!) sowie die Heranziehung aller Mittel und Möglichkeiten, die für einen ü b e r z e u g e n d e n Unterricht geeignet sind. Auf die Antworten der Schüler (auch auf falsche!) ist nicht nur einzugehen, sondern sie sind auch voll auszuwerten. Es ist aber zu beachten, daß bei dieser Lehrform die Schüler g e f ü h r t werden sollen, sie also nicht die Richtung bestimmen, in der sich der Unterricht bewegt. Selbst bei Abweichungen darf der „rote Faden" nicht verlorengehen. Auf diese Weise ist von einem Gliederungspunkt zum anderen das Thema an die Schüler heranzutragen.

Bild 2. **Abteilung im Unterricht.**

3. **Wiederholung der Hauptpunkte.** Am Schluß der Unterrichtsstunde oder am Ende eines Abschnittes sind die Hauptpunkte durch den Lehrer oder die Schüler zusammenzufassen und nochmals einzuprägen. Eine kurze mündliche oder schriftliche Inhaltsangabe (Zettelarbeit!) ist oft empfehlenswert. Beim Abschluß muß der Lehrer die Gewißheit haben, daß die Schüler die Anwendung oder die Bedeutung des Erlernten in sich aufgenommen haben. Bestehen Zweifel, so ist den Schülern Gelegenheit zu geben, Fragen zu stellen.

Nachschreiben im Unterricht ist nicht zweckmäßig. Notizen werden am besten am Schluß der Stunde oder eines Abschnittes diktiert.

Beim **Wiederholungsunterricht** hat der Lehrer das eingangs bezeichnete Unterrichtsziel zu verfolgen und den Schülern Gelegenheit zu geben, über den gestellten Auftrag in kurzer, zusammenhängender Form zu sprechen. Dabei hat der Lehrer den Schüler frei reden zu lassen und darauf zu achten, ob dieser in der Lage ist, die Gedanken folgerichtig aufzubauen, sich kurz, klar und soldatisch zu äußern. Nur bei g r o b e n Fehlern ist einzugreifen. Beanstandungen sind am Ende (am besten durch andere Schüler) richtigzustellen. Es ist zweckmäßig, die Schüler zum Vortrag vor die Abteilung treten zu lassen. Dadurch wird ihr Auftreten und das freie Sprechen gefördert.

Keinesfalls dulde der Lehrer ein Frage- und Antwortspiel oder gedankenloses Aufsagen von auswendig gelernten Antworten. Er stelle auch nicht die

Fragen der Reihe nach, sondern nenne den Namen des Schülers erst nach dem Auftrag, damit alle Schüler zum Mitdenken gezwungen werden. Bei der Antwort ist der Schwerpunkt auf den **Entschluß** des Schülers zum Antworten zu legen. Der Wiederholungsunterricht ist besonders gut, wenn der nächste Auftrag an die vorhergehende Antwort anknüpft.

Falsch ist es,
wenn der Lehrer den Satz beginnt und ihn durch den Schüler beenden läßt, oder umgekehrt,
wenn die Frage bereits die Antwort enthält,
wenn der Lehrer die Antwort wiederholt oder der Schüler mit der Frage antwortet,
wenn der Lehrer eine falsche Antwort schroff zurückweist, ohne das Richtige aus dem Schüler herauszuholen,
wenn der Lehrer die Geduld verliert,
wenn der Lehrer nur die „Kanonen" reden läßt oder sich auf einen Schüler festbeißt,
wenn sich der Lehrer Ausdrücke wie „der Nächste", „weiter" u. ä. bedient, ohne einen klaren Auftrag zu erteilen.

Bild 3. **Zeigen am Anschauungsmittel.**

Der **Prüfungsunterricht** (Besichtigung!) entspricht im allgemeinen dem Wiederholungsunterricht, falls ihm nicht ein anderes Ziel gesetzt ist. Trotz des Zurücktretens der Person des Lehrers muß der geistige Zusammenhang zwischen ihm und den Schülern aber zum Ausdruck kommen. Belehrungen sind — ohne ausdrückliche Aufforderung — zu unterlassen.
Um die Schüler an die Anwesenheit mehrerer Vorgesetzter zu gewöhnen, empfiehlt es sich, vorher Vorgesetzte oder Kameraden zu bitten, dem Unterricht beizuwohnen.

Schlußbemerkungen.

Nach jeder Unterrichtsstunde soll der Lehrer seinen Unterricht selbst beurteilen. Dabei soll er sich z. B. fragen, „Habe ich das Ziel erreicht? Waren Weg und Form des Unterrichts richtig? Welchen Erfolg habe ich?" Diese Selbstprüfung ist eine unerläßliche Pflicht zum Nutzen des Unterrichts. Sie gibt, ernstlich und richtig durchgeführt, die besten Anregungen zur Förderung.

Schwerfällige Schüler können den Unterricht sehr hemmen. Aus Zeitmangel und anderen Gründen darf sich der Lehrer aber nicht ausschließlich während der Unterrichtsstunde mit ihnen befassen. Zwar werden sie in die vorderste Reihe gesetzt und auch häufiger gefragt, aber daneben muß sich der Mühe unterzogen werden, sie beim Innendienst und sonstigen Gelegenheiten weiterzubilden. Andererseits ist für geistig höherstehende oder gewandtere Schüler ein Ausgleich zu schaffen. Ihnen können z. B. Vorträge über schwierigere Gebiete übertragen oder können zur Förderung schwacher Schüler angesetzt werden. Alle Maßnahmen haben aber in erster Linie den Leitgedanken des Dienstunterrichts:

„Förderung der Gesamtheit!"

zu verfolgen.

Erster Abschnitt.

Vaterländischer Teil.
Abriß der deutschen Geschichte.

Die Geschichte unseres Volkes ist von Anfang an in der Hauptsache bestimmt durch die geographische Lage seines Lebensraumes. Deutschland, „im Herzen Europas" gelegen, hat keine natürlichen Grenzen. Das deutsche Volk lebt sozusagen in einem „offenen Lager", das nur geschützt werden kann durch die Tüchtigkeit, Tapferkeit und Opferbereitschaft seiner Bewohner. Aus dieser Lage unseres Vaterlandes erklärt sich seine wechselvolle Geschichte, deren zahlreiche Kriege im Laufe der Jahrhunderte nicht der Eroberung fremder Provinzen galten, sondern der Erhaltung des deutschen Volkes und der Sicherung seines Lebensraumes.

Ein Blick in die Vergangenheit zeigt, daß Deutschland unbesiegbar gewesen ist, wenn das deutsche Volk einig war. Andererseits lehrt die Geschichte, daß fremden Völkern die deutsche Einigung vielfach ein „Dorn im Auge war", und daß sie oft kein Mittel scheuten, eine Einigung Deutschlands zu verhindern oder die deutsche Einheit zu zerschlagen. Es gilt, diese Erfahrung aus der Vergangenheit zu ziehen, um die Gegenwart zu verstehen und in der Zukunft richtig zu handeln.

Die **Urgeschichte unserer germanischen Vorfahren***) läßt sich durch Altertumsfunde und wissenschaftliche Ausgrabungen bis weit in die noch schriftlose Vorzeit zurückverfolgen. Schon im 3. Jahrtausend vor dem Beginn unserer Zeitrechnung waren die Ahnen der späteren germanischen Stämme wehrhafte Bauern mit einer bemerkenswert hohen Kultur. Am Ende der Steinzeit und dem Beginn der Bronzezeit (etwa 2000 bis 1700 v. Chr.) entstanden in Nordwestdeutschland, in Dänemark und im Süden von Schweden und Norwegen durch eine Verschmelzung zweier artverwandter nordischer Völker die Germanen. Schon in der Bronzezeit (etwa 1800 bis 700 v. Chr.) erweiterten sie als gesundes, kulturhohes Bauernvolk von ganz vorwiegend nordischer Rasse ihren Siedlungsraum nach Norden, Süden und Osten. In der Eisenzeit gingen die Züge der neues Ackerland brauchenden Germanen nach Süden, Westen und

Germanen der Bronzezeit
(Nach W. Schultz.)

Hermannsdenkmal im Teutoburger Wald

---
*) Der Abschnitt ist unter Mithilfe des Herrn Professors B. Frhr. von Richthofen, Königsberg (Pr), zusammengestellt.

Osten. Sie stießen dabei vom 2. Jahrhundert v. Chr. an auf die Macht des römischen Weltreiches. Die ihrer rassischen Eigenart gemäße Entwicklung des germanischen Führertums und die stete Pflege mannhaften Wehrwillens waren die Grundlage für die gewaltigen Erfolge der Germanen in dieser Zeit. Die frühesten **schriftlichen Nachrichten** über unsere Vorfahren stammen von den Römern und Griechen. Wir finden in ihnen ein hohes Lob germanischer Sittenreinheit und Tapferkeit, wie z. B. in den Berichten über die Goten, Vandalen und Langobarden. Der Gebrauch des Wortes „Vandalismus" für Roheit verdankt sein Dasein nur einer späteren deutschfeindlichen Geschichtslüge aus der Zeit der Französischen Revolution von 1789 und muß verschwinden. (Er bedeutet, auf unsere Vorfahren angewandt, eine ebenso unglaubliche Lüge und gemeine Verleumdung wie der Ausdruck „boche = Schwein", der den deutschen Soldaten, den tapfersten und anständigsten aller Zeiten, im Weltkrieg von einer haß- und wutschnaubenden, feindlichen Propaganda oftmals beigelegt worden war.)

Der Versuch des römischen Weltreiches, weite Teile des freien Germanien zu erobern, schlug fehl trotz der großen, technischen Überlegenheit der römischen Kriegführung. Im Jahre 9 n. Chr. wurden die Römer im Teutoburger Walde von den Germanen, geführt von Hermann dem Cherusker, vernichtend geschlagen. In den folgenden Jahrhunderten verdrängten die Germanen die Römer auch aus den von ihnen besetzten Teilen des heutigen Süd- und Westdeutschlands. Schon in

Der Reiter von Balsgärde   W. Petersen
(Germane um 500 n. Chr.)

dieser frühgeschichtlichen Zeit sind unsere Vorfahren immer unüberwindlich gewesen, wenn sie einig waren.

Von den verschiedenen germanischen Stämmen der Vorzeit bildeten die Westgermanen die Hauptgrundlage des späteren deutschen Volkes. In der Ausbildung eines deutschen Großstaates übernahmen zunächst die Franken die Führung. Der mächtigste Frankenkönig war Karl der Große (768—814). Er kämpfte gegen die Araber, Sachsen, Dänen, Bayern und Langobarden. Die tapferen, freiheitsliebenden und artbewußten Niedersachsen verteidigten von den deutschen Volksstämmen am hartnäckigsten ihren alten Glauben und ihre alte Art gegen Karl und das von ihm eingeführte Christentum. Erst nach jahrelangen Kämpfen und nach der Unterwerfung des heldenhaften Sachsenführers Widukind konnte Karl mit seiner Übermacht und durch sein unerhört rücksichtsloses Vorgehen (z. B. Blutbad zu Verden 782!) die Sachsen bezwingen. Im Jahre 800 erhielt er vom Papst die Kaiserkrone des früheren Römischen Reiches. Das Schicksal des deutschen Volkes wurde dadurch für die Zukunft in oft unheilvoller Weise mit außerdeutschen Belangen und dem politischen Erbe Roms verknüpft.

Das Reich Karls d. Gr. wurde später in drei Teile geteilt (843 Vertrag von Verdun [sprich: Verdöng]), wobei „Ludwig der Deutsche" das rechtsrheinische Gebiet und 870 (durch Vertrag von Merien) noch das linksrheinische

Land bis zur deutsch-französischen Sprachgrenze erhielt. (Es gehörten also zu Deutschland: Holland, ein Teil Belgiens, Elsaß-Lothringen und die Schweiz. Erst seit 1648 sind an der Westgrenze größere Veränderungen vor sich gegangen; siehe S. 10 f.)

Die Nachfolger Ludwigs waren weder den äußeren Feinden gewachsen (Ungarn!), noch konnten sie die innere Einheit des Reiches wahren. Die einzelnen Stämme gewannen wieder an Macht. Erst dem Sachsenkaiser **Heinrich I.** (919—936), der „Vogler" genannt, dem

Gründer des Ersten Reiches,

gelang es, die deutschen Stämme mit zupackender Hand innerhalb des deutschen Raumes zu vereinigen. Abwechselnd mit Nachsicht und mit Gewalt

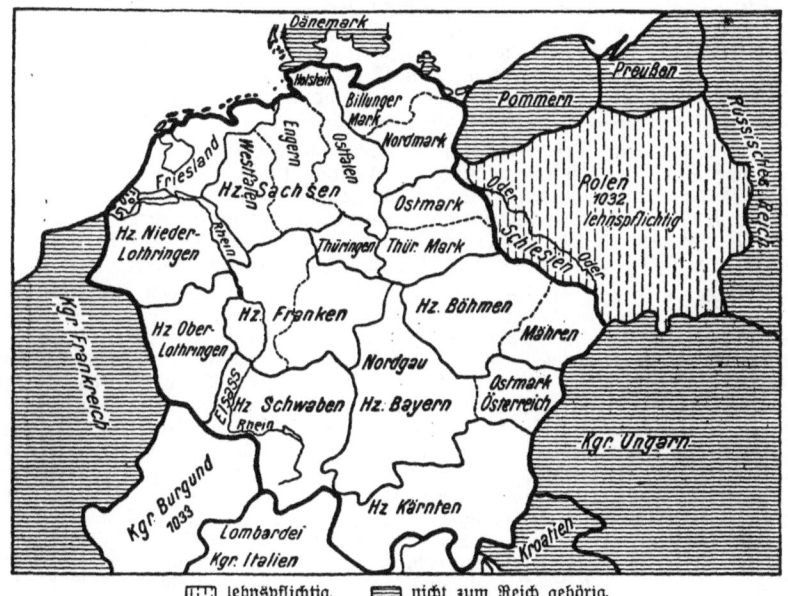

[□□] lehnspflichtig. [≡] nicht zum Reich gehörig.

Das Deutsche Reich um das Jahr 1000.

zwang er die widerstrebenden Herzöge zur Einordnung. Die Grenzen des Reiches sicherte er durch breit angelegte, militärische Verteidigungsanlagen. Er schuf eine schwerbewaffnete Reiterei und schlug die Ungarn 933 an der Unstrut. Nach Norden und Osten legte er Grenzmarken an, überschritt die Elbe und begann mit der Rückgewinnung ehemals deutschen Landes. Er war der erste Norddeutsche, der in die Reihe der deutschen Könige trat. Die staatliche und nationale Existenz Deutschlands ist ihm zu danken.

Sein Sohn Otto der Große (936—973) führte zwar die Aufgabe seines Vaters fort, zog aber mehrfach nach Italien und erhielt schließlich vom Papst die römische Kaiserkrone (Heiliges Römisches Reich Deutscher Nation, 962).

Durch diese Tat hatte Otto den Blick der deutschen Kaiser nach Italien gelenkt. Für die deutsche Einheit hatte dies nachteilige Folgen. Im Laufe der nächsten Jahrzehnte erstarkten die Herzöge wieder, die Macht des Adels machte sich bemerkbar, die weltliche Macht der Bischöfe und Äbte, die ihnen Otto d. Gr. als Verwaltungsbeamte verliehen hatte, widerstrebte vielfach den Erfordernissen der einheitlichen Reichsführung.

Unter Heinrich IV. (1056—1106) wurde ein Sachsenaufstand blutig niedergeworfen und der Kampf mit dem Papst (Investiturstreit), der die Herrschaft über die weltlichen Fürsten forderte, in aller Schärfe geführt (Demütigung des deutschen Kaisers durch den Papst in Canossa, 1077!). Der Streit endete erst unter seinem Nachfolger Heinrich V., 1122.

In diese Zeit fällt der Beginn der Kreuzzüge, die zunächst zu der Errichtung eines Königreichs Jerusalem führten, später aber ohne jeden Erfolg geblieben sind. Auf dem dritten Kreuzzug starb Kaiser Friedrich I., Barbarossa (1152—1190 [Kyffhäusersage!]). Er hatte durch die Heirat seines Sohnes mit der Tochter eines süditalienischen Normannenkönigs den Schwerpunkt des Reiches noch mehr nach Süden verlegt. Seine Nachfolger wandten sich daher vornehmlich der Eroberung Italiens zu und haben kaum in Deutschland geweilt. Während ihrer Herrschaft gelangte das Papsttum unter Innozenz III. zu höchster Macht. Im Streit mit dem Papst wurden Gegenkönige gewählt, und als 1256 der letzte starb, brach für Deutschland die „Kaiserlose Zeit" an, das Interregnum, von 1254—1273.

Indessen war der Zwiespalt in Deutschland immer größer geworden. Fürsten, Städte und Ritter kämpften hartnäckig miteinander, bis schließlich die Fürsten den Sieg davontrugen. So spielen die Fürsten in der folgenden Geschichte des Ersten Reiches die Hauptrolle. Das Königtum trat immer mehr zurück. Die Fürsten vermehrten ihre Hausmacht und suchten, nur solche Herrscher auf den Königsthron zu heben, die ihnen nicht gefährlich werden konnten.

Trotzdem am Ende des Mittelalters die Reformation (Luther!), die (Wieder-) Entdeckung Amerikas (Kolumbus!), die Erfindung der Buchdruckerkunst (Gutenberg!), die Einführung des Schießpulvers (Schwarz?) neue Wege bahnten und die anderen europäischen Staaten anfingen, Kolonien zu erwerben, blieb die Gestalt der Reichsführung unverändert. Ja, eine noch weitere Schwächung erlitt das Reich im nächsten Jahrhundert durch den Dreißigjährigen Krieg (1618 bis 1648), der sich nicht nur innerhalb seiner Grenzen abspielte, sondern auch dessen Friedensschluß ausschließlich auf seine Kosten ging. Im Westfälischen Frieden mußte Deutschland Holland und die Schweiz als selbständige Staaten anerkennen, Vorpommern an Schweden, Oberelsaß, Metz, Toul und Verdun an Frankreich abtreten. Gegenüber der kaiserlichen Macht waren die deutschen Fürsten jetzt „souverän", d. h. selbständig geworden. Das Kaisertum war nur noch eine leere Form. Das Reich hatte sich in etwa 300 Bestandteile aufgelöst und war nach außen und innen ohnmächtig geworden.

Ausgeblutet und verarmt, wichtiger Teile beraubt, an seinen Flußmündungen von fremden Staaten kontrolliert und im Innern sich selbst zerfleischend, bot das Reich nach dem Dreißigjährigen Krieg ein trauriges Beispiel dauernden Haders. Das Mißtrauen der Fürsten gegen den Kaiser ging sogar so weit, daß sich 1658 wichtige, deutsche Staaten zu dem Rheinbund zusammenschlossen und bei dem Franzosenkönig Schutz suchten. So z. B. konnte in dieser Zeit Frankreich ungestraft das deutsche Straßburg rauben (1681). Trotz aller Zwietracht kämpften 1683 Deutsche aus allen Gauen vor Wien gegen die Türken und auch im Westen gegen Frankreich. Die Reichsmacht war aber zu schwach, um den deutschen Lebensraum nach Westen und Osten gleichzeitig zu schützen.

Im 18. Jahrhundert standen im Reich kraftvolle und ohnmächtige Staaten nebeneinander. Von einer Reichsführung war noch kaum etwa zu spüren. Nur noch einmal kämpften Deutsche Schulter an Schulter, und zwar im ersten Koalitionskrieg (1792—1797) gegen den Eroberungswahn Frankreichs. Wegen Versagens der einheitlichen Führung zog sich aber Preußen 1795 durch den Sonderfrieden von Basel vom Krieg zurück. Nach wechselvollen Kämpfen unterlag dann das Reich dem auf den Wellen der französischen Revolution emporgetragenen Eroberer Napoleon I. Deutschland mußte Frankreich das linke Rheinufer preisgeben. Der unter französischem Druck 1803 zustande gekommene Reichsdeputations=Hauptschluß änderte entscheidend den Besitzstand des versinkenden Reiches. Die west= und süd= deutschen Fürsten schlossen sich Napoleon an und leisteten ihm sogar Waffenhilfe im dritten Koalitionskrieg von 1805. Noch im gleichen Jahre gründete Napoleon

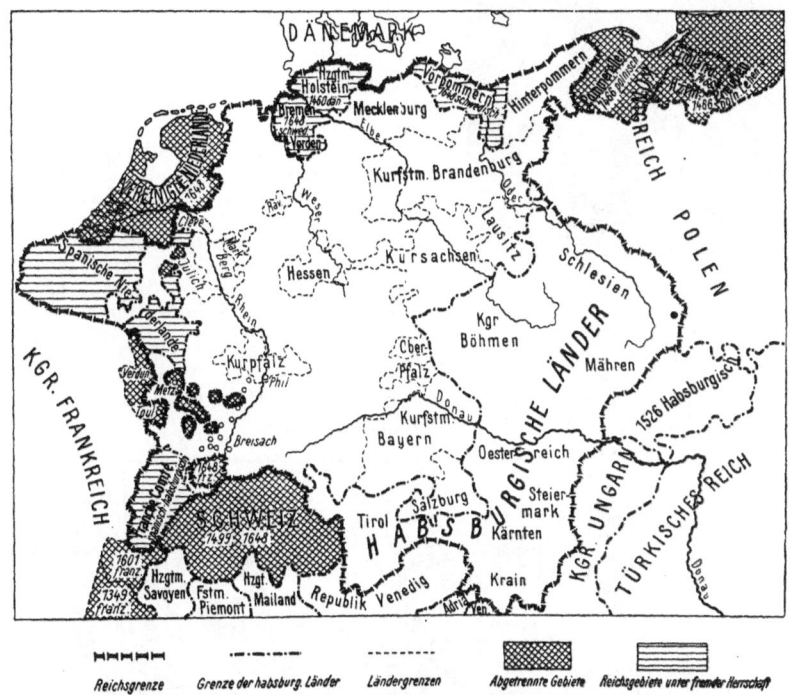

Die Zertrümmerung des Reiches nach dem 30jährigen Krieg (1648).

aus den Fürsten seiner deutschen Bundesländer das schimpfliche Gebilde des Rheinbundes (eine willenlose Hilfstruppe für Frankreich) und zwang den Deutschen Kaiser Franz II., die Kaiserkrone niederzulegen (1806). **Damit hatte das Heilige Römische Reich Deutscher Nation nach fast tausendjährigem Bestande ein unrühm= liches Ende gefunden.** Aber nicht nur das Reich war zerschlagen, sondern der Verrat der Rheinländer machte es auch Napoleon möglich, 1806/07 Preußen niederzuwerfen und damit ganz Deutschland zu seinen Füßen zu legen. So hatten die schwache Reichsführung, die Herrschsucht und Zwietracht unter den deutschen Fürsten das Volk und Reich dem fremden Eroberer ausgeliefert. Die gesamtdeutsche Aufgabe war aufgegeben. Eine Rettung Deutschlands erschien schier unmöglich!

Die Keimzelle des Zweiten Reiches.

Der Große Kurfürst.

Eine neue Macht hatte sich im alten Reich immer stärker entwickelt: **Preußen.** Aus der Mark Brandenburg, gegründet unter den Sachsenkaisern als Grenzmark gegen die slawischen Wenden, war schon unter dem Großen Kurfürster (1640—1688) ein starkes Staatsgebilde, geformt von besonderer Tüchtigkeit, geworden. Der unbedingte Lebens- und Selbstbehauptungswillen dieses Staates zeigte sich vornehmlich in der Schaffung eines st e h e n den Heeres mit einheitlicher Bekleidung (Uniform), geregelter Besoldung, Verpflegung und strenger Mannszucht. Dieses zwar kleine, aber um so wertvollere Machtinstrument in der Hand des Großen Kurfürsten verhalf ihm im Schwedisch-Polnischen Krieg zur Souveränität über das mit Brandenburg verbundene Preußen. Damit schaffte der Große Kurfürst die Voraussetzung für die Entstehung des Königreichs Preußen (1701) unter seinem Sohn Friedrich I. Dessen Nachfolger, der Soldatenkönig F r i e d r i c h W i l h e l m I. (1713—1740), schuf in einem Leben schwerer, aber für alle Zeiten maßgeblicher staatsmännischer Aufbauarbeit ein Volk, das seinem Sohne ermöglichte, aus dem kleinen Lande im Norden Deutschlands eine Großmacht zu entwickeln.

Friedrich Wilhelm I. richtete sein Hauptaugenmerk auf das Heer. Er förderte die Offizier- und Unteroffiziersausbildung durch Errichtung von Militärschulen (Kadettenkorps, Militärwaisenhaus in Potsdam). Eiserne Mannszucht hielt er für die Grundbedingung jedes Erfolges. Sein prächtiger Mitarbeiter im Heerwesen war Fürst Leopold von Anhalt-Dessau („der alte Dessauer"). Es wurden eingeführt ein einheitliches Exerzierreglement, der Gleichschritt, der Exerziermarsch, klappende Griffe und Salven. Eine besondere Freude hatte der König an den „langen Kerls" seines Potsdamer Leibregiments. — Das „Kantonreglement" wies jedem Regiment einen Rekrutierungsbezirk im Lande zu. Im wesentlichen wurden von der Rekrutierung nur Bauernsöhne und Handwerksgesellen betroffen. Obgleich dieses System noch weit entfernt war von der allgemeinen Wehrpflicht, so war

Der „Soldatenkönig" und seine „langen Kerls".
(Rechts vom König „der alte Dessauer".)

doch Preußen der erste Staat, der dem Gedanken des V o l k s h e e r e s Ausdruck gegeben hat.

Der Sohn Friedrich Wilhelms I., den schon die Zeitgenossen F r i e d r i c h d e n G r o ß e n nannten (1740—1786), ist in die Geschichte eingegangen als der

Friedrich II., der Große.
(Der „Alte Fritz".)

„königlichste Mensch und der menschlichste König". Er dankt seinen Ruhm nicht allein der Feldherrnkunst, mit der er die drei schlesischen Kriege, insbesondere den Siebenjährigen Krieg führte, sondern ebensosehr seinen genialen staatsmännischen Fähigkeiten.

Der Siebenjährige Krieg (1756—1763).

Mit ihm war ein Weltkrieg entbrannt. Gegen Friedrich standen Österreich, Rußland, Frankreich, Sachsen, Polen, später noch Schweden und das Deutsche Reich. Preußen erhielt Hilfsgelder und Hilfstruppen von England.

Friedrichs Feinde planten den Angriff für das Jahr 1757. Der preußische Einfall in Sachsen 1756, die Kapitulation der sächsischen Armee bei Pirna und der Sieg bei Lobositz über die Österreicher bedeuteten ein völlige Überraschung. Aber Friedrich rechtfertigte sich durch die Veröffentlichung der feindlichen Pläne, die er geschickterweise an sich gebracht hatte. — Das nächste Jahr brachte wechselndes Kriegsglück. Die preußischen Niederlagen von Kolin, Großjägerndorf und Hastenbeck wurden durch die Siege von **Prag, Roßbach und Leuthen** mehr als ausgeglichen. — Im Jahre 1758 errang der König die Erfolge von Krefeld und Zorndorf, mußte aber die Niederlage des Überfalls bei Hochkirch einstecken.

Das vierte Kriegsjahr war Friedrichs Unglücksjahr. Seine Truppen waren vielfach ergänzt worden; es dienten viele Ausländer, auch Angehörige der feindlichen Staaten, im Heer; die gute Schulung hatte notwendigerweise nachgelassen, manche erprobten Führer waren gefallen. So konnten sich die feindlichen Armeen vereinigen und den Preußen u. a. die schwere Niederlage von Kunersdorf beibringen. Beträchtliche preußische Heeresteile wurden bei Maxen und (zu Beginn des folgenden Jahres) bei Landshut gefangengenommen. Friedrich war aber zum Äußersten entschlossen und setzte seine ganze Energie ein. 1760 gewann er durch den Sieg von **Liegnitz** Schlesien zurück, befreite Berlin, das kurze Zeit dem Feinde gehört hatte, und konnte nach dem Siege von **Torgau** (Zieten!) auch Sachsen wieder besetzen. Trotzdem ihn ein neuer Schlag durch die Verweigerung der englischen Hilfsgelder traf, gelang es ihm, sich bis zum Jahre 1762 zu halten. (Befestigte Lager von Bunzelwitz und Strehlen.) In demselben Jahre traten Rußland und Schweden vom Kriege zurück. Die Österreicher wurden noch einmal bei Burkersdorf und die deutsche Reichsarmee bei Freiburg geschlagen. Damit hatte Friedrich gesiegt. Der **Friede von Hubertusburg** brachte 1763 Preußen endgültig in den Besitz Schlesiens.

Der große Friedrich regierte nach dem Grundsatz: „Ich bin der erste Diener des Staates!" Sein Land hatte er zur europäischen Geltung erhoben. Für viele seiner Zeitgenossen war er die Idealgestalt und verkörperte er den **deutschen** Stolz.

Der Staat der Preußenkönige war der erste, der sich nach den schweren Niederlagen, die der französische Eroberer Napoleon I. ihm, wie ganz Europa, zu Beginn des 19. Jahrhunderts zugefügt hatte (siehe S. 11), e r f o l g r e i c h erhob. Trotzdem Preußen 1806/07 (bei Jena, Auerstedt und Preußisch-Eylau) entscheidend geschlagen und durch den Frieden von Tilsit in eine katastrophale Lage gebracht worden war, war es ihm aber 1813 schon möglich, den **Freiheitskampf** zu beginnen.

Der Freiheitskrieg war durch große Reformen auf allen Gebieten vorbereitet worden. Die innerpolitische Umgestaltung des Staatswesens leiteten die Minister vom Stein und später Hardenberg, die Reorganisation des Heeres Scharnhorst und Gneisenau, Männer wie Turnvater Jahn, Fichte, Schleiermacher, Ernst Moritz Arndt und Max von Schenkendorf suchten unter den Volksgenossen den Freiheitsdrang zu wecken und den nationalen Gedanken zu stärken. Das ganze Reformwerk floß aus einem einheitlichen Geist.

Der **Heldenkampf Österreichs** von 1809 und isolierte Versuche, das Joch des Bedrückers abzuschütteln, wie z. B. der **Schillsche Aufstand 1809** (Erschießung der Offiziere zu Wesel!) und der Freiheitskampf Tirols im gleichen Jahre (Andreas Hofer!), scheiterten an der Übermacht. Trotz des österreichischen Sieges bei Aspern über die gewaltige Armee Napoleons unterlag es der Übermacht bei Wagram und wurde erneut verstümmelt und mißhandelt. **Unvergessen müssen allen Deutschen jene Erfahrungen bleiben, da trotz aller Entschlußkraft und allem Heldentum nur sorgfältige Vorbereitung und gemeinsames Vorgehen den Endsieg sichern können!** — Erst der Zug Napoleons nach Rußland im W i n t e r 1812 brachte den Wendepunkt. Obgleich Preußen Napoleon ein Hilfskorps gegen die Russen hatte stellen müssen, rüstete man in Preußen fieberhaft für den Tag der Freiheit. Als die „Große Armee" Napoleons im russischen Winter umkam, schloß General Yorck, der Führer des preußischen Hilfskorps, eine Konvention mit den Russen zu Tauroggen, nach welcher die preußischen Truppen sich aus dem Verband des französischen Heeres lösten. Die Tat Yorcks gab das Signal zum Freiheitskampf. Österreich wurde durch ein Bündnis gewonnen. Ein Volksheer stand auf, wie es selbst die kühnsten Reformer nicht erwartet hatten.

Die Siege bei Großbeeren, an der Katzbach (Blücher!), bei Dennewitz und Wartenburg (York!) und die **Völkerschlacht bei Leipzig** öffneten dem deutschen Heer den Weg nach Paris und brachten die langersehnte Freiheit. — Doch die Hoffnung der deutschen Bürger und Patrioten, daß aus der allgemeinen Begeisterung der Freiheitskriege ein neues Reich erstehen würde, erfüllte sich nicht; selbst das alte Kaiserreich lebte nicht wieder auf. Statt dessen schufen die deutschen Fürsten auf dem Wiener Kongreß (1815) den locker gefügten Deutschen Bund, der alle deutschen Staaten unter dem Vorsitz Österreichs vereinigte. Der in Frankfurt/M. tagende Bundestag enttäuschte die Erwartungen und war vielfach ein Werkzeug für die Sonderwünsche des a m t l i c h e n Österreich. Zu diesem gehörten auch außerdeutsche Länder, während Preußen, als der nächstgrößte Staat, das größte Interesse an einer gesunden d e u t s c h e n Politik hatte. Daher begann Preußen, die anderen deutschen Staaten enger an sich zu ziehen, und schuf 1833 eine wirtschaftliche Einigung durch die Gründung des „preußischen" (und 1866 „deutschen") Zollvereins. Er beseitigte die Zölle zwischen den deutschen Staaten. Auch sonst wuchs der Einfluß Preußens immer mehr, insbesondere seit B i s m a r c k (1862) die Geschicke des preußischen Staates lenkte. Er verfolgte neben der preußischen eine w a h r h a f t d e u t s c h e P o l i t i k . Der D e u t s c h = D ä n i s c h e Krieg 1864 (Erstürmung der Düppeler Schanzen) brachte ihm die ersten Erfolge. Die Voraussetzung für die deutsche Einigung wurde jedoch erst durch den K r i e g v o n 1866, der den Machtkampf zwischen Preußen und Österreich entschied, geschaffen. Preußen übernahm die Führung. Es gründete 1867 den N o r d d e u t s c h e n Bund, der alle norddeutschen Staaten umfaßte, und schloß mit den süddeutschen Staaten Schutz= und Trutzbündnisse.

Als **1870** Napoleon III. unter nichtigem Vorwand Preußen den Krieg erklärte, standen alle deutschen Staaten geschlossen hinter Preußen. Durch die glänzenden Siege von W ö r t h, Spichern, Vionville=Mars=la=Tour, Gravelotte, **Sedan** und der Einnahme von Paris wurde Frankreich niedergeworfen (Moltke!) und ihm trotz seiner Kriegsschuld ein ehrenvoller und milder Friedensschluß gewährt. Während die vereinigten deutschen Armeen die Festung Paris zur Übergabe zwangen, wurde im Spiegelsaale von Versailles durch die Kaiserproklamation am 18. Januar 1871 die Gründung des neuen „zweiten" Deutschen Reiches vollzogen und damit der schönste Siegeslorbeer an die deutschen Fahnen geheftet.

Das Zweite Reich.

Das Zweite Reich gründete sich auf einem Bund der deutschen Fürsten und umfaßte 27 deutsche Staaten. **Es schuf die beste Armee der Welt.** Es erwarb ein ausgedehntes Kolonialreich (siehe S. 19) und holte damit nach, was früher versäumt worden war. Zum Schutz seiner Interessen baute es eine machtvolle Flotte, die die deutsche Flagge über den ganzen Erdball trug. Die Tüchtigkeit und der Fleiß des deutschen Volkes trugen nicht weniger dazu bei, daß Deutschland eine führende politische und wirtschaftliche Macht ersten Ranges in Europa wurde. Diese Stellung war vielen neidischen Staaten ein Dorn im Auge und sie begannen, Deutschland durch ihre geheime Diplomatie (Jude, Jesuit, Freimaurer!) einzukreisen. So standen vor 1914 Deutschland gegenüber: Frankreich, das Revanche wollte, mit dem Ziel, den Rhein als Grenze zu haben; England, das seine Weltmachtstellung gefährdet glaubte, mit dem Ziel, die deutsche Wirtschaft und den Handel zu zerschlagen; Rußland, das die Vorherrschaft auf dem Balkan

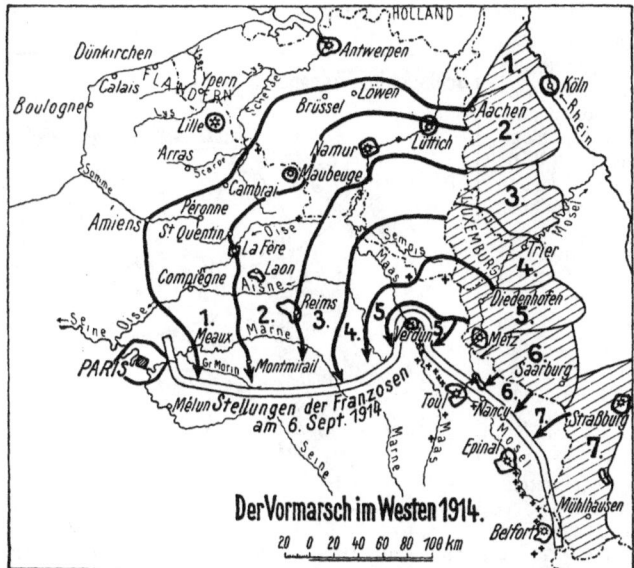

erstrebte, mit dem Ziel, in den Besitz der Dardanellen zu kommen. Deutschland dagegen stand an der Seite des morschen Habsburger Staates und war in der Hauptsache auf sich selbst angewiesen. Trotz der verschiedenen friedlichen Lösungsversuche und trotz der ausgesprochenen Friedensliebe des Deutschen Kaisers und des deutschen Volkes konnte aber schließlich Deutschland den Ausbruch des Weltkrieges nicht verhindern.

Der Weltkrieg.

Den **äußeren Anlaß** gab die von der politischen Freimaurerei betriebene Ermordung des österreichischen Thronfolgerpaares in Serajewo (Serbien) am 28. Juni 1914. Österreich forderte von Serbien volle Genugtuung. Dieses, gestützt auf Rußland, gab ausweichende Antworten. Als ein österreichisches Ultimatum von Serbien völlig unbefriedigend beantwortet wurde, erfolgte am 28. Juli 1914 die österreichische Kriegserklärung an Serbien.

Alle Friedensbemühungen des Deutschen Kaisers blieben erfolglos. Der Krieg war bei der Entente beschlossene Sache, Deutschland war eingekreist und auf Leben und Tod bedroht.

Man hatte Deutschland in den gefährlichen **Zweifrontenkrieg** manövriert; denn durch einen solchen hoffte man, das schlagkräftige deutsche Heer niederzuzwingen. Für den Zweifrontenkrieg war vom deutschen Generalstab (Graf von Schlieffen!) ein Plan vorgesehen, nach dem im Westen eine schnelle Entscheidung herbeizuführen war, während man sich im Osten zunächst auf die Abwehr beschränkte.

Verlauf: Der wuchtige Stoß **im Westen** führte die deutschen Armeen in glänzendem Siegeslauf bis dicht vor Paris. In einer Entfernung von nur 30 km vor Paris fing die große Marneschlacht im September 1914 den deutschen

Vormarsch auf. Trotz des deutschen Sieges mußte der bedrohte rechte Flügel in immer länger werdender Linie zurückgenommen werden. Es begann der „Wettlauf zum Meere", der Mitte Oktober beendet war. Damit erstarrte der Bewegungskrieg im Stellungskrieg in langausgezogener Front.

Die inzwischen in **Ostpreußen** eingefallenen Russen hatten dort furchtbar gehaust. In den Schlachten von Tannenberg und an den Masurischen Seen (Mitte September) wurden sie von Hindenburg und Ludendorff vernichtend geschlagen und über die deutsche Grenze zurückgetrieben. Schon aber erfolgte der Vorstoß der russischen Hauptmacht gegen Posen und Schlesien (russische Dampfwalze!). Er wurde trotz gewaltiger Übermacht aufgehalten und die Russen im Februar 1915 durch die „Winterschlacht in Masuren" abermals vernichtend geschlagen. Im weiteren Verlauf des Krieges trugen die

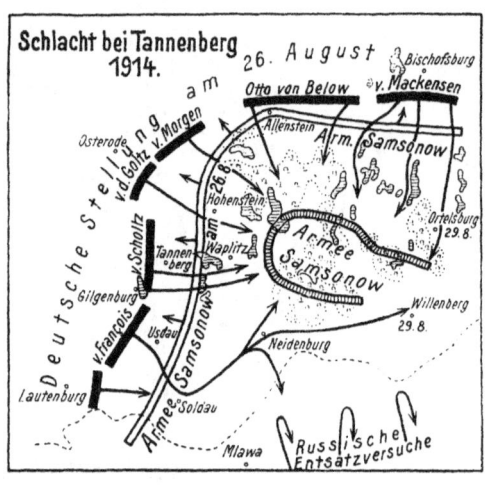

deutschen Angriffe die Front bis Ende 1915 tief nach Rußland hinein, wo sie im Westen im Stellungskrieg erstarrte.

Im gleichen Jahre trat **Italien** zu unseren Feinden über. Sein Versuch, am Isonzo durchzubrechen, wurde in 11 blutigen Schlachten zunichte gemacht und im Oktober 1917 seine Front bis zur Piave zurückgeworfen. Hier konnten sich die Italiener nur mit Hilfe ihrer Verbündeten bis zum Schluß halten.

In dieser Zeit gestalteten sich die deutschen Offensiven in **Serbien** (Herbst 1915) und in **Rumänien** (Herbst 1916) zu glänzenden Siegeszügen (Heeresgruppe **Mackensen**). Aber auch sie brachten keine Entscheidung.

Währenddessen wurde im Westen auf beiden Seiten der Durchbruch versucht und hartnäckig gekämpft, so bei Verdun, an der Somme und in Flandern.

In den **Kolonien** führten kleine Truppenverbände heldenhafte Kämpfe gegen eine erdrückende Übermacht. In Deutsch-Ostafrika konnte sich eine tapfere Schar unter General von Lettow-Vorbeck bis zum Schluß halten.

Die deutsche Flotte errang am 31. Mai 1916 in der größten Seeschlacht aller Zeiten am **Skagerrak** unter Führung der Admirale **Scheer** und **Hipper** einen ruhmvollen Sieg über die für unüberwindlich gehaltene englische Flotte. — Das

Generalfeldmarschall v. **Mackensen**, Chef des Kav. Rgt. 5.

ostasiatische Kreuzergeschwader unter Admiral Graf Spee, einzelne Kreuzer (z. B die „Emden") und die Unterseeboote erwarben unvergänglichen Ruhm auf kühnen Fahrten.

England mit seiner Riesenflotte benutzte das Mittel der **Blockade**, um Deutschland auszuhungern, während Deutschland den uneingeschränkten U-Bootkrieg dagegen zur Anwendung brachte. Da auch Amerika auf seiten der Entente in den Krieg eintrat, wurde das Mittel der Aushungerung eines Volkes zum kriegsentscheidenden. Zwar wurde Rußland durch die dauernden Niederlagen

Hugo Vogel.

Generalfeldmarschall von Hindenburg, Chef des Generalstabes des Feldheeres seit 1916, und sein 1. Generalquartiermeister **General der Inf. Ludendorff.**

und durch die doppelte Revolution von 1917 gezwungen, den Frieden von Brest-Litowsk zu schließen, doch war eine gesamte Kriegsentscheidung noch nicht gefallen. Noch einmal holte das siegreiche deutsche Heer im Westen zum großen Schlage aus und drang im Frühjahr 1918 in glänzendem Angriff bis zur Marne vor. Der entscheidende Punkt, Reims, konnte aber nicht genommen werden, da die frischen Massen der amerikanischen Regimenter die Offensive zum Stillstand brachten. Trotz der ungeheuren Übermacht an Menschen und Material wehrte das deutsche Feldheer in stummer, selbstverständlicher Pflichterfüllung alle feindlichen Angriffe ab, bis es am 9. November 1918 den Dolchstoß in den Rücken durch die jüdisch-marxistische Revolution in der Heimat erhielt. Damit war der Krieg zugunsten der Feindmächte entschieden.

Die Niederlage hatte in der Hauptsache dreierlei Ursachen: Zum ersten lag sie an dem nicht abwendbaren Umstand, daß den Feindmächten unversiegbare Hilfsquellen zuflossen, während Deutschland und die Mittelmächte auf sich allein gestellt waren; zum zweiten lag sie an dem Versagen der deutschen politischen Führung, vor allem innerpolitisch gegenüber den durch eine Revolution nach Macht strebenden marxistischen Parteien; zum dritten lag sie an dem Verrat des Habsburger Kaisers, der schon während des Krieges hinter dem Rücken Deutschlands den Feindmächten Zugeständnisse machte und schließlich im Oktober 1918 Deutschland das Bündnis kündigte in dem Glauben, dadurch den Zerfall des Habsburger Staates verhindern zu können.

Nachdem die Donaumonarchie die Waffen gestreckt und die marxistisch=kommunistische Revolution den Sturz des Kaiserhauses in Deutschland herbeigeführt hatte, schlossen die Machthaber der Revolution am 11. November 1918 unter nie dagewesenen Bedingungen einen Waffenstillstand. Ihm folgte am 28. Juni 1919 das Friedensdiktat von Versailles und für Deutschösterreich am 10. September 1919 das Staatsdiktat von St. Germain.

Wenn auch das deutsche Heer um den Endsieg betrogen wurde, so steht es doch als das ruhmreichste aller Heere vor der Weltgeschichte. In Hunderten von Schlachten ist es siegreich geblieben. Seine Waffenehre ist rein. Daher konnte der Führer und Reichskanzler im Jahre 1933 der Welt zurufen:

„**Das deutsche Volk ist sich dessen bewußt, daß kein Krieg kommen könnte, der uns jemals mehr Ehre geben würde, als wir sie im letzten erworben haben. Denn es ist mehr Ehre, einer Übermacht viereinhalb Jahre ehrenvoll, tapfer und mutig standzuhalten, als es Ehre war, mit zwanzig einen zu besiegen.**"

Reichsehrenmal Tannenberg.

Hier ruht Reichspräsident, Generalfeldmarschall von Hindenburg, neben dem „Unbekannten Soldaten" seiner siegreichen Armee.

Das Friedensdiktat von Versailles.

Dem von der Revolutionsregierung in unglaublicher Leichtfertigkeit abgeschlossenen Waffenstillstand war von der Feindseite her die Verkündung der **14 Punkte Wilsons**, des Präsidenten von USA., vorausgegangen, die eine so traurige Berühmtheit erlangten. Sie wirkten sich für die Mittelmächte, vor allen Dingen für das deutsche Volk, als ein nie dagewesener Betrug aus. Schon die **Bedingungen des Waffenstillstandes** zeigten, daß keine Rede mehr war von Völkerversöhnung und Gerechtigkeit, unter dessen Voraussetzung Wilson der Welt den Frieden versprochen hatte. Im großen gesehen, wurde von Deutschland gefordert und von den damaligen Machthabern erfüllt: Auflösung aller Streitkräfte; Auslieferung des Kriegsmaterials; sofortige Räumung der besetzten Gebiete, des linken Rheinufers und einer Zone von 10 km rechts des Rheins; sofortige Freigabe der Kriegsgefangenen (kein Austausch, die Deutschen blieben in der Gefangenschaft!); die Unterhaltung der feindlichen Besatzungsarmeen.

Der Waffenstillstand wurde jeweils nur für einen Monat gewährt, um bei der Verlängerung neue Zugeständnisse erpressen zu können. So z. B. mußte die gesamte deutsche Hochseeflotte ausgeliefert werden, um eine Milderung der Hungerblockade zu erreichen.

Das Bekanntwerden der **Bedingungen des Friedensdiktats** löste einen Schrei des Entsetzens im deutschen Volke aus. Sie atmeten Haß, Eroberungssucht, Knebelung, Vernichtung! Auf Einwendungen Deutschlands wurde erklärt, daß es Sache der „Sieger" sei, Frieden zu diktieren.

Schmerzlich erkannte das deutsche Volk, daß es betrogen worden war! Die Armee war aufgelöst, Deutschland mußte bedingungslos kapitulieren.

Verlust an Land und Volk in Europa.

Insgesamt wurde ein Gebiet von etwa 71 000 qkm mit 6 500 000 Einwohnern vom deutschen Vaterlande losgerissen (s. Bild S. 21)*). Es fielen im einzelnen:

Elsaß-Lothringen mit 14 500 qkm und 1 870 000 Einwohnern an Frankreich,

die Bezirke **Eupen-Malmedy** und **Moresnet** mit 1035 qkm und 60 000 Einwohnern an Belgien,

Nordschleswig mit 4000 qkm und 166 000 Einwohnern an Dänemark,

das **Memelland** mit 2650 qkm und 140 000 Einwohnern zunächst an eine internationale Verwaltung, die von Frankreich durchgeführt wurde, dann an Litauen,

die Stadt **Danzig** mit 1900 qkm und 330 000 Einwohnern als freie Stadt an den Völkerbund — mit wirtschaftlicher Unterstellung unter Polen,

die Provinzen **Posen, Westpreußen** und **Teile von Ostpreußen, Schlesien** und **Pommern** mit 46 000 qkm und 3 850 000 Einwohnern an Polen,

das **Hultschiner Ländchen** (südlichster Teil Oberschlesiens, links der Oder) mit 315 qkm und 48 500 Einwohnern an die Tschecho-Slowakei,

das **Saargebiet** erhielt eine vom Völkerbund ernannte Regierung; seine Kohlengruben wurden Frankreich für 15 Jahre zur Ausbeutung zugewiesen. Nach dieser Zeit konnten sie von den Deutschen zurückgekauft werden. Im Jahre 1935 sollte die Bevölkerung abstimmen, ob das Saarland mit Deutschland oder Frankreich vereinigt werden sollte. (Die 1935 durchgeführte Abstimmung ist mit 90,8 % zugunsten Deutschlands ausgefallen, wodurch das Saarland wieder zur Heimat zurückgekehrt ist.)

Verlust an überseeischen Besitzungen.

Aller Kolonien mit einer Gesamtgröße von 2,95 Millionen qkm und einer Einwohnerzahl von 12,5 Millionen wurde Deutschland beraubt. Man bezeichnete Deutschland als kolonisationsunfähig, was jeder Wahrheit ins Gesicht schlägt, und vergab seine Kolonien als Mandate an fremde Staaten. Es erhielten:

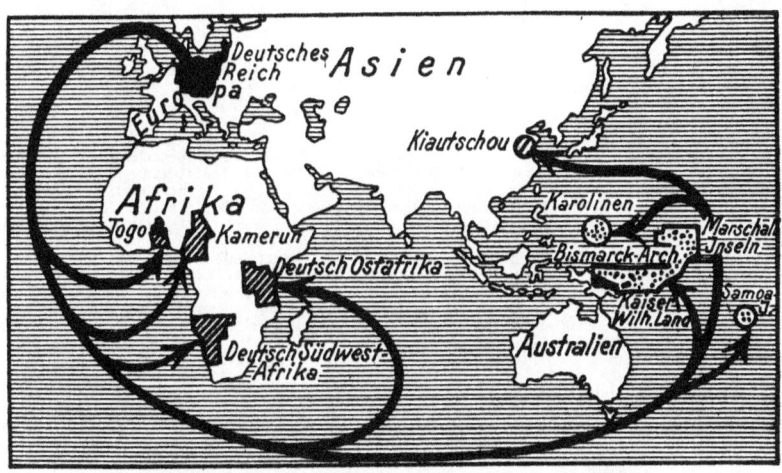

Deutscher Kolonialverlust durch das Friedensdiktat.

Deutsch-Ostafrika: England,
Deutsch-Südwestafrika: die Südafrikanische Union,
Togo und Kamerun: England und Frankreich,
Kiautschou: Japan, später China,
die Besitzungen in der Südsee: Australien, Japan und Neuseeland.

Durch die Beraubung der Kolonien verlor Deutschland:

Absatzgebiete für: Erzeugnisse aller Industriearten (insbesondere Metallwaren, Baustoffe und Farben), Steinkohlen, Arzneien, Nahrungs- und Genußmittel;

Einfuhrgebiete für: Kaffee, Kakao, Holz, Fette, Öle, Kautschuk, Wolle, Häute, Felle, Kupfer, Blei, Diamanten, Nahrungs- und Genußmittel;

Stützpunkte des deutschen Handels, wodurch die Stellung Deutschlands als Welthandelsmacht außerordentlich erschwert ist.

---

*) Die Zahlen sind entnommen aus: W. Winkler, „Statistisches Handbuch für das gesamte Deutschtum", Berlin 1927, S. 28 ff.

Verlust durch „Reparations"leistungen.

Die Kriegsschulden hatten das Wort „Wiedergutmachung" (= Reparation) beigelegt bekommen. Ihre Summe war ursprünglich auf 132 Milliarden Goldmark festgesetzt, eine Schuld, die sich kaum vorstellen läßt! Daneben stimmte sie mit der Berechnung von deutscher Seite aus, die 30 Milliarden für alle Kriegsschäden ergab, in keiner Weise überein.

Eine Regelung der Reparationen und ihres Problems erfolgte zunächst durch das Londoner Protokoll von 1924, in dem sich Deutschland von 1928 ab zu jährlichen Zahlungen von 2½ Milliarden Goldmark zu verpflichten hatte. Nachdem sich die Lasten als unerträglich erwiesen hatten, wurde auf der Haager Konferenz von 1929 eine Regelung getroffen, derzufolge Deutschland bis zum Jahre 1966 durchschnittlich jährlich etwa 2,05 Milliarden, von 1967—1985 1,6 Milliarden und von 1986—1988 900 Millionen Goldmark zu leisten hatte. Danach hätte das deutsche Volk, wenn es ihm nicht gelungen wäre, diese Fessel zu sprengen, länger als ein halbes Jahrhundert „Wiedergutmachungs"zahlungen leisten müssen.

Schließlich begannen die ehemaligen Feindbundstaaten, nachdem sie spürten, daß der Ruin der deutschen Wirtschaft auch ihr Wirtschaftsleben zu erschüttern begann, einsichtsvoller zu werden. Im Jahre 1932 wurden durch Verhandlungen in Genf die Kriegsschulden zwar formell erlassen, aber ein Teil in Privatschulden umgewandelt.

Verlust an staatlichen Hoheitsrechten.

Das linke Rheinufer und die rechtsrheinischen Brückenköpfe Köln, Koblenz und Mainz wurden auf die Dauer von 5 bis 15 Jahren feindlicher Besatzung unterstellt. Das linke Rheinufer und ein Streifen von 50 km rechts des Rheins wurden als entmilitarisiertes Gebiet erklärt. Deutschland mußte die allgemeine Wehrpflicht abschaffen und durfte nur ein langdienendes Freiwilligenheer von 100 000 Mann und eine Marine von 15 000 Mann halten. Dieses kleine Machtinstrument wurde daneben in der Bewaffnung usw. in unsinnige Fesseln geschlagen. So z. B. waren ihm Reserven aller Art, die schwere Artillerie, die Luftwaffe und alle modernen Waffen verboten.

Zur Beaufsichtigung des deutschen Finanzwesens war der vorwiegend aus Ausländern bestehende „Wiedergutmachungsausschuß" ins Leben gerufen, dem das deutsche Wirtschaftsleben auf Gedeih und Verderb ausgeliefert war.

Der Verlust an Hoheitsrechten ging sogar so weit, daß Deutschland jenes Schanddiktat über seine Verfassung stellen mußte (Art. 178 der Reichsverfassung vom 11. August 1919).

Besudelung der Ehre (Kriegsschuldlüge).

Im Artikel 231 des Diktats mußte Deutschland die Alleinschuld am Weltkrieg anerkennen. (Über wirkliche Schuld siehe S. 15.) Auf dieser unerhörten Behauptung und gemeinen Lüge baute sich vorwiegend die Vergewaltigung und Versklavung Deutschlands auf. Der Feindbund aber brauchte eine solche Festlegung, um vor der Welt das Schanddiktat als gerechtfertigt erscheinen zu lassen. Allerdings ist die Weltmeinung schon gleich nach dem Kriege eines besseren belehrt worden; ja selbst aus den eigenen Reihen der Feindbundstaaten haben sich Stimmen dagegen ausgesprochen. In allererster Linie aber lehnt das deutsche Volk jenes auf schamlose Weise erpreßte Geständnis auf das entschiedenste ab. Der Reichspräsident, Generalfeldmarschall von Hindenburg, gab deshalb gegenüber der ganzen Welt folgende Erklärung ab: „Die Anklage, daß Deutschland schuld sei an dem größten aller Kriege, weisen wir, weist das deutsche Volk in allen seinen Schichten einmütig zurück. Nicht Neid, Haß oder Eroberungssucht gaben uns die Waffen in die Hand. . . . Deutschland ist jederzeit bereit, dies vor unparteiischen Richtern nachzuweisen." Auch der ehemalige Deutsche Kaiser hat sich zur Verfügung gestellt, daß die Frage seiner angeblichen Kriegsschuld vor einem unparteiischen Gericht nachgeprüft würde. Aber nichts ist von der Feindseite aus geschehen.

Um dieses schamlose Lügengebilde für immer zu zerreißen, hat der Führer und Reichskanzler in seiner großen Rede vom 30. Januar 1937 die deutsche Unterschrift unter diesem sowie allen anderen Artikeln, die eine Besudelung der Ehre des deutschen Volkes darstellten, vor der ganzen Welt feierlichst zurückgezogen und somit die Ehre des deutschen Volkes auch auf diesem Gebiet wiederhergestellt. Wenn auch damit und durch die anderen Taten des Führers die Fesseln von Versailles heute abgestreift sind, so harrt aber die Kolonialfrage noch der Lösung.

Das Staatsdiktat von St. Germain.

Nachdem das Habsburger Kaiserreich 1918 auseinandergefallen war, meldeten seine Völker im Vertrauen auf die Worte Wilsons ihr Selbstbestimmungsrecht bei dem Feindbunde an. So auch Deutschösterreich. In der Nationalversammlung am 12. November 1918 erklärte sich Deutschösterreich als ein Bestandteil des Deutschen Reiches. Es gab keinen volksbewußten Österreicher, der diesem Gesetz nicht freudig seine Zustimmung erteilt hatte. Die Nachricht von dieser eindeutigen Willenserklärung versetzte die „Friedensdelegation" in Paris, die weniger darauf ausging, Frieden zu bringen, als Rechtsbeugungen zu begehen und Vorherrschaften zu garantieren, in größten „Schrecken". Ein Anschlußverbot wurde erzwungen und nicht einmal seinen selbstgewählten Namen „Deutschösterreich" durfte dieses deutsche Land behalten. Trotz allen Einwendungen konnte es seinem, ihm zugedachten Schicksal nicht entgehen. Es wurde zum selbständigen Staat und zur „Republik Österreich" erklärt. Zugleich bekam es weite Gebiete, trotzdem sich diese als Bestandteile Deutschösterreichs erklärt hatten, entrissen. Im einzelnen traten:

die Sudetenländer mit 26 700 qkm und 3 237 000 Einwohnern, davon 3 171 000 Deutsche an die Tschecho-Slowakei,

das Ödenburger Land (Deutsch-Westungarn) auf Grund beeinflußter Volksabstimmung an Ungarn,

die **Steiermark** mit 6000 qkm und 75 000 Deutschen an Jugoslawien,
das **Miestal** an Jugoslawien,
das **Kanaltal** an Italien,
das **deutsche Südtirol** mit 7735 qkm und 224 650 Deutschen an Italien.

Dies nicht allein! Die am 10. September 1919 nach St. Germain bestellte deutschösterreichische Delegation fühlte in dem schwülen Verhandlungssaal zu deutlich, wie alter Haß den Augenblick der Rache am zusammengebrochenen Gegner genoß. Nicht zuletzt sind die Worte des französischen Staatsmanns Clemenceau, der bereits durch den Ausspruch: „Es sind 20 Millionen Deutsche zuviel auf der Welt!" in Deutschland sehr „berühmt" geworden war, auch hier bezeichnend geworden. Als nämlich die Deutschösterreicher den Versammlungssaal betraten, der einst als völkerkundliches Museum diente, wurde Clemenceau auf die Überschrift über der Türe aufmerksam gemacht. Sie lautete: „Ausgestorbene Völker und Rassen."; der französische Staatsmann Clemenceau antwortete darauf höhnisch lachend: „Das paßt ja ausgezeichnet für die Herren Österreicher." So setzten die „Friedensbringer" von damals, die sich zur Schaffung eines ewigen Friedens (Völkerbund) berufen fühlten, die Völkerversöhnung und Gerechtigkeit in die Tat um! Was sie gebracht haben, lehrt die nachfolgende Geschichte bis zur Gegenwart.

Entrechtung Deutschlands durch Friedensdiktate.

Wenn das Erste Reich durch die schwache Reichsführung, den Verrat von Fürsten und ihrer Zwietracht zum Untergang verurteilt worden war (siehe S. 11), so hatte das Zweite Reich seinen Niedergang fast den gleichen Ursachen zuzuschreiben; an Stelle der Uneinigkeit der Fürsten war nur eine noch schwerere Krankheit, die Uneinigkeit des Volkes in Gestalt der marxistischen Parteien getreten. Auch im ganzen ähnelte die Lage des Zweiten Reiches der des Ersten nach dessen Niederwerfung durch Napoleon.

Das Zwischenreich von Weimar.

Die Folgen der Revolution und des Versailler Diktates brachten Deutschland dem Kriegsziele der ehemaligen Feindbundmächte nahe: dem Chaos und dem Ende. Die Reparationsleistungen an Geld- und Sachwerten waren so ungeheuerlich, daß in den ersten Jahren nach dem Kriege eine Inflation von kaum vorstellbarem Ausmaß entstand und das Volk in namenloses Elend gestürzt wurde.

Außenpolitisch verfolgten die Franzosen ihr altes Ziel: das von ihnen besetzte linke Rheinufer, einschließlich der Brückenköpfe Mainz, Koblenz und Köln, doch noch unter ihre Herrschaft zu bringen. Sie duldeten oder unterstützten die Bestrebungen der Separatisten, die eine „Rheinische Republik" anstrebten, und besetzten anfangs 1923 unter nichtigem Vorwand das Ruhrgebiet. Obwohl die damalige Regierung diesem unverschämten Rechtsbruch den passiven Widerstand (= Generalstreik) entgegensetzte, den sie aber später aufgab, deckte sie nicht die aktive Abwehr vaterlandstreuer deutscher Männer. So war es möglich, daß z. B. **Leo Schlageter** von den Franzosen zum Tode verurteilt und erschossen werden konnte. Für die Bevölkerung brachte der Ruhreinfall die allerschwersten Jahre. Daß schließlich die Abtrennungsversuche doch scheiterten, ist allein der Treue der Rheinländer zum Volk und Reich zu danken.

Trotz aller Mißachtung und Schande, die man Deutschland zufügte, trieben die schwachen Regierungen eine sogenannte Erfüllungspolitik. Sie bestand in der Ausschöpfung des Volkes bis zum Weißbluten und in der restlosen Abhängigmachung des Reiches vom Ausland. Das Volk verarmte von Jahr zu Jahr mehr. Ein Heer von über 7 Millionen Arbeitsloser entstand. Schiebungen und versklavende Judenherrschaft waren an der Tagesordnung. Dazu hatte die Weimarer Verfassung den schrankenlosen Parlamentarismus und damit den „K a m p f a l l e r g e g e n a l l e" eingeführt. Regierung folgte auf Regierung, die Parteien kämpften auf den Straßen gegeneinander, der Kommunismus wurde mit jedem Jahr gefährlicher, das Parlament in seiner Ohnmacht lächerlicher und das Volk immer verzweifelter. Als im Jahre 1932 schließlich die große Staatskrise eintrat, auf die die hemmungslose Parteiwirtschaft hinsteuern mußte, war es offensichtlich, daß das E n d e d e s Z w i s c h e n r e i c h s gekommen war.

Nur die Wehrmacht hielt sich durch die zielbewußte und weitblickende Führung ihrer obersten militärischen Befehlshaber von dem allgemeinen Verfall fern. Ihrem Wesen widersprach das parlamentarische Geschwätz. In den Revolutionsjahren rettete sie in stummer Pflichterfüllung, unterstützt durch die F r e i k o r p s, den Bestand des Reiches vor der bolschewistischen Gefahr im Nordosten (Baltikum: 35 000 tote deutsche Freiheitskämpfer) und in den folgenden Jahren schuf sie in entbehrungsreicher Aufbauarbeit eine Keimzelle für eine größere Zukunft unseres Vaterlandes. Ihre politische Zurückhaltung, ihr Festhalten an der Überlieferung der ruhmreichen alten Armee und die selbstverständliche, soldatische Pflichterfüllung hat es ihr ermöglicht, dann im Jahre 1933 der Grundstock zu werden für das neue deutsche Volksheer.

von Gaza und Binz

Generaloberst von Seeckt †
Chef der Heeresleitung von 1921—1926,
Schöpfer des Reichsheeres,
1936 Chef des Infanterie-Regiments 67.

Das Dritte Reich (Großdeutschland).

Im Jahre 1919 hatte der Frontkämpfer **Adolf Hitler**, anknüpfend an das heldische Soldatentum und das Erlebnis im Kriege, entgegen allen damaligen Strömungen ein Programm aufgestellt, das im großen gesehen, die **Schaffung eines einigen deutschen Volkes und die Gründung eines starken, sauberen Nationalstaates zum Inhalt hatte.** Zur Verwirklichung dieses Zieles schuf er die Nationalsozialistische Deutsche Arbeiterpartei (NSDAP.). Schon im Herbst 1923, als in Deutschland das Chaos herrschte, versuchte Adolf Hitler durch eine T a t das verblendete und verführte deutsche Volk emporzureißen. Der „Schicksalsmarsch" am 9. November 1923 durch München sah den Führer neben Ludendorff und Göring an der Spitze. Die „Schüsse an der Feldherrnhalle" machten jedoch dem kühnen Versuch der Befreiung ein jähes Ende. Das Blut der Toten und der Geist des Führers, den auch die Festungsmauern von Landsberg nicht zu zermürben vermochten, entfachten eine Bewegung, die sich wie ein loderndes Feuer von Ort zu Ort fortpflanzte und in allen männlichen Herzen einen unbändigen Freiheits= willen entzündete.

Als um die Jahreswende 1932/33 das Weimarer Reich in seinen Fugen krachte und der Bolschewismus bereits den letzten Marschbefehl zur Eroberung der Macht in Deutschland gegeben hatte, wurde Adolf Hitler am 30. Januar 1933 vom Reichspräsidenten von Hindenburg zum Reichskanzler berufen. Mit diesem Tage beginnt ein neuer Abschnitt der deutschen Geschichte, der **Zeitabschnitt des „Dritten Reiches"**.

Nach einem Orig.-Gemälde von Prof. O. Seeck, Berlin (Verlag F. E. Wachsmuth, Leipzig).

Die feierliche Geburtsstunde des Dritten Reiches in der Garnisonkirche zu Potsdam.

In der Reichstagswahl vom 5. März 1933 gab das deutsche Volk dem neuen Kanzler das erste, große Vertrauensvotum. Der 21. März 1933, der Tag von Potsdam, war die feierliche Geburtsstunde des Dritten Reiches und der Beginn seiner nationalen Einheit, seiner Freiheit und seiner Würde.

Zielbewußt, tatkräftig und weitschauend griff die neue Staatsführung zu. Die von ihr und der NSDAP. zur Säuberung von Staat und Volk durchgeführte **nationalsozialistische Revolution** vollzog sich mustergültig und diszipliniert, ohne jedes Blutvergießen und ohne die üblichen zerstörenden Revolutionserscheinungen. Die Revolution bedeutete eine Wohltat für das deutsche Volk; denn sie fegte mit eisernem Besen das undeutsche, skrupellose, korruptive System des Weimarer Reiches hinweg und legte den Grundstock für den Aufbau eines großen, starken und selbstbewußten, deutschen Volksstaates.

Es ist nicht möglich, die gewaltige Aufbauarbeit, die unerhörten Leistungen und Erfolge der neuen Staatsführung hier annähernd zu streifen. Nur einige Marksteine der Leistung unseres Führers, von denen jeder einzelne das Leben

— 24 —

und die Arbeit eines großen Staatsmannes wert ist, seien erwähnt; so z. B. die Abwendung der bolschewistischen Gefahr, die Vernichtung des Marxismus und Kommunismus, die Vereinheitlichung des Reiches, die Aufhebung der Vorherrschaft der Juden, die Beseitigung der Arbeitslosigkeit, die Schaffung eines deutschen Sozialismus (Winterhilfswerk, Kraft durch Freude, Tag der deutschen Arbeit), die Gleichschaltung des deutschen Menschen und die ungeahnten außenpolitischen Erfolge.

Auf der Abrüstungskonferenz 1933 wollte man Deutschland der im Jahre vorher zugestandenen **Gleichberechtigung** wieder berauben und den Zustand der „Sieger" und „Besiegten" erneut für alle Zeit festlegen. Deutschland sollte eine Nation zweiter Klasse bleiben! Dieser Demütigung kam der Führer zuvor. Deutschland verließ die Abrüstungskonferenz und kündigte seinen **Austritt aus dem Völkerbund** an. Für die Gegner bedeutete dieser Schritt eine Überraschung; denn sie hatten auf Grund der Politik des vorhergehenden Reiches mit einer derartig mutigen Tat nicht gerechnet. In überwältigender Einmütigkeit stellte sich das deutsche Volk hinter seinen Führer und die von ihm vertretene Politik der Ehre, des aufrichtigen Friedenswillens und der Verständigungsbereitschaft. Mit größter Bestürzung nahm das Ausland von der mächtigen und eindeutigen Willenskundgebung vom 12. November 1933 Kenntnis. Der Welt wurde klar, daß ein neuer Geist in Deutschland herrschte, daß das deutsche Volk und sein Führer eins geworden waren.

Nachdem die ehemaligen Feindbundstaaten das Friedensdiktat durch Nichtabrüsten einseitig gelöst hatten, hat Deutschland durch das Gesetz über den Aufbau der Wehrmacht vom 16. März 1935 die **deutsche Wehrfreiheit** wiederhergestellt (Einführung der allgemeinen Wehrpflicht). Damit war der Geschichte unseres großen, stolzen Vaterlandes die Grundlage wiedergegeben, die seinem Volk und seiner geographischen Lage entspricht.

Ein Jahr später ratifizierte*) Frankreich den mit Rußland gegen Deutschland gerichteten Bündnisvertrag trotz des deutschen Einspruchs. Damit hatte Frankreich den bestehenden Locarno-Vertrag aufgelöst, und Deutschland war an seine Verpflichtungen nicht mehr gebunden. Auf Grund der neuen Lage ordnete der Führer die militärische **Wiederbesetzung des Rheinlandes** an und stellte die Wehrhoheit für das gesamte Reichsgebiet wieder her. Unter unbeschreiblichem Jubel bezogen die Truppen am 7. März 1936 ihre neuen Friedensstandorte.

Gleichzeitig mit der Wiederbesetzung des Rheinlandes machte der Führer allen Staaten Angebote zur Sicherung des allgemeinen Friedens, wie sie an Großzügigkeit noch kein Staatsmann zu stellen vermocht hat. Die Bemühungen des Führers, einem wirklichen Frieden zu dienen, aber auch die Sicherheit und Unabhängigkeit des deutschen Volkes zu gewährleisten, sind unübertroffen.

Wo Volk und Reich durch Angriffe Schaden zugefügt werden soll, da werden wirksamste Mittel ergriffen. Dies hat im Juni 1937 die Beschießung von Almeria durch deutsche Kriegsschiffe als Vergeltungsmaßnahme für den feigen rotspanischen Banditenüberfall auf das Panzerschiff „Deutschland" gezeigt.

Schnelle und kraftvolle Bruderhilfe wurde dem deutschösterreichischen Volke am 13. März 1938 zuteil. Dort hatte ein Regime im Bunde mit deutschfeind-

Bieber
Generaloberst Freiherr v. Fritsch ✝
Oberbefehlsh. d. Heeres 1934—38,
Chef des Art. Rgt. 12.
(Gefallen 22. 9. 39 vor Warschau.)

---

*) Ratifizierung = Anerkennung und Austausch der Vertragsurkunden (Inkrafttreten des Vertrages).

lichen Mächten durch einen versuchten Wahlbetrug die Spaltung des deutschen Volkes verewigen wollen. Auf Anforderung der rechtmäßigen Regierung zogen unter unsagbarer Freude dieses gequälten deutschen Volksteiles die reichsdeutschen Truppen in Deutschösterreich ein und vereinten die **Ostmark** wieder mit dem Reich.

Ein halbes Jahr später kam der Führer auch den unterdrückten **deutschen Volksgenossen im Sudetenland,** die man 1919 in einen sog. tschechisch-slowakischen Staat gepreßt hatte, zu Hilfe. Unter aufrichtigster Anteilnahme verfolgten Führer und Volk die Leiden der Sudetendeutschen, die sie besonders in den Sommermonaten 1938 auszustehen hatten. Um so größer war die Freude, als der Führer durch das „Viermächteabkommen in München" am 29. September 1938 die Rückgliederung dieser Gebiete erreicht hatte und am 1. Oktober die deutschen Truppen in das uralte deutsche Land einzogen.

Mit der Wiedervereinigung von Deutschösterreich und dem Sudetenlande mit dem Reich war ein uralter Traum des deutschen Volkes in Erfüllung gegangen: **Großdeutschland war geschaffen!**

Als im März 1939 der Reststaat der Tschecho-Slowakei auseinanderfiel, schuf Deutschland das **Protektorat Böhmen und Mähren** und beseitigte damit nicht nur einen Unruheherd in Mitteleuropa, sondern schloß diese ehemaligen deutschen Herzogtümer mit nahezu 4 Millionen reindeutscher Bevölkerung wieder dem Reiche an. Dem in diesem Gebiete lebenden tschechischen Volke wurde in großmütigster Weise Selbstverwaltung und Pflege seines Volkstums gewährt. Der neu gebildete slowakische Staat stellte sich unter deutschen Schutz.

Nur wenige Tage nach dieser Vereinigung im mitteleuropäischen Raum kehrte auch das **Memelland** wieder zur Heimat zurück.

In dieser Zeit großer geschichtlicher Ereignisse schlug Deutschland (Ende März) der polnischen Regierung in freundschaftlichster Form eine Regelung der beiderseitigen Verhältnisse auf folgender Grundlage vor: „Rückkehr Danzigs zum Reich; exterritoriale Eisenbahn- und Autoverbindung zwischen Ostpreußen und dem Reich; dafür Anerkennung des ganzen polnischen Korridors und der gesamten polnischen Westgrenze; Abschluß eines Nichtangriffspaktes für 25 Jahre; Sicherstellung der wirtschaftlichen Interessen Polens in Danzig sowie großzügige Regelung der übrigen sich aus der Wiedervereinigung Danzigs mit dem Reich ergebenden wirtschaftlichen und verkehrstechnischen Fragen." Die polnische Regierung lehnte dieses großzügige Angebot ab und fühlte sich in ihrer Halsstarrigkeit noch bestärkt durch eine von England gegebene Garantie- und Beistandserklärung. Daneben ließ die polnische Regierung nunmehr, aufgemuntert durch die englische Beistandserklärung, dem Terror gegen die Volksdeutschen in Polen erst recht freien Lauf. Parallel mit dieser Entwicklung in Polen liefen die **Einkreisungsbestrebungen Englands** nach dem bekannten Muster von 1914. Sie brachten aber nicht den von England erhofften Erfolg, sondern wurden von Deutschland durch den Militärpakt mit Italien und den Abschluß von Nichtangriffspakten mit vielen Nachbarstaaten zunichte gemacht. Als im August das Korridorproblem zur Lösung heranreifte, verhinderte England abermals die Lösung dieser Frage auf friedlichem Wege; ja, es unterstützte sogar die an Größenwahn grenzenden Bestrebungen der polnischen Machthaber, die neben den 1919 geraubten deutschen Gebieten weitere deutscher Provinzen forderten. Die Lage der Volksdeutschen in Polen war unhaltbar geworden Täglich wurden Hunderte gemartert, verschleppt und ermordet. Den in letzter Minute erneut von Deutschland gemachten friedlichen Lösungsversuch beantwortete Polen mit der Generalmobilmachung, verstärktem Terror gegenüber den Volksdeutschen und schließlich mit offenen Angriffen auf das Reichsgebiet (z. B.

Heeresgruppe Nord (Generaloberst von Bock)*).

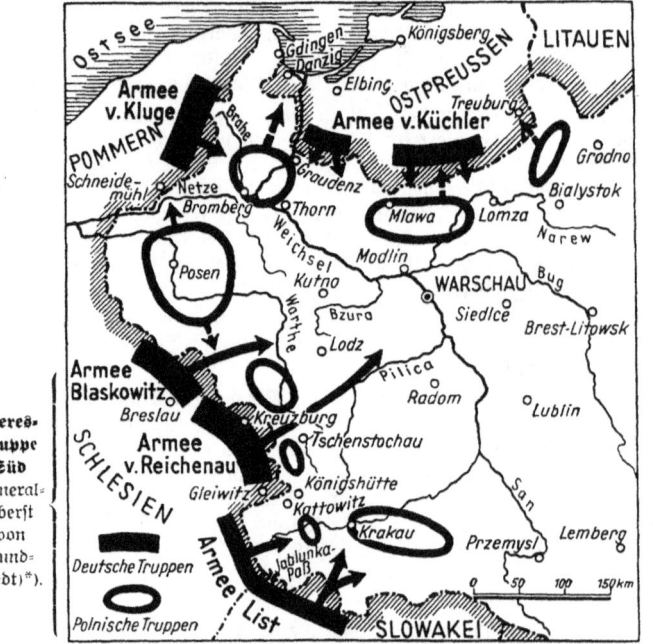

Der Feldzug in Polen.

Der Durchbruch der deutschen Armeen durch das zum Einmarsch in Deutschland bereitgestellte polnische Heer.

*) Siehe auch S. 182.

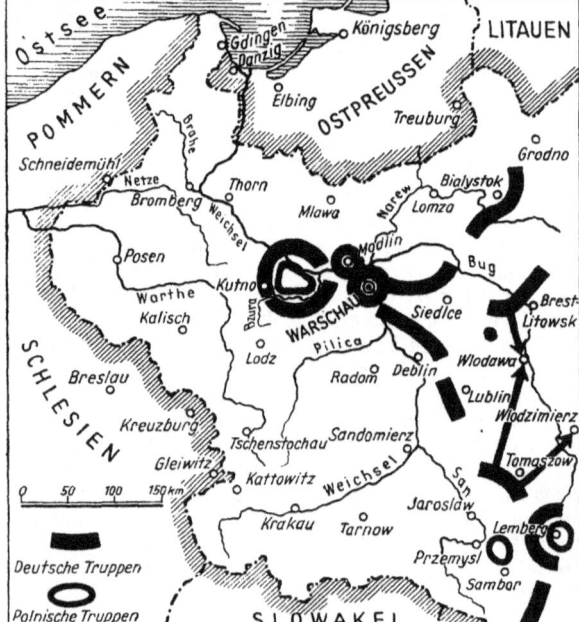

Das katastrophale Ende des polnischen Heeres am 16. Tage nach Eröffnung der Feindseligkeiten.

Überfall auf den Sender Gleiwitz). Gegenüber diesen Angriffen setzte sich Deutschland zur Wehr und vernichtete in einem einzigartig in der Kriegsgeschichte dastehenden Waffengang, dem

Feldzug in Polen,

in 18 Tagen das Millionenheer des polnischen Staates. Eine Tat, die das junge deutsche Volksheer mit besonderem Stolz auszeichnet!

England und Frankreich fühlten sich angeblich verpflichtet, dem polnischen Staat zu Hilfe zu kommen, und erklärten unter diesem Vorwand den Krieg an Deutschland. In Wirklichkeit geht es aber England nicht um Polen, wie die Aufklärung der jüngsten Zeit zeigt, sondern einzig und allein um die Vernichtung des wieder zu Ansehen, Macht und Weltgeltung emporgekommenen Deutschen Reiches und Volkes. Aus diesem Grunde hat England auch die Friedenshand des Führers nach dem polnischen Feldzug zurückgestoßen. Es steht aber außer Zweifel, daß Deutschland diesen Kampf siegreich bestehen wird; denn noch „n i e   w a r d   D e u t s c h l a n d   ü b e r w u n d e n ,   w e n n   e s   e i n i g   w a r". Daß das deutsche Volk heute einig ist, beweisen nicht nur die millionenfachen Rufe bei der Errichtung des Großdeutschen Reiches „E i n V o l k — E i n R e i c h — E i n F ü h r e r!, sondern beweist in erster Linie die Liebe und Verehrung, die jeder deutsche Mensch dem Retter unseres Vaterlandes, unserem Führer entgegenbringt. In jedem Deutschen ist heute der Grundsatz fest verwurzelt: „D e r   F ü h r e r   i s t   D e u t s c h l a n d" und „D e u t s c h l a n d   i s t   d e r   F ü h r e r". Dieser Grundsatz ist für jeden Deutschen des neuen Reiches das oberste Gebot. Daß er es auch für alle Zukunft bleibt, davon ist jeder Deutsche überzeugt und

das walte Gott!

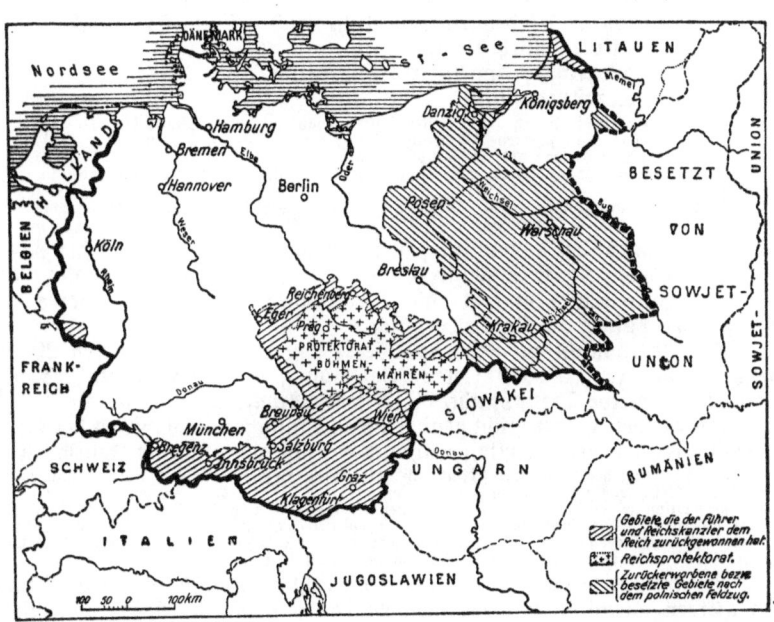

Großdeutschland einschließlich des besetzten ehemals polnischen Gebietes.

Zweiter Abschnitt.

Soldatenberuf und seine Pflichten.

1. Die allgemeine Wehrpflicht.

Wehrdienst ist Ehrendienst am deutschen Volke. Jeder deutsche Mann ist **wehrpflichtig**. Im Kriege ist über die Wehrpflicht hinaus jeder deutsche Mann und jede deutsche Frau zur Dienstleistung für das Vaterland verpflichtet.

Ausgeschlossen (**Wehrunwürdigkeit**) von der Ehre, in der Wehrmacht zu dienen, ist, wer:
a) mit Zuchthaus bestraft ist,
b) nicht im Besitz der bürgerlichen Ehrenrechte ist,
c) den Maßregeln der Sicherung und Besserung nach § 42 a des Reichsstrafgesetzbuches unterworfen ist,
d) durch militärgerichtliches Urteil die Wehrwürdigkeit verloren hat,
e) wegen staatsfeindlicher Betätigung gerichtlich bestraft ist.
Ausnahmen zu c) und e) können zugelassen werden.

Befreit (**Wehrpflichtausnahmen**) vom Wehrdienst sind:
a) Wehrpflichtige, die nach dem Gutachten eines Sanitätsoffiziers oder eines von der Wehrmacht beauftragten Arztes für den Wehrdienst untauglich befunden worden sind,
b) Wehrpflichtige römisch-katholischen Bekenntnisses, die die Subdiakonatsweihe erhalten haben.

Die Wehrpflicht beginnt mit dem vollendeten 18. Lebensjahr und endet am 31. März nach Vollendung des 45. Lebensjahres. Im Kriege und bei besonderen Notständen kann der Kreis der für die Erfüllung der Wehrpflicht in Betracht kommenden deutschen Männer erweitert werden.

Die Wehrpflicht wird durch den **Wehrdienst** erfüllt. Er umfaßt:
den aktiven Wehrdienst,
den Wehrdienst im Beurlaubtenstande,
die Landsturmpflicht.

Im **aktiven Wehrdienst** stehen die Wehrpflichtigen während der Erfüllung der aktiven Dienstzeit, länger dienende Mannschaften, die aktiven Offiziere und Unteroffiziere und die zu Übungen usw. einberufenen Angehörigen des Beurlaubtenstandes.
Im **Beurlaubtenstande** stehen die Angehörigen der Reserve, der Ersatzreserve und der Landwehr.
In der **Landsturmpflicht** stehen alle für die Erfüllung der Wehrpflicht in Frage kommenden deutschen Männer über 45. Lebensjahren.

Die **Dienstpflicht** dauert für jeden wehrfähigen Deutschen in der Regel vom vollendeten 20. Lebensjahr bis zum 31. März nach Vollendung des 45. Lebensjahres und umfaßt: die **Dienstpflicht im stehenden Heere**, die **Ersatzreservepflicht**, die **Landwehrpflicht**.

Die **Dienstpflicht im stehenden Heere** dauert vom vollendeten 20. Lebensjahr bis zum 31. März nach Vollendung des 35. Lebensjahres und umfaßt: die **aktive Dienstpflicht**, die **Reservepflicht**.
Der aktiven Dienstpflicht genügen die Mannschaften während der ersten zwei Jahre, der Reservepflicht während der übrigen dreizehn Jahre.

Die Erfüllung der **Arbeitsdienstpflicht** und die **arische Abstammung** sind Voraussetzungen für den aktiven Wehrdienst (Ausnahmen sind möglich).
Wehrpflichtige, die sich vor dem 20. Lebensjahre **freiwillig** zum Diensteintritt melden, können vorher eingestellt werden und dürfen sich den Truppenteil wählen. Freiwillige, die die **Offizierlaufbahn** einschlagen wollen, haben spätestens eineinhalb Jahr vor der gewünschten Einstellung ein Merkblatt vom zuständigen Wehrbezirkskommando zu erbitten.

Zur **Ersatzreserve** gehören die Wehrpflichtigen, die nicht zur Erfüllung der aktiven Dienstpflicht einberufen werden, bis zum 31. März nach Vollendung des 35. Lebensjahres.

Zur **Landwehr** gehören die Wehrpflichtigen vom 1. April des Kalenderjahres, in dem sie ihr 35. Lebensjahr vollenden, bis zum 31. März nach Vollendung des 45. Lebensjahres.

Zum **Landsturm** gehören die Jahrgänge im Alter von über 45 Jahren.

2. Die Pflichten des deutschen Soldaten.
Der Fahneneid.

Die Soldatenpflichten übernimmt der Soldat mit dem Fahneneid, einem feierlichen Versprechen, bei dem er Gott als Zeugen anruft, zum Zeichen, daß der Eid wahr und redlich gemeint ist.

Die Bedeutung und Heiligkeit des Fahneneides gründet sich auf die Gottesfurcht. Ohne sie wäre der Eid leer und inhaltlos.

Der Fahneneid wird dem Führer und Reichskanzler, dem Obersten Befehlshaber der Wehrmacht, geleistet. Durch ihn wird dem persönlichen Band zwischen dem Führer und Soldaten sinnfällig Ausdruck verliehen. Mit dem Bekenntnis zur Person des Führers bekennt sich der Soldat zugleich zum Dritten Reich und zur nationalsozialistischen Weltanschauung.

Der Soldat wird auf die Fahne (Standarte) vereidigt. Die Vereidigung vollzieht sich in feierlicher Form unter Stillstehen und Erheben der rechten Hand zum Schwur. Dabei werden Daumen, Zeige- und Mittelfinger der erhobenen rechten Hand ausgestreckt und die geöffnete Hand dem Gesicht zugekehrt. Die linke Hand wird in die Grundstellung genommen oder von den vorgezogenen Leuten auf die Fahne (Standarte) gelegt. Der vorgesagte Fahneneid wird laut und deutlich nachgesprochen. Er lautet:

„**Ich schwöre bei Gott diesen heiligen Eid, daß ich dem Führer des Deutschen Reiches und Volkes, Adolf Hitler, dem Obersten Befehlshaber der Wehrmacht, unbedingten Gehorsam leisten und als tapferer Soldat bereit sein will, jederzeit für diesen Eid mein Leben einzusetzen.**"

Der Fahneneid bindet den Soldaten für sein ganzes Leben. Er schließt jeden Vorbehalt aus. Der Soldat verspricht mit ihm:

Dir, mein Führer, will ich in unbedingtem Gehorsam treu und mutig beistehen, Dich nicht verlassen im Augenblick des Kampfes, der Not und Gefahr, so wahr mir Gott helfe. Und finde ich den Tod, dann sterbe ich den schönsten Tod, der einem Manne beschieden sein kann: den Tod der Ehre, den Tod für Volk und Vaterland. Viele Hunderttausende haben vor mir den Soldatenschwur mit ihrem Blute besiegelt, getreu ihrem Eid, der Pflicht und der Ehre! Ich will ihnen nacheifern, mich im Leben und im Sterben ihres Vermächtnisses würdig zeigen!

Die Truppenfahnen und Standarten,

von dem Führer der Truppe verliehen, sind ein Mahn- und Erinnerungszeichen an die Vereidigung. Sie sind ein Sinnbild der Treue. In ihrer Gegenwart schwört der Soldat den Treueid; später sollen sie ihn an seine beschworenen Pflichten erinnern, ihm ein Wahrzeichen fleckenloser Soldatenehre sein. Sie sind dem Soldaten heilig. Aus diesem Grunde werden ihnen Ehrenbezeigungen erwiesen.

Früher, als die Kampfformen andere waren, wurden Fahnen und Standarten auf dem Schlachtfelde mitgeführt. Ihr Anblick begeisterte den Krieger, ließ sein Herz höher schlagen. Sie riefen ihm den Eid ins Gedächtnis, den einzulösen die Stunde gekommen war. Sie ermunterten den Zagenden, winkten dem Sterbenden den letzten Gruß. Wo sie waren, waren oft Tod und Verderben, immer aber Ruhm und Ehre. Die Fahnen und Standarten haben alles mitgemacht, was die Truppe erlebte, gute und böse Tage, Kampf und Sieg. So verkörperten sie in der alten Armee die Geschichte ihrer Truppenteile. — An diese ruhmreiche Überlieferung knüpfen die Fahnen und Standarten des heutigen Heeres an. Wenn sie auch nicht mehr auf dem Schlachtfeld entfaltet werden, so hat sich aber ihr Sinn und ihre Bedeutung nicht geändert. Soldaten kommen und gehen, die Fahnen und Standarten bleiben und überdauern die Geschlechter. So verkörpern auch sie die Geschichte der heutigen Truppenteile. Welche Be-

Fahne
der Infanterie, Jäger und Pioniere
(Grundtuch in der Waffenfarbe).

Standarte
der berittenen, bespannten und motorisierten
Truppen (Grundtuch in der Waffenfarbe).

deutung der Führer den Fahnen und Standarten beimißt, geht aus seiner Ansprache vom 19. April 1937 anläßlich der Verleihung von Truppenfahnen hervor:

„Soldaten! Ihr seid hier angetreten, um die neuen Fahnen entgegenzunehmen. Diese Fahnen mögen euch dreierlei sagen:

Erstens mögen sie euch erinnern an die große Vergangenheit. In diesen Fahnen befindet sich jenes Eiserne Kreuz, das in so vielen Feldzügen hunderttausende tapfere Offiziere und Mannschaften geschmückt hat. Diese Fahnen erinnern euch durch dieses Eiserne Kreuz vor allem aber an den größten Feldzug aller Zeiten, an den Weltkrieg. Unsterbliches, unvergängliches Heldentum ist mit diesem Zeichen verbunden! Es kann für keinen deutschen Soldaten eine schönere und stolzere Sicherinnerung an dieses größte Erleben geben als dieses Eiserne Kreuz, das sich in euren neuen Fahnen befindet.

Und zweitens erinnern euch diese Fahnen an den großen Kampf der Gegenwart. Es war ein Glück, daß nach dem Zusammenbruch des Jahres 1918 die alten Fahnen eingezogen wurden. So brauchten sie nicht die traurigste Zeit des deutschen Verfalls zu erleben, der deutschen Ohnmacht, der deutschen Schwäche und der deutschen Erniedrigung. In diesen Jahren der tiefsten Erniedrigung aber begann das Ringen für ein neues Deutsches Reich. Während die Umwelt von Krisen durchrüttelt wird, ist in Deutschland ein neues Volk, eine neue Nation geboren worden. Und dieses neue deutsche Volk hat seinen staatlichen Ausdruck gefunden in einem neuen Reich.

Was Jahrhunderte vor uns ersehnt hatten, ist heute Wirklichkeit: **ein Volk, ein Reich, ein Gedanke, ein Wille** und damit auch **ein Symbol**! Das **Hakenkreuz**, das ihr auf euren Fahnen findet, ist das Zeichen dieses großen inneren Genesungsprozesses, das Zeichen der Wiedergeburt und damit der Wiederauferstehung unseres Volkes. Es ist aber auch das Zeichen, unter dem die neue deutsche Wehrmacht entstanden ist. Es ist das Staatssymbol des nationalsozialistischen Deutschen Reiches, dessen Soldaten ihr seid!

Das Dritte, die Geschichte der **Zukunft** aber, die müßt ihr nun selber schreiben! Ihr und die Generationen nach euch, die nun Jahr um Jahr eintreten werden in die Wehrmacht des Deutschen Reiches. Und diese Geschichte der Zukunft, sie muß ebenso stolz sein wie die der Vergangenheit. Sie wird leichter sein, weil zum ersten Male nun **ein** deutsches Volk diese seine Geschichte formen wird.

Die Repräsentanten der Verteidigung und des Kampfes für seine Freiheit und Ehre aber, das seid ihr, Soldaten der deutschen Wehrmacht! Und damit tragt ihr in euren Händen nicht nur das Symbol einer glorreichen Vergangenheit, eines großen Kampfes der Gegenwart, sondern, so Gott will, auch das **einer größeren Zukunft!**"

Wortlaut der Pflichten des deutschen Soldaten.

Es wird von dem Soldaten erwartet, daß er die nachstehenden Artikel dem Wortlaut nach auswendig beherrscht. Sie lauten:

1. **Die Wehrmacht ist der Waffenträger des deutschen Volkes. Sie schützt das Deutsche Reich und Vaterland, das im Nationalsozialismus geeinte Volk und seinen Lebensraum. Die Wurzeln ihrer Kraft liegen in einer ruhmreichen Vergangenheit, im deutschen Volkstum, deutscher Erde und deutscher Arbeit.**
   Der Dienst in der Wehrmacht ist Ehrendienst am deutschen Volk.
2. **Die Ehre des Soldaten liegt im bedingungslosen Einsatz seiner Person für Volk und Vaterland bis zur Opferung seines Lebens.**
3. **Höchste Soldatentugend ist der kämpferische Mut. Er fordert Härte und Entschlossenheit. Feigheit ist schimpflich, Zaudern unsoldatisch.**
4. **Gehorsam ist die Grundlage der Wehrmacht, Vertrauen die Grundlage des Gehorsams.**
   Soldatisches Führertum beruht auf Verantwortungsfreude, überlegenem Können und unermüdlicher Fürsorge.
5. **Große Leistungen in Krieg und Frieden entstehen nur in unerschütterlicher Kampfgemeinschaft von Führer und Truppe.**
6. **Kampfgemeinschaft erfordert Kameradschaft. Sie bewährt sich besonders in Not und Gefahr.**
7. **Selbstbewußt und doch bescheiden, aufrecht und treu, gottesfürchtig und wahrhaft, verschwiegen und unbestechlich soll der Soldat dem ganzen Volk ein Vorbild männlicher Kraft sein.**
   Nur Leistungen berechtigen zum Stolz.

8. **Größten Lohn und höchstes Glück findet der Soldat im Bewußtsein freudig erfüllter Pflicht.**
Charakter und Leistung bestimmen seinen Weg und Wert.

Erläuterung der Soldatenpflichten.

Die Soldatenpflichten, noch erlassen vom verewigten Reichspräsidenten, Generalfeldmarschall v. Hindenburg, sind von nationalsozialistischem Geist getragen und auf alten soldatischen Überlieferungen aufgebaut. Ihre Vorgänger in der alten Armee waren die Kriegsartikel, die ihrerseits aus den Artikelbriefen der Söldnerheere (einem Werbevertrag mit gegenseitigen Pflichten und Strafen) hervorgegangen sind. Im Gegensatz zu früher enthalten die heutigen Soldatenpflichten keine Strafandrohung mehr. Für Pflichtverletzungen kommen in der Hauptsache die Disziplinarstrafordnung und das Wehrmachtstrafgesetzbuch in Betracht.

Die Soldatenpflichten enthalten eine Reihe einschränkender Bestimmungen in der persönlichen Handlungsfreiheit des Menschen, die vielleicht der junge Soldat in seinem Zivilberuf nicht gekannt hat. Auch kann ihm die Erfüllung der einen oder anderen Pflicht als großes Opfer erscheinen. In diesem Fall soll er sich von Anfang an sagen, daß der Gedanke des Unterbringens und das Zurücktreten der eigenen Person hinter die Sache unlöslich mit dem wahren Soldatentum verbunden sind. Andererseits ist aber millionenfach bewiesen, daß es dem ehr- und vaterlandsliebenden Soldaten nicht schwerfällt, die ihm auferlegten Pflichten freudig und gewissenhaft zu erfüllen.

Die Wehrmacht ist der Waffenträger des deutschen Volkes.

Das schönste Recht, das seit alten Zeiten nur dem **freien Manne** zugestanden hat, ist damit dem Soldaten übertragen. Wie einst, so hebt es auch jetzt den Waffenträger aus den übrigen Volksgenossen heraus. Aber, nicht etwa die äußeren Dinge kennzeichnen diese Sonderstellung, sondern in der Hauptsache der erhöhte Pflichtenkreis. Die Waffe, die Uniform und was sonst den Waffenträger äußerlich kenntlich macht, sind in diesem Sinn nur Zeichen dafür, daß **Leib und Leben ihres Trägers nicht diesem selbst, sondern seinem Volk und Vaterland gehören.** Auf dieser Grundlage fußt auch der wahre Sinn des soldatischen Ehrenkleides.

Vom Waffenträger des Volkes wird die stete Einsatzbereitschaft und Schlagfertigkeit verlangt. Diese Forderung setzt die **Kriegsfertigkeit** von Mann und Truppe voraus. Die Voraussetzungen werden geschaffen durch die sorgfältige Erziehung und Ausbildung zum Soldaten. Dabei ist die innere Einstellung des einzelnen Mannes zu seinen soldatischen Pflichten von unsagbar großer Wichtigkeit. Als Grundsatz soll er sich merken: **Es gibt im Dienst keine Kleinigkeiten, alles ist wichtig,** und als Richtschnur soll er sich sagen: Es wird nichts verlangt, was ein fleißiger, energischer und umsichtiger Mensch nicht erreichen könnte.

Kriegsfertig ist, wer in allen Dienstzweigen und im Ertragen von Anstrengungen so weit ausgebildet ist, daß er allen Anforderungen, die der Krieg an ihn stellt, gewachsen ist. Die Kriegsfertigkeit erfordert nicht nur die Kräftigung und Gewöhnung des Körpers an die Anstrengungen und

Entbehrungen, die das Soldatsein mit sich bringt, sondern auch die Ausbildung des Charakters und die Schulung des Geistes für die besonderen Soldatenpflichten im Kriege. Es muß für jeden Soldaten selbstverständlich sein, auch in schwierigen Lagen, wenn der Führer fehlt, im Rahmen des Auftrages oder des Ganzen so zu handeln (z. B. die Waffen zur Wirkung zu bringen), wie es sein vielleicht gefallener Führer nicht besser hätte ausführen können. Die Körperkräfte werden gestählt durch Exerzieren, Sport, Marsch-, Felddienst- und Gefechtsübungen, Charakter und Geist werden ausgebildet im Unterricht und durch Nacheiferung der Vorgesetzten und vorbildlicher Kameraden.

Schon bei der Ausbildung hat sich der Soldat an den Gedanken zu gewöhnen, daß er im Feld trotz aller Fürsorge der Vorgesetzten oft müde oder hungrig in den Kampf wird gehen oder in ihm aushalten müssen, soll die Truppe nicht dem Feinde unterliegen. Die **eigene Willensstärke** und der von jedem Soldaten verlangte **kämpferische Wille** sind daher von Anfang an betont zu pflegen. Der kampfbereite Soldat muß seinen eigenen Wert schätzen lernen, um die wichtigsten Soldatentugenden (Treue, Mut und Tapferkeit) zu erlangen.

Der Dienst in der Wehrmacht ist Ehrendienst am deutschen Volke.

Ehrendienst dürfen von alters her nur **ehrenhafte** Personen versehen. Er wird nicht gegen Entgelt, sondern aus höheren sittlichen Gründen geleistet. Je gefahrvoller und opferreicher er ist, je größer die Gemeinschaft ist, der er zugute kommt, desto höher ist sein Wert. Der Soldat leistet daher den schönsten Dienst. Er dient der größten Gemeinschaft, sein Leben gehört nicht ihm, sondern einem ganzen Volk. Der freie Mann hat in diesem Dienen und Opfern stets die höchste Ehre gesehen. Sie hat auch für den Soldaten die Richtschnur seines Handelns zu sein.

Die Ehre des Soldaten

liegt in dem bedingungslosen Einsatz seiner Person für Volk und Vaterland, liegt in der **bedingungslosen Pflichterfüllung**. Für Überlegungen, Fragen und Vor- oder Nachteil, Vorbehalte, Halbheiten oder Entschuldigungen ist hier kein Raum. Wer z. B. sich vom Dienste drückt oder nicht wagt, einen Ertrinkenden zu retten, oder aus Angst vor Kameraden eine notwendige Meldung unterläßt, zeigt schon im kleinen, daß ihm der soldatische Ehrbegriff fremd ist.

Die Ehre ist das **höchste Gut** des Soldaten. Es ist heilige Pflicht des einzelnen wie des ganzen Standes, sie rein und fleckenlos zu erhalten. Dabei muß sich jeder Soldat darüber klar sein, daß es **sittliche** Werte sind, die seinen Wert und den Wert der Wehrmacht bestimmen.

Der beste Schutz der Ehre ist ein unantastbares Verhalten.

Der **Ehrbegriff** gründet sich auf ein gesundes Empfinden für Gut und Böse. Er wird gefördert durch Erziehung, Erfahrung und Gedankenarbeit. Man unterscheidet zwischen der **persönlichen Ehre** und der **Standesehre**, wobei die eine ohne die andere nicht denkbar ist.

Unter der **persönlichen Ehre** (äußere Ehre) versteht man die Wertschätzung, die jemand auf Grund seiner Gesinnung, seines Verhaltens und Könnens bei seinen Mitmenschen genießt. Sie ist kein Dauerzustand, sondern muß erhalten und durch anständige Gesinnung, makelloses Verhalten, gute Leistungen usw. immer wieder aufs neue errungen werden. Sie zu erzwingen, ist nicht möglich; die Umwelt muß sie **freiwillig** zollen. Gegenüber ihrem Träger setzt die persönliche Ehre voraus das Gefühl der Ehrlichkeit und das Bewußtsein, seine Pflichten treu und gewissenhaft erfüllt zu haben (innere Ehre, Treue).

Die **Standesehre** entsteht durch gleiche persönliche Auffassung der Ehre einer Mehrheit von Menschen. Sie kommt vornehmlich in der gemeinschaftlichen Gesinnung und Denkart zum Ausdruck. Jede Berufsgemeinschaft hat ihre Standesehre.

Die Wahrung der Standesehre hängt von dem Verhalten jedes Standesmitgliedes ab. Verfehlungen des einzelnen treffen den ganzen Stand. Daher ist es recht und billig, wenn das gegen die Standesehre verstoßende Mitglied Bestrafung und Ausstoßung aus dem Standesverhältnis trifft.

Die Standesehre des Soldaten zeigt sich in tadelloser Führung, guter Haltung, unantastbarem Verhalten und gewissenhafter Pflichterfüllung. Keinesfalls kommt sie etwa in Überheblichkeit über die Angehörigen anderer Berufsgruppen zum Ausdruck.

Wahre Soldatenehre kann ohne Treue bis in den Tod, unerschütterlichen Mut, feste Entschlossenheit, bedingungslosen Gehorsam, lautere Wahrhaftigkeit, strenge Verschwiegenheit und aufopfernde Pflichterfüllung nicht bestehen.

Das **Ehrgefühl** des Soldaten, zu dem ein ernstes Pflichtbewußtsein und ein anständiger Charakter gehören, ist die Wurzel aller militärischen Tugenden. Es zeigt sich vornehmlich in ehrliebender **Gesinnung** und in guter **Führung**. Dem ehrliebenden Soldaten sind Lügen, Unehrlichkeiten, Schwätzereien und ähnliches fremd. Er ist unbestechlich und läßt sich nicht durch Annahme von Geschenken oder Gewährung sonstiger Vorteile zu Pflichtwidrigkeiten verleiten. Seinen Umgang sucht er in solchen Kreisen, in denen Zucht und Sitte herrschen, in denen Vaterlandsliebe und eine staatsbejahende Gesinnung selbstverständlich sind.

Außer Dienst ist der ehrliebende Soldat zurückhaltend und bescheiden, zeigt sich in guter Haltung und ordentlichem Anzug und tut nichts, was dem Ruf seines Truppenteils schaden könnte.

Wer **lügt**, gegen Vorgesetzte oder Kameraden unehrlich handelt, unrichtige Meldungen abstattet oder falsche Aussagen macht, verstößt gegen die Soldatenehre und macht sich strafbar. Wer stiehlt oder Unterschlagungen begeht, wird **kriegsgerichtlich** zur Rechenschaft gezogen. Der **Kameradendiebstahl** ist ganz besonders ehrlos und verwerflich.

Schuldenmachen und **Glücksspiele um Geld** sind dem Soldaten verboten. Sie gefährden die Moral und Kameradschaft der Truppe. Oft führen Schulden und Verluste im Spiel zur Versuchung, sich fremdes Gut anzueignen.

Wer wissentlich oder fahrlässig **Gerüchte** über andere erfindet oder verbreitet und andere verleumdet, handelt ehrlos und wird bestraft. Ehrlos handelt, wer sich dem **Trunke** ergibt, **Ausschweifungen** begeht oder sonstigen Lastern huldigt. Pflicht eines jeden Soldaten ist es, seine Gesundheit mit allen Mitteln zu erhalten. Deshalb hat sich der Soldat vor übermäßigem Genuß von **Alkohol** und **Nikotin** zu hüten (siehe auch H. V. Bl. 39 S. 33 Ziff. 42). Der ehrliebende Soldat gibt nicht jedem Triebe nach, sondern bleibt Herr seiner selbst. Ein betrunkener oder lasterhafter Soldat erweckt Abscheu. Der Umgang mit schlechten Frauen schädigt die Soldatenehre. Ehrenhaften Mädchen und Frauen begegnet der Soldat mit der nötigen Achtung.

Gaststätten, Geschäfte usw., deren Besuch unerwünscht ist, sucht der gutgesinnte Soldat nicht auf. Verkehr mit Juden unterläßt er.

Die Ehre des Soldaten fordert von ihm strengste **Verschwiegenheit**. Sie gilt selbst für die kleinsten Dienstangelegenheiten (Näheres S. 49 ff.). Schwatzhaftigkeit und Klatschsucht passen nicht zum Soldaten. Auch verlangt die Soldatenehre, daß ehrlose Handlungen von Kameraden zur Meldung gebracht werden und ihnen nicht aus falscher Rücksichtnahme die Möglichkeit gegeben wird, ihr Tun und Treiben fortzusetzen.

Disziplinarstrafen sind nicht entehrend, doch hüte sich der Soldat vor Bestrafungen. Hat er eine Strafe erlitten, so muß er sie durch erhöhten Pflichteifer auszugleichen suchen.

Es ist Pflicht und Ehrensache des Soldaten, jede **Ehrenbezeigung** und jeden **Gruß** in der vorgeschriebenen Form soldatisch stramm zu erweisen (Einzelheiten S. 92 ff.). Diese Pflicht gilt besonders gegenüber den Angehörigen der nationalsozialistischen Verbände. Wehrmacht und Partei dienen dem gleichen Führer im gleichen Geist. Dieser Verbundenheit haben ihre Angehörigen vornehmlich durch den gegenseitigen Gruß nach außen hin Ausdruck zu verleihen.

Treue.

„Die Treue ist das Mark der Ehre!" (Generalfeldmarschall v. Hindenburg.) Sie ist die vornehmste Soldatentugend. Die Erfüllung aller übrigen Pflichten geht aus ihr hervor.

Die Treue gründet sich auf wahre Gottesfurcht, auf die Liebe und die unerschütterliche Anhänglichkeit an den von der Vorsehung berufenen Führer des Reiches. Der Soldat soll ein zuverlässiges, nie versagendes Schwert in seiner Hand sein, ganz gleich, wann und wohin er ihn ruft.

Die Treue zu halten und zu betätigen bis zum letzten Atemzuge (auch nach der Entlassung) ist jedem Soldaten selbstverständlich. Es ist für ihn um so leichter, wenn er bedenkt, welche Treue der Führer ihm, dem deutschen Volk und Reich täglich aufs neue beweist. Daher ist es nur eine kleine Gegenleistung, wenn der Soldat treu zu seinem Führer und seinem Eide steht.

Wer die geschworene Treue bricht, ist ein Meineidiger und Ehrloser.

Wahre Treue zeigt sich im Großen und Kleinen. Sie bewährt sich im Unglück, in der Not und in Gefahr. Einflüsterungen von außen, Schwächen in sich selbst, Aussicht auf Vorteile und Gewinne dürfen die Treue des Soldaten zum Fahneneid und zur Pflicht nicht berühren. **Treu ist, wer sich in allen Dingen zuverlässig zeigt.**

Vergehen gegen die Treue.

Die Treue bricht, wer aus Furcht vor persönlicher Gefahr sich von der Erfüllung seiner Pflichten abhalten läßt oder sich ihrer vorsätzlich, eigenmächtig oder fahrlässig zu entziehen sucht. Wer solches tut, begeht schweren Treubruch und wird je nach Schwere seines Vergehens bestraft. Ganz besonders schwer und schimpflich ist die **Fahnenflucht**. Sie begeht, wer sich für d a u e r n d der Dienstverpflichtung zu entziehen sucht, z. B. vorsätzlich der Truppe fernbleibt.

Schon von jeher gelten Wort= und Treubruch dem deutschen Mann als besonders schimpflich. Um wieviel größer aber sind Schimpf und Schande, wenn ein Soldat in der Ableistung der ihm nach den Gesetzen obliegenden Dienstpflicht seinen Fahneneid bricht, den er unter Anrufung des allmächtigen Gottes geschworen hat! Es gibt keine Entschuldigung für Fahnenflucht, auch den Angehörigen gegenüber nicht, sie bleibt ein ehrloses Verbrechen gegenüber Führer, Volk und Vaterland. Auch der Feind verachtet den Fahnenflüchtigen im Grunde seines Herzens. Niemand wird ihm mehr Vertrauen schenken. Die Folge von Fahnenflucht sind harte Strafen (in Ausnahmezeiten Todesstrafe) und vielfach namenloses Elend für den Täter und seine Familie. Es ist heilige Pflicht jedes Soldaten, Kameraden von einer solchen Tat abzuhalten und bei geringstem Verdacht sofort Meldung zu erstatten.

Den Treueid bricht ferner, wer in der Absicht, sich der Dienstverpflichtung zu entziehen, sich **selbst verstümmelt** oder auf **Täuschung** abzielende Mittel anwendet, z. B. Krankheiten vortäuscht oder körperliche Fehler erdichtet. Solche Vergehen sind nicht nur ein schimpflicher Treubruch, sondern auch ein Zeichen von Feigheit, wenn es der Wehrpflichtige nicht wagt, sich dem Dienst eines ehrlichen Soldaten zu unterziehen. Besonders f e i g ist, wer S e l b s t m o r d begeht, um sich z. B. dem Dienst oder der Sühne begangenen Unrechts zu entziehen. Der deutsche Soldat steht für begangene Fehler gerade! Für solche Männer lassen auch Gesetze und Vorgesetzte Milde walten. Jeder Mensch soll sich auch darüber klar sein, daß er sein Leben und seine Gesundheit von Gott empfangen hat, und soll stolz darauf sein, mit diesen Gütern seinem Vaterlande dienen zu können. Schimpf und Schande über den, der sich durch Selbstmord, Selbstverstümmelung, Täuschung usw. seinen Pflichten entzieht, um die Verteidigung der Heimat lieber anderen zu überlassen!

Die Handlung des **Verrats** wird besonders hart bestraft. **Hochverrat** begeht, wer einen Angriff auf die i n n e r e Sicherheit des Reiches unternimmt, sich daran beteiligt oder sich auf andere Weise in staatsfeindlichem, z. B. kommunistischem oder reaktionärem Sinne betätigt. Schon Vorbereitungshandlungen sind strafbar. **Landesverrat** begeht, wer die Sicherheit des Deutschen Reiches nach a u ß e n gefährdet. Eines solchen Verbrechens macht sich z. B. schuldig, wer dem Auslande militärische Geheimnisse mitteilt oder fremde Kriegsdienste gegen das Deutsche Reich annimmt. Wird Landesverrat während eines Krieges begangen, so liegt **Kriegsverrat** vor. Unter ihn fällt jede vorsätzliche Unterstützung des Feindes oder Benachteiligung der eigenen oder verbündeten Wehrmacht.

W e r v o n e i n e m v e r r ä t e r i s c h e n V o r h a b e n K e n n t n i s e r h ä l t , i s t v e r p f l i c h t e t , d i e s s o f o r t s e i n e m D i s z i p l i - n a r v o r g e s e t z t e n z u m e l d e n . E r z i e h t s i c h s o n s t s e l b s t s c h w e r e S t r a f e z u .

Wer das Unglück haben sollte, in **Gefangenschaft** zu geraten, erinnere sich besonders der Treupflicht. Auch das, was seiner Ansicht nach dem

Feinde nichts nützen kann, muß er verschweigen. Der Gefangene muß sich sagen, daß seine Auskunft Hunderten seiner Kameraden das Leben kosten kann. Drohungen, ja Mißhandlungen ertrage er mit eiserner Standhaftigkeit. Die Anwendung solcher Mittel ist dem Feinde völkerrechtlich verboten. Der Gefangene hat Anspruch auf Schutz (Näheres S. 48). Wird dieser ihm trotzdem versagt, so verliert der deutsche Soldat lieber sein Leben als seine Ehre.

Ein alter Spruch lautet:
„Gefangen sein, bringt harte Pein,
drum ficht, bis dir das Auge bricht!"

Der deutsche Soldat soll kämpfen und, wenn nötig, sein Leben einsetzen. Selbstverschuldete Gefangenschaft gilt als schimpflich. Nur Ausnahmefälle, wie z. B. schwere Verwundung, fehlende Waffen oder Munition, die das Kämpfen aussichtslos erscheinen lassen, und wenn der Einsatz des Lebens dem Vaterlande nichts mehr nützt, können eine Gefangenschaft rechtfertigen. Jeder Gefangene mindert nicht nur die Gefechtskraft seiner Truppe, sondern schadet ihr im allgemeinen auch, weil er vom Feinde sofort vernommen und ausgefragt wird. Der Gefangene erinnere sich dann der hier gesagten Worte und lasse sich keinesfalls durch die z. B. bei ihm vorliegende Erschöpfung, durch Versagen der Nerven, durch Todesnot oder gar aus Prahlsucht, Dummheit, Angst oder falscher Dankbarkeit zu Aussagen verleiten. Schwatzhafte, leichtfertige oder vaterlandslose Mitgefangene versucht der anständige Soldat zum Schweigen zu bringen. Nur dem verschwiegenen, anständigen Soldaten wird, wie viele Fälle beweisen, selbst der Feind die Achtung nicht versagen.

Mut und Tapferkeit.

„Dem Mutigen hilft Gott!" sagt ein altes Sprichwort. **Mutig** ist, wer ohne Furcht einer ihm drohenden Gefahr entgegengeht und vor keinem Hindernis zurückschreckt, wenn es die Pflicht erfordert.

Mut wird im Kriege und Frieden verlangt, wobei die Erziehung im Frieden die Vorbereitung für den Krieg darstellt. Mutiges Verhalten kann gelernt und anerzogen werden. **Mut zeigt der Soldat im Frieden:**

beim Überwinden von Gefahren, beim Sport, Schwimmen, Reiten, wenn es gilt, schwierige Übungen zu vollbringen oder allein auf entfernt liegendem Posten seinen Mann zu stehen;

bei Rettung aus Gefahr unter eigener Lebensgefahr, z. B. bei Wasser- oder Feuernot;

beim Ertragen von Anstrengungen und Entbehrungen, wenn es z. B. gilt, auf einem anstrengenden Marsch oder bei Übungen mit müdem Körper und trockener Zunge auszuhalten;

beim Ertragen von Schmerzen, z. B. infolge schmerzhafter Erkrankung oder Verletzung;

durch entschlossenes Handeln, z. B. durch Anhalten durchgehender Pferde oder Übernahme der Führung einer Abteilung, wenn ihr Führer ausgefallen ist;

durch Bekennen der Wahrheit, die Unangenehmes oder sogar Strafen nach sich ziehen könnte.

Schon der Rekrut, dem die Glieder nach dem ungewohnten Dienst schmerzen, braucht Mut dazu, im Dienst durchzuhalten. Mut gehört dazu, sich von einer Gesellschaft, die man für schlecht erkannt hat, loszusagen. Gelingt es dem Soldaten, in vorstehenden Fällen den notwendigen Mut aufzubringen, so dürfte kein Zweifel darüber bestehen, daß er im Ernstfall etwa nicht auch mutig wäre.

Mut im Kampf wird zur **Tapferkeit.** Sie ist das Ziel, das dem Soldaten vorschwebt. Millionen seiner Vorgänger hat das Angst- und Todesgefühl in der Schlacht zunächst die Kehle „zugeschnürt", und trotzdem stürmten sie vorwärts, trotzdem hielten sie stand bis in den Tod. Was bestimmte sie dazu? Sie hatten gelernt, durch Willenskraft, durch Pflicht- und Ehrgefühl, durch Gottvertrauen ihre Schwachheit zu überwinden. Diese Tapferkeit, die sie sich selbst erkämpft hatten, hielt stand. Keinesfalls darf in schweren Lagen das Angst- oder Todesgefühl die Willenskraft und das Pflichtbewußtsein des Soldaten unterdrücken. Wenn sein Leib zu zittern beginnt, muß er trotzdem dem Tode ruhig entgegensehen können. Es ist nicht schimpflich, wenn der Selbsterhaltungstrieb dem Körper das äußere Zeichen der Furcht und Angst aufdrückt, aber an Feigheit grenzt es, wenn sich dieses Gefühl auf den Geist überträgt und damit den Menschen handlungsunfähig macht. **Der Wert des Mannes bleibt trotz der Technik des modernen Kampfes entscheidend.** Es wird vom jüngsten Soldaten an aufwärts das Einsetzen der ganzen seelischen, geistigen und körperlichen Kraft gefordert. Der Grundsatz: **„Entschlossenes Handeln ist das erste Erfordernis im Kriege"** muß den Soldaten in allen Lagen beseelen. **„Ein jeder, der höchste Führer wie der jüngste Soldat, muß sich stets bewußt bleiben, daß Unterlassen und Versäumnis ihn schwerer belasten als ein Fehlgreifen in der Wahl der Mittel"** (T. F. I, S. 5).

Besonders tapfer ist, wer auch dort noch kämpft, wo kein Ausweg und keine Rettung mehr für ihn zu sein scheinen.

Wagt der Soldat Unternehmungen, bei denen Besonnenheit und Aussicht auf Erfolg zu fehlen scheinen, so spricht man von **Tollkühnheit**. Sie steht dem Soldaten gut. Manche tollkühne Tat war von dem schönsten Erfolg gekrönt.

Tollkühn handelte der Gefr. **Schneider** eines Jäger-Bataillons. Ihm hatte 1918 nach Besetzen des Grabens ein feindlicher vorgeschobener Doppelposten an einem Vormittage drei Mann seiner Gruppe weggeschossen. Als der dritte Mann fiel, rief er: „Nun ist's genug!" und sprang aus dem Graben auf den zwar bestürzten, aber heftig feuernden Posten zu. Unverletzt erreichte er ihn, verwundete den einen durch eine Handgranate und schleppte den anderen unter Ausnutzung des Trichterfeldes und trotz heftigen Feuers der feindlichen Grabenbesatzung in den eigenen Graben. Schneider hatte nicht nur den unangenehmen Posten beseitigt, sondern noch einen Gefangenen gemacht, nach dem man sich vorher vergeblich bemüht hatte. Auszeichnungen belohnten Schneider.

Wie Mut und Tapferkeit die Soldatenehre heben und den Träger der Uniform zieren, so entehrt ihn die **Feigheit** und macht ihn verächtlich. Sie ist ein schweres und schimpfliches Verbrechen. Der Feigheit macht sich z. B. schuldig, wer vor dem Feinde flieht, sich nicht am Kampfe beteiligt, beim Vorgehen zurückbleibt, die Kameraden durch Worte oder Zeichen zur Flucht verleitet oder aus Furcht vor persönlicher Gefahr seine Pflichten verletzt. Der feige Soldat wird mit dem Tode bestraft.

Der Feind selbst richtet zwei Feiglinge: In den Kämpfen in Siebenbürgen liefen auf Grund vom Feinde abgeworfener Flugzettel und aus Feigheit vor dem nächsten Morgen stattfindenden Angriff zwei Verräter in der Nacht zum Feinde über. Als am nächsten Morgen die Kompanie die feindliche Stellung gestürmt hatte, fand man die beiden Feiglinge mit eingeschlagenem Schädel im feindlichen Graben. Der Feind hatte an ihnen das gerechte Urteil vollzogen.

Beispiele von Mut, Tapferkeit und Treue aus dem Kriege.

1. Anfang Januar 1916 fiel der Gefr. **Herrenreiter** der 3. Kompanie des bayerischen 2. Infanterie-Regiments. **Er war einer der tapfersten und unerschrockensten Soldaten** seines Truppenteils und ist mehrfach rühmend hervorgehoben worden. Während der langen Kämpfe im Westen (September und Oktober 1915) gelang es dem bayerischen 2. Infanterie-Regiment, beim Gegner fast täglich Spähtrupps und kleine, aus den Schützengräben auftauchende Abteilungen abzuschießen und der eigenen Artillerie Unterlagen für die Regelung ihres Feuers zu verschaffen. Dies

war nur möglich, wenn man dauernd über das Verhalten des Feindes von einem ganz bestimmten Beobachtungsposten aus unterrichtet blieb. Der Gefr. Herrenreiter hat es vermocht, diese Leistung im wesentlichen allein auszuführen. Als nach dem ersten Angriff in der Nacht vom 26. September das I. Bataillon zurückging und sich nordostwärts eines Dorfes eingrub, hatte die Gruppe, bei der sich Herrenreiter befand, die Sicherung zu übernehmen. Auf einem hohen Baume, von dem man einen guten Einblick in die feindlichen Schützengräben und eine weite Übersicht über die Gegend hatte, bestieg Herrenreiter, solange das Bataillon vor dem Dorf lag, fast täglich vom Morgengrauen bis zum Eintritt der Dunkelheit einen Beobachtungsposten. Von hier aus beschoß er alles, was zu beschießen war, und meldete jede wichtige Beobachtung über feindliche Artilleriestellungen und Truppenbewegungen. Der Feind hatte den Baumposten bald entdeckt und suchte durch Salven, zuletzt sogar mit Artillerie, den unbequemen Schützen zu vertreiben. Vergebens! Herrenreiter blieb ruhig auf seiner Warte und bald immer neue Opfer für seine fast nie versagende Waffe. Wohl wurde sein Gewehr zweimal zerschossen, der Kolben durch Granatsplitter beschädigt, seine Bekleidung mehrfach von Geschossen durchlöchert, er selbst aber erlitt nur ein einziges Mal durch einen Streifschuß eine leichte Verletzung. Herrenreiter war ein **hervorragender Schütze, ein unerschrockener Soldat, ein leuchtendes Vorbild für seine Kameraden.**

2. Das Drahthindernis hat sich für den Stellungskrieg eine entscheidende Rolle erworben Es hält nicht nur den feindlichen Angriff auf, sondern ist für die gesamte Gefechtshandlung von größter Bedeutung. Im November 1914 hatte ein Reserve-Infanterie-Regiment die feindliche Stellung anzugreifen, stieß aber auf zahlreiche, geschickt angelegte Drahthindernisse. Sie waren nicht nur dem Vorgehen sehr hinderlich, sondern drohten auch, da sie schräg zur Angriffsrichtung lagen, die eigene Front zu verwerfen. Da eilte ohne besonderen Befehl der Wehrmann Tambour Boßmann allein vor und schnitt vor der Drahtschere Lücken in das Hindernis, so daß die Kameraden von Abschnitt zu Abschnitt vorgehen konnten. Bei jedem neuen Hindernis, das sein Zug zu durchschreiten hatte, handelte er in gleicher Weise, unbekümmert um das heftige Feuer des Feindes, wie auch um die Geschosse der eigenen Truppe, die unmittelbar über ihn hinweggingen. Auf dem Boden liegend, arbeitete der Tapfere stundenlang in seiner gefährlichen Lage. Der glatte Verlauf des Angriffs der Kompanie war dem **unerschrockenen und opfermutigen** Verhalten Boßmanns in der Hauptsache zu danken.

3. Im Winter 1915/16 zeichneten sich von der 5./J.R. 30 im Sappen- und Handgranatenkampf die Musketiere Junker und Bettmann durch **Geistesgegenwart** besonders aus. Die vordersten Sappen der Kompanie waren bis auf etwa 12 m an den Feind herangetrieben, so daß sich ein gegenseitiger Handgranatenkampf auf die nächsten Entfernungen entwickelte. Einmal flogen hierbei zwei feindliche Handgranaten in die deutsche Sappenspitze, ohne sofort zu detonieren. Entschlossen griffen Junker und Bettmann zu und warfen die zischenden Handgranaten zurück. Die von Junker aufgenommene Granate zersprang zu früh und verwundete den tapferen Mann. Durch das unerschrockene Zufassen der beiden Leute wurde aber großes Unheil von der Besatzung der Sappe abgewendet. Die Handlung ist ein Beispiel des **blitzschnellen Entschlusses** und des **heldenmütigen Eingreifens** an rechter Stelle.

4. Im langen Stellungskrieg, wo die Truppe viele Monate hindurch unmittelbar vor dem Feind an ein und derselben Stelle gebunden bleibt, zeigt sich der Wert des einzelnen Mannes in erhöhtem Maße. Unteroffizier Frick von einem württembergischen Truppenteil, der in den Argonnen kämpfte, hatte festgestellt, daß in jeder Nacht gegen die Sappenspitze seiner Kompanie von einer hohen Buche aus gefeuert und mit Handgranaten geworfen wurde. Frick entschloß sich, diese feindliche Stellung zu erkunden. Hierzu mußte er sowohl durch das eigene wie durch das sehr dichte feindliche Stacheldrahthindernis hindurchkriechen, dazu noch in feindlichem Feuer Nach mehreren Versuchen gelang es ihm, bis auf 7 m an den feindlichen Graben heranzukommen. Im Wurzelwerk einer starken Buche entdeckte er ein Erdloch, von dem aus ein unterirdischer Gang nach dem feindlichen Graben führte. Hieraus schloß Frick, daß der feindliche Horchposten mit Hilfe dieses Ganges jeden Abend seine Stellung bezog. Frick kroch am Nachmittag, mit einer Sprengladung und zwei Handgranaten bewaffnet, von neuem nach dieser Stelle und baute am Ausgang des Grabens Handgranaten und Ladung ein. Dann verband er diese Sprengstelle mit der eigenen Sappenspitze und sprengte nach Eintritt der Dunkelheit den feindlichen Horchposten in die Luft Er bewies hiermit einen hohen Grad von **Umsicht und Kühnheit** unter den besonderen Verhältnissen des Stellungskrieges

5. Das feindliche Trommelfeuer hatte bei der 11. Kompanie des Infanterie-Regiments 55 einen großen Teil des Schützengrabens zerstört. Hornist Gefr. Hagemeister bemühte sich in dieser gefährlichen Lage, verschüttete Gewehre und Patronen auszugraben und für die Kameraden wieder gebrauchsfähig zu machen. Bei dieser Arbeit beobachtete er, wie der Feind sich zum Angriff anschickte. Da sich der Zugführer auf dem linken Flügel befand, um mit den eingetroffenen Unterstützungen einen freien Teil des Grabens zu verteidigen, und bei dem Zuge selbst alle Gruppenführer außer Gefecht gesetzt waren, übernahm Hagemeister selbständig die Führung des Zuges Er befolgte hiermit die Mahnung, die besonders beherzten und umsichtigen Leute auf ihre **Kameraden durch Verhalten und Beispiel** einzuwirken haben. Dies ist ihm glänzend gelungen, denn durch geschickte Feuerverteilung erreichte er, daß der vorstürmende Feind bedeutende Verluste erlitt und in seinen Graben zurückkehrte Den ganzen Tag über hielt Hagemeister aus, zeitweise durch die erstickenden Gase der feindlichen Granaten betäubt. Aber sobald er wieder zu sich kam, war er sofort auf seinem Posten. Schließlich zählte der Zug nur noch zwölf Mann; aber dieser kleinen Schar, geführt durch Hagemeisters Vorbild und Leitung, gelang es, das anvertraute Grabenstück bis zur Dunkelheit zu halten, um alle feindlichen Vorstöße abzuwerfen.

6. Die leichte Funkstation 12, einer Aufklärungsschwadron der 4 Kav. Div. zugeteilt, wurde in den frühen Morgenstunden des 15. August 1914 bei Bonneffe in Belgien von stark überlegener feindlicher Infanterie im Biwak angegriffen, zersprengt und unter Verlusten gezwungen, sich neu zu sammeln. Der Motormann, Funker Naumann, machte kaltblütig und ruhig, sich nicht um den Feind kümmernd, die Gleichstrommaschine und damit sein Gerät unbrauchbar. Er bezahlte sein

Pflichtbewußtsein mit dem Leben, so ein Beispiel echter **Soldatentreue** gebend. Der Stationsführer bemerkte, als er an dem neuen Sammelplatz eintraf, daß das Geheimmaterial bei dem überraschenden Überfall zurückgeblieben war. Kurz entschlossen schlug er sich mit einem Freiwilligen zu seinem alten Aufbauplatz durch und brachte das wichtige Material in Sicherheit. Beide haben damit **aufopferungsbereit** schweren Schaden abgewendet, der durch den Verlust hätte entstehen können.

7. Eine Gruppe der 7./Res. J. R. 252 lag in den schweren Abwehrkämpfen im September 1918 an der Brücke der Aisne mit dem Auftrag, den Übertritt des Feindes zu verhindern. Schweres feindliches Granat- und Minenwerferfeuer vernichtete die Gruppe bis auf den Musketier Best. Als kurz darauf der Feind zum überraschenden Angriff ansetzte, richtete Best, obwohl er weit und breit allein war, das l. M. G. seiner Gruppe auf den Feind und brachte so den Angriff zum Scheitern. Als sein Kp.-Führer, Leutnant Voigt, dies sah und nach vorn stürzte, rief der Tapfere ihm zu: „Schnell, Herr Leutnant — Patronen zuführen!" Das Eiserne Kreuz I. und Beförderung zum Gefreiten belohnten den tapferen Soldaten. Gefr. Best zeigte im höchsten Maße **Mut, Verantwortungsbewußtsein, Umsicht, selbständiges Handeln** und noch später **unerschütterliches Ausharren** bei seinem Offizier.

8. Gefr. Meffert, 1./J. R. 96, am 10. Oktober 1917 mit einem Befehl vom Bataillon zur Kompanie entsandt, ging in dunkler Nacht über die eigene Stellung hinweg und war plötzlich mit seinem Begleiter, Musketier Thias, im feindlichen Graben. Sie wurden zum Kapitän gebracht und verhört. **Außer Dienstgrad und Name sagten sie nichts aus.** Als eine Granate auf den Unterstand des Kapitäns schlug, benutzte Meffert die entstehende Verwirrung, um zu entweichen. Auch die ihn verfolgenden 15 feindlichen Soldaten holten ihn nicht ein. Er brachte den Befehl mündlich zur Kompanie, den schriftlichen hatte Meffert sofort zerrissen, als er erkannte, daß er im feindlichen Graben war. Meffert erhielt Belobigung und Auszeichnung für diese **vorbildliche Pflichterfüllung eines deutschen Soldaten.**

Gehorsam.

Der Gehorsam ist der Grundpfeiler der Wehrmacht. Er ist die Voraussetzung jedes Erfolges.

Ohne die bedingungslose Unterordnung des einzelnen ließe sich eine so gewaltige Masse, wie sie die Wehrmacht darstellt, nicht zusammenhalten und führen. Eine Truppe ohne strengen Gehorsam wäre nicht auszubilden und im Felde nicht an den Feind zu bringen. Eine nur äußerlich, nicht durch längere Erziehungs- und Ausbildungsarbeit zusammengefügte Truppe versagt in ernsten Augenblicken und unter dem Eindruck unerwarteter Ereignisse. Wäre eine Truppe noch so tapfer, noch so begeistert, noch so vaterlandsliebend, so müßte sie doch dem besser disziplinierten Feinde unterliegen. Ihre Kriegsfertigkeit, ihr Mut und ihre Tapferkeit wären nutzlos, das Heer wäre wertlos.

Deshalb wird der Gehorsam dem Soldaten mit aller Strenge anerzogen und auf die Mannszucht (Disziplin) der größte Wert gelegt.

Der Gehorsam soll aus Einsicht und Vertrauen geleistet werden. Sie verschaffen dem Untergebenen die Überzeugung, daß der Vorgesetzte nichts befehlen wird, was nicht nötig oder nicht zweckdienlich ist. Das Vertrauen ist ein Ausfluß der Kameradschaft und bewirkt, daß der Untergebene selbst solche Befehle gern und freudig ausführt, die ihm vielleicht unverständlich sind und deren Ausführung mit Schwierigkeiten oder Gefahr verbunden ist. Der Untergebene muß wissen, daß der Vorgesetzte erst nach reiflicher Überlegung befiehlt, was er, da er die Lage besser übersieht, für richtig erkannt hat. Je größer das Band des Vertrauens ist, desto leichter ist Befehlen und Gehorchen. „Das gegenseitige Vertrauen ist die sicherste Grundlage der Mannszucht in Not und Gefahr" (T. F. I, S. 2).

Der Gehorsam besteht in der bedingungslosen Unterordnung des eigenen Willens unter den des Vorgesetzten. Dies mag manchmal schwer sein, vor allem dann, wenn eigene Wünsche oder Anschauungen dem entgegenstehen. Die Einsicht, daß eigene Wünsche hinter dem Ganzen zurückzustehen haben, muß aber hier helfen. Wer sich auf diese Weise selbst erzieht und sich klarmacht, daß Ungehorsam ein großes Unglück über Kameraden und Truppe bringen kann, wird ohne zu klagen gehorchen. Der Gehorsam eines solchen Soldaten wird ein freudiger sein. In einer Truppe, in der solcher Gehorsam geleistet wird, herrscht ein guter Geist. Zucht und Ordnung sind selbstverständlich und brauchen nicht durch Strafen erzwungen zu werden.

Der Gehorsam verlangt die gewissenhafte Ausführung aller Anordnungen und Befehle. Niemals steht es dem Untergebenen zu, nach den Ursachen oder dem Zweck des Befehls zu fragen. Gegebene Befehle sind auf der Stelle, ohne Widerrede und ohne die Miene zu verziehen, auszuführen. Widersprechen oder Bemerkungen über einen erhaltenen Befehl gibt es nicht. Wird ein Befehl nicht verstanden, so ist in soldatischer Form um Aufklärung zu bitten (Näheres siehe S. 83 ff.).

Verstöße gegen den Gehorsam werden bestraft.

Untrennbar mit dem Gehorsam verbunden sind die **Achtung** und **Ehrerbietung vor den Vorgesetzten.**

Die Achtung vor den Vorgesetzten besteht in der Anerkennung ihrer soldatischen Vorzüge. Der Untergebene wird sie um so höher einzuschätzen wissen, wenn er sich klarmacht, daß nur derjenige Vorgesetzter wird, der die notwendigen Eigenschaften und Kenntnisse besitzt, und daß auf dem Vorgesetzten eine weit größere Verantwortung lastet als auf ihm selbst. Ohne diese Achtung vor den Vorgesetzten, zu der Vertrauen und Zutrauen gehören, ist der soldatische Gehorsam nicht denkbar.

Wer seine Vorgesetzten achtet, wird sich auch ihnen gegenüber ehrerbietig zeigen, d. h. in Wort und Tat bescheiden und zuvorkommend sein.

Achtung und Ehrerbietung vor den Vorgesetzten kommen nicht nur in der soldatischen Haltung, der Anrede und der Ehrenbezeigung zum Ausdruck, sondern in dem ganzen Denken und Benehmen gegenüber den Vorgesetzten (Näheres S. 82 ff.).

Vergehen gegen die Mannszucht.
(Siehe hierzu die Beispiele S. 54 f.)

Ungehorsam: wenn ein Befehl in Dienstsachen vorsätzlich oder fahrlässig nicht befolgt, eigenmächtig abgeändert, unvollkommen ausgeführt oder überschritten wird.

Beharren im Ungehorsam: wenn der Untergebene den wiederholt erhaltenen Befehl nicht ausführt.

Der Ungehorsam kann auch durch Handlungen, Worte und Gebärden begangen werden. Die Strafen werden verschärft, wenn durch den Ungehorsam ein erheblicher Nachteil oder die Gefahr eines solchen herbeigeführt oder wenn Beharren im Ungehorsam **„unter den Waffen"** oder vor **„versammelter Mannschaft"** begangen wird.

„Unter den Waffen" befindet sich ein Soldat, sobald er im Waffendienst unter dem Befehl eines Vorgesetzten steht. — Eine Tat gilt als „vor versammelter Mannschaft" begangen, wenn außer dem Vorgesetzten und dem Beteiligten noch mindestens sieben andere zu militärischem Dienst versammelte Soldaten zugegen waren. Der Dienst braucht noch nicht begonnen zu haben (§ 12 WStGB.).

Verweigerung des Gehorsams: wenn der Untergebene durch Worte, Gebärden oder Handlungen zu erkennen gibt, daß er den Gehorsam ausdrücklich verweigert.

Achtungsverletzung: wenn die dem Vorgesetzten zukommende Achtung oder Ehrerbietung verletzt wird. Sie kann durch W o r t e (z. B. unpassende Bemerkungen), G e b ä r d e n (z. B. höhnischen Gesichtsausdruck) und sonstige H a n d l u n g e n (z. B. tätliche Widersetzung) begangen werden.

Zur=Rede=Stellen des Vorgesetzten: wenn der Untergebene den Vorgesetzten über einen erhaltenen Befehl oder eine sonstige Handlung zur Rede stellt.

Belügen des Vorgesetzten: wenn der Untergebene dem Vorgesetzten auf dienstliches Befragen wissentlich die Unwahrheit sagt.

Beleidigung des Vorgesetzten: wenn der Untergebene durch Worte, Gebärden oder Handlungen den guten Ruf des Vorgesetzten verletzt.

Widersetzung und Angriff gegen den Vorgesetzten: wenn der Untergebene durch Gewalt oder Drohung den Vorgesetzten an der Erfüllung seiner Pflichten hindert.

Erregung von Mißvergnügen: wenn der Untergebene Unzufriedenheit unter den Kameraden in Beziehung auf den Dienst hervorruft.

Aufwiegelung: wenn der Soldat seine Kameraden auffordert, den Gehorsam zu verweigern, sich dem Vorgesetzten zu widersetzen oder Tätlichkeiten gegen ihn zu begehen.

Meuterei: wenn zwei oder mehrere gemeinschaftlich den Gehorsam verweigern, sich dem Vorgesetzten widersetzen oder Tätlichkeiten gegen ihn begehen.

Militärischer Aufruhr: wenn mehrere sich zusammenrotten und gemeinschaftlich den Gehorsam verweigern, sich dem Vorgesetzten widersetzen oder Tätlichkeiten gegen ihn begehen.

M e u t e r e i und A u f r u h r gehören zu den schwersten militärischen Verbrechen. Sie bedeuten die völlige Untergrabung der Disziplin der Truppe und bei größerem Umfang den Zusammenbruch und die Auflösung des Heeres.

Kameradschaft.

K a m e r a d s c h a f t ist das Band, das alle Soldaten eng verbindet. Sie beruht auf der Überzeugung, daß der eine den andern in Not und Gefahr nicht verläßt. „**Alle für einen, einer für alle!**"

Kameradschaft ist an kein Herkommen, kein Alter, keinen Bildungsgrad, keinen Dienstgrad oder ähnliches gebunden. Alle Soldaten arbeiten, jeder an seinem Platz, für das eine Ziel: den Schutz des Vaterlandes! Wie schön ist der Gedanke, mit so vielen vereint zu sein zu dieser herrlichen Aufgabe, mit ihnen gemeinsam das graue Ehrenkleid zu tragen, gemeinsam zu arbeiten, gemeinsam Freud und Leid zu tragen, gemeinsam in den Kampf zu ziehen und, wenn es sein muß, gemeinsam zu sterben. Die gleiche Wohnung, die gleiche Kost, der gleiche Eid und die gleichen Pflichten, kurzum alles weist die Soldaten darauf hin, daß sie Söhne einer großen Familie, daß sie Kameraden sind. Gerade im Krieg zeigt sich die wahre Kameradschaft. Da muß sich einer auf den anderen verlassen können. Wo etwas fehlt, muß der andere helfen. Nur so ist das Heer in der Lage, die Leistungen zu vollbringen, die von ihm erwartet werden.

Die beste **Kameradschaft gedeiht** im Rahmen der Pflichten des Soldaten und findet auch hier ihre Grenzen. So z. B. ist es im Felde nicht angängig, sich in läppischer Weise um Verwundete zu kümmern und darüber die anderen Pflichten zu vergessen oder zu vernachlässigen.

Die **Kameradschaft zeigt sich** in Verträglichkeit und in Hilfsbereitschaft in erlaubten Dingen. „**Nicht nur für sich selbst ist der einzelne verantwortlich, sondern auch für seine Kameraden.** Wer mehr kann, wer leistungsfähiger ist, muß den Unerfahrenen und Schwachen anleiten und führen. Nur auf dieser Grundlage erwächst das Gefühl der echten Kameradschaft" (T. F. I, S. 4).

Echte Kameradschaft erleichtert dem jungen Soldaten den Übergang in das militärische Leben und bewirkt, daß sich jeder bei der Truppe heimisch fühlt. Der jüngere soll dem älteren mit der nötigen Zuvorkommenheit und Achtung begegnen und der ältere den jüngeren anleiten und beraten. Es wäre ein Zeichen schlechten Charakters, wollte der ältere das Vertrauen des jungen durch rohe Späße oder alberne Scherze mißbrauchen.

Die Verträglichkeit zeigt sich vornehmlich in einträchtigem Zusammenleben. Zank, Streit oder Schlägereien dürfen nicht vorkommen. Sie werden streng bestraft. Schon Hänseleien sind zu unterlassen. Dagegen beseitigt offener ehrlicher Meinungsaustausch in nicht verletzendem Tone vorkommende Meinungsverschiedenheiten.

Kameradschaftliche Pflicht ist es, Kameraden gegen Anschuldigungen und Beschimpfungen, die in ihrer Abwesenheit ausgesprochen werden, zu verteidigen. Verleumder und Verbreiter von Gerüchten müssen festgestellt und gemeldet werden. Gerüchtemacher sind zu bekämpfen; Klatsch schädigt die Kameradschaft.

Der gute Kamerad steht vor allem schwerfälligen Leuten mit **Rat und Tat** zur Seite. Besonders im Innendienst findet er ein reiches Betätigungsfeld. Schon durch das Erweisen kleiner Gefälligkeiten, wie z. B. Übernahme des Koppelputzens oder Helfen beim Stubendienst, kann er einem solchen Kameraden größte Dienste erweisen. Im Außendienst hilft der Stärkere dem Schwachen, indem er ihm z. B. beim anstrengenden Marsch das Gewehr abnimmt, wenn dies nötig sein sollte.

Vornehmlich zeigt sich die gute Kameradschaft in der gegenseitigen Erziehung, indem man Torheiten leichtsinniger Kameraden nicht mitmacht, z. B. mit ihnen zecht oder lärmt oder zu ihren Pflichtvergessenheiten und Schlechtigkeiten schweigt, sondern ihnen im guten Sinne hilft, den schwächeren schützt, dem verdrossenen und bedrückten gut zuredet, den leichtsinnigen warnt und an schlechten Streichen hindert. Hilft das kameradschaftliche Einwirken in solchen Fällen nicht, so muß Meldung erfolgen. Nur dadurch kann der Vorgesetzte die geeigneten Erziehungsmaßnahmen ergreifen. Eine solche Meldung ist ein Gebot der Kameradschaft, da man den Kameraden durch die Meldung meistens vor späterer Bestrafung schützt.

Betrunkene Kameraden bringt man, ohne großes Aufsehen zu erregen (Auto!), nötigenfalls mit Gewalt, in ihre Unterkunft, um sie vor strafbaren Handlungen und Unglücksfällen zu bewahren.

Zur kameradschaftlichen Pflicht gehört es auch, auf andersdenkende oder gleichgültige Kameraden in vaterländischem, nationalsozialistischem Sinne einzuwirken, z. B. Restbestände marxistischer oder reaktionärer Gesinnung zu beseitigen.

Nicht kameradschaftlich ist es, leichtsinnigen Kameraden Geld zu borgen, wodurch nur ihre Schuldenlast erhöht wird, einem Arrestanten oder Kranken bestimmungswidrig Lebensmittel zuzustecken, einem Faulen Gegenstände zum Appell zu borgen, damit er seine eigenen nicht in Ordnung zu machen braucht, oder im Interesse eines Kameraden zu lügen.

Kommt der Soldat in **Vorgesetztenstellung,** so vergrößern sich seine kameradschaftlichen Pflichten. Er muß nun Vorgesetzter und Kamerad sein! Den Beförderten oder Ernannten müssen die bisher Gleichgestellten besonders achten. Das gegenseitige Duzen hat im Dienst aufzuhören. Nicht kameradschaftlich ist es, wenn z. B. einem zum Abteilungsführer befohlenen Mann von der Abteilung Schwierigkeiten bereitet werden (im Glied gelacht wird oder seine Befehle schlecht ausgeführt werden). Jeder Führer aber muß sich mit eisernem Willen durchsetzen. Hierzu braucht er Verantwortungsfreudigkeit und Selbstvertrauen.

Kameradschaft im Felde wird zur Kampfgemeinschaft. Sie verbindet bis in den Tod.

Beispiele von vorbildlicher Kameradschaft aus dem Kriege.

1. Hinter der vorderen Gefechtslinie lagen Teile einer Kompanie als Unterstützung. Die feindliche schwere Artillerie legte schon mit dem zweiten Schuß durch eine schwere Granate ein Gehöft in Trümmer, in dem sich 1½ Züge befanden. Mehrere Leute wurden durch Sprengstücke getötet, viele verwundet, eine größere Anzahl verschüttet. Trotzdem der Feind das Granatfeuer fortsetzte, eilte der Sanitätsunteroffizier R h o d e nach dem eingestürzten Gehöft und versuchte, die Verschütteten aus den Trümmern zu retten. Ohne auf die Gefahr zu achten, die ihn umgab, holte er 15 Soldaten lebend aus dem Schutt hervor und verband sie an Ort und Stelle. An einem Erstickten machte er ¾ Stunden lang, allerdings vergeblich, Wiederbelebungsversuche; auch an der Bergung der Toten nahm er Anteil und zog 9 Mann hervor, ungeachtet der herabstürzenden Balken und Steine sowie um sich greifenden Feuers.

2. Im Oktober 1918 erhielt der Truppführer einer Fernsprechabteilung, Unteroffizier R o t t e n h ö f e r, den Befehl zum Bau einer Drahtverbindung zur Infanterie. Der Bau war fertig und die Station eingerichtet, als schwere Artillerievieserer einsetzte und der Gegner zum Sturm anbrach. Unteroffizier Rottenhöfer sammelte den Rest der übriggebliebenen Mannschaft um sich und verteidigte mutig die Stellung, bis er zum Ausweichen gezwungen wurde. Dabei wurde ein Kamerad durch einen Granatsplitter schwer verwundet. Aber Unteroffizier Rottenhöfer war nicht nur ein tapferer und unerschrockener Soldat, sondern auch ein vorbildlicher K a m e r a d. Mit schier unglaublicher Kraft und ohne an sich selbst zu denken, trug er in treuer Kampfgemeinschaft seinen Kameraden in Sicherheit.

3. Wie auch für den Feind Menschlichkeit und Kameradschaftlichkeit geübt werden kann, beweist folgendes ergreifendes Beispiel. Im März 1916 hatte ein französischer Spähtrupp versucht, sich den deutschen Sappenspitzen zu nähern. Hierbei blieb ein verwundeter Franzose eine Strecke weit vor den deutschen Schützengraben liegen und suchte in einem Granatloch Deckung vor den Geschossen. Da es mit Rücksicht auf das feindliche Feuer gefährlich schien, den Verwundeten bei Tage zu bergen, war Befehl gegeben, ihn nach Eintritt der Dunkelheit hereinzuholen. Aber sein Stöhnen wollte nicht verstummen. Leutnant S c h e n k, der in der Sappenspitze stand, sagte: „Ich kann den Jammer nicht mehr anhören, dem Mann muß geholfen werden, auch er ist ein Kamerad." Schon sprang der Leutnant aus dem Graben und näherte sich dem Franzosen, gefolgt von Unteroffizier B o r c h e r t, einem bewährten Spähtruppführer. Die beiden Helden erreichten den Verwundeten und trugen ihn zum Graben. Gerade als sie bei diesem ankamen, setzte von mehreren ein starkes Feuer ein. Von mehreren Schüssen durch den Kopf getroffen, sank Leutnant Schenk tot zu Boden, ein Opfer seiner Nächstenliebe. „Er hat nicht nur sein Leben gelassen für seine Brüder", sprach der Geistliche bei der Beerdigung des opfermutigen Offiziers, „sondern sogar für seine Feinde. Gott der Herr wird es ihm lohnen."

Sonstige Pflichten*).

Kenntnis und Pflege der Waffen, des Geräts und der übrigen Dienstgegenstände gehören auch zu den Soldatenpflichten. (Einzelheiten siehe in den Abschnitten drei bis sieben.)

Die Waffe darf der Soldat nur zur Erfüllung seiner Pflichten und in der Notwehr gebrauchen. (Näheres S. 121 ff.) Außer Dienst ist das Führen von Schußwaffen, sowohl von Dienst- als auch Privatwaffen, nur mit Genehmigung des Disziplinarvorgesetzten gestattet.

---

*) Besondere Pflichten im Kriege siehe S. 48 f.

Vor **vorschriftswidriger Behandlung** wird der Soldat nachdrücklich geschützt. M i ß h a n d l u n g e n werden streng bestraft.

Glaubt ein Soldat, Grund zur Beschwerde zu haben, so überlege er ernstlich, ob die Angelegenheit so schwerwiegend ist, daß er vom Beschwerderecht Gebrauch machen muß. In s c h l i m m e n Fällen unterlasse er keinesfalls aus Nachlässigkeit oder Mangel an Mut, die Angelegenheit seinem Disziplinarvorgesetzten zur Kenntnis zu bringen oder sich zu beschweren. Dieses falsche Verhalten gibt dem Vorgesetzten keine Möglichkeit, Abhilfe zu schaffen, und schädigt die Allgemeinheit. Andererseits beschwere sich der Soldat nicht wegen jeder Kleinigkeit, die sich schließlich doch als harmlos oder in einer falschen Auffassung des Beschwerdeführers begründet herausstellt (Näheres S. 109 f.).

Der Soldat als Vorgesetzter hat erhöhte Pflichten. Er merke sich:
daß die A c h t u n g begründet ist auf persönlicher Tapferkeit, Wissen, Können und Verantwortungsfreudigkeit,
daß V e r t r a u e n erworben wird durch strengste Pflichterfüllung, selbstlose Lebenshaltung, Offenheit, sachliche Strenge, wohlwollende Behandlung der Untergebenen und Verständnis für ihr Fühlen und Denken,
daß der ein w a h r e r F ü h r e r ist, wer durch Können, Haltung und Gesinnung seine Untergebenen zur Gefolgschaft zwingt.

Jeder Vorgesetzte soll den Weg zu dem Herzen seiner Untergebenen finden. Wer das Vertrauen seiner Untergebenen besitzt, kann auch unerbittlich hart in seinen Forderungen sein, die ihm durch seine Pflichten wiederum auferlegt sind.

Die Erziehung und Anleitung der Untergebenen soll individuell sein. Das wirksamste Erziehungsmittel ist das Vorbild.

Belohnungen und Auszeichnungen.

Der rechtschaffene, unverzagte und ehrliebende Soldat darf der **Anerkennung** u n d d e s **Wohlwollens seiner Vorgesetzten** versichert sein. Besondere Tapferkeit vor dem Feinde wird mit Auszeichnungen belohnt (siehe S. 46) und verschaffen ihm — ebenso auch sonstige treue Pflichterfüllung, besondere Leistungen und gute Führung — Vergünstigungen, wie z. B. Sonderurlaub, Ernennungen, Beförderungen, Verwendung in Vertrauensstellungen u. ä. In der Verwendung als Spähtruppführer, Melder, Ordonnanz, Stubenältester usw. liegt stets ein Beweis der Anerkennung und des Vertrauens.

Verdienste, die keine Anerkennung durch das Eiserne Kreuz finden können, werden mit dem Kriegsverdienstkreuz, längere, einwandfreie Dienstzeit wird mit D i e n s t a u s z e i c h n u n g e n, und Rettung aus Lebensgefahr wird mit der R e t t u n g s m e d a i l l e belohnt.

S c h i e ß a u s z e i c h n u n g e n belohnen gute Schützen.

„**Charakter und Leistung bestimmen den Weg des Soldaten.**" Jedem Soldaten ist mit dieser Gesetzesbestimmung „der Marschallstab in den Tornister gelegt". Viele Beispiele zeigen, daß tüchtigen Unteroffizieren und Mannschaften, auch ohne besondere Vorbildung, der Weg zum Offizier und zu führenden Stellen in der Wehrmacht offensteht.

D e r f f l i n g e r, der Sohn eines armen Bauern, brachte es vom einfachen Reiter zum Feldmarschall des Großen Kurfürsten. — R e y h e r brachte es ohne besondere Vorbildung bis zum General der Kavallerie und Chef des Generalstabes der preußischen Armee. — Im Weltkrieg sind zahlreiche Unteroffiziere wegen Tapferkeit vor dem Feinde zum Offizier befördert worden. Namentlich aber ist in der Wehrmacht des D r i t t e n R e i c h e s jedem Soldaten der Weg zum Offizier geöffnet worden.

Erleidet der Soldat im Dienst einen Schaden, der eine Erwerbsbeschränkung nach sich zieht, dann erwirbt er Anspruch auf **Versorgung**.

Aber:

„G r ö ß t e n L o h n u n d h ö c h s t e s G l ü c k f i n d e t d e r S o l d a t i n d e m B e w u ß t s e i n f r e u d i g e r f ü l l t e r P f l i c h t."

Orden und Ehrenzeichen des gegenwärtigen Krieges.

Eisernes Kreuz
II. Klasse.

Eisernes Kreuz
I. Klasse.

Ritterkreuz des
Eisernen Kreuzes.

Kriegsverdienstkreuz
I. Kl. (silbern).
(Ohne Schwerter für
Verdienste ohne feindliche
Waffeneinwirkung.)

Großkreuz
des Eisernen Kreuzes

Kriegsverdienstkreuz
II Kl. (bronzen).
(Ohne Schwerter für
Verdienste ohne feindliche
Waffeneinwirkung.)

Spange zur I. Klasse
des Eisernen Kreuzes
des Weltkrieges.

Spange zur II. Klasse
des Eisernen Kreuzes
des Weltkrieges.

Verwundeten-
abzeichen.

Weitere bekannte Orden und Ehrenzeichen.

Eisernes Kreuz 1. Kl.
(2. Kl. mit schwarz-
weißem Band).

Pour le Mérite.

Militär-
verdienstkreuz.

Verwundetenabzeichen
der Armee,
Schwarz: 1- bis 2malige
Verwundung,
Silber: 3- bis 4malige
Verwundung,
Gold: 5- und mehrmalige
Verwundung.

Goldenes Partei-
abzeichen
der NSDAP.

Ehrenzeichen am Band
vom 9. November 1923.
(Blutorden.)

Dienstauszeichnung 1. Kl
für 25jähr. (vergoldet)
und für 18jähr. (ver-
silbert) Dienstzeit.

Dienstauszeichnung 3. Kl.
für 12jähr. (bronziert)
und für 4jähr. (matt-
silbern) Dienstzeit.

Ehrenkreuz
für Frontkämpfer.
(Für nur
Kriegsteilnehmer
ohne Schwerter.)

Medaille zur Erinnerung
an den 13. 3. 1938.

Medaille zur Erinnerung an den
1. 10. 1938 (mit Spange hierzu
bei Teilnahme an der Besetzung
Böhmens u. Mährens im März-
April 1939.)

Spanien-Ehrenkreuz.

3. Soldatenpflichten nach dem Kriegsrecht.

Die **Gesetze und Gebräuche des Krieges** sind durch verschiedene internationale Abmachungen geregelt. Nach ihnen ist zu beachten:
Die Ausübung von Feindseligkeiten ist nur den b e w a f f n e t e n S t r e i t *=*
k r ä f t e n der Kriegführenden untereinander gestattet. Zur bewaffneten Macht gehören alle organisierten Streitkräfte eines Staates, soweit sie:
1. einen **verantwortlichen Führer** haben,
2. ein **bestimmtes Abzeichen** tragen, das aus der Ferne erkennbar ist,
3. die **Waffen offen führen,**
4. **Gesetze** und **Gebräuche des Krieges** beachten.

Alle anderen Personen gehören nicht zur bewaffneten Macht. Eine A u s *=*
n a h m e bildet die sogenannte Levée en masse (= Landsturm, d. h. wenn die Bevölkerung beim Herannahen des Feindes zu dessen Bekämpfung zu den Waffen greift und die Bedingungen unter 3 und 4 erfüllt. Die Organisation und Bewaffnung müssen aber beendet sein, bevor der Feind eingedrungen ist. Ist das Gebiet besetzt und Bürger beteiligen sich an kriegerischen Handlungen, so verfallen sie dem Standrecht.

Es gilt der Grundsatz, daß dem Feinde nicht mehr Leid zuzufügen ist, als zur Erreichung des militärischen Zweckes erforderlich ist. **Verboten** ist:
1. Verwendung von Gift und vergifteten Waffen.
2. Meuchelmord.
3. Tötung und Verwundung von Gefangenen.
4. Verweigerung von Pardon.
5. Geschosse oder Waffen, die unnötige Leiden verursachen, z. B. Dumdum=
Geschosse.
6. Mißbrauch der Parlamentärflagge (auch der Nationalflagge), der militärischen Abzeichen, der Uniform des Feindes und des Abzeichens des Roten Kreuzes (doch Vorsicht bei Kriegslist!).
7. Willkürliche Zerstörung oder Wegnahme feindlichen Eigentums.
8. Pressung feindlicher Staatsangehöriger zum Kampf gegen ihr eigenes Land (z. B. Deutsche in der französischen Fremdenlegion).

Nicht verboten ist die Anwendung von Kriegslisten. Sie sollen sich in den Grenzen der militärischen Ehre halten.

Als Spion gilt, wer heimlich oder unter falschem Vorwand im Gebiet eines Kriegführenden Nachrichten für die Gegenpartei einzieht oder einzuziehen versucht. Angehörige der bewaffneten Macht mit Abzeichen und Personen, die offenen Auftrag ausführen, sowie Flieger sind keine Spione.

Parlamentäre sind Bevollmächtigte, die mit der anderen Partei in Unterhandlungen treten und sich mit der w e i ß e n F l a g g e zeigen. Sie und ihre Begleiter haben Anspruch auf Unverletzlichkeit, wenn sie schriftliche Vollmacht zeigen. Der mit ihnen zusammentreffende Soldat veranlaßt sie zum Ablegen der Waffen (Vorsicht bei Mißbrauch!), zum Verbinden der Augen, und bringt sie, wenn es sein Dienst gestattet, zum nächsten Vorgesetzten. Sonst behält er sie bei sich, bis er sie an einen Vorgesetzten abliefern kann.

Gefangene sind mit Menschlichkeit zu behandeln. Ihr persönliches Eigentum bleibt ihnen. Ein Zwang, um Nachrichten von ihnen zu erhalten, darf nicht auf sie ausgeübt werden. Jedoch ist der Gefangene verpflichtet, auf Befragen Name und Dienstgrad anzugeben (siehe auch unten und S. 37).

Kranke und Verwundete — ohne Unterschied der Parteizugehörigkeit — sollen geachtet und versorgt werden (selbstverständlich nur, soweit es die sonstigen Pflichten des Soldaten zulassen).

Das Sanitätspersonal, das an weißer Armbinde mit rotem Kreuz kenntlich ist, soll von beiden Parteien geachtet und geschützt werden.

Franktireurs sind Privatpersonen, die feindliche Handlungen begehen, ohne die Voraussetzung der Levée en masse erfüllt zu haben. Soweit gegen sie nicht **Abwehr** gegeben ist, verfallen sie dem Standrecht.

Verhalten bei mobiler Verwendung. Im Felde darf der Soldat niemals vergessen, daß der Krieg nicht gegen die friedliche Zivilbevölkerung geführt wird. Das Leben der Bürger, ihr Privateigentum, die Ehre und Rechte der Familie, ihre religiösen Handlungen usw. sind zu achten. Eigenmächtiges Beutemachen, Plündern, Mord, Erpressung, Körperverletzung, Notzucht, boshafte oder mutwillige Beschädigung oder Vernichtung fremder Sachen und sonstige Straftaten werden mit den schwersten Strafen belegt. Ein solches Verhalten ist eines deutschen Soldaten unwürdig. — Wo sich allerdings **bei der Bevölkerung des feindlichen Landes bewaffneter Widerstand, Verrat und feindselige Gesinnung zeigen, muß selbstverständlich zum Schutz der eigenen Sicherheit rücksichtslos durchgegriffen werden.**

Dem gefangenen (gefallenen) oder verwundeten Feinde nimmt man die Waffen (Munition!) ab und, soweit Zeit und Gelegenheit es erlauben, auch Karten, Skizzen, photographische Aufnahmen, die sich auf Angelegenheiten des Krieges beziehen, und reicht diese Gegenstände sofort an den nächsten Vorgesetzten weiter. Gefallene oder Gefangene zu berauben, ist für einen deutschen Soldaten unehrbar. Trotz aller menschlicher Rücksichtnahme auf den gefangenen Feind **ist und bleibt der Gefangene doch Feind.** Vertrauensseligkeiten ihm gegenüber, Schwätzereien oder gar unerlaubter Verkehr mit ihm sind unbedingt zu unterlassen (Spionagegefahr!).

Kommt der Soldat bei Sonderaufträgen oder Gefechtshandlungen von der Truppe ab, so meldet er sich bei der nächstbesten und bittet um Auskunft. Kann solche über den Verbleib der eigenen Truppe nicht gegeben werden, so bleibt er zunächst bei dieser Truppe, falls weiteres Suchen zwecklos ist, und versucht später zurückzukehren.

Selbstverständlich werden auch im Felde die militärischen Formen gewahrt. Gerade hier zeigt sich der Erfolg der Erziehung und Ausbildung.

4. Spionage- und Sabotageabwehr*).

Spionage und Sabotage.

Die **Spionage** (ausländischer Nachrichtendienst) besteht in heimlichem oder unter falschem Vorwand innerhalb eines Landes betriebenem planmäßigen Auskundschaften von allen Angelegenheiten, die für die Landesverteidigung von Bedeutung sind. Die Spionage bezweckt in der Hauptsache, Kenntnisse über die Gliederung, die Bewaffnung, die Ausbildung und den Einsatz der deutschen Wehrmacht zu erlangen. Die gegnerische Ausspähung richtet sich ferner gegen alle Befestigungsanlagen, Bauten, Lager, Verkehrsmittel, Rüstungsbetriebe und Wirtschaftsgeheimnisse.

Zur Spionage tritt die **Sabotage** (Wehrmittelbeschädigung). Die Sabotage hat zum Ziel, Kampfmittel und Einrichtungen der Wehrmacht, der Rüstungsindustrie sowie sonstiger lebenswichtiger Einrichtungen und Kraftquellen des Staates und seiner Wirtschaft lahmzulegen, zu schwächen oder zu zerstören.

Die Sabotage (Wehrmittelbeschädigung) wird nach der Landesverratsgesetzgebung bestraft. Schwere Fälle vorsätzlicher Wehrmittelbeschädigung werden mit der Todesstrafe geahndet.

---

*) Das Studium der im Einvernehmen mit dem OKW. herausgegebenen Aufklärungsschrift „Spione, Verräter, Saboteure" wird dringend empfohlen.

Hand in Hand mit der Spionage geht der **politische Zersetzungskrieg**. Er soll die Stimmung der Wehrmacht und des Volkes in ungünstigem Sinne beeinflussen und das Vertrauen zur Führung untergraben. Nicht nur jegliche kommunistische Zersetzungsarbeit ist auf das schärfste zu bekämpfen, sondern es gilt auch, die nicht minder gefährlichen Flau- und **Miesmacher** (Defaitisten) unschädlich zu machen.

Die Spionage wird im allgemeinen von Militärpersonen (Generalstäben!) des Auslandes geleitet und ausgeübt durch Agenten des In- und Auslandes, die sich vielfach ehrloser Gesellen als Zuträger bedienen. Agenten und Zuträger bekommen für ihre Tätigkeit hohe Geldbeträge versprochen, die sie aber dann später nicht erhalten; im übrigen erwartet sie, wenn sie ertappt werden, die Todesstrafe.

Dem fremdländischen Nachrichtendienst ist alles wichtig. Alltägliche Dinge, die dem Soldaten ganz selbstverständlich und unwichtig erscheinen oder die sich sogar in der breiten Öffentlichkeit abspielen, sind dem Ausland wissenswert. Schon die Erziehung im Heere, die Ausbildung des Soldaten und alle möglichen Dinge, die vielleicht in Zeitungen zu lesen sind, interessieren den Spionagedienst u. U. durch die A r t , wie sie betrieben werden. Durch Spionage besonders gefährdet sind Orte, an denen Truppenansammlungen stattfinden oder an denen sich militärische Einrichtungen befinden. Hier hat jeder Soldat die Augen besonders aufzumachen.

Die Erfahrung lehrt, daß Spione (Agenten) — scheinbar ganz zufällig — die Bekanntschaft von Soldaten zu machen suchen. Auf der Straße, in Geschäften, auf dem Marsch zum Schießstand, bei Felddienstübungen, als Verkäufer bei Übungen, durch Zeitungsinserate, in Gaststätten, im Quartier, im Eisenbahnwagen, auf Urlaub, kurz, an den verschiedensten Orten und unter den verschiedensten Masken machen sie sich mit der harmlosesten Miene an den nichtsahnenden Soldaten heran. Oft geben sie sich, womöglich mit Kriegsauszeichnungen geschmückt, als alte Soldaten, als Mitglieder von bekannten Vereinen oder auch als Vertreter von Zeitschriften aus, die für die Interessen der Wehrmacht oder des Truppenteils eintreten. Sie suchen — angeblich für ihre Zeitschrift — Gruppenaufnahmen anzufertigen, in Wirklichkeit aber nur, um Gegenstände, wie z. B. Waffen und Ausrüstungsstücke, mit auf die Platte zu bringen. Oft behaupten sie, früherer Regiments= usw. Angehörige zu sein. Sie erzählen von ihrer Dienstzeit und lassen sich darüber aus, wie sich inzwischen in der Wehrmacht alles geändert habe. Sie plaudern von einst und jetzt, und so holen sie aus dem arglosen Soldaten, der sich mitunter sehr in der Rolle des Besserunterrichteten gefällt, das heraus, was sie wissen wollen. Ein Glas Bier, zu dem der Soldat eingeladen wird, oder ein Geschenk sollen diesem die Zunge lösen.

Mit großer Vorliebe machen sich die Spione an solche Soldaten heran, die als Waffenmeistergehilfen, Schreiber, Ordonnanzen, Aufwartung usw. Zutritt zu den Geschäftszimmern, Kammern, Munitionsschuppen, Depots usw. haben. Sie versuchen diese Leute zum Herausgeben von Dienstgegenständen, geheimen Vorschriften und sonstigem Material zu veranlassen. Anscheinend ganz ohne Nebenabsicht versuchen sie, Nachrichten über Organisation der Truppe, Stärke, Bewaffnung, Kommandos, Dienstbetrieb, Verhältnis zwischen Vorgesetzten und Untergebenen, über den Geist in der Truppe usw. zu erlangen. Nachdem der Soldat, meist ohne sich der Strafbarkeit seiner Handlungsweise recht bewußt zu sein, derartigen Verlangen entsprochen hat, droht der Agent mit einer dienstlichen Meldung. Noch hat der Soldat Zeit zur Umkehr! Wenn er auch schon ein schlechtes Gewissen hat, so wende er sich trotzdem **sofort** vertrauensvoll an seinen Kompanie= usw. Chef. Jetzt können und werden die Vorgesetzten noch Milde walten lassen. Oft aber hat der Agent sein Opfer schon zu fest umklammert. Die Folgen der ersten strafbaren Handlung werden dem Soldaten übertrieben geschildert, und er wird derart eingeschüchtert, daß er von nun an auf alle Forderungen eingeht und nun zum bewußten Verräter wird. Jetzt geht das Verhängnis seinen Gang. Es wird großer Geldverdienst bei geringer Mühe in Aussicht gestellt. Für ganz bestimmte Sachen werden hohe Preise — natürlich nur als Lockmittel — versprochen, anfangs auch manchmal gezahlt. Nach Art der Erpresser nutzt der Agent die Zwangslage des Soldaten aus, bis dieser dann schließlich doch noch eine dienstliche Meldung machen muß, um aus den Klauen des Verführers zu kommen. Meistens freilich, das lehrt die Erfahrung, wird der Verräter aber schon vorher entlarvt.

Einen solchen ehrlosen Soldaten erwartet fast immer die Todesstrafe, und in sehr seltenen Ausnahmefällen lebenslange oder sehr hohe Zucht= hausstrafe, durch die er für sein ganzes Leben gebrandmarkt ist. Mancher, der früher ein anständiger Mensch gewesen ist, hat sich auf solche Weise für immer unglücklich gemacht. Aber auch schlechte Kerle, denen Eid, Treue und Vaterlandsliebe nur leere Worte sind, werden ihres Sündenlohnes meist nicht lange froh; denn, wie schon oben gesagt, werden Verräter fast immer rechtzeitig erkannt. Oft ist es auch vorgekommen, daß Spione, die gefaßt und verurteilt worden sind, rücksichtslos alle ihre Beziehungen, auch die aus längst vergangenen Tagen, eingestanden haben, um ihr eigenes Schicksal hierdurch zu verbessern. So ist mancher Landesverräter noch nach Jahren ins Zuchthaus gewandert oder hingerichtet worden, der sein schimpfliches Gewerbe längst aufgegeben hatte und glaubte, ungestört leben zu können.

Wie verhält sich der Soldat, um Spione, Agenten und Landes= verräter unschädlich zu machen?

Die erste Forderung besteht darin, daß der Soldat der Spionage= und Sabotageabwehr allergrößtes **Verständnis** entgegenzubringen hat. Schon geringfügige Leichtfertigkeit oder Bequemlichkeit können ungeahnten Schaden anrichten und bedeuten schwerste Pflichtverletzung. **Nachdrücklichst ist zu merken,** daß bei dem geringsten Spionage= oder Sabo= tageverdacht **sofort** Meldung zu erstatten ist.

1. Es ist einzuprägen, daß der Soldat über alles, was ihm auf Grund seiner Dienststellung zu Gesicht oder Gehör kommt, gegenüber jedermann Stillschweigen zu bewahren hat. 2. Im Verkehr mit Nichtsoldaten mache sich der Soldat zum Grundsatz, über militärische Angelegenheiten über= haupt nicht zu sprechen und auf Befragen nur ausweichende Antworten zu geben. 3. Gegebenenfalls hat er hinzuzufügen, daß es ihm verboten ist, über militärische Dinge zu sprechen, und daß er die Unterhaltung dar= über ablehnt. Er wird damit niemand vor den Kopf stoßen; im Gegen= teil, er wird wegen einer solchen Pflichtauffassung einen guten Eindruck

Beispiel für Verhalten des Soldaten beim Zusammentreffen mit einem Agenten.

Agent:

„Kamerad, wie geht es beim Kommiß? Wird strammer Dienst gemacht?"

Soldat:

„Natürlich, strammer Dienst wird vom Soldaten erwartet."

Agent:

„Wie stark ist jetzt eigentlich eine Kompanie, sie soll auch Maschinengewehre usw. haben?"

Soldat:

„Ich bedaure, darüber keine Auskunft geben zu können."

Agent:

„Die Frage ist doch harmlos, mich interessiert doch nur ......, weil ...... Hallo, Ober, dem Kameraden ein Bier!"

Soldat:

„Danke! Ich nehme keine Geschenke an ..."

Soldat:

„Herr Hauptmann, ich melde, daß ...... Wie mir der Wirt sagte, ist der Mann von Beruf ...... und wohnt ...... Er hat mich übermorgen ...... eingeladen."

auf den Fragesteller machen. Auch bei Gesprächen unter Kameraden in der Öffentlichkeit (Gaststätten, Eisenbahn), und wenn auch nur über belanglose Dinge, ist größte Vorsicht geboten; man kann nie wissen, wer das Gespräch mit anhört. Selbst den eigenen Angehörigen erzähle der Soldat nur das, was mit seinem persönlichen Ergehen zusammenhängt. Wenn er auch glaubt, diesen gegenüber keine Befürchtungen hegen zu müssen, so besteht doch die Möglichkeit, daß diese bei Unterhaltungen usw. mit anderen das Gehörte ausplaudern, wofür er dann zur Verantwortung gezogen werden kann.

Vertrauensseligkeiten gegenüber fremden Leuten meidet der ordentliche Soldat grundsätzlich. Selbst jahrelange Freundschaft mit Personen beiderlei Geschlechts bürgt ihm nicht dafür, daß das, was er sagt, verschwiegen bleibt. Vor allem aber lehne er etwa angebotene Einladungen oder Geschenke ab, die ihm Verpflichtungen zu Vertrauensseligkeiten auferlegen könnten. Falsche Rücksichtnahme, falsche Höflichkeit, Schwatzhaftigkeit und Wichtigtuerei können schnell zu Landesverrat werden.

Hat der Soldat den Eindruck, daß ihn jemand ausfragen will, so begebe er sich anschließend s o f o r t zu seinem Kompanie= usw. Chef und erstatte Meldung. Vorher verabrede er mit der betreffenden Person ein neues Zusammentreffen und merke sich auch deren Namen und Wohnung. Der Kompanie= usw. Chef wird ihn für das nächste Zusammentreffen belehren und die erforderlichen Schritte unternehmen, damit ein etwaiger Agent usw. festgenommen werden kann. Es ist besser, der Soldat meldet einmal einen Fall, der sich als harmlos herausstellt, als daß einem Verbrecher aus Ungeschicklichkeit des Soldaten die Möglichkeit gelassen wird, woanders sein Treiben fortzusetzen. Zu beachten ist, daß ein Agent nur festgenommen werden kann, wenn er auf frischer Tat ertappt wird, z. B. beim Diebstahl von militärischem Eigentum. **Die Festnahme ist ferner geboten,** wenn jemand beim Begehen einer Handlung getroffen wird, aus der Landesverrat oder Sabotage geschlossen werden muß. Solche Handlungen sind im allgemeinen anzunehmen beim Photographieren von Verteidigungsanlagen oder Waffen, Einschleichen oder Einbrechen in Depots, verdächtigem Nähern oder Umhertreiben an militärischen Anlagen und wichtigen Industriewerken.

Jeder ertappte oder überführte Agent wird für immer unschädlich gemacht. Der Soldat aber, der einen solchen Verbrecher zur Strecke bringt, erhält Anerkennung und kann stolz darauf sein, seinem Vaterland einen Sonderdienst erwiesen zu haben.

Vor Personen weiblichen Geschlechts sei der Soldat besonders gewarnt, vor allem vor Straßenmädchen, käuflichen Dirnen, Barmädchen usw. Unter ihnen befinden sich häufig Agentinnen. Diese Frauen machen sich gern an den Soldaten heran und versuchen, ihn durch zärtliche Beziehungen für ihre Zwecke zu gewinnen. Ein g u t e r Soldat läßt sich nicht betören und fällt auch einer solchen Versuchung nicht zum Opfer.

Es ist zu merken, daß alle Dienstsachen, z. B. Vorschriften, Dienstzettel, Ausrüstungsstücke, Geheimschutz genießen und sich jedermann strafbar macht, der einen solchen Gegenstand vorsätzlich oder fahrlässig preisgibt. Die ausländische Spionage hält Augen und Ohren offen und nutzt Schwatzhaftigkeit und Leichtfertigkeit aus!

Auch durch Nachlässigkeit kann der Spionage Vorschub geleistet werden, z. B. durch Verlust von Vorschriften und Ausweisen. Der Betreffende macht sich ebenso strafbar wie der, der durch Schwatzhaftigkeit in Gaststätten oder Prahlerei in Briefen Dinge ausplaudert, die seiner Schweigepflicht unterliegen. Bei Verlust von Sachen ist sofort Meldung zu erstatten, da Verschweigen strafbar ist.

Es ist Pflicht des Soldaten, jeden Spionage- und Sabotageverdacht bei Kameraden sofort zu melden. Auch hier lieber einmal einen Fall zuviel melden. Schweigen wäre falsche Kameradschaft; ein Landesverräter ist kein Kamerad!

Nach der Entlassung aus dem Heeresdienst ist die Schweigepflicht nicht aufgehoben. Manche Versuchung kann an den Angehörigen des Beurlaubtenstandes herantreten. Gerade dann kann er zeigen, daß er auch im Zivilrock der treue und verschwiegene Soldat bleiben wird. Für sein Verhalten gelten die oben gesagten Grundsätze, nur tritt an Stelle des aktiven Vorgesetzten die zuständige Wehrersatzdienststelle oder die Polizei.

Der Angehörige des Beurlaubtenstandes hüte sich vor dem Abfassen von Erlebnisberichten aus seiner Dienstzeit. Hierzu bedarf er der Genehmigung. Auch Reden am Biertisch unterlasse er. Dagegen achte er auf entlassene Soldaten in seinem Wohnorte. Aus nur kurzer Unterhaltung muß er ihre Gesinnung kennen. Oft geben auch Umgang und wirtschaftliche Verhältnisse aufschlußreiche Anhaltspunkte. Bei arbeitsscheuen, vergnügungssüchtigen oder abenteuerlichen Naturen ist in den meisten Fällen Vorsicht geboten.

Im Kriegsfalle sind die Abwehrmaßnahmen doppelt zu beachten. Gerade dann wächst das allgemeine Interesse für militärische Dinge, und die Abwehr kann sich schwieriger gestalten als im Frieden. Im Kriege ist nicht nur bei Gesprächen und in Briefen allergrößte Vorsicht geboten, sondern es sind auch Notizen, Tagebücher, Karten oder ähnliches so zu verwahren, daß sie nicht abhanden kommen können. Im allgemeinen sind überflüssige Schriftstücke jeder Art zu verbrennen (nicht wegzuwerfen). Meldungen und Befehle dürfen nicht in Feindeshand fallen und sind bei Gefahr zu vernichten (siehe Beispiel S. 40).

Ähnlich wie der ausländische Nachrichtendienst arbeitet die **politische Zersetzung.** Sie wird nach den gleichen Grundsätzen abgewehrt. Von jedem, auch dem leisesten Versuch der direkten oder indirekten politischen Beeinflussung — ohne Ansehen der Person, von der sie ausgeht — hat der Soldat sofort Meldung zu erstatten. Politische Zersetzung, Flaumacherei (Defaitismus) und Landesverrat sind häufig eng miteinander verbunden.

5. Militärische Strafen.
Disziplinarstrafen.

Sie werden von den Disziplinarvorgesetzten (vom Kp.- usw. Chef an **aufwärts**) verhängt und ahnden Verstöße gegen die militärische Zucht und Ordnung (Disziplinarübertretungen) usw., für die nicht gerichtliche Aburteilung vorgesehen ist. Solche Verstöße können sein:

Nicht sofortiges Aufstehen beim Wecken.
Zu spätes Erscheinen zum Dienst.
Erscheinen in unvorschriftsmäßigem oder nachlässigem Anzug zum Dienst (ungeputztes Lederzeug), unordentlicher oder unvorschriftsmäßiger Ausgehanzug, eigenmächtige Anzugserleichterungen.
Vernachlässigen der Bekleidungs- und Ausrüstungsstücke und der Waffen.
Vernachlässigung der Pflichten als Stubendienstthabenden.
Spind nicht verschließen, wie befohlen.
Unvorschriftsmäßiges Aufbewahren von Geld und **Wertgegenständen.**
Verstöße gegen kameradschaftliches Verhalten.
Ausbleiben ohne Urlaub über Zapfenstreich.
Schlechtes Benehmen gegen Vorgesetzte, Kameraden und in der **Öffentlichkeit.**

Schuldenmachen, Glücksspiel um Geld, Trunkenheit, Belügen eines Vorgesetzten. Vernachlässigung und unerlaubtes Sprechen im Dienst. Wachvergehen. Nichtausführung eines erhaltenen Befehls.

An Disziplinarstrafen gegen Mannschaften können verhängt werden:

Kleinere Disziplinarstrafen:

a) Verweis.
b) Dienstverrichtungen außer der Reihe, z. B. Strafexerzieren, Strafwachen, Strafdienst in der Kaserne, den Ställen, den Kammern oder auf den Schießständen, Antreten in einem bestimmten Anzug.
c) Besoldungsverwaltung bis auf die Dauer von 2 Monaten gegen unverheiratete Mannschaften (Entziehen der freien Verfügung über die Besoldung, mit Auszahlen in Teilbeträgen nach Ermessen des Disziplinarvorgesetzten).
d) Ausgangsbeschränkung bis auf die Dauer von 4 Wochen (Verpflichtung, zu einer bestimmten Stunde — vor, mit oder nach Zapfenstreich — in die Kaserne oder das Quartier zurückzukehren).

Arreststrafen:

a) Kasernen- oder Quartierarrest
b) gelinder Arrest } bis zu 4 Wochen,
c) geschärfter Arrest bis zu 3 Wochen,
d) strenger Arrest bis zu 10 Tagen (nur gegen Militärpersonen in Militärgefängnissen und gegen Mannschaften der Sonderabteilungen).

Dienstgradherabsetzung:

Gegen Stabsgefreite, Obergefreite und Gefreite Herabsetzung um einen oder mehrere Dienstgrade.

Nebenstrafen: Löhnungsverwaltung, Ausgangsbeschränkung und Dienstgradherabsetzung sind auch als Nebenstrafe zulässig nach näherer Bestimmung der Disziplinarstrafordnung. — Zurechtweisungen, Maßregelungen oder Rügen sind nicht als Disziplinarstrafen anzusehen.

Disziplinarstrafen werden nach Ablauf einer Nacht, und nachdem dann der Bestrafte die Möglichkeit zur Beschwerde gehabt hat, unverzüglich vollstreckt. Beschwerden wirken nur dann aufschiebend, wenn sie der Bestrafte vor Beginn des Vollzugs, bei Arreststrafen vor dem Befehl zum Strafantritt eingelegt hat. Weist die erste Entscheidungsstelle die Beschwerde zurück, so wird die Strafe vollstreckt, auch wenn weitere Beschwerde eingelegt wird.

Der bestrafte Soldat hat sich vor Antritt und nach Verbüßung der Strafe bei seinem Kp. usw. Chef und dem Hauptfeldwebel (Hauptwachtmeister) zu melden. Beispiel der Meldung: „Funker Müller zwei Tage gelinden Arrest verbüßt!" Während des Strafvollzugs hat der Bestrafte in der Arrestanstalt den zuständigen Vorgesetzten bei ihrem Erscheinen Dienstgrad, Name, Truppenteil, Strafmaß und Strafgrund zu melden. Beispiel der Meldung: „Kanonier Schulze der 2./A. R. 41 mit einem Tage gelinden Arrest bestraft, weil er am 2. 10. 1939 aus Fahrlässigkeit den Zapfenstreich um 20 Minuten überschritten hat."

Gerichtliche Strafen.

Sie werden durch die Kriegsgerichte (Kriegs-, Oberkriegs- und Reichskriegsgericht) verhängt und ahnden Vergehen und Verbrechen gegen das Wehrmachtstrafgesetz oder die allgemeinen Strafgesetze, soweit die Straftat gem. H. V. Bl. 39 S. 416 Nr. 1071 nicht auf dem Disziplinarwege geahndet werden kann. Unter die gerichtliche Aburteilung fallen z. B.:

Feigheit.
Fahnenflucht.
Mißbrauch der Dienstgewalt.
Eigenmächtige Entfernung oder Überschreitung des Urlaubs über sieben Tage.
Ungehorsam in schweren Fällen.
Diebstahl, insbesondere Kameradendiebstahl.
Verrat militärischer Geheimnisse.

Zum **Gerichtsdienst** erscheint der Soldat im Dienstanzug mit Schirmmütze, Angeklagte und Verhaftete ohne Seitengewehr. Der Angeklagte kann sich einen Verteidiger wählen, sofern ein solcher nicht von Amts wegen gestellt wird. Als Verteidiger können gewählt werden: Offiziere, richterliche Militärjustizbeamte, Assessoren und Referendare, die bei den Militärgerichten beschäftigt sind, Wehrmachtbeamte im Offizierrang und Rechtsanwälte, die bei einem deutschen Gericht zugelassen sind.

Dritter Abschnitt.

Innerer Dienst.

1. Kasernen-, Stuben- und Schrankordnung.

Die militärische Zucht und Ordnung, die soldatische Erziehung und Gesundheitsrücksichten machen es notwendig, daß für die Unterbringung der Soldaten Vorschriften erlassen sind. Könnte jeder in der Unterkunft machen, was er wollte, würde das gemeinsame Zusammenleben, wie es der Dienst des Soldaten einmal erfordert, wahrscheinlich unerträglich sein. Es ist deshalb Pflicht jedes einzelnen, die Vorschriften genau zu befolgen sowie rücksichtsvoll und verträglich gegenüber seinen Kameraden zu sein.

Allgemeine Grundsätze: Wer schreit, johlt und Balgereien in der Unterkunft begeht, verstößt gegen die Zucht und Ordnung. Anständiges Singen ist mit Zustimmung aller Stubenbewohner gestattet. Gassenhauer, abgedroschene Schlager und Lieder zotigen Inhalts passen nicht zum Gesang des Soldaten.

Zigarettenreste, Streichhölzer, Obstkerne u. dgl. gehören nur in die aufgestellten Behälter (nicht aus den Fenstern werfen!). Brennende Tabakreste müssen vorher gelöscht werden (Brandgefahr!).

Gegenstände jeder Art dürfen nicht umherliegen, Türen und Fenster nicht zugeschlagen werden. Das Gerät, Licht-, Wasser-, Heizungsanlagen, gärtnerische Anlagen, Anstrich von Wänden und Türen sind zu schonen. Mit Licht-, Wasser- und Heizungsverbrauch ist zu sparen.

Am Fenster zeigt sich der Soldat nur im vollständigen Anzug. Das Lümmeln in den Fenstern, das Herausschreien und die Unterhaltung aus ihnen, womöglich noch mit Zivilpersonen, schädigt das Ansehen der Truppe und ist verboten. Vor dem Verlassen der Unterkunft hat sich der Soldat grundsätzlich ordentlich anzuziehen, auch wenn er z. B. nur für kurze Zeit auf den Hof geht. Das Aus- und Einsteigen durch die Fenster sowie das Überklettern der Einfriedigungen ist strafbar.

Das Rauchen und Feueranzünden auf Kammern, in Ställen, in der Nähe von Munitionslagern sowie an allen Orten, an denen besondere Feuersgefahr besteht (Kraftwagenschuppen, Heuböden) ist verboten.

In der **Stube,** dem Heim des Soldaten, hat jederzeit Ordnung und Sauberkeit zu herrschen. Ein Zeichen von schlechter Ordnung ist es, wenn z. B. Stubengeräte (Besen, Wasser- und Kaffeekannen) umherstehen oder Bekleidungs- und Ausrüstungsstücke beliebig umherliegen. Letztere gehören in den Schrank, der verschlossen sein muß, wenn sein Inhaber die Stube verläßt.

Zum Waffenreinigen und Putzen von Lederzeug ist die Tischplatte umzudrehen. Bekleidungsstücke dürfen nicht auf der Stube gewaschen werden (Hof, Waschraum!). Auch hängt man nichts in die Fenster oder gar aus ihnen heraus (nasse Sachen gehören auf den Trockenboden!).

Der Ton unter den Stubenbewohnern soll kameradschaftlich sein; sie sollen sich untereinander gut vertragen.

Das **Mittagessen** wird aus technischer Notwendigkeit, Gründen der militärischen Ordnung und zur Pflege der Kameradschaft gemeinschaftlich eingenommen (in der Regel in Speisesälen). Der Unteroffizier vom Dienst führt hierbei die Aufsicht. Zu den anderen Mahlzeiten wird auf Befehl des Stubenältesten gemeinschaftlich auf der Stube zusammengesetzt.

Zum Essen erscheint der Soldat mit sauberen Händen, sauberen Fingernägeln und gekämmtem Haar. Am Tisch sitzt er aufrecht, klappert nicht unnötig mit dem Eßgeschirr, ißt anständig und unterläßt unpassendes Geschwätz. Speisereste werden in der Abfalltonne gesammelt. Die Beachtung der Bestimmungen über **„Kampf dem Verderb"** ist eine besondere Pflicht des Soldaten.

Zur **Nachtruhe** begibt sich der Soldat erst dann, wenn er die ausgezogenen Bekleidungsstücke geordnet auf seinen Stuhl gelegt hat. Nach dem Abfragen hat Ruhe zu herrschen; das Licht ist sofort zu löschen.

_{Ist das Zubettgehen vor Zapfenstreich erlaubt, so gehört es sich, daß die aufbleibenden Leute mit Rücksicht auf die bereits schlafenden das Rauchen einstellen und sich ruhig verhalten.}

Morgens wird das Bett gelüftet, der Lagersack aufgeschüttelt (Matratze umgedreht) und danach das Bett geglättet.

Bei angesetzter Bettruhe am Tage ist zur Schonung der Bettwäsche wenigstens die Fußbekleidung auszuziehen. Es ist verboten, im Bett zu rauchen oder Gegenstände in ihm aufzubewahren. Aus gesundheitlichen Gründen dürfen Decken ohne Überzug nicht zum Zudecken verwendet werden. Sind sie nicht alle im Deckenbezug unterzubringen, so

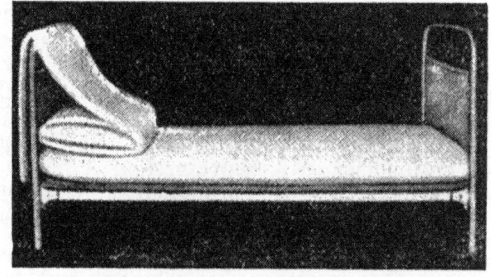

Zweckmäßiger Bettenbau zwecks Lüftung am Vormittag.

sind sie lose über den Bezug zu legen. Das Einziehen in den Deckenbezug geschieht auf einem Tisch oder Bett (nicht auf dem Fußboden!).

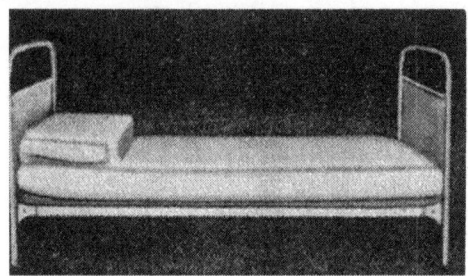

Vorschriftsmäßiger Bettenbau. Zugedeckt am Nachmittag.

In **Lesezimmern** und **Kameradschaftsheimen** ist ein anständiges und rücksichtsvolles Benehmen in erhöhtem Maße am Platze. Mütze und Koppel sind abzulegen und aufzuhängen (man läßt sie nicht umherliegen!). Die aufliegenden Zeitschriften sind zu schonen (nicht bemalen, zerreißen oder gar mitnehmen!).

Die Stuben-, Flur- und Hofdiensthabenden.

Der **Stubendiensthabende** wird vom Stubenältesten im Auftrag des Kp.- usw. Chefs für 24 Stunden kommandiert. Er ist für diese Zeit für die Reinlichkeit der Stube verantwortlich. Während seines Dienstes darf er die Kaserne (außer zu sonstigem Dienst) nicht verlassen. Sein Name hängt auf der Stube aus.

Bei Dienstantritt übernimmt der Diensthabende von seinem Vorgänger an Hand des Geräteverzeichnisses alle zum gemeinschaftlichen Gebrauch auf der Stube bestimmten Geräte. Er prüft sie auf Vollzähligkeit und Zustand. Unregelmäßigkeiten hat er sofort dem Stubenältesten zu melden. Beispiel der Übernahmemeldung: „Panzerschütze Kuhn zum Stubendienst kommandiert. Geräte richtig übernommen, keine Anstände!" Gleichzeitig meldet der vorhergehende Diensthabende, daß er den Stubendienst richtig abgegeben hat. Beispiel der Meldung: „Reiter Bertram vom Stubendienst abgelöst. Geräte ordnungsmäßig übergeben!"

Der Stubendiensthabende hat die Stube nach Bedarf zu reinigen. Beim Ausfegen sind die Fenster zu öffnen und besonders der Schmutz aus den Ecken und unter den Schränken herauszufegen. Zur Vermeidung übermäßiger Staubentwicklung wird der Besen nach dem Körper hin gezogen und nicht vor sich hergeschoben. Der Fußboden kann **leicht** mit Wasser besprengt werden. Die Stubenreinigung hat so frühzeitig zu beginnen, daß der Diensthabende noch genügend Zeit hat, sich zum Dienst fertigzumachen. Als letzter verläßt er die Stube und bringt den Schlüssel zur befohlenen Stelle (Schreibstube, Schlüsselbrett). Es darf nicht vorkommen, daß eine Stube unverschlossen ist, wenn sich niemand in ihr aufhält.

Zu den Tätigkeiten des Stubendiensthabenden gehören im allgemeinen ferner: der Empfang der Morgen- und Abendkost, das Herbeischaffen von Wasch- und Trinkwasser, das Reinigen der Tische, der Fenster und Öfen. Nach jedem Essen hat er die Tische abzuwaschen (mit einem besonderen Lappen!). Wer außerhalb der gemeinsamen Mahlzeit ißt, hat seinen Platz selbst zu reinigen. Dasselbe gilt von Verunreinigungen der Stube, die der einzelne durch besondere Tätigkeiten verursacht, wie z. B. das Reinigen von besonders schmutziger Kleidung, Schnitzereien usw.

Zum Zapfenstreich meldet der Stubendiensthabende in vollständigem Anzug (Hausanzug) die Stube dem U. v. D. Vorher hat er sich davon zu überzeugen, daß die Schränke verschlossen sind und niemand ohne Grund fehlt. Beispiel der Meldung: „**Stube 52 alles zu Hause. Schränke sind verschlossen**" oder „**Stube 52 belegt mit 12 Mann, 2 Mann in Urlaub, 1 Mann im Arrest. Belegte Schränke sind verschlossen!**" Ist es erlaubt, daß der Stubendiensthabende vor dem Abfragen zu Bett gehen darf, so hat er die Meldung in das auf der Stube aufliegende Meldebuch einzutragen.

Betritt ein Vorgesetzter (ein Offizier oder ein Unteroffizier der eigenen Kompanie usw.) die Stube, so hat sich der Stubendiensthabende nach der Meldung des Stubenältesten zu melden. Beispiel der Meldung: „**Kraftfahrer Meier zum Stubendienst kommandiert!**"

Es ist kameradschaftliche Pflicht aller Stubenbewohner, den Diensthabenden bei seinen umfangreichen Obliegenheiten zu unterstützen. Ungehörig ist es z. B., wenn die eben ausgefegte Stube aus Nachlässigkeit wieder beschmutzt wird, die anderen beim Ausfegen nicht aus dem Wege gehen oder die benutzten Geräte beliebig liegengelassen werden.

Für die Sauberkeit der Gegenstände, die dem einzelnen Mann zur persönlichen Benutzung übergeben sind (Bett, Schrank, Stuhl) hat dieser selbst zu sorgen.

Der **Flurdiensthabende** hat den Dienstbereich von seinem Vorgänger zu übernehmen und dabei zu prüfen, ob die Gegenstände, wie Spucknäpfe, Bilder, Gewehrstützen usw., vorhanden und in Ordnung sind. Unregelmäßigkeiten sind zu melden. In der Regel hat er den Flur morgens und mittags zu reinigen, im Bedarfsfalle auch in den dazwischenliegenden Zeiten. Beim Fegen sind die Gewehrschränke zu schließen. Wenigstens einmal am Tage sind die Spucknäpfe zu säubern. Im übrigen gelten für ihn die Grundsätze der Stubenreinigung.

Der **Hofdiensthabende** sorgt für die Sauberkeit des Hofes, den er nach Bedarf zu reinigen hat (in der Regel morgens und mittags). Gepflasterte Höfe werden mit einem Besen gefegt (aber nicht mit dem Stubenbesen!), gestampfte mit einem Rechen gesäubert. Müllkästen, Waschtröge und ihre Umgebung sind aus gesundheitlichen Gründen in besonders gutem Reinigungszustand zu halten. Abends ist das Wasser in den Waschtrögen abzulassen. Dies gilt besonders für die kalte Jahreszeit.

Die Aufsichtspersonen und ihre Aufgaben.

Der Disziplinarvorgesetzte einer Kompanie usw. ernennt für jede Stube einen **Stubenältesten** und einen Vertreter. Ersterer ist in der Regel ein Gefreiter. Im Falle seiner Abwesenheit gehen ohne weiteres seine Rechte und Pflichten auf den Vertreter über.

Der Stubenälteste hat in bezug auf die Stubenordnung Befugnisse eines Vorgesetzten. Die Nichtbefolgung seiner Anordnungen wird als

Ungehorsam bestraft. Der Stubenälteste hat die Stubenbelegschaft der alphabetischen Reihenfolge nach zum Stubendienst zu kommandieren. Hierüber führt er eine Kommandierliste (Wochen= und Sonntagsstuben= dienst getrennt!). Außer der Reihe darf er niemand zum Stubendienst kommandieren, noch darf er sich Straf= oder Maßregelungsbefugnisse aneignen.

Der Stubenälteste ist dafür verantwortlich, daß die Bestimmungen der Kasernen= und Stubenordnung von der Stubenbelegschaft eingehalten werden. Er überwacht die Tätigkeit der verschiedenen Diensthabenden, sorgt für die Aufrechterhaltung der Ordnung und Reinlichkeit, für die Abwendung von Schaden und Gefahr, duldet weder Lärm noch Zänkereien und steht seinen Leuten im inneren Dienst hilfreich zur Seite. In bezug auf Sauberkeit und Ordnung, anständigem und militärischem Benehmen hat er seinen Leuten als V o r b i l d voranzugehen.

Betritt ein Vorgesetzter (ein Offizier oder ein Unteroffizier der eigenen Kompanie usw.) die Stube, so ruft der erste Mann, der den Vorgesetzten erblickt, laut „Achtung!" Der Stubenälteste hat zu melden. Beispiel der Meldung: „S t u b e 52 b e l e g t m i t z w e i G e f r e i t e n u n d 8 S c h ü t z e n ; 2 M a n n i n U r l a u b, 1 M a n n i m K r a n k e n r e v i e r." Dann melden sich, wenn nicht anders befohlen, die eingeteilten Diensthabenden.

<small>Es ist zu bemerken, daß die Ehrenbezeigung der Stubenbelegschaft u n t e r b l e i b t, solange Dienst auf der Stube abgehalten wird, wie z. B. Putz= und Flickstunde, Waffenreinigen. In solchen Fällen erfolgt nur die Meldung des Aufsichtführenden. Die Ehrenbezeigung der ganzen Beleg= schaft w i r d a b e r a u s g e f ü h r t, wenn es sich um Dienst handelt, wie Beschäftigungsstunde und Stubenreinigen. In diesem Falle erfolgt noch daneben die Meldung des Aufsichtführenden (Ausführung der Ehrenbezeigung siehe S. 93).</small>

Der **Unteroffizier vom Dienst** (U. v. D.) wird für 24 Stunden befohlen und darf während seines Dienstes die Kaserne nicht verlassen. Seinen Namen mit Stubennummer hat er an die Befehlstafel anzuheften und sich, falls für ihn ein besonderer Raum befohlen ist, für die Dauer seines Dienstes in diesem aufzuhalten. Seinen Dienst versieht er im Dienstanzug mit Stahlhelm.

Bei Übernahme des Dienstes überzeugt sich der U. v. D. im Beisein seines Vorgängers von der Sauberkeit des Kp.= usw. Reviers. Die richtige Übernahme hat er in das „Meldebuch für den Unteroffizier vom Dienst" einzutragen. In diesem Buch meldet er auch Vorfälle und Verstöße, die nicht schwerwiegend oder eilig sind. Ereignisse, die keinen Aufschub dulden, wie z. B. Diebstahl, Unglücksfall oder Schlägerei, hat er unverzüglich münd= lich zu melden und bei Abwesenheit von höheren Vorgesetzten sofort die gebotenen Maßnahmen zu treffen.

Im einzelnen sind die Tätigkeiten des U. v. D. sehr vielseitig, wie einige Beispiele zeigen. Er weckt die Kompanie zur befohlenen Zeit, befiehlt rechtzeitig das „Rausrufen" zum Dienst, führt die Kompanie zum Essen= empfang, überwacht die Ausgabe und Verteilung der Speisen, bleibt beim Essen zugegen, überwacht die Tätigkeit der Stuben=, Flur= und Hofdienst= habenden, fragt zum Zapfenstreich auf allen Stuben ab, überwacht den Besuch von Zivilpersonen in der Kaserne, prüft abends alle Verschlüsse und richtet für die Dauer von 24 Stunden ein wachsames Auge auf a l l e s, was im Kp.= usw. Revier vorgeht.

Ist der Hauptfeldwebel (Hauptwachtmeister) für kurze Zeit abwesend und ist kein Vertreter befohlen, so vertritt ihn der U. v. D. Er kann somit in die Lage kommen, bei eiligen Vorfällen s e l b s t ä n d i g e Anordnungen treffen zu müssen.

Die wichtigste Aufsichtsperson des inneren Dienstes ist der **Hauptfeldwebel (Hauptwachtmeister)**. Er ist dem Kp.= usw. Chef für die Durchführung des Innendienstes verantwortlich. Seine Hauptaufgabe besteht in der Anleitung der Kompanie im inneren Dienst und in unermüdlichem Überwachen der getroffenen Anordnungen. Neben dem U. v. D. wird der Hauptfeldwebel von den Geräte= (Funktions=) U n t e r o f f i z i e r e n (Bekleidungsfeldwebel, Rechnungsführer, Uffz. für Heergerät, Uffz. für Kasernengerät, Waffen=, Schieß=, Gasschutz=, Sport= usw. Uffz.) unterstützt. Zu den Funktionsunteroffizieren tritt noch hinzu: für bespannte und berittene Einheiten der Futtermeister, der für die Pflege usw. der Pferde, und für mot. Einheiten der Schirrmeister (K), der für das Kfz.= Gerät verantwortlich ist.

Für besondere Prüfungen der inneren Ordnung wird der **Offizier vom Wochendienst** kommandiert. Er versieht seinen Dienst nach den Weisungen des Kp.= usw. Chefs.

Sonstige Bestimmungen.

Der Handel in der **Kaserne** mit Gegenständen jeglicher Art ist jedermann verboten. Er ist lediglich d e n Personen erlaubt, die von den zuständigen Vorgesetzten eine Erlaubnis haben. Das Halten von Tieren (Hunde, Katzen) in der Kaserne ist nur mit Genehmigung gestattet.

Die Aufbewahrung von Geld und Wertsachen hat nach den besonderen Befehlen zu erfolgen. Geld und kleinere Wertsachen gehören im allgemeinen in den Brustbeutel, der stets um den Hals gehängt zu tragen ist. Größere Geldbeträge und Wertsachen sind bei der Kompanie usw. zu hinterlegen.

Die Verrichtung von Bedürfnissen an anderen als den dafür bestimmten Orten ist strafbar.

Auf jeder Stube muß die **Notbeleuchtung** vorhanden sein (wichtig bei Alarm) und dafür gesorgt sein, daß die Vorschriften über **Verdunkelung** eingehalten werden. Jeder Soldat muß die A l a r m = und F e u e r l ö s c h o r d n u n g kennen und wissen, was er in solchen Fällen zu tun hat.

Den von der Heeresverwaltung beauftragten Handwerkern und den Kasernenwärtern dürfen keine Hindernisse in den Weg gelegt werden. Auf Verlangen ist ihnen die nötige Auskunft zu erteilen, soweit dies nicht Sache von Vorgesetzten ist.

Zivilpersonen ist der Eintritt in die Kaserne nur mit Erlaubnis des zuständigen Kommandeurs gestattet. Sie müssen einen entsprechenden Ausweis bei sich führen. Nur zu kurzem Besuch die Kaserne betretende Zivilpersonen erhalten vom Wachhabenden einen nach der Wachvorschrift vorgeschriebenen Erlaubnisschein. Der besuchte Soldat hat dafür zu sorgen, daß sein Besucher nicht gegen die Kasernenordnung verstößt und die Kaserne rechtzeitig verläßt.

Die Schrankordnung.

Die Schrankordnung ist ein Gradmesser der Ordnungsliebe, der Sauberkeit und des persönlichen Geschmackes des Schrankinhabers.

Eine gute Schrankordnung ist nur in einem s a u b e r e n Schrank möglich. Er muß deshalb von Zeit zu Zeit ausgewaschen und täglich gereinigt werden (besonders das Eß= und Stiefelfach).

Zum Grundsatz ist zu machen: Niemals dürfen übelriechende Gegenstände, verdorbene Eßwaren, schmutzige Eßgeschirre oder schmutzige Bekleidung im Schrank aufbewahrt werden. Erfordern es die dienstlichen Belange, ungereinigte Sachen vorübergehend im Spind zu verschließen, so muß die nächste Freizeit dazu benutzt werden, sie zu reinigen. Der Soldat gewöhne sich nicht daran, derartige Arbeiten aufzuschieben; denn „aufgeschoben" ist „aufgehoben"!

Der Schrank ist nach dem von der Kompanie (Batterie usw.) herausgegebenen Plan einzurichten. Das nebenstehende Bild kann als Anhalt dienen.

Der ordentliche Soldat achtet auf ein freundliches G e s a m t b i l d seines Schrankes. Dazu können beitragen: das Auslegen der Gefache mit Wachstuchdecken oder Papier, das Überziehen der rohen Holzteile des Schrankinnern mit Tapete, das Anbringen von Spindborten und das Aufhängen von kleinen Bildern. Für die Ausschmückung sind Wachstuchdecken und -spitzen zu empfehlen, da diese abgewaschen werden können.

Beispiel für die Schrankordnung.

2. Körperreinigung und Gesundheitspflege.

Der Soldat ist verpflichtet, seinen Körper mit allen Mitteln gesund zu erhalten (siehe die „Pflichten des deutschen Soldaten" und insbesondere H. V. Bl. 39, Teil A, S. 33). **Reinlichkeit, Pflege, vernünftige Ernährung und Abhärtung erhalten ihn gesund, erhöhen seine Arbeitskraft und Leistungsfähigkeit.**

Allgemeine Gesundheitsregeln.

Soldaten stellen sich nicht wie Schwächlinge an, die sich bei kleinen Beschwerden sofort krank melden. In den meisten Fällen lassen sich leichtere Erkrankungen, wie Panaritien, Halsentzündung und Schnupfen, durch rechtzeitige V o r b e u g u n g vermeiden. Zum Übeltäter an seinem eigenen Körper aber wird, wer seine Gesundheit leichtsinnig oder aus Bequemlichkeit schädigt. **Deshalb hat der Soldat folgendes zu beachten:**

Er vermeide die gemeinschaftliche Benutzung von Eßbestecken, Trinkgefäßen, Kämmen und Handtüchern. Mund-, Haut-, Augen- und Magenleiden sind oft die Folgen solcher „Gütergemeinschaft".

Er hüte sich vor dem Trinken zu kalter oder zu heißer Getränke — besonders, wenn er erhitzt oder durchgefroren ist.

Er lege sich nicht in erhitztem Zustande auf kalten oder feuchten Boden, setze sich nicht in nasses Gras ohne Unterlage und behalte nasse Kleider nicht aus Bequemlichkeit unnötig lange auf dem Leibe.

Er trete mit nassen Händen oder mit nassem Gesicht nicht in die kalte Luft, sonst springt die Haut auf; im Winter bilden sich leicht Frostbeulen.

Er kleide sich in erhitztem Zustande nicht sofort um, sondern warte, bis sich der Körper abgekühlt hat.

Er vermeide das Waschen in eiskaltem Wasser, wenn er erhitzt ist.

Er bade möglichst häufig, aber nicht unmittelbar nach dem Essen.

Er hüte sich (besonders bei Übungen) vor dem Genuß von unreifem Obst.

Er vermeide Ausschweifungen, übermäßigen Alkohol- und Tabakgenuß.

Im Genuß von **Alkohol** und **Tabak** hat sich der Soldat Mäßigung aufzuerlegen (siehe auch S. 34 f. und H. B. Bl. 39, Teil A, S. 33). **Alkohol und Tabak gefährden Körper und Geist, insbesondere schädigen sie Herz und Lunge. Auf die Dauer wirken sie auch nachteilig auf den Charakter, die geistigen Fähigkeiten und die Willenskraft.**

Sport und Spiel als Unterhaltung in der freien Zeit erhalten Körper und Geist frisch und gesund. Ein Training muß sich aber planmäßig aufbauen. Überstürztes und übertriebenes Training hat nachteilige Folgen. Ärztliche Überwachung ist erforderlich. Sportlichen Dauerleistungen hat militärärztliche Untersuchung in jedem Fall vorauszugehen.

Die tägliche Reinigung, Baden und Fußpflege.

Waschen. Dazu wird der Oberkörper entblößt. Der Soldat wäscht sich mit kaltem Wasser. Täglich sind zu waschen: Hände (wiederholt!), Gesicht, Hals, Ohren, Brust und Achselhöhlen. Die Fingernägel werden mit einem Nagelreiniger (nicht mit einem Messer) gereinigt. Das Haar ist möglichst kurz zu tragen. Es wird zum Scheitel gekämmt; Pudelköpfe sind unsoldatisch (siehe auch Bild)! Wenn nötig, hat sich der Soldat täglich zu rasieren. Frisch rasiert hat er zu erscheinen: zum Wachdienst, zu Besichtigungen, zum Melden bei Vorgesetzten und zu besonderen Gelegenheiten.

Nach jedem Waschen ist sofort abzutrocknen (Haut reiben, bis sie rot wird), da man sich sonst erkältet und bei kalter Luft die Haut aufspringt. Gesichts- und Handtücher sind getrennt zu halten.

Richtig!   Falsch!
Haarschnitt, Frisur, Haare festgelegt.   Haarschnitt, Frisur, Haare nicht festgelegt.

Haarschnitt des Soldaten.

Die **Hände** sind grundsätzlich vor jedem Essen zu waschen (dabei Handwaschbürste benutzen!). Verletzungen an den Händen, und wenn noch so geringfügig, sind zu beachten, da Vernachlässigung leicht zu Entzündungen (Panaritien) führen kann. Aufgesprungene Haut ist mit einer Fettsalbe, Vaseline oder Glyzerin einzureiben.

Die **Zähne** sind wenigstens morgens und abends zu reinigen (wenn möglich, auch nach jeder Mahlzeit). Dazu ist angewärmtes Wasser zu benutzen, da zu kaltes den Zahnschmelz schädigt. Die Zahnbürste soll nicht zu hart sein und keinen Holzstiel haben (Verletzungen des Zahnfleisches!). Die Erhaltung gesunder Zähne ist von großer Wichtigkeit für die Gesundheit des Körpers. Zahnleiden sind die Ursache vieler Krankheiten, insbesondere Magenleiden. Bei kranken Zähnen hat der Soldat alsbald den Arzt aufzusuchen.

Vor dem **Baden** ist der Körper durch Befeuchten des Kopfes, der Brust und der Achselhöhlen abzukühlen. In erhitztem Zustande ist das Baden in kaltem Wasser verboten. Ein kurzes heißes Bad nach starken körperlichen Anstrengungen verhindert das Eintreten von Muskelschmerzen. Bäder im Freien dürfen nicht zu lange dauern. Baden mit vollem Magen kann lebensgefährlich sein und ist unbedingt zu unterlassen. Ausgedehnte Schwimmbäder, sportliches Trainingsschwimmen und Wasserballspiele verlangen vorheriges Einfetten der Haut, da dadurch die Wärmeentziehung gemindert und Kraft gespart wird.

Im Anschluß an das Wasserbad ist ein **Sonnenbad** sehr gesundheitsfördernd, da die Einwirkung der Sonne auf die Haut von hohem, gesundheitlichem Wert ist. Übertreibungen sind jedoch schädigend (schmerzhafter Sonnenbrand!). Zu vermeiden ist das Liegen in der Sonne an heißen Stellen, wo keine Luftbewegung herrscht. Dieses „Braten" führt zur Überhitzung des Körpers und hat Kopfschmerzen, Mattigkeit, Arbeitsunlust und allgemein gesundheitliche Schädigungen zur Folge. Ebenso schädigend ist es, wenn der unbedeckte Kopf längere Zeit der heißen Sonne ausgesetzt wird (Sonnenstich!).

Die **Fußpflege** bedarf, besonders für die Fußtruppen, sorgfältiger Beachtung. Im Einsatz nützt die bestausgebildete Truppe nichts, wenn sie nicht marschieren kann und dadurch nicht in der Lage ist, im entscheidenden Augenblick in den Kampf einzugreifen oder in ihm auszuhalten. Die Füße sind, wenn möglich, täglich zu waschen. Kaltes Wasser macht sie widerstandsfähig und härtet sie ab. Dabei achtet der Soldat auf Fußschwellungen, Blasen, Druckstellen, wund gescheuerte Stellen, Hühneraugen und eingewachsene Nägel. Solche Leiden entstehen durch schlecht passendes Schuhzeug (siehe S. 72) oder durch schlecht sitzende oder schlecht gestopfte Strümpfe.

Eingewachsene Nägel können auch durch falsches Beschneiden der Fußnägel entstehen. Dieses Übel tritt auf, wenn neben den Vorderkanten auch die Ecken und Seitenkanten der Nägel weggeschnitten werden. Zum Beschneiden der Nägel ist eine abgestumpfte Schere, dagegen kein Messer usw. zu benutzen (sonst große Gefahr der Verletzung!).

Eigenmächtiges Entfernen von Blasen und Hühneraugen, Selbstbehandeln von wund gescheuerten Stellen, Abreißen von Nägeln u. ä. ist verboten. Unsachgemäße Ausführung kann Blutvergiftung zur Folge haben. Hat sich der Soldat ein derartiges Leiden zugezogen, dann ist nur Behandlung im Krankenrevier zulässig.

Leidet der Soldat an **Fußschweiß,** so muß er seine Füße besonders pflegen. Er wasche sie täglich kalt, trage nur wollene Strümpfe, in die er Salizylpulver einstreut, und wechsle häufig die Fußbekleidung. Im Bedarfsfalle frage er im Krankenrevier um Rat.

Reiter haben wenigstens einmal am Tage Gesäß und Spalt mit kaltem Wasser zu waschen. Dadurch wird die Haut widerstandsfähig gegen Durchreiten und -scheuern. Solche Übel können auch durch schlechten Sitz der Reithose und Unterwäsche hervorgerufen werden. Bei einem derartigen Leiden ist in jedem Fall sofort das Krankenrevier aufzusuchen.

Gesundheitspflege bei Märschen und im Einsatz.
Vor dem Marsch.

Große Märsche und Übungen sind in der Regel schon einige Tage vorher bekannt, damit sich der Soldat auf sie vorbereiten kann. Zu dieser Vorbereitung gehört in erster Linie das Meiden von a l k o h o l i s c h e n Getränken, da diese die Kräfte des Körpers herabsetzen. Auch das Rauchen ist einzuschränken. Der Anzug ist in tadellosen Zustand zu bringen, damit kein Bekleidungs- oder Ausrüstungsstück klemmt, drückt, wundscheuert oder sonstige Beschwerden bereitet. Peinliche Sorgfalt verwendet der Angehörige von Fußtruppen auf die Pflege der Füße und die Fußbekleidung, der Reiter auf die Pflege des Gesäßes (siehe oben!). Wenn nötig, sind die Füße (das Gesäß) mit Talg gegen Wundscheuern zu bestreichen und zur allgemeinen Stärkung mit verdünntem Spiritus (Branntwein) einzureiben. Die Stiefel müssen gut gefettet und innen mit Talkum gepudert sein. Nach Regen und Nässe sind die Stiefel mit Stroh oder Papier auszustopfen, harte Stellen, besonders Nähte, durch gründliches Fetten und Klopfen geschmeidig zu machen (siehe S. 77). Die Strümpfe (bei Reitern: Unterhose!) sollen frisch gewaschen und ungestopft sein (Marschstrümpfe!).

Vor Übungen und Märschen begibt sich der Soldat frühzeitig zur Ruhe, damit er am nächsten Tag frisch und ausgeruht ist. Urlaub über Zapfenstreich erbittet man dann nicht. Vor dem Abmarsch ißt man sich ausreichend satt (nicht übersatt, da dieses das Marschieren behindert) und nimmt ein Frühstück nebst gefüllter Feldflasche mit Kaffee oder Tee mit auf den Weg. Alkoholische Getränke mitzunehmen, ist unsinnig und verboten, da diese den Körper zwar für eine kurze Zeit anregen, ihn aber später desto mehr erschlaffen lassen.

Auf dem Marsch.

Beim Marsch wird auf Vordermann und im Glied marschiert (berittene und motorisierte Truppen bewegen sich im vorgeschriebenen Abstand). Dadurch kann die Luft durch die Kolonne streichen und Erfrischung bringen. Ein munteres Soldatenlied und gute Laune erleichtern den Marsch, stumpfsinniges Brüten und Rücksichtslosigkeit gegen die Kameraden erschweren ihn. Damit Staub und kalte Luft nicht ungehindert in die Lunge gelangen können, ist durch die Nase zu atmen. Mundatmung kann Hals- und Lungenentzündungen zur Folge haben. Bei sehr kaltem Wetter sind Ohren, Nase und Kinn mit Vaseline einzureiben, um sie gegen Erfrieren zu schützen.

Wer die marschierende Abteilung verlassen muß, z. B. bei Anzugbeschwerden, hat ihren Führer, im Notfalle den schließenden Offizier, zu fragen.

Eigenmächtige Marscherleichterungen sind v e r b o t e n.

Auf dem Marsch ist nicht allzuviel zu trinken, da Flüssigkeiten nur Veranlassung zur übermäßigen Schweißbildung geben und oft Durchfall herbeiführen (vor allem kalte Getränke). Es ist besser, wenig zu trinken, aber dafür häufiger. Wasser darf nur aus d e n Brunnen getrunken werden, aus denen es erlaubt ist (Vorbeugung gegen gesundheitsschädliches Wasser!). Das rasche Trinken großer

Mengen kohlensäurehaltiger Mineralwässer auf und nach dem Marsch ist gefährlich, weil die Kohlensäure den Magen aufbläht, dieser dadurch auf das Herz drückt und so ein Versagen der Herztätigkeit verursachen kann.

Bei einer Rast liegt man am besten auf der Seite. Falsch ist es, sich auf die nackte Erde hinzusetzen und sich dadurch Entzündungen im Spalt (Wolf) zuzuziehen. Die Rast wird dazu benutzt, den Anzug, die Pferde, Fahrzeuge usw. in Ordnung zu bringen, auszutreten und sich auszuruhen (man läuft oder steht nicht umher!). Der Rastplatz darf ohne Genehmigung des Abteilungsführers nicht verlassen und das Schuhzeug nicht ausgezogen werden. Der Rastplatz ist sauber zu halten. Frühstückspapier und Abfälle sind nicht beliebig wegzuwerfen. Für Verrichtung der Notdurft wird ein besonderer Platz bestimmt.

Nach dem Marsch.

Kommt der Soldat erhitzt ins Quartier, so hat er sich vor Zugluft zu hüten. Fenster und Türen sind zu schließen. Am besten setzt er sich zunächst einige Minuten hin und läßt den angestrengten Körper etwas zur Ruhe kommen. Die Bekleidung ist vollständig anzulassen. Erst nach der nötigen Abkühlung ist umzukleiden. Durchschwitzte Leibwäsche ist durch frische zu ersetzen (durchregnete sofort nach dem Einrücken). In erhitztem Zustand ist es unbedingt zu unterlassen, gleich nach dem Einrücken mehr als einen Trinkbecher **stubenwarmen Wassers langsam in kleinen Schlucken zu trinken,** auch wenn der Durst noch so quälend ist. Es ist kameradschaftliche Pflicht jedes Soldaten und Aufgabe des Stubenältesten, hier aufzupassen und die notwendigen Vorsichtsmaßnahmen zu treffen (gegebenenfalls sind die Wasserkannen usw. zu leeren). In einem solchen Zustand ist eine Tasse Kaffee oder Tee (lauwarm) bekömmlicher als Wasser.

Verhalten bei Hitzschlag.

Der Hitzschlag macht sich bemerkbar durch trockene Zunge, Brustbeklemmung, starkes Herzklopfen und Atembeschleunigung; das Schwitzen hört auf, und das Gesicht wird blaurot (besonders Lippen und Ohren). Der vom Hitzschlag befallene Mann wird teilnahmslos, wankt hin und her und fällt schließlich besinnungslos zu Boden. Es ist wichtig, sobald sich solche Zeichen bemerkbar machen, sofort dem Abteilungsführer Meldung zu erstatten. In den meisten Fällen genügen schon geringe Marscherleichterungen, z. B. Abnehmen des Gewehrs, Öffnen von Kragen und Knöpfen oder Trinken eines Bechers Kaffee, Tee oder Wasser, um einen Hitzschlag zu verhüten.

Dem Hitzschlag wird vorgebeugt durch ausgiebige Nachtruhe, genügendes Essen, öfteres mäßiges Trinken von Kaffee oder Tee, durch Meiden von Ausschweifungen, Alkoholgenuß und übermäßigem Rauchen. Vom Hitzschlag gefährdet sind in erster Linie körperlich schwache Soldaten, Fettleibige, Alkoholiker und nicht an Strapazen gewöhnte Menschen (Geschäftszimmerpersonal!). Auf sie ist vornehmlich zu achten.

Bei jeder Hitzschlagerkrankung ist für beschleunigte ärztliche Hilfe zu sorgen, da auch scheinbar leichte Fälle lebensgefährlich werden können.

Der durch Hitzschlag Erkrankte wird in den Schatten getragen (gegebenenfalls künstlicher Schatten durch Ausspannen von Mantel oder Zeltbahn), aber nicht in dumpfe Räume oder Talschatten, sondern dorthin, wo es kühl ist und die Luft streicht. Der Oberkörper wird bei rotem Gesicht hochgelegt, bei blassem flach gelagert. Gepäck und Helm sind abzunehmen, Feldbluse, Kragenbinde und Unterwäsche aufzuknöpfen, unter Umständen auszuziehen. Ist die Luft nicht bewegt, so ist dem Erkrankten durch Schwenken der Zeltbahn u. dgl. Luft zuzufächeln. Brust und Kopf sind reichlich mit Wasser zu besprengen. Nötigenfalls sind dem Erkrankten kalte Kompressen auf die Stirn zu legen. Falls er schlucken kann, ist ihm ein kühles, möglichst nicht kohlensäurehaltiges Getränk einzuflößen. Die Verabreichung von verdünntem Alkohol oder Hoffmannstropfen, sowie die

Ausführung der künstlichen Atmung sind unter allen Umständen dem herbeigeholten Sanitätssoldaten oder Arzt zu überlassen, da unangebrachte oder falsch ausgeführte künstliche Atmung eher schadet als nutzt. In erster Linie ist zu beachten, daß dem Erkrankten völlige Ruhe nottut.

Verhalten bei Erkrankungen.

Fühlt sich der Soldat krank, so hat er sich bei der Kompanie (Batterie, Schwadron) oder während des Dienstes bei dem Aufsichtführenden krank zu melden.

Für die Dauer der Behandlung untersteht der Soldat den sanitätsdienstlichen Vorgesetzten. Ihre Weisungen hat er zu befolgen. Bei der Behandlung muß er sich als M a n n zeigen und sich nicht einbilden, schon beim Erscheinen des Arztes „doppelte Schmerzen zu spüren".

Erlaubt es der Zustand des Erkrankten, so hat er vor dem Verlassen der Kompanie usw. die nicht benötigten Bekleidungs- und Ausrüstungsstücke abzugeben und sich bei seinen Vorgesetzten abzumelden. Größere Geldbeträge und Wertsachen hinterlegt er nach Anweisung seiner Vorgesetzten.

Ist für eine Krankheit fachärztliche Behandlung erforderlich, so wird dies dienstlicherseits veranlaßt; besondere Wünsche sind dem behandelnden Arzt vorzutragen.

Der Soldat macht sich strafbar, wenn er wissentlich an einer ansteckenden Krankheit leidet und sie nicht meldet. Solche Krankheiten können sein: Geschlechtskrankheiten, Krätze und Lungenleiden. Erschwerend wird die Straftat, wenn er sich wegen einer solchen Krankheit ohne Wissen des zuständigen Truppenarztes in fremdärztliche Behandlung begibt. In den meisten Fällen schadet er sich dadurch auch selbst, denn er verlängert und verschlimmert sein Leiden, versäumt vielleicht den richtigen Zeitpunkt, in dem eine Heilung noch möglich gewesen wäre, und ist schließlich doch gezwungen, sich krank zu melden. Er bringt aber auch dadurch seine Kameraden in Gefahr, sich anzustecken. Deshalb soll der Soldat, wenn er sich z. B. eine Geschlechtskrankheit zugezogen hat, sie sofort zur Meldung bringen und sich in t r u p p e n ä r z t l i c h e Behandlung begeben.

Eine **Geschlechtskrankheit** kann jahrelanges Siechtum und den Tod zur Folge haben. Jede Geschlechtskrankheit ist heilbar, wenn sie r e c h t z e i t i g erfaßt und sachgemäßer Behandlung zugeführt wird. Das sicherste Mittel gegen Geschlechtskrankheiten ist geschlechtliche Enthaltsamkeit. Sie zieht keine gesundheitlichen Schädigungen nach sich. Ansteckungsgefahr besteht bei j e d e m geschlechtlichen Verkehr. Die Gefahr ist besonders groß bei wahllosem Verkehr mit fremden Frauen, besonders mit Prostituierten. **Über die Hälfte aller Geschlechtskrankheiten wird unter der Einwirkung des Alkohols erworben.** Deshalb soll der Soldat nicht Animierkneipen besuchen, in denen sich Frauen unter Ausnutzung der Alkoholwirkung an ihn heranmachen. Übermäßigen Alkoholgenuß meidet der ordentliche Soldat überhaupt (soldatische Pflicht!, siehe S. 35), und noch mehr hütet er sich davor, sich in Alkoholstimmung mit Frauen einzulassen. Es ist kameradschaftliche Pflicht, andere vor solcher Dummheit zu bewahren.

Die ersten Anzeichen einer Geschlechtskrankheit sind: entweder kleine Geschwüre oder Schwellungen, oft auch nur unscheinbare wunde Stellen am Glied, Pickel oder masernähnliche Hautflecke, oft auch kleine harte Geschwüre an den Lippen (nach

Kuß), Ausfluß aus der Harnröhre und brennendes Gefühl beim Urinlassen. Sofortige Krankmeldung bei den kleinsten Zeichen dieser Art ist wichtig, da in den ersten Anfängen die Heilungsaussichten sehr gut sind. Selbst die ernsteste Geschlechtskrankheit, die Syphilis, wird im Anfangsstadium meist rasch und vollständig geheilt.

Der **Soldat ist verpflichtet,** Krankheitszustände seiner Kameraden, die zu seiner Kenntnis gelangen, zur Meldung zu bringen, sobald durch sie die Gesundheit der Truppe oder die Dienstfähigkeit des Soldaten gefährdet ist. Tritt ein solcher Fall ein, so ist zu versuchen, den Betreffenden durch kameradschaftliches Einwirken zum Krankmelden zu bewegen. Ist der Versuch zwecklos, so ist sofort Meldung zu erstatten. Diese geschieht im Interesse des Kranken und der Truppe, da ansteckende Krankheiten sehr leicht von Mann zu Mann (durch Klosett, Eßgeschirr usw.) übertragen werden können.

Leidet ein Soldat infolge von Unglücksfällen oder Krankheiten, die auf den Dienst zurückzuführen sind, an Gesundheitsstörungen, oder glaubt er, daß später solche eintreten können, so hat er sie zur Feststellung etwaiger **Dienstbeschädigung** zur Meldung zu bringen.

3. Anzug.

Die Beschaffenheit des Anzuges ist ein Maßstab zur Beurteilung des Ordnungssinns des Soldaten. Je sauberer und ordentlicher der Soldat angezogen ist, einen um so günstigeren Eindruck wird er machen.

Der Soldat ist für die empfangenen Bekleidungs- und Ausrüstungsstücke verantwortlich. Er hat für sie beim Empfang zu quittieren. Alle Stücke und jede Veränderung im Bestand werden in den **Bekleidungsnachweis** des Soldaten eingetragen.

Der Soldat ist verpflichtet, die Bekleidung und Ausrüstung zu schonen und zu pflegen. Er darf kein Stück verlieren, vertauschen oder verleihen. Bei schuldhaftem Verlust usw. macht er sich strafbar und ersatzpflichtig.

Anzugarten.

Wie im Zivilleben zwischen Anzugarten für bestimmte Gelegenheiten unterschieden wird (z. B. zwischen Straßen-, Besuch-, Gesellschafts- usw. Anzug), so ist das auch beim Militär der Fall. Es gibt für Unteroffiziere und Mannschaften folgende Anzugarten: Feld-, Dienst-, Wach-, Parade-, Melde-, Ausgeh- und Sportanzug.

Welche Anzugart der Soldat jeweils zu tragen hat, sagt ihm die Anzugordnung (H. Dv. 122) und wird dazu in der Regel noch besonders befohlen. Für den Fall, daß Unklarheiten bestehen, hat er zu fragen.

Ein Unterschied zwischen guten und schlechten Stücken ist für jeden wohlerzogenen Menschen selbstverständlich. Dieser Unterschied wird beim Militär in **Garnituren** ausgedrückt. Daher trägt jedes Bekleidungs- und Ausrüstungsstück den entsprechenden Garniturstempel. G r u n d s ä t z l i c h i s t e s v e r b o t e n, ohne besondere Erlaubnis zu den befohlenen Anzugarten ein besseres oder schlechteres Garniturstück zu tragen. Für ein vorübergehend fehlendes Stück (z. B. wegen Abgabe zur Reparatur) ist ein Aushilfsstück zu empfangen.

Eigene Bekleidungs- und Ausrüstungsstücke dürfen mit Genehmigung des Kompanie- usw. Chefs angeschafft und getragen werden. Sie müssen den Vorschriften entsprechen und vor der Benutzung geprüft, gestempelt und in eine entsprechende Kontrolliste eingetragen sein. (Es ist zweckmäßig, vor Anschaffung von eigenen Stücken bei der Kp. usw. zu fragen, damit der Soldat nicht sein Geld für Stücke ausgibt, die er nachher doch nicht tragen darf.) **Verboten ist das Tragen von Zugstiefeln zur Hose ohne Stege und von Schnürstiefeln zur Steghose.**

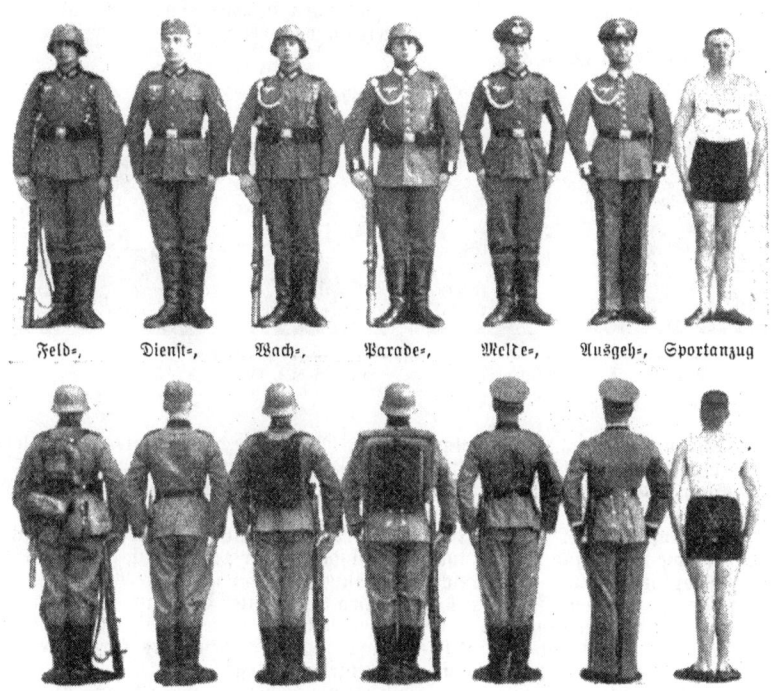

Feld-, Dienst-, Wach-, Parade-, Melde-, Ausgeh-, Sportanzug

Bild 1. **Anzugarten.**

Zum Tragen von **bürgerlicher Kleidung** bedarf der Soldat einer besonderen Genehmigung seines Kp.- usw. Chefs. Diese ist zu erbitten, wenn der Soldat z. B. im Urlaub Arbeiten verrichten will, zu deren Erledigung das Tragen der Uniform nicht tunlich ist.

Sitz und Trageweise der Bekleidungs- und Ausrüstungsstücke.

Die Bekleidung und Ausrüstung muß so verpaßt sein, daß sie dem Soldaten einen kleidsamen Ausdruck verleiht, den Blutumlauf nicht hindert und nicht scheuert. Fehler zeigen sich häufig am Hals, an den Schultern und Beinen. Sie entstehen durch zu straff sitzende oder sonst schlecht verpaßte Stücke. Solche Übelstände hat der Soldat sofort zu melden.

Mantel und Waffenrock sind stets geschlossen zu tragen. Das Offentragen der Feldbluse ist nur auf Befehl hin erlaubt. Uhrketten, Füllfederhalter, Bleistifte usw. dürfen nicht sichtbar, Handschuhe nicht unangezogen in der Hand getragen werden. Es ist Sache der Selbsterziehung, darauf zu achten, daß der vorgeschriebene Sitz (oder die Trageweise) der Bekleidungs- und Ausrüstungsstücke durchgeführt wird und Mängel sofort behoben werden

Es sitzen bzw. werden getragen:

Feldmütze etwas schief nach rechts, und zwar etwa 1 cm über dem rechten und etwa 3 cm über dem linken Ohr; von vorn gesehen etwa 1 cm über der rechten Augenbraue; Kokarde in der Mittellinie des Gesichts. Die Mütze muß den Hinterkopf bedecken (Bild 2).

Bild 2. **Sitz der Feldmütze.**

1 cm über r. Auge.   1 cm über r. Ohr.   3 cm über l. Ohr.

Richtig!   **Falsch!**

Schirmmütze waagerecht; Kokarde in der Mittellinie des Gesichts. Der untere Rand des Schirmes soll an der tiefsten Stelle mit den Augenbrauen abschneiden.

Stahlhelm waagerecht, vorderer Rand etwa 1 cm über den Augenbrauen. Der Riemen ist so fest anzuziehen, daß er dem Helm wirklich Halt geben kann.

Feldbluse — über die Unterjacke verpaßt. — im Rumpfteil weit und blusig und ohne die Bewegung des Mannes zu behindern. Der Mann muß bequem beide Arme über dem Kopf zusammenschlagen können. Die Länge der Bluse soll das Gesäß nahezu bedecken. Die Ärmel sollen etwa 3 cm unter das Handgelenk reichen (bis untersten Daumenknöchel). Der Kragen soll so weit sein, daß man zwischen ihm und der Binde mit zwei Fingern fassen und um den Hals herumstreichen kann. Offentragen des Kragens geschieht nur auf Befehl. Die Schulterklappen liegen mitten auf der Schulter, ihre Mittellinie bildet einen rechten Winkel mit dem Kragen.

Das Koppelschloß sitzt zwischen den beiden unteren Knöpfen. Falten, die sich bei seinem Umschnallen bilden, sind so zu verteilen (nach) den Seiten), daß sie nicht drücken.

Waffenrock liegt im Rumpfteil leicht an, ohne vorn Falten zu schlagen und ohne zu zwängen. Kragenverschluß und Knopfreihe verlaufen in der Mittellinie des Mannes, Vorstoß, Kragenverschluß und Knopfreihe bilden für das Auge zwei senkrechte, gerade Linien. Der rechte Vorstoß darf nicht unter dem linken hervortreten.

Die Länge des Rockes muß noch das Gesäß bedecken. Die Rockschöße dürfen weder hinten noch vorn auseinanderstehen.

Der Kragen muß so weit sein, daß die Kragenbinde bequem darunter getragen werden kann. Sie muß eingeknöpft rings um den Kragen etwa 0,5 cm (eine Strohhalmbreite) zu sehen sein.

Sitz der Ärmel und Schulterklappen: wie bei der Feldbluse.

Das Koppel bedeckt vorn den untersten Knopf, hinten die Schoßnaht. Die Mitte des Koppelschlosses sitzt in der Linie der Knopfreihe, sein Dorn schneidet mit dem Vorstoß ab.

Tuchhose mäßig stramm, bis auf etwa 1 Fingerbreite gegen den Spalt gezogen. Die Hosenbeine schneiden hinten mit der oberen Absatzkante ab, ohne aber vorn zu stauchen. Der umgeschnallte Leibriemen (Unterkoppel) muß **auf** dem Hosenbund unterhalb der Knöpfe liegen.

Mütze sitzt nicht waagerecht und Kokarde nicht in der Mittellinie des Gesichts.

Schulterklappe liegt nicht auf der Schulter auf.

Handschuhe in der Hand zu tragen, ist verboten.

Hose zu kurz, sie soll vorn auf dem Schuh aufliegen, ohne aber zu stauchen.

Unterster **Kragenhaken** ist auf; Rockkante ist nicht unter den Kragen geschoben.

Falten des Rocks sind nicht zurückgestrichen.

Koppelschloß bedeckt nicht den untersten Knopf; Adler des Koppelschlosses sitzt nicht in der Mitte; Dorn des Koppelschlosses schneidet nicht mit der Biese des Rockes ab.

Hose zu kurz und nicht gebügelt.

Schulterklappe liegt nicht auf der Schulter auf.

Koppel hängt schief, weil zu lose umgeschnallt.

Troddelquaste muß vor dem Seitengewehr herabhängen.

Hose zu kurz.

Mütze sitzt nicht waagerecht.

Rock schlägt Falten unter dem Kragen.

Handschuhe in der Hand zu tragen, ist verboten; sie müssen angezogen und zugeknöpft sein.

Hose zu kurz, schneidet nicht mit der oberen Absatzkante ab.

Bild 3. **Ausgehanzug (falsch!).**

Mantel in seiner Länge bis zur Mitte der Unterschenkel, Ärmel 1 bis 2 cm über die Rockärmel hinaus (unterste Fingerknöchel). Der Kragen liegt hinten am Waffenrock- (Feldblusen-) Kragen an und muß so weit sein, daß man mit der flachen Hand zwischen beide fassen kann. Das vordere Bruststück des Waffenrocks (Feldbluse) darf nicht sichtbar sein.

Der Mantelkragen soll in hochgeklappter Stellung den Mund verdecken.

Der umgeschnallte Leibriemen sitzt hinten oberhalb der beiden Stellen, an denen der Gurt angenäht ist, ohne diesen zu verdecken. Die beiden Knöpfe des Rückengurtes sitzen in der Mittellinie des Mantels.

Um das Auseinandersperren der Vorderteile zu verhüten, ist am Futter des linken Vorderteils etwa 0,5 cm oberhalb des untersten Knopfes ein flacher Hornknopf anzunähen. Dieser wird durch das unterste Knopfloch des rechten Vorderteils durchgeknöpft.

Reithose so, daß man bequem den Sitz zu Pferde einnehmen kann. Der Bund muß so hoch sitzen, daß er sich nicht unter dem umgeschnallten Leibriemen (Unterkoppel) hervordrängen kann. Zu große Reithosen verursachen scheuernde und drückende Falten. Das gleiche gilt von U n t e r h o s e n.

Stiefel (Schnürschuhe) im Spann fest, ohne aber zu zwängen. Die Zehengegend darf nicht gedrückt werden. Innen dürfen keine scharfen Kanten und erhabenen Nähte fühlbar sein. Enges Schuhwerk bewirkt Wundlaufen, Hühneraugen, Einwachsen der Nägel, Fußschwellungen im Winter, Frostbeulen an den Druckstellen und kalte Füße. Zu weites Schuhzeug gibt dem Fuß keinen Halt und begünstigt Fußstauchungen, Verrenkungen, Knochenbrüche und Wundlaufen (Bild 4).

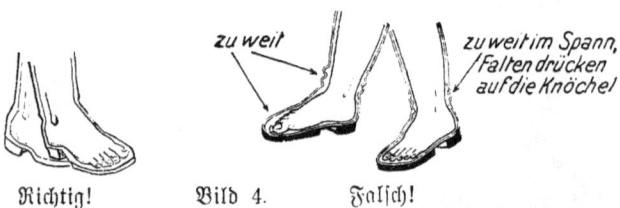

Richtig!   Bild 4.   Falsch!

Reitstiefel mäßig fest, aber so, daß man zwei Paar Strümpfe anziehen kann, da beim Reiten der Fuß unbewegt im Steigbügel steht und dadurch im Winter stärker der Kälte ausgesetzt ist. Der Schaft soll oben nicht mehr als 2 cm an die gebeugte Kniekehle heranreichen, da längere Schäfte an den Kniekehlen Scheuerstellen verursachen.

Stahlhelm sitzt nicht waagerecht, Riemen ist lose und kann deshalb dem Helm keinen Halt geben.

Patronentasche ist nicht auf Streichholzschachtelbreite an das Koppelschloß herangeschoben.

Ärmel zu kurz, seine Länge reicht nicht bis zum untersten Daumenknöchel.

Stiefelstrippe ist nicht weggesteckt.

Kragenbinde ist nicht eine Strohhalmbreite zu sehen.

Koppelschloß sitzt nicht zwischen den beiden untersten Knöpfen; sein Adler nicht mit der Mitte in der Knopfreihe.

Hose ist nach vorn, anstatt nach hinten gelegt; da sie übermäßige Falten schlägt, ist zu vermuten, daß sie unten nicht zusammengebunden ist.

Stahlhelm sitzt nicht waagerecht; Riemen zu lose.

Seitengewehrtasche sitzt nicht eine Streichholzschachtelbreite vom Rückenhaken entfernt.

Hose ist nicht nach hinten gelegt.

Schulterklappe liegt nicht flach auf der Schulter, unterer Rand schneidet nicht mit der Schulternaht ab.

Patronentasche ist nicht auf Streichholzschachtelbreite an das Koppelschloß herangeschoben.

Ärmel zu kurz und nicht zugeknöpft.

Stiefelstrippe ist nicht weggesteckt.

Bild 5. **Wachanzug (falsch!).**

Koppel (Leibriemen) ist so zu schnallen, daß man mit Gepäck mit zwei nebeneinander liegenden Fingern, ohne Gepäck mit einem Finger zwischen Rock (Feldbluse) und Leibriemen fassen kann.

Seitengewehrtasche beim Rock eine Streichholzschachtellänge, bei der Feldbluse eine Streichholzschachtelbreite vom linken Rückenhaken (Knopf) entfernt.

Koppelschloß so, daß sein Dorn mit der Kante des Rockes abschneidet und den 8. Knopf verdeckt; bei der Feldbluse z w i s c h e n dem 4. und 5. Knopf. Die Mitte des Adlers sitzt in der Knopfreihe.

Patronentaschen (unter die Schlaufe des Koppels und Koppelschlosses geschoben) einen Finger breit (Streichholzschachtelhöhe) vom Koppelschloß entfernt.

Brotbeutel bei Unberittenen auf der rechten Seite, und zwar beim Rock hintere Trageschlaufe und Hakenstrippe zwischen den beiden Rückenknöpfen, vordere Trageschlaufe zwischen dem rechten Rückenknopf und dem Seitenhaken, bei der Feldbluse hintere Trageschlaufe zwischen den Rückenhaken, vordere und Hakenstrippe davor.

Berittene Truppen haben freie Hand, ob der Brotbeutel mehr nach vorn oder mehr nach dem Rücken des Reiters getragen wird. Motorisierte Truppen tragen den Brotbeutel mit Feldflasche zweckmäßig vorn im Anschluß an die rechte Patronentasche.

Kleiner Spaten so, daß er mit dem Seitengewehr nicht scheuert und klappert. Deshalb ist zwischen Seitengewehr und Schanzzeug der Riemen des Futterals zu ziehen (Bild 6).

Tornister schneidet mit der oberen Fläche des gerollten Mantels mit dem unteren Kragenrand des Waffenrocks (Feldbluse) ab. Die untere Tornisterkante soll etwa auf der Mitte des Leibriemens liegen.

Die Nietköpfe, die die Hilfstrageriemen verbinden, sollen etwa vor den Achselhöhlen und auf gleicher Höhe sitzen.

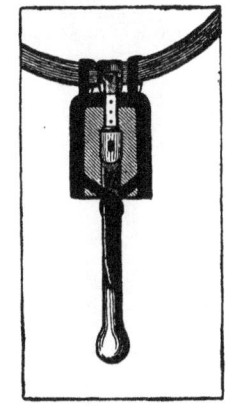

Bild 6.
Kleines Schanzzeug.

Troddel, F a u s t r i e m e n und **Portepee:** wie Bild 7, 8, 9 und 10.

Bild 7.    Bild 8.    Bild 9. 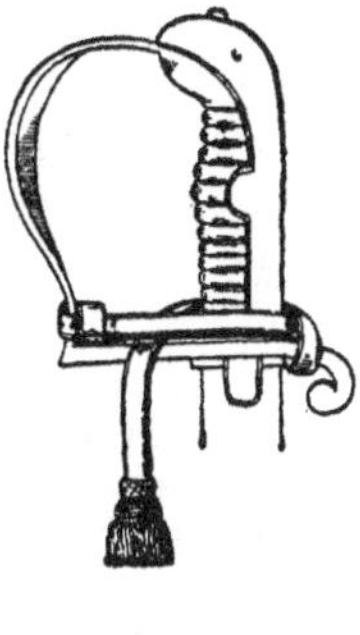   Bild 10.

Gepäck und Packordnung.

Das G e p ä c k besteht aus Marsch- und Troßgepäck. Letzteres wird beim Gepäcktroß mitgeführt.

Gepäck für Unberittene.

I m T o r n i s t e r, der verladen wird: 1 Paar Schnürschuhe, 1 Hemd, 1 Paar Strümpfe, Wasch-, Putz- und Nähzeug, kleine Bedarfsgegenstände, Zeltleine, Riemen, Mantel.

A l s M a r s c h g e p ä c k*): Zeltbahn, Kochgeschirr, Unterjacke, Eiserne Portion (bestehend aus 250 g Zwieback, 200 g Fleischkonserven).

I m u n d a m B r o t b e u t e l: Mundverpflegung, Eßbesteck, Feldmütze, Feldflasche mit Trinkbecher (gegebenenfalls auch Gewehrreinigungsgerät).

*) Siehe Bild „Feldanzug", S. 69.

Gepäck für Motorisierte.

Im Tornister und Bekleidungssack: 1 verkürzte eiserne Portion, 1 Paar Schnürschuhe, 1 Hemd, 1 Unterhose, 2 Paar Strümpfe, 1 Drillichanzug, 1 blauer Arbeitsanzug, 1 Zeltbahn mit Zubehör, 1 Kochgeschirr, Gewehrreinigungsgerät, Putz- und Flickzeug, Wasch- und Rasierzeug, Mantel (Übermantel, Schußmantel).

Im und am Brotbeutel: Mundverpflegung, Eßbesteck, Feldmütze, Feldflasche und Trinkbecher.

Tornister und Bekleidungssack werden im Gepäckkasten des Kfz. oder auf dem Ltw. für Gepäck untergebracht.

Packen des Tornisters*).

Auf den Boden des Tornisterkastens werden die Strümpfe flach gelagert, um den Druck des Tornisters auf den Rücken zu vermeiden. Die

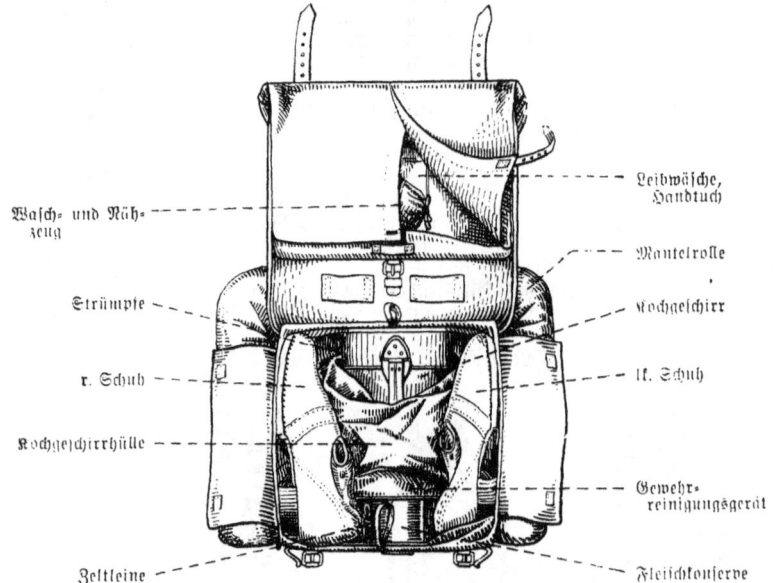

Bild 11. **Gepackter Tornister.**

Schuhe werden, Sohle nach den Kastenwänden, rechter Schuh links, linker rechts, so untergebracht, daß ihre Spitzen unter den Streifen der Oberwand und die Absätze unter den Streifen der Unterwand zu liegen kommen. Es werden untergebracht: in den Schuhen Bürsten und Putzzeug, in der Mitte des Tornisterkastens Kochgeschirr (Deckel nach oben) mit Hülle und Riemen, darunter Fleischkonserve, dazwischen Gewehrreinigungsgerät, in freien Räumen Zwiebackbeutel und Zeltleine, im Patronenbehälter Rasierzeug, in dem Wäschebeutel (flach gelagert) Hemd, Handtuch, Wasch- und Nähzeug (siehe Bild 11).

Zwischen Tornisterkasten und Klappe kommt die viereckig gelegte Zeltbahn (gegebenenfalls auch Decke), ohne daß diese über die Mantelrolle hinausragt.

Der Mantel wird so gerollt, daß die Enden der Rolle mit der unteren Kante des Tornisterkastens abschneiden. Die Schnalldorne der Mantel-

---

*) Es sind die Gegenstände für kurze Übungsmärsche, bei denen der Mann in der Regel den Tornister trägt, zugrunde gelegt.

riemen zeigen nach dem Rücken des Mannes, die Riemenenden werden aufgebunden.

Zum Schluß werden Tornisterkasten und Klappe **mäßig fest** zusammengebunden und die Riemenenden zur Schnecke gerollt oder aufgebunden.

Marschgepäck für Berittene (einschl. Fahrer vom Sattel).

Es besteht aus Reitergepäck und Pferdegepäck und wird in der **P a c k t a s c h e 34** wie folgt verpackt:

Linke Packtasche (Pferdegepäck):

a) für **alle Berittenen** ausschließlich l. M. G.=Abmarsches.

Unten: Deckengurt (zusammengerollt; darüber: Striegel, Kochgeschirr 31; Kardätsche (zugleich Kleiderbürste); 1 wollene Schlupfjacke; in der Hufeisentasche: 2 Hufeisen, 8 Stollen, 16 Nägel, 1 Stollenschlüssel, 1 Anbindering; 1 Chlorkalkpulverbüchse.

b) für **Berittene des l.M.G.=Abmarsches.**
Linke Packtasche fällt weg.
Es werden untergebracht:
Deckengurt beim Hintergepäck:

1 Anbindering,
2 Hufeisen mit 8 Stollen,
1 Stollenschlüssel,
16 Nägel,
1 Chlorkalkpulverbüchse.
} in der Hufeisentasche am Futteral rechts hinten für Magazine.

Rechte Packtasche (Reitergepäck):

a) für **alle Berittenen** ausschließlich l. M. G.=Abmarsches.

1 Paar Laufschuhe (senkrecht an schmaler Seitenwand):
unten: 1 Paar Strümpfe, 1 Hemd;
darüber: 1 verkürzte eiserne Portion (Fleischkonserven und Zwiebackbeutel), 1 Zeltleine, Waschzeug, Gewehrreinigungsgerät.

Rechte Packtasche (Reitergepäck):
1 Paar Laufschuhe (senkrecht an schmaler Seitenwand):
unten: 1 Paar Strümpfe, 1 Hemd;
darüber: Wasch=, Rasier=, Putz= und Nähzeug, Reinigungsgerät 34, 1 Zeltleine, Striegel, Kardätsche.

Die verkürzte eiserne Portion wird im Brotbeutel oder Kochgeschirr mitgeführt. Kochgeschirr 31 wird mittels Deckelriemen außen auf der Packtasche aufgeschnallt. Für das Kochgeschirr a. A. ist der Kochgeschirrbehälter beizubehalten.

Kardätsche und Striegel können vom Reiter in einem Futteral für Magazine am Pferd zurückgelassen werden, wenn die Packtasche auf dem Rücken zu tragen ist.

Am Pferd (Hintergepäck): 1 Zeltbahn, 1 Reiterfuttersack mit Hafer, 1 Tränkeimer, 1 Pferdegasmaske; im Winter außerdem: 1 Mantel.

Im und am **Brotbeutel** werden mitgeführt Mundverpflegung, Eßbesteck, Feldmütze, kleine Bedarfsgegenstände, Feldflasche mit aufschnallbarem Trinkbecher.

Die rechte Packtasche als Marsch= (Reiter=) Gepäck.

Von den beiden abnehmbaren Packtaschen ist die rechte (ohne Hufeisentasche) mit einer Tragevorrichtung zum Tragen als Rückengepäck und drei Mantelriemen versehen. Bei Ingebrauchnahme als Rückengepäck ist die Tasche vom Sattelüberwurf zu lösen. Alsdann sind die beiden Karabinerhaken der Trageriemenenden an den Ringen auf der Vorderseite unter dem Deckel auszuhaken und am Unterboden durch die Halte= bzw. Sicherheitsschlaufe und dem auf der Rückwand liegenden Umlaufriemen zu ziehen. Die Trageriemen sind dann in die beiden unrunden Ringe am Unterboden mittels der beiden Karabinerhaken einzuhaken; die Tasche ist dann als Rückengepäck wie der Tornister verwendbar. Die Länge der Trageriemen kann für jede Körpergröße durch die verstellbare Hebelschnalle der

Hilfsträgerriemen eingestellt werden. In die Mantelriemen wird der gerollte Mantel wie beim Tornister eingeschnallt.

Troßgepäck für Unberittene und Berittene (einschl. Fahrer vom Sattel).

Im Bekleidungssack: Drillichanzug, 1 Unterhose, 1 Paar Strümpfe, 1 Kragenbinde, sonstige Bedarfsgegenstände; Berittene außerdem 1 Paar Schnürschuhe, Rasier=, Putz= und Nähzeug, 1 Badehose.

In Säcken: 1 Zeltstock und 2 Zeltpflöcke für den Mann; Vorrat an Bekleidungs= und Ausrüstungsstücken. Ferner im Winter, lose gebündelt: die Mannschaftsdecken. Im Sommer: Mäntel, gruppenweise gebündelt.

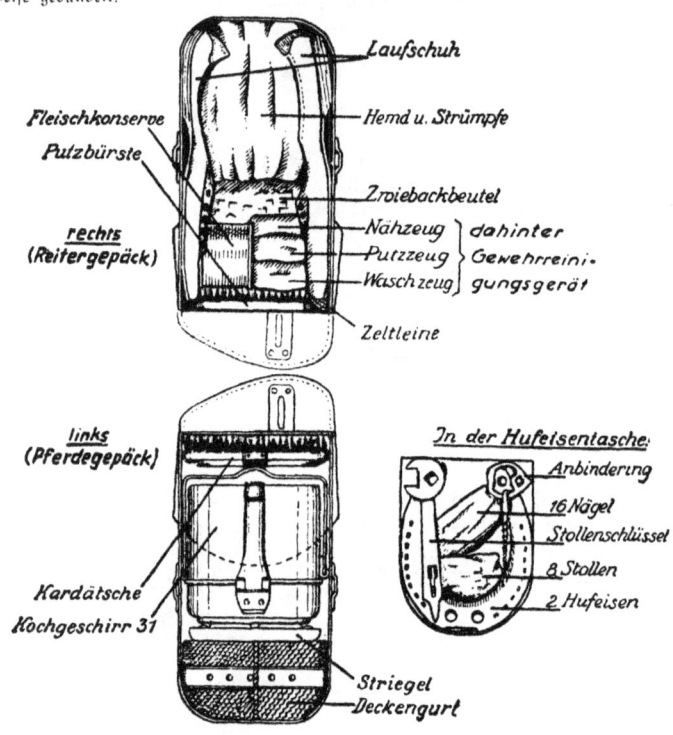

Bild 12. **Packtasche 34.**

Behandlung und Reinigung der Bekleidungs- und Ausrüstungsstücke.

Der Soldat ist verpflichtet, die Bekleidung und Ausrüstung zu schonen und pfleglich zu behandeln. Er hat sich aus eigenen Mitteln zu beschaffen: Bürsten, Putz= und Nähzeug sowie Tuch= und Papiernamen und diese Gegenstände ständig zu ergänzen. Für diese Ausgaben ist die Löhnung in erster Linie bestimmt.

Die Behandlung und Pflege der Bekleidung und Ausrüstung erlernt der Soldat in der Putz= und Flickstunde. Dabei wird er die gereinigten usw. Gegenstände seinem Abteilungsführer vorzuzeigen haben. Durch besondere Appelle werden die Stücke eingehend geprüft.

Es gilt als Grundsatz, daß jeder Soldat seine Bekleidung und Ausrüstung selbst pflegt und kleine Schäden (z. B. Nahtrisse) selbst behebt. Es ist Sache der Selbsterziehung, stets in gepflegtem Anzug und mit gutem Lederputz zu erscheinen. Auch bei Übungen, im Manöver usw. findet der wohlerzogene Soldat Zeit und Gelegenheit für die Erfüllung dieser Pflicht.

Hinweise für die Pflege der Bekleidung und Ausrüstung:

Tuchsachen werden durch Klopfen und Bürsten gereinigt. Kragen und Knöpfe sind dabei zu schonen. Zum Ausklopfen von Rock (Feldbluse) und Hose sind zwei, zum Mantel drei Mann erforderlich. Die Stücke werden zunächst von innen und dann von außen geklopft. Das Bürsten geschieht längs des Strichs im Tuch. Dazu wird das Stück auf eine saubere Unterlage gelegt (Tischplatte). Die Futtersäcke werden mit Seifenschaum sauber gerieben, Flecken durch Fleckenwasser mit einer Tuchrolle entfernt. Mittel, die den Stoff angreifen, dürfen nicht benutzt werden.

Drillichjacken, Brotbeutel und Wollsachen sind (möglichst in warmem Wasser) mit Seife zu waschen. Die nassen Wollstücke werden in sich zusammengelegt und ausgedrückt (nicht auswringen).

Leibwäsche und Sporthemden werden (falls sie nicht zur Waschfrau gegeben werden können) zweckmäßig über Nacht in kalter Sodalauge geweicht, danach gekocht oder wenigstens in warmem Wasser mit Seife gewaschen.

Kragen-, Helm- und **Armbinden,** Sport- und Badehosen dürfen nicht gekocht, sondern nur in warmem Wasser mit Seife gewaschen werden.

Gegenstände aus Zellstoff dürfen nicht gewaschen werden, da sie sonst nicht wasserdicht bleiben. Sie sind mit einer trockenen Bürste zu reinigen.

Ledersachen sind mit Holzspan und Bürste zu reinigen und durch häufiges Einreiben mit Lederfett weich zu erhalten (besonders das Schuhzeug). Dabei wird das Fett mit der Hand in das Leder gerieben (geknetet).

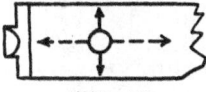

Bild 13.
Stiefelpflege.

Abgelaufene oder verlorene Nägel sind sofort nachschlagen, kleine Nahtrisse ausbessern zu lassen. Die sorgfältige Beachtung der kleinsten Schäden verlängert die Tragezeit des Schuhzeugs. Das selbständige Nachschlagen von Schuhnägeln ist verboten.

Um Schmutz und Schweiß aus dem Schuhzeug zu entfernen, muß es öfters mit einem feuchten Lappen ausgerieben werden.

Leibriemen, Patronentaschen, Seitengewehrtasche, Tornisterriemen, Schanzzeugfutterale usw. sind mit einer fetthaltigen Lederwichse zu putzen. **Ein guter Putz wird erreicht,** wenn die Poren des Leders mit einem Korken

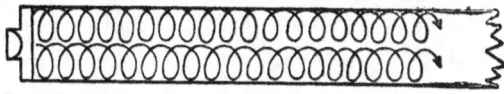

Bild 14.   **Koppelputzen.**   Bild 15.

geglättet werden (Bild 14), die Lederwichse mit einem leinenen Lappen in das Leder gerieben (Bild 15) und mit einem Wollappen blankgeputzt wird.

Schanzzeug. Die Holzstiele sind zu firnissen, die Eisenteile zum Schutz gegen Rostbildung zu fetten oder zu ölen.

Nasse Sachen sind nicht zu nahe am geheizten Ofen oder Heizkörper zu trocknen. Tuchsachen sengen, Ledersachen werden sonst leicht spröde und rissig.

Alle Bekleidungs- und Ausrüstungsgegenstände müssen richtig gestempelt und mit dem Namen des Soldaten versehen sein (vgl. H. Dv. 121, Anlage zum Anhang 9). Der Name ist an der vorgeschriebenen Stelle einzunähen, bei Ledersachen einzukleben (siehe Beispiele!).

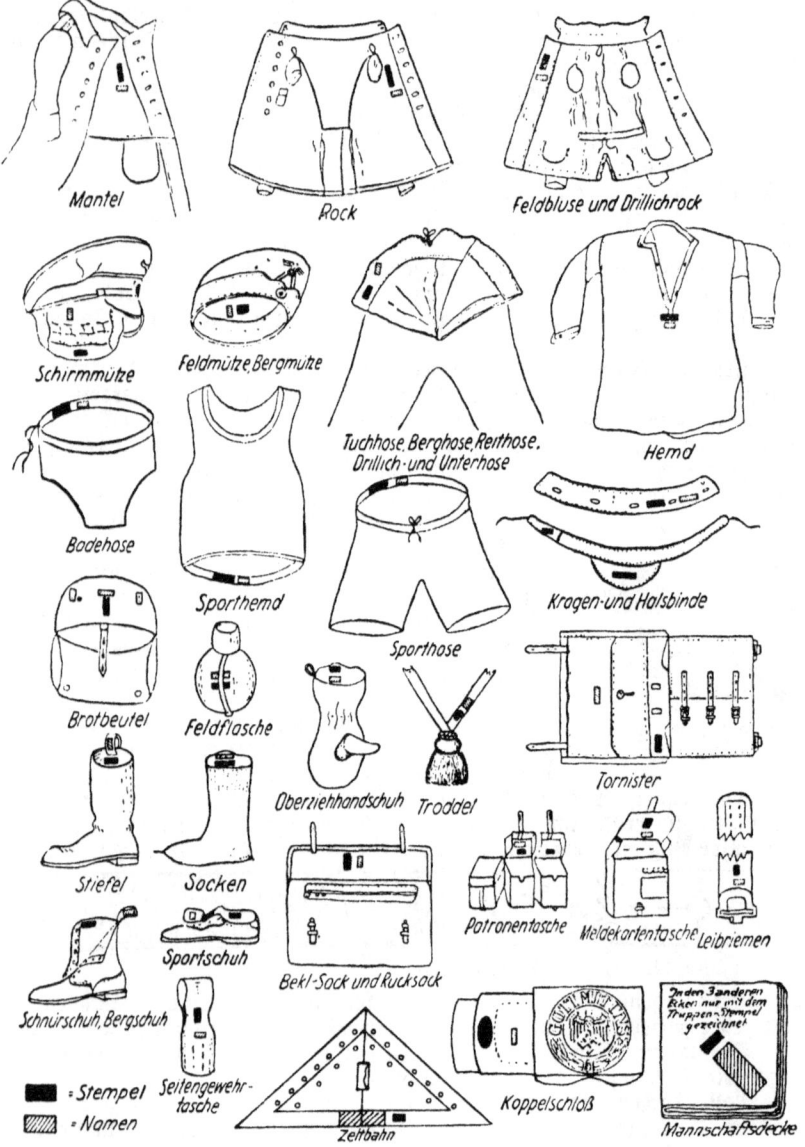

Abzeichen zum Anzug.

1. Waffenfarben und Kennzeichen.

Die Waffenfarben sind ein äußeres Kennzeichen der Truppengattungen. Sie sind aus den Vorstößen der Schirmmütze, dem Waffenabzeichen der Feldmütze, den Einfassungen der Schulterklappen und den Biesen der Röcke zu ersehen. Es tragen:

Waffengattung usw.	Waffenfarbe	Nebenfarbe	Auf Schulterstück bzw. Schulterklappe
a) Truppen usw.			
Generale	hochrot	—	⎫
Oberkommando der Wehrmacht und Oberkommando des Heeres	karmesin	—	⎬ keine Nummer
Offiziere des Generalstabes	karmesin	—	⎭
Heeres-Gruppenkommandos	weiß	—	G u. arab. Nr. der Gruppe
Generalkommandos	weiß	—	röm. Nr. des A. K.
Infanteriedivisionskommandos	weiß	—	⎫ D, darunter arab.
Panzerdivisionskommandos	rosa	—	⎬ Nr. der Division
Infanterie-Regimenter	weiß	—	Nr. des Regiments
Gebirgs-Jäger-Rgt. und Jäger-Bataillone im Inf.-Rgt.-Verband (I./J. R. 2, II./J. R. 4, I./J. R. 10, III./J. R. 15, III./J. R. 17, III./J. R. 83)	hellgrün	—	Nr. des Regiments
Inft.-Regt. Großdeutschland	weiß	—	GD
Wachbtl. Wien	weiß	—	W
Maschinengewehr-Bataillone	weiß	—	M, darunter Nr. des Bataillons
Aufklärungs-Regimenter u. -Abteilungen	goldgelb	—	A, darunter Nr. des Rgts. od. der Abt.
Kavallerie- und Reiter-Regimenter	goldgelb	—	Nr. des Regiments
Radfahrer-Abteilungen	goldgelb	—	R, darunter Nr. der Abteilung
Schützen-Regimenter (mot.) der l. Div.	goldgelb	—	S
Artillerie-Regimenter	hochrot	—	Nr. des Regiments
Reit. Artillerie-Abteilungen	hochrot	—	R, darunter Nr. des Truppenteils
Beobachtungsabteilungen	hochrot	—	B, darunter Nr. der Division
Nebelabteilungen	bordeaux	—	Nr. der Abteilung
Panzer-Einheiten	rosa	—	Nr. des Regiments
Schützen-Regimenter der Pz. Div.	rosa	—	S, darunter Nr. des Regiments
Kraftradschützen-Bataillone der Pz. Div.	rosa	—	K, darunter arab. Nr. d. Bataillons
Panzer-Abwehr-Abteilungen der Pz. Div.	rosa	—	P, darunter Nr. der Abteilung
Panzerabwehr-Lehrabteilung	rosa (umrand.)	—	PL
Pionier-Bataillone	schwarz	—	Nr. des Bataillons
Nachrichten-Abteilungen	zitronengelb	—	Nr. der Abteilung
Kraftfahr- und Fahrabteilungen	hellblau	—	Nr. der Abteilung
Sanitäts-Abteilungen	kornblumenblau (umrandet)	—	Nr. der Division
Schulen:			
Kriegsakademie (Uffz. u. Mannsch.)	karmesin	—	KA
Kriegsschulen	weiß	—	KS, darunter Anfangsbuchstabe des Standorts
Heeresunteroffizierschulen	weiß	—	US, darunter Anfangsbuchstabe des Standorts
Infanterieschule	weiß	—	S
Kavallerieschule	goldgelb	—	S
Heeresreit- und -fahrschule	goldgelb	—	RS
Artillerieschule	hochrot	—	S

Waffengattung usw.	Waffenfarbe	Nebenfarbe	Auf Schulterstück bzw. Schulterklappe
Panzertruppenschule	rosa	—	S
Pionierschulen	schwarz	—	S, darunter Nr. der Schule
Heeresnachrichtenschule	zitronengelb	—	S
Heeresgasschutzschule	bordeaux	—	S
Heeressportschule	weiß	—	SS
Fahrtruppenschule	hellblau	—	S
Heeresfeuerwerkerschule	hochrot	—	FS
Heereswaffenmeisterschule	hochrot	—	WS
Wehrkreisreit- und -fahrschule	goldgelb	—	römische Nr. des Wehrkreises
Lehr- und Versuchstruppen:			
Infanterie-Lehrregiment	weiß	—	L
Artillerie-Lehrregiment	hochrot	—	L
Beobachtungs-Lehrabteilung	hochrot	—	BL
Panzer-Lehrregiment	rosa	—	V
Pionier-Lehr- und Versuchsbataillon	schwarz	—	L, darunter Nr. des Bataillons
Lehr- und Versuchskdo. Hillersleben	hochrot	—	VH
Lehr- und Versuchskdo. Kummersdorf	hochrot	—	VK
Nachrichten-Lehr- und Versuchsabteilung	zitronengelb	—	L
Nebel-Lehr- und Versuchsabteilung	bordeaux	—	L
Kraftfahrlehrkp. und Fahrlehrschwadron	hellblau	—	L
Wehrersatzdienststellen	orangerot	—	röm. Nr. des Wehrkreises
Heeresfeldzeugmeisterei, Heeresfeldzeugdienststellen, sämtliche Feuerwerker und Schirrmeister (Fz)	hochrot	—	feine Nr.
Sanitätsoffiziere und Unterärzte	kornblumenblau	—	Äskulapstab
Veterinäroffiziere und Unterveterinäre	karmesin	—	Schlange
Offiziere (WS)	hochrot	—	gekreuzte antike Geschützrohre
Reserveoffiziere	je nach Waffengattung	grau	Nummer ihres Truppenteils
Landwehroffiziere	je nach Waffengattung	grau	- weiß

b) **Wehrmachtbeamte**

tragen als Waffenfarbe „dunkelgrün" und die Nebenfarbe ihrer Dienststelle, auf den Schulterstücken ein verschlungenes HV (Heeresverwaltung).

2. Farben der Troddeln.

Die Farben der Troddeln für Mannschaften lassen die Truppeneinheit erkennen. Die Farbe des Stengels — bei berittenen Truppen die Farbe des Schiebers — geben die Zugehörigkeit zu den Bataillonen und Abteilungen an, die Farbe des Kranzes und Schiebers — bei berittenen Truppen die Farbe des Kranzes des Faustriemens — die zu den Kompanien, Batterien und Schwadronen.

3. Abzeichen für Sonderausbildung.

Btl.- usw. Hornist

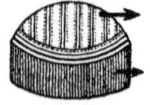

silberne Tressenborte
silberne Tressenfransen

Schwalbennest

Musiker

silberne Tressenborte

Schwalbennest

Spielmann

grauweiße Baumwollborte

Schwalbennest

4. Abzeichen für besondere Dienststellungen.
(Siehe auch Abbildungen S. 102.)

Es tragen auf dem rechten Unterärmel:

Sanitätsunterpersonal — Zahlmeisteranwärter — Feuerwerker — Festungs-Pi.-feldwebel

   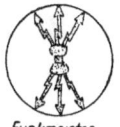 

Schirrmeister mit Abzeichen für geprüfte Anwärter — Wallfeldwebel — Brieftaubenmeister — Funkmeister — Waffenunteroffizier

Truppensattlermeisteranwärter — Hufbeschlagpersonal — Steuermannabzeichen (auf linkem Oberärmel) — Nachrichtenpersonal (auf linkem Oberärmel) (ausgen. Nachrichtentruppe) — Heeresbergführer (auf linker Brust)

5. Abzeichen für Inf. Rgt. „Großdeutschland".

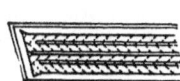 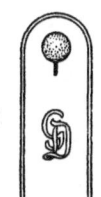 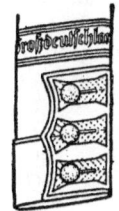

Doppellitzen am Kragen — Schulterklappe — Ärmelpatten mit Streifen

6. Erinnerungszeichen.

Zur Erinnerung an einige Truppenteile der alten, ruhmreichen Armee sowie zum Andenken an die Teilnahme am spanischen Bürgerkrieg (Verbände der „Legion Condor") tragen die Traditionstruppenteile Erinnerungsabzeichen nach besonderer Probe.

7. Schützenabzeichen.

Die Schützenschnur wird von der rechten Schulter nach der Brust getragen und hier am zweiten Waffenrock- oder Feldblusenknopf befestigt. Sie ist eine Fangschnur aus mattem Aluminiumgespinst und wird getragen zum Parade-, Melde-, Ausgeh- und Wachanzug. Sie wird in 12 Stufen verliehen.

8. Trageweise der Orden und Ehrenzeichen.

Orden und Ehrenzeichen, soweit es sich nicht um Halsorden, Ordenssterne, Orden und Abzeichen ohne Bänder handelt, werden auf der linken Brust an einer großen Ordensschnalle getragen. An der kleinen Ordensschnalle werden nur die Bänder getragen. Der untere Bänderrand der großen Ordensschnalle schneidet bei der Feldbluse mit dem zweiten oberen Knopfloch ab, der

untere Rand der kleinen Ordensschnalle liegt entsprechend (etwa 2 cm) höher. Am Waffenrock
sitzt der obere Rand der kleinen und großen Ordensschnalle in Höhe des zweiten Waffenrock=
knopfes von oben.

9. Trauerabzeichen.

Das Trauerabzeichen besteht aus einem etwa 6 cm breiten schwarzen Flor und wird am linken
Oberarm getragen. Das Anlegen ist nur außer Dienst gestattet.

<u>Vierter Abschnitt.</u>

Benehmen des Soldaten.

1. Benehmen gegen Vorgesetzte.*)

Achtung, Ehrerbietung und Bescheidenheit gegenüber Eltern, Lehrern, Erziehern und Führern sind für jeden Deutschen selbstverständliche Dinge. Ohne diese alte Sitte wäre auch z. B. das in der Natur der Sache bedingte Lehr= und Lernverhältnis zwischen dem Lehrling und dem Meister oder dem Pimpf und seinem Führer nicht denkbar. Dasselbe gilt für den Soldaten und seine Vorgesetzten, wozu noch hinzutritt, daß nach dem Wehrmachtstrafgesetzbuch Verstöße gegen die Achtung und Ehrerbietung gegenüber den Vorgesetzten strafbar sind.

Im allgemeinen verlangt die dem Vorgesetzten zukommende Achtung und Ehrerbietung von dem Untergebenen nicht etwas Ungewöhnliches, sondern nur eine jedem wohlerzogenen Menschen selbstverständliche **Höflichkeit**, die verbunden ist mit Taktgefühl und soldatischen Formen. Je sorgfältiger aber der Soldat auf diese Dinge achtet, einen um so besseren Eindruck wird er (und seine Truppe) machen.

Anrede der Vorgesetzten: Die Vorgesetzten werden mit „Herr" und Dienstgrad angeredet. Ausnahmen sind nur gegeben:

    gegenüber dem Führer und Obersten Befehlshaber (Anrede: „Mein Führer") und gegenüber solchen Personen, denen ein Vorgesetztenverhältnis nicht durch Dienststellung und Dienstgrad, sondern nur bedingt und zeitlich eingeräumt ist (z. B. Stubenältester, Wachhabender usw. gegenüber gleichen oder höheren Dienstgraden).

Es werden angeredet:

    der Generalfeldmarschall mit: „Herr Generalfeldmarschall",
    der Generaloberst mit: „Herr Generaloberst",
             aber
    alle anderen Generale mit: „Herr General",
    alle Stabsoffiziere der Kriegsmarine mit: „Herr Kapitän".

Ob in Verbindung mit der Anrede „Herr" und Dienstgrad im Gespräch und bei Meldungen die „Sie"=Form oder die Form der dritten Person benutzt wird, ist belanglos. Dagegen ist die Anredeform mit „Sie" ohne vorhergegangene oder **unmittelbar folgende** Anrede mit „Herr" und Dienstgrad unmilitärisch und unstatthaft.

---

*) Siehe auch S. 41 und 85 ff.: „Verhalten bei besonderen Gelegenheiten" sowie S. 92 ff. „Ehrenbezeigungen".

Beispiel:
Statthaft ist: „Herr Unteroffizier, Sie sollen zum Herrn Hauptmann kommen" oder „Herr Unteroffizier sollen zum Herrn Hauptmann kommen."
Unstatthaft ist: „Sie sollen zum Herrn Hauptmann kommen."

Spricht der Untergebene mit einem Vorgesetzten oder wird er von ihm angeredet, so steht er mit der Front zum Vorgesetzten still. Der Untergebene antwortet in kurzen, vollständigen Sätzen, ohne umständliche Höflichkeitsformen und Phrasen. Im allgemeinen antwortet der Untergebene nur, wenn er gefragt wird, und schweigt, wenn ihn der Vorgesetzte unterbricht. Während des Gesprächs ist dem Vorgesetzten frei und offen in die Augen zu sehen. Fragen sind laut und deutlich, aber ohne zu schreien, zu beantworten. An Stelle von „Ja" wird mit „Jawohl" unter Hinzufügung von „Herr" und Dienstgrad geantwortet.

Wird der Untergebene von einem Vorgesetzten gerufen, z. B. von Leutnant A., so antwortet er mit: „Hier, Herr Leutnant" und begibt sich auf dem kürzesten Wege zu dem Vorgesetzten (eingetreten im hinteren Glied einer Abteilung, um einen Flügel der Abteilung herum). In einer Entfernung von drei Schritt (bei Dienst mit Gewehr: mit Gewehr ab) bleibt der Untergebene in militärischer Haltung stehen und erwartet das Weitere. Befindet sich der Vorgesetzte zu Pferde, so geschieht das Herantreten zwar soldatisch, aber nicht so, daß das Pferd erschrickt. Wird der Untergebene entlassen, so macht er eine stramme Kehrtwendung. Für den Fall, daß der Untergebene nicht weiß, ob er gehen kann, fragt er z. B. mit folgenden Worten: „Haben Herr Leutnant noch Befehle für mich?"

Erhält der Untergebene einen Befehl, so ist er ohne Aufforderung w ö r t l i c h zu wiederholen und s i n n g e m ä ß auszuführen. Wer z. B. den Befehl bekommt, den Unteroffizere A. auf die Schreibstube zu rufen, hat sich nicht damit zu begnügen, in dessen Stube nachzusehen, sondern hat sich zu überlegen, falls der Unteroffizier A. nicht anwesend ist, wo er ihn treffen kann. Ist der Unteroffizier A. erreichbar, so hat sich der Untergebene zu ihm zu begeben und den Befehl zu überbringen. Die Ausführung oder Nichtausführung jedes Befehls hat der Untergebene zu melden, wobei der Inhalt des Befehls kurz anzugeben ist. Z. B.: „Befehl, Herrn Unteroffizier A. zu rufen, ausgeführt, Herr Unteroffizier A. kommt sofort"; oder „Befehl, Herrn Unteroffizier A. zu rufen, konnte nicht ausgeführt werden, weil er nach Aussage des Postens in die Stadt gegangen ist." Die Vollzugsmeldungen sind für den Gefechtsdienst ganz besonders wichtig und daher aus Erziehungsgründen auch im Innendienst streng zu beachten.

Wird ein Befehl nicht verstanden, so ist in militärischen Formen um Wiederholung zu bitten; z. B.: „Ich bitte Herrn Leutnant um Wiederholung des Befehls, ich habe ihn nicht verstanden."

Begleitet der Untergebene einen Vorgesetzten, so geht er auf dessen linker Seite; mehrere Untergebene lassen den Vorgesetzten in ihrer Mitte gehen oder folgen ihm.

Betritt der Untergebene das Dienstzimmer oder die **Wohnung** eines Vorgesetzten, so hat er einen ordentlichen Anzug anzulegen. In der Wohnung hat er sich (möglichst mit Angabe des Grundes) anmelden zu lassen. So z. B. ist der Hausangestellten zu sagen: „Füsilier Müller bittet Herrn Hauptmann in dringender Urlaubsangelegenheit zu sprechen." Vor dem Betreten eines Zimmers ist tunlichst anzuklopfen und erst auf Aufforderung einzutreten. Im Zimmer tritt man von der Tür weg, damit sie geöffnet werden kann. In verkehrsreichen Räumen stellt man sich abseits vom Durchgang. In geschlossenen Räumen ist bei dienstlichen Meldungen im Dienstanzug mit Mütze oder im Meldeanzug die Kopfbedeckung abzunehmen und in der linken Hand zu halten (Futter zeigt zum Körper!). Mit der rechten Hand ist der Deutsche Gruß zu erweisen. Nach erfolgter Ehrenbezeigung bleibt der Untergebene in einer angemessenen Entfernung von dem Vorgesetzten stehen und wartet, bis sich dieser zu ihm wendet. Wird er entlassen, so verläßt er das Zimmer ohne Kehrtwendung (aber möglichst mit dem Gesicht zum Vorgesetzten!).

Will der Untergebene einen Vorgesetzten sprechen, der im Gespräch mit älteren Vorgesetzten ist, so hat er, falls sein Anliegen eilig ist, den älteren um Erlaubnis zu bitten. Beispiel: Kommt der Soldat auf die Schreibstube, um den Hauptfeldwebel (Hauptwachtmeister) zu sprechen, so hat er den anwesenden Kp.- usw. Chef um Erlaubnis zu bitten. Z. B.: „Gestatten Herr Hauptmann, daß ich Herrn Hauptfeldwebel (Hauptwachtmeister) spreche", oder „Herr Hauptmann, ich bitte Herrn Hauptfeldwebel (Hauptwachtmeister) sprechen zu dürfen". Ist das Anliegen nicht eilig, so wartet der Untergebene in einer angemessenen Entfernung, bis sich die Vorgesetzten trennen oder das Gespräch unterbrechen. Hierbei hat er sich so weit von den Vorgesetzten entfernt zu stellen, daß er den Inhalt des Gesprächs nicht mit anhören kann.

Auf Treppen, schmalen Fluren oder engen Wegen macht der Untergebene dem Vorgesetzten Platz, indem er zur Seite tritt. Muß er an dem Vorgesetzten vorbeigehen, so hat er darum zu bitten; z. B.: „Ich bitte Herrn Feldwebel (Wachtmeister), vorbeigehen zu dürfen."

Betritt ein Vorgesetzter die Mannschaftsstube, so wird die vorgeschriebene Ehrenbezeigung erwiesen (Näheres S. 60 und S. 93). Während der Anwesenheit eines Vorgesetzten auf der Stube sind laute Unterhaltungen, Klopfen, Pfeifen, Singen und Musizieren zu unterlassen.

Der ordentliche Soldat benimmt sich den Vorgesetzten gegenüber auch ungezwungen, bereitwillig, zuvorkommend und aufmerksam. Ein **ungezwungenes Benehmen** zeigt er durch Natürlichkeit, Aufgewecktheit und freudige Pflichterfüllung. Für ein **bereitwilliges, zuvorkommendes und aufmerksames Benehmen** merke er sich folgende Beispiele: Kommt ein Vorgesetzter auf die Stube und fragt nach einem Mann, der augenblicklich nicht anwesend ist, so begnüge er sich nicht mit der verneinenden Antwort, sondern begebe sich auf die Suche nach dem Betreffenden. Fällt einem Vorgesetzten ein Gegenstand hin, so hebe ihn der Untergebene auf (aus Reih' und Glied aber nur auf Aufforderung!). Sieht der Untergebene, daß ein Vorgesetzter sich eine Zigarre anzünden will, so reiche er ihm ein brennendes Zündholz. Will der Vorgesetzte eine Stube verlassen, so öffne er ihm die Tür und schließe sie leise hinter ihm. Beim Anziehen von Mantel, Koppel, beim Auf- und Absteigen vom Wagen oder Pferd ist der zuvorkommende und aufmerksame Soldat dem Vorgesetzten behilflich. **Übertriebenes Zuvorkommen** und übertriebene Aufmerksamkeit sind unsoldatisch (Augendienerei); einen solchen Eindruck rufe der Soldat nicht hervor. Auch komme er nicht auf den abwegigen Gedanken, dem Vorgesetzten Geschenke anzubieten oder Einladungen zu schicken.

Bietet der Vorgesetzte dem Untergebenen z. B. eine Zigarre an oder trinkt er ihm zu, so sind die im Zivilleben üblichen Verbeugungen und Redensarten zu unterlassen; beim Zutrinken steht der Untergebene kurz auf (oder nimmt je nach Umständen im Sitzen aufrechte Haltung ein) und trinkt in dieser Haltung; wird der Untergebene mit Händedruck begrüßt oder beglückwünscht, so verbeugt er sich nicht. Der Soldat stattet seinen Dank ab durch Einnehmen der militärischen Haltung und freies Ansehen des Vorgesetzten.

Besonders soldatisch ist ein uneingeschränktes **Vertrauen des Untergebenen zu seinen Vorgesetzten;** denn „Vertrauen ist die Grundlage des Gehorsams". Der Soldat muß sich klarmachen, daß die Vorgesetzten für ihre Untergebenen in jeder Beziehung das Beste wollen. Dieses Bestreben ist aber nur dann zu verwirklichen, wenn ihnen der Untergebene auch das mitteilt, ihnen anvertraut usw., was ihn bewegt, sowie offen und ehrlich zu ihnen ist. Das Vertrauen soll sich nicht nur auf militärische Angelegenheiten beschränken, sondern soll auch persönliche, wirtschaftliche und familiäre Dinge umfassen. Es ist eine Erfahrungssache, daß mancher Soldat sich das „Soldatsein" anders vorgestellt hat, als es in Wirklichkeit ist. Dadurch kann es vorkommen, daß er im Laufe der Dienstzeit innerliche Kämpfe durchzumachen hat. Auch können persönliche, wirtschaftliche, familiäre oder dienstliche Angelegenheiten den Soldaten in schwere seelische Bedrängnis bringen. Gerade in solchen Fällen muß der Untergebene den Weg zu seinem Vorgesetzten finden. Er schäme sich keiner Sache oder Schwäche. Er kann überzeugt sein, daß sein Vorgesetzter jederzeit für ihn ein offenes Ohr haben wird. **Der Vorgesetzte wird in allen Anliegen einen gangbaren und ehrenhaften Weg finden.** Grundfalsch wäre es, sich an Zivilpersonen zu wenden oder aus falscher Scham, falschem Ehrgeiz oder falscher Auffassung eine Handlung zu begehen, die wahrscheinlich sein Vorgesetzter nicht gebilligt hätte. Der Soldat soll sich sagen, daß keine Lage so verzweifelt sein kann, als daß sein Vorgesetzter nicht doch noch helfen oder raten könnte.

Ähnlich wie Vorgesetzten gegenüber benimmt sich der Soldat auch im Verkehr mit Zivilpersonen, die wegen ihres Alters oder ihrer Stellung besondere Achtung verdienen. Gegenüber Frauen, Kranken und Invaliden ist schon allgemein ein rücksichtsvolles, aufmerksames und zuvorkommendes Benehmen am Platze.

2. Verhalten bei besonderen Gelegenheiten.

Meldungen und **Gesuche** bringt der Soldat grundsätzlich mündlich bei seinem Kp.= usw. Chef an, soweit sie nicht eine **schriftliche** Weitergabe verlangen. Ist die Sache nicht eilig oder ist sie nicht vertraulich, so ist der **Dienstweg** einzuhalten.

<small>Beispiel: Der Soldat soll erst dann seinen Kp.= usw. Chef um Urlaub bitten, wenn er vorher durch Meldung beim Hauptfeldwebel (Hauptwachtmeister) festgestellt hat, daß er nicht für Wache oder sonstigen Dienst an der Reihe ist.</small>

Es ist verboten, daß sich Soldaten ohne Wissen des Disziplinarvorgesetzten an höhere Vorgesetzte, Dienststellen oder Personen und Stellen außerhalb des Heeres wenden.

Erkrankte Soldaten bringen Meldungen und Gesuche bei den zuständigen Sanitätsdienstgraden, Kommandierte bei ihrer Kommandostelle an.

Meldungen und Gesuche müssen der Wahrheit entsprechen. Sie sollen in deutscher Schrift und kurz gefaßt sein. Auf den Inhalt muß sich der

Vorgesetzte unbedingt verlassen können. Diese Forderung gilt besonders für den Krieg, wo z. B. eine falsche Meldung größtes Unglück anrichten kann. Wer bewußt eine falsche Meldung erstattet, wird streng bestraft.

Über das Abfassen von **schriftlichen** Meldungen und Gesuchen siehe S. 127 ff.

Mündliche Meldungen haben bei dem Kp.= usw. Chef auf der Schreibstube oder, wenn erlaubt, beim Dienst zu erfolgen.

Der Soldat hat sich bei seinem Disziplinarvorgesetzten bei folgenden Gelegenheiten zu melden:

1. **Beförderung,** z. B.: Panzerschütze A. mit Wirkung vom 1. 10. zum Gefreiten befördert.
2. **Erkrankung,** z. B.: Reiter G. an Fußverletzung erkrankt, oder Reiter M. wegen Brustschmerzen revierkrank geschrieben.
3. **Urlaub** (außer Sonntagsurlaub), z. B.: Kanonier W. vom 1. bis 10. 8. nach Berlin beurlaubt; bei Rückkehr z. B.: Pionier D. vom Urlaub zurück.
4. **Arreststrafen,** z. B.: Jäger Sch. mit 1 Tag gelindem Arrest bestraft; bei Rückkehr z. B.: Jäger Sch. 1 Tag gelinden Arrest verbüßt.
5. **Kommandos,** z. B.: Schütze F. vom 1. 10. bis 16. 11. zum Sport= lehrgang nach Wünsdorf kommandiert; bei Rückkehr z. B.: Schütze F. vom Sportlehrgang in Wünsdorf zurück.
6. **Versetzungen,** z. B.: Funker D. mit Wirkung vom 1. 10. zur 1. /R. 17 versetzt, oder: von der 3./R. 53 zur 2./R. 7 versetzt.
7. **Persönliche Angelegenheiten,** z. B.: „Ich melde Herrn Hauptmann, daß ich am 1. 10. wegen Radfahrens ohne Licht vom Polizeibeamten B. in Frankfurt/Main verwarnt worden bin.
8. **Auf Befehl des Vorgesetzten.**

Außer Dienst, vor allen Dingen in der **Öffentlichkeit,** benimmt sich der Soldat tadellos. Gute Haltung, gepflegter Anzug und stramme Ehren= bezeigungen müssen für ihn selbstverständlich sein. Nach Haltung und Auftreten des einzelnen wird das Heer beurteilt. Auch ist daran zu denken, daß der Soldat oft von Ausländern besonders kritisch beobachtet wird. Auf Bürgersteigen und in den öffentlichen Verkehrsmitteln macht er Vorgesetzten und älteren Personen Platz. Überall benimmt er sich zurückhaltend, höflich und bescheiden. In Haltung, Wort und Tat schneidet er nicht auf, sondern tritt als Waffenträger und Vertreter der Wehrmacht in jeder Beziehung vorbildlich auf. Betrunkenen, Aufläufen und Schlägereien geht er aus dem Wege, bei Unglücksfällen leistet er Hilfe und zeigt ein entschlossenes, soldatisches Verhalten.

Die polizeilichen Verkehrsvorschriften sind von dem Soldaten (als Vertreter des Staates!) als erstem zu befolgen.

Am Steuer von Kraftfahrzeugen ist das Rauchen verboten.

Der ordentliche Soldat sucht zweifelhafte **Gaststätten** nicht auf. Auch sitzt er nicht in jeder alten Bude herum und unterhält sich nicht mit jedem Schwätzer, ohne jedoch den „Eingebildeten" zu spielen. In Tanz= lokalen beachtet er die Grundsätze des Anstandes und der guten Sitte. Er betrinkt sich nicht und lümmelt sich nicht, womöglich noch mit Frauen zweifelhaften Rufes, in Ecken, an Theken oder Büfetts umher. Auch stehen ordentliche Soldaten nicht in Haufen vor Lokalen herum und erst recht nicht ohne Mütze oder ohne Koppel. Der Aufenthalt v o r Gaststätten ohne den vorgeschriebenen Straßenanzug (Mütze, Seitenwaffe) ist v e r b o t e n.

Der Soldat muß seinen Truppenausweis (Soldbuch) jederzeit bei sich tragen.

In Theatern und anderen Gebäuden, wo allgemein die Kopfbedeckung und Überkleidung abgelegt wird und in Verwahrung genommen werden kann, haben Soldaten ihre Kopfbedeckung, Überkleidung, Leibriemen und Seitenwaffe abzulegen und abzugeben. In Gaststätten usw., in denen keine Garderobenverwahrung besteht, müssen Kopfbedeckung, Überkleidung, Leibriemen und Seitenwaffe ebenfalls abgelegt und in unmittelbarer Nähe so aufgehängt werden, daß ihr Abhandenkommen unmöglich ist.

Der Besuch von M a s k e n = und K o s t ü m b ä l l e n in Uniform sowie das P h o t o g r a p h i e r e n d u r c h S o l d a t e n i n U n i f o r m bei feierlichen Anlässen ist verboten.

Von dem Soldaten wird E n t h a l t s a m k e i t i m A l k o h o l = g e n u ß gefordert. Trunkene Soldaten schädigen das Ansehen der Wehrmacht und werden bestraft (siehe auch S. 35).

Der **Urlaub** ist ein Prüfstein für den Soldaten, da er hier zeigen kann, ob er sich auch dort tadellos benimmt, wo er nicht von Vorgesetzten und Kameraden beobachtet wird.

Vor Antritt eines längeren Urlaubs hat sich der Soldat abzumelden (s. S. 86). Den Urlaubsschein (Wehrmachtfahrschein) empfängt er erst dann, wenn er seine Waffen usw. in gereinigtem Zustand abgegeben hat. Mitzunehmende Gegenstände packt er in einen Koffer oder in ein ordentliches Paket. Das Mitschleppen von mehreren Paketen, unter Umständen noch schlecht verschnürten, schadhaften Handkoffern und Pappkartons mit Firmen= oder Reklameaufdrucken macht einen schlechten Eindruck.

Der **Urlaubsanzug** muß einwandfrei sein. Hierzu gehören: guter Haarschnitt, saubere Hände, gute Rasur, kein Parfüm, kein auffälliger Schmuck, vorschriftsmäßiger Mützen=, Halsbinden= und Koppelsitz, g u t g e b ü g e l t e Hose, guter Lederputz, vorschriftsmäßige, gut aussehende und s a u b e r e eigene Sachen. — Das Herumstehen und Herumlaufen auf den Bahnhöfen und vor allem Bahnsteigen o h n e Kopfbedeckung oder gar mit offenem Kragen und Händen in den Hosentaschen ist unsoldatisch. Das Verlassen der Bahnsteige und Bahnhöfe ohne Koppel (Seitenwaffe), um Einkäufe zu machen, ist unstatthaft. — Auch während einer längeren Reise darf der Soldat sich keine u n m i l i t ä r i s c h e n B e q u e m l i c h k e i t e n wie offenen Kragen, ausgezogenen Rock oder ausgezogene Schuhe erlauben.

Während des **Festtagsurlauberverkehrs** werden von den Dienststellen Soldaten zur Überwachung eingesetzt. Es sind dies z. B. die „M i l i = t ä r i s c h e A u f s i c h t u n d A u s k u n f t" auf großen Bahnhöfen, „T r a n s p o r t f ü h r e r" und „Z u g w a c h e n" für „Wu." und „Ü b e r w a c h u n g s u n t e r o f f i z i e r e" in D= und Eilzügen; außerdem wird der Urlauberverkehr von besonders eingeteilten Offizieren überprüft. Diese Soldaten erteilen auch Auskünfte über den Urlauberverkehr und betreuen diejenigen Urlauber, die durch Zugverspätungen und ohne Verschulden ihre Zuganschlüsse versäumt haben.

Jeder Urlauber muß über die B e s t i m m u n g e n d e s F e s t t a g s = u r l a u b e r v e r k e h r s und über die B e n u t z u n g d e r W e h r =

machturlauberzüge („Wu.") unterrichtet sein; z. B. daß er zur Benutzung des für seinen Urlaubsort zuständigen „Wu." **verpflichtet** ist. Die militärischen Aufsichtsorgane, Transportführer, Zugwachen usw. sind **Vorgesetzte** der Urlauber. Den Weisungen des Bahnpersonals ist ebenfalls Folge zu leisten.

Das Lärmen und Singen auf Bahnhöfen, das Ein- und Aussteigen während der Fahrt, das Aufspringen auf die Trittbretter beim Einlaufen des Zuges und das Stehen und Sitzen auf den Trittbrettern ist verboten.

Während der Reise verhält sich der ordentliche Soldat **zurückhaltend** und **bescheiden**, redet nicht mit Übertreibung vom Soldatenleben, ist vorsichtig gegenüber Aufdringlichen und bei Gesprächen über militärische Dinge (Spionagegefahr; Näheres S. 49 ff.), ist ritterlich und freundlich gegen Hilfsbedürftige (z. B. hilft ihnen beim Weglegen von Gepäck).

Bei Urlaubsreisen auf eine Wehrmachtfahrkarte (Wehrmachtfahrschein) kann die Benutzung zuschlagpflichtiger Züge (Eil- oder D-Züge) während der Festzeiten (Ostern, Pfingsten und Weihnachten) auf Entfernungen bis zu 300 km versagt werden. Bei Ausnahmen muß die Dringlichkeit und der Grund auf dem Urlaubsschein von der Kompanie usw. bescheinigt sein.

Am **Urlaubsort** hat sich der Soldat nach den bestehenden Vorschriften zu erkundigen und sie zu befolgen (z. B. Meldepflicht bei der Kommandantur, verbotene Lokale usw.).

Erkrankt der Soldat auf Urlaub, so hat er grundsätzlich anzustreben, zu seinem Truppenteil zurückzukehren. Ist dies nicht mehr möglich, so hat er diesen sofort zu benachrichtigen (Telegramm, Eilbrief). Ungefährer Inhalt des Telegramms.

„Jäger X. Lungenentzündung erkrankt.
Ärztliche Bescheinigung folgt."

Der Erkrankte darf, falls am Orte keine militärische Dienststelle ist, bei der er sich in Behandlung geben kann, den nächsten Zivilarzt (Zahnarzt) in Anspruch nehmen. Dem Truppenteil ist Inanspruchnahme eines Zivilarztes (Zahnarztes) unverzüglich zu melden. Der Erkrankte ist aber verpflichtet, dem Arzt Truppenteil und Standort anzugeben und davon Mitteilung zu machen, daß die Bezahlung der Behandlung durch seinen Truppenteil erfolgt. Ist nach **schriftlicher** Bescheinigung des Arztes Krankenhausbehandlung erforderlich, so ist bei vorhandener Transportfähigkeit das nächste Wehrmachtlazarett aufzusuchen, andernfalls darf sich der Soldat in das nächste Zivilkrankenhaus aufnehmen lassen. Diesem hat er die gleiche Mitteilung zu machen wie dem Arzt. In beiden Fällen muß er sich aber von dem behandelnden Arzt eine Bescheinigung ausstellen lassen, daß er nicht transportfähig ist. Diese Bescheinigung hat er sofort seinem Truppenteil einzuschicken. Wird infolge der Krankheit der Urlaub überschritten, so hat sich der Erkrankte vor der Entlassung aus der Behandlung eine schriftliche Bestätigung geben zu lassen und diese als Ausweis bei seinem Truppenteil abzugeben.

Wird der Soldat vom **Urlaub zurückgerufen,** so hat er sofort zurückzukehren. Die Benachrichtigung gilt als Ausweis bei den Behörden und auf der Eisenbahn.

Um **Nachurlaub** bittet der wohlerzogene Soldat im allgemeinen nicht. Eine solche Bitte kann nur gerechtfertigt erscheinen bei schwerwiegenden Gründen, z. B. schweren Erkrankungen und Todesfällen von nahen Angehörigen. Die Glaubwürdigkeit der Angaben ist in der Regel von der Ortsbehörde bestätigen zu lassen.

Der ordentliche Soldat fährt nicht mit dem letzten Zuge, der zur Erreichung des Standortes zur Verfügung steht, damit ihn nicht unvorhergesehene Ereignisse am rechtzeitigen Eintreffen hindern. Trifft aber ein Zug mit Verspätung im Standort ein und wird dadurch der Urlaub überschritten, so hat sich der Beurlaubte die Zugverspätung von dem Fahrdienstleiter des Zielbahnhofs bescheinigen zu lassen. Die Bescheinigung muß etwa folgendermaßen lauten:

Der D 44 fahrplanmäßig ab Berlin: 15,52 Uhr — Hanau an: 22,45 Uhr, traf mit 40 Minuten Verspätung um 23,25 Uhr hier ein.

Hanau, den 1. 10. 1939. X.
Fahrdienstleiter.

Bei der Meldung nach **Rückkehr vom Urlaub** (s. S. 86) meldet der Soldat auch etwaige besondere Vorkommnisse im Urlaub, soweit er eilige (z. B. außergewöhnlicher Vorfall) nicht schon vorher sofort schriftlich usw. gemeldet hat.

Auf Kommandos vertritt der Soldat seinen Truppenteil. Seine Leistungen, seine Führung und sein Benehmen können dessen Ruf und Ansehen heben, aber auch sehr herabsetzen und schädigen. Es ist oberste Pflicht eines Kommandierten, das ihm durch die Kommandierung bewiesene Vertrauen zu rechtfertigen. Der Kommandierte muß sich klarmachen, wie bitter die Enttäuschung für seine Kompanie usw. ist, wenn er auf seinem Kommando bestraft wird oder wegen schlechter Führung abgelöst werden muß. Im Gespräch der anderen heißt es dann: „Wenn das einer der Besten und Zuverlässigsten der Kompanie usw. gewesen sein soll, wie mögen dann erst die anderen sein?"

Bei **Transporten**, wo sich die Truppe vor aller Öffentlichkeit zeigt, muß strenge Zucht und Ordnung herrschen. Darüber hinaus ist die reibungslose Durchführung von **Eisenbahntransporten** und von Truppentransporten auf Kraftwagen von ausschlaggebender Bedeutung für den Krieg. Deshalb wird der Ausbildung im schnellen und kriegsmäßigen Ein- und Ausladen besondere Bedeutung beigelegt. Es ist zu merken, daß jeder Soldat rasch, umsichtig und tatkräftig dort zuzupacken hat, wo er eingeteilt und wo es notwendig ist. Je besser die Mannszucht ist, um so reibungsloser geht das Ein- und Ausladen (insbesondere auch bei Dunkelheit). Auf Eisenbahntransporten ist bei Rangierbewegungen Vorsicht geboten (nicht in offenen Türen stehen, sich festhalten, Türen mit Vorlegeriegel einhaken, Rampenkante freihalten!). Beim Hineinführen von Pferden ist vor Beginn der Verladung die gegenüberliegende Tür etwas zu öffnen und bei Dunkelheit erst die in jedem Wagen befindliche Lampe (auf der gegenüberliegenden Seite!) anzuzünden. Störrische Pferde sind mit willigen zusammen hineinzuführen. Die verladenen Fahrzeuge sind sorgfältig und sachgemäß zu befestigen.

Zum Einsteigen tritt die Mannschaft vor dem Abteil an. Die Gewehre werden zusammengesetzt oder zwischen die Beine genommen, Gepäck und Gerät wird abgesetzt. Ein Mann betritt das Abteil und legt die von den andern zugereichten Waffen usw. in die Gepäcknetze. Erst wenn alles verladen ist, wird eingestiegen. Es überzeugt sich jeder von der Vollzähligkeit seiner Sachen und von der guten Lagerung seiner Waffen. Gegenstände, die umfallen können, sind festzubinden.

Lärmen und Schreien beim Verladen schädigen das Ansehen der Truppe. Singen ist auf der Fahrt gestattet, aber beim Halten des Zuges auf einem Bahnhof zu unterlassen. Die Wagen zu schmücken oder zu beschreiben ist verboten.

Zeigt sich der Soldat am Fenster, so hat sein Anzug in Ordnung zu sein (kein offener Rock oder schlechter Mützensitz).

Den Anordnungen des Abteilältesten und der Zugwache ist Folge zu leisten. Sie sind Zeitweise Vorgesetzte.

Das Ein- und Aussteigen geschieht auf Befehl oder Signal und nur auf der befohlenen Seite. Bei Fahrtunterbrechungen darf der Bahnsteig ohne Erlaubnis nicht verlassen werden.

Truppentransporte auf Kraftwagen gewinnen immer mehr an Bedeutung. Alle nichtmotorisierten Truppen können zum Transport auf Kraftwagen verlastet werden.

Die zu verlastende Truppe verteilt sich truppweise neben der Verladestraße in Abständen und Stärken, die der Ladefähigkeit der Kraftfahrzeuge und ihrer Abstände entsprechen.

Die Lastkraftwagen werden von den Mannschaften über die heruntergeklappte Rückwand bestiegen. Die ersten vier Mann geben Waffen und Gepäck an die hinter ihnen stehenden ab und besteigen den Lastkraftwagen, dann werden Waffen und Gepäck nachgereicht und so fort. Die letzten vier Mann geben zuerst Waffen und Gepäck hinauf und steigen dann ein.

In Kraftomnibusse steigen die Soldaten einzeln mit Waffen und Gepäck ein. Die Gewehre werden zwischen den Knien gehalten, alles übrige unter den Sitzen verstaut, bei Kraftomnibussen auf dem Verdeck oder in besonderen Anhängern untergebracht. Ist das nicht möglich, so ist in den Kraftomnibussen eine entsprechende Zahl (etwa ein Drittel) Sitzplätze für das Gepäck frei zu lassen.

Für die Verlastung der Pferde, Geschütze und Fahrzeuge werden von den Kraftwagen zusammensetzbare Rampen mitgeführt und von den durch die zu verlastende Truppe einzuteilenden Verladetrupps an die Lastkraftwagen angelegt.

Die Pferde (ruhige zuerst) werden dicht hintereinander auf die Lastkraftwagen geführt und quer zur Fahrtrichtung mit dem Kopf nach links gestellt (Kopf am langen Zügel). Kandaren werden aus dem Maul genommen, Gurte gelockert. Zwischen je zwei Pferde tritt ein Pferdehalter. Die Rampe und den Boden des Lastkraftwagens bestreut man zweckmäßig mit Stroh oder Sand.

Geschütze werden mit dem Lafettenschwanz, Fahrzeuge mit der Hinterachse voraus auf den Lastkraftwagen gezogen, dann verklotzt und festgebunden.

Für jedes Kraftfahrzeug wird von der verlasteten Truppe ein Wagenältester bestimmt. Er hat dafür zu sorgen, daß alles sitzenbleibt, daß sich niemand über die Seitenwände des Lastkraftwagens legt und daß Waffen und Gepäck ordnungsmäßig und griffbereit untergebracht sind.

Rauchen ist nur mit besonderer Erlaubnis gestattet. Die Durchgabe irgendwelcher Zeichen ist der verlasteten Truppe verboten.

Ausgestiegen wird nur auf Befehl oder Signal und nur nach der freien Straßenseite.

Wird bei Geländeübungen **Ortsunterkunft** bezogen, so wird die Truppe in Einzel= oder Massenquartieren untergebracht. Die Einquartierung kann mit und ohne Verpflegung erfolgen.

Den beim Einrücken bekanntgegebenen Antreteplatz und die Wohnung des Kp.= usw. Chefs, Hauptfeldwebels (Hauptwachtmeisters) und Gruppen= (Beritt=) Führers muß sich der Soldat merken. Auf dem Wege zum Quartier macht er die Augen auf und wird sich klar über die Lage der Straßen und Plätze, damit er im Falle eines Alarms den Antreteplatz findet. Gegen den Quartiergeber ist er höflich und bescheiden. Wird er von ihm verpflegt, so gibt er keinen Anlaß zu besonderen Aufwen= dungen. Die Einrichtungsgegenstände hat er zu schonen. Vor dem Abmarsch bedankt er sich und nach Möglichkeit später noch einmal schriftlich vom Standort aus. Hat der Einquartierte Klagen, so meldet er diese sofort dem Zugführer, Hauptfeldwebel (Hauptwachtmeister), Quartiermacher oder Kp.= usw. Chef.

Im Quartier ist die Bekleidung möglichst bald zu reinigen. Waffen und Munition sind vor Unbefugten zu schützen. Benötigt man Dienste des Quartiergebers, z. B. warmes Wasser, so ist höflich darum zu bitten.

Der Anzug, in dem sich der Soldat auf der Straße zeigen darf, wird jeweils befohlen. Guter Anzug (vor allem Mützensitz), stramme Ehren= bezeigungen, gutes Vertragen mit den Kameraden anderer Truppenteile und den Bewohnern ist selbstverständlich.

An Ruhetagen sind in erster Linie Waffen und Gerät zu pflegen und der Anzug in Ordnung zu bringen. Man ruhe sich auch wirklich aus.

Ohne Erlaubnis darf eine bestimmte Umgebung der Ortsunterkunft nicht überschritten werden. Der Zapfenstreich wird jeweils befohlen.

Beim **Ortsbiwak** liegt die Truppe zum Teil in Ortsunterkunft und zum Teil in Biwak. Für die, die unter Dach untergebracht sind, gelten die Vorschriften über Ortsunterkunft, für die andern die Vorschriften über Biwak.

Biwak wird auf freiem Gelände bezogen. Der Soldat schläft im gemeinschaftlichen Zelt. Helm, Ausrüstung und Waffen bleiben im all= gemeinen auf dem Antreteplatz. Für jedes Biwak werden Vorschriften erlassen, die zu befolgen sind. Häufig wird die Truppe bei einem solchen Anlaß von höheren Vorgesetzten und vielen Zuschauern besucht. Sie hat also die Pflicht, sich besonders gut zu zeigen. Werden Biwakfeuer an= gezündet, so komme keiner auf den Gedanken, etwa Platzpatronen oder sonstige Munition in das Feuer zu werfen, da solches Verhalten zu schweren Unglücksfällen Anlaß geben kann und der Mißbrauch von Dienst= gegenständen strafbar ist.

Beim Aufenthalt auf dem **Truppenübungsplatz** hat der Soldat die Lagerordnung und Platzbestimmungen zu kennen und zu befolgen. Die Belegung ist hier häufig enger und die Ausstattung der Unterkünfte einfacher als im Standort. Aus diesem Grunde wird größte Rücksichtnahme von und gegen jedermann verlangt. Hier, wo sich die Truppe unter den Augen anderer Truppenteile, zahlreicher höherer und vieler fremder Vorgesetzter zeigt, müssen Führung und Haltung, Zucht und Ordnung besonders gut sein. Es schädigt das Ansehen des Truppen= teils und führt zur Bestrafung, wenn z. B. in der Unterkunft gejohlt wird, in ihrer Umgebung Unordnung herrscht, die Wände bemalt, die Wasch=

tröge verunreinigt, die Unterkunftsgeräte verschleppt oder beschädigt werden. Ebenso ungehörig und strafbar sind Verstöße, wie Fußballspielen an verbotenen Stellen, betreten der Grünanlagen, Abreißen von Zweigen, Rauchen auf dem Platze trotz Verbots und Nichtbeachten der Gefahrenzone beim Scharfschießen. Unbefugtes Sammeln von Geschossen, Berühren von Blindgängern und Nachlässigkeit in der Verwahrung von Waffen und Munition können Veranlassung zu schweren Unglücksfällen geben. Die p e i n l i ch st e Befolgung der Vorschriften ist daher Pflicht für jedermann.

In der Regel wird die Truppe auf dem Übungsplatz von vielen fremden Vorgesetzten gesehen und von anderen Truppenteilen oft kritisch beobachtet. Es ist deshalb Pflicht aller gewissenhafter und wohlerzogener Soldaten, leichtsinnige und nachlässige Kameraden hier besonders zum Guten anzuhalten. Es ist zu merken, daß sich der Geist und der innere Wert einer Truppe nicht allein in der Strammheit, der Führung und den Leistungen zeigt, sondern auch in der g e g e n s e i t i g e n k a m e r a d s ch a f t l i ch e n A n l e i t u n g und im s o l d a t i s ch e n S ch w u n g.

3. Ehrenbezeigungen.

Ehrenbezeigungen, Gruß und Gegengruß sind der Ausdruck der Zusammengehörigkeit, der Achtung und der Kameradschaft. Sie sind zugleich ein Maßstab für den Geist und die Mannszucht der Truppe.

Ehrenbezeigungen des einzelnen.

D e r e i n z e l n e i n U n i f o r m e r w e i s t E h r e n b e z e i g u n g e n :

dem Führer und Obersten Befehlshaber der Wehrmacht,

allen Vorgesetzten in Uniform, einschließlich entsprechenden ehemaligen Angehörigen der Wehrmacht, des alten Heeres und der alten Marine — einschl. des ehemaligen österreichischen Bundesheeres — in Uniform (in Zivil nur dann, wenn der Vorgesetzte dem Untergebenen bekannt ist oder sich als solcher ausweist),

den Fahnen und Standarten des alten Heeres und der früheren Seebataillone, den vom Oberbefehlshaber der Kriegsmarine bestimmten Kriegsflaggen der alten Marine,

Gefallenen-Ehrenmalen, vor denen Ehrenposten stehen.

In bürgerlicher Kleidung grüßen die Soldaten mit dem Deutschen Gruß.

Fähnriche und Unteroffiziere o h n e P o r t e p e e erweisen Ehrenbezeigungen den Unteroffizieren m i t Portepee in Uniform.

Unteroffiziere und Mannschaften ferner:

den Wehrmachtbeamten im Offizierrang, einschließlich ehem. Beamten der Wehrmacht, des alten Heeres und der alten Marine — einschl. des ehem. österr. Bundesheeres — in Uniform sowie den Militärgeistlichen in Amtstracht,

Fähnriche, Unteroffiziere o h n e Portepee und Mannschaften den im Unteroffizierrang stehenden Wehrmachtbeamten.

A u s l ä n d i s ch e n O f f i z i e r e n in Uniform werden die gleichen Ehrenbezeigungen wie deutschen Offizieren erwiesen.

Ehrenbezeigungen des einzelnen in Uniform sind nicht zu erweisen:

von Kraftfahrzeugführern und den auf Schulfahrten begleitenden Militärfahrlehrern während der Fahrt,

von Radfahrern, Fahrern vom Bock oder Sattel und Beifahrern auf Kraftfahrzeugen, wenn durch Ausführen einer Ehrenbezeigung die Verkehrssicherheit oder ihre eigene Sicherheit gefährdet wird, von Soldaten, die in einer Abteilung Dienst tun. Wird der Soldat hierbei von einem Vorgesetzten angesprochen, so steht oder sitzt er still; im Schieß- und Gefechtsdienst sowie beim Exerzieren am Gerät oder auf einem Marsch behält er seine Körperlage bei oder bleibt im Marsch,

auf Reitwegen oder Reitbahnen nach besonderer Anordnung des Standortältesten oder Truppenführers,

von Meldereitern und Soldaten, die einen geschlossenen Kraftwagen fahren oder in Badekleidung am Badestrand (Erholungsstätte) liegend ruhen.

In den Berliner Ausstellungs h a l l e n ruht die Grußpflicht (nicht aber im Ausstellungsgelände oder außerhalb der Ausstellungs h a l l e n).

Es gibt drei Arten von Ehrenbezeigungen:
1. Vorbeigehen in gerader Haltung;
2. Stillstehen mit der Front nach dem Vorgesetzten;
3. Stillsitzen.

Die Ehrenbezeigungen werden erwiesen:

mit Kopfbedeckung unter **Anlegen der rechten Hand an die Kopfbedeckung,**

ohne Kopfbedeckung durch **Erweisen des Deutschen Grußes,**

bei Behinderung durch Tragen oder Halten von Gegenständen usw.

durch **Vorbeigehen in gerader Haltung,** durch **Stillstehen** oder **Stillsitzen,**

vor dem Führer und Reichskanzler, ohne und mit Kopfbedeckung, durch **Erweisen des Deutschen Grußes.** Der Deutsche Gruß ist nicht anzuwenden, wenn der Wehrmachtangehörige an dessen Ausführung behindert ist (z. B. durch Tragen von Waffen bzw. großen Gegenständen, von Fahrern vom Bock und Sattel, Radfahrern, Fahrern von Kraftfahrzeugen, in der Schützenlinie, am Geschütz, am Fernsprecher, Scherenfernrohr usw.) und sofern die Raumverhältnisse (z. B. niedrige oder enge Räume) die Anwendung des vorschriftsmäßigen Deutschen Grußes nicht zulassen (siehe H. V. Bl. 38, C, Nr. 17, S. 154).

In Räumen i n n e r h a l b eines Kasernenbereichs einschließlich der Kameradschaftsheime (soweit hier keine Sonderbestimmungen gelten), eines Dienstgebäudes oder einer anderen Unterkunft wird vor allen Offizieren und den Unteroffizieren der eigenen Kompanie usw. „Achtung!" gerufen. Jeder nimmt Front zum Vorgesetzten und steht so lange still, bis dieser rühren läßt oder den Raum verläßt. Der Älteste meldet dem Vorgesetzten (siehe S. 60 und 84).

In geschlossenen Räumen ist bei dienstlichen Meldungen im Dienstanzug mit Mütze oder im Meldeanzug die Kopfbedeckung abzunehmen und in der linken Hand zu halten (Mützenfutter zeigt zum Körper!). Mit der rechten Hand ist der Deutsche Gruß zu erweisen.

In geschlossenen Räumen a u ß e r h a l b des Kasernenbereichs, wie öffentlichen Verkehrsmitteln, Wartesälen, Gasthäusern, Gartenwirtschaften, Theatern, Konzert- und Vortragssälen, ist eine Ehrenbezeigung zu erweisen, wenn Vorgesetzte und Untergebene sich auf Grußweite nähern. Die Ehrenbezeigung wird den Umständen entsprechend ausgeführt.

Ehrenbezeigungen im Sitzen sind nur gestattet, wenn die jeweiligen Umstände dies erfordern oder wenn die Ehrenbezeigung im Stehen nicht ausführbar ist, z. B. im geschlossenen Fahrzeug, auf offenen Fahrzeugen in Bewegung, in niedrigen Räumen usw. S o n s t h a b e n s i c h U n t e r g e b e n e z u m E r w e i s e n e i n e r E h r e n b e z e i g u n g z u e r h e b e n.

Ehrenbezeigungen zu Pferde werden im Schritt ausgeführt, wenn ein dienstlicher Auftrag dies nicht hindert. Untergebene, die reitend Vorgesetzte überholen wollen, haben hierzu, außer bei Truppenübungen, um Erlaubnis zu bitten.

Ehrenbezeigungen auf Kraftfahrzeugen werden nur von den Begleitern und sonst aufgesessenen Soldaten erwiesen. Fahrer erweisen keine Ehrenbezeigungen, sondern richten sich nur auf.

Wer einen Vorgesetzten zuerst bemerkt, macht seine Kameraden rechtzeitig auf das Erweisen der Ehrenbezeigung aufmerksam.

Ausführung der Ehrenbezeigungen.

Die Ehrenbezeigungen sind schnell und straff auszuführen. Sie beginnen 6 Schritte vor und enden 2 Schritte hinter dem Vorgesetzten oder werden beim Betreten oder Verlassen von Räumen erwiesen.

Bei jeder Ehrenbezeigung ist der Vorgesetzte frei anzusehen, wenn nötig, ist ihm Platz zu machen. In der Grußhand oder dem Mund darf nichts gehalten werden. Der freie Schritt ist beizubehalten. Raucht oder unterhält sich der Untergebene, so hat er rechtzeitig damit aufzuhören; führt er jemand, der einer Stütze bedarf, so hat er rechtzeitig loszulassen; sieht er aus dem Fenster, so hat er sich aufzurichten.

Das Einhaken bei weiblichen Personen ist für Soldaten unstatthaft.

Näheres über die Ausführung der Ehrenbezeigungen siehe Abschnitt „Exerzier- und Waffenausbildung".

Ehrenbezeigungen geschlossener Abteilungen.

Sie werden innerhalb des Standortbezirks oder der Ortsunterkunft erwiesen, und zwar von Abteilungen, die von Unteroffizieren und Mannschaften geführt werden, vor dem Führer und Obersten Befehlshaber, allen Offizieren in Uniform, den Fahnen und Standarten des alten Heeres und der früheren Seebataillone sowie den vom Oberbefehlshaber der Kriegsmarine bekanntgegebenen Kriegsflaggen der alten Marine und vor Gefallenen-Ehrenmalen, vor denen Ehrenposten stehen.

Geschlossene Abteilungen mit Kopfbedeckung.

Marschierende Abteilungen **zu Fuß** erweisen die Ehrenbezeigungen im Exerziermarsch. Kommando (im Marsch ohne Tritt: Im Gleichschritt!): — Achtung! Augen — rechts! — (Die Augen — links!). Auf „Achtung" beginnt der Exerziermarsch. Zur Beendigung der Ehrenbezeigung wird kommandiert: Im Gleichschritt!, wenn ohne Tritt marschiert werden soll: Ohne Tritt!

Für marschierende Abteilungen **zu Pferde** und **auf Fahrzeugen** wird zur Ehrenbezeigung kommandiert: Achtung! Augen — rechts! — (Die Augen — links!). Auf „Achtung" wird der vorgeschriebene Sitz eingenommen. Mannschaften auf Rücksitzen von Fahrzeugen wenden Kopf und Blick auf: Augen — rechts! (Die Augen — links!) nach entgegengesetzter Seite. Die Ehrenbezeigung wird durch das Kommando: Augen gerade —, beendet.

Bei **marschierenden Abteilungen auf Fahrrädern** erweist nur der Führer eine Ehrenbezeigung; die Abteilung sitzt still ohne Blickwendung. Bei Gefährdung der Verkehrssicherheit wird keine Ehrenbezeigung erwiesen.

Bei **marschierenden Abteilungen auf Kraftfahrzeugen** wird die Ehrenbezeigung durch das Zeichen „Achtung" befohlen. Der Abteilungsführer steht auf und erweist Ehrenbezeigung, die Begleiter und sonst aufgesessenen Soldaten erweisen Ehrenbezeigungen durch Blickwendung. Die Fahrer richten sich auf, erweisen aber keine Ehrenbezeigungen.

Für **haltende Abteilungen zu Fuß** kommandiert der Führer: Stillgestanden! Augen — rechts! (Die Augen — links!), für haltende Abteilungen zu Pferde oder auf Fahrzeugen: Stillgesessen! Augen — rechts! (Die Augen — links!). Der Vorgesetzte wird angesehen. Geht oder reitet er an der Abteilung entlang, so wendet jeder Kopf und Blick noch bis zwei Schritte vorbei ist, und nimmt dann den Kopf und Blick von selbst kurz geradeaus*). Bei abgesessenen Abteilungen tritt auf Stillgestanden! die Mannschaft an die Pferde und Fahrzeuge. Die Führer gehen an ihre vorgeschriebenen Plätze. Die Ehrenbezeigung wird durch das Kommando: Rührt Euch! beendet.

Für **heraustretende**, im **Arbeitsdienst** oder **Antreten** begriffene **Abteilungen** kommandiert ihr Führer: „Achtung!" und meldet. Die Mannschaften wenden sich mit der Front zum Vorgesetzten und stehen still.

Eine **ruhende Abteilung** erweist in der Regel keine Ehrenbezeigung. Es meldet nur ihr Führer.

Im **Einsatz** erweist die Truppe keine Ehrenbezeigungen.

Geschlossene Abteilungen ohne Kopfbedeckung.

Sie erweisen die gleichen Ehrenbezeigungen wie geschlossene Abteilungen mit Kopfbedeckung. In diesem Falle erweist jedoch der Führer der Abteilung als Ehrenbezeigung den Deutschen Gruß, sofern auch er ohne Kopfbedeckung ist.

---

*) Die zwei linken bzw. rechten Flügelleute folgen dem Vorgesetzten mit dem Kopf, bis er hinter das Glied tritt, und nehmen dann gleichmäßig und kurz den Kopf geradeaus.

Ehrenbezeigungen geschlossener Abteilungen sind nicht zu erweisen:
a) außerhalb des Standortsbezirks oder der Ortsunterkunft*),
b) auf dem Marsch nach dem Befehl „Rührt Euch!" oder beim Rasten. Vorgesetzte, welche die Truppe vorbeimarschieren lassen, werden von jedem einzelnen in aufgerichteter Haltung frei angesehen; auf Befehl ziehen Fußtruppen das Gewehr an,
c) von Arbeitskommandos mit Arbeitsgerät. Nur der Führer erweist eine Ehrenbezeigung oder einen Gruß,
d) von Straßenstreifen. Führer und Mannschaft der Streife erweisen einzeln eine Ehrenbezeigung oder einen Gruß,
e) von einer Trauerparade nach dem Aufmarsch vor dem Trauerhause bis zum Schlagen des Abtrupps der Wachen,
f) von Fahnenkompanien (Standartenschwadronen), wenn sie Fahnen oder Feldzeichen führen,
g) von marschierenden Abteilungen vor Offizieren in fahrenden Kraftfahrzeugen.

Ehrenbezeigung vor dem Führer und Obersten Befehlshaber.

Die Ehrenbezeigung wird von der Abteilung oder ihrem Führer stets durch den Deutschen Gruß erwiesen nach Maßgabe der Bestimmungen im H. V. Bl. 38, C, Blatt 17, S. 154, und H. Dv. 131 vom 24. 10. 39, S. 47 ff.

Grußpflichten.

Die Grußpflicht des einzelnen besteht:
a) Gegenüber den Fahnen und Feldzeichen nach Maßgabe der S. 120 (unten!) unter b,
b) beim Spielen der Nationalhymnen sowie beim Spielen fremder Nationalhymnen bei besonderen Veranstaltungen (Turnieren usw.),
c) Vorbeigehen an Ehrenmalen, vor denen Ehrenposten stehen,
d) vor Leichenbegängnissen.

Gegenseitiger kameradschaftlicher Gruß wird ausgeführt zwischen:
a) Wehrmachtangehörigen untereinander sowie ehemaligen Angehörigen der Wehrmacht, der ehem. Reichswehr, der alten Armee und Marine, der alten österreichischen Armee und Marine und Soldaten einer fremdländischen Wehrmacht in Uniform, sofern ihnen Ehrenbezeigungen zu erweisen sind,
b) Angehörigen der Wehrmacht, der Polizei und der Gendarmerie, des NS.-Reichskriegerbundes, des NS.-Fliegerkorps, den uniformierten Beamten der Reichszollverwaltung, den Forstbeamten des öffentlichen Dienstes und den Bahn- und Postschutzbeamten, den Angehörigen des DLV. und RLB., der SA., ⚡⚡, des Reichsarbeitsdienstes und den politischen Leitern der NSDAP. (siehe Abzeichen unter Anhang I).

Wehrmachtangehörige in Uniform ohne Kopfbedeckung oder in bürgerlicher Kleidung grüßen mit dem Deutschen Gruß. Außerdem haben sie in bürgerlicher Kleidung beim Spielen oder Singen der Nationalhymne bei öffentlichen Veranstaltungen im Freien die Kopfbedeckung abzunehmen. Das gleiche gilt, wenn im Anschluß an die Nationalhymne eine fremde Nationalhymne gespielt oder gesungen wird.

Der im Dienstgrad (Dienstrang) Niedere oder im Dienstalter Jüngere grüßt zuerst. Es ist Ehrensache des Soldaten, jeden Gruß soldatisch stramm zu erweisen. Der Soldat hat immer daran zu denken, daß er seinen Truppenteil vertritt.

Gegengruß.

Erwidert ein Vorgesetzter eine Ehrenbezeigung mit Hinzufügen von „Heil", so wird mit „Heil" unter Hinzufügen von „Herr" und Dienstgrad des Vorgesetzten, auf „Heil Hitler" nur mit „Heil Hitler" geantwortet.

Die Antwort bei Begrüßung der Truppe durch den Führer und Obersten Befehlshaber lautet: „Heil, mein Führer!"

---

*) Der Führer meldet dem Vorgesetzten, falls dieser nicht in schneller Gangart an der Abteilung vorüberreitet oder -fährt, z. B.: 20 Mann der 10. Kompanie (bei Offizieren fremder Truppenteile auch des x-ten Regiments) auf dem Marsch zum Schießstand.

Fünfter Abschnitt.

Heerwesen.

1. Gliederung der Wehrmacht.

Die deutsche Wehrmacht besteht aus dem H e e r, der K r i e g s marine und der L u f t w a f f e.

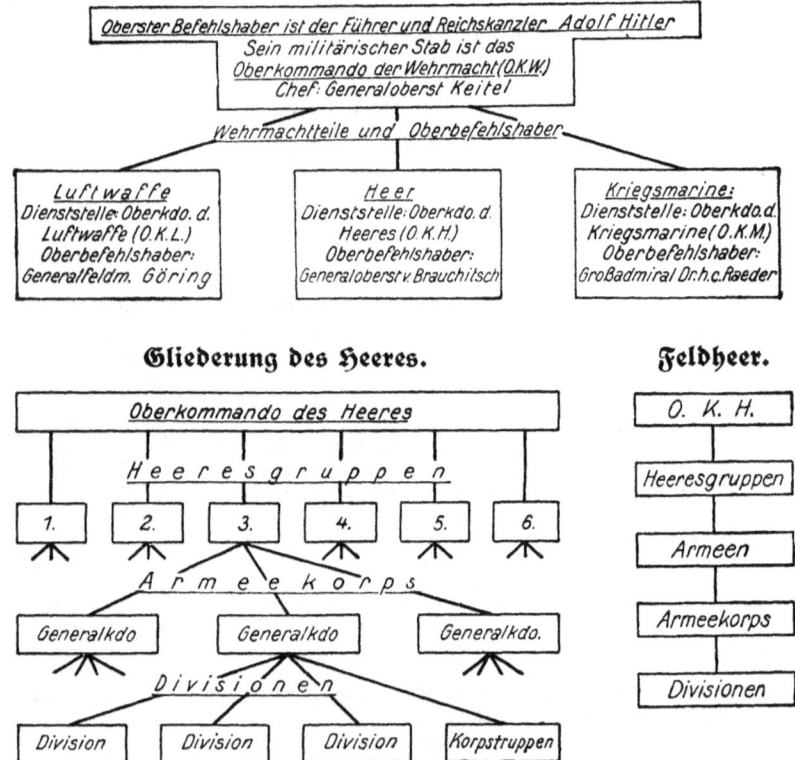

An der Spitze eines Heeresgruppenkommandos steht der Oberbefehlshaber der Heeresgruppe, eines Armeekorps der Kommandierende General, einer Division der Divisions-Kommandeur (im Range eines Generals).

Die **Division** setzt sich aus Einheiten der verschiedenen Waffengattungen und Sondertruppen zusammen. In der Regel gehören zu einer Infanterie-Division 3 Infanterie-Regimenter, 1 Aufklärungsabteilung, 1 Artillerie-Regiment, 1 Beobachtungsabteilung, 1 Panzerabwehrabteilung, 1 Pionierbataillon, 1 Nachrichtenabteilung und 1 Sanitätsabteilung.

Die **Gebirgsdivisionen** (für den Kampf im Hochgebirge bestimmt) bestehen aus Gebirgs=Jäger=Regimentern, Gebirgs=Art., =Pionieren, =Nachrichten=Abt. und sonstigen Gebirgs=Einheiten.

Räumlich ist das Reich in **17 Wehrkreise** eingeteilt. Der Sitz der Wehrkreiskommandos fällt mit dem der Generalkommandos I. bis XIII. und XVII. bis XXI. Armeekorps zusammen. Es befinden sich:

Gen. Kdo. (im Kriege: Stellv.Gen.Kdo.)	I. Armeekorps (Wehrkr. Kdo.	I) in Königsberg i. Pr.
= = (= = = =)	II. =	(= = II) = Stettin
= = (= = = =)	III. =	(= = III) = Berlin
= = (= = = =)	IV. =	(= = IV) = Dresden
= = (= = = =)	V. =	(= = V) = Stuttgart
= = (= = = =)	VI. =	(= = VI) = Münster
= = (= = = =)	VII. =	(= = VII) = München
= = (= = = =)	VIII. =	(= = VIII) = Breslau
= = (= = = =)	IX. =	(= = IX) = Kassel
= = (= = = =)	X. =	(= = X) = Hamburg
= = (= = = =)	XI. =	(= = XI) = Hannover
= = (= = = =)	XII. =	(= = XII) = Wiesbaden
= = (= = = =)	XIII. =	(= = XIII) = Nürnberg
= = (= = = =)	XIV. =	= Magdeburg
= = (= = = =)	XV. =	= Leipzig
= = (= = = =)	XVI. =	= Berlin
= = (= = = =)	XVII. =	(= = XVII) = Wien
= = (= = = =)	XVIII. =	(= = XVIII) = Salzburg
= = (= = = =)	XX. =	(= = XX) = Danzig
= = (= = = =)	XXI. =	(= = XXI) = Posen

In den Bereichen der Wehrkreise bestehen für das Ersatzwesen **Wehrersatzdienststellen**, und zwar Wehrersatzinspektionen, Wehrbezirkskommandos und Wehr= meldeämter. Diese Dienststellen werden von Wehrersatzinspekteuren, Wehrbezirkskomman= deuren und Wehrbezirksoffizieren geleitet.

Waffengattungen.

Die **Infanterie** bringt mit Hilfe der anderen Waffen die Entscheidung im Kampf, erobert die feindliche Stellung und hält sie. Sie führt durch rücksichtsloses Draufgehen den Nahkampf durch, um den Gegner zu vernichten.

Die Kompanie ist die unterste Einheit, die je nach der Bewaffnung eine besondere Bezeichnung führt.

Drei Schützenkompanien, 1 Maschinengewehrkompanie, 1 Nach= richtenstaffel und das Stabspersonal (gegebenenfalls auch Musikkorps) bilden ein Bataillon, das von dem Btl.Kdr. (Stabsoffizier) be= fehligt wird. Drei Bataillone, eine Inf.=Geschützkompanie, eine Panzer= abwehrkompanie, ein Nachrichtenzug und ein Inf.=Reiterzug bilden ein Regiment, das von dem Rgt.Kdr. (im allgemeinen Oberst) befehligt wird. Zu dem Regiment können noch andere Einheiten hinzutreten.

Die **Kavallerie** eignet sich vermöge ihrer großen Beweglichkeit besonders für den Aufklärungsdienst. Sie ist zusammen mit anderen Truppen befähigt, wichtige Kampf= aufträge vor allem in der Flanke und dem Rücken des Feindes zu lösen. Zur Kavallerie gehören Reiter=, Kavallerie= und Schützenregi= menter (mot.), ferner Aufklärungsregimenter und =abteilungen sowie die Radfahrerabteilung der Kav.=Brigade.

Ein Reiterregiment besteht aus der Stabsschwadron und mehreren Schwadronen mit verschiedener Bewaffnung und Ausrüstung. Mehrere Reiterregimenter bilden zusammen mit anderen Truppen — z. B. Radfahrerabteilung und Reitender Artillerie= abteilung — eine **Kavallerie=Brigade**.

Die **Artillerie** unterstützt durch ihr Feuer die Infanterie im Angriff und in der Abwehr und bekämpft Ziele hinter und in Deckungen.

Nach dem Kaliber der Geschütze unterscheidet man zwischen leichter und schwerer Artillerie, nach der Geschützart zwischen Flach- und Steilfeuergeschützen (Kanonen, Haubitzen, Mörser und Sondergeschütze). Die unterste Einheit, die Batterie, gliedert sich in Züge. Drei Batterien und ein Nachrichtenzug bilden eine Abteilung, mehrere Abteilungen ein Art.-Regiment.

Die **Beobachtungs-** und **Nebelabteilungen** bestehen aus einem Stab und mehreren Batterien. Sie sind motorisiert.

Die **Pioniere** bahnen den eigenen Truppen den Weg durch Bau und Wiederherstellung von Straßen, Wegen, Brücken, durch Beseitigen von Sperren, bereiten dem Feinde Aufenthalt durch Anlage von Sperren und Zerstörungen, unterstützen die eigene Truppe beim Bau von schwierigen Arbeiten der Feldbefestigung und lösen sonstige technische Aufgaben. Die Pionierkompanie ist ähnlich einer Schützenkompanie bewaffnet und kann auch zum Kampf (z. B. um Sperren) eingesetzt werden.

Die Aufgaben eines Pionierbataillons für Eisenbahn- und schweren Brückenbau gehen aus seiner Bezeichnung hervor.

Die Pionierkompanie gliedert sich in 3 Züge. Drei Kompanien (zwei tmot., eine mot.), eine Brückenkolonne (mot.), eine Nachrichtenstaffel (mot.) und eine leichte Pionierkolonne (mot.) bilden ein Pionier-Bataillon (mot.).

Die **Nachrichtentruppe** hat die Aufgabe, die erforderlichen Nachrichtenverbindungen innerhalb der oberen Führung sowie zwischen der oberen Führung und der Truppe zu schaffen.

Außer einzelnen Kompanien mit besonderen Aufgaben gibt es Fernsprech- und Funkkompanien. Die Kompanien sind in Züge eingeteilt. Mehrere Kompanien bilden eine Nachrichtenabteilung, die mot. oder tmot. sein kann.

Die **Panzertruppe** besteht aus Panzerregimentern, Panzerabwehr-, Schützen-, Kradschützen- und sonstigen Panzereinheiten.

Die **Fahrtruppe** sorgt für Beförderung von Truppen auf Kraftwagen (Kraftwagentransportverbände, H. Dv. 68/8) und dient der Heeresversorgung (Nachschubdienste, H. Dv 90). Sie besteht aus Kraftfahrabteilungen und Kraftfahrkompanien sowie aus Fahrabteilungen und Schwadronen.

Die **Sanitätstruppen** üben den Sanitätsdienst im Heere aus. Sie erledigen ihren Dienst in dem Krankenrevier der Truppenteile oder im Lazarett. Durch Hinzutreten von Krankenträgern werden im Kriege Sanitätskompanien gebildet.

Zur Waffengattung „**Schnelle Truppen**" gehören: Panzerregimenter, Panzerabwehrabteilungen, Schützenregimenter (mot.) und andere Einheiten.

Sonstige Einrichtungen des Heeres.

Generalstab des Heeres mit unterstellter „Kriegsgeschichtlicher Forschungsanstalt des Heeres", Truppengeneralstab, Heeresarchive, Deutsche Heeresbücherei, Heereswaffenamt.

Akademien: Kriegsakademie, Militärärztliche Akademie, Heeres-Veterinär-Akademie.

Lehr- und Versuchstruppen (z. B. Inf.-Lehr-Rgt.) und Truppen für Sonderverwendung (z. B. das Inf Rgt. „Großdeutschland", Wachbataillon Wien).

Schulen: Kriegs- und Heeresunteroffizierschulen, Infanterie-, Heeresreit- und -fahr, Artillerie-, Panzertruppen-, Heeresnachrichten-, Heeresfeuerwerker-, Heereswaffenmeister-, Heeressport-, Heeresgasschutzschule, Pionierschulen, Wehrkreisreit- und -fahrschulen, Heeresfahrtruppenschule, Heereszahlmeisterschule, Heeresfachschulen.

Festungen zur Landesverteidigung, **Truppenübungsplätze** zur **Gefechtsausbildung**, **Kommandanturen** in größeren und wichtigen **Standorten**.
Kriegsgerichte, **Wehrwirtschaftsinspektionen**, **Heeresfeldzeugdienststellen**, **Heereszeugämter**, **Heeresmunitionsanstalten**, **Heeresveterinäreinrichtungen**, **Heereslazarette**, **Pferdelazarette**, **Heereslehrschmieden**, **Remonteämter**, **Militärgefängnisse**.
Verwaltungsbehörden: Zahlmeistereien, Heeresstandortverwaltungen, Heeresverpflegungs- und -bekleidungsämter, Wehrkreisverwaltungen, Heeresbauämter, Heeresforstämter, Standortlohnstellen.

Gliederung der Kriegsmarine.

Die **Kriegsmarine** besteht aus Marineteilen zu Wasser (der **Flotte**) und zu Land (der **Marineartillerie** und den **Schiffsstammregimentern und -abteilungen**).
Die **Flotte** untersteht dem **Flottenchef** in Kiel. Sie setzt sich zusammen aus: Schlachtschiffen, Panzerschiffen, Linienschiffen, Schweren und Leichten Kreuzern, Zerstörern, Torpedobooten, Schnellbooten, Räumbooten, Minensuchbooten, U-Booten, Vermessungs-, Schul- (Segelschul-) und Versuchsschiffen und Schiffen für Sonderzwecke.
Die Marineteile zu Land unterstehen dem **Kommando der Marinestation der Ostsee** (in Kiel) oder **der Nordsee** (in Wilhelmshaven). Diese Stationskommandos sind verantwortlich für die **Küstenverteidigung** und leiten die Heranbildung und Verwendung der Landtruppenteile.

Gliederung der Luftwaffe.

Die **Luftwaffe** setzt sich zusammen aus der Fliegertruppe, der Flakartillerie, der Luftnachrichtentruppe und dem Regiment General Göring.
Die **Fliegertruppe** (Land) und (See) (Waffenfarbe: goldgelb) besteht aus den Luftstreitkräften und den Bodenorganisationen. Sie gliedert sich in Aufklärungs-, Kampf- und Jagdverbände, Fliegerersatzabteilungen, Fliegerschulen und Nachschubeinheiten (z. B. Luftzeugämter, Luftmunitionsanstalten).
Die Fliegerverbände bestehen im allgemeinen aus Geschwadern (etwa 1 Regiment entsprechend), Gruppen (etwa 1 Bataillon entsprechend) und Staffeln (etwa 1 Kompanie entsprechend). Die unterste Einheit ist die Kette (etwa 1 Zug entsprechend).
Die **Flak-Artillerie** (Waffenfarbe: hochrot) dient der aktiven Luftverteidigung. Sie gliedert sich in Flakregimenter. Diese verfügen über leichte Flak (Maschinen-Flak mit einem Kaliber von 2 bis 3,7 cm), schwere Flak (8,8 cm und mehr), Flakscheinwerfer und Luftsperreinheiten mit Sperrballonen und Sperrdrachen.
Die **Luftnachrichtentruppe** (Waffenfarbe: hellbraun) hat die Aufgabe, den Luftfunk-, Luftfernsprech-, Fernschreibe-, Flugmelde-, Flugsicherungs- und Navigationsdienst für die gesamte Luftwaffe sicherzustellen. Sie gliedert sich in Luftnachrichtenabteilungen und Luftnachrichten-Ersatzabteilungen.
Das **Regiment General Göring** (Waffenfarbe: weiß, Standort Berlin) ist eine dem Reichsminister der Luftfahrt und Oberbefehlshaber der Luftwaffe unmittelbar unterstellte Einheit für Sonderverwendungen.
Zur Luftwaffe gehören außerdem das Sanitätspersonal (Waffenfarbe: dunkelblau), die Luftaufsicht (Waffenfarbe: hellgrün) und die Luftwaffenreserve (Waffenfarbe: hellblau).

2. Vorgesetzte und Dienstgradabzeichen.

Vorgesetztenverhältnis.

Vorgesetzte des Soldaten sind:
I. Unter allen Verhältnissen in und außer Dienst (**dauernde Vorgesetzte**):

1. Der **Führer und Oberste Befehlshaber**.
2. Alle **Offiziere, Sanitätsoffiziere** und **Veterinäroffiziere** des Heeres, der Kriegsmarine und der Luftwaffe.
3. Alle **Unteroffiziere** des Heeres, der Kriegsmarine und der Luftwaffe.

II. Vorübergehend für die Dauer und den Umfang der betreffenden Dienststellung oder Dienstverrichtung (**zeitweise Vorgesetzte**):
1. Gefreite und Mannschaften, denen ein Disziplinarvorgesetzter eine **dauernde** Befehlsbefugnis für gewisse Dienststellungen, z. B. als Unteroffizier vom Dienst, Korporalschaftsführer, Rekrutengefreiter, Stubenältester, übertragen hat, haben die Befugnisse eines Vorgesetzten in bezug auf solche Befehle und Anordnungen, die mit der übertragenen Dienststellung im Zusammenhang stehen. Eine derartige Übertragung wird allen Beteiligten dienstlich bekanntgegeben.

Ein zum Korporalschaftsführer ernannter Gefreiter ist Vorgesetzter der zu seiner Korporalschaft gehörenden Mannschaft in und außer Dienst.

2. Gefreite und Mannschaften, denen durch Anordnung eines Vorgesetzten die Befehlsbefugnis über andere Soldaten **vorübergehend** übertragen wird, für die Dauer und den Umfang der Dienstverrichtung, z. B. Führer von Abteilungen, Gruppenführer, Spähtruppführer, Beaufsichtiger von Arbeiten, Aufsichtsführende in Anzeigerdeckung. Auch diese Übertragung wird den Beteiligten in geeigneter Weise bekanntgegeben.

3. Alle Soldaten, denen durch allgemeine Dienstvorschriften oder durch besondere Anordnung der Befehl über andere Soldaten übertragen ist, auch wenn sie zu einer niedrigen Rangklasse gehören, jedoch nur für den Umfang der mit der übertragenen Dienststellung verbundenen Diensthandlungen, z. B. Wachen und Posten.

III. Ein durch Dienstrang oder Dienststellung begründetes Vorgesetztenverhältnis von **Wehrmachtbeamten gegenüber Soldaten** besteht nicht. Jedoch sind die Wehrmachtbeamten gegenüber den Soldaten im Dienstrang höher, gleich oder niedriger entsprechend den über ihr Rangverhältnis gegebenen Vorschriften. Soldaten haben die dienstlichen Anordnungen von Wehrmachtbeamten, unter deren Leitung oder Verantwortung sie Dienst tun, zu befolgen.

Man spricht auch von **unmittelbaren** (direkten) und **mittelbaren** (indirekten) **Vorgesetzten**. Zu den ersteren zählen folgende Vorgesetzte des Soldaten: alle Vorgesetzten seiner Kompanie usw., der Batl. Kdr., der Standortälteste oder Kommandant des Standortes (Festung), der Rgt. Kdr., der Div. Kdr., der Kommandierende General, der Oberbefehlshaber der Gruppe, der Oberbefehlshaber des Heeres und der Führer und Oberste Befehlshaber; zu den letzteren: alle übrigen Vorgesetzten der deutschen Wehrmacht.

Rangklassen und Dienstgradabzeichen des Heeres.
Mannschaftsdienstgrade.

Unter den Mannschaften besteht weder ein allgemeines Vorgesetztenverhältnis noch bestehen Rangklassen. Es besteht aber die Pflicht, daß der jüngere den älteren Kameraden achtet und zuerst grüßt. Man unterscheidet folgende Mannschaftsdienstgrade: Schütze (bei Überlieferungstruppenteilen auch Füsilier, Grenadier usw.), Reiter, Kanonier, Panzerschütze, Funker, Kraftfahrer, Fahrer, Musikschütze usw., Trompeterreiter usw., Sanitätssoldat. Beschlagschmiedschütze usw.; Oberschütze (auch bei Jägertruppenteilen), Oberreiter, Oberkanonier, Panzeroberschütze, Ober-

pionier, Oberfunker, Oberkraftfahrer, Oberfahrer, Musikoberschütze usw., Trompeter=
oberreiter, Sanitätsobersoldat, Beschlagschmiedoberschütze usw.; Gefreiter,
Obergefreiter und Stabsgefreiter.

Kapitulantenanwärter (ab 2. Dienstjahr!) tragen eine Aluminiumschnur um
die Schulterklappe. Unteroffizieranwärter (frühestens ab 1. 6. im 2. Dienstjahr!)
dazu eine Aluminiumtresse um den unteren Rand der Schulterklappe und die Unteroffiziertroddel).

Abzeichen der
Mannschafts=
dienstgrade auf
dem linken
Oberärmel

Oberschützen usw.   Gefreite   Obergefreite und überzählige Obergefreite mit weniger als 6jähriger Gesamtdienstzeit   Obergefreite mit mindestens 6jähriger Gesamtdienstzeit   Stabsgefreite

Unteroffizierdienstgrade.

Ein allgemeines Vorgesetztenverhältnis zwischen den Rangklassen der Unteroffiziere besteht
nicht. Angehörige der niederen Rangklasse sind aber den im Dienstrang Höheren Achtung schuldig.

Die **Hauptfeldwebel** (**Hauptwachtmeister**) und ihre diesen Dienst ver=
sehenden **Vertreter** sind in und außer Dienst Vorgesetzte aller Unteroffiziere einschl.
der Stabsfeldwebel ihrer Kompanie usw.

Ebenso sind die Musikmeisteranwärter (Musikoberfeldwebel) und Korpsführer, die den Dienst
eines fehlenden Musikmeisters wahrnehmen, für die Dauer der Übertragung in und außer Dienst
Vorgesetzte aller Unteroffiziere ihres Musik= (Trompeter=) Korps.

Alle Unteroffiziere mit Ausnahme der Oberfähnriche, Unterärzte und Unter=
veterinäre tragen an der außerdienstlichen Kleidung am oberen Rand des Rock=
kragens, an der Feldbluse am unteren Kragenrand, eine mattsilberne Tressenborte.

Es tragen:

Rangklasse der Fähnriche und Unteroffiziere ohne Portepee.

Unteroffiziere: an den Seiten und dem oberen Rand der Schulterklappen
eine mattsilberne Tressenborte und die grünseidene, mit Silber durchwirkte
Säbeltroddel.

Bei den Jägertruppenteilen heißen die Unteroffiziere Oberjäger.

Unterfeldwebel (Unterwachtmeister): Abzeichen für Unteroffiziere, dazu eine
Tressenborte an den unteren Rand der Schulterklappen.

Fähnrich: Schulterklappen wie Unterfeldwebel; die Regimentsnummer aus
weißem Metall, an Stelle der Säbeltroddel das silberne Portepee.

Auf dem Gebiete des Wehrmachtstrafrechts zählen die Fähnriche zu den Unteroffizieren mit
Portepee.

Rangklasse der Unteroffiziere mit Portepee.

Diesen Dienstgraden ist das Tragen des Säbels (Degens) am Unterschnallkoppel gestattet.

Feldwebel (Wachtmeister): Schulterklappen wie Fähnrich mit 1 weißen
Metallstern.

Oberfeldwebel (Oberwachtmeister), Oberfähnrich, Unterarzt und Unter=
veterinär: Schulterklappen wie Fähnrich mit 2 weißen Metallsternen.

Stabsfeldwebel (Stabswachtmeister): Schulterklappen wie Fähnrich mit
3 weißen Metallsternen, und zwar 1 Stern über der Regt. Nr. usw., 2 Sterne
darunter und nebeneinander.

Die **Hauptfeldwebel** (Hauptwachtmeister) tragen um den oberen Rand der Ärmelaufschläge
von Rock, Feldbluse und Mantel 2 mattsilberne Tressenstreifen (Dienststellungsabzeichen).

Oberfähnriche, die die Offizierprüfung bestanden haben, tragen an den Schirmmützen die
Mützenkordel für Offiziere.

Am **Drillichrock** tragen: Unteroffiziere: 1 feldgraue Borte um den Kragen. Unterfeldwebel: wie
Unteroffiziere, dazu Unteroffiziere, dazu 1 Borte um den Unterärmel, Oberfeldwebel: wie
Feldwebel, dazu auf den Ärmeln 1 Winkel; Stabsfeldwebel: wie Feldwebel, dazu auf den Ärmeln
1 weiteren Winkel; Hauptfeldwebel (Hauptwachtmeister): wie Unteroffiziere, dazu 2 Tressenstreifen
um die Unterärmel.

Uniformen des Heeres.*)

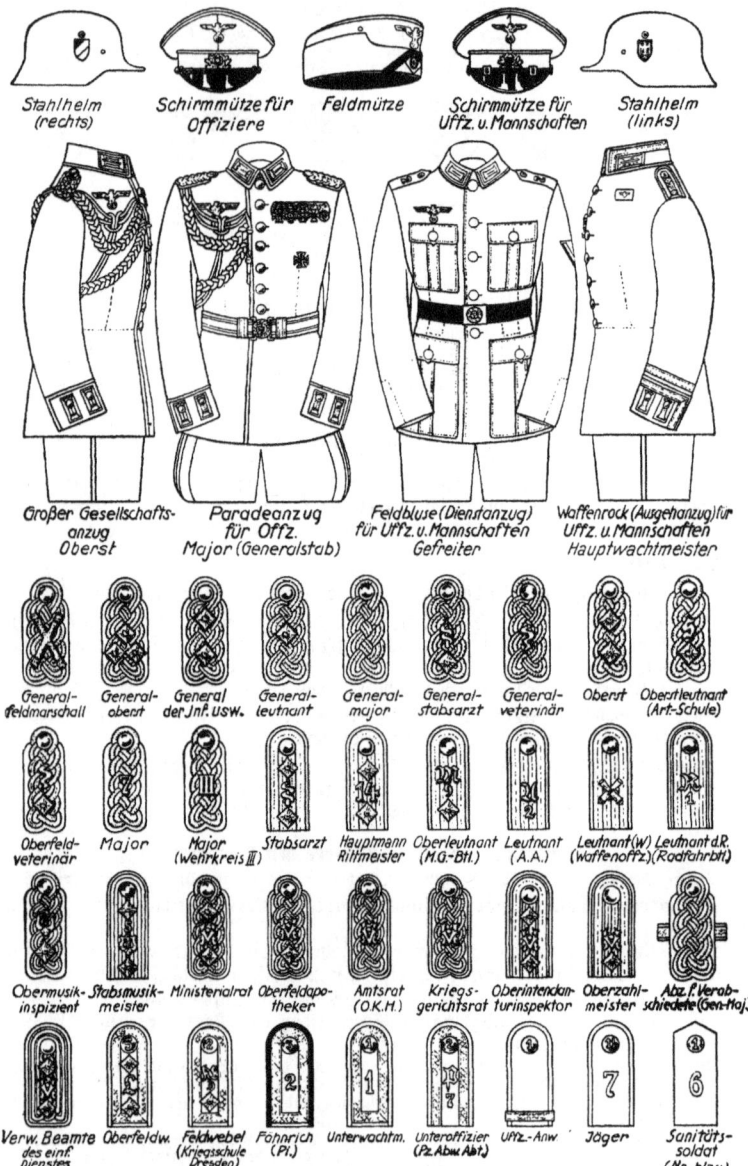

*) Die Uniform der Regierungstruppe des Protektorats Böhmen und Mähren siehe unter Anhang 1.

Uniformen der Luftwaffe.

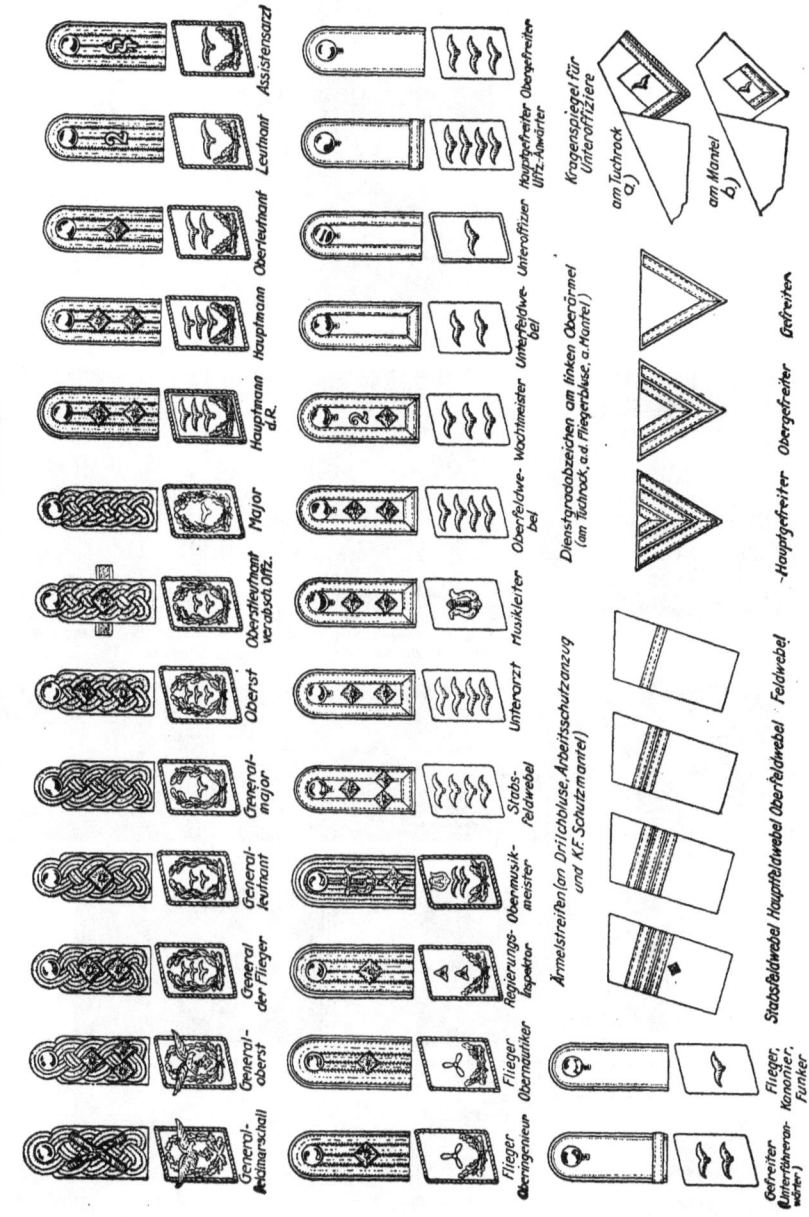

Flaggen des Deutschen Reichs

Die Standarte des Führers und Reichskanzlers

Oberbefehlshaber des Heeres

Flagge des Reichsministers der Luftfahrt und Oberbefehlshabers der Luftwaffe

Oberbefehlshaber d. Kriegsmarine

Hakenkreuzflagge

Reichskriegsflagge

Reichsdienstflagge

Handelsflagge m.d. Eisernen Kreuz
(führen nur Schiffe, deren Kapitän ausgezeichn. Kriegsteiln. war)

Gösch der Kriegsschiffe

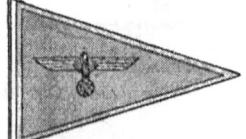
Hoheitszeichen des Heeres für Kraftwagen für Offiziere u. Beamte

Hoheitszeichen der Luftwaffe für Kraftwagen (für Generale goldener Adler)

Hoheitszeichen der Kriegsmarine für Kraftwagen

Kommando-und Stabsflaggen des Heeres

Obere Führung

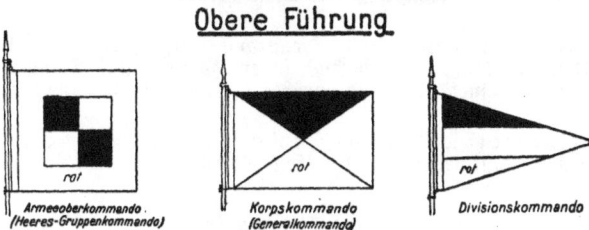

rot
Armeeoberkommando
(Heeres-Gruppenkommando)
rot
Korpskommando
(Generalkommando)
rot
Divisionskommando

Untere Führung

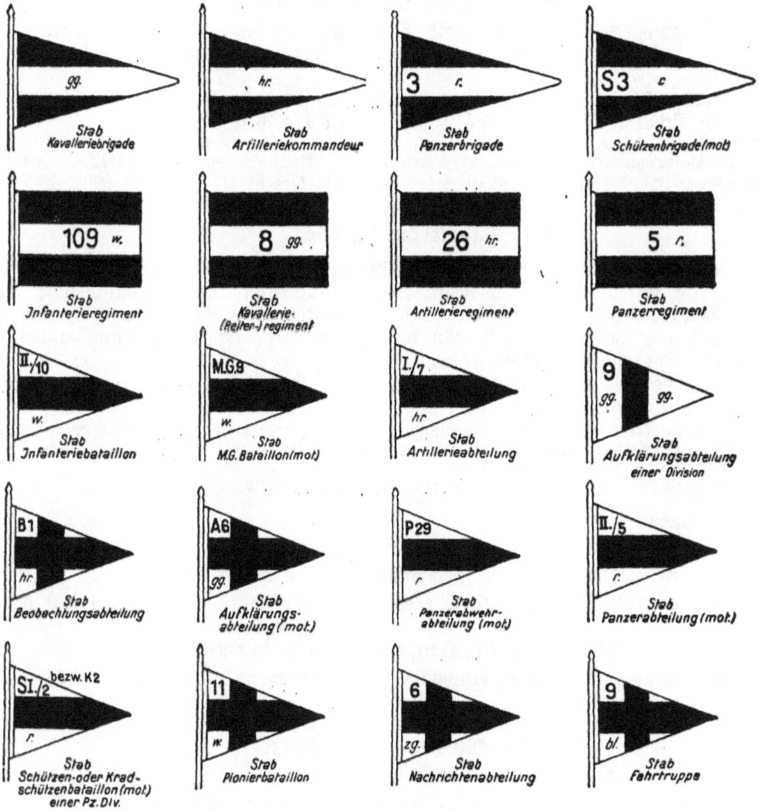
gg.
Stab
Kavalleriebrigade
hr.
Stab
Artilleriekommandeur
3 r.
Stab
Panzerbrigade
S3 r.
Stab
Schützenbrigade (mot)
109 w.
Stab
Infanterieregiment
8 gg.
Stab
Kavallerie-
(Reiter-) regiment
26 hr.
Stab
Artillerieregiment
5 r.
Stab
Panzerregiment
II./10
w.
Stab
Infanteriebataillon
M.G.9
w.
Stab
M.G. Bataillon (mot)
I./7
hr.
Stab
Artillerieabteilung
9
gg. gg.
Stab
Aufklärungsabteilung
einer Division
B1
hr.
Stab
Beobachtungsabteilung
A6
gg.
Stab
Aufklärungs-
abteilung (mot.)
P29
r.
Stab
Panzerabwehr-
abteilung (mot.)
II./5
r.
Stab
Panzerabteilung (mot.)
SI./2 bezw. K2
r.
Stab
Schützen-oder Krad-
schützenbataillon (mot.)
einer Pz. Div.
11
w.
Stab
Pionierbataillon
6
zg.
Stab
Nachrichtenabteilung
9
bl.
Stab
Fahrtruppe

w. = weiß, hr. = hochrot, gg. = goldgelb, zg. = zitronengelb, r. = rosa, bl. = blau.

Dienstgrade der Musikmeister und Musikinspizienten.
Rangklasse der Musikmeister.
Es tragen:

Musikmeister (Dienstgrad und Dienstrang entsprechen dem Leutnant): glatte Schulterstücke (außen zweifarbig, innen hochrot) auf Tuchunterlage in der Waffenfarbe mit einer Lyra und darüber die Regimentsnummer aus gelbem Metall.

Obermusikmeister (Dienstgrad und Dienstrang entsprechen dem Oberleutnant): Schulterstücke wie Musikmeister mit 1 gelben Metallstern.

Rangklasse der Stabsmusikmeister.
Stabsmusikmeister (Dienstgrad und Dienstrang entsprechen dem Hauptmann): Schulterstücke wie Musikmeister mit 2 gelben Metallsternen.

Rangklasse der Musikinspizienten.
Musikinspizient (Dienstgrad und Dienstrang entsprechen dem Major): geflochtene Schulterstücke in der Farbe wie Musikmeister auf hochrotem Tuch mit einer Lyra.

Heeresmusikinspizient (Dienstgrad und Dienstrang entsprechen dem Oberstleutnant): Schulterstücke wie Musikinspizient mit 1 gelben Stern.

Im übrigen tragen Musikmeister und Musikinspizienten die Abzeichen der Offiziere.

Ein Vorgesetztenverhältnis von Musikmeistern und Musikinspizienten gegenüber Offizieren besteht nicht. Sie sind aber in und außer Dienst Vorgesetzte aller Unteroffiziere und Mannschaften

Offizierdienstgrade.

Die Offizierdienstgrade bis zum Obersten einschließlich tragen graumattsilberne, am Gesellschaftsanzug hellsilberne Schulterstücke mit Tuchunterlage in der Waffenfarbe. Die Regimentsnummer und weitere Abzeichen auf den Schulterstücken sind aus gelbem Metall. An der Schirmmütze tragen sie eine doppelte hellsilberne Kordel (Mützenkordel für Offiziere).

Das Lederzeug der Offiziere ist braun. Sie tragen das Offizierseitengewehr (Degen) am Unterschnallkoppel oder den Dolch.

Die **Sanitätsoffiziere** bis zum Oberstarzt einschließlich tragen auf den Schulterstücken eine gelbe, um einen Stab gewundene Schlange, die **Veterinäroffiziere** bis zum Oberstveterinär einschließlich eine gelbe, gewundene Schlange.

Reserveoffiziere tragen Schulterstücke wie die aktiven Offiziere.

Es tragen:
Rangklasse der Leutnante.
Leutnant, Assistenzarzt und Veterinär: glatte Schulterstücke.

Oberleutnant, Oberarzt und Oberveterinär: Schulterstücke wie Leutnant mit 1 Stern.

Rangklasse der Hauptleute und Rittmeister.
Hauptmann, Rittmeister, Stabsarzt und Stabsveterinär: Schulterstücke wie Leutnant mit 2 Sternen.

Rangklasse der Stabsoffiziere.
Major, Oberstabsarzt und Oberstabsveterinär: geflochtene Schulterstücke.

Oberstleutnant, Oberfeldarzt und Oberfeldveterinär: Schulterstücke wie Major mit 1 Stern.

Oberst, Oberstarzt und Oberstveterinär: Schulterstücke wie Major mit 2 Sternen.

Rangklasse der Generale.

Die Generale tragen geflochtene Schulterstücke (golden und hellsilbern) auf hochroter Tuchunterlage; an den Kragenpatten goldene Stickerei; goldene Knöpfe am Rock und Mantel; am Rock hochrote Vorstöße; am Mantel hochrotes Brustklappenfutter; an den Schirmmützen eine goldene Mützenkordel und goldene Vorstöße; an den äußeren Hosennähten hochrote Vorstöße und Besatzstreifen. Die Dienstgradabzeichen auf den Schulterstücken und die Abzeichen der Sanitäts- und Veterinäroffiziere im Range der Generale sind aus weißem Metall.

Auf den Schulterstücken tragen:

Generalmajor, Generalarzt und Generalveterinär: kein Dienstgradabzeichen.
Generalleutnant, Generalstabsarzt und Generalstabsveterinär: 1 Stern.
General der Inf., Kav., Art., Panzertruppen, Pioniere oder Nachrichtentruppe, Generaloberstabsarzt und Generaloberstabsveterinär: 2 Sterne.
Generaloberst: 3 Sterne.
Generaloberst mit dem Rang eines Generalfeldmarschalls: 4 Sterne.
Generalfeldmarschall: 2 gekreuzte Marschallstäbe.

Offiziere in Sonderstellungen.

Offiziere des O.K.W. u. O.K.H. — außer Generalen — tragen mattgoldene Kragenpatten, Offiziere des Generalstabes mattsilberne und beide an den Hosen Besatzstreifen aus karmesinrotem Abzeichentuch.

Wehrmachtbeamte.

Die höheren und oberen Wehrmachtbeamten tragen Schulterstücke wie die Offiziere, darauf eine grüne Schnur und ein verschlungenes M (Heeresverwaltung) auf dunkelgrüner Tuchunterlage und Tuchunterlage in ihrer Nebenfarbe (siehe S. 80). Wehrmachtbeamte im Generalsrang tragen dunkelgrünes Brustklappenfutter.

Rangklassen und Dienstgradabzeichen der Kriegsmarine.

Mannschaftsdienstgrade.

An der feldgrauen Marineuniform entsprechen die Dienstgradabzeichen denen des Heeres, jedoch gelbe Tressenborte für Unteroffiziere und gelbe Hoheitsabzeichen auf der Brust und an der Mütze.

An der blauen Uniform tragen:

Am linken Oberärmel aus gelber Tressenborte, an den weißen Hemden aus blauem Tuch:

    Matrose, Heizer usw.: kein Dienstgradabzeichen.
    Gefreiter   1 Winkel,
    Matrosenobergefreiter   2 Winkel,
    Matrosenhauptgefreiter 3 Winkel.

Unteroffizierdienstgrade.

Maat: am linken Oberarm des Überziehers, Jacketts und blauen Hemdes einen gelben (am weißen Hemd blauen) Anker, auf den Kragenpatten des Jacketts und Überziehers eine weiße Tresse.
Obermaat: wie Maat, dazu unter dem Anker 1 gelben bzw. blauen Winkel, auf den Kragenpatten zwei weiße Tressen.
Feldwebel: Schulterklappen mit Einfassung einer gelben Tressenborte an beiden Seiten, oben und unten, mit 1 weißen Metallstern.
Oberfeldwebel: Schulterklappen wie Feldwebel mit 2 weißen Metallsternen.
Fähnrich: eine silberne Plattschnurlitze.
Oberfähnrich: wie Fähnrich mit zwei kleinen, weißen Metallsternen.

Dienstgrade der Musikmeister und Musikinspizienten.
(Wie Dienstgrade des Heeres.)

Offizierdienstgrade.

Leutnant: glatte, silberne Schulterstücke; an den Unterärmeln an Rock, blauem Jackett und blauer Messejacke einen gelben Tressenstreifen.

Oberleutnant: Schulterstücke wie Leutnant mit 1 gelben Stern, an den Ärmeln zwei solcher Streifen.

Kapitänleutnant: Schulterstücke wie Leutnant mit 2 gelben Sternen, an den Ärmeln 3 gelbe Tressenstreifen (der mittlere ist schmäler).

Korvettenkapitän: geflochtene, silberne Schulterstücke, an den Ärmeln drei gleichbreite, gelbe Tressenstreifen.

Fregattenkapitän: Schulterstücke wie Korvettenkapitän mit 1 gelben Stern, an den Ärmeln vier gleichbreite, gelbe Tressenstreifen.

Kapitän zur See: Schulterstücke wie Korvettenkapitän mit 2 gelben Sternen, Ärmelstreifen wie Fregattenkapitän.

Konteradmiral: geflochtene Schulterstücke (golden und hellsilbern), an den Ärmeln einen 5,2 cm breiten und darüber einen schmäleren Tressenstreifen.

Vizeadmiral: Schulterstücke wie Konteradmiral mit 1 weißen Stern, an den Ärmeln einen weiteren schmalen Tressenstreifen.

Admiral: Schulterstücke wie Konteradmiral mit 2 weißen Sternen, an den Ärmeln einen weiteren schmalen Tressenstreifen.

Generaladmiral: Schulterstücke wie Konteradmiral mit 3 weißen Sternen, an den Ärmeln neben dem breiten vier schmale Tressenstreifen.

Großadmiral: Schulterstücke wie Konteradmiral mit 2 gekreuzten Marschallstäben, Ärmelabzeichen wie Generaladmiral.

Die Offiziere tragen bei besonderen Gelegenheiten Schärpe, Hut und Epauletten.

Rangklassen und Dienstgradabzeichen der Luftwaffe.

Es tragen:

Mannschaftsdienstgrade.

Auf den Kragenspiegeln und am linken Oberärmel:

Mannschaften	1 Metallschwinge,	
Gefreite	2 Metallschwingen und 1 Winkel (weiße Tresse),	
Obergefreite	3 " " " 2 "	
Hauptgefreite	4 " " " 3 " "	

Unteroffizierdienstgrade.

Am Tuchrock und an der Fliegerbluse eine weiße Aluminiumtresse, auf den Kragenspiegeln:

Unteroffizier:	1 Metallschwinge; Schulterklappe wie Dienstgrad im Heer.
Unterfeldwebel:	2 Metallschwingen; " " " " "
Feldwebel:	3 " " " " " "
Oberfeldwebel:	4 " " " " " "
Hauptfeldwebel:	4 " " " " " "

dazu 2 Ärmelstreifen

Fähnrich: wie Unterfeldwebel, jedoch das Portepee.

Oberfähnrich: wie Oberfeldwebel, aber ohne Kragentresse, Leibriemen und Schirmmütze wie Offiziere.

Dienstgrade der Musikmeister und Musikinspizienten.
(Wie Dienstgrade des Heeres.)
Offizierdienstgrade.

Schulterstücke wie Dienstgrade des Heeres, auf den Kragenspiegeln:

Leutnant:	silberne Eichenblätter und	1 Schwinge.
Oberleutnant:	= =	= 2 Schwingen.
Hauptmann:	= =	= 3 =
Major:	silbernen Eichenlaubkranz =	1 Schwinge.
Oberstleutnant:	= =	= 2 Schwingen.
Oberst:	= =	= 3 =
Generalmajor:	goldenen =	= 1 Schwinge.
Generalleutnant:	= =	= 2 Schwingen.
General der Flieger:	= =	= 3 =
Generaloberst:	goldenes Hoheitsabzeichen der Luftwaffe.	
Generalfeldmarschall:	= = = =	

3. Beschwerdeordnung.

Glaubt der Soldat, daß ihm von Vorgesetzten oder Kameraden ein Unrecht zugefügt ist oder fühlt er sich in seinen Rechten und dienstlichen Befugnissen beeinträchtigt, so hat er das R e ch t, sich zu beschweren. Es ist ratsam, v o r Einleitung einer Beschwerde den Rat eines ä l t e r e n Kameraden einzuholen (siehe auch S. 45) und sich bei Vorliegen eines Beschwerdeanlasses zu fragen, ob der Beschuldigte ihn a b s i ch t l i ch kränken wollte. A b s i ch t und T o n sind meist das Entscheidende. Besonnenheit ist bei Beschwerden stets angebracht.

G e m e i n s ch a f t l i ch e B e s ch w e r d e n mehrerer Personen sind verboten.

Haben z. B. 3 Soldaten Ursache, sich über ihren Stubenältesten zu beschweren, so dürfen sie nicht zusammen die Beschwerde vorbringen, sondern jeder einzeln, d. h. unabhängig von dem anderen. Es ist auch untersagt, Unterschriften über einen Beschwerdefall usw. zu sammeln.

Bei B e s ch w e r d e ü b e r e i n e D i s z i p l i n a r s t r a f e sind die Vorschriften der Disziplinarstrafordnung zu beachten (siehe S. 55).

Die Vorschriften der Beschwerdeordnung sind nicht anzuwenden auf:
a) Anzeigen von Zuwiderhandlungen gegen die Strafgesetze (Strafanzeigen und Strafanträge). — Sie werden angebracht beim Disziplinarvorgesetzten.
b) Beschwerden über gerichtliche Entscheidungen (Rechtsbeschwerden). — Sie werden angebracht beim Disziplinarvorgesetzten oder Gericht.
c) Geltendmachen von Ansprüchen infolge vermeintlich unrichtiger Abfindung mit Besoldung, Bekleidung, Verpflegung und Unterkunft, sowie wegen unzureichender Krankenversorgung. — Sie werden beim Disziplinarvorgesetzten zur Meldung gebracht.

Wegen u n b e g r ü n d e t e r B e s ch w e r d e f ü h r u n g wird niemand bestraft. Dies schließt jedoch nicht aus, daß ein Beschwerdeführer zur Verantwortung gezogen wird, wenn er bei der Beschwerde eine strafbare Handlung oder eine Disziplinarübertretung begeht, z. B. einen Vorgesetzten verleumderisch beleidigt oder seine Beschwerde vorsätzlich oder leichtfertig auf unwahre Behauptungen stützt oder sie in achtungswidriger Form vorbringt oder schuldhaft von dem in der Beschwerdeordnung vorgeschriebenen Dienstweg abweicht oder schuldhaft die in der Beschwerdeordnung vorgeschriebene Frist nicht einhält.

Einleitung einer Beschwerde. Eine Beschwerde darf frühestens nach Ablauf einer Nacht über den Beschwerdeanlaß oder über sein Bekanntwerden und muß spätestens innerhalb sieben Tagen (einschließlich Sonn= und Feiertage) eingeleitet werden. In diese Frist wird der Tag, an dem der Anlaß zur Beschwerde gegeben oder zur Kenntnis des Beschwerdeführers gelangt ist, nicht eingerechnet.

Eine Beschwerde kann jederzeit zurückgezogen werden.

Die Beschwerde von **Unteroffizieren** und **Mannschaften** ist beim nächsten Disziplinarvorgesetzten des Soldaten (Kp.- usw. Chef), richtet sie sich gegen diesen selbst, beim nächsthöheren Disziplinarvorgesetzten **mündlich** oder **schriftlich** anzubringen.

Entscheidung. Der Disziplinarvorgesetzte des Verklagten, dem die disziplinare Beurteilung der Handlung zusteht, entscheidet die Beschwerde. Vor der Entscheidung stellt er den Tatbestand durch Vernehmung der Beteiligten und Zeugen mündlich oder schriftlich fest. Ergeben sich bei der Untersuchung Umstände, die nicht bekannt waren, aber für die Beurteilung der Beschwerde von wesentlicher Bedeutung sind, so kann der Beschwerdeführer die Beschwerde oder Teile zurückziehen. Die Entscheidung wird dem Beschwerdeführer und Verklagten mit Begründung schriftlich zugestellt.

Weitere Beschwerde. Innerhalb von sieben Tagen kann der Beschwerdeführer gegen die über seine Beschwerde getroffene Entscheidung an den nächsthöheren Vorgesetzten unmittelbar und so fort bis an den Führer und Obersten Befehlshaber eine weitere Beschwerde einlegen. Auch der Verklagte kann weitere Beschwerde einlegen.

Besonderes. Beschwerden, die nicht fristgerecht oder auf falschem Wege vorgebracht werden, werden sachlich untersucht. Bei schuldhaftem Verhalten wird aber der Beschwerdeführer zur Verantwortung gezogen.

Wird bei der Untersuchung festgestellt, daß ein gerichtlich zu ahnender Tatbestand vorliegt, so wird die Angelegenheit dem Gericht übergeben. Die Beschwerde ist damit hinfällig.

Erkrankte Soldaten bringen in Lazaretten militärische Beschwerden bei dem Chefarzt, Soldaten in Untersuchungs- oder Strafhaft bei dem Anstaltsvorgesetzten an.

4. Wachdienst.

Der Wachdienst ist sehr verantwortungsvoll. Seine gewissenhafte Ausführung muß der Soldat sich besonders angelegen sein lassen. Wachvergehen werden streng bestraft. Vor dem Feinde kann auf Todesstrafe erkannt werden.

Wer zum Wachdienst kommandiert wird, muß sich in tadellosem Anzug und guter Haltung zeigen und sich eines höflichen, aber bestimmten Tones befleißigen. Die Wachvorschriften muß er genau kennen. Der Soldat denke daran, daß er auf Wache seine Kompanie usw. repräsentiert und daß sie von der Allgemeinheit nach seinem Verhalten und Auftreten beurteilt wird.

Es gibt:
1. Truppenwachen (Truppenwachdienst), bei denen Soldaten den Wachdienst ausüben.
2. Zivilwachen (Zivilwachdienst), bei denen Zivilwächter den Wachdienst ausüben.

Für den Soldaten kommt der

Truppenwachdienst

in Frage. Für das Heer unterscheidet man folgende Truppenwachen:
1. **Standortwachen** (Standortwachdienst), die sich nach Befehl des Standortältesten zusammensetzen und allgemeinen Standortzwecken dienen.
2. **Kasernenwachen** (Kasernenwachdienst), die sich nach Befehl des für den Kasernenbereich verantwortlichen Kommandeurs (Führers) zusammensetzen und der Bewachung des gesamten Bereichs einer Kaserne dienen.

Alle im **Standort-** und **Kasernenwachdienst** befindlichen Soldaten sind **militärische Wachen** im Sinne des § 111 Abs. 2 W. St. G. B. Dieser bestimmt: „Als militärische Wachen im Sinne dieses Gesetzes sind anzusehen alle zum Wach- oder militärischen Sicherheitsdienst befehligten

Soldaten mit Einschluß der Feldgendarmen, welche in Ausübung dieses Dienstes begriffen und als solche äußerlich erkennbar sind."

Den im Standort- und Kasernenwachdienst befindlichen Soldaten steht in Ausübung dieses Dienstes das Recht des Waffengebrauchs nach den Bestimmungen der H.Dv. 3/4 zu (siehe S. 121 ff.).

Wachhabende, Posten und Streifen haben als solche das Recht, innerhalb ihres Aufgabenkreises jedem Soldaten mit Ausnahme ihrer Wachvorgesetzten Befehle zu erteilen; sie sind nur in Ausübung dieser Befehlsbefugnis Vorgesetzte der betreffenden Soldaten. Das Recht der Ranghöheren auf Achtung bleibt bestehen. Anderen Personen gegenüber sind sie berechtigt, innerhalb ihres Aufgabenkreises Weisungen zu erteilen. Wachhabende, Posten und Streifenführer sind durch § 111 Absatz 1 W. St. G. B. wie Vorgesetzte geschützt.

Posten.

Als Posten sind Soldaten anzusehen, denen die Bewachung und der Schutz von Personen oder Sachen durch Postenanweisung übertragen ist, die mit der Pflicht, die Waffe nicht aus der Hand zu lassen, auf einen bestimmten Postenbereich angewiesen sind und Wachanzug tragen. Die Pistole am Koppel gilt als Waffe in der Hand.

Außer den Posten allgemeiner Art werden als Posten mit bestimmten Sonderaufgaben unterschieden:

1. Posten vor Gewehr stehen in unmittelbarer Nähe des Wachgebäudes und haben die Sonderaufgabe, die Wache zum Erweisen von Ehrenbezeigungen (ins Gewehr treten) herauszurufen.

2. Posten vor Ehrenmalen sind Ehrenposten, die vor Heldengedenkstätten stehen.

3. Schließerposten haben als Sonderaufgabe das Überwachen des Personenverkehrs in militärischen Unterkünften oder Liegenschaften der Wehrmacht. Sie dürfen sich innerhalb der Wachstube oder des ihnen zugewiesenen Raumes aufhalten, wenn die Erfüllung ihrer Aufgaben es gestattet.

4. Absperrposten dienen zum Sperren öffentlicher Wege aus Sicherheitsgründen (z. B. beim Scharfschießen, bei Übungen oder zum Absperren bei Paraden).

Streifen.

Innenstreifen gehen innerhalb eines Wachbereichs. Ihre Aufgabe ist hauptsächlich: Prüfen der Tore, Hallen, Munitionsbehälter usw. Feststellen, ob Unbefugte sich im Wachbereich aufhalten, Diebstahl, Ausspähung, Sabotage verhüten usw.

Außenstreifen gehen außerhalb eines Wachbereichs. Ihre Aufgabe ist hauptsächlich: Prüfen der Tore, Hallen, Außenfronten der Kaserne, rechtzeitiges Verhindern unbefugter Annäherung oder das Übersteigen der Umzäunungen, Einwerfen von Flugblättern, Ankleben von Plakaten, Entfernen etwa angeklebter Plakate, Einsammeln von niedergelegten Flugblättern usw.

Straßenstreifen überwachen den Verkehr von Wehrmachtangehörigen auf Straßen und in Gastwirtschaften innerhalb des Standortbezirks.

Straßenstreifen haben das Verhalten der Wehrmachtangehörigen in der Öffentlichkeit zu prüfen und ein das Ansehen der Wehrmacht schädigendes Verhalten zu unterbinden.

Straßenstreifen dürfen Gastwirtschaften, Betriebe oder Veranstaltungen öffentlicher und nichtöffentlicher Art nur auf schriftlichen Befehl des Standortältesten betreten oder aufsuchen, nötigenfalls auch gegen den Willen des Inhabers oder Veranstalters.

Eines schriftlichen Befehls des Standortältesten bedarf es n i ch t bei:

a) Verfolgen auf frischer Tat,

b Schlägereien unter Beteiligung von Wehrmachtangehörigen,

c) Notfällen (Feuer- und Wassernot, Lebensgefahr, Ersuchen aus einem Gebäude heraus).

Beispiele:

Zu a) Eine Straßenstreife überrascht einen Mann beim Einbruch in einen Laden. Der Einbrecher flüchtet in ein Nachbarhaus, um zu entkommen. Die Streife kann in das Haus eindringen, um den Einbrecher festzunehmen.

Zu b) Eine Straßenstreife sieht in einer Wirtschaft eine Schlägerei, an der Soldaten beteiligt sind. Sie kann ohne weiteres die Wirtschaft betreten, um einzuschreiten.

Zu c) Eine Straßenstreife sieht aus dem II Stock eines Hauses Rauch und Qualm aus den Fenstern steigen. Sie erkennt einen Brandausbruch. Sie darf das Haus betreten, um Hilfe zu leisten und um die Bewohner auf die Gefahr aufmerksam zu machen.

Eine Straßenstreife hört Hilferufe aus einem Haus. Sie darf es betreten, um zu helfen

Bei Streitigkeiten zwischen Zivilpersonen und Wehrmachtangehörigen handeln die Straßenstreifen möglichst in Gemeinschaft mit der Polizei.

Einschreiten darf nur der mit dem Straßenstreifenausweis sich ausweisende Führer. Er muß in ruhiger, sachlicher Form, ohne besonderes Aufsehen in der Öffentlichkeit zu erregen, handeln. Es sind kurze und bestimmte Befehle zu geben. Befinden sich größere Menschenmengen in der Nähe, so hat der Führer v o r B e g i n n des Einschreitens zu erwägen, ob eine Feststellung oder Festnahme ohne Unterstützung durch die Polizei zweckmäßig oder durchführbar ist. Erforderlichenfalls ist der Wehrmachtangehörige durch einen Mann der Streife aufzufordern, an einen weniger verkehrsreichen Ort zu folgen.

Das Einschreiten einer Straßenstreife erfolgt:

a) zum Feststellen des Namens und des Truppenteils oder der Dienststelle eines Wehrmachtangehörigen (z. B. bei vorschriftswidrigem oder nachlässigem Anzug, Erweisen einer schlechten Ehrenbezeigung oder Unterlassen eines Grußes, Überschreiten des Nachturlaubs, unsoldatischem Benehmen, Nichteinhalten standortdienstlicher Anordnungen oder anderen leichteren Verfehlungen),

b) zur vorläufigen Festnahme von Wehrmachtangehörigen nach § 121 ff., Abschnitt „Festnahme". Vorläufig Festgenommene sind der nächsten Wehrmachtwache zuzuführen, in dringenden Fällen auch einer Polizeiwache.

Straßenstreifen gehen im allgemeinen geschlossen auf dem Bürgersteig, der Führer in der Mitte. Ehrenbezeigungen oder Gruß erweist jeder einzeln, falls die Ausübung des Dienstes nicht daran hindert (z. B. beim Führen Festgenommener).

Vorgesetzte der Wachen, Posten und Streifen.

Wachvorgesetzte sind außer dem Führer und Obersten Befehlshaber der Wehrmacht sowie dem Oberbefehlshaber des Heeres:

von Standortwachen:
a) der Oberbefehlshaber der Heeres-Gruppe, der Befehlshaber im Wehrkreis,
b) der Standortälteste,
c) der (die) Offizier(e) vom Ortsdienst,
d) der Wachhabende;

von Kasernenwachen:
a) die Vorgesetzten des Kommandeurs (d. h. des Truppenkommandeurs), der die Wache gestellt angeordnet hat,
b) der Kommandeur,
c) der Offizier vom Dienst des betreffenden Truppenteils,
d) der Wachhabende.

Außerdem sind alle mit Disziplinargewalt beliehenen Offiziere des wachhabenden Truppenteils zur Mitwirkung an der vorschriftsgemäßen Ausübung und Prüfung des Wachdienstes der Soldaten ihrer Kompanie usw. berufen. Während der Dauer dieser Prüfung sind sie ihre Wachvorgesetzten.

Offizier vom Ortsdienst, Offizier vom Regiments= usw. Dienst.

Für den Standortbezirk mit Standortwachen befiehlt der Standortälteste (bei Kasernenwachen der Kommandeur oder Führer) täglich einen Offizier vom Ortsdienst (bei Kasernenwachen Offizier vom Regiments=, Bataillons= usw. Dienst), dem das Aufziehen und Prüfen der Wachen, Posten und Streifen nach schriftlicher Anweisung (Dienstzettel) obliegt.

Vorbereitungen für den Wachdienst.

Am Tage vor dem Wachdienst geht der gewissenhafte Soldat rechtzeitig schlafen, damit er ausgeruht seinen Dienst antritt. Waffen und Anzug sind tadellos instand zu setzen. Auf guten Haarschnitt und gute Rasur ist zu achten.

Zum **Aufziehen** muß der **Wachanzug** (siehe S. 69) in **vorbildlichem** Zustand sein. Hierzu gehören z. B.: guter Putz, tadelloser Kragenbinden=, Stahlhelm= und Tornistersitz, gut gelegte Hose, fest umgeschnalltes Koppel (keine Falten um den Leib), Koppelschloß in der Mitte; keine ausgerissenen Säbeltaschen; richtiger Sitz der Patronentaschen; keine herumhängenden Strippen der Stiefel oder Schnallriemen am Stahlhelm oder Tornister; keine beschädigten Hoheitsabzeichen; geradestehende Nummernknöpfe der Schulterklappen; gutsitzende Schulterklappen; keine Fusseln an der Feldbluse; guter Troddelsitz; saubere Hände.

Aufziehen und Einteilen der Wachen.

Im allgemeinen sollen Offiziere und Unteroffiziere wenigstens vier, Mannschaften wenigstens drei Nächte hintereinander wachfrei sein. Die Zahl kann verringert werden.

Die Wachdauer beträgt in der Regel 24 Stunden. Die Zeit des Aufziehens der Wachen bestimmt der Standortälteste (Kommandeur).

„Vergatterung" ist das Signal oder die Ankündigung, daß die Versammlung der Wache beendet ist und daß die Wache hiermit unter den Befehl des Wachvorgesetzten tritt.

Bei der Vergatterung der Wache ist (sind) der (die) Offizier(e) vom Ortsdienst (vom Regiments= usw. Dienst) zugegen. Er prüft Stärke, Anzug und Ausrüstung der Wache sowie die Postenanweisungen durch Stichproben, läßt stillstehen, das Gewehr übernehmen, gibt den Namen und die Wohnung des Offiziers vom Orts= usw. Dienst sowie das Kennwort bekannt, und befiehlt dann Vergatterung. Hierauf schlägt (bläst) der Spielmann das Signal „Vergatterung". Ist kein Spielmann (Trompeter) zugegen, oder darf kein Spiel gerührt werden, so gibt er die Vergatterung nur durch den Befehl „Vergatterung" bekannt. Nunmehr befiehlt der Offizier den Abmarsch der Wache und läßt sie an sich vorbeimarschieren.

Am Karfreitag und Bußtag wird außer bei Feuer und Alarm kein Spiel gerührt.

Antreten und Aufstellen der Wachmannschaften erfolgt in Linie, je nach Stärke der Wachen, in ein bis drei Gliedern der Größe nach.

Ablösen der Wachen.

Die ablösende neue Wache hat sich dem Wachgebäude auf das Kommando „Achtung!" im Exerziermarsch zu nähern. Alle mit der Wachablösung verbundenen Marschbewegungen sind im Exerziermarsch auszuführen.

Nähert sich die neue Wache dem Wachgebäude, so ruft bei Wachen mit Posten vor Gewehr dieser, bei Wachen ohne Posten vor Gewehr ein hierzu besonders beauftragter Mann der Wache „Heraus!" oder klingelt.

Der Posten vor Gewehr steht während des Ablösens mit Gewehr über neben dem Schilderhaus still. Steht der Posten bei einem Tor, so hat er es kurz vor der Ablösung zu schließen. Während der Ablösung unterbleibt Fußgänger- und Fahrzeugverkehr durch das Tor (ausgenommen sind Wachvorgesetzte und geschlossene Abteilungen). Bedingt die Verkehrslage eine Ausnahme (Verkehrsstörung in belebter Gegend), so nimmt der Posten seine Schließertätigkeit wieder auf und steht nach deren Beendigung erneut still.

Der Wachhabende der alten Wache läßt auf Ruf oder Klingelzeichen ins Gewehr treten und kommandiert: „Richt Euch! Augen gerade — aus! Das Gewehr — über!" Der stellvertretende Wachhabende, falls ein solcher nicht vorhanden, ein vom Wachhabenden vorher hierzu bestimmter Mann, bleibt in der Wachstube zurück. Er sorgt dafür, daß kein Unbefugter die Wachstube betritt, und bedient den Fernsprecher.

Der Wachhabende der alten Wache führt diese auf fünf Schritte vor die alte Wache und kommandiert: „Wache — halt! Links — um! Richt Euch! Augen gerade — aus!" Wird die neue Wache von vorn vor die alte Wache geführt, so läßt der Wachhabende nach dem Halten zunächst zu ein bis drei Gliedern aufmarschieren, dann folgen die Kommandos. Die Wendung fällt weg.

Der Wachhabende der neuen Wache kommandiert für beide Wachen: „Beide Wachen! Rechts — um! Wachen — marsch!" Beide Wachen wechseln ihre Plätze, indem sie auf den bisherigen Platz der anderen Wache marschieren. Sind diese Plätze erreicht, kommandiert der Wachhabende der neuen Wache: „Beide Wachen — halt! Links — um! Gewehr — ab! Neue Wache — weggetreten!"

Die Mannschaften der neuen Wache begeben sich nach dem Wegtreten in die Wachstube. Die ersten Ablösungen machen sich für die Postenablösung fertig. Nach Instandsetzen des Anzuges läßt der Aufführende der neuen Wache heraustreten, laden und sichern, soweit dies befohlen ist, und marschiert nach Abmeldung beim neuen Wachhabenden mit der ersten Postenablösungen ab.

Der Wachhabende der alten Wache bildet die Linie (zu drei Gliedern) oder Marschordnung und läßt die Gewehre zusammensetzen und wegtreten. Er übergibt dem neuen Wachhabenden an Hand der Wachvorschrift und der Verzeichnisse die gesamte Ausrüstung und Ausstattung der Wache (z. B. Munition für Handfeuerwaffen, Stielhandgranaten, Sprengkapseln, Schlüssel für Munitionsbehälter und Wachräume, elektrische Taschenlampen, Vorschriften, Mäntel usw.). Untersteht eine Arrestanstalt der Aufsichtspflicht des Wachhabenden, so ist die Anstalt gleichfalls zu übergeben. Der Wachhabende der neuen Wache bestätigt die richtige Übernahme im Wachbuch. Damit hat der neue Wachhabende auch den Befehl übernommen.

Der Wachhabende der alten Wache läßt nach Rückkehr aller Ablösungen die Tornister umhängen, an die Gewehre treten und marschiert ab. Mit dem Abmarsch ist der Wachdienst der alten Wache beendet.

Verhalten auf Wache.

Auf der Wachstube muß größte Ordnung und Sauberkeit herrschen (Tornister tadellos hinlegen, Gewehre mit Mündungsschoner auf [vgl. H. Dv. 257, Ziff. 85] ordnungsgemäß hinstellen, Stahlhelm griffbereit legen, Aschenbecher rechtzeitig leeren, Eßgeräte u. dgl. nicht umherstehen lassen). Lärmen, Musizieren und die Unterhaltung der Wachmannschaften mit Kasernenbesuchern ist verboten. Vor der Wachstube sitzende Wachmannschaften haben auf ordentlichen Anzug und einwandfreie Haltung zu achten. Auch während des Ruhens bei Nacht ist das Abschnallen oder Öffnen des Koppels verboten. Mäntel dürfen als Unterlage nicht benutzt werden.

Pflichten des Wachhabenden.
(Besonders wichtig für den Vertreter!)

Dem Wachhabenden müssen alle für den Wachdienst gegebenen Befehle und Anordnungen genau bekannt sein. Dazu muß er immer wieder die Standortdienstvorschrift, die Wachvorschrift und die Sonderbefehle sorgfältig durchlesen. Er hat alle Wachmannschaften, Posten und Streifen eingehend zu unterweisen und ihre Tätigkeit wiederholt unregelmäßig zu prüfen. Besondere Beachtung hat er der Prüfung der Ausweise (Stempelung, Lichtbild mit dem Ausweisinhaber vergleichen Unterschrift, zeitliche Gültigkeit) zu schenken. Die Posten sind über die Art und Weise der Prüfung der Ausweise zu belehren. (Die Ausweise müssen den Inhabern abgenommen und auf beiden Seiten geprüft werden, da durch ein bloßes Vorzeigen eine sorgfältige Prüfung nicht möglich ist.) Ferner ist der vorschriftsmäßige Anzug aller Soldaten, die die Kaserne verlassen wollen, zu überwachen (Fehlen der Seitenwaffe, der Troddel, offener Kragen, schlecht gebügelte Hose, schlecht sitzende Mütze!). Vor jedem Aufziehen der Posten (Streifen) muß der Wachhabende die Richtigkeit und den Putzzustand des **Anzugs**, der Ausrüstung, der **Waffen** (Abnehmen des Mündungsschoners) und der **Munition** nachsehen und sie unter Umständen nochmals über die richtigen Ehrenbezeigungen unterweisen. Jeder Posten muß wissen, ob und wann seine Waffe geladen sein muß. Das Laden bzw. Entladen der Waffen hat **vor** der Wachstube zu erfolgen. Bei großer **Hitze** oder **Kälte** hat der Wachhabende die notwendigen **Fürsorgemaßnahmen** zu veranlassen. Die Verpflegungsausgabe, das Waschen und Austreten der Mannschaften ist so zu regeln, daß die stete Verwendungsbereitschaft der Wache gewährleistet ist.

Der Wachhabende darf die Wache nur in den nach seiner Wachvorschrift vorgesehenen Fällen und zu kurzem Austreten verlassen. Vorher übergibt er das Kommando dem Nächstältesten.

Der Wachhabende ist dafür verantwortlich, daß
a) die Wache ständig richtig eingeteilt und vorschriftgemäß angezogen ist,
b) die Posten pünktlich abgelöst werden,
c) die Wache jederzeit zum Erfüllen ihrer Aufgaben bereit ist. Es dürfen daher nicht gleichzeitig mehrere Mannschaften der Wache mit Sonderaufträgen entsandt werden. Ist dies unvermeidlich, so hat er von den die Wache stellenden Truppenteil sofort Verstärkung anzufordern unter gleichzeitiger Meldung an den Offizier vom Orts-, Regiments- usw. Dienst,
d) Waffen und Munition, Ausstattungs- und Bekleidungsstücke auf Wache ordnungsgemäß verwaltet und aufbewahrt werden,
e) das Wachbuch und die sonstigen Meldebücher sauber geführt und die erforderlichen Meldungen und Eintragungen sorgfältig vorgenommen werden,
f) Ruhe, Ordnung und Sauberkeit auf der Wachstube und im Bereich des Wachgebäudes herrschen,
g) niemand in der Wachstube sich aufhält, der nicht zur Wache gehört oder dort nicht dienstlich zu tun hat.

Macht sich ein Soldat im Wachdienst des Schlafens auf Posten, der Trunkenheit, der Widersetzlichkeit oder anderer erheblicher Verfehlungen schuldig, so nimmt ihn der Wachhabende fest, meldet es **sofort** dem Offizier vom Orts-, Regiments-, usw. Dienst und beantragt beim Truppenteil Ersatz. Leichtere Verstöße der Wachmannschaften werden nach Ablösung der Wache ihrem Disziplinarvorgesetzten gemeldet.

Erkrankte Wachmannschaften meldet der Wachhabende sofort dem Truppenteil und bittet um Ersatz. Auf Posten Erkrankte sind zunächst abzulösen.

Wachmannschaften dürfen die Wachstube nur mit Erlaubnis des Wachhabenden und nur für kurze Zeit verlassen. Die Rückkehr ist dem Wachhabenden zu melden.

Beurlaubungen von der Wache sind verboten. In Sonderfällen beantragt der Wachhabende beim Truppenteil Ablösung und Ersatzgestellung. Erst nach Eintreffen des Ersatzmannes darf der Abgelöste wegtreten.

Wachmannschaften dürfen Kameradschaftsheime (Kantinen) und deren Verkaufsräume nur zu Einkäufen, jedoch nicht zu weiterem Aufenthalt betreten.

Die Zeit von 22.00 bis 6.00 Uhr gilt für die Wache als Nachtzeit. Während der Nachtzeit teilt der Wachhabende die Mannschaft so ein, daß jeder zu einer bestimmten Zeit schlafen kann; auch er selbst darf sich dazu zeitweise vertreten lassen. In der Wachstube dürfen nachts die Rockkragen geöffnet werden. Zur Nachtruhe dienen Pritschen und Decken.

Pflichten der Posten (Postenanweisung).

Für jeden Posten gilt die allgemeine und eine besondere Postenanweisung. Jeder Posten muß die für seinen Postenbereich geltenden Anweisungen genau kennen.

Allgemeine Postenanweisung.

Dem Posten ist, wenn nicht ausdrücklich anders bestimmt, verboten, die Waffe aus der Hand zu lassen, sich zu setzen, zu legen oder anzulehnen, zu essen, zu trinken, zu rauchen, zu schlafen, sich zu unterhalten, soweit er nicht dienstlich Auskunft oder Weisungen zu erteilen hat. Geschenke anzunehmen, über seinen Postenbereich hinauszugehen oder ihn vor Ablösung zu verlassen. Die besondere Postenanweisung darf Ausnahmen oder weitere Einschränkungen zulassen.

a) Das Gewehr wird auf der Schulter oder unter dem Arm, mit langem Gewehrriemen umgehängt (über der rechten Schulter) getragen. Mit aufgepflanztem Seitengewehr und im Schilderhaus steht der Posten mit Gewehr ab. Die Pistole wird in der Pistolentasche getragen.

b) Posten vor Ehrenmalen und vor der Reichskanzlei stehen in Seitgrätschstellung mit Gewehr über (angezogenem Gewehr). Posten vor Ehrenmalen erweisen keine Ehrenbezeigung.

Ob und welche Posten mit geladener Waffe oder mit aufgepflanztem Seitengewehr stehen sollen, bestimmt der Standortälteste (Kommandeur), in Ausnahmefällen auch ein anderer unmittelbarer Wachvorgesetzter, soweit nicht die Waffe grundsätzlich zu laden ist.

Das Schilderhaus darf nur bei Unwetter betreten werden. Auch im Schilderhaus darf die Aufmerksamkeit des Postens nicht nachlassen. Zum Erweisen einer Ehrenbezeigung oder wenn sein Dienst es sonst erfordert, tritt der Posten heraus.

Werden dem Posten bei der Ablösung besondere Gegenstände übergeben, so prüft er sie sofort auf Vollzähligkeit und auf unbeschädigten Zustand. Mängel meldet er sofort dem Aufführenden oder dem ablösenden Posten. Nach seiner Ablösung meldet er dem Wachhabenden alle außergewöhnlichen Ereignisse.

Erkrankt ein Posten, so darf er seinen Platz nicht verlassen, sondern läßt dem Wachhabenden durch einen vorübergehenden Soldaten oder eine andere Person seine Erkrankung melden und um Ablösung bitten. .

Posten rufen vorbeigehende oder herankommende Personen mit „Halt — wer da!" an, wenn es zu ihrer Sicherheit nötig oder aus besonderen Gründen vorgeschrieben ist (z. B. auf entlegenen Plätzen in der Dunkelheit). Antwortet oder steht der Angerufene auf „Halt — wer da!"

nicht, so ist er festzunehmen. Bei Vorliegen der Voraussetzungen des Waffengebrauchs hat der Posten von seiner Waffe Gebrauch zu machen.

Posten steht der Waffengebrauch in Ausübung ihres Dienstes nach der Verordnung über den Waffengebrauch der Wehrmacht (siehe S. 121 ff.) ohne weiteres zu:
1. um einen Angriff oder eine Bedrohung mit gegenwärtiger Gefahr für Leib oder Leben abzuwehren oder um Widerstand zu brechen;
2. um der Aufforderung, die Waffen abzulegen oder bei Menschenansammlungen auseinanderzugehen, Gehorsam zu verschaffen;
3. gegen Gefangene oder vorläufig Festgenommene, die einen Fluchtversuch unternehmen, obwohl ihnen bei ihrer Übernahme oder Festnahme angedroht worden ist, daß bei Fluchtversuch die Waffe gebraucht werde;
4. um Personen anzuhalten, die sich der Befolgung rechtmäßiger Anordnungen trotz lauten Haltrufs durch die Flucht zu entziehen suchen;
5. zum Schutz der ihrer Bewachung anvertrauten Personen oder Sachen. Auch in diesem Fall hat dem Waffengebrauch, wenn die Lage es zuläßt, ein lauter Haltruf voranzugehen.

Die Waffe darf nur soweit gebraucht werden, als es der Zweck erfordert. Die Schußwaffe ist nur anzuwenden, wenn die blanke Waffe nicht ausreicht.

Nähert sich bei Dunkelheit ein Wachvorgesetzter (z. B. der Offizier vom Orts=, Regiments= usw. Dienst) dem Posten unter Zuruf des Kennworts, so erweist dieser eine Ehrenbezeigung, sobald er den Vorgesetzten erkannt hat, und meldet etwaige Vorfälle. Erkennt der Posten den Vorgesetzten nicht oder hat er Zweifel, so erbittet er Dienstzettel oder Truppenausweis (Soldbuch) und prüft ihre Richtigkeit.

Besondere Postenanweisung.

Die Wachvorschrift muß für jeden Posten eine besondere Postenanweisung enthalten, welche die nach den örtlichen Verhältnissen erforderlichen Pflichten und Aufgaben des Postens regelt.

Posten, falls nicht besondere Verkehrsposten gestellt sind, haben dafür zu sorgen, daß Fahrzeuge die von ihnen bewachten Grundstücke erst verlassen, wenn der Straßenverkehr es erlaubt.

Aufziehen und Ablösen der Posten.

Für jeden Posten sind drei Mann (Nummern), für jeden nur nachts stehenden Posten zwei Mann bestimmt. Die Posten werden alle zwei Stunden, bei strenger Kälte und bei besonders starker Hitze stündlich abgelöst. Dies befiehlt der Standortälteste oder ein anderer Wachvorgesetzter; bei plötzlichem Witterungswechsel darf es der Wachhabende selbständig anordnen. Der Standortälteste (Kommandeur) darf, wenn stündliches Ablösen nötig wird, jeden Posten mit vier, jeden Nachtposten mit drei Mann besetzen. Bei Schließerposten, die ihren Dienst von der Wachstube aus oder in der Wachstube ausüben, regelt der Standortälteste (Kommandeur) die Besetzung mit ein bis drei Mann.

Ob die Posten mit oder ohne Aufführenden abzulösen sind, befiehlt der Standortälteste (Kommandeur) nach den örtlichen Verhältnissen.

Zum Ablösen treten Aufführende und Postenablösungen auf Befehl des Wachhabenden ins Gewehr. Bis zu drei Mann Postenablösung treten in einem Glied, vier Mann und mehr in zwei Gliedern an. Die Aufführenden geben das Kommando zum Abmarsch und marschieren zwei Schritte vor der Postenablösung. Postenablösungen ohne Aufführende marschieren auf Befehl des Wachhabenden ab. Posten, die ihren Dienst mit geladenem Gewehr versehen, laden und entladen es vor der Wachstube im Freien. Laden und Entladen erfolgt unter Aufsicht des Wachhabenden.

Postenablösungen mit Aufführenden.

Die Aufführenden sind während dieser Tätigkeit Vorgesetzte der ablösenden, abzulösenden und abgelösten Posten.

Beim Ablösen der Posten sind die ersten drei Schritte nach dem Antreten bzw. die letzten drei Schritte vor dem Halten im Exerziermarsch auszuführen.

a) Der Aufführende führt die Ablösung, ohne Schwenkungen zu kommandieren, so nahe an den Posten heran, daß auf „Ablösung — halt!" die Ablösung mit der Front dem Posten, der auf seinen vorgeschriebenen Platz getreten ist, gegenübersteht. Der Aufführende tritt einen Schritt rechts seitwärts mit gleichzeitiger Wendung nach links (der beim ersten Ablösen begleitende Aufführende der alten Wache links seitwärts mit gleichzeitiger Wendung nach rechts) und kommandiert „Ablösung — vor!". Die Ablösung marschiert bis auf einen Schritt Abstand vor den abzulösenden Posten. Der alte Posten meldet etwaige besondere Vorkommnisse und übergibt erforderlichenfalls Stielhandgranaten, Torschlüssel usw. Auf das Kommando des Aufführenden „Abgelöst!" wechseln beide Posten ihre Plätze. Der neue Posten meldet: „Posten übernommen!", worauf der Aufführende kehrtmacht. Der begleitende Aufführende der alten Wache marschiert links neben dem Aufführenden, der abgelöste Posten tritt mit einer Wendung nach rechts zwei Schritte hinter den Aufführenden. Hierauf gibt der Aufführende das Kommando zum Abmarsch.

Ankunft der Ablösung.   Übergabe des Postens.   Abmarsch der Ablösung.
„Ablösung — halt!"   „Ablösung — vor!"   „Ablösung — Marsch!"

Bild 1.   Bild 2.   Bild 3.

Zeichenerklärung:

▭ **Aufführender der neuen Wache.**   ▭ **Posten der neuen Wache.**
▭ **Aufführender der alten Wache.**   ▭ **Posten der alten Wache.**

b) Doppelposten werden nur von einem Aufführenden geführt (Ablösung erfolgt sinngemäß nach a). Der neue Doppelposten wird bis auf vier Schritte vor die Mitte der alten Posten geführt, der Aufführende behält die Front zu dem Posten. Auf das Kommando des Aufführenden „Ablösung — vor!" marschieren die neuen Posten auf die abzulösenden zu. Die Ablösung erfolgt auf das Kommando des Aufführenden. Der rechtsstehende neue Posten meldet: „Posten übernommen!", worauf der Aufführende und die abgelösten Posten kehrtmachen. Hierauf gibt der Aufführende das Kommando zum Abmarsch, die abgelösten Posten setzen sich während des Marsches zwei Schritte hinter den Aufführenden.

Vor Offizieren, die die Ehrenbezeigung begegnen, ist die Ehrenbezeigung mit: „Achtung! — Augen rechts! (Die Augen — links!)" zu erweisen. Das Kommando ist so rechtzeitig abzugeben, daß der Exerziermarsch sechs Schritte vor dem Vorgesetzten begonnen hat. Zwei Schritte vor der Begegnung wird „Im Gleichschritt!" kommandiert. Ausnahme: Offiziere in Kraftwagen bzw. auf Krafträdern. Die gleiche Ehrenbezeigung ist vor ausländischen, zu einem deutschen Truppenteil kommandierten Offizieren in Uniform von der Wache dieses Truppenteils zu erweisen.

Die Abgelösten führt der Aufführende zur Wache zurück, läßt Gewehr abnehmen, gegebenenfalls entladen und wegtreten. Er meldet dem Wachhabenden das erfolgte Ablösen der Posten und etwaige Vorkommnisse.

Nach Rückkehr der letzten Ablösung teilt der Wachhabende die Wache neu ein. Erst dann treten die Ablösungen zu Ehrenbezeigungen aus der Wache mit heraus. Nachts wird nicht neu eingeteilt.

Postenablösungen ohne Aufführenden.

Posten in der Nähe des Wachgebäudes werden nicht aufgeführt. Die Ablösung geht zu dem abzulösenden Posten und verfährt sinngemäß. Der abgelöste Posten meldet sich beim Wachhabenden zurück.

Ehrenbezeigungen der Wachen.

Wachen mit einem Posten vor Gewehr erweisen von 6⁰⁰ Uhr bis zum Einbruch der Dunkelheit eine Ehrenbezeigung durch „Stillstehen mit präsentiertem Gewehr" ohne aufgepflanztes Seitengewehr (für die Dauer des besonderen Einsatzes durch „Stillstehen mit umgehängtem Gewehr") vor:
 a) dem Führer und Obersten Befehlshaber der Wehrmacht,
 b) den Offizieren der Rangklasse der Generale und Admirale, den entsprechenden Offizieren einer ausländischen Wehrmacht, den entsprechenden ehemaligen Offizieren der Wehrmacht, der ehemaligen Reichswehr, des ehemaligen österreichischen Bundesheeres, der alten Armee und Marine, der alten österreichischen Armee und Marine in Uniform,
 c) dem Standortältesten,
 d) den unmittelbaren Vorgesetzten der wachhabenden Truppe vom Bataillons- usw. Kommandeur aufwärts,
 e) dem **Offizier vom Orts-, Regiments-** usw. **Dienst**, wenn er Dienstanzug mit **Pistole und Stahlhelm** trägt und Offizierrang hat,

f) den Trauerparaden der **Wehrmacht**,

g) den Fahnen und Standarten der **Wehrmacht einschl.** denen der alten Armee, der früheren Seebataillone, den mit dem Frontkämpferkreuz geschmückten Kriegsflaggen der alten Marine sowie denen der alten österreichischen Armee und Marine, ferner der Reichskriegsflagge, wenn sie von Kriegsschiff-Besatzungsteilen als „Trageflagge" mitgeführt wird, und der Blutfahne der „NSDAP."

Wachen mit einem Posten vor Gewehr, zu denen ein Trommler gehört, schlagen bei Ehrenbezeigungen vor dem Führer und Obersten Befehlshaber der Wehrmacht außerdem den Generalmarsch.

Vor Botschaftern und Gesandten einer fremden Macht, die vom Führer empfangen werden, wird von der örtlichen Wache eine Ehrenbezeigung erwiesen. Bei Botschaftern wird der Generalmarsch geschlagen.

Stellvertretern von Botschaftern und Gesandten fremder Staaten, die im Rang niedriger als der Titular selbst stehen, sind die ihnen nach ihrem persönlichen Rang zustehenden Ehrenbezeigungen zu erweisen.

Die Bestimmungen über Ehrenerweisungen vor ausländischen Diplomaten und zum Staatsbesuch in Berlin weilenden ausländischen Persönlichkeiten sind in den „Sonderbefehlen für den Standort Groß-Berlin" festgelegt.

Zu einer Ehrenbezeigung der Wache ruft der Posten vor Gewehr: „Heraus!" oder klingelt. Erfolgt dies zu spät, wird die Ehrenbezeigung dennoch ausgeführt. Der Posten erweist dann die Ehrenbezeigung unabhängig von der Wache. Wird durch Zuruf oder durch Winken für die Ehrenbezeigung gedankt, so führt der Posten vor Gewehr sie allein aus; auf abermaliges Zurufen oder Winken unterläßt er sie.

Zum Erweisen der Ehrenbezeigung tritt die Wache ins Gewehr. Die Kommandos für die Ehrenbezeigung lauten: „Richt euch! Augen gerade — aus! Das Gewehr — über! Achtung! Präsentiert das — Gewehr! Augen — rechts! (Die Augen — links!)." (Für die Dauer des besonderen Einsatzes fällt das Präsentieren weg; die Ehrenbezeigung wird durch Stillstehen mit umgehängtem Gewehr" und Kopfstellung rechts oder links ausgeführt.) Der Posten führt die Ehrenbezeigung auf das Kommando des Wachhabenden, bei verspätetem Heraustreten der Wache ohne Kommando des Wachhabenden aus. Die Wache folgt dem Offizier usw., dem die Ehrenbezeigung erwiesen wird, durch Drehen des Kopfes, wie es für die Parade vorgeschrieben ist. Tritt der Offizier usw an die Wache heran, so meldet der Wachhabende, ohne seinen Platz und Gewehrstellung (Säbelhaltung) zu ändern, Kennwort und besondere Vorfälle.

a) Offiziere der Wache ziehen in allen Fällen, in denen die Wache Griffe ausführt, den Säbel und machen die Griffe mit.

b) Portepeeunteroffiziere verfahren wie die Offiziere der Wache, machen aber den Präsentiergriff nicht mit.

c) Unteroffiziere und Mannschaften als Wachhabende machen die Griffe mit dem Gewehr mit.

Der Spielmann (Trompeter) ergreift, wenn die Wache ins Gewehr tritt, Trommel oder Horn (Signaltrompete) Spielleute (Trompeter) führen die vorgeschriebenen Griffe zusammen mit der Wache aus

Wachen (und Posten) behalten, falls sie bei präsentiertem Gewehr von einem Vorgesetzten usw. begrüßt oder angesprochen werden, diese Gewehrstellung bei. Sie erwidern eine Begrüßung durch „Heil!" unter Hinzufügen der Anrede, eine Begrüßung durch „Heil Hitler!" nur mit „Heil Hitler!"

Hat sich der Offizier usw., dem die Ehrenbezeigung erwiesen worden ist, von der Wache entfernt, so kommandiert der Wachhabende: „Das Gewehr — über! Gewehr — ab! Weggetreten!"

Offizieren stehen Ehrenbezeigungen der Wachen nur in Uniform zu.

Unter besonderen Umständen (z. B. Bereitschaft bei inneren Unruhen, Beaufsichtigen von Festgenommenen) tritt die Wache zu Ehrenbezeigungen nicht heraus. Der Wachhabende (oder der Posten vor Gewehr) meldet nur.

Wachen ohne Posten vor Gewehr, Wachen im Sicherheitsdienst und in Biwaken erweisen keine Ehrenbezeigung.

In der Zeit vom Einbruch der Dunkelheit bis 6⁰⁰ Uhr treten Wachen nur auf Befehl eines Wachvorgesetzten heraus. Der Wachhabende läßt die Wache antreten, Gewehr über nehmen und meldet das Kennwort sowie besondere Vorfälle

Betritt ein Wachvorgesetzter die Wachstube, so ruft der Wachhabende: „Achtung!" Die Wachmannschaften erheben sich, setzen Stahlhelm auf und stehen mit der Front zum Wachvorgesetzten still. Der Wachhabende meldet das Kennwort, die Stärke der Wache und besondere Vorfälle. Die Wachmannschaft rührt erst, wenn der Wachvorgesetzte es befiehlt oder die Wachstube verlassen hat. Verläßt der Wachvorgesetzte die Wachstube, während die Wachmannschaft rührt, so ruft der Wachhabende erneut: „Achtung!"

Betritt ein Vorgesetzter, der nicht Wachvorgesetzter ist, aber auf Grund des allgemeinen Vorgesetztenverhältnisses dem Wachhabenden gegenüber Vorgesetzteneigenschaft besitzt, während der für die Wache angeordneten Tageszeit (6⁰⁰ bis 22⁰⁰ Uhr) die Wachstube, so ist wie vorstehend zu verfahren. Betritt er sie nachts (22⁰⁰ bis 6⁰⁰ Uhr), so erweist nur der Wachhabende eine Ehrenbezeigung und meldet.

Ehrenbezeigungen der Posten.

Posten erweisen eine Ehrenbezeigung entweder durch Stillstehen mit präsentiertem Gewehr oder durch Stillstehen mit Gewehr über oder mit umgehängtem Gewehr (für die Dauer des besonderen Einsatzes durch „Stillstehen mit umgehängtem Gewehr!"). Posten mit Pistole stehen still unter Anlegen der rechten Hand an die Kopfbedeckung.

Posten mit Gewehr (ungeladen) erweisen die Ehrenbezeigung durch Stillstehen mit präsentiertem Gewehr (für die Dauer besonderen Einsatzes durch „Stillstehen mit umgehängtem Gewehr!").

a) in allen Fällen, in denen Wachen eine Ehrenbezeigung erweisen,
b) Offizieren, ehemaligen Offizieren der Wehrmacht, der ehemaligen Reichswehr, des ehemaligen österreichischen Bundesheeres, der alten Armee und Marine, der alten österreichischen Armee und Marine sowie ausländischen Offizieren in Uniform,
c) den Trägern der höchsten Kriegsorden (Ehrenzeichen).

Die höchsten Kriegsorden (Ehrenzeichen) sind:

Großdeutsches Reich: Großkreuz des Eisernen Kreuzes von 1939, Ritterkreuz des Eisernen Kreuzes von 1939, Großkreuz des Eisernen Kreuzes von 1914, Orden pour le mérite, Militärverdienstkreuz. Österreich: Militär-Maria-Theresienorden, Leopold-Orden mit der Kriegsdekoration, goldene Tapferkeitsmedaille. Bayern: Militär-Max-Joseph-Orden, Militär-Sanitätsorden, goldene und silberne Tapferkeitsmedaille. Sachsen: Militär-St.-Heinrichsorden (nur Großkreuz, Kommandeurkreuz 1. und 2. Klasse sowie goldene Medaille). Württemberg: Militär-Verdienstorden (nur Großkreuz und Kommentur), goldene Militär-Verdienstmedaille. Baden: Militär-Karl-Friedrich-Verdienstorden, Militär-Karl-Friedrich-Verdienstmedaille.

Posten erweisen die Ehrenbezeigung durch Stillstehen mit Gewehr über (mit umgehängtem Gewehr):

a) in den vorstehend angeführten Fällen bei geladenem Gewehr,
b) Wehrmachtbeamten im Offizierrang in Uniform, den Wehrmachtgeistlichen auch in Amtstracht,
c) allen Unteroffizieren in Uniform,
d) Offizieren und Wehrmachtbeamten nach Absatz b) in bürgerlicher Kleidung, wenn sie dem Posten bekannt sind oder sich ihm ausweisen,
e) Offizieren und Wehrmachtbeamten im Offizierrang in Sport- oder sonstiger Sonderkleidung,
f) vor Leichenbegängnissen.

Posten erfüllen die Grußpflicht durch Stillstehen mit Gewehr über (mit umgehängtem Gewehr) vor:

a) Polizei- und Gendarmerieoffizieren, den Führern des RLB. vom Luftschutzgruppenführer, den Führern der SA., ϟϟ, des NSFK., des NSKK. vom Standartenführer, den Führern des RAD. vom Arbeitsführer an aufwärts in Uniform,
b) den Fahnen der Partei und ihrer Gliederungen, der Bünde und Verbände, wenn sie in geschlossenem Zuge mitgeführt werden. Ausgenommen sind die Kommandoflaggen der SA., ϟϟ usw. sowie die Wimpel des BDM. und des Jungvolks.

Bei Doppelposten richtet sich bei Griffen der linke Mann nach dem rechts stehenden.

Zu einer Ehrenbezeigung geht der Posten schnell auf seinen vorgeschriebenen Platz. Die Ehrenbezeigung beginnt auf sechs Schritte Entfernung; sie endet, sobald der Vorgesetzte usw. zwei Schritte vorbei ist oder abwinkt. Der Posten folgt dem Vorgesetzten usw. durch

Drehen des Kopfes. War der Vorgesetzte usw. zu spät bemerkt, so wird die Ehrenbezeigung nachgeholt.

Wird der Posten, während er das Gewehr präsentiert hat, von einem Vorgesetzten angesprochen, so nimmt er zuerst das Gewehr über und antwortet dann erst dem Vorgesetzten.

Eine Ehrenbezeigung unterbleibt, wenn den Posten seine Postenpflicht in Anspruch nimmt (z. B. nach Festnahme einer Person, beim Öffnen oder Schließen eines Tores). Das gleiche gilt für Posten im Sicherheitsdienst und in Biwaken.

Wird der Posten von Zivilpersonen mit dem Deutschen Gruß und „Heil Hitler!" begrüßt, so antwortet er im Rühren „Heil Hitler!".

Zapfenstreich.

Zapfenstreich, das Zeichen zum Beginn der Nachtruhe, ist auf 22.00 Uhr festgesetzt, sofern der Truppenkommandeur vorübergehend nicht einen anderen Zeitpunkt bestimmt. Zapfenstreich und das eine Viertelstunde vorher stattfindende Locken sowie das Wecken schlägt oder bläst der Spielmann der Wache.

Zum Zapfenstreich haben alle Mannschaften im ersten und zweiten Dienstjahr, falls sie nicht beurlaubt sind, in der Unterkunft zu sein. Mannschaften vom dritten bis sechsten Dienstjahr dürfen bis 1.00 Uhr, Unteroffiziere bis zum sechsten und Mannschaften über sechs Dienstjahre bis 2.00 Uhr ausbleiben. — Unberechtigtes Überschreiten des Zapfenstreichs wird bestraft.

5. Festnahme und Waffengebrauch.

Festnahme.

1. Die den **Wachdienst ausübenden Soldaten** sind aus eigener Machtvollkommenheit zu einer Festnahme befugt.

a) **zur gerichtlichen Strafverfolgung,** wenn ein Wehrmachtangehöriger eine Zivilperson auf frischer Tat betroffen oder verfolgt wird und entweder der Flucht verdächtig oder der Persönlichkeit nach nicht sofort feststellbar ist;

b) **aus Schutz- und Sicherheitsgründen,** wenn die Festnahme eines Wehrmachtangehörigen oder einer Zivilperson nötig ist:
   1. zum Schutze des Festzunehmenden oder zum Schutze der zu bewachenden Personen oder Sachen;
   2. bei Angriffen, Tätlichkeiten oder Beleidigungen gegen Wachen, Posten oder Streifen, um ihre Fortsetzung zu verhindern;

c) **aus Gründen der Mannszucht,** wenn Soldaten ohne gültigen Truppenausweis (Soldbuch) betroffen werden, sich nach Zapfenstreich unberechtigt außerhalb ihrer Unterkunft aufhalten, der unerlaubten Entfernung von der Truppe verdächtig sind oder das Ansehen der Wehrmacht erheblich schädigen.

Die Festnahmebefugnis gilt gegenüber Offizieren und Wehrmachtbeamten im Offizierrang (auch solchen einer fremden Wehrmacht), die sich in Uniform befinden, und wenn sie bei der Begehung eines Verbrechens auf frischer Tat betroffen oder verfolgt werden. (Für die Dauer des besonderen Einsatzes können Offiziere und Wehrmachtbeamte im Offizierrang in diesem Falle ebenfalls ohne Einschränkung festgenommen werden (siehe H Dv Bl 39 S 235).)

Beispiele:

Zu a) Eine Außenstreife überrascht einen Mann, der Heeresgut stiehlt (Begehen einer strafbaren Handlung, auf frischer Tat betroffen). Der Dieb ist unbekannt und kann sich nicht ausweisen (sofortige Feststellung der Persönlichkeit nicht möglich).

Zu b) Eine Straßenstreife hat einen Einbrecher festgenommen. Dieser wird von dem Bestohlenen wiederholt angegriffen (zum Schutze des Festgenommenen Festnahme nötig).

Dem Munitionshaus nähert sich ein Mann trotz ausdrücklichen Rauchverbots mit einer brennenden Zigarre. Auch auf die Warnung des Postens hin stellt er das Rauchen nicht ein (zum Schutze der zu bewachenden Sache Festnahme geboten).

Der Posten auf dem Schießstand wird von jungen Leuten mit Steinen beworfen. Die herankommende Ablösung nimmt die Leute fest, um die Fortsetzung der Angriffe zu verhindern.

Zu c) Eine Straßenstreife trifft nachts einen Soldaten in einer Wirtschaft ohne Urlaubsschein (unberechtigt außerhalb der Unterkunft).

Eine Innenstreife trifft einen Soldaten, der in Zivilkleidern die Kaserne über die Mauer verlassen will (der unerlaubten Entfernung verdächtig)

2. Die den Wachdienst ausübenden Soldaten haben ferner **Wehrmachtangehörige oder Zivilpersonen festzunehmen:**

a) auf Befehl ihrer Wachvorgesetzten,

b) auf Ersuchen eines Gerichts, eines untersuchungsführenden Kriegsgerichtsrats, eines soldatischen Vorgesetzten des Festzunehmenden, einer Staatsanwaltschaft, Polizeibehörde oder eines Polizei- oder Sicherheitsbeamten.

Beispiele:

Zu a) Der Offizier vom Rgts.- usw. Dienst befiehlt zwei Soldaten der Kasernenwache, den Schützen A., der eben die Kaserne mit einem Koffer verlassen will, festzunehmen.

Zu b) Der Kp.-Chef der 1. Kompanie ersucht eine Straßenstreife, den Schützen A. seiner Kompanie, der sich am Bahnhof in unvorschriftsmäßigem Anzug aufhält, festzunehmen.

Die militärischen Vorgesetzten haben weiter das Recht zur vorläufigen Festnahme:

a) Nach § 9 H. D. St. O. kann der Offizier und Unteroffizier zur Aufrechterhaltung der Mannszucht die im Dienstgrad oder Dienstalter unter ihm stehenden Soldaten vorläufig festnehmen.

b) Nach § 443 in Verbindung mit § 127 II Strafprozeßordnung kann jeder militärische Vorgesetzte unter ihm stehende Soldaten zwecks Strafverfolgung vorläufig festnehmen, wenn die Voraussetzungen eines Haftbefehls vorliegen (§ 112 St. P. O.: wenn dringende Verdachtsgründe gegen den Beschuldigten vorhanden sind und entweder der Flucht verdächtig ist oder Tatsachen vorliegen, aus denen zu schließen ist, daß er Spuren der Tat vernichtet oder Mitschuldige zu einer falschen Aussage oder Zeugen dazu verleiten werde, sich der Zeugnispflicht zu entziehen) und Gefahr im Verzug obwaltet.

Jeder Soldat (ebenso jeder sonstige Reichsangehörige) **hat das Recht der vorläufigen Festnahme** auch ohne richterlichen Befehl, wenn eine unbekannte Person bei der Verübung eines Verbrechens oder Vergehens auf frischer Tat betroffen oder verfolgt wird, wenn er der Flucht verdächtig ist oder seine Persönlichkeit nicht sofort festgestellt werden kann.

Beispiel: Ein Soldat trifft auf einem Spaziergang im Walde eine ihm unbekannte Person, die in ein Forsthaus einbricht und die auf sein Erscheinen die Flucht ergreift. Hierbei ist der Soldat zum Gebrauch der Waffe berechtigt, soweit dies zur Überwindung eines etwaigen Widerstands erforderlich ist. **Abweichend** davon ist der **Waffengebrauch nicht zulässig,** wenn der Festgenommene entsprungen ist.

3. Die **Festnahme geschieht** dadurch, daß der Soldat dem Festzunehmenden unter Handauflegen oder Berühren mit der Waffe ausdrücklich erklärte, er sei festgenommen. Zur Festnahme genügt nicht der Zuruf „Halt" oder „Sie sind verhaftet!", „festgenommen" oder dergleichen. Sofort nach der Festnahme hat der Soldat anzudrohen, daß bei Fluchtversuch von der Waffe Gebrauch gemacht werde (Ausnahme, siehe oben!). Waffen und Werkzeuge sind dem Festgenommenen abzunehmen.

4. Hat der Posten jemand festgenommen, so stellt er ihn in das Schilderhaus, Gesicht nach der Wand. Er pflanzt das Seitengewehr auf und stellt sich so vor das Schilderhaus, daß er den Festgenommenen sieht. Er erweist keine Ehrenbezeigung oder Gruß. Den Wachhabenden läßt er benachrichtigen. Bei Festnahme von Zivilpersonen läßt er einen Polizeibeamten rufen, wenn dies schneller zum Ziele führt.

5. Bei der Festnahme sind unnötiges Reden sowie Beleidigungen und Mißhandlungen zu unterlassen, nötigenfalls ist jedoch die Festnahme mit Gewalt zu erzwingen.

6. Festgenommene stehen unter dem Schutze der Wache. Waffen und sämtliche Papiere sind ihnen abzunehmen und der zuständigen Behörde abzuliefern. Die Papiere darf der Wachhabende nur mit Einverständnis des Festgenommenen durchlesen.

Durchsuchen von Wohnungen.

7. Soldaten im **Wachdienst** dürfen Wohnungen und umfriedigte Räume, um jemand festzunehmen, nur auf Befehl oder Antrag derjenigen Behörden oder Personen durchsuchen, welche Festnahmen anordnen dürfen. Zum Feststellen der Namen und zur Festnahme von Wehrmachtangehörigen dürfen im Wachdienst befindliche Soldaten der Öffentlichkeit zugängliche Räume (Gaststätten usw.) jederzeit, auch gegen den Willen des Inhabers, betreten.

Zur Beschlagnahme und Durchsuchung sind im Wachdienst befindliche Soldaten nur befugt, wenn es zur Aufrechterhaltung der Ruhe, Sicherheit und Ordnung innerhalb ihres Wachbereichs erforderlich ist.

Nachts*) dürfen die den Wachdienst ausübenden Sodaten solche Durchsuchungen ohne Zustimmung des berechtigten Inhabers oder seines Vertreters nur vornehmen:

a) **beim Verfolgen einer Person auf frischer Tat oder bei Gefahr oder zum Wiederergreifen eines entwichenen Gefangenen,**

b) **in Räumen, die Wehrmachtangehörigen zum Dienstgebrauch angewiesen sind,**

c) **an Orten, die bei Beginn der Durchsuchung jedermann zugänglich sind.**

Beispiele:

Zu a) Eine Straßenstreife hat einen Verbrecher festgenommen. Dieser entweicht auf dem Wege zur Polizeiwache und flüchtet in ein Haus, um sich zu verbergen.

Zu b) Der Offizier vom Dienst kontrolliert Soldaten, die in einem Privatquartier untergebracht sind, auf Innehaltung der Urlaubsbestimmungen.

Zu c) Z. B. Wartesäle, Gastwirtschaften usw.

Zu anderen Zwecken als dem der Festnahme einer Person dürfen Wohnungen auch nachts ohne Einwilligung des berechtigten Inhabers von den Wachdienst ausübenden Soldaten betreten werden:

bei Feuer- oder Wassernot, bei Lebensgefahr oder auf Ersuchen aus einer Wohnung heraus (z. B. Hilferufe).

Der Zutritt zu den Wohnungen der Soldaten kann ihren Vorgesetzten, den von ihnen Beauftragten und den Wachdienst ausübenden Soldaten auch nachts nicht versagt werden.

---

*) Nacht ist gem. § 104 St Pr. O.: Vom 1. April bis 30. September die Zeit von 21.00 bis 4.00 Uhr, vom 1. Oktober bis 31. März von 21.00 bis 6.00 Uhr.

Waffengebrauch.

Der Waffengebrauch ist zulässig:

1. beim Einschreiten der Wehrmacht im Innern:

Wird die Wehrmacht zur Aufrechterhaltung oder Wiederherstellung der öffentlichen Sicherheit und Ordnung eingesetzt, so steht den beteiligten Soldaten und Wehrmachtbeamten in A u s ü b u n g i h r e s D i e n s t e s der Waffengebrauch zu:

a) um einen Angriff oder eine Bedrohung mit gegenwärtiger Gefahr für Leib oder Leben abzuwehren oder um Widerstand zu brechen;

b) um der Aufforderung, die Waffen abzulegen oder bei Menschenansammlungen auseinanderzugehen, Gehorsam zu verschaffen;

c) gegen Gefangene oder vorläufig Festgenommene, die einen Fluchtversuch unternehmen, obwohl ihnen bei ihrer Übernahme oder Festnahme angedroht worden ist, daß bei Fluchtversuch die Waffe gebraucht werde;

d) um Personen anzuhalten, die sich der Befolgung rechtmäßiger Anordnungen trotz lauten Haltrufs durch die Flucht zu entziehen suchen;

e) zum Schutz der ihrer Bewachung anvertrauten Personen oder Sachen. Auch in diesem Fall hat dem Waffengebrauch, wenn die Lage es zuläßt, ein lauter Haltruf voranzugehen.

Beispiele:

Zu a) Ein **Angriff** liegt vor, wenn in feindseliger Absicht auf Leib oder Leben des Soldaten eingewirkt wird. Einwirkung jeder Art in dieser Absicht ist ein Angriff, wenn z. B. dem Posten ein Stoß versetzt wird oder eine Gasbombe nach ihm geworfen wird. Dagegen liegt **kein Angriff** vor, wenn z. B. ein Betrunkener den Posten während des Gesprächs nach Art mancher Leute mit den gestikulierenden Händen berührt (hier fehlt die feindliche Absicht).

Eine **Bedrohung** mit gegenwärtiger Gefahr für Leib oder Leben liegt vor, wenn z. B. ein Mann mit einem gezückten Messer oder erhobenem Knüppel auf den Posten eindringt.

Widerstand liegt vor, wenn z. B der Inhaber einer Gastwirtschaft eine Straßenstreife an dem berechtigten Betreten der Gastwirtschaft dadurch hindert, daß er die Tür zuhält.

Zu b) Der Aufforderung einer Außenstreife an eine mit Messern, Äxten und Knüppeln bewaffnete Menge wird nicht Folge geleistet, oder eine Menschenansammlung befolgt die Anordnung des militärischen Führers nicht, auseinanderzugehen.

Zu c) Ein von dem Posten ordnungsmäßig Festgenommener, der im Schilderhaus steht, läuft im unbewachten Augenblick weg.

Zu d) Trotz Verbots begibt sich ein Einwohner eines von Militär umstellten Hauses aus dem Hause und versucht, trotz des Haltrufes des Postens, die Flucht zu ergreifen.

Zu e) Ein Soldat hat den Befehl, die nach einer Gefechtshandlung gesammelten Patronenhülsen bis zum Abholen durch die Truppe zu bewachen. Er sieht, wie an einer weiter entfernt liegenden Sammelstelle von Zivilpersonen Hülsen in einen Korb gelesen und weggetragen werden. Trotz des Haltrufes laufen die Zivilpersonen mit dem gefüllten Korb weg.

2. in Ausübung des militärischen Wach- oder Sicherheitsdienstes.

Der Waffengebrauch ist zulässig in dem Umfang der Ziffer 1.

3. zur Beseitigung einer Störung der dienstlichen Tätigkeit.

Die Wehrmacht ist jederzeit zum Waffengebrauch berechtigt, um eine Störung ihrer dienstlichen Tätigkeit zu beseitigen.

Beispiele:

Ein Soldat hat den Befehl, bei einer Übung in einem zur Verfügung gestellten Gelände eine Anschlußflagge aufzustellen. Als er sich entfernen will, kommt der Eigentümer des Grundstücks und wirft die Flagge um mit dem Bemerken, daß er die Aufstellung nicht dulden würde. Der Soldat hat den Eigentümer des Grundstücks auf die Erlaubnis aufmerksam zu machen, die Flagge erneut aufzustellen und, falls er hierbei gestört wird, kann er nach vorheriger Androhung, falls Festnahme nicht ausreicht, von der Waffe Gebrauch machen.

4. Notwehr und disziplinarer Notstand.

Außerdem gelten für jeden Wehrmachtangehörigen im Fall der Notwehr oder des Notstandes §§ 53 und 54 des Reichsstrafgesetzbuches und für Vorgesetzte im Falle des disziplinaren Notstandes die §§ 124, 125 Abs. 2 des Wehrmachtstrafgesetzbuches.

Notwehr ist diejenige Verteidigung, die erforderlich ist, um einen **gegenwärtigen rechtswidrigen Angriff** von sich oder einem anderen abzuwenden, ohne Unterschied, ob der gegenwärtige rechtswidrige Angriff sich gegen Leib, Leben, Ehre oder Eigentum richtet.

Die **Notwehr darf** das gebotene Maß der **Verteidigung nicht überschreiten** und nicht in Vergeltung ausarten; jedoch ist bei Ausübung der Notwehr erforderlichenfalls der Gebrauch der Waffe gestattet.

Beispiele:

Eine Zivilperson schlägt mit einem leichten Stock nach einem Soldaten (**Angriff gegen Leib**); schlägt mit einem dicken Knüppel mit der Bemerkung: „Jetzt schlage ich dir den Schädel ein!" (**Angriff gegen Leben**); beschimpft den Soldaten trotz wiederholter Aufforderung zum Schweigen mit den gemeinsten Schimpfworten und folgt ihm ständig auf den Fersen, um weiterschimpfen zu können (**Angriffe gegen Ehre**); versucht einen dem Soldaten hingefallenen Gegenstand aufzuheben, um dann wegzulaufen (**Angriff gegen Eigentum**).

Ein Mädchen, das mit einem Soldaten spazierengeht, wird von einem Manne angefallen, geschlagen und beschimpft (**Angriff gegen Leib und Ehre eines anderen**).

In allen Fällen ist der Soldat zum Waffengebrauch berechtigt. — Der Waffengebrauch darf sich aber **nur gegen den Angreifer richten** (nicht gegen Dritte), und zwar im Augenblick des **gegenwärtigen, rechtswidrigen Angriffs** (nicht später!) und muß zur **Abwehr erforderlich** sein.

Disziplinarer Notstand*) liegt vor, wenn ein Vorgesetzter die Befolgung seiner rechtmäßigen Befehle im Falle der äußersten Not und dringendsten Gefahr mit keinem anderen Mittel als dem des Waffengebrauchs mehr erzwingen kann. Das Maß und die Art des Waffengebrauchs ist n i c h t beschränkt. So ist z. B. ein Offizier, der eine Meuterei unterdrücken will, nicht gehalten, zunächst zu versuchen, ob das Einschreiten mit der blanken Waffe ausreicht.

Maß und Art des Waffengebrauchs.

Die Waffe darf nur soweit gebraucht werden, als es für die zu erreichenden Zwecke erforderlich ist.

Die Schußwaffe ist nur zu verwenden, wenn die blanke Waffe nicht ausreicht. Wird mit Waffen oder anderen gefährlichen Gegenständen angegriffen oder Widerstand geleistet, so ist der Gebrauch der Schußwaffe ohne weiteres zulässig. Der Schußwaffe stehen Sprengmittel (Handgranaten, Sprengmunition, geballte Ladungen usw.) gleich.

Ist der Gebrauch der Schußwaffe zum Zerstreuen von Menschenansammlungen erforderlich, so hat eine Warnung voranzugehen, deren Form der jeweiligen Lage anzupassen ist.

R e c h t s w i d r i g e r   W a f f e n g e b r a u c h   i s t   s t r a f b a r.

6. Polizei und Wehrmacht.

Die Angehörigen der Wehrmacht sind als Vertreter der Staatsgewalt im besonderen Maße verpflichtet, außerhalb des Dienstes alle allgemeinen und örtlichen polizeilichen Verordnungen genau zu befolgen und den Anordnungen der Polizeibeamten, die diese in Ausübung ihres Dienstes erteilen, Folge zu leisten.

---

*) Vgl. H. Dv. 3/4 S. 13 (unten!) § 124 M. St. G. B.

Beispiele:
Der Soldat als Fußgänger überquere verkehrsreiche Straßen nur an den erlaubten Stellen; als Radfahrer fahre er bei Dunkelheit nicht ohne Licht; als Kraftfahrer — wozu er die besondere Genehmigung seines Vorgesetzten braucht — beachte er die Verkehrsregeln und fahre nicht in vorschriftswidriger Geschwindigkeit durch belebte Straßen. Wird der Soldat von einem Polizeibeamten angehalten, so hat er sofort zu halten.

Auch im Dienst befindliche Soldaten und Abteilungen haben derartigen Anordnungen nachzukommen, soweit nicht dringende dienstliche Gründe entgegenstehen.

Beispiele:
Führt ein Soldat eine Abteilung vom Schießstand zur Kaserne, so marschiere er nicht auf einem verbotenen Weg oder über bestellte Felder.
Hat aber z. B. ein Soldat mit Fahrrad den Befehl, für einen beim Felddienst verunglückten Kameraden einen Arzt auf dem kürzesten Wege zu holen, so kann er trotz polizeilicher Anordnung einen verbotenen Weg benutzen, wenn dieser kürzer ist.

Einzelne Soldaten außerhalb des Dienstes haben die Pflicht, den Polizeibeamten auf deren Anforderung in dringenden Fällen Hilfe und Unterstützung zu leisten. Einzelne Soldaten im Dienst haben solchen Ansuchen gleichfalls nachzukommen, soweit ihr Dienst dies gestattet.

Werden die Führer geschlossener Abteilungen von einzelnen Polizeibeamten um Hilfe angegangen, so haben sie dieser Bitte, wenn irgend angängig, zu entsprechen. Für das etwaige Eingreifen sind die Bestimmungen der Vorschrift über den Waffengebrauch der Wehrmacht maßgebend.

Beispiele:
Ein Soldat, der in der Stadt spazierengeht, wird von einem Polizeibeamten gebeten, ihm bei der Verhaftung eines in ein Haus geflohenen Verbrechers behilflich zu sein. Der Soldat hat zu helfen.
Einige Soldaten sind mit dem Sammeln von Steinen auf dem nahe am Walde gelegenen Exerzierplatz beschäftigt. Es erscheint ein Polizeibeamter und bittet, ihn bei der Wiederergreifung eines ihm eben in den Wald entwichenen Gefangenen zu unterstützen. Die Soldaten haben zu helfen.

Ist die Polizei zum Einschreiten gegen Angehörige der Wehrmacht gezwungen, so hat dies in ruhiger, möglichst unauffälliger Form zu geschehen. Zur vorläufigen Festnahme von Wehrmachtangehörigen ist die Polizei nur berechtigt, wenn bei dringendem Tatverdacht und Gefahr in Verzug ein militärischer Vorgesetzter oder eine militärische Wache nicht erreichbar ist, sofern

a) es sich um ein Verbrechen handelt oder
b) Fluchtverdacht besteht oder
c) Gefahr der Verdunkelung oder des Mißbrauches der Freiheit zu neuen strafbaren Handlungen vorliegt.

Wird ein Wehrmachtangehöriger bei einem Verbrechen oder Vergehen auf frischer Tat betroffen oder verfolgt, so darf er schon dann polizeilich festgenommen werden, wenn seine Persönlichkeit nicht sofort festgestellt werden kann. Befindet sich ein Wehrmachtangehöriger in einem militärischen Dienstgebäude, so hat die Polizei die Militärbehörde um Ausführung der Festnahme zu ersuchen.

Soldaten in bürgerlicher Kleidung, die sich nicht ausweisen können, werden von der Polizei wie eine Zivilperson behandelt.

Wird ein Soldat von einem Polizeibeamten zu Recht oder zu Unrecht angehalten und ist zu erwarten, daß daraus Weiterungen entstehen, so hat er auf jeden Fall seinem Disziplinarvorgesetzten davon Meldung zu erstatten.

7. Militärischer Schriftverkehr.

Allgemeines.

Der **Schriftverkehr des Soldaten** beschränkt sich auf die Fälle, für die nach den Vorschriften H. Dv. 30 und 300 eine schriftliche Form vorgeschrieben ist (Verwaltungs- und innerer Dienst, taktischer Schriftverkehr), ferner auf solche Angelegenheiten, die mündlich nicht erledigt werden können.

Der Schriftverkehr erfordert knappe, klare, eindeutige Ausdrucksweise. Kanzleistil oder Stilkünsteleien sind unmilitärisch. Fremdwörter, die zwanglos durch deutsche Ausdrücke ersetzt werden können, haben kein Daseinsrecht. A b - k ü r z u n g e n , die keinen Zweifel an der beabsichtigten Bezeichnung aufkommen lassen, können im Geschäftsverkehr des Heeres angewendet werden (siehe S. 131).

Handschriftlich ist alles deutlich in d e u t s c h e r Schrift zu schreiben (außer O r t s b e z e i c h n u n g e n). Für die Unterschrift ist lateinische Schrift zulässig. Muß etwas geändert werden, so wird es deutlich durchgestrichen und das Richtige darübergesetzt (nicht überschrieben), geschabt oder eingeklammert). Zahlen und Ziffern sind grundsätzlich arabisch zu schreiben. Römische Ziffern werden nur angewendet für General- (und Wehrkreis-) Kommandos, Wehrkreisverwaltungen, Bataillone und Abteilungen im Regimentsverband und einige weitere Dienststellen (siehe H. Dv. 30 S. 5).

Das erste Wort jedes Schreibens und jedes Absatzes wird eingerückt; auf jeder Seite oben und unten sowie links (1. und 3. Seite) und rechts (2. und 4. Seite) bleibt ein Rand frei, damit alle Schriftstücke auch eingeheftet ganz gelesen werden können.

Taktische Befehle und Meldungen*).

Bei Gebrauch der Bezeichnungen „rechts" und „links" ist Vorsicht geboten. Bei Wasserläufen entsprechen sie dem flußabwärts Schauenden. Sonst ist stets die Richtung nach dem Feind maßgebend. Zweckmäßig ist es, stets die Himmelsrichtung anzugeben.

Ausdrücke wie „vor", „hinter", „diesseits", „jenseits", „oberhalb", „unterhalb" sind zuweilen mehrdeutig. Am besten werden sie durch Angabe der Himmelsrichtung ersetzt.

Für die Bezeichnung „rechte (linke) Flanke (Flügel, Seitendeckung)" ist stets die Richtung nach dem Feind maßgebend.

Anfang und Ende einer **Marschkolonne** werden stets auf die Marschrichtung bezogen. Die Entfernung vorwärts und rückwärts heißt „Abstand", die seitswärts „Zwischenraum". Eine gestaffelte Truppe hat also Abstand und Zwischenraum.

Tag, Monat und **Jahr** werden z. B. abgekürzt: 20. 9. 39 oder 20. Sept. 39. Eine Nacht wird bezeichnet z. B. Nacht 20./21. 8. 39 oder 20./21. Aug. 39.

Die **Stunden** sind, um Mitternacht beginnend, von 0 bis 24 zu bezeichnen.

Schreibweise der Minutenzahlen:

Handschriftlich und im Buchdruck: 9^{05} Uhr, 18^{00} Uhr,
mit der Schreibmaschine: 9,05 Uhr, 18,00 Uhr,
im Nachrichtenverkehr: 0905, 1800 (ohne Zusatz „Uhr").

Die Mitternachtsbezeichnung ist 24 oder 0^{00} Uhr.

Die Ausdrücke „gestern", „heute" und „morgen" sind nur unter Hinzusetzen des Kalendertags statthaft.

Die **Himmelsrichtungen** sind mit „nördlich (nördl.)", „südlich (südl.)", „ostwärts (ostw.)" und „westlich (westl.)" zu bezeichnen.

Ortsbezeichnungen müssen besonders deutlich (in lateinischer Schrift) und genau nach der Karte geschrieben werden (Heu B, 3 km südostw. Neuhof). Sind verschiedene Karten im Gebrauch, so muß die Karte, der die Ortsnamen entnommen sind, genau bezeichnet werden.

---

*) Siehe Beispiele im Abschnitt „Feld- und Gefechtsdienst".

Für **Höhen-** und **Tiefenzahlen** und für Namen, die in einer Gegend wiederkehren, sind nähere Angaben zu machen, die jeden Zweifel ausschließen (Punkt 328, 2½ km nördl. Giersdorf; Neuhof, 3 km südostw. Öls; Stein B. westl. des Traunsees). Dasselbe gilt für Punkt und Orte, die sich auf der Karte schwer finden lassen. Wo Orte Doppelnamen oder Zusätze (Ottstedt a. Berge) führen, sind die vollen Namen anzugeben.

Wird ein Ort nicht nach deutscher Lautschrift geschrieben, so kann es sich empfehlen, die Aussprache in Klammern daneben zu setzen, z. B. Urneux (sp. Urnö), Breszeczany (spr. Bschesani).

Straßen werden in der Regel nach mindestens zwei Punkten benannt. Für Kolonnen, die sich auf Straßen bewegen, sind diese Punkte in der Reihenfolge der Marschrichtung anzuführen. Aus der Reihenfolge ergibt sich damit ohne weiteres die Marschrichtung.

Straßen- und Wegegabeln, Kreuzungen, Ortsein- und -ausgänge sind besonders sorgfältig zu bezeichnen. Die Bezeichnungen „Ortseingang" und „Ortsausgang" sind nach der Marschrichtung zu unterscheiden.

Dienstschreiben.

Dienstschreiben werden auf weiße oder gelbe Bogen (sog. DIN-Format) geschrieben. Für kurze Meldungen und Mitteilungen sind auch Halb-, Viertel- und Achtelbogen zulässig. Die Ränder sind zu beschneiden.

Alle Dienstschreiben tragen oben links den K o p f (Absender, Bezug, Betrifft), oben rechts das D a t u m (Ort, Tag, Monat, Jahr). Unter dem Kopf steht links die A n s c h r i f t.

Truppenteile und Behörden werden hinter dem Wort „An" oder „Dem (Der)" so bezeichnet, daß Verwechseln unmöglich ist.

Beispiel.

Urlaubsgesuch (falls nicht mündlich zu erledigen).
(Viertel- oder Achtelbogen.)

Müller   *Karlsruhe/Baden, 1.7.39.*

Schütze 4.(M.G.)/J.R. 109.

An

4. (M.G.) Kompanie.

Ich bitte um 3 Tage Sonderurlaub vom 2.7. bis 4.7.39. nach .... Straße, Nr. .....

Grund: Silberhochzeit der Eltern.

Müller Schütze.

Dienstschreiben und Telegramme sind an die Dienststelle, nicht an ihren Inhaber zu richten. Nur in Sonderfällen sind Gesuche usw. an die Person oder den Stelleninhaber, unter Umständen mit dem Zusatz „oder Stellvertreter im Amt" zu richten, z.B.: An Herrn Oberst H..... oder: Dem Herrn Kommandeur des R.R. 1 oder Vertreter im Amt.

Personen werden einfach und kurz bezeichnet, z. B.:
An Herrn Hauptmann Freiherr von S.
An Herrn Feldwebel Z.
Der Wortlaut aller Dienstschreiben beginnt ohne weiteres mit der Sache.
Untergebene melden, berichten, überreichen oder bitten.
Gleichgestellte teilen mit oder bitten.
Vorgesetzte befehlen, veranlassen, ersuchen.

Krankmeldung im Urlaub.
(Viertelbogen.)

[handwritten:]
Lenker   Frankfurt/Main, 1.7.39.
Obermeister 3./Ex. R. 15.   Adolf-Hitler-Str. 82

An 3./Ex. R. 15
                Paderborn.

Ich bin an .... erkrankt und nicht wehrfähig. Zeugnis des Standortarztes von Frankfurt/Main, der mich behandelt, liegt bei. Voraussichtliche Dauer der Krankheit .... Tage.

                                Lenker
                                Obermeister.

Lebenslauf.

Ein Lebenslauf muß nach der Überschrift „Lebenslauf des (Dienstgrad, Name, Truppenteil)" folgende Angaben erhalten: Vor= und Familienname, Ort, Tag, Monat und Jahr der Geburt, Name und Beruf des Vaters, Mädchenname der Mutter, religiöses Bekenntnis, Erziehung und wissenschaftliche Bildung, ab= gelegte Prüfungen, Diensteintritt, Beförderungen, Kommandos, Kriegsverwendung, Verwundungen, Orden und Ehrenzeichen, Heirat, Kinder, besondere Lebensschick= sale, alles übersichtlich nach der Zeit geordnet.

Je nach dem Zweck des Lebenslaufs sind weitere Angaben zu machen, z. B. Reisen, Sprachkenntnisse, wissenschaftliche Kenntnisse, wirtschaftliche Verhältnisse, Krankheiten. Die Darstellung soll erschöpfend, aber schlicht und ohne Überhebung sein. Deutliche eigenhändige Schrift.

Der Lebenslauf ist mit Vor= und Familiennamen und Dienstgrad zu unter= schreiben.

Schriftverkehr in eigenen Angelegenheiten.

Schreiben in eigenen Angelegenheiten an Vorgesetzte sind ebenfalls einfach, klar und kurz abzufassen. Gewisse äußere Formen zu erfüllen, ist eine Pflicht der

Höflichkeit. Hierzu gehören gutes Papier, passende Briefbogen, gute Tinte, deutliche Schrift. Briefe (Karten) werden mit dem Deutschen Gruß („Heil Hitler"), dem Familiennamen und Dienstgrad unterzeichnet.

Die Anschrift auf den Briefumschlägen ist im allgemeinen gleich der auf den Dienstbriefumschlägen.

Beispiele.

Brief eines Soldaten an seinen Zugführer von einem Kommando.

Wünsdorf, 1.7.39.

Hochverehrter Herr Oberleutnant!

Der Sportlehrgang gefällt mir ausgezeichnet. Gestern hatten wir z. B. folgenden Dienst ......

....

Heil Hitler!
Jugel
Kanonier

Ansichtspostkarte mehrerer Soldaten an ihren Korporalschaftsführer im Lazarett.

Niederwalddenkmal, 25.5.39.

Sehr geehrter Herr Unteroffizier!

Wir haben den Pfingsturlaub dazu benutzt, einen Ausflug zu machen und erlauben uns, unserem Korporalschaftsführer die besten Wünsche für eine baldige Genesung zu senden.

Heil Hitler!
Die Füsiliere:
Ludwig u. Bauer
1./J.R. 73.

Abkürzungen*).

Maßgebend sind im allgemeinen die Abkürzungen, die in den Dienstvorschriften usw. festgelegt sind. Daneben können im inneren Schriftverkehr allgemeinverständliche Abkürzungen angewendet werden, die jedoch keinen Zweifel in der beabsichtigten Bezeichnung aufkommen lassen dürfen (siehe H. Dv. 30, S. 6). Im folgenden die gebräuchlichsten Abkürzungen:

A. B. . . . = Auf Befehl	Intdt. . . . = Intendant	O. K. W. . . = Oberkommando der Wehrmacht
a. D. . . . = außer Dienst	Just. . . . = Justiz	O. K. H. . . = Oberkommando des Heeres
Adj. . . . = Adjutant (ur)	J. V. . . . = In Vertretung	
Ält. . . . = Ältester	Kan. . . . = Kanonier	Ob. . . . = Ober-
-anw. . . . = -anwärter	kath. . . . = katholisch	Obstlt. . . = Oberstleutnant
Art. . . . = Artillerie	Kav. . . . = Kavallerie	Oblt. . . . = Oberleutnant
Ausb. . . . = Ausbildung (s)	3./Kav. Rgt. 4 oder	Offz. . . . = Offizier
Ausr. . . . = Ausrüstung	3. K. R. 4 = 3. Schwadron Kavallerie-Regiment 4	Ordn. . . . = Ordonnanz
1./Art. Rgt. 5 oder		Pak . . . = Panzerabwehrkanone
1./A. R. 5 = 1. Batterie Artillerie-Regiment 5	Kdo. . . . = Kommando	1./Pz.
U. A. . . . = Aufklärungsabteilung	Kdos. . . . = Kommandosache	Abw. 5 = 1. Kompanie Panzerabwehrabteilung 5
	Kdr. . . . = Kommandeur (s, e)	
Bäck. . . . = Bäckerei	kdt. . . . = kommandiert	Pers. . . . = Personal
Battr. . . . = Batterie	Kdt. . . . = Kommandant	pers. . . . = persönlich (e, er, es)
Bauverw. = Bauverwaltung	Kl. . . . = Klasse	
Bekl. . . . = Bekleidung (s)	Kol. . . . = Kolonne (n)	2./Pi. 49 . . = 2. Kompanie Pionier-Bataillon 49
Bez. . . . = Bezirk	Komm. . . = Kommission	
Btl. . . . = Bataillon (s, e)	Kp. . . . = Kompanie (n)	
Din. . . . = Deutsche Industrienormen	Krs. . . . = Kreis	Pfd. . . . = Pferde
	Kr. . . . = Kranken-	Rechn. . . = Rechnungs-
Div. . . . = Division	Kradf. . . . = Kraftradfahrer	2./R. R. 1 . = 2. Schwadron Reiter-Regiment 1
Dv. . . . = Druckvorschrift	Kraftf. . . . = Kraftfahrer	
ev. . . . = evangelisch	1./Kraftf. 3 oder	
F. d. R. . . = Für die Richtigkeit	1./Kf. 3 = 1. Kompanie Kraftfahrabteilung 3	Registr. . . = Registrator (ur)
Feldw. . . = Feldwebel		Rem. . . . = Remonte-
Feuerw. . . = Feuerwerker	kz. . . . = kurze (r, s)	Remontg. . = Remontierungs-
Füs. . . . = Füsilier	L. . . . = Luft	Rgt. . . . = Regiment (s, er)
Gefr. . . . = Gefreiter	l. . . . = leichte (r, s)	Rittm. . . = Rittmeister
geh. . . . = geheim	l. . . . = Liter (ohne Punkt)	St. O. . . . = Standort- (s-)
-geh. . . . = -gehilfe		Schwadr. . = Schwadron
Gen. . . . = General	Laz. . . . = Lazarett	Tamb. . . . = Tambour
gez. . . . = gezeichnet	Lehrg. . . . = Lehrgang	techn. . . = technische (er, es)
Gr. . . . = Granate	leit. . . . = leitende (r, s)	tmot. . . . = teilmotorisiert
gr. . . . = groß (e, er, es)	lg. . . . = lange (r, s)	Tromp. . . = Trompeter
Gren. . . . = Grenadier	Lt. . . . = Leutnant	u. . . . = urschriftlich
Gru. . . . = Gruppe	Ltg. . . . = Leitung	Unt. . . . = Unter-
gglb. . . . = Gottgläubig	-m. . . . = -meister, s. Mstr	Unterk. . . = Unterkunft (s)
gls. . . . = Glaubenslos	m. . . . = mittlere (r, s)	Uffz. . . . = Unteroffizier
H. F. Sch. = Heeres-	Maj. . . . = Major	U. R. . . . = Unter Rückerbittung
H. F. Sch. = Heeresfachschule	Mil. . . . = Militär	
Hob. . . . = Hoboist	Min. . . . = Ministerium	v. g. u. . . . = vorgelesen, genehmigt, unterschrieben
Horn. . . . = Hornist	Mstr. . . . = Meister (nur in Verbindung mit anderen Abkürzungen, z. B. Mus. Mstr., sonst an Wortstamm angehängtes "m", z. B. Musikm., Rittm., Wachtm., Waffm.)	
Hptm. . . = Hauptmann		Verpfl. . . = Verpflegungs-
J. A. . . . = Im Auftrage		Verw. . . . = Verwaltung (s)
Jäg. . . . = Jäger		W. St. G. B. = Wehrmachtstrafgesetzbuch
Inf. . . . = Infanterie		
J. G. K. . . = Infanterie-Geschützkompanie		W. v. . . . = Wiedervorlage
5./Inf. Rgt. 88 oder	mot. . . . = motorisiert	Wffm. . . . = Waffenmeister
5./J. R. 88 = 5. Kompanie Infanterie-Regiment 88	M. G. K. . . = Maschinengewehrkompanie	wegl. . . . = weglegen
		Wehrkrs. . = Wehrkreis
II./J. R. 88 = Zweites Bataillon Infanterie-Regiment 88	Mun. . . . = Munition (s)	W. B. A. . . = Wehrkreisverwaltungsamt
	Mus. . . . = Musik (er)	
	Nachr. . . = Nachrichten-	Wirtsch. . . = Wirtschaft (s)
Insp. . . . = Inspekteur (tion)	1./R. 17 . . = 1. Kompanie Nachrichtenabteilung 17	Zahlm. . . = Zahlmeister
-insp. . . . = -inspektor		Zg. . . . = Zug
Inspiz. . . = Inspizient		zw. . . . = zwischen-
Intdr. . . . = Intendantur	n. f. D. . . = Nur für den Dienstgebrauch	Zwg. . . . = Zweig

*) Für zusammengesetzte Wörter sind, falls für sie nicht ausnahmsweise besondere Abkürzungen angegeben sind, Abkürzungen ohne Zwischenschaltung eines Bindestrichs zu bilden, z. B. Inf. Rgt. Beachte, daß bei den Abkürzungen auch bei Anwendung der Biegung und in der Mehrzahl keine weiteren Buchstaben angehängt werden dürfen, also des Bataillons = des Btl., Regimenter = Rgt.

Die deutschen Armeeführer im Polnischen Feldzug*).

Generaloberst von Bock
(Oberbefehlshaber der Heeresgruppe Nord)

Gen. d. Art. Halder
(Chef des Generalstabes des Heeres)

Generaloberst von Rundstedt
(Oberbefehlshaber der Heeresgruppe Süd)

Generaloberst von Reichenau

Generaloberst Blaskowitz

Generaloberst List

Generaloberst von Kluge

Gen. der Art. v. Küchler

*) Siehe auch S. 26

Sechster Abschnitt.

Gasschutz.

1. Chemische Kampfstoffe.

Arten: Die chemischen Kampfstoffe können als Gase, Flüssigkeiten oder feste Stoffe vom Gegner verwendet werden. Sie wirken durch ihre Anwesenheit in der Luft oder im Gelände schädigend auf lebende Wesen. Man unterscheidet:
1. **Luftkampfstoffe.** Sie können der Luft in Form von Gasen oder von feinsten, sich schwebend haltenden, flüssigen oder festen Teilchen (Schwebstoffe) beigemengt sein und wirken in der Hauptsache auf die Atemwege, die Augen und bei längerem Einwirken zum Teil auch auf die Körperhaut.
2. **Geländekampfstoffe.** Sie können in flüssiger oder fester Form im Gelände verspritzt oder verstreut sein und wirken bei Berührung ätzend auf die Körperhaut, beim Verdunsten wie Luftkampfstoffe.

Wirkung und Erkennungsmerkmale: Nach ihrer Wirkung werden die chemischen Kampfstoffe eingeteilt in:
1. Reizstoffe. Sie haben einen eigentümlichen Geruch, rufen entweder übermäßige Tränenbildung in den Augen (Augenreizstoffe) oder unerträglich werdenden Nies-, Husten- und Brechreiz hervor (Nasen- und Rachenreizstoffe).
2. Erstickende Kampfstoffe. Sie riechen nach faulem Obst und moderndem Laub, reizen die Atemwege und -organe und rufen durch Vergiftung der Lunge schwere Erkrankung hervor. Oft tritt die Wirkung erst nach Stunden ein.
3. Ätzende Kampfstoffe. Soweit sie zur Verdampfung gelangen, wirken sie wie erstickende Stoffe. Es riechen Lost (auch Senfgas oder Yperit genannt) nach Senf, Knoblauch, Meerrettich oder Zwiebeln; Lewisit nach Geranium. Die ätzenden Kampfstoffe wirken bei Berührung ätzend auf die Körperhaut und die Augen und durchdringen auch die Kleider und Stiefel. Ihre Dämpfe schädigen bei längerer Einwirkung die Augen und Atemwege. Die Wirkung der ätzenden Kampfstoffe tritt erst nach 2 bis 4 Stunden ein. Wer in vergiftetes Gelände gerät, setzt die Gasmaske auf und vermeidet unnötige Berührung des Bodens und der Bodenbewachsungen.
4. Sonstige Giftstoffe (wie z. B. Blausäure oder Kohlenoxyd).

Trotz der vorstehenden Angaben kann man nicht mit Bestimmtheit sagen, daß die chemischen Kampfstoffe des Feindes wie geschildert riechen. Es ist deshalb jeder Geruch, für den man keine Erklärung findet, bei Kampfstoffgefahr zu beachten. Es kann nicht damit gerechnet werden, daß die Kampfstoffe mit den Augen wahrnehmbar sind.

Wirkungsgrad und -dauer der chemischen Kampfstoffe hängen wesentlich von den Witterungsverhältnissen ab. So vermindert z. B. starker Wind die Menge des Kampfstoffgehalts der Luft und die Wirtungsdauer von Spritzern im Gelände (weil der Verdunstung förderlich); Wärme verursacht raschere Verflüchtigung der Kampfstoffe und beschleunigt ihre Verdunstung; starker Regen schlägt Luftkampfstoffe nieder und vermindert die Wirksamkeit der Geländekampfstoffe.

Auch Geländegestaltung und -bedeckung haben Einfluß auf die Kampfstoffwirkung: **Alles, was Deckung und Tarnung begünstigt, ist der Kampfstoffwirkung förderlich.** Da der Wind in der Tiefe vielfach schwächer ist als auf Höhen, vermögen sich die Kampfstoffe an tief gelegenen Stellen, z. B. in Schluchten, Tälern, Hohlwegen, Gruben, besonders lange zu halten. Auf freien unbewachsenen Flächen verflüchtigt sich wegen der hier bewegteren Luft die Kampfstoffwirkung rascher als in bewachsenem Gelände. Windgeschützte Orte, wie Wälder und Ortschaften, auch feuchte Wiesen, Bachläufe und Sumpf, begünstigen die Kampfstoffwirkung. Große Wasserflächen saugen das Gas auf.

2. Schutz gegen chemische Kampfstoffe.

Gaskampf. Die chemischen Kampfstoffe können durch folgende Verfahren zur Einwirkung auf den Gegner gebracht werden:
1. Flugzeuge: Absprühen von Kampfstoff und Abwurf von Gasbomben (dumpfer Knall).
2. Gasschießen: Gasgranaten werden von der Artillerie verschossen, und zwar als:
   a) Gasüberfall, der nicht gasabwehrbereite Truppe überraschen soll;
   b) Lähmungsschießen, das die Truppe lange Zeit unter die Gasmaske zwingen soll;
   c) Vergiftungsschießen, das bestimmte Geländestreifen vergiften und die Truppe an ihrem Betreten hindern oder ihr im andern Fall Verluste zufügen soll.
3. Gaswerfen: Gaswurfgranaten werden von besonderen Gaswerfern geworfen (z. B. im Stellungskrieg).
4. Versprühen: Chemische Kampfstoffe werden von besonderen Fahrzeugen versprüht (vorwiegend um Geländeteile zu vergiften).
5. Abblasen: Die Kampfstoffe werden bei günstigen Wind- und Witterungsverhältnissen zur Feindseite hin aus Stahlflaschen usw. abgeblasen.
6. Gashandgranaten: Sie werden gegen Feind in Unterständen, Kellern und sonstigen geschlossenen Räumen verwendet.

Abwehrmittel: Zur Gasabwehr dienen Gasmasken für Mensch und Tier (Pferde, Meldehunde usw.), Gasbekleidung, Gasspürmittel, Entgiftungsmittel und Gasalarmgeräte.

Jeder Soldat, der Kampfstoffe wahrnimmt (insbesondere Aufklärer, Sicherer, Gasspürer), ist verpflichtet, die Truppe zu warnen. Der Führer der Truppe befiehlt darauf Gasbereitschaft oder, bei unmittelbarer Gefahr und soweit dazu berechtigt, Gasalarm. Auf den Befehl **„Gasbereitschaft"** hat jeder Soldat seine Gasmaske in die Bereitschaftslage zu bringen, Waffen, Munition und empfindliche Geräte nach Möglichkeit zuzudecken ober einzuwickeln. Die Gefechtstätigkeit darf nicht unterbrochen werden. Bei **„Gasalarm"** hat jeder Soldat unverzüglich die Gasmaske aufzusetzen. Die Gasabwehr ist aber nur dann schnell gewährleistet, wenn der Soldat seine Gasmaske stets bei sich trägt. Er darf sich weder im Dienst noch in der Ruhe von ihr trennen.

Nach Beendigung einer Gasgefahr werden die Gasmasken auf Befehl der unteren Führer abgenommen. Einzelne Soldaten haben nur bei Abwesenheit von Vorgesetzten den Zeitpunkt des Absetzens selbst zu bestimmen, nachdem sie sich überzeugt haben, daß keine Gasgefahr mehr besteht. Vorher ist die tatsächliche Beendigung der Gasgefahr durch die „Riech= und Absetzprobe" zu prüfen:

Riechprobe: Die Gasmaske wird nach Lösung des Nackenbandes für einen Augenblick am Filtriereinsatz kräftig schräg nach unten gezogen, so daß die Außenluft in die Gasmaske eintreten kann. Dann wird mit geschlossenem Mund durch Schnüffeln der Geruch der Luft geprüft.

Absetzprobe: Ist kein Gas mehr zu riechen, wird die Maske versuchsweise abgesetzt. Macht sich dann noch verdächtiger Geruch bemerkbar, so ist die Maske wieder anzulegen und die Absetzprobe von Zeit zu Zeit zu wiederholen.

Entgiftung: Waffen, Gerät usw., die längere Zeit Luftkampfstoffen ausgesetzt waren, müssen gründlich entfettet und wieder eingefettet werden (Schutz der Waffe gegen Verrosten). Nach Berührung mit Geländekampfstoffen müssen sie entgiftet werden (Schutz des Trägers der Waffe gegen Berührung). **Lebens=** und **Futtermittel** dürfen erst nach ärztlicher Freigabe verbraucht werden. Der Inhalt fest verschlossener Behälter, z. B. Konservenbüchsen, gut verkorkter Flaschen usw., ist im allgemeinen genießbar. Vor dem Öffnen sind aber die Niederschläge von Luftkampfstoffen abzuwischen, Gelbkreuzspritzer durch Entgiftung zu entfernen.

Gaskranke sind möglichst schnell aus der gefährdeten Zone fortzuschaffen und einem Arzt zuzuführen. Handelt es sich um Schädigung durch erstickende Kampfstoffe, so müssen sie getragen und warm zugedeckt werden.

Die Gasmaske 30.

Schutzleistung. Die Gasmaske schützt Gesicht, Atemwege und Lunge gegen die Wirkung chemischer Kampfstoffe. Sie schützt auch gegen die Reizwirkung des bei Bränden entstehenden gewöhnlichen Rauches. Der Schutz wird durch den Filtereinsatz bewirkt, der die eingeatmete Luft reinigt, die gefährlichen Stoffe unschädlich macht.

Der Filtereinsatz nützt nicht mehr, wenn Mangel an atembarer Luft eintritt oder wenn in der Luft Kohlenoxyd auftritt. Mangel an atembarer Luft tritt ein, wenn längere Zeit im abgeschlossenen Raum ohne Luftzufuhr geatmet wird. Kohlenoxyd entsteht bei Verbrennungen aller Art in wenig gelüfteten Räumen (Stubenbrände, eiserne Öfen mit ungeeignetem Zug, zahlreiche Abschüsse von Gewehren oder Geschützen aus einem Unterstand ohne Lüftung).

Die Gasmaske schützt ferner durch den Stoff des Maskenkörpers das Gesicht längere Zeit gegen Gelbkreuzspritzer.

Beschreibung. Die Gasmaske 30 besteht aus (Bild 1 bis 3): 1 Maskenkörper (Stoffteil mit Anschlußstück, Augenfenstern, Kopfbändern und Tragband), 1 Filtereinsatz, 1 Paar Klarscheiben in den Augenfenstern und 1 Paar Sprengringen. Zum Zubehör gehören: 1 Tragbüchse mit Schultergurt, Knopfband, 2 Doppelknöpfe, 2 Paar Klarscheiben zum Vorrat im Deckel der Tragbüchse, 1 Reinigungslappen.

Der Maskenkörper ist aus gummiertem Zeltstoff mit ledernem Dichtrahmen, der den gasdichten Abschluß am Gesicht bewirkt.

Die Kopfbänder bestehen aus den Stirn- und Schläfenbändern, dem Nackenband und der Kopfplatte mit Schlaufe. Stirn- und Schläfenbänder sind durch Schiebeschnallen verstellbar.

Die Kinnstütze soll das Kinn zum Tragen des Filtereinsatzes heranziehen, den Zug auf die Kopfbänder vermindern und den Druck des Maskenrandes auf

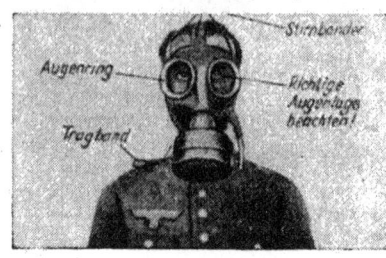 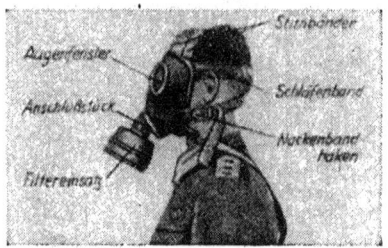

Bild 1.   Sitz der Gasmaske.   Bild 2.

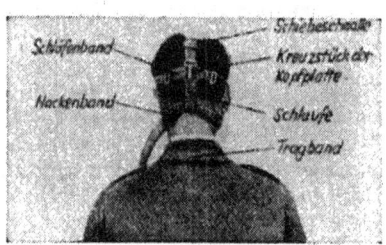

Bild 3.

den Kehlkopf verhindern. Am Tragband wird die Gasmaske vor und nach dem Aufsetzen um den Hals getragen.

Die Augenscheiben (aus durchsichtigem Stoff) liegen im Fensterring und werden nach außen durch den abschraubbaren Augenring gehalten. Das Auswechseln geschieht durch den Gasschutzgeräteunteroffizier (G. G. U.).

Das Anschlußstück hat ein Gewinde zum gasdichten Einschrauben des Filtereinsatzes. Auf der Innenseite liegt vor der Lufteintrittsöffnung das Einatemventil aus Gummi, unter diesem das Ausatemventil mit Glimmerscheibe. Je ein Gummidichtring bewirkt den gasdichten Abschluß des Filtereinsatzes und des Ausatemventils.

Der Filtereinsatz (oder Übungseinsatz) wird in das Anschlußstück des Maskenkörpers eingeschraubt. Er besteht aus einem Einsatztopf mit Füllmassen und enthält sowohl ein Gasfilter als auch ein Schwebstoffilter. Um die Füllmassen möglichst lange gebrauchsfähig zu erhalten, sind die Filtereinsätze am Anschlußgewinde mit einer Verschlußkappe versehen und auf der entgegengesetzten Seite durch ein eingebörteltes Ölblatt oder durch Klebstreifen verschlossen. Beide Verschlüsse werden erst entfernt, wenn die Filtereinsätze in Gebrauch genommen werden. Sind sie einmal in Gebrauch genommen, so werden sie später nicht mehr verschlossen.

Die Klarscheiben saugen die Feuchtigkeit der Atemluft auf. Erst nach längerem andauerndem Tragen der Maske quillt die wasseraufsaugende Schicht auf und bildet Ringeln, die die Sicht behindern. Die Klarscheiben sind wiederholt benutzbar, solange die wasseraufsaugende Schicht noch keine Ringeln gebildet hat.

Die Klarscheiben müssen so vor die Augenscheiben gebracht werden, daß die wassersaugende Schicht nach innen zeigt. Beim Trocknen in der Luft geben sie die aufgesaugte Feuchtigkeit wieder ab.

Behandlung. Das Gasschutzgerät ist mit dem **Namen des Inhabers** zu versehen (an der Gasmaske, etwa 4 cm vom rechten Maskenrahmen entfernt, auf die Innenseite des Tragbandes aufzunähen, an der Tragbüchse auf den Klarscheibenbehälter aufzukleben). Die Gasmaske muß vor Beschädigungen bewahrt werden, insbesondere beim Hinlegen, Kriechen, Schanzen, Schießen, Durcharbeiten durch Hecken und Gestrüpp. Vor Nässe, Sonnenbrand, Heizkörpern, Feuerfunken, brennender Zigarre, Mäusefraß usw. ist sie zu schützen. Nasse Masken sind sofort nach dem Gebrauch mit dem Reinigungslappen zu reinigen und durch Aufhängen in der Luft (jedoch nicht an Ofen oder in der Sonne) oder Schwenken der Masken am Tragband zu trocknen. Das Abwischen der Klarscheiben unterbleibt. Nasse Gasmasken dürfen nicht in der Tragbüchse verpackt werden. Vereiste Masken dürfen nicht unnötig gefaltet werden, sondern sind vorsichtig aufzutauen und dann zu trocknen.

Der Filtereinsatz ist vor Nässe zu schützen.

Aufbewahrung und Lagerung: Das Gasschutzgerät muß **sofort** nach Gebrauch wieder auf der **Gasschutzgerätekammer** abgegeben werden, nachdem es vorher g e t r o c k n e t u n d g e r e i n i g t ist. Es darf nur in den Händen des Trägers gelassen werden, wenn zwischen zwei Gebrauchszeiten n i c h t m e h r a l s z w e i N ä c h t e l i e g e n. Bei Übungen usw. ist der gesicherten Aufbewahrung der Gasmaske besondere Aufmerksamkeit zu schenken.

Jede Beschädigung der Gasmaske ist sofort zu melden. Bis ein Austausch vollzogen werden kann, sind i m F e l d e kleine Beschädigungen mit Zinkkautschukpflaster als Notbehelf zu verkleben. Dieses Pflaster kann beim Sanitätspersonal empfangen werden.

Verpassen der Gasmaske: Die Gasmaske wird durch den G. G. U. verpaßt. Die richtig verpaßte Gasmaske muß gasdichten und schmerzfreien Sitz gewährleisten. Überprüfung im Gasraum ist daher von Zeit zu Zeit notwendig. Damit sie gasdicht abschließt, müssen die Barthaare entfernt werden.

Tragweise.

Die Gasmaske wird in der Tragbüchse getragen, und zwar:

Unberittene zu Fuß: „I n H ü f t l a g e." Dazu wird der Schultergurt an den beiden oberen Ösen der Tragbüchse befestigt, und zwar zuerst an der Öse neben dem Verschluß, dann das Ende an der Öse neben dem Deckelgelenk; das Knopfband wird an der u n t e r e n Ö s e so eingeknöpft, daß der Haken am hochgeklappten Knopfband gegen die Büchse zeigt.

Die Gasmaske wird dann um den Hals gehängt, die Länge des Schultergurts entsprechend der Körpergröße geregelt und der rechte Arm durch den Schultergurt durchgesteckt, so daß die Gasmaske von der linken Schulter zur rechten Hüfte hängt. Sodann wird der Haken des hängenden Knopfbandes am Leibriemen genau zwischen den beiden Rückenknöpfen von oben innen und so weit hinten eingehakt, daß die Gasmaske nahezu waagerecht hinter der rechten Hüfte liegt und den Träger auf dem Marsch kaum stört („M a r s c h l a g e")

Bei „G a s b e r e i t s c h a f t" wird der Haken des Knopfbandes und die Gasmaske am Leibriemen mehr nach vorn verschoben, damit die Gasmaske mit der linken Hand ohne Schwierigkeiten rasch aus der Tragbüchse gezogen werden kann („G a s b e r e i t s c h a f t s l a g e").

Wenn diese Tragweise bei einzelnen Leuten (z. B. l. M. G.-Schützen) oder bei ganzen oder Teileinheiten unzweckmäßig ist, wird die Gasmaske entsprechend an der l i n k e n S e i t e getragen.

Unberittene auf Fahrzeugen (pferdebespannte und Kraftfahrzeuge): Vor dem Aufsitzen wird der Haken des Knopfbandes ausgehakt und die Gasmaske vor die Mitte des Leibes gebracht (gleichzeitig „M a r s c h"- u n d „G a s b e r e i t s c h a f t s l a g e").

Berittene: Tragweise wie Unberittene zu Fuß mit dem Unterschied, daß der Leibriemen ü b e r den Schultergurt geschnallt und die Gasmaske mehr nach vorn geschoben wird. Sie liegt dann nach dem Aufsitzen fast waagerecht über dem rechten Oberschenkel. Nach dem Absitzen zum Gefecht zu Fuß verbleibt die Gasmaske ebenso wie bei „Gasbereitschaft" in dieser Lage, also gleichzeitig „M a r s ch"- und „G a s b e r e i t s ch a f t s l a g e".

Ist diese Tragweise bei einzelnen Reitern wegen anderen mitgeführten Geräts nicht möglich, so wird für sie folgende Tragweise angewendet („R ü ck e n t r a g w e i s e"): Der Schultergurt wird zuerst an der oberen Öse neben dem Verschluß befestigt, das Ende aber in der unteren Öse eingeknöpft. Wenn die Verstellbarkeit durch die Schnalle bei kleinen Leuten nicht ausreicht, kann der Schultergurt dadurch verkürzt werden, daß er zunächst durch die obere und untere Öse gezogen und dann erst in der noch freien oberen Öse am Deckelgelenk der Tragbüchse eingeknöpft wird. Der Traggurt wird um die linke Schulter gehängt und der rechte Arm durchgesteckt. Die Gasmaske liegt dann etwa handbreit unter der rechten Achselhöhle, der Deckel der Tragbüchse zeigt nach vorn.

Auf dem Marsch im Schritt hängt die Gasmaske auf dem Rücken, bei beschleunigter Gangart wird sie nach vorn unter den rechten Arm gezogen, der sie leicht angezogen festhält. Nach dem Absitzen zum Gefecht zu Fuß bleibt die Gasmaske auf dem Rücken, bei „Gasbereitschaft" wird sie unter den rechten Arm nach vorn gezogen.

Lenker von Kraftfahrzeugen (ausgenommen Lenker von gepanzerten Kampffahrzeugen, für die Sonderbefehle gelten): Der Schultergurt wird zuerst durch die obere Öse neben dem Deckelgelenk gezogen, dann das Ende an der unteren Öse eingeknöpft. Die Gasmaske wird am stark verkürzten im Nacken liegenden Schultergurt waagerecht vor die Brust in Höhe der Achseln getragen, der Deckel der Tragbüchse zeigt nach rechts (gleichzeitig „M a r s ch"- und „G a s b e r e i t s ch a f t s l a g e"). Wenn nötig, kann der Schultergurt wie bei der „Rückentragweise" verkürzt werden.

Handhabung.

Zum **Aufsetzen** der Gasmaske wird sie an den Schläfenbändern in beide Hände genommen und mit vorgestrecktem Kinn über das Gesicht gezogen, wobei sich das Kinn zwischen Kinnstütze und den unteren Maskenrand schiebt. Dann werden die Kopfbänder kräftig nach hinten über den Kopf gestreift und möglichst tief nach unten gezogen. Nun wird das Tragband rechts und links am Maskenrand erfaßt und nach den Ohren zu gezogen, bis die Kinnstütze richtig auf dem Kinn ruht, erforderlichenfalls wird die Gasmaske gleichzeitig geradegerückt.

Anschließend wird der Dichtrahmen der Gasmaske auf gasdichtem Sitz hin abgetastet und der Sitz der Kopfbänder geprüft sowie etwa verdrehte Bänder glattgelegt. Darauf prüft man den festen Anschluß des Filtereinsatzes, zieht das Nackenband durch die Schlaufe an der Kopfplatte und hakt es ein.

Das Tragband wird um den Hals gelegt und der Tragbüchsendeckel geschlossen.

Zum **Absetzen** der Gasmaske nach Lösen des Nackenbandes wird der Filtereinsatz vorn angefaßt und die Maske nach oben abgestreift (Feuchtigkeit läuft dann nicht in den Filter).

Zum **Verpacken** faltet man das Kinnteil nach innen, legt dann die Innenseite der Augenfenster aufeinander, wickelt die Kopfbänder und das Tragband um den Maskenkörper herum und schiebt nun die Gasmaske mit dem Filtereinsatz voraus in die Tragbüchse, die dann geschlossen wird. Der Reinigungslappen ist nicht zwischen die Augenfenster, sondern auf den Boden der Tragbüchse zu legen.

Beim **Auswechseln der Klarscheiben** werden zunächst die Sprengringe herausgenommen, dann die alten Klarscheiben entfernt, hierauf die neuen Klarscheiben eingelegt (Aufdruck „Innenseite" muß lesbar sein) und zuletzt die Sprengringe wieder eingesetzt.

Beim **Auswechseln des Filtereinsatzes** in kampfstoffhaltiger Luft wird zunächst eingeatmet, dann der Atem angehalten, der Filtereinsatz ausgeschraubt und nach Einschrauben des neuen Filtereinsatzes ausgeatmet.

Ist die Gasmaske beschädigt, so kann im äußersten Notfalle der unbeschädigte Filtereinsatz in den Mund genommen werden, wobei die Nase zugehalten werden muß.

Siebenter Abschnitt.

Waffen- und Gerätkunde.

Es ist besondere Pflicht des Soldaten, die ihm anvertrauten Waffen und Geräte gründlich kennenzulernen und für ihre vorschriftsmäßige Behandlung und Pflege zu sorgen. Von dem Zustand der Waffen und Geräte hängt ihre Kriegsbrauchbarkeit in hohem Maße ab, insbesondere beeinflußt er die Schießleistungen der Schußwaffen.

1. Das Gewehr.

Alle Schußwaffen 98 (Jahreszahl der Einführung in die Armee) werden mit dem Sammelbegriff „Gewehr" bezeichnet. Es sind Mehrlader für Ladestreifen mit 5 Patronen.

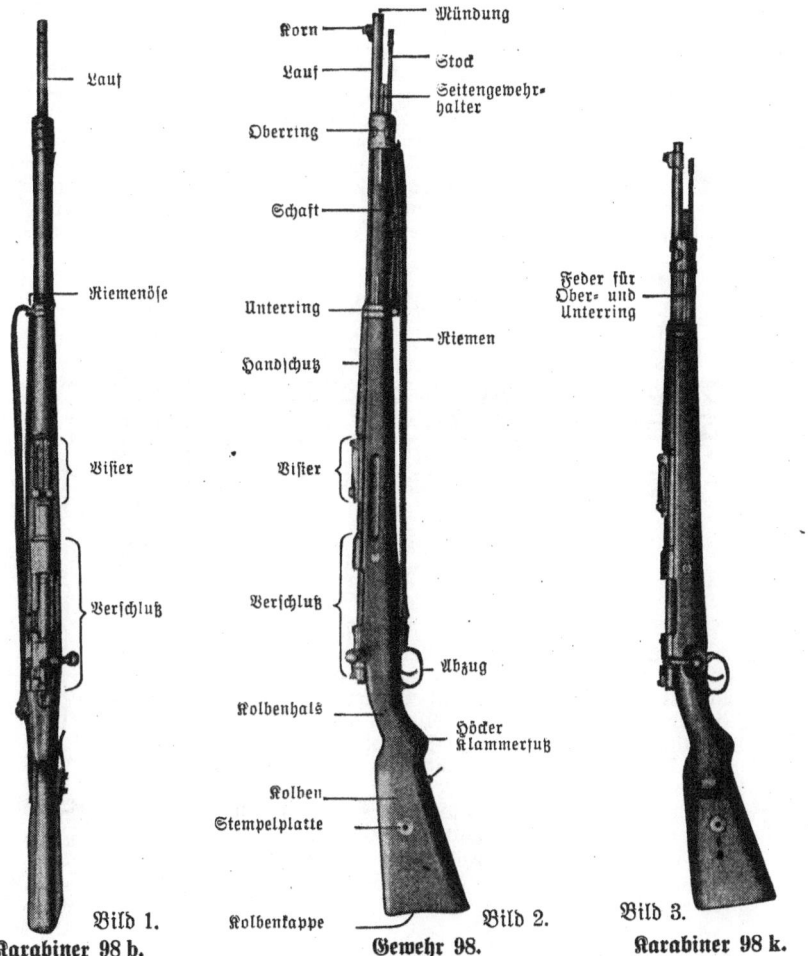

Bild 1. Karabiner 98 b.   Bild 2. Gewehr 98.   Bild 3. Karabiner 98 k.

Beschreibung des Gewehrs.

Die **Hauptteile** des Gewehrs: Lauf, Visiereinrichtung, Verschluß, Schaft, Handschutz, Stock und Beschlag.

Zu jedem Gewehr gehören das Zubehör und ein Seitengewehr.

Der Lauf.

Im Lauf wird die Patrone zur Entzündung gebracht und dem Geschoß Bewegung und Richtung verliehen (Vorgang siehe Abschnitt: „Schießausbildung").

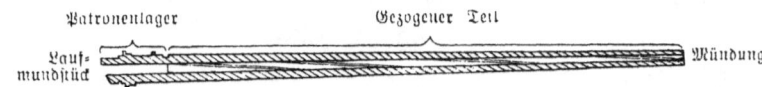

Bild 4. **Lauf im Längsschnitt.**

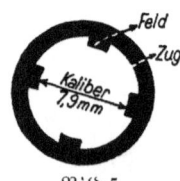

Bild 5.
Lauf im Querschnitt.

Teile des Laufs: siehe Bild 4. Seine Bohrung nennt man **Seele**. In die Seelenwände des gezogenen Teils sind **vier** Züge eingeschnitten, die sich nach rechts um die Seelenachse (eine der Länge nach) durch die Mitte des Laufes gedachte gerade Linie) winden. Sie geben dem Geschoß eine Drehung um seine Längsachse nach rechts, die man Drall (Rechtsdrall) nennt. Durch die Drehung wird verhindert, daß sich das Geschoß in der Luft überschlägt. Die zwischen den Zügen stehengebliebenen Teile nennt man Felder oder Balken. Der Abstand von Feld zu Feld beträgt 7,9 mm, der Durchmesser oder das Kaliber des Laufes (Bild 5).

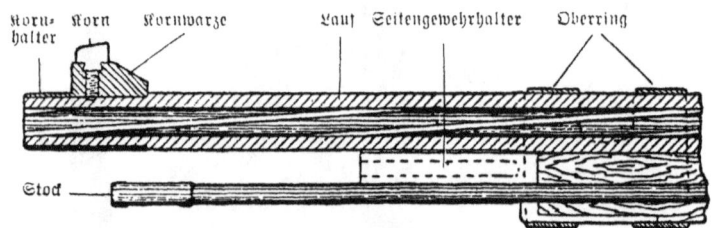

Bild 6. **Vorderer Teil des Laufs mit Seitengewehrhalter, Stock und Oberring** (durchschnitten).

Die Visiereinrichtung,

bestehend aus **Visier** und **Korn**, dient zum Zielen.

Teile des Visiers: **Visierfuß** mit **Halteschraube, Kurvenstück, Visierfeder, Visierklappe, Visierschieber** mit Drücker und Drückerfeder, **Sicherungsstift für die Visierklappe** (Bild 6, 7 u. 13).

Der Visierschieber kann von 100 m an um je 50 m weiter bis zu 2000 m gestellt werden. Die 50-m-Entfernungen sind auf der Visierklappe nicht besonders bezeichnet.

Der obere Rand der Visierklappe wird Kamm genannt. In ihm befindet sich ein dreieckiger Ausschnitt, die **Kimme**.

Das **Korn** ist mit seinem Fuß in die Kornwarze des Kornhalters (eine mit dem Lauf verlötete Röhre) eingeschoben. Es steht richtig, wenn die Einhiebe auf Kornfuß und Kornwarze eine gerade Linie bilden.

Kimme
Bild 7.
Visierklappe.

Der Verschluß

verschließt den Lauf und bewirkt die Zuführung und Entzündung der Patrone sowie das Ausziehen und Auswerfen der Patronenhülse nach dem Schuß.

Teile: Hülse mit **Schloßhalter** und **Auswerfer, Schloß, Abzugseinrichtung, Kasten mit Mehrladeeinrichtung.**

Die **Hülse** nimmt das Schloß auf.

Teile: Hülsenkopf, Patroneneinlage, Kammerbahn, Kreuzteil (Bild 8).

Der hintere Teil der Kammerbahn ist oben geschlossen und heißt Hülsenbrücke. Auf ihrer Stirnseite befindet sich der Ausschnitt für den Ladestreifen.

In der Hülsenbrücke befinden sich: oben die Führungsnute für die Führungsleiste der Kammer, links der Durchbruch für den Schloßhalter und den Auswerfer.

Der **Schloßhalter** begrenzt mit dem Haltestollen die Rückwärtsbewegung des Schlosses. Schloßhalter und **Auswerfer** sind durch die Schloßhalterschraube mit der Hülse beweglich verbunden.

Teile des Schlosses: Kammer, Schlagbolzen, Schlagbolzenfeder, Schlößchen mit Druckbolzen und Druckbolzenfeder, Sicherung, Schlagbolzenmutter, Auszieher mit Auszieherring.

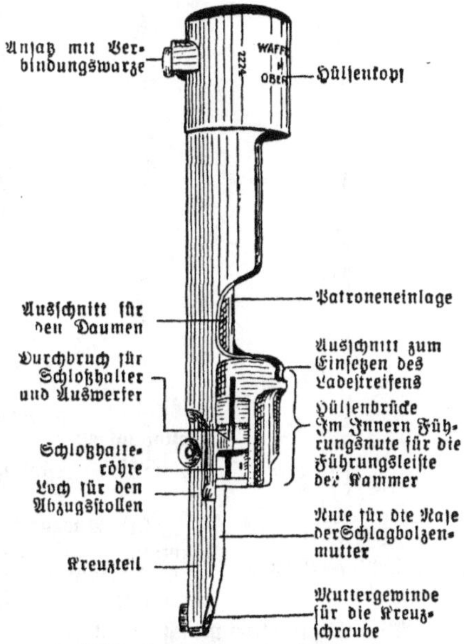

Die zur Handhabung mit Stengel und Knopf versehene **Kammer** schließt den Lauf hinten ab, sobald die drei Kammerwarzen in den entsprechenden Ausdrehungen der Hülse ruhen.

Über die Beschaffenheit der Kammer siehe Bild 9.

Bild 8. **Hülse von links.**

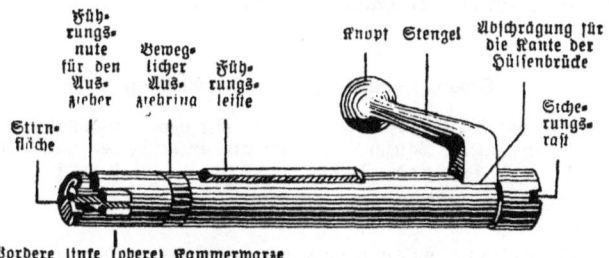

Bild 9. **Kammer, geöffnet, von links.**

Der **Schlagbolzen** entzündet die Patrone. Seine ringförmige Verstärkung — Teller — dient als Widerlager für die Schlagbolzenfeder.

Seine Teile: siehe Bild 10.

Die **Schlagbolzenfeder** bewirkt das Vorschnellen des Schlagbolzens (Bild 11).

Das **Schlößchen** nimmt die Sicherung und den Druckbolzen mit Feder auf und verbindet die übrigen Schloßteile mit der Kammer. Der **Druckbolzen** hält das Schlößchen in seiner Lage (Bild 12).

Die **Sicherung** verhindert bei rechts gelegtem Flügel das Losgehen und

Bild 10.
Schlagbolzen.

Bild 11.
Schlagbolzenfeder.

Bild 12.
Schlößchen von rechts.

Öffnen des gespannten Gewehrs und ermöglicht bei hochgestelltem Flügel das Auseinandernehmen des Schlosses.

Die **Schlagbolzenmutter** verbindet alle Schloßteile miteinander und dient zum Spannen des Schlosses.

Der **Auszieher**, durch den Ring drehbar mit der Kammer verbunden, erfaßt mit seiner Kralle die Patrone beim Vorführen des Schlosses und entfernt die Patronenhülse aus dem Lauf.

Die **Abzugseinrichtung** dient zum Abziehen und ist beim Spannen des Schlosses beteiligt. Ihre Teile sind: A b z u g s h e b e l mit A b z u g s s t o l l e n , A b z u g , A b z u g s f e d e r.

Der **Kasten** nimmt die Mehrladeeinrichtung auf. Er endigt in dem Abzugsbügel. Vor ihm liegt der Haltestift mit Feder für den Kastenboden.

Teile der **Mehrladeeinrichtung:** Z u b r i n g e r , Z u b r i n g e r f e d e r , K a s t e n b o d e n.

Schaft, Handschutz, Stock und Beschlag.

Der **Schaft** schützt den Lauf und verbindet mit dem Handschutz und Beschlag sämtliche Teile zu einem Ganzen. Am Schaft unterscheidet man: K o l b e n , K o l b e n h a l s und l a n g e r T e i l.

Der **Handschutz** erleichtert die Handhabung des Gewehrs, insbesondere bei erhitztem Lauf.

Der **Stock** dient zum Zusammensetzen der Gewehre und, mit zwei weiteren Stöcken zusammengeschraubt, im Notfalle zum Entfernen von Fremdkörpern aus dem Lauf.

Zum **Beschlag** gehören: Oberring mit Haken, Seitengewehrhalter, Unterring mit Riemenbügel, Stockhalter, Kolbenkappe sowie mehrere Verbindungs- und Halteschrauben.

Zum **Zubehör** gehört der Gewehrriemen und Mündungsschoner.

— 143 —

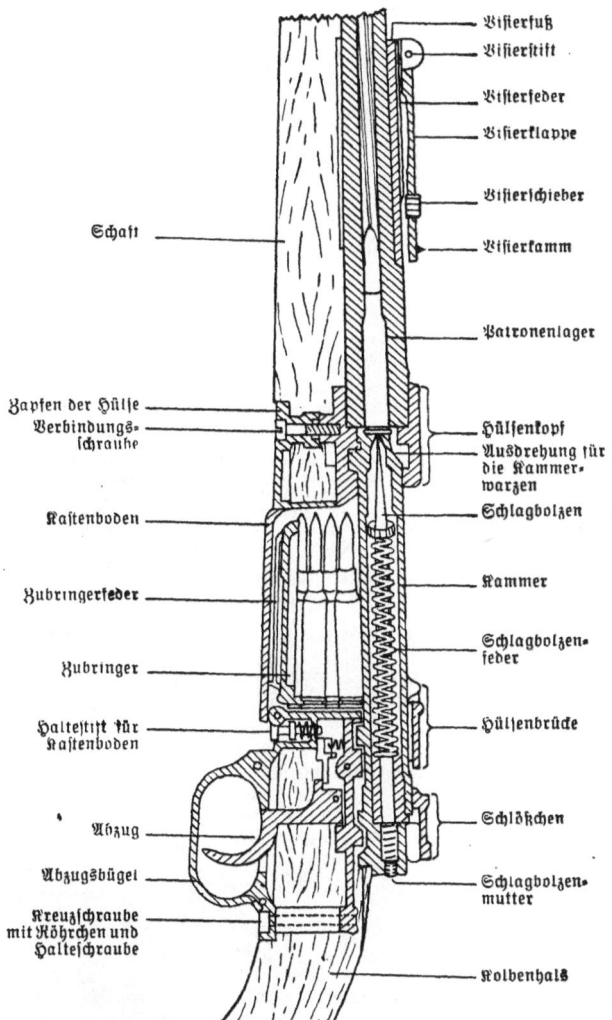

Bild 13. **Gewehr mit entspanntem Schloß.**
(Mit Platzpatronen geladen.)

Behandlung des Gewehrs.

Der Soldat darf sein Gewehr nur so weit auseinandernehmen, als es unbedingt notwendig ist. Er darf entfernen bzw. auseinandernehmen: Schloß, Mehrladeeinrichtung, Stock, Mündungsschoner und Gewehrriemen. Die entnommenen Teile sind auf einen Lappen zu legen. Weiteres Zerlegen des Gewehrs ist Sache des Waffenmeisters.

Entnehmen des Schlosses. Die rechte Hand spannt das Schloß und stellt den **Sicherungs-flügel** hoch. Der Daumen der linken Hand zieht den Schloßhalter zur Seite. Die rechte Hand zieht das Schloß aus der Hülse.

Auseinandernehmen des Schlosses. Das mit der linken Hand umfaßte Schloß (Kammer) — Schlagbolzenspitze nach unten — w.rd, nachdem der linke Daumen den Druckbolzen nach oben gedrückt hat, mit der rechten Hand auseinandergeschraubt. Ist die Kammer entfernt, so erfaßt die linke Hand die restlichen Schloßteile derart am Schlößchen, daß der Daumen auf den hochgestellten Sicherungsflügel zu liegen kommt. Dann setzt die linke Hand den Schlagbolzen senkrecht in die Bohrung der Stempelplatte des Gewehrs und drückt den Sicherungsflügel so weit nach unten, bis der Ansatz der Schlagbolzenmutter aus der Nute des Schlößchens tritt. Die rechte Hand nimmt die Schlagbolzenmutter unter einer Viertelwendung rechts oder links nach oben ab. Danach wird das Schlößchen unter gleichmäßiger, langsamer Druckverminderung gegen den Druck der Schlag-bolzenfeder abgenommen. Die Schlagbolzenfeder wird vom Schlagbolzen gestreift, der Sicherungs-flügel rechts gelegt und dem Schlößchen entnommen.

Der Druckbolzen darf von Mannschaften nicht entnommen werden, bestenfalls von dem auf-sichtführenden Unteroffizier.

Zusammensetzen des Schlosses. Ist die Schlagbolzenfeder auf den Schlagbolzen gestreift, so wird er in die Bohrung der Stempelplatte gesteckt. Die linke Hand greift das mit der Sicherung versehene Schlößchen in der beschriebenen Weise, streift es auf den Schlagbolzen und drückt es — Schlagbolzen genau senkrecht — so weit abwärts, bis das Steckgewinde des Schlagbolzens freiliegt. Die rechte Hand setzt die Schlagbolzenmutter auf und dreht sie so, daß ihr Ansatz in die Nute des Schlößchens tritt.

Das soweit zusammengesetzte Schloß wird in die Kammer gesteckt, diese mit der linken Hand erfaßt, und die rechte schraubt das Schlößchen in die Kammer, bis der Druckbolzen hörbar in die Sicherungsrast springt und ein Weiterschrauben nicht mehr möglich ist.

Einführen des Schlosses. Die rechte Hand schiebt das Schloß in die Hülse und legt den Kammerstengel nach rechts und den Sicherungsflügel nach links. Sind Schloß und Sicherungsgang geprüft, so wird das Schloß entspannt, wobei die rechte Hand den Abzug zurückzieht, die linke Hand die Kammer vorführt und den Kammerstengel nach rechts legt.

Abnehmen und Anbringen der Mehrladeeinrichtung. Der Haltestift des Kastenbodens wird mit Hilfe des Zapfens am Hülsenvorwischer zurückgedrückt und der Kastenboden etwas nach hinten gezogen. Darauf läßt er sich entnehmen. Durch Entfernen der Zubringerfeder zerlegt sich die Mehrladeeinrichtung in ihre Teile.

Das Anbringen des Kastenbodens geschieht mit der flachen rechten Hand, indem der Kasten-boden richtig eingesetzt und so weit nach vorn geschoben wird, bis der Haltestift in die Öffnung des Kastenbodens einspringt.

Schutzregeln gegen Beschädigungen. Das Gewehr ist vor Stößen, Umfallen, Aufstoßen des Kolbens (bei Griffen!) und Berührung der Mündung mit der Erde zu bewahren. Der Mündungsschoner muß sich stets auf dem Gewehr befinden. Er ist nur zum Zielen und vor dem Laden abzunehmen.

Es ist verboten, die Mündung durch Fett, Pfropfen, Lappen u. dgl. zu verstopfen, da das Abfeuern einer schar-fen oder Platzpatrone bei verstopfter Mündung Ge-wehrsprengung oder Lauf-aufbauchungen verursachen kann.

Auf Treppen ist das Ge-wehr im Arm zu tragen (siehe Bild 14), bei mehreren Ge-wehren nur je eins in einem Arm.

Bild 14.
Tragen des Gewehrs auf der Treppe.

Die Gewehre sind in der Kaserne mit entspanntem Schloß, aufgesetztem Mün-dungsschoner und langge-machten Riemen nur in den Gewehrstützen oder den Gewehrschränken aufzubewahren. Zu sonsti-gen Quartieren sind sie an einem trockenen und staubfreien Ort — nicht in der Nähe eines ge-heizten Ofens —, wenn möglich unter Ver-schluß, aufzubewahren und vor Unberufenen zu schützen.

Bild 15.
Verbeulte oder verschmutzte Patronen dürfen nicht geladen werden.

Wenn trotz aller Vorsicht Fremdkörper in den Lauf oder Verschluß gelangt sein sollten, so darf nicht eher geschossen werden, bis sie entfernt sind. Geschieht dies nicht, so entstehen beim Abfeuern einer scharfen oder Platzpatrone Laufaufbauchungen oder sonstige innere Beschädigungen des Gewehrs.

Schutzregeln beim Schießen. Vor Beginn des Schießens muß der Mündungsschoner abgenommen und das Laufinnere darauf geprüft werden, ob es rein und frei von Fremdkörpern ist.

Verbeulte, gequetschte oder verschmutzte Patronen und solche mit losem Geschoß dürfen nicht geladen werden (Bild 15). Auch sind verschmutzte, verbogene oder stark verrostete Ladestreifen nicht zu benutzen. Sind Patronen oder Ladestreifen auf die Erde gefallen, so sind sie zu reinigen, wobei die Patronen aus dem Ladestreifen zu nehmen sind.

Versager können entstehen durch Fehler des Gewehrs oder der Munition, durch unvollständiges Einschrauben des Schlößchens in die Kammer, durch unvollständiges Schließen des Gewehrs infolge von Beschädigungen, Verrostung, Verschmutzung oder Unachtsamkeit.

Ladehemmungen. Ihre Ursachen können sein: Beschädigungen, Verrostungen, Verschmutzungen, Unregelmäßigkeiten an Patronen oder Ladestreifen, am Patronenlager, Verschluß oder an der Mehrladeeinrichtung — auch Ungeschicklichkeit des Schützen.

Zur Beseitigung von Ladehemmungen hilft nicht erhöhte Kraftanwendung, sondern die Ursache der Ladehemmung muß erforscht werden, um in den meisten Fällen selbst Abhilfe schaffen zu können.

Ist z.B. der freie Gang des Schlosses gehemmt und das Schloß läßt sich nicht schließen und die Patrone nicht einführen, so können die Ursache sein:
1. Reibestellen sind verrostet, verschmutzt oder trocken (Abhilfe: Reinigen und Ölen. Ist kein Öl zur Stelle, so genügt vorübergehend ein Anfeuchten mit Speichel);
2. Fremdkörper (Sand) befindet sich am Schloß, in seiner Bahn oder im Patronenlager (Abhilfe: Fremdkörper entfernen, Reinigen und Ölen);
3. verbeulte Patrone (Abhilfe: Patrone entfernen).

Beschädigungen des Gewehrs hat der Soldat sofort zu melden.

Reinigung des Gewehrs.

Zum Reinigen der Handwaffen und der M. G.-Läufe dient
das Reinigungsgerät 34.
Es besteht aus einem Blechbehälter, der enthält: 1 Reinigungskette, 1 Reinigungsbürste, 1 Ölbürste, 1 Öltropfer, 1 Hülsenkopfwischer und einige Reinigungsdochte.

Es dienen:
Reinigungskette zum Ziehen von Dochten und Bürsten durch den Lauf.
Reinigungsbürste mit dem aufgetragenen Reinigungsöl zum Lösen der im Lauf nach dem Schießen verbliebenen Rückstände.
Ö l b ü r s t e zum Ölen und etwaigen Nachölen des gereinigten Laufinnern.
Ö l t r o p f e r zum Ölen der Bürsten.
H ü l s e n k o p f w i s c h e r zum Reinigen und Ölen des Hülsenkopfes und des Innern der Hülse mit Hilfe eines Reinigungsdochtes.
Z a p f e n am Hülsenkopfwischer zum Entfernen des Kastenbodens.
Reinigungsdocht
zum Entölen des Patronenlagers und des Laufinnern,
zum Entfernen der mit der Reinigungsbürste aufgelockerten Rückstände im Patronenlager und Lauf,
zum Reinigen und Ölen des Hülsenkopfes und des Innern der Hülse in Verbindung mit dem Hülsenkopfwischer,
zum Abtupfen oder hauchartigen Ölen aller Stahlteile der Waffe.

Als Reinigungs= und Schutzmittel dienen:

Waffenreinigungsöl (Öl mit Beimengung verschiedener Alkalien)
  zum Reinigen und Erhalten des Laufinnern,
  zum Schutze gegen die schädigenden Einwirkungen des Nachschlagens im Lauf nach dem Schießen,
  zum Verhindern der Rostbildung an blanken und brünierten Stahlteilen,
  zum Erhalten der Gängigkeit der einzelnen Teile, besonders bei Einwirkung von Gasen.
Waffenfett zum Verstreichen des Unfleißes.
Leinölfirnis zum Firnissen der Schäftung.
Putztuch zum Rein= und Trockenwischen.
Holzspäne zum Reinigen solcher Stellen, an die man sonst nicht gelangen kann.

Reinigungsregeln.

Man unterscheidet die „gewöhnliche Reinigung" und „Hauptreinigung".

Die „**gewöhnliche Reinigung**" hat zu erfolgen nach dem Exerzieren, Zielübungen usw., wenn nicht geschossen wurde, die Waffe nicht naß geworden oder stark verstaubt ist.

Die „**Hauptreinigung**" ist vorzunehmen nach dem Schießen mit scharfer, Platz= oder Zielmunition, wenn das Gewehr naß geworden oder stark verstaubt ist und wenn es auf Kammer gelagert werden soll.

Blankmachen der Eisenteile, Beseitigen von schwarzen Flecken (Regenflecken), Rostnarben oder Rostgruben führt zum vorzeitigen Verbrauch der Waffe.

Feste Rückstände im Laufinnern, welche sich nicht durch vorschriftsmäßiges Reinigen entfernen lassen, dürfen nur durch den Waffenmeister unter Anwenden der Messingdrahtbürste beseitigt werden.

Abblasen des Staubes, Hineinblasen in Bohrungen und Ausfräsungen er=zeugen Rost und sind zu unterlassen.

Bei schroffem Temperaturwechsel ist der Mündungsschoner so lange auf dem Gewehr zu belassen und der Verschluß nicht zu öffnen, bis die Stahlteile äußerlich nicht mehr beschlagen sind. Erst dann darf gereinigt werden.

Gewöhnliche Reinigung.

Bei der gewöhnlichen Reinigung sollen das Laufinnere frisch geölt und das Gewehr äußerlich von anhaftendem Staub oder Schmutz befreit werden.

Sie erfolgt durch einen Mann 'n nachstehender Reihenfolge
a) Mündungsschoner aufsetzen, Deckel öffnen.
b) Schloß entnehmen. (Auf einen Lappen legen!)
c) Reinigungsdocht in den geöffneten Doppelhaken der Reinigungskette einlegen, dabei die abgenähte Dochtmitte bis an den Wirbel führen, Haken mit Daumen und Zeigefinger der linken Hand fest schließen und Docht mit der rechten Hand in die Hakenenden hinein=ziehen. Alle Fäden müssen von den Haken erfaßt, die herabhängenden Dochtenden gleich lang sein (siehe Bild 1).
d) Reinigungskette von der Patronenlage aus durch den Lauf fallen lassen (siehe Bild 2) und Reinigungsdocht trocken durch den Lauf ziehen; hierzu Waffe mit dem Kolben auf den Boden setzen, linke Hand greift zwischen Ober= und Unterring, rechte Hand zieht die Reinigungskette durch den Lauf. Beim Ziehen ist die Reinigungskette unter wiederholtem Vorgreifen um die Hand zu wickeln, Reibungen der Kette am Mündungsschoner (bei M. G.= und Pistolenläufen an der Mündung) müssen vermieden werden (siehe Bild 3).
e) Einölen des Laufinnern mit der geölten Ölbürste. Handgriffe wie unter d). Es ist darauf zu achten, daß beide Haken in die Öse der Bürste eingehakt sind. Ölen der Bürste: Bund des Tropfenventils des Öltropfers zwischen Zeige= und Mittelfinger nehmen und durch Druck mit dem Daumen auf das Luftventil einige Tropfen Öl frei lassen.
f) Hülsenkopf und Hülse auswischen; hierzu Hülsenkopfwischer. Bei diesem wird ein reiner oder zum Laufreinigen verwendeter noch sauberer Reinigungsdocht durch das Ohr des Hülsenkopfwischers gezogen und bei dem gezahnten Steg geknotet Die gleichen Enden des Dochtes werden um den Stiel gewickelt.
g) Mündungsschoner abnehmen und reinigen.
h) Schloß im zusammengesetzten Zustand äußerlich abtupfen und ölen.
i) Abwischen und Abtupfen und Ölen der Waffe äußerlich mit Putztuch und geöltem Reini=gungsdocht

Es ist darauf zu achten, daß jede Berührung der Reinigungskette, Dochte und Bürsten mit Sand u. dgl. vermieden wird. Nach jeder Waffenreinigung ist auch das Reinigungsgerät zu säubern.

Bild 1 Befestigung des Dochtes an der Reinigungskette.   Bild 2. Einführen der Reinigungskette.   Bild 3. Beim Durchziehen muß wiederholt nachgefaßt werden.

Reinigung des Laufs mit Reinigungsgerät 34.

Hauptreinigung.

Die Hauptreinigung des Laufinnern bezweckt das Entfernen der durch das vorläufige Einölen gelösten Rückstände und etwaiger Fremdkörper wie Staub, Schmutz usw. Außerdem werden hierbei alle Außen- und Innenteile der Waffe gereinigt und entsprechend behandelt, um sie vor Verrosten zu schützen. Die Hauptreinigung erfolgt durch einen Mann in nachstehender Reihenfolge:

a) Mündungsschoner aufsetzen und Deckel öffnen.
b) Schloß entnehmen. (Auf einen Lappen legen!)
c) Reinigungsbürste ölen und zweimal vom Patronenlager aus mit Reinigungskette durch den Lauf ziehen.
d) Zwei bis drei Reinigungsdochte mit Reinigungskette vom Patronenlager aus je einmal durch den Lauf ziehen. Sind die Reinigungsdochte beim Durchziehen nicht zu schmutzig geworden, so ist die innere Seite der Dochte nach außen zu wenden und das Durchziehen in gleicher Weise zu wiederholen.
e) **Das Laufinnere ist rein, wenn der zuletzt durch den Lauf gezogene Reinigungsdocht rein geblieben ist;** ein Prüfen des Laufinnern hat sich nur auf Vorhandensein fester Rückstände zu erstrecken.
f) Ölbürste ölen und ein- bis zweimal mit der Reinigungskette vom Patronenlager aus durch den Lauf ziehen.
g) Mündungsschoner abnehmen und reinigen.
h) Hülsenkopf und das Innere der Hülse auswischen.
i) Schloß zerlegen, reinigen und ölen.
k) Reinigung und Ölen der übrigen Stahlteile der Waffe unter Anwendung von Reinigungsdochten und Putztuch.
l) Reinigen und Firnissen des Schaftes und Handschutzes.
m) Bestreichen der Schafteinfassungen mit Waffenfett.

Behandeln vor und nach dem Schießen usw.

Vor jedem Schießen ist das Laufinnere der Waffe mittels eines Reinigungsdochtes zu entölen. Dadurch wird die Treffgenauigkeit der ersten Schüsse gewährleistet.

Nach dem Schießen — auch mit Platzpatronen —, nach Naßwerden oder starker Verstaubung ist das Laufinnere vorläufig zu ölen (**vorläufiges Einölen**). Es hat in nachstehender Reihenfolge stattzufinden:

Mündungsschoner aufsetzen, Deckel öffnen,
Schloß öffnen und bis zum Kammerfang zurückziehen,
Reinigungsbürste reichlich ölen und einmal mit der Reinigungskette vom Patronenlager aus durch den Lauf ziehen.

Reinigung der übrigen Gewehrteile.

Sie werden trockengetupft und neu geölt. Das Öl ist hauchartig, an den Reibestellen etwas stärker, aufzutragen.

Die brünierten Teile werden nur abgetupft, nicht abgerieben.

Verrostete Stellen werden reichlich geölt und am folgenden Tage abgewischt. Dieses Verfahren wird wiederholt, bis der Rost verschwunden und an seiner Stelle ein schwarzer Fleck sichtbar ist.

Der Unfleiß (Stellen, an denen die Eisenteile mit Spielraum im Schaft liegen) wird mit Waffenfett verstrichen. Es wird mit den Fingern aufgetragen. Die Benutzung von Pinseln und Holzspänen, auch zur Entfernung von Schmutz an den Einlassungen des Schafts, ist verboten. An den Einlassungen darf das Holz nicht beschädigt werden.

Schaft und Handschutz werden mit einem reinen Lappen abgewischt. Sie werden wöchentlich mehrmals gefirnißt und einige Stunden später mit einem trockenen leinenen (baumwollenen) Lappen abgerieben.

Der Gewehrriemen ist nach dem Firnissen lang zu lassen. Er wird mit einem leinenen (baumwollenen) Lappen abgerieben und **nicht** geölt.

2. Das Seitengewehr und der Säbel.

Teile des **Seitengewehrs** sind: Griff, Klinge und Scheide.

Der **Griff** ist mit zwei Holzschalen bekleidet. Durch den im Griffkopf eingefertigten Kasten mit Haltestift, Haltestiftmutter und Halteseder wird es auf das Gewehr aufgepflanzt.

Die **Klinge** mit Steckenrücken ist auf beiden Seiten mit einer flachen Hohlkehle versehen, damit sie beim Stich nicht klemmt.

Die **Scheide** mit Haken und Federvorrichtung dient als Schutz der Klinge.

Der **Säbel** ist eine Hieb- und Stichwaffe. Seine Teile sind: Korb, Klinge und Scheide.

Seitengewehr und Säbel werden nach den Grundsätzen des Gewehrs gereinigt. Die Klinge wird mit einem geölten Lappen abgewischt, wobei sie nicht aufzustützen, sondern frei in der Hand zu halten ist.

Zweckwidrige Verwendung von Seitengewehr und Säbel ist verboten.

Säbel mit Scheide.

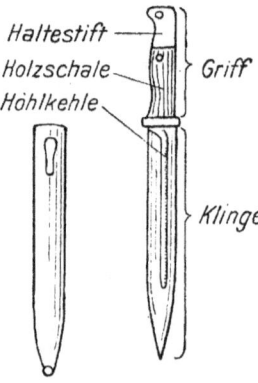

Seitengewehr mit Scheide.

3. Die Pistole 08.

Die Pistole ist ein Selbstlader, d. h. eine Waffe, bei der der Druck der Pulvergase nicht nur das Geschoß vorwärtstreibt, sondern auch das Öffnen und Schließen des Verschlusses, das Auswerfen der Patronenhülse, das Spannen des Schlagbolzens und der Schließfeder bewirkt.

Beschreibung der Pistole.

Die Teile der Pistole:
Lauf, Hülse, Verschluß, Griffstück mit Deckplatte, Visiereinrichtung, Abzugsvorrichtung, Sicherung, Mehrladeeinrichtung und 2 Griffschalen mit Schrauben.
Zu jeder Pistole gehört das **Zubehör** und die **Tasche**.

Im **Lauf** wird die Patrone zur Entzündung gebracht und dem Geschoß Bewegung und Richtung verliehen. Er besteht aus dem gezogenen Teil und dem Patronenlager. Ersterer hat 6 Züge, die sich nach rechts um die Seelenachse (eine in der Längsrichtung durch die Mitte des Laufs gedachte Linie) winden und dem Geschoß eine Drehung nach rechts verleihen (Drall!). Die zwischen den Zügen stehengebliebenen Teile heißen Felder. Das Kaliber (Abstand von Feld zu Feld) beträgt 9 mm.

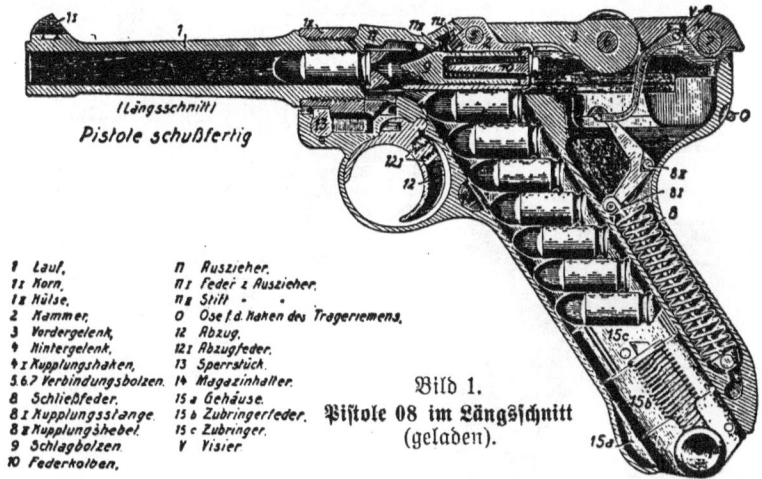

1 Lauf.
1₁ Korn.
1₂ Hülse.
2 Kammer.
3 Vordergelenk.
4 Hintergelenk.
4₁ Kupplungshaken.
5, 6, 7 Verbindungsbolzen.
8 Schließfeder.
8₁ Kupplungsstange.
8₂ Kupplungshebel.
9 Schlagbolzen.
10 Federkolben.
11 Auszieher.
11₁ Feder z. Auszieher.
11₂ Stift.
O Öse f. d. Haken des Trägerriemens.
12 Abzug.
12₁ Abzugfeder.
13 Sperrstück.
14 Magazinhalter.
15 a Gehäuse.
15 b Zubringerfeder.
15 c Zubringer.
V Visier.

Bild 1.
Pistole 08 im Längsschnitt
(geladen).

Die **Hülse** nimmt den Verschluß auf. Sie besteht aus den Gabelstücken, an denen sich innen Nuten zur Führung des Verschlusses, außen Nuten zur Führung der Hülse im Griffstück befinden. Im linken Gabelstück ist die Abzugsstange mit Stangenbolzen und die Stangenfeder, im rechten der Auswerfer eingelagert.

Zum **Verschluß** gehören: Kammer, Vorder-, Hintergelenk (Kniegelenk), Kupplung und Schließfeder. Die Kammer nimmt den Schlagbolzen, die Schlagbolzenfeder und den Federkolben auf. Vorn oben ist der Auszieher mit Feder eingelagert. Der Schlagbolzen ist ein Hohlzylinder, der vorn in eine Spitze ausläuft. Die Schlagbolzenfeder, im Schlagbolzen gelagert, schnellt den Schlagbolzen gegen das Zündhütchen vor. Der Auszieher dient gemeinsam mit dem Auswerfer zum Entfernen der Patronenhülse. Er läßt durch seine Stellung erkennen, ob sich im Lauf eine Patrone befindet.

Die Kupplung verbindet den Verschluß mit der Schließfeder. Sie besteht aus Kupplungsstange, -hebel und -haken.

Die Schließfeder ist um die Kupplungsstange gelagert und schnellt mittels der Kupplung den durch den Schuß zurückgetriebenen Verschluß, sowie Hülse und Lauf in die Feuerstellung vor.

Das **Griffstück** verbindet die Teile und ermöglicht die Handhabung der Pistole. An ihm sind angebracht: vorn das Sperrstück und die Deckplatte, im Bügel der Abzug mit Feder. Der mittlere Teil — Griffbügel genannt — bildet mit beiden Griffschalen den Griff. Er enthält die Mehrladeeinrichtung, das Kammerfangstück, die Schließfeder und die Sicherung.

Die **Deckplatte** hält den Abzug im Lager fest, schützt Abzugshebel und Abzugsstange und verhindert eine unbeabsichtigte Einwirkung durch Druck oder Schlag auf den vorderen Teil der Abzugsstange.

Das Sperrstück begrenzt gemeinsam mit dem Grenzstollen die Vorwärtsbewegungen von Hülse und Lauf.

Das Kammerfangstück hält die Kammer nach dem Abfeuern der letzten Patrone oder nach Zurückziehen des Verschlusses bei leerem Magazin hinten fest.

Die **Visiereinrichtung** besteht aus Visier und Korn. Das Visier ist mit

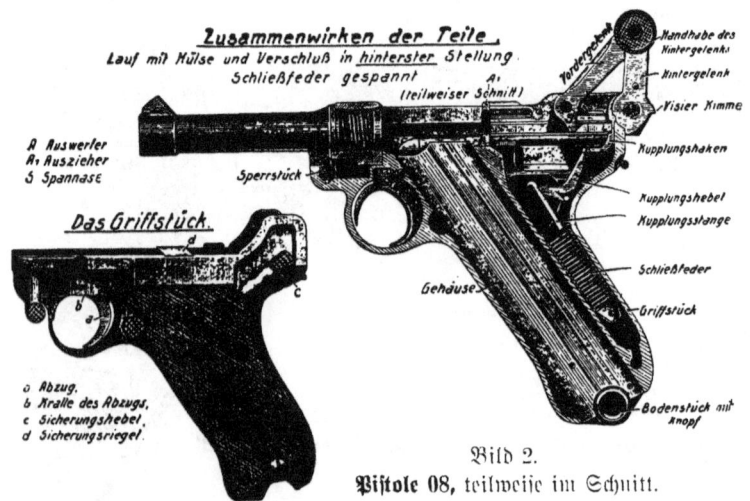

Bild 2.
Pistole 08, teilweise im Schnitt.

dem Hintergelenk des Verschlusses, die Kornwarze mit dem Lauf aus einem Stück gearbeitet.

Teile der **Abzugsvorrichtung**: Abzug mit Abzugsfeder, Abzugshebel, Abzugsstange mit Feder und Stangenbolzen.

Teile der **Sicherung**: beweglich verbundener Hebel und Riegel.

Teile der **Mehrladeeinrichtung**: Magazin und Magazinhalter. Das Magazin faßt 8 Patronen.

Die **Griffschalen** sind durch Schrauben mit dem Griffbügel verbunden.

Zum **Zubehör** gehören: ein Reservemagazin, ein Schraubenzieher (zum Lösen und Anziehen der Griffschalenschrauben, zum Einsetzen und Herausnehmen des Schlagbolzens, die Durchbohrung zum Füllen und Entleeren des Magazins) und eine Tasche.

Für die **Reinigung der Pistole** gelten die gleichen Grundsätze wie für die Reinigung des Gewehrs (siehe Seite 145 ff.).

Handhabung der Pistole.

Unsachgemäße und unvorsichtige Handhabung der Pistole gefährdet durch die Kürze der Waffe den Schützen und seine Umgebung. Richtige vorschriftsmäßige Handhabung und volle Beherrschung der Waffe sind unbedingt erforderlich, um Unglücksfälle zu vermeiden. Die Pistole ist vor Unberufenen zu schützen (Manöver!) und vorschriftsmäßig, möglichst unter Verschluß, aufzubewahren.

Die Mündung der Pistole muß stets nach vorn und zum Boden gerichtet sein, der Abzug darf nicht berührt werden. Der Zeigefinger liegt oberhalb des Abzugsbügels längs des Griffstückes. Erst zum Schuß wird die Waffe entsichert, auf das Ziel gerichtet und der Finger an den Abzug gelegt.

Es darf nie vergessen werden, daß die Pistole nach dem Schuß ohne weiteres wieder geladen und gespannt ist. Geladene Pistolen sind mit den Worten „Geladen und gesichert" zu übergeben.

Füllen des Magazins. Die linke Hand erfaßt das Magazin, Öffnung oben, Spitze rechts, streift den Schraubenzieher — Schneide oben — mit seiner Durchbohrung über den Knopf, zieht mit dem Daumen den Zubringer auf den Abstand einer Patronenstärke herunter; die rechte Hand schiebt eine Patrone von vorn unter die übergreifenden Lippen, ohne sie gewaltsam auseinanderzudrücken. Es ist darauf zu achten, daß das Herunterziehen des Zubringers absatzweise erfolgt, da nur dann die Patronen sich richtig lagern (Bild 3).

Entleeren des Magazins. Die rechte Hand erfaßt das Magazin, Öffnung nach oben, Geschoßspitze nach der Scheibe zeigend. Der Daumen der rechten Hand drückt, um den Druck des Zubringers aufzuheben, den Knopf des Zubringers etwas nach unten, während der Daumen der linken Hand die oberste Patrone herausschiebt.

Es ist darauf zu achten, daß der Knopf des Zubringers jedesmal, nachdem eine Patrone herausgeschoben ist, wieder losgelassen wird, damit die Patronen richtig gelagert bleiben.

Das Füllen des Magazins mit scharfen Patronen und das Entleeren desselben erfolgen nur auf dem Schießstand im Beisein des aufsichtführenden Offiziers durch den Unteroffizier, dem Beaufsichtigung und Ausgabe der Waffen und Munition obliegen.

Laden. Die rechte Hand umfaßt den Griff — Zeigefinger ausgestreckt, längs des Griffstückes — die Pistole wird halbrechts geneigt, Mündung zeigt vorwärts abwärts (Bild 4).

Bild 3.
Füllen des Magazins.

Die linke Hand schiebt das Magazin in den Griff, bis der Magazinhalter in den Ausschnitt am Magazin deutlich hörbar einschnappt. Dann wird die Pistole nach links geneigt. Die linke Hand — mit dem ersten Gliede des Daumens und dem zweiten des Zeigefingers an den Handhaben — reißt den Verschluß kräftig so weit nach oben, daß die oberste Patrone des Magazins frei wird, und läßt ihn sofort wieder vorschnellen; die Patrone wird dadurch in den Lauf geschoben, der Schlagbolzen ist gespannt, der Auszieher ist hochgetreten und das Wort „Geladen" sichtbar.

Zum **Einzelladen** in den Lauf bei leerem Magazin oder ohne Magazin zieht die linke Hand den Verschluß soweit wie möglich nach oben und hält ihn — mit dem Zeigefinger auf dem Vordergelenk, Mittelfinger an der linken Handhabe, Daumen an der Öse — fest; die rechte Hand schiebt die Patrone in den Lauf und umfaßt den Griff, die linke läßt den Verschluß vorschnellen.

Sichern und Entsichern. Die Pistole muß, wenn nicht geschossen wird, stets gesichert sein. Ist sie nicht geladen, so muß sie entspannt werden. Das Sichern und Entsichern der in der rechten Hand gehaltenen Pistole erfolgt, indem der Schütze den Sicherungshebel mit dem Zeigefinger und Daumen der linken Hand zurück- und vorschiebt. — Ist die linke Hand nicht frei, so erfolgt die Ausführung mit dem Daumen der rechten Hand.

Abspannen. Das Abspannen der geladenen Pistole ist verboten.
Die linke Hand zieht den Verschluß so weit nach oben, bis Lauf und Hülse zurückzugehen beginnen (etwa 6 mm). Der Zeigefinger der rechten Hand zieht den Abzug zurück, die linke Hand läßt den Verschluß langsam vorgleiten.

Entladen. Die Pistole bleibt gesichert. Die Pistole, mit der rechten Hand am Griffstück erfaßt, zeigt mit der **Mündung vorwärts abwärts**. Mit dem Daumen der linken Hand drückt man kurz und kräftig auf den Knopf des Magazinhalters und zieht mit der linken Hand das Magazin heraus. Der kleine Finger der rechten Hand deckt die Öffnung des Griffes, die linke Hand zieht mit dem Daumen und Mittelfinger den Verschluß langsam zurück, während der Zeigefinger auf die vom Auszieher gehaltene Patrone drückt. Die in den Griffdurchbruch fallende Patrone wird aufgefangen. Die linke Hand läßt den Verschluß vorschnellen. Die Pistole wird entsichert und entspannt.

Nachfüllen. Nachdem die Pistole gesichert ist, wird das leere Magazin herausgenommen und gefüllt bzw. durch ein neues ersetzt.

Auseinandernehmen. Das Magazin wird wie beim „Entladen" herausgenommen. Sodann wird durch Zurückziehen des Verschlusses festgestellt, daß sich keine Patrone mehr im Lauf befindet. Die Pistole bleibt in der rechten Hand, Daumen in der Aushöhlung des Griffes unterhalb der Öse, vier Finger legen sich über den Verschluß und ziehen diesen zurück. Der Daumen der linken Hand schiebt den Kopf des Sperrstücks eine Vierteldrehung nach unten, nimmt zusammen mit dem Zeigefinger die Deckplatte ab und zieht den Lauf mit der Hülse und den Verschluß nach vorn vom Griffstück ab.

Bild 4. „Laden."

4. Die Leuchtpistole.

Zu ihr gehören: Tasche mit Tragriemen, Wischstock und Patronentasche mit Tragriemen.

Beschreibung der Leuchtpistole siehe Bild!

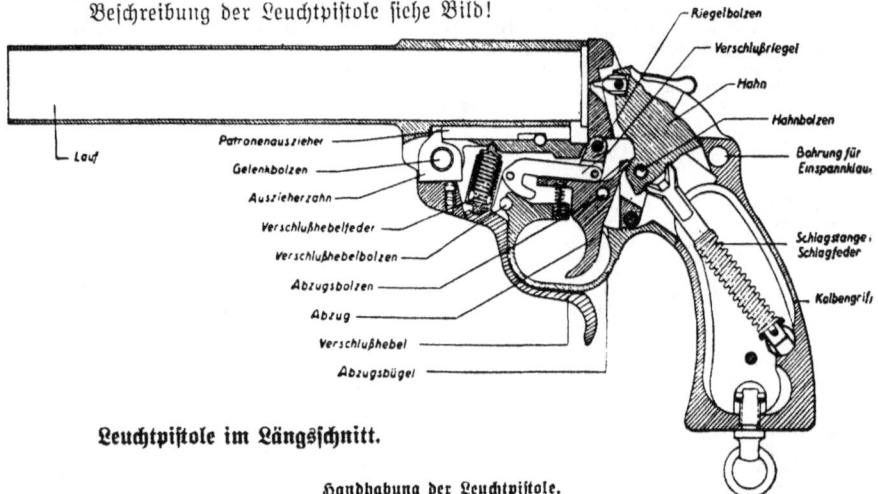

Leuchtpistole im Längsschnitt.

Handhabung der Leuchtpistole.

Die rechte Hand umfaßt den Griff, Zeigefinger ausgestreckt, Lauf nach links abwärts gerichtet. Der Daumen der linken Hand drückt den Verschlußhebel nach unten, worauf die Laufmündung abwärts kippt. Die linke Hand führt die Patrone in den Lauf und drückt danach die Laufmündung (aber nicht an der Mündung erfaßt) so weit aufwärts, bis der Verschlußriegel hörbar einspringt. Danach drückt die linke Hand den Verschlußhebel fest gegen den Abzugsbügel. Der Daumen der rechten Hand zieht den Griff des Hahnes bis zum hörbaren Einspringen nach hinten. Die rechte Hand hebt die Pistole, Arm leicht gebeugt; der Zeigefinger geht an den Abzugsbügel; vor Abgabe des Schusses wird das Gesicht der linken Schulter zugewendet.

5. Das Maschinengewehr (M. G. 34).

Beim M. G. 34 wird das Zuführen, Laden und Entzünden der Patrone sowie das Auswerfen der Patronenhülse durch den Rückstoß in Verbindung mit der Federkraft selbsttätig ausgeführt. Es kann als **l. M. G.** auf Zweibein oder Dreibein, als **s. M. G.** auf M. G.-Lafette 34 mit M. G.-Zieleinrichtung und auf besonderen Schießgestellen (Zwillingssockel 36, Fliegerdrehstütze) als wirksame **Flugabwehrwaffe** verwendet werden. Für die Zuführung wird ein offener Patronenstahlgurt oder eine Gurttrommel benutzt.

Die **Schußfolge** beträgt etwa 12 bis 15 Schuß in der Sekunde, die praktische Feuergeschwindigkeit bei Abgabe von Feuerstößen bei Verwendung als **l. M. G.** etwa 120 Schuß, bei Verwendung als **s. M. G.** (Dauerfeuer) etwa 350 Schuß in der Minute. Die Visierreichweite beträgt bei Benutzung der mechanischen Visiereinrichtung 2000 m, bei Verwendung der M. G.-Zieleinrichtung im direkten Richten 3000 m, im indirekten Richten 3500 m.

Die Benutzung des Zweibeins als **Vorderunterstützung** ist die Regel. Sie erleichtert beim Schießen das Festhalten der Visierlinie und ermöglicht ein besseres Zusammenhalten der Geschoßgarbe. Mit Vorderunterstützung können daher auch mit Erfolg **längere Feuerstöße** (über 5 Schuß) abgegeben werden.

Bei guter Beobachtung können bei Verwendung als l. M. G. kleine und schwer erkennbare Ziele, z. B. eingenistete l. M. G., bis 1200 m, größere Ziele, z. B. ungedeckt sich bewegende Schützen, bis 1500 m mit Erfolg befeuert werden.

Bei Verwendung als f. M. G. ist gegen hohe, tiefe Ziele im allgemeinen bis 1500 m mit **vernichtender** Wirkung zu rechnen. Ungedeckte, niedrige Ziele können bei Beobachtungsmöglichkeit der M. G.- Garbe bis 1500 m **niedergekämpft** werden. Bei hohen und niedrigen, ungedeckten Zielen kann bei Beobachtung in dem Verhalten des Zieles bis 2500 m mit gutem Erfolg gerechnet werden. Auf Entfernungen über 2500 m hat das M. G.-Feuer meist nur eine **niederhaltende Wirkung. Die moralische Wirkung** ist hier von entscheidender Bedeutung.

Beschreibung des M. G. 34.

Das M. G. 34 trägt weitestgehend der Forderung einer **Gewichtserleichterung, vereinfachten Konstruktion** und dementsprechend **vereinfachten Ausbildung** Rechnung und erfüllt hierbei die **grundlegenden** Forderungen, die an ein Maschinengewehr in bezug auf **Schützensicherheit, Treffgenauigkeit,** genügende **Reichweite** und **rasche Schußfolge** gestellt werden.

Zum besseren Verständnis des M. G. 34 wird darauf hingewiesen, daß es eigentlich nichts anderes ist als ein **mechanisiertes Gewehr.** Der Unterschied liegt nur darin, daß der Lauf des M. G. 34 **beweglich** ist. Die beim Gewehr zum Laden, Abziehen und Entladen vom Schützen aufgewendete Kraft wird beim M. G. 34 durch Rückstoß und Federkraft ersetzt, wodurch eine schnellere Schußfolge erzielt wird. Auch in der Zuführung besteht kein Unterschied, denn der Gurtschieber ist dasselbe wie der Zubringer. Durch diese gleichartige Konstruktion lernt man bei Gegenüberstellung der beiden Waffen: „Gewehr" — „M. G. 34" die Teile des M. G. sehr schnell. — **Falsch** wäre ein **Auswendiglernen** sämtlicher Teile. Die Ausbildung wird verkürzt und erleichtert, wenn man ein Gewehr auseinandernimmt und den Aufbau der Wirkungsweise des Gewehrs im Vergleich zum M. G. 34 von Anfang an entwickelt. — Hierbei vergleicht man dann die einzelnen Teile mit gleicher Aufgabe durch Nebeneinanderhalten, z. B.:

Wie sieht das Schloß des Gewehrs aus im Vergleich zum Schloß des M. G. 34 (auch die einzelnen Teile)?

Was hat der Schaft des Gewehrs mit dem Mantel des M. G. 34 gemeinsam?

Vergleich der Mehrladeeinrichtung des Gewehrs mit Patronentrommel bzw. Patronengurt des M. G. 34.

Vergleich: Verschlußhülse Gewehr und Gehäuse des M. G. 34. Warum braucht das Gewehr keine Schließfeder, dagegen das M. G. 34?

Vergleich: Kolben Gewehr und Kolben M. G. 34. Wie ist die Verriegelung beim Gewehr und wie beim M. G. 34? Laden des Gewehrs und Laden des M. G. 34? Wie wirkt der Abzug beim Gewehr und wie beim M. G. 34?

Auf diese Weise lernt man auch gleich das M. G. in seinem **Wesen** und in seiner **Arbeit** kennen, was das wichtigste ist*). — Nachfolgend werden die Teile **zusammengefaßt** beschrieben:

Hauptteile (siehe Bild 1): Mantel mit Verbindungsstück und Visiereinrichtung, Gehäuse mit Griffstück und Abzugsvorrichtung, Deckel mit Zuführer oder Deckel mit Trommelhalter, Bodenstück und Kolben, Lauf mit Verriegelungsstück, Schloß, Schließfeder, geteilter Tragriemen.

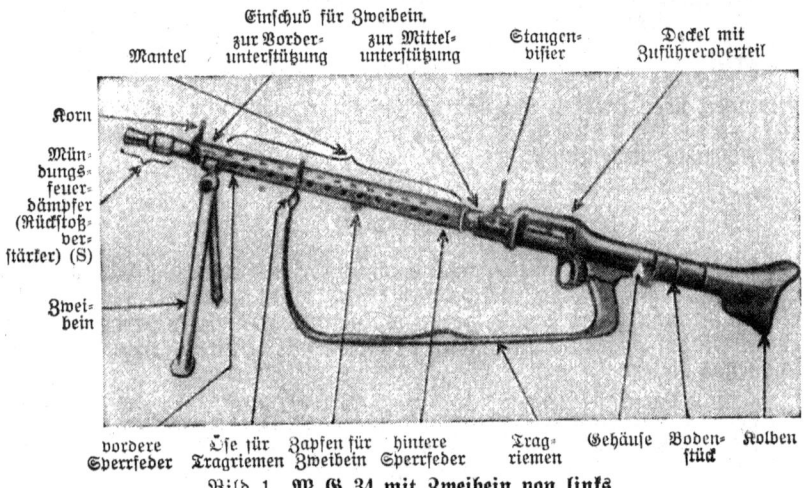

Bild 1. M. G. 34 mit Zweibein von links.

Der Mantel dient zur Lagerung und Führung des Laufes. Das Verbindungsstück verbindet ihn mit dem Gehäuse. Den vorderen Abschluß bildet die Gewindebuchse (mit Einschub für das Zweibein), in die der Rückstoßverstärker (S) eingeschraubt wird.

Das Mantelrohr ist zur Abkühlung des Laufes durchbrochen. Die Sperrfeder vorn und hinten verhindert ein selbsttätiges Lösen des Zweibeins. Der Ansatz mit Zapfen dient zum Festlegen des zurückgeklappten Zweibeins. Oben auf dem Mantel sitzt die Visiereinrichtung für den Erdzielbeschuß, das Fliegervisier (in das Stangenvisier eingelassen) und der Kreiskornhalter.

Am hinteren Teil des Mantels — dem Verbindungsstück — sitzt links die Gehäusesperre zum Festhalten des eingeklappten Gehäuses und rechts unten die Verschlußsperre, die beim Schießen das Zurückdrehen des Verschlußkopfes verhindert.

---

*) Dieser Abschnitt wurde mit Einverständnis von Herrn Oberstleutnant Butz, O. K. H., auf Grund eines Vortrages bearbeitet.

Am hinteren Teil des **Laufes** sitzen das Verriegelungsstück mit Führungsleisten und die **Kämme** für den Eingriff des Verschlußkopfes.

Das Gehäuse, durch einen Zapfen und eine Leiste mit dem Verbindungsstück verbunden, dient zur Lagerung und Führung des Schlosses und zur Aufnahme der Schließfeder. Nach oben wird es durch den Deckel mit Zuführer oder den Deckel mit Trommelhalter abgeschlossen. Am Gehäuse sind angebracht:

hinten die Bodenstücksperre mit Feder,
das Bodenstück mit Kolben (abnehmbar);
unten das Griffstück mit Abzugsvorrichtung und Sicherung,
hinter diesem der Befestigungsbolzen zum Einsetzen des M. G. in die M. G.=Lafette;
vor dem Griffstück Ansätze für den Hülsensack und ein Durchbruch für den Hülsenauswurf, an diesem die Staubschutzdeckel, die sich beim Zurückziehen des Abzugshebels selbständig öffnen;
an der linken Wandung die Vorholstange mit Feder;
an der rechten Seite der Spannschieber mit Blattfeder (zum Anheben der Verschlußsperre zum Zurückziehen des Schlosses und Spannen der Schließfeder), der Auswerferanschlag, gegen den der Auswerfer stößt und wodurch die Hülse ruckartig durch den Hülsenauswurf geworfen wird.

Der Deckel mit Zuführer und Transporthebel dient zum Zuführen der Patronen aus dem Patronenstahlgurt, der **Deckel mit Trommelhalter** aus der Patronentrommel.

Das Bodenstück dient als Widerlager für die Schließfeder und zur Anbringung des Kolbens. **Die Schließfeder** wirft das durch den Rückstoß zurückgeworfene Schloß wieder nach vorn.

Das Schloß verriegelt den Lauf nach hinten, betätigt den Zuführer und dient zum Entzünden der Patronen sowie zum Ausziehen und Auswerfen der Patronenhülsen. **Teile des Schlosses:** Verschlußkopf mit Ausstoßer, Auszieher, Auswerfer, Ansätze mit Rollen, Stützhebel, Schlagbolzen, Schlagbolzenfeder, Schlagbolzenmutter, Federlager und Schloßgehäuse.

Die **Aufgaben dieser Teile** im einzelnen sind:

Der Verschlußkopf dient zum Verriegeln des Laufes vor dem Schuß, zum Entriegeln des Laufes nach dem Schuß und zum Spannen und Entspannen des Schlosses,
der Ausstoßer stößt die Patronen bei der Vorwärtsbewegung des Schlosses aus dem Patronengurt bzw. aus der Patronentrommel,
der Auszieher zieht die Hülse aus dem Lauf,
der Auswerfer stößt mit Hilfe des Auswerferanschlags die Hülse vom Schloß (Verschlußkopf) ab,
die Ansätze mit Rollen zwingen mit Hilfe der Kurven im Gehäuse und Schloßgehäuse den Verschlußkopf zur Drehung (Verriegeln und Entriegeln des Laufes),
der Stützhebel dient zum Zurückhalten des Schlagbolzens kurz nach Beginn der Drehung des Verschlußkopfes bis zur vollständigen Verriegelung des Laufes,
der Schlagbolzen und die Schlagbolzenfeder dienen zum Entzünden der Patrone,

die Schlagbolzenmutter dient in Verbindung mit dem Schloßgehäuse zum Zurückhalten des Schlagbolzens vor Beginn der Drehung des Verschlußkopfes,

das Federlager dient der Schlagbolzenfeder als Widerlager,

das Schloßgehäuse dient zur Aufnahme des Verschlußkopfes und zum Spannen und Entspannen des Schlosses.

Die Schießgestelle.

Das **Zweibein** dient als Vorder- oder Mittelunterstützung bei der Verwendung des M. G. 34 als l. M. G. Das **Dreibein** ersetzt das Zweibein, wenn dessen Höhe

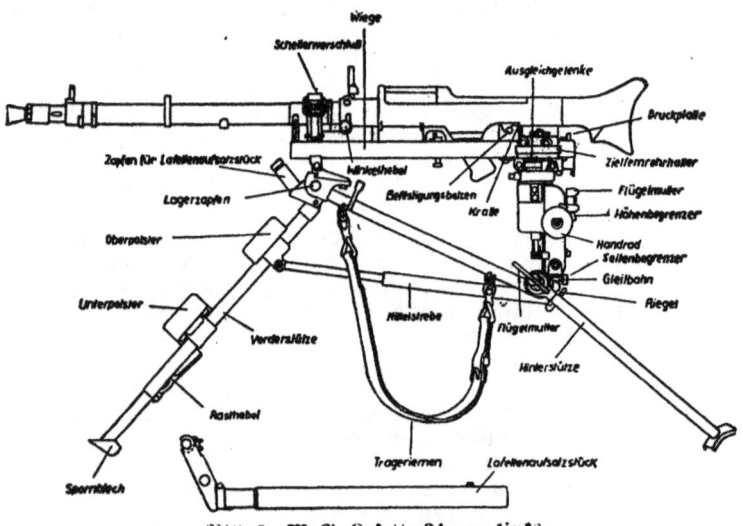

Bild 2. **M. G.-Lafette 34 von links.**

beim Überschießen der Bodenbewachsungen usw. nicht mehr ausreicht, und dient zum **Flugzielbeschuß**.

Die **M. G.-Lafette 34** ist das Schießgestell bei der Verwendung des M. G. 34 als f. M. G. Sie ermöglicht durch ihre Standfestigkeit und Richtvorrichtung die Abgabe eines längeren gezielten Dauerfeuers sowie ein Schießen im direkten Richten bis 3000 m und im indirekten Richten bis 3500 m Entfernung. Durch die zuverlässige Begrenzung des Feuers nach der Höhe und Tiefe, durch die Tiefenfeuereinrichtung oder die Höhenbegrenzer können eigene Truppen gefahrlos überschossen werden. Das Schießen durch Lücken und Vorbeischießen an eigenen Truppen wird durch die Seitenbegrenzer ermöglicht. **Teile der Lafette:** Oberlafette mit Gewehrträger, Richtvorrichtung mit Tiefenfeuereinrichtung, Unterlafette und Lafettenaufsatzstück (Bild 2 und 3).

Die **Oberlafette** dient zur Lagerung und Führung des M. G. beim Schießen. Sie ist vorn mit der Unterlafette und hinten durch die **Ausgleichgelenke** mit der **Richtvorrichtung** und **Tiefenfeuereinrichtung** verbunden. Im vorderen Teil der Oberlafette lagert die **Federeinrichtung**. Hinten links ist der **Halter für die M. G.-Zieleinrichtung** (Zielfernrohrhalter), hinten rechts die Druckplatte (Druckhebel) und an der rechten Seite der Schaltbolzen und Abzugfinger angebracht.

Der **Gewehrträger** ist mit der Federeinrichtung verbunden. An ihm befinden sich die **Krallen** und das **Klapplager** mit **Schellenverschluß** zur Lagerung und Befestigung des M. G. in der Lafette. Der **Winkelhebel** am Klapplager dient zum Laufwechsel.

Die **Richtvorrichtung** dient zum Einrichten des M. G. beim direkten und indirekten Richten. Am **Richtgehäuse** — dem Schützen zu — befindet sich die **Überschießtafel**. Die aufgeschlagenen Zahlen geben das zu stellende Sicherheitsvisier an, wenn eigene Truppen oder Deckungen im direkten oder indirekten Richten überschossen werden sollen. Im vorderen Teil der Richtvorrichtung befindet sich die **Tiefenfeuereinrichtung** und der **Abzughebel**. Die Tiefenfeuereinrichtung wird durch den Rücklauf des M. G. betätigt. Mit Hilfe von Einstellmarken kann das

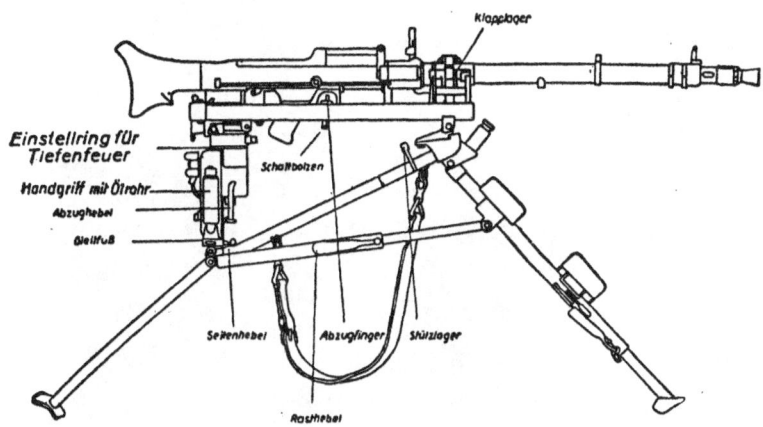

Bild 3. **M. G.-Lafette 34 von rechts.**

Tiefenfeuer beliebig verringert oder vergrößert werden. — Eine besondere Begrenzung der Ausdehnung des Tiefenfeuers ist nicht erforderlich, da sie je nach der Einstellung des Tiefenfeuers ohne weiteres auf mechanischem Wege nach Höhe und Tiefe begrenzt wird. — Das Einrichten des M. G. auf das Ziel erfolgt g r u n d s ä t z l i c h mit Tiefenfeuereinrichtung auf Marke „0" (Einstellring).

An der rechten Seite ist ein **Handgriff** mit **Ölrohr** angebracht. Er dient zur besseren Handhabung des Abzugshebels und zum Umlegen und Aufrichten der Richtvorrichtung. Mit dem **Handrad** wird dem M. G. die Höhenrichtung gegeben. An der L a g e r h ü l s e des Handrades befinden sich D u r c h b r ü c h e und M a r k e n zum Einstellen der Höhenbegrenzer. Eine Marke entspricht drei Teilstrichen. Beim Versagen der Tiefenfeuereinrichtung kann das Handrad mit Höhenbegrenzern auch zur Abgabe von Tiefenfeuer verwendet werden.

Die **Unterlafette** dient zum Einnehmen der verschiedenen Anschlagarten.

Auf der **Gleitbahn** wird das M. G. seitwärts geführt. Zum Einstellen der Seitenbegrenzer ist sie mit Marken (1 Marke = 10 Teilstriche) versehen.

Das **Lafettenaufsatzstück** dient zum F l u g z i e l b e s c h u ß. Es wird auf den Zapfen am Rahmen der Lafette aufgesetzt. Die Hinterstützen und die Vorderstütze müssen so gestellt sein, daß das Lafettenaufsatzstück etwa senkrecht steht.

Die M. G.-Zieleinrichtung.

Zur **M. G.-Zieleinrichtung** gehören: 1 Behälter mit Tragriemen, 2 Blendgläser, 1 Putztuch, 1 Haarpinsel. Teile s. Bild 4 bis 6.

Der **Fuß** dient zum Befestigen der Zieleinrichtung an der Lafette. **Im Gehäuse für den Höhentrieb** lagert die Höhenschnecke mit den Einrichtungen für das direkte und indirekte Richten. Für das **direkte** Richten befinden sich auf der **Teiltrommel** für die Entfernungsteilung Marken von

0 bis 3000 m, und zwar ohne Zwischenteilung von 0 bis 400 m, von 400 bis 1000 m in Abständen von 100 m, von 1000 bis 3000 m in Abständen von 50 m.
Für das **indirekte Richten** befindet sich die Stricheinteilung von 0 bis 100 für die feine Höheneinrichtung an der **Teiltrommel für die Höhenteilung**. Jeder zehnte Strich ist mit 0, 10, 20 bis 90 beziffert. Der Abstand der Striche beträgt $^{1}/_{6400}$. Der um 180 Grad drehbare Deckring gibt bei Stellung „direkt" die Entfernungsteilung, bei Stellung „indirekt" die Teilstrichteilung frei. Auf dem Teilring mit grober Höhenteilung befindet sich eine Stricheinteilung mit Abständen von $^{100}/_{6400}$. Die Nullstellung (Waagerechte) der groben Höhenteilung ist wie beim Geländewinkelmesser des

Bild 4.
M.G.-Zieleinrichtung von links.

1 = Fuß.
2 = Triebscheibe für die Höhenteilung.
3 = Teiltrommel für die Entfernungsteilung.
4 = Einstellmarke für die Entfernungsteilung.
5 = Ausschaltehebel.
6 = Teiltrommel für die feine Seitenteilung.
7 = Einstellmarke für die feine Seitenteilung.
8 = Teilring mit grober Seitenteilung.
9 = Einstellmarke für die grobe Seitenteilung.
10 = Erhöhungslibelle.
11 = Verkantungslibelle.
12 = Beleuchtungsfenster (für das Fernrohr).

S. F. 14 Z. mit „300" (rote Zahl 3) bezeichnet. Der Meßbereich beträgt — 300 und + 700 Teilstriche. Die Teilung wird an der **Einstellmarke für die grobe Höhenteilung** eingestellt.

Im **Gehäuse für den Seitentrieb** ist das Fernrohr um 360 Grad schwenkbar gelagert. Es besitzt eine dreifache Vergrößerung und ein Gesichtsfeld von etwa 240 m auf 1000 m Entfernung. Im Einblickstutzen ist als Abkommen ein Strichwinkel eingebaut. Auf den Fernrohreinblickstutzen wird ein Augenschutz aufgeschoben, der beim Richten mit aufgesetzter Gasmaske abgenommen wird.

An der linken Seite befindet sich die **Erhöhungslibelle** und am hinteren Teil die **Verkantungslibelle**.

Am **Teilring mit grober Seitenteilung** befinden sich Striche in Abständen von je $^{100}/_{6400}$. Jeder vierte Strich ist von 0 bis 60 mit 4, 8, 12, 16 usw entgegengesetzt der Drehung des Uhrzeigers beziffert. Die Striche und Zahlen 0, 16, 32 und 48 sind rot, alle übrigen Striche und Zahlen weiß ausgelegt. Neben der **Triebscheibe für die Seitenteilung** befindet sich die **Teiltrommel für die feine Seitenrichtung** von 0 bis 100 Strichen.

Die Einstellung erfolgt an der **Ablesemarke für die feine Seitenteilung**.
Der **Ausschaltehebel** dient zum Ausschalten der Seitenschnecke. Zum Einstellen der groben Seitenrichtung dient die **Einstellmarke für die grobe Seitenteilung**.

Das **Richtglas** dient zum Anrichten des Richtkreises, Richtpunktes und Festlegepunktes. Es ist mit dem Fernrohr um 360 Grad in der Waagerechten drehbar, kann auch in der Senkrechten geschwenkt und in der jeweiligen Lage durch Anziehen der Klemmutter festgestellt werden. Zum groben Anrichten eines höher oder tiefer gelegenen Festlegepunktes usw kann auch die eingefräste Rille am rechten Abschlußdeckel benutzt werden.

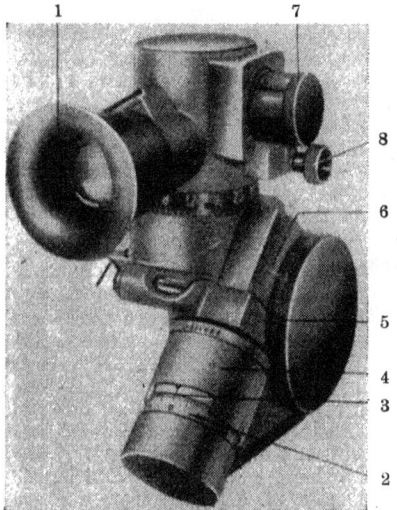
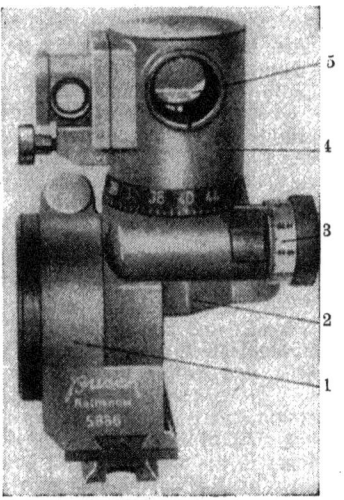

Bild 5.
M. G.-Zieleinrichtung von rechts.

1 = Richtglas, 2 = Teiltrommel für die feine Höhenteilung, 3 = Einstellmarke für die feine Höhenteilung, 4 = Deckring, 5 = Teilring mit grober Höhenteilung, 6 = Einstellmarke für die grobe Höhenteilung, 7 = Augenschutz, 8 = Klemmutter.

Bild 6.
M. G.-Zieleinrichtung von rückwärts.

1 = Gehäuse für den Höhentrieb, 2 = Gehäuse für den Seitentrieb, 3 = Triebscheibe für die Seitenteilung, 4 = Fernrohr, 5 = Ausblick.

Auseinandernehmen und Zusammensetzen des M.G.

Das M. G. muß entladen und das Schloß in vorderster Stellung sein.

Deckel öffnen und abnehmen. Der Schütze umfaßt mit einer Hand (Daumen von oben, vier Finger unten) den Kolben; mit der andern Hand erfaßt er mit Daumen und Zeigefinger den Deckelriegel, drückt ihn nach vorn, hebt den Deckel hoch und stellt ihn senkrecht. Dann drückt er den Bolzen für den Deckel mit Zuführer nach links und hebt den Deckel nach oben ab.

Das Abnehmen des Deckels mit Trommelhalter erfolgt in der gleichen Weise.

Zuführer abnehmen. Die rechte Hand erfaßt den Deckel, linke Hand streift den Zuführer nach vorn vom Deckel ab und entfernt den Transporthebel aus dem Deckel. Am Zuführer kann die Gurtschieberplatte mit Zubringerhebel nach rechts herausgezogen werden. Das Zusammensetzen erfolgt in umgekehrter Reihenfolge.

Zuführerunterteil abheben. Die linke oder die rechte Hand hebt den Zuführerunterteil nach oben ab.

Kolben mit Bodenstück abnehmen. Die linke oder die rechte Hand umfaßt das Gehäuse (vier Finger unten, Daumen oben) und drückt mit dem Zeigefinger den vorderen Teil der Bodenstücksperre gegen das Gehäuse. Die linke oder die rechte Hand dreht den Kolben um eine Vierteldrehung nach links, nimmt ihn, dem Druck der Schließfeder langsam nachgebend, ab und entfernt die Schließfeder.

Bodenstück vom Kolben entfernen. Die rechte Hand umfaßt den Kolben und die linke Hand das Bodenstück. Die rechte Hand drückt mit dem Zeigefinger den hinteren Teil der Sperre mit Feder gegen den Kolben und dreht den Kolben (bzw. die linke Hand das Bodenstück) ab.

Schloß herausnehmen. Die l i n k e Hand umfaßt das Gehäuse so am hinteren Teil, daß das Schloß nicht nach hinten herausfallen kann. Die r e c h t e Hand zieht mit dem Griff des Spannschiebers das Schloß nach hinten. Die l i n k e Hand fängt das Schloß mit der hohlen Hand auf und zieht es heraus.

Lauf herausnehmen. Die r e c h t e Hand umfaßt das Griffstück. Die l i n k e erfaßt den Mantel unterhalb des Stangenvisiers und drückt mit dem Daumen den vorderen Teil der Gehäusesperre soweit als möglich gegen den Mantel. Die r e c h t e Hand dreht das Gehäuse nach links unten, bis der Lauf frei zurückgleiten kann. Die l i n k e erfaßt den Lauf und nimmt ihn aus dem Mantel.

Schloß auseinandernehmen.

Schlagbolzenmutter abschrauben. Die l i n k e Hand erfaßt das gespannte Schloß (Schloßgehäuse gelockert) vor dem Verschlußkopf. Die r e c h t e zieht mit Daumen und Zeigefinger die gerauhten Teile an der Schlagbolzenmutter zurück, schraubt die Schlagbolzenmutter nach links ab, löst mit dem Gehäuse den Stützhebel aus (entspannt die Schlagbolzenfeder) und entfernt es vom Verschlußkopf.

Federlager abnehmen. Die l i n k e Hand erfaßt das Schloßgehäuse und setzt es auf eine Unterlage. Die r e c h t e setzt den Verschlußkopf (mit dem hinteren Teil des Schlagbolzens) so in das Schloßgehäuse ein, daß die Abflachung am Federlager in die entsprechende Öffnung des Schloßgehäuses paßt. Dann drückt sie den Verschlußkopf scharf nach unten, dreht ihn nach rechts, bis die Bolzen aus den Rasten getreten sind, hebt den Verschlußkopf (dem Druck der Schlagbolzenfeder nachgebend) nach oben ab und nimmt den Schlagbolzen mit der Schlagbolzenfeder heraus.

Ein weiteres Auseinandernehmen des Schlosses durch die Bedienung ist verboten.

Schloß zusammensetzen.

Die l i n k e Hand setzt das Schloßgehäuse auf eine Unterlage. Die r e c h t e legt das Federlager (abgeflachten Teil nach unten) in die entsprechende Öffnung im Schloßgehäuse, setzt den Schlagbolzen mit Schlagfeder unter Anheben des Stützhebels in den Verschlußkopf ein und steckt den unteren Teil des Schlagbolzens in die Durchbohrung des Federlagers. Sie drückt dann den Verschlußkopf scharf nach unten und dreht ihn so weit nach links, bis die Bolzen am Federlager in die Rasten am langen Teil des Verschlußkopfes getreten sind. Das weitere Zusammensetzen erfolgt in umgekehrter Reihenfolge wie beim Auseinandernehmen.

Schloß spannen. Die l i n k e Hand erfaßt den Verschlußkopf. Die r e c h t e dreht das Schloßgehäuse so weit nach rechts, bis die Zapfen mit Rollen am Verschlußkopf mit den Führungsleisten am Schloßgehäuse in einer Richtung stehen.

Rückstoßverstärker (S) abschrauben. Die r e c h t e Hand erfaßt den vorderen Teil des Mantels so, daß sie mit dem Daumen die Sperre vor dem Korn erfassen kann, und hebt die Sperre hoch. Die l i n k e Hand dreht den Rückstoßverstärker ab. Das Zusammensetzen des M. G. erfolgt in umgekehrter Reihenfolge. Hierbei ist darauf zu achten, daß alle Sperrhebel in die entsprechenden Ausschnitte eingerastet sind.

Bewegungsvorgänge im M. G.

Beim Zurückziehen des Schlosses (Spannen).

Schloß in vorderster Stellung (befindet sich das Schloß in vorderster Stellung, darf **nicht gesichert** werden). Durch das Zurückziehen des Schlosses in seine hinterste Stellung wird der Verschluß entriegelt und die Schlagbolzenfeder und die Schließfeder gespannt.

Der Spannschieber hebt mit der Blattfeder die Verschlußsperre an, legt sich mit dem Mitnehmer (Ansatz) vor das Schloßgehäuse und nimmt zunächst dieses mit zurück. Hierbei gleiten die Gleitsteine (Ansätze am langen Teil des Verschlußkopfes) in den kurvenförmigen Durchbrüchen im Schloßgehäuse entlang und unterstützen die Ausrastung am vorderen Teil des Gehäuses bei der Drehung des Verschlußkopfes aus dem Verriegelungsstück des Laufes. Die Verriegelung ist gelöst, das Schloß hat sich vom Lauf getrennt. Durch die Drehbewegung wird das Schloßgehäuse und der Verschlußkopf auseinandergezogen, die Schlagbolzenmutter vom Schloßgehäuse zurückgedrückt und die Schlagbolzenfeder gespannt. Der Schlagbolzen wird jetzt von der Schlagbolzenmutter in Verbindung mit dem Schloßgehäuse zurückgehalten. Der Stützhebel am Verschlußkopf tritt mit seiner Nase vor den Ansatz des Schlagbolzens, ohne diesen festzuhalten. Gleichzeitig werden die Zapfen mit den Rollen am Verschlußkopf durch die Kurven am vorderen Teil des Gehäuses in die Führungsbahn des Schlosses gebracht. Die zwei Ansätze auf dem Schloßgehäuse betätigen den Transporthebel. Der Stollen des Abzughebels legt sich hinter die Nase am Schloßgehäuse und hält das Schloß in der hinteren Stellung fest.

Beim Schuß.

Das M. G. ist entsichert. Durch das Zurückziehen der mit „E" bzw. „D" bezeichneten Teile des Abzuges wird der Stollen des Abzughebels aus der Führungsbahn des Schlosses gebracht und das Schloß freigegeben. Der Druck der Schließfeder wirft das Schloß nach vorn. Beim Nachvornschnellen des Schlosses wird die über dem Schloßgehäuse befindliche Patrone durch den Ausstoßer aus dem Patronengurt bzw. der Patronentrommel gestoßen und vom Schloß in das Patronenlager des Laufes geschoben. Bei Gurtzuführung betätigen die zwei Ansätze am Schloßgehäuse den Transporthebel. Der Transporthebel setzt durch seine Bewegungen die Rück- und Vorwärtsbewegung des Schlosses in eine Seitwärtsbewegung des Gurtschiebers im Zuführeroberteil um. Dadurch wird der Patronengurt vom Gurtschieberhebel so weit nach rechts geschoben, daß die nächste Patrone über die Schloßbahn zu liegen kommt. Der Schlagbolzen wird jetzt noch von der Schlagbolzenmutter und dem Schloßgehäuse festgehalten.

Durch die Kurven des Verriegelungsstückes am Lauf und Gehäuse wird der Verschlußkopf mit Hilfe der Zapfen und Rollen zu einer Drehung gezwungen und in die Verriegelungskämme des Verriegelungsstückes eingedreht. Sofort bei Beginn der Drehung des Verschlußkopfes geben Schlagbolzenmutter und Schloßgehäuse den Schlagbolzen frei. Er wird jetzt vom Stützhebel zurückgehalten. Während der Drehung wird das Schloßgehäuse durch die Schließfeder noch weiter gegen den Verschlußkopf gedrückt. Dadurch wird der Stützhebel infolge der schrägen Fläche am Schloßgehäuse angehoben und der Schlagbolzen frei. Gleichzeitig greift die Verschlußsperre über einen der Zapfen mit Rollen am Verschlußkopf und verhindert ein Zurückprallen desselben.

Der Schlagbolzen schnellt vor und entzündet die Patrone.

Durch den Rückstoß werden die verriegelten Teile (Lauf und Schloß) zurückgeworfen. Die Zapfen mit Rollen des Verschlußkopfes laufen hierbei mit ihren oberen Rollen auf den Kurvenstücken im Gehäuse und zwingen den Verschlußkopf mit Hilfe der Zapfen und oberen Rollen zu einer Drehung. Die unteren Rollen der Zapfen laufen auf den Kurven des Verriegelungsstückes. Damit wird die Verriegelung aufgehoben, d. h. das Schloß vom Lauf getrennt und nach rückwärts geworfen. Durch die Bewegung der Gleitsteine (Ansätze) des Verschlußkopfes in den Kurven des Schloßgehäuses wird die Schlagbolzenfeder gespannt.

Bei der Drehung und dem Entfernen des Verschlußkopfes vom Lauf wird die vom Auszieher erfaßte Patronenhülse im Patronenlager gelockert und aus dem Laufe gezogen.

Der Lauf geht nur so weit zurück, bis die Entriegelung durch die Drehung des Verschlußkopfes beendet ist. Durch die Vorholstange mit Feder und die Ansätze im Kopf des Gehäuses (Kurvenstücke) wird der Lauf in seiner Rückwärtsbewegung begrenzt. Die Vorholstange mit Feder wirft den Lauf sofort wieder in seine vordere Lage.

Die vom Auszieher erfaßte Patronenhülse wird beim Rücklauf des Schlosses vom Auswerfer, der mit seinem hinteren Teil an den Auswerferanschlag im Gehäuse stößt, nach unten ausgeworfen.

Die zwei Ansätze auf dem Schloßgehäuse haben bei Gurtzuführung den Transporthebel betätigt und damit den Gurtschieber nach links (rechts) gedrückt, um eine neue Patrone zuzuführen.

Durch die Rückwärtsbewegung des Schlosses wird die Schließfeder gespannt. Hat der Schütze den mit „D" bezeichneten Teil am Abzug zurückgezogen, so wirft die Schließfeder das Schloß sofort wieder nach vorn. Die nächste Patrone wird in den Lauf und zur Entzündung gebracht. Der Vorgang wiederholt sich so lange, bis keine Patrone mehr zugeführt wird oder der Schütze den Abzug „D" losläßt.

Bei Abgabe von Einzelfeuer ist der Vorgang in der Waffe der gleiche bis auf die Betätigung des Abzuges, des Unterbrechers und der Abzugstange.

Beim Sichern. Zum Sichern der Waffe wird der Sicherungshebel in die mit „F" bezeichnete Stellung nach hinten geschwenkt. Dabei legt sich die Achse der Sicherung über den vorderen Arm des Abzughebels und sperrt denselben. D e r S i c h e r u n g s h e b e l   d a r f   n u r   b e t ä t i g t   w e r d e n ,   w e n n   s i c h   d a s S c h l o ß   i n   d e r   h i n t e r s t e n   S t e l l u n g   b e f i n d e t.

Verhindern von Hemmungen durch Zurechtmachen des M. G. 34 zum Schießen.

Beim Zurechtmachen des M. G. zum Schießen hat die Bedienung folgende Punkte zu beachten:

a) Munition und Gurte.

1. Für das Schießen mit M. G. 34 sind nach Möglichkeit nur Patronen aus Originalpackungen zu verwenden; Patronen, die sich nicht mehr in der Originalpackung befinden, werden zweckmäßig nur aus dem Gewehr verschossen.
2. Verbeulte Patronen, Patronen mit eingedrückten Geschossen, verrosteten oder schmutzigen Hülsen dürfen nicht geguret werden.
3. Jeder Gurt muß vor dem Füllen nachgesehen werden auf Beschädigungen (Gurte mit verbogenen Krallen, gerissenen Taschen usw. sind nicht zu verwenden). Schmutzige und verrostete Taschen müssen gereinigt werden.
4. Vor dem Füllen eines neuen Patronengurts müssen innen die Taschen sauber sein und hauchartig eingeölt werden (Gurte außen und Patronen selbst nicht einölen).
5. Gefüllte Gurte nachsehen auf richtigen Sitz der Patronen im Gurt, besonders der Patronen in den Verbindungsgliedern (beschädigte Patronen müssen aus dem Gurt entfernt werden).

b) M. G.

6. Lauf nachsehen, ob **Patronenlager** und Verriegelungsstück sauber sind, auch bei den Vorratsläufen. **Nach 250 rasch aufeinanderfolgenden Schüssen ist grundsätzlich der Lauf zu wechseln.** Wenn es die Gefechtslage nicht unbedingt erfordert, sind nur völlig erkaltete Läufe mit sauberem Patronenlager einzusetzen. Schmutziges Patronenlager ist sehr oft die Ursache von Hülsenklemmern.

    Beim Platzpatronengerät prüfen, ob das Einsatzstück sich zwanglos in der Muffe bewegen läßt.
7. Den Rückstoßverstärker (S) abschrauben und auf Sauberkeit nachsehen (besonders die Düse). An den Stellen, die dem Lauf seine vordere Lagerung und Führung im Rückstoßverstärker (S) geben, darf sich kein Schmutz (Rückstände) befinden. Der Rückstoßverstärker (S) muß fest eingeschraubt sein und von der Sperre zuverlässig gehalten werden.
8. Die einwandfreie Lagerung und Führung des Laufs im Mantel sowie das zwanglose Arbeiten der Vorholstange prüfen. (Den Lauf bei ausgeklapptem

Mantel bzw. Gehäuse mehrmals zurückziehen und vorwärtsschieben; die Vorholstange mit einer Exerzierpatrone oder einem Stück Holz durch Zurückdrücken und Loslassen auf ihre Federung prüfen.)

9. Der Ansatz an der Verschlußsperre darf nicht abgenutzt sein. Die Verschlußsperre muß bei hergestellter Verriegelung des Laufes durch den Verschlußkopf zuverlässig über den Ansatz mit Rollen treten. Auch darf sie in ihrer Bewegung durch Schmutz usw. nicht gehemmt werden. Fehlerhaftes Arbeiten der Verschlußsperre führt zu Versagern oder Bodenreißern.

10. Den Auswerferanschlag am Gehäuse nachprüfen, ob er nicht abgenutzt oder locker ist. (Mit Exerzierpatronen laden und entladen; dabei sich überzeugen, ob die Hülse scharf genug nach unten ausgeworfen wird.)

11. **Schloß prüfen:**
    a) **auf Beschädigungen** (Grate am Verschlußkopf, Verriegelungskämme, Rollen, Gehäuse),
    b) ob der Auszieher und Auswerfer in Ordnung sind,
    c) ob der Schlagbolzen beim entspannten Schloß mit seiner Spitze richtig am Verschlußkopf vorsteht, die Schlagbolzenspitze frei von Grat und nicht verbogen ist,
    d) ob die Schlagbolzenfeder noch genügend Spannkraft besitzt,
    e) ob der Stützhebel den Schlagbolzen bei Beginn der Drehung des Verschlußkopfes richtig zurückhält (Schlagbolzenmutter muß ganz eingeschraubt sein),
    f) ob der Ausstoßer, die Schlagbolzenmutter und das Federlager in Ordnung sind,
    g) die Gängigkeit des Schlosses im Gehäuse durch mehrmaliges Vorgehenlassen und Zurückziehen prüfen. Es muß sich zwanglos bewegen lassen.

12. Den Abzughebel nachsehen, ob er nicht klemmt, ob der Abzugstollen das Schloß zurückhält und beim Zurückziehen des Abzuges richtig losläßt.

13. Prüfen der gleitenden Teile im Zuführeroberteil (Zubringehebel, Gurthebel, Transportstange usw.).

14. Schließfeder nachsehen, ob sie genügend Spannkraft hat. (Beim Zurückziehen des Schlosses mit dem Spannschieber muß ein erheblicher, ständig zunehmender Druck festgestellt werden.)

15. Sind die Patronengurte, die Munition und das M. G. 34 nach Punkt 1 bis 14 nachgesehen und in Ordnung, so sind die beweglichen Teile einzuölen und mit Schwefelblüte zu bestreuen, und zwar:
    Verriegelungsstück des Laufes (nur außen),
    Schloß,
    Zuführer und
    Vorholstange.

16. Jedes gewaltsame Aufsetzen oder Aufstoßen des M. G. auf den Boden ist zu vermeiden. Das Aufbewahren, das Lagern und das Tragen des M. G. 34 sowie das Vorschnellenlassen des Schlosses **ohne Lauf** im Mantel sind verboten. Beim Aufnehmen des M. G. zum Tragen auf der Schulter darf es nicht vorn am Mantel oder gar am Rückstoßverstärker (S) angefaßt werden. **Das Tragen des geschulterten M. G. mit dem Kolben nach rückwärts ist verboten.** Jede Gefechtspause muß zum Nachsehen des M. G. benutzt werden. Der Staubschutzdeckel am Hülsenauswurf muß stets geschlossen sein, wenn nicht geschossen wird. Es ist ganz besonders darauf zu achten, daß der Deckel geschlossen ist bei der Mitführung auf Fahrzeugen jeder Art, beim Tragen auf dem Marsch (im Gefecht) und vor jedem Sprung. Beim Zurückziehen des Abzughebels springt der Staubschutzdeckel von selbst auf (der Schütze hat sich um das Öffnen des Staubschutzdeckels beim Schießen nicht zu kümmern).

Bei Beachtung dieser Punkte schießt das M. G. 34 einwandfrei!

c) M.G.=Lafette 34.

1. Bei der **Oberlafette** ist darauf zu achten, daß:

    sich der **Gewehrträger** in der Oberlafette zwanglos zurück- und vorwärtsbewegen läßt und der Abzugfinger nicht verbogen ist,

    die **Richtvorrichtung** mit Gleitfuß sich auf der Gleitbahn zwanglos nach der Seite führen läßt — Spielraum darf nicht zu groß sein (Richtvorrichtung darf nicht wackeln!) —,

    der **Einstellring** für die Tiefenfeuereinrichtung sich einwandfrei drehen läßt und der Abstand (Zwischenräume vom Anschlaghebel an der Wiege zur Anschlagrolle an der Tiefenfeuereinrichtung) nicht mehr als 5 bis 7 mm beträgt.

2. Bei der **Unterlafette** darauf, daß:

    die **Rasten** an der Flügelmutter der **Hinterstützen** nicht abgenutzt sind — Hinterstützen halten sonst in ihrer Lage nicht fest — und die Rasthebel der Vorderstützen und Mittelstrebe richtig einrasten.

    Wird die Unterlafette hierauf nicht sorgfältig geprüft, so ist die **Sicherheit beim Überschießen** in Frage gestellt.

Wenn nach gewissenhafter Prüfung dieser Punkte das M.G. „schußfertig" sein soll, so ist beim Laden noch folgendes zu berücksichtigen: Das M.G. gibt nur einwandfreies Dauerfeuer ab, wenn die 1. Patrone im Zuführer vollständig am Patronenanschlag des Zuführerunterteils liegt und wenn bei Trommelzuführung die 1. Patrone etwas nach vorne geschoben ist. Nach dem Zurückziehen des Schlosses zum Laden Spannschieber sofort nach vorne schieben. Wird dies nicht getan, so schlägt das Schloß bei seiner Vorwärtsbewegung gegen den Mitnehmer, reißt ihn ab oder beschädigt ihn. Folge: Schloß kann nicht mehr mit dem Spannschieber zurückgezogen werden. M.G. fällt aus.

Häufigste Hemmungen, ihre Verhütung und Beseitigung.

Allgemeines.

Durch genaue **Kenntnis des M.G.**, **sorgfältiges Zurechtmachen zum Schießen** und **vorschriftsmäßige Behandlung** des M.G.=Geräts werden Hemmungen auf ein Mindestmaß beschränkt.

Zu Beginn des Schießens dürfen Hemmungen nicht auftreten; sie fallen stets dem Schützen zur Last (ungenügendes Fertigmachen des M.G. zum Schießen u. dgl.).

Hemmungen können eintreten durch:
1. Fehlerhafte Behandlung des M.G. und des M.G.=Geräts durch die Bedienung.
2. Ungenügendes Ölen der beweglichen Teile.
3. Starke Verschmutzung der Waffe.
4. Abnutzung, Beschädigung oder Bruch einzelner Teile.
5. Lahmwerden und Brechen von Federn.
6. Schlechte oder schadhafte Munition.
7. Schadhafte Patronengurte.

Werden bei Hemmungen infolge Bruchs oder Beschädigung des Schlosses usw. M.G.=Zubehörteile (Schloß, Patronengurt, Patronentrommel usw.) durch Vorratsstücke ersetzt, so sind die ausgewechselten Teile bei der nächsten sich bietenden Gelegenheit möglichst wieder gebrauchsfähig zu machen und zu ersetzen.

Hemmungen.

Unterbricht das M.G. beim Schießen ohne Einwirkung des Schützen die Feuertätigkeit, **so läßt der Schütze den Abzug los und zieht mit der rechten Hand das Schloß so weit zurück, bis es vom Stollen des Abzugshebels festgehalten wird.**

Beim Zurückziehen des Spannschiebers hat der Schütze gefühlsmäßig darauf zu achten, ob das Schloß in der vordersten Stellung war oder ob es auf dem halben Wege nach vorn stehengeblieben ist. War das Schloß schon in der vordersten Stellung, ohne daß die Patrone zur Entzündung gebracht wurde (Versager, gebrochene Schlagbolzenspitze), so kann der Schütze, wenn einwandfrei festgestellt wurde, daß eine Patrone ausgeworfen worden ist, wieder versuchen weiterzuschießen. Wird beim Zurückziehen des Schlosses keine Patrone ausgeworfen oder fällt eine Hülse aus dem M. G., **darf der Schütze auf keinen Fall versuchen weiterzuschießen**, sondern öffnet mit der linken Hand den Deckel, nimmt, wenn aus dem Gurt geschossen, den Gurt aus dem Zuführerunterteil und sieht nach, ob eine Patrone im vorderen Teil des Gehäuses oder im Lauf zurückgeblieben ist, erforderlichenfalls ist der Zuführerunterteil abzunehmen. Befindet sich eine Patrone im vorderen Teil des Gehäuses, so ist sie so rasch als möglich zu entfernen. Ist die Patrone aber schon im Lauf (Patronenlager), so läßt der Schütze das Schloß nach vorn schnellen. Geht der Schuß **ausnahmsweise** nicht los, so ist, um eine Selbstentzündung der Patrone in dem heißgeschossenen Lauf, bei geöffnetem Verschluß, zu verhindern, das Schloß in der vordersten Stellung zu belassen. Hat sich nach kurzer Zeit, etwa 3 bis 5 Minuten, der Schuß nicht gelöst, so sind das Schloß und der Lauf zu wechseln. Die im Lauf steckengebliebene Patrone ist vom Waffenmeister oder Waffenmeistergehilfen zu entfernen. **Niemals darf der heißgeschossene Lauf mit einer scharfen Patrone im Patronenlager sofort gewechselt werden.** Ist keine scharfe Patrone im Lauf, sondern eine Hülse steckengeblieben (Hülsenklemmer), so ist zunächst die auf die Hülse aufgestoßene Patrone aus dem Zuführerunterteil zu entfernen und der Lauf zu wechseln. Bis zur Lieferung des Hülsenausziehers ist die Hülse durch den Waffenmeister zu entfernen! Falls in demselben Lauf nach kurzer Zeit eine zweite Hülse steckenbleibt, so empfiehlt es sich, das Patronenlager gründlich zu reinigen.

Häufigste Hemmungen, ihr Erkennen und Beseitigen.

Merkmal	Abhilfe	Ursache
1. Patrone wird nicht zugeführt.		
Beim Schießen mit Gurtzuführung:		
Patrone geht nicht in den Zuführer oder wird nicht zugeführt. Lauf ist frei. Schloß in Ordnung und richtig nach vorn gegangen.	1. Schloß zurückziehen. Deckel öffnen. Patrone richtig in das Gurtglied schieben.	1. Patrone steht im Gurt zu weit nach hinten und bleibt im Einlauf des Zuführers hängen (Gurt schlecht gefüllt, zu weites Gurtglied oder verbogen).
	2. Laden und versuchen weiterzuschießen. Schießt das M. G. nicht weiter, dann sofort abgenutzten Zubringehebel durch Waffenmeister auswechseln lassen.	2. Zubringehebel abgenutzt.

Merkmal	Abhilfe	Ursache
	3. Waffenmeister neue Feder einsetzen.	3. Feder zum Zubringe= hebel oder Druckhebelfeder gebrochen.
	4. Waffenmeister neuen Zu= führerunterteil einsetzen.	4. Zuführerunterteil gebrochen.
	Bei Trommelzuführung:	
	1. Trommel abnehmen und durch Rütteln versuchen, die Patronen in die rich= tige Lage zu bringen. Ge= lingt dies nicht, dann eine andere Trommel auf= setzen. Die schlecht gefüllte Trommel später entlee= ren und neu füllen.	1. Trommel fehlerhaft ge= füllt.
	2. Andere Trommel auf= setzen. Lahme Feder in der Trommel nachspan= nen.	2. Feder in der Trommel zu schwach.

2. Patrone wird nicht aus dem Patronengurt oder aus der Trommel gestoßen.

Merkmal	Abhilfe	Ursache
Schloß ist in seiner Vorwärtsbewegung gehemmt. Es ist an der Patrone (im Gurt oder Trommel) hängen= geblieben.	1. Verschmutzte Teile reini= gen und ölen.	1. Rücklauf des Schlosses ungenügend, weil Rück= stoß zu schwach, beweg= liche Teile verschmutzt oder nicht geölt.
	2. Schloßwechsel.	2. Reibeflächen des Schlosses zu rauh.
	3. Laufwechsel.	3. Kurven am Verriege= lungsstück zu rauh oder Hülse klemmt im Patro= nenlager.
	4. Rückstoßverstärker (S) festschrauben.	4. Rückstoßverstärker (S) locker.
	5. Patrone aus dem Gurt= glied entfernen.	5. Patrone sitzt zu fest im Gurt (verbogenes Gurt= glied).
	6. Schließfeder auswechseln.	6. Zu schwache Schließfeder.
	7. Andere Trommel auf= setzen. Waffenmeister zu starke Feder in der Trom= mel etwas entspannen.	7. Bei Trommelzuführung werden die Patronen zu stark auf das Schloß ge= drückt.

3. Ausstoßer erfaßt die Patrone trotz genügendem Rück= und Vorlauf des Schlosses im Gurt oder in der Trommel nicht.

Merkmal	Abhilfe	Ursache
Patrone steht in vor= derster Stellung, Lauf ist verriegelt, aber keine Patrone im Patronenlager.	1. und 2. Schloß wechseln.	1. Ausstoßer abgenutzt oder abgebrochen.
		2. Feder zum Ausstoßer lahm oder gebrochen.
	3. Waffenmeister neue Zu= bringefeder einsetzen.	3. Zubringefeder lahm oder gebrochen.

Merkmal	Abhilfe	Ursache
4. Patrone wird nicht entzündet.		
Schloß steht in vorderster Stellung. Beim Durchladen wird eine scharfe Patrone ausgeworfen.	1. und 2. Schloßwechsel. Neuen Schlagbolzen (neue Feder) einsetzen. 3. Waffenmeister instand setzen. 4. Waffenmeister neue Verschlußsperre oder neue Feder einsetzen. 5. Durchladen und weiterschießen. 6. Waffenmeister Anstauchung oder Grat am Gehäuse entfernen. 7. Reinigen und ölen.	1. Schlagbolzen gebrochen oder zu kurz. 2. Schlagbolzenfeder lahm oder gebrochen. 3. Stützhebel abgenutzt oder gebrochen. 4. Verschlußsperre abgenutzt oder gebrochen bzw. Feder lahm oder gebrochen. 5. Verbeulte Patrone im Lauf. 6. Laufvorholstange sitzt in hinterer Stellung fest. 7. Verschmutzte oder rauhe Verriegelungskämme.
5. Hülse wird nicht ausgezogen.		
Die neue Patrone ist mit ihrer Spitze auf die noch im Lauf steckengebliebene Hülse gestoßen.	1. Schloßwechsel. 2. Waffenmeister instand setzen. 3. Gurt- oder Trommelwechsel, Schloß nochmals vorschnellen lassen und wieder zurückziehen. Wenn ohne Erfolg, dann Laufwechsel. 4. Laufwechsel. Später Hülse aus dem Lauf entfernen.	1. Auszieher abgenutzt oder gebrochen. 2. Feder zum Druckstück des Ausziehers lahm oder gebrochen. 3. Hülse klemmt im Patronenlager. 4. Patronenboden abgerissen (Hülsenreißer).
6. Hülse wird nicht ausgeworfen.		
Die Hülse ist durch das vorgehende Schloß in der Auswurföffnung festgeklemmt.	1. Schloßwechsel. Waffenmeister instand setzen. 2. Waffenmeister neue Befestigungsschrauben oder neuen Auswerferanschlag einsetzen. 3. Siehe unter 2. 4. Stellung des M. G. ändern.	1. Auswerfer abgenutzt. 2. Auswerferanschlag lose oder abgenutzt. 3. Ungenügender Rücklauf. 4. Hülse außerhalb des M. G. aufgeprallt und in das M. G. zurückgesprungen.

Reinigung des M. G. 34.

Sachgemäße **Reinigung** des M. G. und des Zubehörs erhält ihre Feldbrauchbarkeit. **Zu merken ist:** Nicht zuviel reinigen, aber zur richtigen Zeit!

Blanke Teile, die verschmutzt, ölig oder verharzt sind, werden mit einem Lappen gereinigt und dann mit M. G.-Öl hauchartig geölt.

Brünierte Teile werden mit einem weichen Lappen abgetupft (damit die Brünierung nicht leidet) und ebenfalls hauchartig eingeölt.

Die mit Schutzfarbe versehenen Teile (Kästen, Laufschützer usw.) werden mit einem weichen trockenen Lappen abgewischt, aber nicht geölt.

Regenflecke oder Rostnarben dürfen weder auf blanken noch auf brünierten Teilen entfernt werden; sie werden nur hauchartig eingeölt.

Die **gewöhnliche Reinigung** findet statt nach jedem Exerzieren, Zielen usw., wenn nicht geschossen worden ist, wenn das M. G.=Gerät weder naß geworden noch stark verschmutzt ist. Bei ihr wird das M. G. nur so weit auseinandergenommen, als es der Zweck der Reinigung erfordert.

Die **Hauptreinigung** findet statt nach jedem Schießen mit scharfer oder Platz= munition, wenn die Waffe naß geworden oder stark verschmutzt ist. Zu ihr wird das M. G. auseinandergenommen und die Einzelteile werden gründlich gereinigt und geölt. Die L ä u f e müssen auch am nächsten und übernächsten Tage nach dem Schießen gereinigt werden (Ausführung siehe S. 145 ff.). Das Platzpatronengerät ist auseinanderzunehmen und nach der Reinigung gut einzuölen. Rückstoßverstärker werden nach der Reinigung in eine Petroleumbüchse gelegt, damit sich die Pulver= rückstände lösen.

Behandlung und Pflege des M. G.

Da die Gewichtserleichterung beim M. G. 34 eine f e i n e r e K o n = s t r u k t i o n bedingt, ist eine besonders sorgfältige Pflege und Behandlung des M. G. erforderlich. Hierzu gehören Schutz vor Beschädigungen, Ver= rostung, Verschmutzung, vor Eindringen von Fremdkörpern, sorgfältiges Instandsetzen und einwandfreie Bedienung. Störungen und Hemmungen nicht mit Gewalt beseitigen! Vorschriftsmäßiges Aufbewahren und Lagern! **Jede Beschädigung ist sofort zu melden.** Ferner hat der M. G.=Schütze auf folgendes besonders zu achten:

1. Das M. G. darf nicht gewaltsam auf d e n B o d e n g e s t o ß e n oder aufgesetzt werden. Vgl.: Vermeiden des Kolbenauf= stoßens beim Gewehr.
2. Beim T r a g e n darf das M. G. nicht an Ecken, Wänden usw. an= geschlagen und bestoßen werden. Vgl.: Tragen des Gewehrs auf der Treppe.
3. Beim H i n l e g e n das M. G. nicht auf das Griffstück aufsetzen, es nicht in Schmutz und Dreck werfen und vor allem die Mündung nicht in den Dreck, Sand oder Schnee u. dgl. stoßen. Vgl.: „Mündung hoch!" beim Gewehr.
4. Beim A u f n e h m e n das M. G. n i c h t a m M a n t e l anfassen.
5. Das T r a g e n d e s g e s c h u l t e r t e n M. G. mit dem K o l b e n n a c h h i n t e n ist verboten! Es beeinflußt nachteilig die Leistung des M. G., weil sich vor allem die Hebelwirkung des Gehäuses und des Kolbens ungünstig auf die Verbindung des Mantels — in dem der Lauf lagert — auswirkt. (Lauf klemmt!)
6. Beim R e i n i g e n des M. G. (vgl. S. 145 ff.) besondere Sorgfalt verwenden! Die einzelnen Teile müssen auf Lappen oder ähnlich schützende Unterlagen und dürfen nicht in Schmutz, Sand u. dgl. gelegt werden. Vgl.: Verhalten beim Reinigen des Gewehrschlosses.

Vorbereiten des M. G. zum Schießen: Vor dem Schießen sind alle Reibstellen im Mantel und Gehäuse gut zu ölen. Um die Gängigkeit des Schlosses zu erhöhen, sind die Durchbrüche für die Gleitsteine mit etwas Schwefelblüte zu bestreuen. Auf die Schwefelblüte wird etwas M. G.=Öl geträufelt und das Schloß mehrfach vor= und zurückbewegt, damit die Schwefelblüte sich mit dem Öl vermengt. Ferner ist unbedingt nachzu= prüfen, ob der Lauf im Mantel einwandfrei liegt, d. h. sich spielend vor= und zurückbewegt. (Vgl. auch „Zurechtmachen zum Schießen", S. 162.)

6. Munitionsarten und ihre Wirkung.

Munition für Gewehr, M. G. und Pistole.

Gewehre und Maschinengewehre verwenden die gleiche Patrone mit einem Kaliber von 7,9 mm. Es gibt die sS=Patrone und Sonderpatronen. Bis auf Geschoß und Stärke der Pulverladung haben sie aber die gleiche Fertigung.

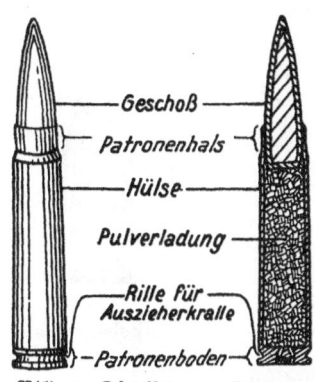

Bild 1. Die Patrone 7,9 mm.

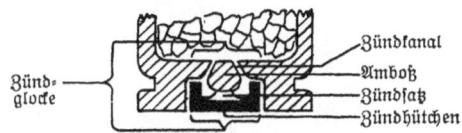

Bild 2. Patronenboden durchschnitten.

Die **sS=Patrone** besteht aus Hülse mit Zündhütchen, der Pulverladung und dem Geschoß. Dieses ist hinten konisch verjüngt, um den luftleeren Raum in seiner Flugbahn zu verringern (siehe Abschnitt: „Schießlehre"). Das **Geschoß** besteht aus dem Mantel und dem Hartbleikern.

Die **Sonderpatronen** sind äußerlich durch die Farbe der Ringfuge und die Farbe des Geschosses kenntlich. So sind

Farbe der Ringfuge:	Farbe des Geschosses:
bei der: sS=Patrone = grün,	gelb,
S m K L'spur=Patrone = rot,	gelb,
S m K=Patrone = rot,	schwarze Geschoßspitze,
Pr=Patrone = schwarz.	blank und schwarz.

Das **S m K=Geschoß** hat einen Stahlkern und ist dadurch in der Lage, stärkere Ziele, wie z. B. Panzerplatten, zu durchschlagen. Die Flugbahn des **S m K L'spur**=

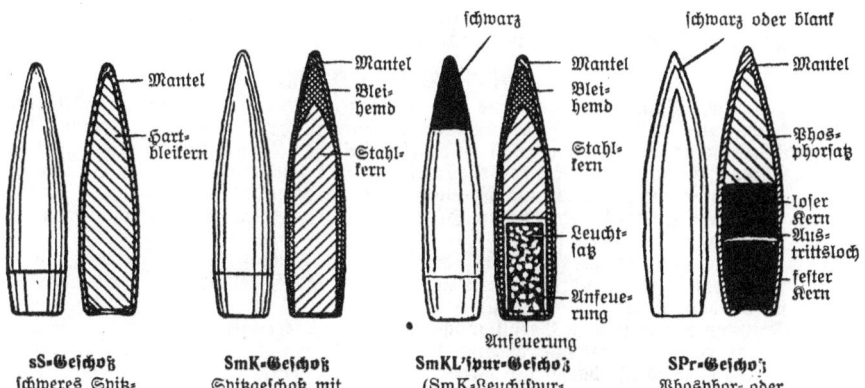

Bild 3. Geschosse der sS= und Sonderpatronen.

Reibert, Der Dienstunterricht im Heere. XII., Schütze.

— 170 —

Geschosses ist sichtbar, und dadurch ist das Geschoß zur Zielbezeichnung und Bekämpfung von Flugzielen von der Erde aus besonders geeignet. Das **Pr=Geschoß** wird nur im Felde gebraucht und als Brandmunition verschossen.

Die **Platzpatrone** (Bild 4) für Gewehr und M. G. besteht aus Hülse, Pulverladung mit Fließpappepfropfen und dem roten Holz= oder Papiergeschoß. Trotzdem

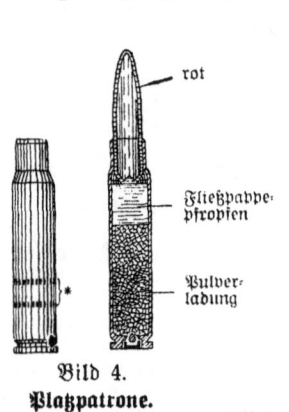
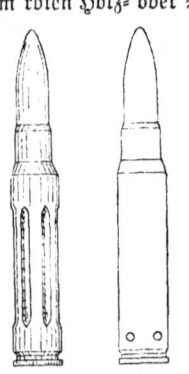

Bild 4.   Bild 5.   Bild 6.
Platzpatrone.   **Exerzierpatronen.**   **Pistolenpatrone.**
* Hülse ist zweimal beschossen.   S·   sS
                                     (Werkzeug)

das Geschoß beim Schuß sofort zerrissen wird, können Unglücksfälle vorkommen. Deshalb ist es streng verboten, unter 25 m mit Platzpatronen zu schießen.

An **Exerzierpatronen** unterscheidet man (Bild 5): die **Exerzierpatrone S·** (gesprochen: S=Punkt) zum Zielen usw. und die Exerzierpatrone sS (Werkzeug), die das Gewicht einer sS=Patrone hat und zur Prüfung der Ladeeinrichtung der Waffen dient.

Bei der **Pistolenmunition** (9 mm) wird zwischen scharfer, Platz= und Exerzierpatrone unterschieden. In ihrem Aufbau entsprechen sie den Patronen für 7,9 mm.

Munition für Granatwerfer.

Man unterscheidet zwischen: Exerzier=, Übungs= und scharfen Wurfgranaten. Die Übungs= und scharfen Wurfgranaten detonieren durch Aufschlagzünder nach dem gleichen Vorgang wie bei Granaten für Geschütze.

Munition für Geschütze.

Diese Munition besteht aus dem Geschoß (Bild 7 und 8) und der Hülsenkartusche mit Treibladung. Geschoß und Hülsenkartusche können auch vereinigt sein (Patronenmunition), wie z. B. für Flak=Geschütze. Man unterscheidet zwischen Sprenggranaten und Sondergranaten. Zu den letzteren gehören z. B. Panzergranaten, Nebelgranaten und Granaten mit Leuchtspur.

Die Granate besteht aus der Hülle mit Führungsring, der Sprengladung, der Zündladung und dem Zünder.

Die **Hülle** ist aus Preßstahl oder Stahlguß, je nach der Anforderung, die an sie gestellt wird. Im Innern ist sie mit Sprengstoff gefüllt. Der **Führungsring** wird beim Schuß in die Züge des Rohrs gepreßt, wodurch das Geschoß seine Drehung erhält und in Verbindung mit der **Zentrierwulst** geführt wird. Geschosse mit größerem Kaliber bzw. höherer Anfangsgeschwindigkeit haben 2 Führungsringe.

Alle Geschosse haben im vorderen Teil eine Zentrierwulst, deren Durchmesser dem betreffenden Kaliber (über den Feldern) entspricht.

Es gibt für alle Kaliber mehrere Geschoßarten für die jeweils zu beschießenden Ziele. Die Geschosse unterscheiden sich äußerlich durch die Form der Hülle, durch die Form und Art der Zünder und durch verschiedenen Anstrich.

— 171 —

Geschosse desselben Kalibers und gleicher Art werden ihrem Gewicht entsprechend in **Gewichtsklassen** eingeteilt. Bei ein und demselben Schießen dürfen nur Geschosse derselben Gewichtsklasse verschossen werden, da für jede Gewichtsklasse andere Schießgrundlagen gelten. Die Gewichtsklassen sind durch **römische Zahlen auf der Geschoßhülle über der Zentrierwulst** aufschabloniert.

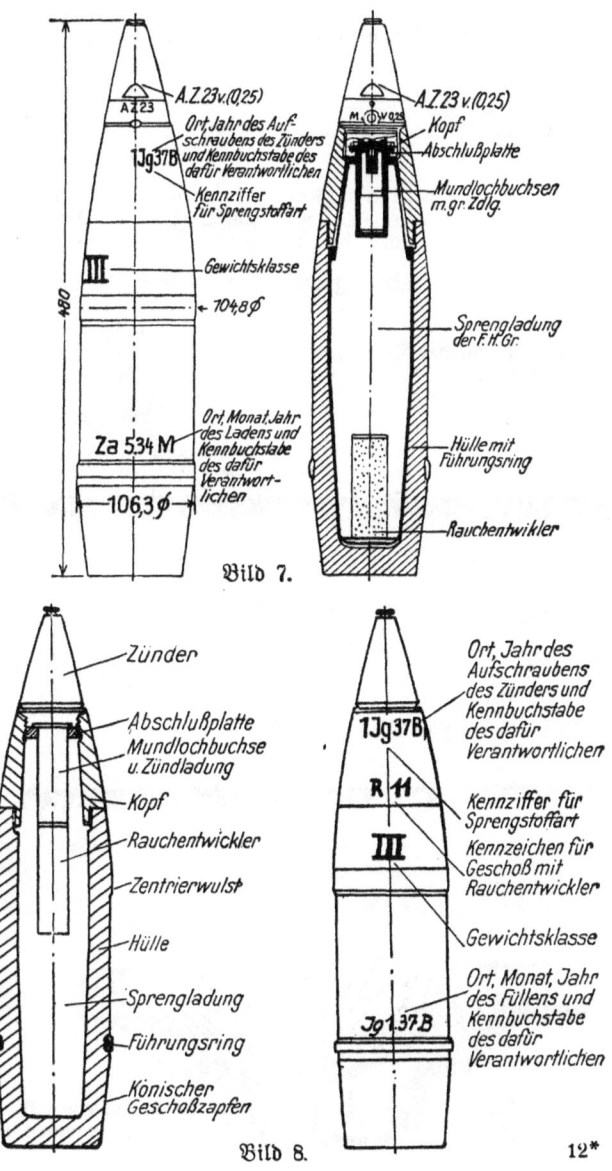

Bild 7.

Bild 8.

Für die gebräuchlichsten Geschützarten sind folgende Granaten eingeführt:

l. F. H. 16 . . . . F. H. Gr.   ⎫   Zünder:
l. F. H. 18 . . . . F. H. Gr.   ⎪   Aufschlagzünder A. Z. 23 (mit Ein=
f. 10 cm=Kan. 18 . . . . . 10 cm=Gr. 19   ⎬   stellung o. V. oder m. V.)
f. F. H. 18 . . . . 15 cm=Gr. 19   ⎭   Doppelzünder: Dopp. Z. S/60

Neben der scharfen (Brisanz=) Munition gibt es für die Schießübungen dieselbe Munition als **Übungsmunition** mit schwacher Sprengladung, kenntlich an der Aufschrift „Ueb. B.". Bezeichnung: F. H. Gr. (Ueb. B.) mit A. Z. 23 usw.

Zünder.

Entsprechend der Anbringung am Geschoß gibt es:
1. Kopfzünder. Sie sind in das Geschoßmundloch eingeschraubt und bilden damit die Geschoßspitze.
2. Bodenzünder. Sie werden in ein Gewinde im Geschoßboden eingeschraubt.

Der Wirkungsweise nach unterscheidet man **Aufschlagzünder** (A. Z.) und **Doppelzünder** (Dopp. Z.). Wirkungsweise der Zünder vgl. Bild 9, 10 und 11.

Wirkungsweise der Zünder.

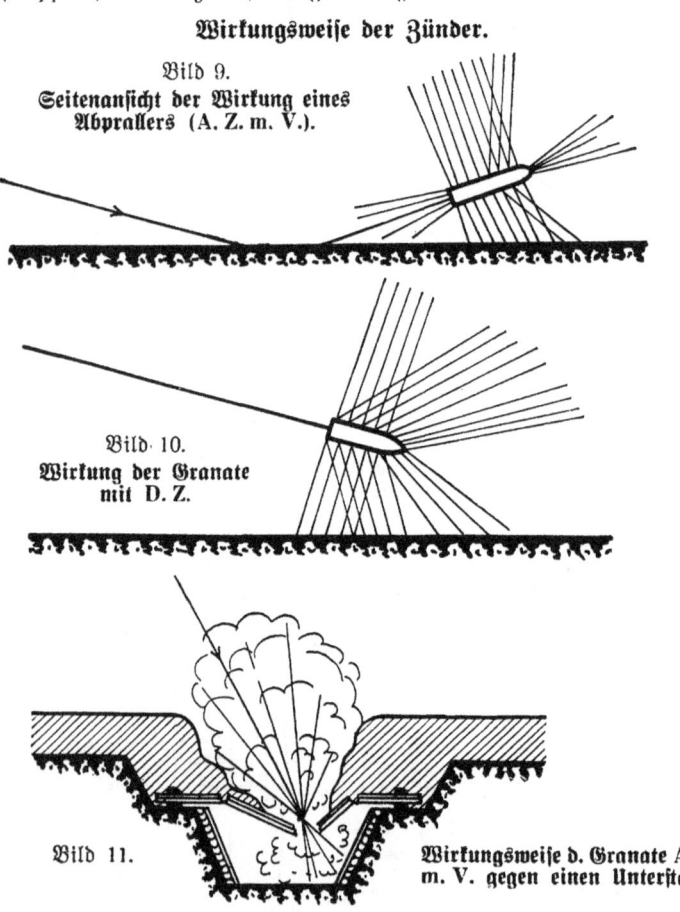

Bild 9.
Seitenansicht der Wirkung eines Abprallers (A. Z. m. V.).

Bild 10.
Wirkung der Granate mit D. Z.

Bild 11.
Wirkungsweise d. Granate A. Z. m. V. gegen einen Unterstand.

Aufschlagzünder **ohne** Verzögerung (o. V.) bringen die Sprengladung des Geschosses beim Aufschlag auf den Boden zur Entzündung. Die Splitter wirken rasant über dem Boden.

Aufschlagzünder **mit** Verzögerung (m. V.) bringen die Granate erst zur Detonation, wenn sie tief in das Ziel eingedrungen ist. Die Granaten haben dadurch größere Durchschlagskraft gegen Deckungen. Bei flachem Auftreffwinkel entstehen **Abpraller**, wobei die Granate kurz nach dem Aufschlagpunkt in der Luft zerspringt. Das Geschoß hat hier große Wirkung gegen lebende Ziele.

Doppelzünder bringen die Sprengladung des Geschosses nach Ablauf der eingestellten Laufzeit in der Luft zur Entzündung. Wegen der dadurch erreichten Splitterwirkung usw. werden sie vornehmlich verwendet gegen lebende Ziele hinter Deckungen und zum Einschießen mit Lichtmeßbeobachtung.

Alle Zünder werden erst scharf durch die Geschoßdrehung nach Verlassen des Rohres.

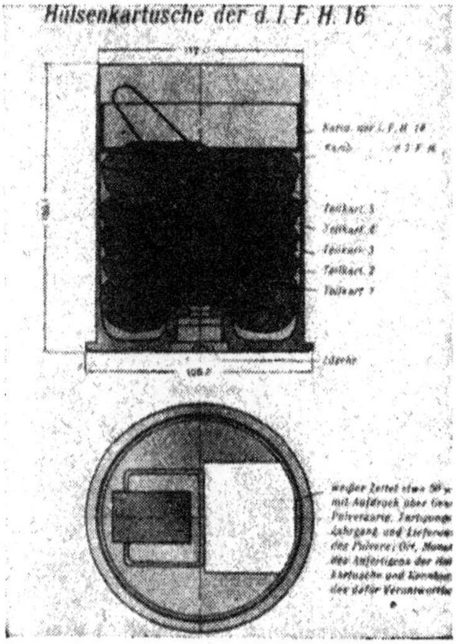

Kartusche.

Die Kartuschhülse, aus Messing oder Stahl gefertigt, enthält die Treibladung für das Geschoß. Diese ist in mehrere Teilladungen unterteilt, wodurch das Geschoß auf verschiedene Entfernungen verfeuert werden kann.

Am Boden der Hülse ist die Zündschraube eingeschraubt, die durch den Schlagbolzen angeschlagen wird. Der vorschnellende Schlagbolzen entzündet das Zündhütchen (Schlagzündschraube). Stichflamme bringt Beiladung und Kartuschladung zur Entzündung. Es entwickeln sich immer größere Mengen hochgespannter Gase, die sich ausdehnen wollen und das Geschoß durch das Rohr treiben. Das durch die aus der Rohrmündung heraustretenden Pulvergase entstehende Mündungsfeuer kann durch Kartuschvorlagen gedämpft werden, da es sonst die Feuerstellungen verraten kann.

Bild 12. **Hülsenkartusche.**

7. Handgranate und ihr Gebrauch.

Verwendung und Wirkung der Handgranate.

Die Handgranate ist die „Steilfeuerwaffe" des Schützen. Mit ihr kann man Ziele treffen, die mit der Schußwaffe schwer oder gar nicht zu erreichen sind, wie z. B. Gegner hinter Erdaufwürfen, in Unterständen und Häusern.

Der überlegte Gebrauch der Handgranate ist wichtig, da sie vereint mit der Schußwaffe entscheidend für eine Kampfhandlung sein kann (aber Rücksicht auf die eigene Truppe!). Als Grundsatz

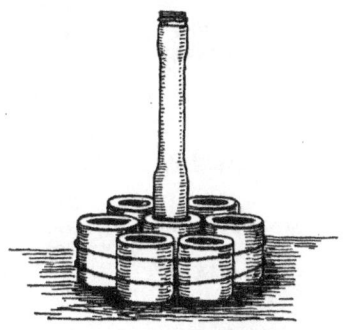

Bild 1. **Geballte Ladung.**

gilt: **Die Handgranate soll die Schußwaffe ergänzen, jedoch nicht ersetzen!**

Durch den starken Knall bei der Detonation verursacht die Handgranate zunächst eine erhebliche seelische Einwirkung auf den Gegner.

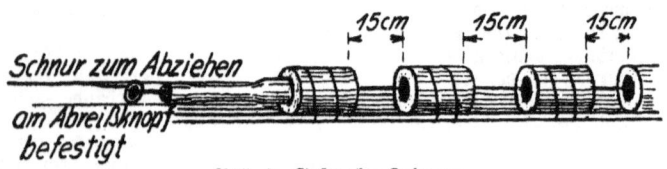

Bild 2. Gestreckte Ladung.

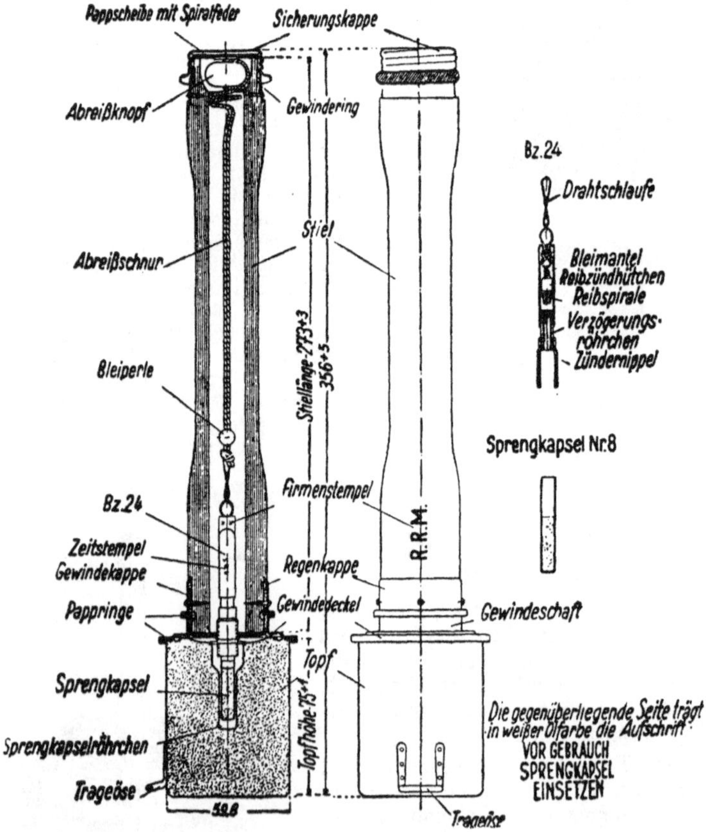

Bild 3. Stielhandgranate 24 mit Brennzünder 24 und Sprengkapsel.

Ferner wirkt der Luftdruck in einem Umkreis von 3 bis 6 m. Den größten Erfolg erzielt ihre Splitterwirkung, die sich auf einen Umkreis von 10 bis 15 m ausdehnt. Einzelne Splitter fliegen erheblich weiter.

Werden mehrere Handgranaten zu gleicher Zeit oder kurz aufeinander geworfen, je nachdem es die Gefechtshandlung erfordert, so wird der Erfolg erhöht. Mehrere Handgranaten, zur geballten oder gestreckten Ladung vereinigt (Bild 1 und 2), können zum Sprengen von Sperren und Unterständen sowie zum Bekämpfen von Panzerfahrzeugen erfolgreich verwendet werden. Das Werfen geballter Ladungen unter die Raupen von Panzerkampfwagen ist aber schwierig und nur erfolgreich, wenn die Wagen langsam fahren, vor einem Hindernis stillstehen oder sonst bewegungsunfähig sind.

Beschreibung der Handgranate.

Die Teile der Handgranate sind (siehe auch Bild 3):

Topf aus Stahlblech, in dem die Sprengladung untergebracht ist.

Stiel aus Hartholz, der durchbohrt ist (zur Aufnahme der Abreißvorrichtung) und durch die **Sicherungskappe** abgeschlossen wird. Die Gewindekappe verbindet Stiel und Topf. In ihr sitzt ein Linksgewinde zum Einschrauben des Zünders.

Brennzünder, der wasserdicht ist und aus einem Eisenröhrchen mit eingepreßtem Verzögerungssatz von **etwa 4½ Sekunden Brennzeit** und einer Abfeuerung besteht. Seine innere Bohrung dient zur Aufnahme der Sprengkapsel.

Sprengkapsel, aus Kupfer oder Aluminium, bestehend aus einem kleinen, an einem Ende offenen Röhrchen mit Ladung.

Bei s c h a r f e n H a n d g r a n a t e n sind Regenkappen und Töpfe feldgrau, bei Übungshandgranaten rot angestrichen.

Fertigmachen und Scharfmachen der Handgranate.

Fertigmachen: Topf und Sicherungskappe werden vom Stiel abgeschraubt. Die Abreißvorrichtung von der Griffseite her so weit durch die Stielbohrung hindurchlaufen lassen, bis die Bleiperle aus der Gewindekappe hervortritt. Dann wird der Knoten der Abreißschnur in die Drahtschlaufe des Zünders eingeführt, danach die Bleiperle fest an die Drahtschlaufe herangeschoben und der Zünder in das Linksgewinde der Gewindekappe eingeschraubt. Der Abreißkopf, der jetzt frei aus dem Stiel heraushängt, wird in diesen zurückgelegt und die Stielbohrung mittels der Sicherungskappe verschlossen.

Scharfmachen: In der fertiggemachte Handgranate wird nach Abschrauben des Topfes die Sprengkapsel mit dem offenen Ende in die hervorstehende Hülle des Zündernippels am eingeschraubten Brennzünder eingesetzt. **Das Einsetzen hat sachgemäß und ohne Kraftaufwand zu geschehen,** da die Sprengkapsel gegen Reibung und Schlag sehr empfindlich ist. Vor dem Einsetzen sind Sägespäne, Wolleteilchen und dergleichen, die sich in dem offenen Teil der Sprengkapsel befinden, herauszuschütteln, weil Fremdkörper Verlager hervorrufen. Das Herausschütteln muß sorgfältig geschehen (kein Reiben oder Aufschlagen).

Sicherheitsbestimmungen.

Die **Sprengkapseln** sind durch Feuerstrahl leicht entzündlich. Ihr Knallsatz detoniert auch durch einen mäßig starken Schlag, durch Quetschen, Reiben mit harten oder scharfen Gegenständen und durch Erhitzung, durch heftige Erschütterungen, **hohen Fall,** starke Lufterschütterung oder Luftdruckwirkung.
Sie erfordern deshalb **vorsichtige Behandlung.**
Es ist verboten, Sprengkapseln in der Nähe von Feuern und Öfen zu trocknen oder in durch Öfen geheizten Räumen unterzubringen.
Verboten ist ferner jedes Hantieren mit offenem Licht, Streichhölzern, Feuerzeugen, brennender Zigarre und Schwefelsäure in der Nähe von Sprengkapseln.
Das Herausgleiten der Sprengkapseln aus dem Kästchen beim Scharfmachen der Handgranaten kann durch leichtes Klopfen mit dem Finger auf den Boden oder durch Schütteln unterstützt werden. **Niemals darf versucht werden, festsitzende Sprengkapseln mit einem Messer, Nagel oder dergleichen zu lockern.** Man entnimmt dem Kästchen zunächst alle **losen Kapseln.** Darauf

zieht man den Schiebedeckel ab, stellt das Klötzchen mit der Deckelseite auf eine hölzerne Unterlage und klopft leicht auf dessen Boden. Es werden nunmehr die fester sitzenden Sprengkapseln herausfallen. Bleiben auch jetzt noch Sprengkapseln sitzen, so werden sie wie Versager behandelt und mit dem Klötzchen durch Sprengen vernichtet.

Eine zu Übungen scharfgemachte Stielhandgranate muß verbraucht werden. Das Herausnehmen der Sprengkapsel, um sie im Sprengkapselkästchen für spätere Übungen aufzubewahren, ist verboten.

Vorgang in der Handgranate beim Wurf.

Beim Herausziehen der Abreißvorrichtung wird die Drahtschlaufe des Brennzünders gestreckt. Die Preßfuge des Bleimantels wird geöffnet, die Wicklung des Reibedrahtes durch die entstandene Fuge gezogen und das Reibzündhütchen mit seinem Boden fest auf die Preßfuge gedrückt. Die konische Reibspirale dreht sich mit ihren ersten beiden Gängen und Windungen **auf** dem Rande des Zündhütchens ab, gleitet dann erst **in** das Zündhütchen hinein und zündet durch Reiben auf den Zündsatz die Anfeuerung.

Der abbrennende **Verzögerungssatz** schafft sich selbst durch Abschmelzen des Bleimantels die erforderliche Entgasungsöffnung und entzündet nach etwa 4½ Sekunden das im Verzögerungsröhrchen eingebaute Zündhütchen. Dieses durchschlägt die äußere Abdichtung und bringt durch seine schlagartige Stichflamme auch träge gewordene Sprengkapseln zur Detonation. Die detonierende Sprengkapsel zerreißt das Sprengkapselröhrchen und überträgt die Detonation auf den Sprengstoff der Ladung.

Werfen scharfer Handgranaten.

Das Werfen scharfer Handgranaten findet bei der Ausbildung unter strenger Beachtung der Sicherheitsbestimmungen statt. Über diese und das Verhalten beim Werfen werden alle Beteiligten vorher belehrt. Von jedermann ist der Stahlhelm zu tragen.

Die **Aufsicht beim Werfen** führt ein Offizier. Ihm zur Seite stehen die vorgeschriebenen Dienstgrade.

Der Werfer schraubt selbständig die Sicherheitskappe ab und holt mit dem Wurfarm aus, wobei die Abreißschnur mit einem kurzen kräftigen Ruck durch die andere Hand aus dem Zünder gerissen wird. Die Handgranate wird ruhig, aber s o f o r t in der vorgeschriebenen Richtung oder nach dem angegebenen Ziel geworfen. Zögern mit dem Abwurf oder Zählen nach dem A b z i e h e n , z. B. 21 — 22 — 23, Lockern oder leichtes Anspannen der Schnur vor dem Abreißen gefährden den Werfer und sind streng verboten.

An **Blindgänger** von Handgranaten darf man erst 15 Minuten nach dem Wurf herangehen, sie aber ohne Befehl nicht berühren, aufheben usw. Sie werden von einem ausgebildeten Dienstgrad (Feuerwerker) durch Sprengen vernichtet.

8. Der leichte Granatwerfer 36.

(Siehe S. 200 ff.)

9. Die Maschinenpistole 38 und 40.

Allgemeines.

Die M. P. ist eine Waffe, die sich besonders für den Nahkampf eignet. Aus ihr kann nur die „Pistolenpatrone 08" verschossen werden.

Die M. P. 38 und 40 sind Rückstoßlader, d. h. das Einführen der Patrone in den Lauf, Entzünden der Patrone, Ausziehen und Auswerfen der Patronenhülse erfolgt durch den Rückstoß in Verbindung mit der Federkraft. Der Lauf steht beim Schießen fest.

Der Verschluß ist unstarr, d. h. er wird nur durch die Schloßmasse und den Gegendruck der Schließfeder hergestellt. Eine starre Verriegelung des Laufes durch das Schloß nach hinten erfolgt bei der M. P. 38 und 40 nicht.

Für die Zuführung der Patronen wird ein Magazin, das mit 32 Patronen gefüllt werden kann, benutzt. Die Patronen werden durch eine Feder im Magazin der M. P. zugeführt.

Die Schußfolge beträgt etwa 350 bis 400 Schuß in der Minute (ohne die zum Laden erforderliche Zeit), die praktische Feuergeschwindigkeit bei Abgabe von Feuerstößen etwa 80 bis 90 Schuß in der Minute.

Die Visierreichweite beträgt 200 m mit Unterteilung von 100 m (Standvisier 100 m, Visierklappe 200 m).

Aufgaben der Hauptteile der M. P. 38 und 40*).

1. **Teile der M. P. 38 und 40** (siehe Bild):

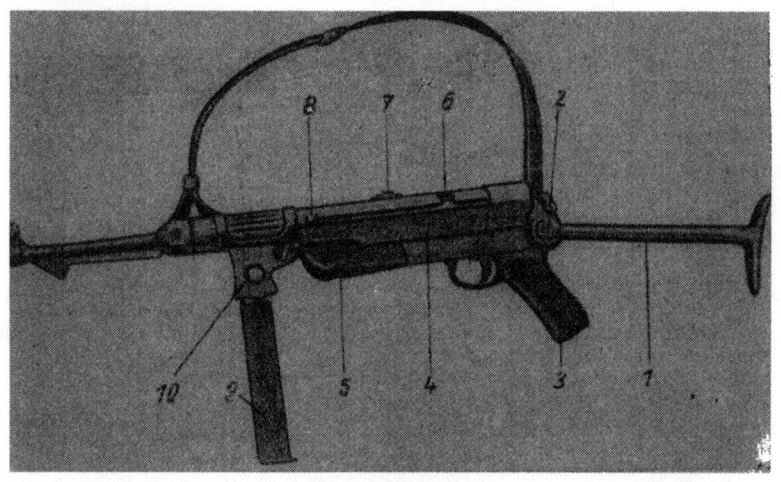

1 Schulterstütze. 2 Druckstück zur Schulterstütze. 3 Griffstück. 4 Kasten. 5 Sperrbolzen. 6 Sicherungsrast. 7 Visier. 8 Kammergriff. 9 Magazin. 10 Magazinsperre.

M. P.-Schulterstütze, ausgeklappt (von links).

2. Im Lauf wird die Patrone zur Entzündung gebracht und dem Geschoß Richtung und Drehung gegeben. Der Lauf steht beim Schießen fest.

Vorn auf dem Lauf befindet sich das Korn mit dem Kornschutz. Unten am Lauf ist ein Widerlager. Dieses verhindert ein Zurückrutschen der M. P. beim Schießen aus Panzerwagen usw. Die am Lauf befestigte Schiene dient zur Auflage des Laufes auf Panzerwände usw.

3. Das Gehäuse (Hülse) dient zur Lagerung und Führung des Verschlusses. Oben auf dem Gehäuse ist das Visier angebracht. Der Magazinhalter vorn unten am Gehäuse dient zum Anbringen des Magazins, die Magazinsperre zum Festhalten des Magazins. Der Auswerfer hinter dem Magazinhalter dient zum Auswerfen der Hülsen.

*) Bei der M. P. 38 ist das Gehäuse glatt, bei der M. P. 40 ist es mit Rillen versehen.

4. Der Schaft mit Kasten, Griffstück und Schulterstütze dient zur Lagerung des Gehäuses und des Laufes sowie zur Handhabung der M. P. Unten hinten ist die Abzugvorrichtung angebracht.

5. Der Sperrbolzen (Verschlußbolzen) hält das eingesetzte Gehäuse fest.

6. Die Schulterstütze dient zum Einziehen der M. P. beim Schießen in die Schulter. Bei Nichtbenutzung ist sie nach vorn unter den Schaft anzuklappen. Dazu ist das Druckstück zur Schulterstütze scharf nach rechts durchzudrücken.

7. Der Verschluß dient zum Einführen der Patrone in den Lauf, zum Verschließen des Laufes nach hinten, Entzünden der Patrone, Ausziehen und Auswerfen der Patronenhülse.

Teile des Verschlusses:

Kammer mit Auszieher und Kammergriff.
Schlagbolzen, vollständig (teleskopartiges Gehäuse mit Schließfeder und Puffer).
Die Schließfeder wirft den durch den Rückstoß zurückgeworfenen Verschluß wieder nach vorn. Sie ersetzt gleichzeitig auch die Schlagbolzenfeder.

8. Auseinandernehmen und Zusammensetzen der M. P. 38 und 40.

Die M. P. muß entladen und entspannt sein (Lauf frei, Verschluß in vorderster Stellung).

(1) Sperrbolzen (Verschlußbolzen) mit Zeigefinger und Daumen der linken Hand herausziehen (nach unten) und um etwa 90 Grad drehen.

(2) Lauf mit Gehäuse (Hülse), Magazinhalter und Verschluß aus dem Kasten nehmen.

Rechte Hand: Griffstück umfassen, Zeigefinger Abzug zurückziehen.
Linke Hand: Gehäuse am Magazinhalter erfassen und Lauf mit Gehäuse etwa eine Vierteldrehung nach rechts drehen und nach vorn aus dem Kasten nehmen.

(3) Mündung etwas anheben und Verschluß mit der rechten Hand auffangen und aus dem Gehäuse nehmen.

Ein weiteres Auseinandernehmen der M. P. durch den Schützen ist verboten.
Das Zusammensetzen der M. P. erfolgt in umgekehrter Reihenfolge.

9. Vorgang in der Waffe beim Schuß.

Die M. P. ist geladen, d. h. ein gefülltes Magazin ist eingesetzt. Der zurückgezogene Verschluß wird vom Abzugstollen festgehalten (M. P. entsichert!).

Durch das Zurückziehen des Abzuges wird der Abzugstollen nach unten geschwenkt und der Verschluß freigegeben.

Unter dem Druck der Schließfeder schnellt der Verschluß nach vorn und schiebt dabei die oberste Patrone aus dem Magazin in den Lauf (Patronenlager). Die Kralle des Ausziehers legt sich in die Rille am Patronenboden. Sobald der Verschluß durch seine Masse und den Druck der Schließfeder den Lauf nach hinten abgeschlossen hat, wird die Patrone durch die aus dem Verschluß hervorragende Schlagbolzenspitze entzündet. Durch den Druck der Pulvergase wird der Verschluß nach rückwärts geworfen. Dabei nimmt der Auszieher die Patronenhülse so weit mit zurück, bis sie von dem Auswerfer nach oben rechts durch die Hülsenauswurföffnung ausgeworfen wird. Der Verschluß geht so weit zurück, bis er unter dem Druck der Schließfeder wieder nach vorn geworfen wird.

Dieser Vorgang wiederholt sich so lange, bis keine Patrone mehr zugeführt oder der Abzug losgelassen wird.

Reinigen der M. P.

10. Das Reinigen der M. P. erfolgt mit dem Reinigungsgerät 34 nach den Grundsätzen des Gewehrs (siehe S. 145 ff.)

Hemmungen und ihre Beseitigung.

11. Hemmungen, die beim Schießen auftreten können:

Erscheinung	Abhilfe	Ursache
Hülse bleibt im Patronenlager stecken. Eine Patrone ist zwischen Verschluß und Lauf eingeklemmt.	Neuen Auszieher einsetzen.	Auszieher lahm, abgenutzt oder gebrochen.
Hülse wird nicht ausgeworfen (vom Verschluß gefangen). Eine scharfe Patrone ist zwischen Verschluß und Lauf eingeklemmt.	Neuen Auswerfer einsetzen (Waffenmeister).	Auswerfer abgenutzt oder gebrochen.
Verschluß in vorderster Stellung, scharfe Patrone im Lauf. Beim Zurückziehen des Verschlusses wird eine scharfe Patrone ausgeworfen.	Durchladen und weiterschießen. Wenn Schlagbolzenspitze gebrochen, neuen Schlagbolzen einsetzen (Waffenmeister).	Versager oder Schlagbolzenspitze gebrochen.
Patrone wird nicht zugeführt.	Magazin entfernen, Verschluß zurückziehen, neues Magazin ansetzen.	Magazin schlecht gefüllt, verschmutzt oder verbeult.

Verhalten bei Hemmungen.

12. Unterbricht die M. P. beim Schießen ohne Einwirkung des Schützen die Feuertätigkeit, so läßt der Schütze den Abzug los, entfernt das Magazin, zieht den Verschluß in die hinterste Stellung bis in die Sicherungsrast zurück (sichert!). Falls sich eine Patrone oder eine Hülse in der Waffe befindet, ist sie zu entfernen. Ganz besonders ist darauf zu achten, daß der Lauf frei ist.

Handhabung der M. P. 38 und 40 und Schießausbildung.

Füllen des Magazins.

13. Der Magazinfüller wird mit dem Rücken nach links auf das Magazin gesetzt, bis er einrastet; dann wird das Magazin senkrecht auf eine Unterlage gesetzt. Die linke Hand drückt das Druckstück des Füllers bis zum Anschlag nach unten. Die rechte Hand setzt die Patronen (einzeln), Patronenboden nach links, unter die Magazinlippen und drückt sie unter gleichzeitigem Entspannen des Druckstückes nach links in das Magazin ein. Wenn 32 Patronen eingefüllt sind, wird die unterste Patrone im Schauloch sichtbar. **Ein Überfüllen führt zu Hemmungen.**

Aufnehmen und Absetzen der M. P.

14. Die M. P. wird beim Antreten über die rechte Schulter gehängt, die Tragetaschen für die Magazine sind umgehängt oder am Leibriemen zu tragen. Erst beim Zusammensetzen der Gewehre sind die M. P. und die umgehängte Tragetasche abzunehmen.

15. Die M. P. kann über die rechte oder linke Schulter oder über die Brust gehängt getragen werden.

16. Das Tragen der umgehängten M. P. mit der Mündung nach unten oder mit der Mündung nach vorn ist verboten.

Sichern und Laden.

17. Der Schütze erfaßt die M. P. mit der rechten Hand im Schwerpunkt, zieht mit dem Zeigefinger der linken Hand den Kammergriff zurück und legt ihn in die Sicherungsrast ein (sichert).

Dann setzt er mit der linken Hand das Magazin in den Magazinhalter, bis es hörbar einrastet.

Die M. P. ist geladen und gesichert.

Im Stehen wird die M. P. mit der Mündung schräg nach vorn aufwärts gehalten,

im Knien wird die M. P. auf das linke Knie gestützt,

im Liegen muß die M. P. zum Einsetzen des Magazins in den Magazinhalter leicht nach rechts gedreht werden.

18. Die M. P. ist grundsätzlich erst zu sichern und zu laden, wenn es die Gefechtslage erfordert (zuschießende Waffe).

Entsichern.

19. Das Entsichern erfolgt kurz vor dem Schießen (Lauf in die Schußrichtung zeigend). Die linke Hand zieht den Kammergriff in die hinterste Stellung zurück und läßt die Kammer, dem Druck der Schließfeder nachgebend, vorgleiten, bis sie vom Abzugstollen gehalten wird.

Magazinwechsel.

20. Der Schütze zieht mit der linken Hand den Kammergriff bis in die Sicherungsrast zurück (sichert). Dann umfaßt er mit der linken Hand das Magazin, drückt mit dem Daumen den Magazinhalteknopf scharf nach rechts, zieht das Magazin heraus und setzt ein neues ein.

Entladen.

21. Beim Entladen entfernt der Schütze das Magazin und überzeugt sich durch einen Blick in die Hülsenauswurföffnung, ob der Lauf frei ist. Dann läßt er den Verschluß bei zurückgezogenem Abzug langsam nach vorn gleiten. **Mündung stets nach oben gerichtet.**

Nach jedem Schießen (mit scharfen oder Platzpatronen) meldet der Schütze seinem Führer: „Entladen!", „Magazin entfernt!", „Lauf frei!", „Verschluß in vorderster Stellung!".

Anschlagarten.

22. Die Anschlagarten entsprechen denen mit dem Gewehr (siehe S. 221 ff.).

Das Magazin kann beim liegenden Anschlag als Unterstützung benutzt werden.

Um ein Ausweichen der Mündung nach oben beim Schießen zu verhindern, muß die M. P. bei allen Anschlagarten fest mit beiden Händen in die Schulter eingezogen werden. Beim Anschlag stehend freihändig erfaßt die linke Hand hierzu den Magazinhalter.

23. Das Schießen in der Bewegung kann aus der Hüfte mit ausgeschwenkter oder zurückgeklappter Schulterstütze erfolgen.

24. Feuerarten.

Aus der M. P. werden in der Regel nur Feuerstöße abgegeben.

Die Länge der Feuerstöße richtet sich nach der Größe und Entfernung des Ziels.

Breite Ziele werden bekämpft, indem der Schütze Feuerstoß auf Feuerstoß reiht. Im Nahkampf können dicht nebeneinander erscheinende Ziele bekämpft werden, indem das Feuer der M. P. ohne Unterbrechung über die gesamte Breite des Ziels hinweggezogen wird (Breitenfeuer).

Achter Abschnitt.

Exerzier= und Waffenausbildung.

1. Einzelausbildung ohne und mit Gewehr.

Die Einzelausbildung schafft die Voraussetzung für die übrige Ausbildung. Deshalb sind die Leistungen des Soldaten in diesem Dienstzweig vielfach bestimmend für seine ganze soldatische Laufbahn. Entsprechend dieser Wichtigkeit wird die Einzelausbildung mit größter Genauigkeit und Gründlichkeit durchgeführt.

Einzelausbildung ohne Gewehr.

Grundstellung: „Die gute Haltung des Soldaten ist ein Wertmesser für seine Erziehung und körperliche Durchbildung." (A. V. J. 2 a, Ziff. 1.) Nicht nur er, sondern auch seine Truppe wird oft nach seiner Haltung beurteilt.

1. Kommando: **„Stillgestanden!"** (Bild 1).
Ausführung: Der Mann steht in der Grundstellung still. Die Füße stehen mit den Hacken nahe aneinander. Die Fußspitzen sind so weit auswärts gestellt, daß die Füße nicht ganz einen rechten Winkel bilden. Das Körpergewicht ruht gleichmäßig auf Hacken und Ballen beider Füße. Die Knie sind leicht durchgedrückt. Der Oberkörper ist aufgerichtet, die Brust leicht vorgewölbt. Die Schultern stehen in gleicher Höhe. Sie sind nicht hochgezogen. Die Arme sind leicht nach unten gestreckt, die Ellenbogen müssen nach vorn gedrückt sein. Die Hände berühren mit Handwurzel und Fingerspitzen die Oberschenkel. Die Finger sind geschlossen. Der Mittelfinger liegt an der Hosennaht, der Daumen längs des Zeigefingers an der Innenseite der Hand. Der Kopf wird hoch getragen, das Kinn ein wenig an den Hals herangezogen. Der Blick ist geradeaus gerichtet. Die Muskeln sind leicht und gleichmäßig angespannt. Krampfhafte Muskelspannung führt zu einer schlechten und gezwungenen Haltung.

Häufige Fehler:	Verbesserung:
1. Fußstellung zu eng oder zu weit.	Beide Füße (r. oder l. Fuß) auswärts (einwärts)!
2. Fußspitzen nicht auf gleicher Höhe.	Rechten (linken) Fuß vor!
3. Hacken nicht geschlossen.	Hacken zusammen!
4. Körpergewicht nicht gleichmäßig auf beide Beine verteilt.	Auf das rechte (linke) Bein legen!
5. Einbiegen in den Hüften.	Rechte (linke) Hüfte herein!
6. Im Kreuz liegen oder vornüberfallen.	Vornhereinlegen (oder nicht so sehr)!
7. Knie nicht oder krampfhaft durchgedrückt.	Knie durchdrücken (oder nicht krampfhaft)!
8. Brust nicht vorgewölbt.	Brust heraus!
9. Schultern stehen nicht auf gleicher Höhe oder sind hochgezogen.	Rechte (linke) Schulter (beide Schultern) fallenlassen!
10. Arme verkrampft oder angezogen (Henkeltöpfe!).	Arme (rechten, linken Arm) fallenlassen!
11. Ellenbogen nicht leicht vorgedrückt.	Ellenbogen (rechten, linken) vor!
12. Mittelfinger nicht an der Hosennaht.	Mittelfinger an die Hosennaht!
13. Schiefe Kopfhaltung.	Rechtes (linkes) Ohr tiefer!
14. Kinn vorgestreckt.	Kinn an die Binde! Genick lang!
15. Augen bewegen sich.	Augen festhalten (gegenüber „Haltepunkt" suchen)!
16. Zu niedrige Kopfhaltung.	Kopf hoch!
17. Ellenbogen zu eng am Körper.	Ellenbogen anwinkeln!

2. Erfolgt ein Ankündigungskommando, der Ruf eines Vorgesetzten oder das Kommando **„Achtung!"**, ohne daß „Stillgestanden" vorausgegangen ist, so steht der Mann von selbst still.

Bild 1. „Stillgestanden!"   Bild 2. „Rührt Euch!"

Richtig!   Falsch!   Auch im Rühren ist eine
Fußstellung, Oberkörper-,   gute Haltung zu
Arm- und Kopfhaltung.   bewahren

Häufige Fehler:	Verbesserung:
1. Falsche oder nachlässige Grundstellung	Richtige Grundstellung einnehmen!
2. Nachrühren	Stillstehen!
3. Falsche Front zum Vorgesetzten	Richtige Front einnehmen!
4. Bei „Achtung!" den Vorgesetzten nicht ansehen	Augen (Nase) hierher!

Ankündigungskommandos werden lang, Ausführungskommandos kurz gesprochen.

3. Kommando: **„Rührt Euch!"** (Bild 2).

Ausführung: Der linke Fuß wird vorgesetzt. Der Mann darf sich rühren, aber nicht ohne Erlaubnis sprechen.

Häufige Fehler:	Verbesserung:
1. Linken Fuß zur Seite, anstatt nach vorn, oder zu weit vorgesetzt.	Linken Fuß vor linke Schulter!
2. Sofort Brust einfallen lassen oder in sich zusammensinken.	Brust heraus! Aufrichten!
3. Sofort ins Gesicht oder aus Koppel fassen.	Hände herunter!
4. Umhersehen, unerlaubt reden oder Nachbaranstoßen.	Nase hierher! Mundhalten!
5. Sich nicht sofort ausrichten.	Ausrichten!

4. Man unterscheidet drei Arten von Marsch (es wird mit dem **linken Fuß** angetreten).

a) Kommando: **„Ohne Tritt — Marsch!"**

Ausführung: Für Schrittweite und Zeitmaß ist das Gelände und der Körperbau des einzelnen Mannes bestimmend. Aufrechte Haltung und gehobene Kopfhaltung sind zu bewahren.

b) **Kommando: „Im Gleichschritt — Marsch!"**
Ausführung: Schrittweite beträgt etwa 80 cm. Das Zeitmaß des Marsches beträgt 114 Schritte in der Minute. Aufrechte Körperhaltung und gehobene Kopfhaltung werden gefordert.

Die Arme werden natürlich bewegt; sie pendeln aus dem Oberarmgelenk, und zwar nach vorn bis etwa in Höhe des Koppelschlosses, nach hinten über den Oberschenkel hinaus (Arme durchschlagen!). Die Hände sind leicht gestreckt.

c) **Kommando: „Abteilung — Marsch!"**
Der Exerziermarsch hebt die Mannszucht und fördert den Zusammenhalt der Truppe. Er wird auf kurze Strecken, im Wachdienst, zum Erweisen von Ehrenbezeigungen durch Abteilungen und bei Paraden angewendet.

Ausführung: Das linke Bein wird leicht gekrümmt und mit gestreckter, etwas auswärts zeigender Fußspitze nach vorn geführt. Der Unterschenkel schnellt leicht vor, ohne daß das Knie gehoben wird. Das durchgedrückte Bein wird in einer Entfernung von etwa 80 cm aufgesetzt. Das rechte Bein macht hierauf die gleiche Bewegung wie das linke. Das Zeitmaß des Exerziermarsches beträgt 114 Schritte in der Minute. Es ist fehlerhaft, das vorzusetzende Bein höher zu heben, als zur Erreichung der Schrittlänge nötig ist, oder es mit übertriebener Gewalt niederzusetzen. Straffe Körperhaltung und gehobene Kopfhaltung werden gefordert.

Häufige Fehler:	Verbesserung:
1. Beine nicht genügend hoch.	Beine (Unterschenkel) heraus! Längeren Schritt!
2. Beine zu hoch (Kniemarsch)	Beine niedriger! Nicht zurückschlagen!
3. Fußspitze ungenügend gestreckt	Fußspitze abwärts!
4. Stehenbleibendes Bein knickt beim Vorschnellen des Unterschenkels ein.	Standbein durchdrücken!
5. Schrittlänge und Tempo nicht gleichmäßig.	Gleich lange Schritte! Gleichmäßiges Tempo!
6. Haltung des Oberkörpers läßt nach oder Oberkörper verkrampft sich.	Oberkörperhaltung! Oberkörper ruhig halten! Oberkörper loslassen!
7. Oberkörper geht nicht mit dem Bein nach vorn (der Mann liegt im Kreuz).	Vornhereinlegen!
8. Mund wird geöffnet, Kinn vorgestreckt.	Mund zu! Kinn an die Binde (Genick lang)!
9. Armbewegung ist unnatürlich	Arme los- oder hängenlassen! Natürliche Armbewegung!

Zum Übergang aus dem Marsch „Ohne Tritt" oder dem „Exerziermarsch" in den „Gleichschritt" wird **„Im Gleichschritt"** kommandiert.

Der Exerziermarsch wird auf **„Achtung"** aufgenommen.

Zum Übergang aus dem Exerziermarsch oder dem Gleichschritt in den Marsch „Ohne Tritt" wird **„Ohne Tritt"** kommandiert.

Beim Marsch mit „Gewehr über" bleibt der linke Ellenbogen angelehnt. Der rechte Arm bewegt sich ungezwungen im Schultergelenk. Die Finger sind leicht gekrümmt.

Ist das Gewehr über die rechte Schulter gehängt, so wird beim Marsch „Ohne Tritt" und „Im Gleichschritt" der linke Arm ungezwungen bewegt. Beim Exerziermarsch wird er stillgehalten.

Beim Marsch „Ohne Tritt" wie „Im Gleichschritt" werden beide Arme bewegt, wenn der Mann ohne Gewehr, mit „Gewehr um den Hals" oder „Gewehr auf dem Rücken" marschiert.

Beim Exerziermarsch ohne Gewehr und bei „Gewehr auf dem Rücken" werden beide Arme stillgehalten (mit Ausnahme, wenn die übrige Abteilung mit „Gewehr über" marschiert).

5. **Kommando: „Abteilung — Halt!"**
Ausführung: Der Mann macht auf „Halt" noch einen Schritt und zieht den hinteren Fuß heran. Im Exerziermarsch und Gleichschritt erfolgt das Ausführungskommando beim Niedersetzen des rechten Fußes.

Häufige Fehler:	Verbesserung:
1. Schlappes Heranziehen des hinteren Fußes.	Kürzer halten!
2. Schlechtes Stillstehen nach dem Halten.	Stillstehen!

6. **Kommando: „Marsch! Marsch!"**

Ausführung: Der Mann läuft so schnell, wie er kann, und hält ohne weiteres Kommando oder geht zum Schritt über, wenn das befohlene Ziel erreicht ist. War ein Ziel nicht bezeichnet, so wird: „Abteilung — Halt!" oder „Im Schritt" befohlen. In diesem Fall ist der Marsch ohne Tritt aufzunehmen und die Ordnung sofort wiederherzustellen.

Wendungen (auf der Stelle).
7. **Kommando: „Links (rechts) — um!"**

Ausführung: Der rechte Fußballen drückt sich, während der rechte Hacken etwas angehoben wird, vom Boden ab und gibt dem Körper den Anstoß zur Wendung um 90° (sprich: neunzig Grad).

Der linke Hacken, auf dem die Schwere des Körpers ruht, dreht sich auf der Stelle, wobei die linke Fußspitze etwas angehoben wird. Der rechte Fuß verläßt den Boden und wird nach vollbrachter Wendung kurz herangezogen. Hüften und Schultern werden gleichzeitig mit in die neue Richtung genommen.

8. **Kommando: „Ganze Abteilung — kehrt!"**

Ausführung: Die Wendung geschieht durch eine Drehung um 180° nach links. Die Ausführung erfolgt nach Ziffer 7.

Wendungen (im Marsch).
9. **Kommando: „Links (rechts) — um!"**

Ausführung: Das Ausführungskommando erfolgt beim Marsch im Gleichschritt mit dem Niedersetzen des linken (rechten) Fußes.

Der Mann macht unter gleichzeitigem Mitnehmen der Hüften und Schultern die Wendung auf dem rechten (linken) Fußballen. Das linke (rechte) Bein wird, ohne den Schritt zu verkürzen, in der neuen Richtung vorgesetzt. Der Mann geht in der neuen Richtung weiter.

Einzelausbildung mit Gewehr.

10. **Stellung mit „Gewehr ab"** (Bild 7).

Ausführung: Das Gewehr steht senkrecht, Abzugsbügel nach vorn, der Kolben dicht am rechten Fuß, die Kolbenspitze mit der Fußspitze auf gleicher Höhe. Die rechte Hand umfaßt das Gewehr. Daumen hinter dem Lauf oder dem Handschutz (je nach der Größe des Mannes). Die anderen Finger liegen geschlossen und leicht gekrümmt auf dem Gewehr. Beide Ellenbogen befinden sich in gleicher Höhe.

Häufige Fehler:	Verbesserung:
1. Mündung „aus der Schulter".	Mündung in die Schulter!
2. Die vier Finger nicht geschlossen auf dem Gewehr (sie haben auch im Rühren auf dem Gewehr zu bleiben).	Die vier Finger aufs Gewehr!
3. Kolben steht nicht am Fuß.	Kolben ran!
4. Kolben schneidet nicht mit Fußspitze ab.	Kolben an Fußspitze!
5. Gewehr verdreht.	Abzugsbügel aus- oder einwärts!

11. **Kommando: „Hinlegen!"** (Bild 3).

Ausführung: Der Mann setzt zunächst den linken Fuß etwa einen Schritt vor und läßt sich auf das rechte Knie nieder. Er ergreift gleichzeitig das Gewehr mit der linken Hand im Schwerpunkt, Mündung etwas angehoben, beugt den Oberkörper nach vorn und legt sich nach vorwärts flach auf den Boden. Hierbei dient zunächst das linke Knie, dann die rechte Hand und zuletzt der linke Ellenbogen als Stützpunkt des Körpers. Alle Bewegungen fließen rasch ineinander

— 185 —

über. (**Merken!** Rechtes Knie, linkes Knie, rechte Hand, linker Ellenbogen.) Das Gewehr wird zwischen Ober= und Unterring auf den linken Unterarm gelegt. Der Lauf ist nach links aufwärts gedreht. Mündung und Schloßteile dürfen keinesfalls die Erde berühren. Der Kopf ist angehoben, der Blick nach vorn gerichtet. Der Mann rührt sich.

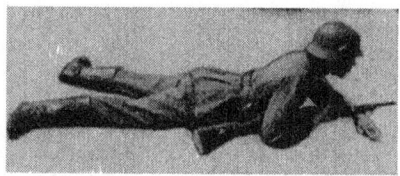

Bild 3. „**Hinlegen!**"

Häufige Fehler:
1. Gewehr nicht (oder nicht im Schwerpunkt) in linke Hand abgegeben.
2. Reihenfolge: rechtes Knie, linkes Knie usw. wird nicht eingehalten, und der Mann legt sich dadurch nicht nach v o r n hin.
3. Gewehr liegt verdreht auf linkem Unterarm und Kolben zu weit vom Körper weg.
4. Kopf nicht angehoben, Blick zur Erde anstatt nach vorn.

12. Kommando: „**Auf!**" (Bild 4).

Ausführung: Der Mann legt das Gewehr mit dem Schwerpunkt in die linke Hand, Mündung etwas angehoben, stützt sich auf die rechte Hand und

Richtig!   Bild 4. „**Auf!**"   Falsch!

zieht zugleich das rechte Bein möglichst nahe an den Leib heran, ohne dabei den Oberkörper vom Boden zu erheben. Dann drückt er sich mit der rechten Hand vom Boden ab und schnellt in die Höhe, wobei er den linken Fuß vorsetzt und den rechten heranzieht. Gleichzeitig erfaßt die rechte Hand das Gewehr und stellt es neben die rechte Fußspitze. Der Mann rührt sich.

Häufige Fehler:
1. Siehe Bild!
2. Mündung wird in die Erde gestoßen.
3. Linker Fuß wird nicht vorgesetzt.
4. Nach hinten anstatt nach vorn aufstehen.

13. Kommando: „**Laden und Sichern!**"

Ausführung: Es geschieht im Rühren. Der Schütze beobachtet die einzelnen Tätigkeiten, die schnell, zwanglos und ohne Übereilung erfolgen. Liegend wird im allgemeinen nur in der geöffneten Ordnung geladen.

Der stehende Mann bringt das Gewehr in die linke Hand schräg vor die Brust, Mündung hochlinks, linker Ellenbogen fest in die Hüfte gestützt. Daumen und Zeigefinger der rechten Hand erfassen den Kammerknopf, zweites Glied des Daumens über den Stengel, drehen die Kammer nach links und öffnen sie in einem Zuge (ohne übertriebene Heftigkeit!).

Die rechte Hand öffnet die Patronentasche und entnimmt ihr einen gefüllten Ladestreifen. Dieser wird in den Ausschnitt der Hülsenbrücke eingesetzt und dabei etwas nach hinten geneigt. Die vier Finger der rechten Hand fassen geschlossen unter den Kastenboden, während der Daumen mit kurzem Ruck, dicht am Ladestreifen entlang, die Patronen vollständig in den Kasten drückt. Der Daumen fährt dann auf der obersten Patrone bis zur Geschoßspitze entlang. Auch beim Laden einzelner Patronen werden diese zunächst ganz in den Kasten gedrückt.

Die rechte Hand ergreift den Kammerknopf wie beim Öffnen, schiebt das Schloß gegen den Lauf vor und dreht die Kammer in einem Zuge nach rechts. Beim Vorführen erfaßt das Schloß die oberste Patrone und schiebt sie in den Lauf. Der Ladestreifen fällt ab. Das Gewehr wird gesichert, indem der Daumen und Zeigefinger der rechten Hand den Sicherungsflügel rechtsherum legen. Danach wird das Gewehr in die frühere Lage gebracht und die Patronentasche geschlossen.

Häufige Fehler:
1. Kammer wird nicht in einem Zuge geöffnet.
2. Der Daumen drückt nicht dicht am Ladestreifen entlang oder fährt nicht bis zur Geschoßspitze auf der obersten Patrone entlang.
3. Sicherungsflügel wird ruckartig anstatt gleichmäßig (zügig!) herumgelegt.
4. Patronentasche bleibt offen oder Hand wird schlapp von Patronentasche weggenommen.
5. Ladestreifen wird ohne Befehl weggenommen oder aufgehoben.
6. Schütze wird bei Ladehemmungen nervös, anstatt Ursache sachgemäß zu suchen und zu beheben, u. U. durch Einzelladen.
7. Ladestreifen der Exerzierpatronen haben schlappe Federn und verursachen dadurch Ladehemmungen (die Federn sind ab und zu auszuwechseln, besonders vor Besichtigungen).

14. In der Bewegung wird in der gleichen Weise geladen und gesichert.

15. Kommando: **„Entladen!"** (Bild 5).

Ausführung: Der Schütze bringt das Gewehr in die Lage wie beim Laden, jedoch erfaßt die linke Hand das Gewehr so, daß der Daumen links, die übrigen vier Finger rechts neben der Patroneneinlage liegen. Das Gewehr wird entsichert, indem Daumen und Zeigefinger der rechten Hand den Sicherungsflügel linksherum legen. Dann wird das Schloß entriegelt und zurückgezogen. Die Patronentasche wird geöffnet. Die Patronen werden mit der rechten Hand einzeln aus der Patroneneinlage genommen und einzeln in die Patronentasche gesteckt. Zum Entladen wird die Kammer jedesmal langsam vor- und vollständig zurückgeführt (ohne Rechtsdrehung).

Bild 5 „Entladen"   Bild 6. „Entspannen"

Zum Entspannen des Schlosses drücken die Fingerspitzen der linken Hand den Zubringer in den Kasten. Die rechte Hand führt die Kammer über den Zubringer und nach Wegnahme der Finger der linken Hand weiter nach vorn. Die linke Hand legt sich nun mit den vier Fingern auf die Kammer und verhindert dadurch ihr Zurückgleiten. Die rechte Hand erfaßt das Gewehr am Kolbenhals und zieht den Abzug zurück. Der Daumen verhindert dabei ein Zurückgleiten des Schlosses. Die freiwerdende linke Hand verschließt den Verschluß durch Rechtsdrehen der Kammer (Bild 6).

Das Gewehr wird in die Stellung „Gewehr ab!" gebracht. Die Patronentasche wird geschlossen.

Grundstellung!   Tempo 1.   Tempo 1. (von der Seite gesehen).

Tempo 2.   Tempo 3.   Tempo 4.

Bild 7. „Das Gewehr — über!"

Häufige Fehler:	Verbesserung:
1. Vorrühren, z. B vier Finger nicht auf dem Gewehr lassen.	Unbedingtes Stillstehen!
2. Oberkörper bewegen.	Nur die Arme arbeiten!
3. Falsches Zufassen oder falsche Gewehrlage.	Siehe Bilder!
4 Bei Gewehr über:	
Gewehr verdreht,	Schloßteile ein- oder auswärts!
Gewehr steht schief,	Kolben von der (oder zur) Brust!
Gewehr steht zu steil,	Mündung überlassen!
Gewehr steht zu schräg,	Auf den Kolben drücken!
Linker Ellenbogen nicht angedrückt.	Ellenbogen an die Hüfte!
5. Wegnehmen des Kopfes.	Kopf stehenlassen!

16. **Griffe: Bei den Griffen bewegen sich nur die Arme.** Der übrige Körper bleibt in aufrechter und fester Haltung. Die einzelnen Bewegungen der Griffe werden kurz und straff ausgeführt. Sie folgen ohne Übereilung. Das Gewehr darf nicht mit beiden Händen gleichzeitig aufgefangen und der Kolben aufgestoßen werden.

17. Kommando: „Das Gewehr — über!" (Bild 7).

Ausführung: Die rechte Hand bringt das Gewehr senkrecht vor die Mitte des Leibes, Lauf nach rechts, Unterring etwa in Kragenhöhe. Die linke Hand greift dicht unter die rechte Hand. Die rechte Hand umfaßt ohne Pause die Hülse etwas oberhalb des Kammerstengels. Der Daumen liegt ausgestreckt am Schaft. Die rechte Hand führt das Gewehr, den Lauf etwas nach vorn drehend, vor die linke Schulter und schiebt es kurz von unten auf die Schulter ein. Der Kolben wird dabei von der linken Hand so umfaßt, daß die Kappennase zwischen Daumen und Zeigefinger liegt. Der linke Unterarm hat leicht Fühlung mit der Patronentasche. Das Gewehr liegt gleichlaufend mit der Knopfreihe, der

Tempo 1.   Tempo 2—3.   Tempo 3.
Bild 8. „Gewehr — ab!"   (Grundstellung)

Kammerstengel etwa eine Handbreit unter dem Kragen, der Kolben auf der Patronentasche. Der rechte Arm geht nach einer Pause schnell in die Grundstellung.

18. Kommando: „Gewehr — ab!" (Bild 8).

Ausführung: Die linke Hand zieht den Kolben, den Lauf nach rechts drehend, nach dem linken Schenkel. Die rechte Hand umfaßt das Gewehr in Höhe der Schulter, Ellenbogen leicht aufwärts gedrückt. Die rechte Hand bringt das Gewehr nach einer kurzen Pause senkrecht um den Leib herum, dreht es ein wenig nach außen und bringt den Kolben an die rechte Fußspitze, wobei der linke Arm schnell in die Grundstellung geht. Oft läßt der Schütze das Gewehr dabei etwas durchgleiten. Ein zu weites Auswinkeln wird durch Druck des Daumens gegen das Gewehr verhindert.

Häufige Fehler:
1. Rechte Hand greift im Bogen anstatt dicht über den Patronentaschen am Handschutz zu.
2. Rechte Hand greift nicht richtig um den Handschutz, so daß ihre vier Finger nach dem Griff nicht auf dem Gewehr liegen.
3. Gewehr wird schief anstatt senkrecht um den Körper gebracht.
4. Linke Hand geht nicht gleich in Grundstellung.
5. Nach dem Griff steht Kolben nicht oder nicht richtig am rechten Fuß.

19. **Kommando: „Achtung! Präsentiert das — Gewehr!"** (Bild 9)*).

Ausführung: Die Ausführung erfolgt aus der Stellung „Das Gewehr — über!" nach Ziffer 17. Die linke Hand bringt das Gewehr — ohne es zu senken — so vor die linke Körperhälfte, daß der Lauf nach rechts zeigt und der Schütze mit dem linken Auge noch rechts am Gewehr vorbeisehen kann. Die rechte Hand umfaßt gleichzeitig den Kolbenhals, der Daumen ist dem Leibe zugekehrt. Die linke Hand faßt so weit nach oben, daß die Spitze des Daumens, der ausgestreckt längs des Visiers liegt, mit dessen oberem Ende abschneidet. Gleichzeitig drehen beide Hände den Lauf dem Leibe zu und ziehen das Gewehr in einem Ruck so

Tempo 1.   Tempo 2.   Präsentiertes Gewehr.
(präsentiertes Gewehr)   (von der Seite gesehen)

Bild 9. „Präsentiert das — Gewehr!"

vor die linke Körperhälfte, daß der Hülsenkopf auf der rechten Ecke der linken Patronentasche liegt. Der Mann muß mit dem linken Auge noch rechts am Gewehr vorbeisehen können. Die vier Finger der rechten Hand liegen ausgestreckt dicht unter dem Abzugsbügel auf dem Kolbenhals, der Daumen unter dem Schlößchen.

Auf das Kommando: **„Augen — rechts!"** („Die Augen — links!") wird der Vorgesetzte angesehen. Der einzelne Mann folgt ihm beim Abschreiten der Front mit den Augen unter Drehen des Kopfes bis zum zweiten Mann (zwei Schritte) und nimmt selbständig den Kopf geradeaus. Wird die Front nicht abgeschritten, beendet **„Augen — gerade — aus!"** die Ehrenbezeigung.

Häufige Fehler:	Verbesserung:
1. Das präsentierte Gewehr steht nicht parallel mit der Knopfreihe.	Gewehr rechts! (links!).
2. Das präsentierte Gewehr ist verdreht.	Abzugsbügel einwärts! (auswärts!).
3. Hülsenkopf nicht an der Patronentasche.	Gewehr höher! (tiefer!).
4. Falsche Lage der rechten Hand.	Hand ausstrecken! Daumen unter das Schlößchen!

„Das Gewehr — über!" Die linke Hand dreht das Gewehr mit dem Lauf nach rechts. Die rechte Hand umfaßt die Hülse und nimmt das Gewehr nach Ziffer 17 über.

Griffe mit langgemachtem Gewehrriemen.
(Werden nur mit Karabiner 98 k und 98 b ausgeführt.)

---

* Der Präsentiergriff als Ehrenbezeigung entfällt für die Dauer des besonderen Einsatzes (H. V. Bl. 39, C, Ziff. 919).

20. Kommando: „**Das Gewehr — über!**" (Bild 10).

Ausführung: Die rechte Hand bringt das Gewehr senkrecht vor die Mitte des Leibes, Lauf nach rechts, Unterring etwa in Kragenhöhe. Die linke Hand greift dicht unter die rechte Hand. Die rechte Hand umfaßt den Riemen

Tempo 1.   Tempo 2.   Tempo 3.

Bild 10. „**Das Gewehr — über!**"

mit dem Daumen von unten und zieht ihn straff zur Brust. Dann wirft die linke Hand das Gewehr auf die rechte Schulter. Das Gewehr hängt senkrecht. Die rechte Faust steht in Brusthöhe, Daumen ausgestreckt, hinter dem Riemen. Der rechte Oberarm drückt das Gewehr an den Körper. Der linke Arm geht ohne Pause in die Lage der Grundstellung.

21. Kommando: „**Gewehr — ab!**"

Ausführung: Die rechte Hand schwingt das Gewehr vor die Mitte des Körpers, die linke Hand fängt es auf, Unterring etwa in Kragenhöhe. Die rechte Hand läßt den Riemen los und ergreift das Gewehr über der linken Hand. Die rechte Hand bringt es senkrecht um den Leib herum — leicht nach außen drehend — in die Stellung „Gewehr — ab!" Gleichzeitig geht der linke Arm schnell in die Grundstellung.

22. Kommando: „**Achtung! Präsentiert das — Gewehr!**" (Bild 12)*).

Ausführung: Sie erfolgt aus der Stellung nach Ziffer 20. Die rechte Hand schwingt das Gewehr vor die Mitte des Körpers, die linke Hand fängt es auf, Unterring etwa in Kragenhöhe. Die linke Hand dreht den Lauf dem Körper zu und zieht das Gewehr — ohne Pause — so vor die linke Körperhälfte, daß der Hülsenkopf auf der rechten Ecke der linken Patronentasche liegt. Die rechte Hand umfaßt gleichzeitig den Kolbenhals. Der Daumen ist dem Leibe zugekehrt. Die vier Finger der rechten Hand liegen ausgestreckt dicht unter dem Abzugsbügel auf dem Kolbenhals, der Daumen unter dem Schlößchen.

Auf das Kommando: „**Augen — rechts!**" („**Die Augen — links!**") wird der Vorgesetzte angesehen. Der einzelne Mann folgt ihm beim Abschreiten der Front mit den Augen unter Drehen des Kopfes bis zum zweiten Mann (zwei Schritte) und nimmt selbständig den Kopf geradeaus.

---

* Der Präsentiergriff als Ehrenbezeigung entfällt für die Dauer des besonderen Einsatzes (H. V. Bl. 39, C, Ziff. 919).

Wird die Front nicht abgeschritten, beendet **„Augen gerade — aus!"** die Ehrenbezeigung.

„**Das Gewehr — über!**" Die linke Hand bringt das Gewehr senkrecht vor die Mitte des Leibes, Lauf nach rechts, Unterring etwa in Kragenhöhe. Die rechte Hand umfaßt gleichzeitig den Riemen und nimmt das Gewehr nach Ziffer 20 über.

Bild 11. **Grundstellung!** Tempo 1.   Tempo 2.
(mit langgemachtem
Gewehrriemen). Bild 12. „**Präsentiert das — Gewehr!**"

23. Ist der Gewehrriemen langgemacht, so kann das Gewehr über die rechte Schulter, auf den Rücken oder um den Hals gehängt getragen werden. Die Ausführung erfolgt stets im Rühren. Auf das Kommando: „**Gewehr umhängen!**" wird das Gewehr über die rechte Schulter gehängt. Handhabung und Gewehrlage richten sich nach Nr. 20. Bei „**Gewehr auf den Rücken!**" zeigt der Kolben nach rechts unten, zu Pferde, auf dem Fahrrad oder Kraftrad nach links unten. Bei „**Gewehr um den Hals!**" hängt es so vor dem Körper, daß der Kolben nach links unten, der Lauf nach rechts zeigt.

24. Auf das Kommando „**Gewehr abnehmen!**" wird das Gewehr abgenommen.

25. Kommando: „**Seitengewehr pflanzt auf!**"

Ausführung: Die Ausführung erfolgt im Rühren. Steht der Mann mit Gewehr ab, so stellt er das Gewehr vor die Mitte des Leibes, Lauf zum Körper. Die linke Hand, Handrücken dem Körper zugekehrt, zieht das Seitengewehr aus der Scheide und pflanzt es auf, wobei es so weit nach unten gedrückt wird, bis der Haltestift hörbar in die Rast des Seitengewehrhalters einspringt.

In der Bewegung und im Liegen pflanzt der Mann das Seitengewehr auf, wie es ihm am bequemsten ist.

26. Kommando: „**Seitengewehr an Ort!**"

Ausführung: Die Ausführung erfolgt im Rühren. Das Gewehr wird im Stehen zunächst vor die Mitte des Leibes gebracht, Lauf zum Körper. Die rechte Hand löst durch Druck auf den Federknopf das Seitengewehr. Die linke Hand hebt es gleichzeitig und steckt es in die Scheide.

27. Stellen des Visiers. Kommando: z. B. „**Visier 300!**"

Ausführung: Die linke Hand unterstützt das Gewehr im Schwerpunkt, dreht es nach rechts und hält es dem Gesicht zu. Der linke Daumen oder die rechte Hand stellen den Visierschieber auf die befohlene Marke. Dann bringt der Mann das Gewehr in die bisherige Lage.

2. Ehrenbezeigungen des einzelnen Soldaten.

Ehrenbezeigungen des einzelnen Soldaten in Uniform werden Vorgesetzten usw. nach den Bestimmungen der H. Dv. 131 (siehe S. 92 ff.) erwiesen. Alle Ehrenbezeigungen sind schnell und straff auszuführen. Sie beginnen **sechs** Schritte vor und enden **zwei** Schritte hinter dem Vorgesetzten oder werden beim Betreten oder Verlassen von Räumen erwiesen.

Ehrenbezeigungen ohne Gewehr und ohne Kopfbedeckung.

1. Im Gehen: Die Ehrenbezeigung wird erwiesen durch **Vorbeigehen in gerader Haltung und Erweisen des Deutschen Grußes**. Zum Deutschen Gruß wird der gestreckte Arm kurz nach vorn schräg aufwärts gehoben, Fingerspitzen der gestreckten Hand in Scheitelhöhe. Der linke Arm wird in Grundstellung gehalten, ohne daß die Hand den Oberschenkel berührt (etwa eine Fingerbreite vom Oberschenkel weg!). Nach der Ehrenbezeigung wird der rechte Arm schnell (gestreckt!) heruntergenommen.

2. Im Stehen: Die Ehrenbezeigung wird erwiesen durch **Stillstehen mit der Front zum Vorgesetzten und Erweisen des Deutschen Grußes** während der Dauer der Ehrenbezeigung. Dem Vorgesetzten wird durch Drehen des Kopfes mit den Augen gefolgt.

3. Im Gehen, bei Behinderung durch Tragen oder Halten von Gegenständen: Die Ehrenbezeigung wird erwiesen durch **Vorbeigehen in gerader Haltung**.

4. Im Stehen wird bei Behinderung durch Tragen oder Halten von Gegenständen die Ehrenbezeigung erwiesen durch **Stillstehen mit der Front zum Vorgesetzten**. Die gleiche Ehrenbezeigung wird erwiesen, wenn Raumverhältnisse die Ausführung des Deutschen Grußes nicht gestatten.

5. Im Sitzen wird die Ehrenbezeigung erwiesen durch **„Stillsitzen"**, wobei der Oberkörper straff aufzurichten und der Vorgesetzte frei anzusehen ist. Diese Ehrenbezeigung kommt für Reiter, Fahrer, Radfahrer usw. in Frage, dagegen in allen anderen Fällen n u r d a n n, wenn die Ehrenbezeigung im Stehen nicht ausführbar ist.

Ehrenbezeigungen ohne Gewehr, aber mit Kopfbedeckung.

1. Im Gehen: Die Ehrenbezeigung wird erwiesen durch **Anlegen der rechten Hand an die Kopfbedeckung**. Dabei wird die rechte Hand schnell an die Kopfbedeckung gelegt, das Handgelenk leicht nach unten gewinkelt, die Finger wie in der Grundstellung. Zeige- und Mittelfinger berühren den

2 Schritte.   6 Schritte.

unteren Rand der Kopfbedeckung etwa über dem äußeren Winkel des rechten Auges. Der rechte Arm wird etwa in Schulterhöhe gehoben. Der linke Arm ist in Grundstellung. Nach der Ehrenbezeigung wird der rechte Arm schnell heruntergenommen.

Bei der Ehrenbezeigung wird vom Soldaten mit Säbeln (Degen) die Säbelscheide (bei eingehaktem oder nicht eingehaktem Säbel) mit der linken Hand unter dem Ringband mit Zeige-, Mittelfinger und Daumen derart umfaßt, daß Zeigefinger und Daumen sich berühren. Der linke Arm wird leicht gekrümmt stillgehalten. Die Scheide liegt flach am Oberschenkel und ist so weit zurückgenommen, daß, von der Seite gesehen, sie nicht über die Lenden hinausragt.

2. **Im Stehen** wird die Ehrenbezeigung unter 1 erwiesen durch Stillstehen mit der Front zum Vorgesetzten und Anlegen der rechten Hand an die Kopfbedeckung während der Dauer der Ehrenbezeigung.

3. **Beim Herantreten an einen Vorgesetzten** ist die rechte Hand schnell an die Kopfbedeckung zu legen und ebenso in Grundstellung zu bringen. Vor dem Entfernen von dem Vorgesetzten wird die gleiche Ehrenbezeigung wiederholt. (Erst danach, also nicht gleichzeitig, ist die Kehrtwendung zu machen!)

4. **Im Sitzen** wie vorstehend unter Ziffer 5.

Ehrenbezeigungen mit Gewehr.

Sie werden erwiesen:
  im Gehen durch Vorbeigehen in gerader Haltung,
  im Stehen durch Stillstehen mit der Front zum Vorgesetzten.

1. Im Gehen ist bei **„Gewehr ab"** das Gewehr senkrecht zu tragen (Kolben etwa eine Handbreite vom Boden gehoben). Die vier Finger der rechten Hand liegen geschlossen auf dem Gewehr, Daumen dahinter, die Mündung zeigt an dem vorderen Rand der Schulter vorbei. Beide Arme werden stillgehalten. Die linke Hand wird ausgestreckt etwa eine Fingerbreite vom linken Oberschenkel entfernt gehalten.

2. Im Stehen steht bei **„Gewehr ab"** das Gewehr wie in der Grundstellung. Dem Vorgesetzten wird durch Drehen des Kopfes während der Dauer der Ehrenbezeigung mit den Augen gefolgt.

3. Bei **„umgehängtem Gewehr"** im Gehen und im Stehen hängt das Gewehr senkrecht auf der rechten Schulter. Die rechte Faust steht in Brusthöhe, der Daumen ausgestreckt hinter dem Riemen. Der rechte Oberarm drückt das Gewehr an den Körper.

4. Bei **„Gewehr auf dem Rücken"** bleibt das Gewehr im Gehen und im Stehen in der bisherigen Lage. Beide Arme werden stillgehalten. Bei der Ehrenbezeigung im Stehen werden die Hände wie in der Grundstellung angelegt, bei der Ehrenbezeigung im Gehen ausgestreckt etwa eine Fingerbreite von den Oberschenkeln entfernt gehalten.

5. Bei **„Gewehr über"** bleibt das Gewehr nur im Stehen in der bisherigen Lage (z. B. zur Ehrenbezeigung als Posten).

Das übergenommene oder umgehängte Gewehr wird abgenommen, wenn der Soldat an einen Vorgesetzten herantritt.

Ehrenbezeigungen zu Pferde und auf Fahrzeugen.

Sie werden durch Stillsitzen und Blickwendung zum Vorgesetzten ausgeführt.

3. Einzelausbildung mit M. G. 34 (l. M. G.).*)

1. Zur **Bedienung des l. M. G.** gehören die Schützen 1 (Richtschütze), 2 und 3. Ihre Aufgaben und Ausrüstung siehe S. 271.

2. Beim **Freimachen des Geräts** hängen ohne Befehl die Schützen 2 und 3 den Laufschützer mit Vorratslauf um. Das l. M. G. wird so hingestellt, daß der Kolben mit der rechten Fußspitze abschneidet, die Patronenkästen und die Trommeln stehen längs eine Kasten- usw. Länge vor den Fußspitzen.

3. Das **Aufnehmen** und **Absetzen des Geräts** geschieht im Rühren. Auf den Befehl zum Aufnehmen des Geräts oder auch „Gewehr umhängen!" usw. setzen die Schützen 2 und 3 den linken Fuß einen Schritt vor, lassen sich auf das rechte Knie nieder und erfassen die Patronenkästen (Gurttrommeln). Alle Schützen stehen nach hinten auf und rühren sich. Während dieser Zeit nimmt der Schütze 1

---
*) Ausbildung am M. G. 13 siehe Anhang II.

das M. G. auf; Tragriemen über der rechten Schulter, rechte Hand am Trage=
riemen (Bild 1) oder Griffstück. Zur Abwechslung kann das M. G. auf dem Marsch
auch nach Bild 2 und 3 getragen werden, aber **niemals** das geschulterte M. G.
mit dem Kolben nach rückwärts.

Bewegungen mit dem geladenen M. G. (eingesetztem
Gurt, aufgesetzter Trommel und zurückgezogenem Schloß)
sind verboten.

Beim Halten wird nach dem Rühren, Fühlungnehmen und Ausrichten das
Absetzen des Geräts befohlen. Dazu knien die Schützen 2 und 3 nach vorn nieder,

Bild 1.   Bild 2.   Bild 3.
Trageweise des l. M. G.

setzen die Patronenkästen usw. ab, stehen dann nach hinten (möglichst gleichzeitig!)
auf und rühren.

4. Auf das Kommando **"Hinlegen"** setzen die Schützen 2 und 3 die Patronen=
kästen usw. vor sich.

5. **Anbringen des Zweibeins als Vorder= (Mittel=) Unterstützung:**

Die linke Hand erfaßt das M. G. von unten am vorderen Teil des
Mantels die rechte Hand stellt das Korn hoch. Rechte Hand setzt das Zwei=
bein (Einschnitt für die Sperrfeder dem Körper zu) von oben auf die vordere
Gewindebuchse. Die linke Hand drückt mit Zeige= und Mittelfinger die Sperr=
feder gegen den Mantel. Die rechte Hand schwenkt das Zweibein so weit in
den Einschub ein, bis die Sperrfeder in den Ausschnitt am Zweibein einrastet.
Beim Anbringen des Zweibeins als Mittelunterstützung wird das Zweibein in
gleicher Weise in den Einschub der hinteren Gewindebuchse eingeführt, jedoch
Ausschnitt für Sperrfeder nach vorn. An Stelle des Korns muß das Stangen=
visier hochgestellt werden.

6. **Laden.**

a) Aus dem Patronenkasten (Gurtzuführung).

Bevor das Schloß mit dem Spannschieber zurückgezogen wird, ist darauf
zu achten, daß das M. G. **entsichert** ist. Auf das Kommando "Laden!" oder
"Stellung!" wird das M. G. geladen (schußfertig gemacht):

Der Schütze erfaßt mit der rechten Hand den Griff des Spannschiebers
und zieht mit ihm das Schloß mit einem kräftigen Ruck so weit zurück, bis es

vom Abzugstollen festgehalten wird; dann schiebt er den Spannschieber so weit nach vorn, bis er hörbar einrastet.

Bei geschlossenem Deckel.

Bei Linkszuführung erfaßt die l i n k e Hand, bei Rechtszuführung die r e c h t e den Patronengurt und führt das Einführstück in den Zuführer. Die r e c h t e (l i n k e) Hand ergreift das Einführstück und zieht, ohne Gewalt anzuwenden, den Gurt waagerecht (nicht rückwärts) in den Zuführer, bis sich der Zubringerhebel hörbar hinter die Patrone gelegt hat und die erste Patrone am Anschlag des Zuführerunterteils anliegt. Das M. G. ist schußbereit. Wird nicht sofort geschossen, so ist zu sichern.

Bei geöffnetem Deckel.

Beide Hände legen bei geöffnetem Deckel den Gurt so in den Zuführerunterteil ein, daß die erste Patrone geradlinig am Anschlag anliegt. Während eine Hand den Deckel schließt, hält die andere den Gurt noch fest, damit er nicht wieder zurückgleiten kann. Beim Schließen des Deckels ist darauf zu achten, daß der hintere Teil des Transporthebels bei Linkszuführung nach r e c h t s und bei Rechtszuführung nach l i n k s zeigt. Es empfiehlt sich, nach dem Schließen des Deckels den Gurt bei Linkszuführung nach rechts, bei Rechtszuführung nach links anzuziehen.

Das M. G. ist schußbereit. Wird nicht s o f o r t geschossen, so ist zu sichern.

b) A u s d e r G u r t t r o m m e l.

Der Schieber der Gurttrommel am Austritt des Patronengurtes wird zurückgeschoben, das Einführende freigemacht und die Gurttrommel am Zuführerunterteil befestigt. Das Laden erfolgt nach a).

c) A u s d e r P a t r o n e n t r o m m e l (T r o m m e l z u f ü h r u n g).

Der Deckel mit Zuführeroberteil und der Zuführerunterteil sind abzunehmen und der Deckel mit Trommelhalter einzusetzen, zu schließen, das Schloß zurückzuziehen, Spannschieber vorzuschieben und das M. G. zu sichern.

Die l i n k e Hand erfaßt die Patronentrommel so von oben, daß der Lederriemen über die Hand zu liegen kommt und setzt die Patronentrommel mit dem Patronenaustritt (Lippen) in den Durchbruch am Deckel (Trommelhalter) ein (vor dem Aufsetzen der Patronentrommel ist es ratsam, die erste Patrone etwas vorzuschieben [etwa ½ cm], damit das Schloß sofort einwandfrei arbeitet). Das M. G. ist schußbereit. Wird nicht sofort geschossen, so ist zu sichern.

7. Entladen. Nach dem Schießen:

a) A u s d e m P a t r o n e n k a s t e n (G u r t z u f ü h r u n g).

Auf „Entladen!" oder „Stellungswechsel!" klappt der Schütze mit der r e c h t e n Hand das Visier um und öffnet dann mit der gleichen Hand den Deckel, nimmt den Gurt aus dem M. G. und überzeugt sich, daß d e r L a u f f r e i i s t (wenn nötig, durch Abnahme des Zuführerunterteils). Dann erfaßt er mit der r e c h t e n Hand den Griff zum Spannschieber, zieht ihn zurück, läßt mit zurückgezogenem Abzug das Schloß erst langsam, dann schneller nach vorn gleiten, überzeugt sich, ob das Schloß entspannt ist, und schließt den Deckel.

b) A u s d e r G u r t t r o m m e l.

Das Entladen erfolgt nach a). Nach dem Schließen des Deckels wird die Gurttrommel ausgehakt.

c) A u s d e r P a t r o n e n t r o m m e l (T r o m m e l z u f ü h r u n g).

Der Schütze löst die Sperre und hebt die Trommel ab. Die weiteren Ausführungen sind die gleichen wie beim Entladen nach dem Schießen aus dem Patronenkasten.

Nach jedem Entladen, sowohl nach Gurt= als auch Trom=
melzuführung, meldet der Schütze seinem Gruppenführer:
„Entladen! Lauf frei! Schloß entspannt!"

Nach jeder Gefechtsübung, gleichgültig, ob mit scharfen oder Platzpatronen
geschossen wurde, meldet der Gruppenführer dem Leitenden bzw. Zugführer:
„Entladen! Lauf frei! Sicherheit vorhanden!"

Beim Schießen auf dem Schießstand ist außerdem das Gehäuse
wie beim Laufwechsel nach links zu drehen.

8. **Sichern und Entsichern:** Das M.G. muß, wenn das Schloß
zurückgezogen ist und nicht geschossen wird, **stets gesichert sein.**

Das Sichern und Entsichern erfolgt mit der linken Hand. Der Schütze
schwenkt zum Sichern den Sicherungsflügel mit Daumen und Zeigefinger rück=
wärts, zum Entsichern vorwärts. Der Zeigefinger der rechten Hand darf dabei
nicht in den Abzugsbügel greifen. Das Sichern des M.G. bei „Schloß
in vorderster Stellung" ist verboten.

9. **Stellen des Visiers.** Der Schütze klappt das Stangenvisier, ohne den
Oberkörper zu heben, mit der rechten oder linken Hand hoch, drückt auf
den Drücker am Visierschieber und stellt den Schieber auf die entsprechende Ent=
fernungsmarke ein.

10. **Laufwechsel.** Der Lauf muß **grundsätzlich** nach 200 (beim Zerfallgurt),
bzw. nach 250 (beim zusammenhängenden Gurt) rasch aufeinanderfolgenden
Schüssen gewechselt werden. **Eine Abgabe von mehr als 250 Schuß in ununter=
brochener Folge aus einem Lauf ist verboten.**

Vor jedem Laufwechsel ist das M.G. zu entladen (Gurt bzw. Trommel
entfernen, Schloß und Spannschieber in hinterste Stellung zu bringen und das
M.G. zu sichern).

Lauf herausnehmen. Die rechte Hand umfaßt das Griffstück. Die
linke erfaßt den Mantel unterhalb des Stangenvisiers und drückt mit dem Daumen
die Gehäusesperre soweit als möglich gegen den Mantel.

Die rechte Hand dreht das Gehäuse, Mündung etwas angehoben nach links
unten, bis der Lauf frei zurückgleitet.

Der heißgeschossene Lauf wird mit dem Handschützer aus dem Mantel gezogen
und in den geöffneten Laufschützer gelegt.

Lauf einsetzen (Lauf frei von Fremdkörpern!). Während die rechte
Hand den Lauf in den Mantel einführt, hebt die linke Hand das M.G. am
Kolben etwas an. Die rechte Hand schiebt dann den Lauf so weit in den
Mantel, daß der hinterste Teil mit dem Verbindungsstück abschneidet. Beide
Hände drehen das Gehäuse mit Kolben (unter Anheben des M.G. über die waage=
rechte Lage) scharf nach rechts oben, bis die Gehäusesperre in die Rast am Gehäuse
eingerastet ist. Wird sofort weitergeschossen, so ist zu entsichern und der Spann=
schieber nach vorn zu schieben.

11. **Schloßwechsel.** Schloß herausnehmen. (Schloß in vorderster
Stellung. Deckel auf. Bodenstück abnehmen. Schließfeder entfernen). Die linke
Hand umfaßt so das Gehäuse am hinteren Teil, daß die hohle Hand den Abschluß
des Gehäuses bildet. — die rechte Hand zieht mit dem Griff des Spannschiebers
das Schloß nach hinten, die linke hohle Hand fängt es auf und zieht es heraus.

Schloßeinsetzen. (Schloß frei von Sandkörnern!) Beim Einführen des
Schlosses in das Gehäuse ist darauf zu achten, daß das Schloß gespannt und der
Auswerfer ganz nach vorn geschoben ist. Der Abzughebel ist beim Einführen
zurückzuziehen.

12. Das **Instellungsgehen** und die **Anschlagarten** mit dem M.G. siehe unter
„neunter und zehnter Abschnitt". **Gewaltsames Werfen des M.G. ist beim In=
stellungsgehen usw. unbedingt zu vermeiden.**

4. Die Gruppe.

1. Die Gruppe besteht aus dem Gruppenführer und 9 Schützen. (Einteilung, Ausrüstung und Aufgaben der Gruppe siehe S. 271 ff.)
2. Die Formen der geschlossenen Ordnung:

Bild 1. **Linie zu einem Gliede*).**

a) Kommando: „**In Linie zu einem Gliede — angetreten!**" (Bild 1).

Ausführung: Nach „Angetreten!" wird nach kurzem Ausrichten stillgestanden. Die Nebenleute berühren sich leicht mit den Ellenbogen. Wenn nicht anders befohlen, sind Richtung und Fühlung nach rechts. Die Richtung ist gut, wenn der Mann bei tadelloser Stellung in der Frontlinie durch Wendung des Kopfes nach dem Richtungsflügel mit dem rechten (linken) Auge nur seinen Nebenmann, mit dem anderen Auge die ganze Linie schimmern sieht.

b) Kommando: „**In Reihe — angetreten!**" (Bild 2).

Ausführung: Nach „Angetreten!" wird nach kurzem Ausrichten stillgestanden. Der Mann, auf den angetreten wird, nimmt die befohlene Front ein, und die Abteilung stellt sich hinter ihm mit Abstand von Mann zu Mann = 80 cm auf. Als Anhalt gilt, wenn bei vorgestrecktem Arm der hintere eben den Rücken (Gepäck) des Vordermannes berührt.

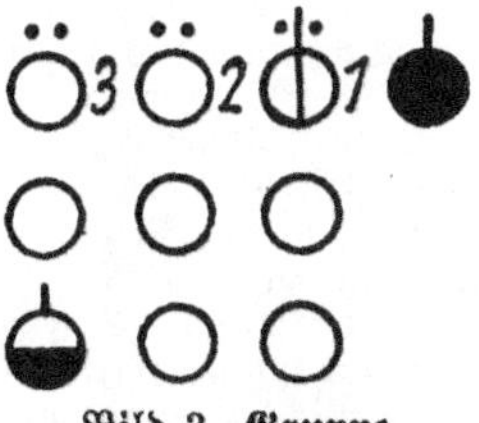

Bild 2. **Gruppe in Reihe*).**

Bild 3. **Gruppe in Marschordnung*).**

c) Kommando: „**In Marschordnung — angetreten!**" (Bild 3).

Ausführung: Auf „Angetreten!" und „Stillgestanden!". Die Glieder stellen sich nach Ziffer a), die Reihen nach Ziffer b) auf.

3. In besonderen Fällen, z. B. Antreten auf engem Flur, kann die Linie zu zwei Gliedern oder die Doppelreihe gebildet werden.
4. Kommando: „**Rührt Euch!**"

Ausführung: Der Mann rührt nach S. 182 Ziff. 3; Fühlung, Vordermann, Richtung, Stellung des Gewehrs und des Geräts sind sofort zu verbessern.

5. Kommando: „**Richt Euch!**" oder „**Nach links — Richt Euch!**"

Ausführung: Der Mann richtet sich nach Ziffer 2, a) aus. Das Kommando: „**Augen gerade — aus!**" beendet das Richten.

6. Bei **Wendungen** erfolgt ein Umtreten von Führern und Schützen nur auf Befehl. M. G. und M. G.-Gerät sind vor der Wendung auf Anordnung des Führers aufzunehmen.

Marsch, Lauf und Schwenkungen.

7. Kommando: „**Abteilung (im Gleichschritt, ohne Tritt) — Marsch!**" „**Abteilung — Halt!**"

Ausführung: Im allgemeinen wird die Richtung durch gleichmäßige Schrittweite und richtige Fühlung erhalten. Der Mann wirft jedoch hin und wieder einen Blick nach dem Richtungsflügel. Dem Druck von dem Richtungsflügel wird nachgegeben.

---

*) Zeichen: ● Gruppenführer, ⌀ l. M. G.-Schütze 1 (Richtschütze), ○ l. M. G.-Schützen 2—3 ○ Gewehrschütze, ◓ Gewehrschütze, zugleich stellv. Gruppenführer.

Die Gruppe marschiert auf den befohlenen Richtungspunkt oder folgt lautlos hinter ihrem Führer.

Der Exerziermarsch wird in der Gruppe nur in der „Marschordnung" ausgeführt. Hierbei bewegen Soldaten der Schützenkompanien ohne Gewehr und mit „Gewehr auf dem Rücken" den rechten Arm, wenn die Abteilung mit „Gewehr über" marschiert.

Zur Erleichterung kann bei längerem Marsch mit angezogenem Gewehr auf Befehl des Führers das Gewehr vorübergehend auf die rechte Schulter genommen werden.

8. Beschleunigtes Antreten aus dem Liegen erfolgt auf **„Ohne Tritt — Marsch!"**. Auf das Ankündigungskommando erhebt sich der Schütze und nimmt die bisherige Gewehrlage ein. Das l. M. G.-Gerät wird aufgenommen.

9. Laufen in der geschlossenen Ordnung erfolgt auf **„Marsch! Marsch!"**. Der Zusammenhalt in der Abteilung darf nicht verlorengehen. Die Trageweise der Waffen und des Geräts ist beizubehalten.

Das Laufen wird durch **„Abteilung — Halt!"** oder **„Im Schritt!"** beendet.

10. Auf **„Rührt Euch!"** treten in der „Marschordnung" folgende Marscherleichterungen ein:

Der Führer ist an keinen bestimmten Platz gebunden.

Es darf, wenn nichts anderes befohlen wird, gesprochen, gesungen, gegessen und geraucht werden.

Das Gewehr wird in bequemer Lage auf der rechten oder linken Schulter oder auf Anordnung des Führers umgehängt, auf dem Rücken oder um den Hals getragen.

Das M. G. wird nach S. 194, Ziff. 3, die M. P. nach S. 179 Ziff. 14 getragen.

Im „Rührt Euch" erfolgt der Vorbeimarsch an Vorgesetzten unter Beibehalt aller Marscherleichterungen. Soll mit angezogenem Gewehr vorbeimarschiert werden, so ist **„Marschordnung"** zu kommandieren. Auf Anordnung des Führers wird in beiden Fällen der Vorgesetzte in aufrechter Haltung frei angesehen.

11. Kleine Schwenkungen, wie sie bei geringer Verschiebung des Richtungspunktes entstehen, führt die Gruppe ohne Kommando aus. Bei erheblicher Richtungsänderung wird erst die Schwenkung kommandiert und dann der neue Richtungspunkt befohlen.

In der Bewegung:
„Rechts (links) schwenkt — Marsch!" (Marsch! Marsch!).

Aus dem Halten:
„Rechts (links) schwenkt, ohne Tritt (im Gleichschritt) — Marsch!"

Auf „Marsch!" („Marsch! Marsch!") wird
bei einer Schwenkung aus dem Halten angetreten und sofort mit der Schwenkung begonnen;
in der Bewegung sofort mit der Schwenkung begonnen.

Die Richtung ist nach dem schwenkenden Flügel, dort befindliche Schützen behalten die vorgeschriebene Schrittweite bei. Die anderen Schützen verkürzen den Schritt um so mehr, je näher sie sich am Drehpunkt befinden. Der Flügelmann am Drehpunkt wendet sich allmählich auf der Stelle. Steht neben ihm ein Führer, so richtet sich dieser nach dem Flügelmann. Die Fühlung ist nach dem Drehpunkt.

Die Schwenkung wird beendet durch **„Halt!"** oder **„Gerade — Aus!"**. Auf „Gerade" — wird in halben Schritten in der neuen Richtung weitermarschiert. Die Richtung geht nach dem Richtungsflügel. Auf „Aus!" wird mit vorgeschriebener Schrittweite weitermarschiert.

Schwenkungen in der Marschordnung führen die einzelnen Glieder nach und nach an der gleichen Stelle aus (Hakenschwenkungen). Der innere Flügel beschreibt einen kleinen Bogen. Der Abstand verringert sich am Schwenkungspunkt. Die hinteren Glieder marschieren auf Vordermann.

12. **Formveränderungen:** Aufmärsche und Abbrechen erfolgen ohne Tritt oder im Laufen. Nach Durchführung der Formveränderung wird ohne Tritt weitermarschiert.

Form­ver­änderung	Kommando	Ausführung	Form­ver­änderung	Kommando	Ausführung
Aus dem Halten: Aus der Linie zu einem Gliede in die Reihe.	„Reihe rechts (links), ohne Tritt — Marsch!" oder „Rechts (links) — um! Ohne Tritt — Marsch!"	Der Gruppenführer am rechten Flügel (der Truppführer am linken Flügel) tritt geradeaus an, die anderen machen rechts= (links=) um und setzen sich dahinter.	**In der Bewegung:** Aus der Linie zu einem Gliede in die Reihe.	„Reihe rechts!" („Die Reihe — links!")	Der Gruppenführer am rechten Flügel (der Truppführer am linken Flügel) geht geradeaus weiter.
Aus der Linie zu einem Gliede in die Marsch­ordnung.	„Marsch­ordnung rechts (links), ohne Tritt — Marsch!"	Die ersten 3 Schützen des rechten (linken) Flügels treten gerade­aus an. Die übrigen Schützen brechen zu dreien ab und setzen sich dahinter. Der Gruppenführer bleibt am rechten Flügel.	Aus der Reihe oder Marsch­ordnung in die Linie zu einem Gliede.	„In Linie zu einem Gliede links (rechts) marschiert auf — Marsch! (Marsch! Marsch!)"	Der Gruppenführer bzw. das vorderste Glied geht geradeaus weiter, die übrigen Schützen marschieren links (rechts) auf.

13. Das **Hinlegen** in der Gruppe erfolgt nur in der „Linie zu einem Gliede" und in der „Reihe".

In der „Reihe" legt sich der Schütze schräg nach rechts hin, so daß der Oberkörper neben den Beinen des Vordermannes liegt.

14. Das **Zusammensetzen der Gewehre** siehe unter „Schützenzug", S. 200 Ziff. 7.

5. Der Schützenzug.

1. Der **Schützenzug** besteht aus: dem Zugführer, dem Zugtrupp (1—3), vier Gruppen (je 1—9) und dem leichten Granatwerfertrupp (1—2).

2. Der **Zugtrupp** besteht aus: 1 Unteroffizier als Zugtruppführer, 2 Meldern und 1 Spielmann.

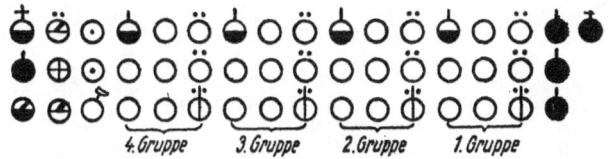

Bild 1. **Schützenzug in Linie*).**

3. Die **Formen der geschlossenen Ordnung** des Zuges sind:
 a) die „Linie" (Bild 1),
 b) die „Marschordnung" (Bild 2),
 c) die „Reihe".

4. Die **Formveränderungen** der H. Dv. 130/2 b Nr. 335 und 353 (siehe oben!) gelten bis auf:

Das Abbrechen zur Reihe erfolgt stets aus der Marschordnung, und zwar gliederweise.

---

*) Zeichen: ● Zugführer, ⊖ stellvertr. Zugführer, ◓ Truppführer des l. Gr. W., ◒ Schütze 1 beim l. Gr. W., ◑ Schütze 2 beim l. Gr. W., ⊙ Melder, ⊕ Krankenträger. Im übrigen siehe S. 197.

Die Gruppen, der Zugtrupp und der l. Gr.-Werfer-Trupp bleiben in sich geschlossen.

Die Gruppenführer setzen sich vor ihre Gruppen.

5. Das **Zusammensetzen der Gewehre** erfolgt nur in „Marschordnung", „Exerzierordnung" oder in „Linie".

6. **Ist das Gerät frei gemacht,** sind die Gewehre auf Befehl (z. B. „Gewehre zusammensetzen!") oder Zeichen im **Rühren** zusammenzusetzen. Das Gerät ist dabei abzulegen.

Ohne Gerät erfolgt die Ausführung **exerziermäßig** auf Kommando.

7. **Das Zusammensetzen der Gewehre** erfolgt in Gewehrgruppen zu **3 Gewehren.** Es bilden jeweils eine Gewehrgruppe:

in Marschordnung jedes Glied,

in Exerzierordnung (in der Kp.) jedes Glied,

in Linie jede Rotte

(das sind 3 Mann hintereinander).

Schützen ohne Gewehr bleiben mit der Front nach vorn stehen.

8. Auf das Kommando „**Setzt die — Gewehre!**" machen in Marschordnung und Exerzierordnung die Gewehrschützen der rechten Reihe links, die Gewehrschützen der mittleren und linken Reihe rechts um.

Jeder Mann der rechten und mittleren Reihe setzt sein Gewehr mit der rechten Hand in den Winkel der Füße, Lauf nach rechts.

Auf „**Zusammen**" reicht jeder Mann der linken Reihe sein Gewehr mit der rechten Hand an den mittleren Mann seines Gliedes. Die Gewehre werden dann wie bisher zusammengesetzt.

Die Reihen treten aus den Gewehrgruppen und wenden sich wieder nach vorn.

Die Abteilung rührt sich.

9. In **Linie** (zu 3 Gliedern) machen auf „**Setzt die — Gewehre!**" die Gewehrschützen des 1. und 2. Gliedes kehrt. Auf „Zusammen!" werden die Gewehre von den gleichen Schützen und in der gleichen Weise zusammengesetzt wie in der Marschordnung.

Das 1. und 2. Glied wenden sich wieder nach vorn und treten aus den Gewehrgruppen.

Die Abteilung rührt sich.

10. Auf „**Gewehr in die!**" werden die gleichen Wendungen wie beim Zusammensetzen gemacht.

Auf „**Hand**"! werden die Gewehre auseinandergehoben.

11. **Maschinenpistolen** werden mit ihren Aufsteckmuffen aneinandergestellt. Eine einzelne M. P. wird über die nächste Gewehrgruppe gehängt.

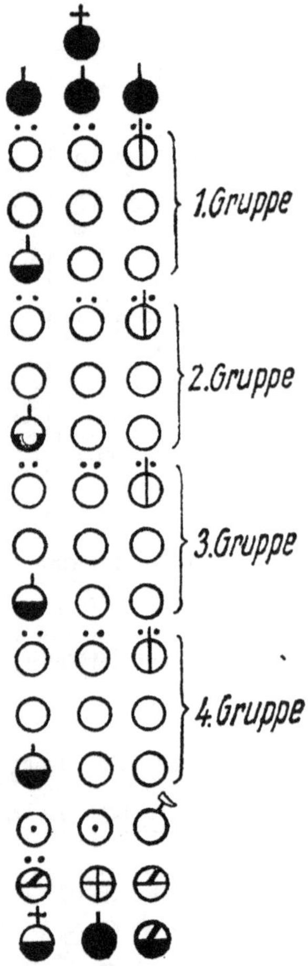

Bild 2.
Schützenzug in Marschordnung*).

6. Ausbildung am l. Gr. W. 36.

Der l. Gr. W. gehört zu den leichten Inf.-Waffen; er ist die Steilfeuerwaffe des Zuges. Durch seine gekrümmte Flugbahn, Treffgenauigkeit und durch die große Splitterwirkung der Wurfgranate können mit dem Werfer Einzelziele, auch in und hinter Deckungen, bekämpft werden, die

---
*) Zeichen, siehe S. 199.

von Flachfeuer nicht zu fassen sind. Wegen der mit zunehmender Entfernung abnehmenden Treffgenauigkeit ist anzustreben, den l. Gr. W. so weit vorn einzusetzen, wie es Lage und Gelände zulassen.

Der l. Gr. W. wird in der Regel einzeln eingesetzt. Er erhält seinen Kampfauftrag vom Zugführer; in Ausnahmefällen kann der Kp.=Führer mehrere l. Gr. W. für besondere Kampfaufgaben zusammengefaßt einsetzen. Der l. Gr. W. ist in erster Linie eine wirksame Unterstützungswaffe des Angriffs. Seine Schußweiten liegen in den Grenzen von 50 bis 450 m. Die Hauptaufgabe ist das Niederkämpfen von Feindzielen, die das Heran=arbeiten bis zum Einbruch aufhalten. Sobald die vorderen Teile des Zuges auf Widerstand stoßen, den sie mit ihren eigenen Waffen nicht beseitigen können, setzt der Zugführer seinen l. Gr. W. zum Niederkämpfen dieses Zieles ein. Über die zum Sturm angesetzte Truppe hinwegschießend, unter=stützt er das Heranarbeiten an den Gegner, bis die eigene Truppe sich auf

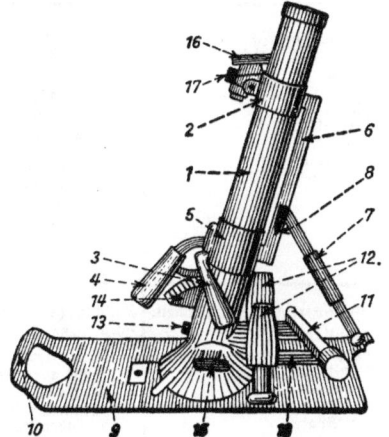

1. Rohr.
2. Schelle.
3. Abzugshebel.
4. Griff.
5. Hülse.
6. Höhenrichttrieb.
7. Höhenrichtspindel.
8. Grobverstellung.
9. Bodenplatte.
10. Tragegriff.
11. Seitenrichttrieb.
12. Einkipptriebe.
13. Dosenlibelle.
14. Zeigerträger.
15. Griffbolzen.
16. Richtaufsatz.
17. Klemmschraube.
18. Halter.

Handgranatenwurfweite genähert hat. In der Verteidigung ergänzen die l. Gr. W. der vorderen Züge mit ihrem Steilfeuer das Feuer auf die Ge=ländeteile vor dem Hauptkampffeld, die mit dem Flachfeuer der Infanterie und von der Artillerie nicht und mit Handgranaten noch nicht gefaßt werden können. Zur schnellen, wirksamen Feuereröffnung sind die Werfer sobald als möglich einzuschießen.

Beschreibung des l. Gr. W.

Der leichte Granatwerfer besteht aus folgenden Teilen:
a) Rohr mit Schelle, Abzugseinrichtung und Griff mit Hülse.
b) Höhenrichttrieb mit Höhenrichtspindel und Grobverstellung.
c) Bodenplatte mit Tragegriff, Seitenrichttrieb und Einkipptrieben, Dosen=libelle, Zeigerträger und Griffbolzen.
d) Richtaufsatz mit Klemmschraube.

Behandlung und Reinigung.

Sachgemäße Behandlung und Reinigung (wozu auch richtige Bedienung und Kenntnis der Waffe und des Gerätes gehören) erhalten die Gefechtskraft und Schuß=leistungen. Nach jedem Gebrauch müssen Werfer und Gerät gereinigt werden. Das

Rohr wird zunächst mit einem in Öl getränkten Lappen und dem Rohrwischer gereinigt und danach mit einem weichen Lappen nachgerieben und leicht gefettet. Gestrichene Teile dürfen nur „trocken" abgewischt und nicht geölt werden. Richtmittel sind besonders sorgfältig zu behandeln; ihre Reinigung erstreckt sich nur auf äußeres Abwischen von Staub und Feuchtigkeit. Der Richtaufsatz darf nur im Behälter getragen werden; vor dem Einlegen ist die Klemmschraube zu lösen. Die beweglichen Teile und Spindeln sind nur äußerlich zu reinigen und leicht zu ölen. Ein selbständiges Auseinanderschrauben der Richtmittel und der beweglichen Teile ist verboten und hat nur durch den Waffenmeister zu erfolgen. Vor und nach dem Schießen ist das Rohrinnere mit dem Rohrwischer zu reinigen. Während des Schießens ist das Rohrinnere grundsätzlich nach jedem 10. Schuß zu reinigen.

Einteilung, Ausrüstung und Aufgaben.

Zu einer leichten Granatwerferbedienung gehören: Truppführer, Schütze 1 als Richtschütze und Schütze 2 als Lade- und Munitionsschütze.

	Ausrüstung	Aufgaben

Truppführer	1 Munitionskasten
	3 Richtstäbe mit Tasche
	Tragegestell
	Gewehr
	Doppelfernrohr
	Meldekartentasche
	Patronentasche
	Kurzer Spaten
		Der Truppführer führt im Gefecht den l. Gr. W.-Trupp.
		Dazu gehören:
		  Nachführen des l. Gr. W.,
		  Auswahl der Feuerstellung,
		  Wahl des Richtverfahrens,
		  Feuerleitung,
		  Beobachtung des Gefechtsfeldes,
		  Verbindung zum Zugführer,
		  Regelung des Munitionsverbrauches.
		Der Truppführer ist verantwortlich für die Pflege und stete Gefechtsbereitschaft von Waffe und Gerät.

Schütze 1	a) Werfer auseinandergenommen:
	  Richtaufsatz
	  Bodenplatte
	  2 Munitionskästen
	  Tragegestell
	  Pistole
	  kurzer Spaten
	b) Werfer verlastet:
	  wie a)
	c) Werfer zusammengesetzt:
	  Richtaufsatz
	  l. Gr. W.
	  1 Munitionskasten
	  Tragegestell
	  Pistole
	  kurzer Spaten
		Richtschütze bringt den Werfer in Stellung.
		Dazu gehören:
		  Einbetten des l. Gr. W.,
		  Einrichten bzw. Einfluchten,
		  Einspielen der Dosenlibelle,
		  Einstellen der Höhen- und Seitenänderung,
		  wenn notwendig, Werfer festlegen.
		Der Richtschütze ist der Stellvertreter des Truppführers.

Schütze 2	a) Werfer auseinandergenommen:
	  Rohr
	  2 Munitionskästen
	  Tragegestell
	  Zubehörbehälter
	  Pistole
	  Kurzer Spaten
	b) Werfer verlastet:
	  wie a)
	c) Werfer zusammengesetzt:
	  3 Munitionskästen
	  Tragegestell
	  Zubehörbehälter
	  Pistole
	  Kurzer Spaten
		Ladeschütze, zugleich Munitionsschütze.
		Dazu gehören:
		  Zurechtlegen der Munition,
		  Laden,
		  Betätigung des Abzuges

Freimachen und Anortbringen.

Auf das Kommando „Werfer frei" tritt der l. Gr. W.-Trupp an die Längsseite des Gefechtswagens, auf der der l. Gr. W. verladen ist. Schütze 1 und 2 entnehmen den Transportkasten und fünf Munitionskästen und setzen das Gerät ab. Der Truppführer entnimmt dem Gefechtswagen die Tragegestelle. Bodenplatte und Rohr werden dem Transportkasten entnommen und von den Schützen 1 und 2 auf den Tragegestellen verlastet. Der Truppführer verlastet einen Munitionskasten auf seinem Tragegestell und verladet den Transportkasten auf dem Gefechtswagen. Soll der l. Gr. W. nach dem Freimachen auseinandergenommen oder zusammengesetzt getragen werden, so ist dieses zu befehlen. Nach dem Freimachen tritt der l. Gr. W.-Trupp auf seinen Platz im Zuge zurück.

Auf das Kommando „Werfer an Ort" wird der l. Gr. W. in den Transportkasten verpackt und das Gerät in der umgekehrten Reihenfolge wie bei „Werfer frei" auf den Gefechtswagen gebracht. Der l. Gr. W.-Trupp tritt auf seinen Platz im Zuge zurück.

Das Antreten des l. Gr. W.-Trupps erfolgt nach Bild 1—3. Der zusammengesetzte Werfer — niederste Rohrerhöhung — wird rechts vorwärts neben den Schützen 1 so hingestellt, daß der hintere Rand der Bodenplatte mit der rechten Fußspitze abschneidet. Die Munitionskästen werden eine Kastenlänge vor die Fußspitzen gestellt, so daß sie mit dem vorderen Rand der Bodenplatte abschneiden. Bei auseinandergenommenem Werfer werden Rohr und Bodenplatte in der Hand behalten. Bei verlastetem Werfer befinden sich Rohr und Bodenplatte auf den Tragegestellen des Schützen 1 und 2.

Tragearten.

Das frei gemachte Gerät kann „verlastet" (Bild 3) auf dem Tragegestell, auf dem Rücken oder „zusammengesetzt" (Bild 1) oder „auseinandergenommen" (Bild 2) in der Hand getragen werden. Die Trageart befiehlt der Truppführer.

Bild 1.
„Werfer zusammengesetzt."

Truppführer. Schütze 2. Schütze 1.
Bild 2.
„Werfer auseinandergenommen."

Bild 3.
„Werfer verlastet."

Bild 4. „Auf- und Abnehmen des zusammengesetzten Werfers."

Auf das Kommando „Werfer zusammensetzen" (Truppführer und Schützen helfen sich gegenseitig) wird der verlastete Werfer von den Tragegestellen gelöst, an seiner Stelle werden Munitionskästen befestigt. Schütze 1 stellt die Bodenplatte auf die Erde, zieht den Griffbolzen heraus und stellt die Führung (Ablesemarke in rot) auf „0". Er erfaßt das Rohr mit der rechten Hand am Griff und löst durch Drehen mit der linken Hand die Höhenrichtspindel. Die rechte Hand setzt das Rohr mit niederster Rohrerhöhung in das Rohrlager ein. Die linke Hand drückt mit dem Ballen und Mittelfinger die Druckknöpfe der Höhenrichtspindel zusammen und läßt sie in die vorderen Ausschnitte der Führung einrasten. Der Griffbolzen wird mit der rechten Hand nach links geschoben und der Zeigerträger mit der linken Hand hochgeklappt.

Auf das Kommando „Werfer auseinandernehmen" setzt Schütze 1 den Werfer auf die Erde. Zeigerträger wird mit der linken Hand heruntergeklappt und der Griffbolzen herausgezogen. Schütze 1 erfaßt das Rohr mit der rechten Hand am Griff und drückt mit dem Ballen und dem Mittelfinger der linken Hand die Druckknöpfe der Höhenrichtspindel zusammen und rastet sie aus den Ausschnitten der Führung aus. Die Höhenrichtspindel wird vom Schützen 2 durch Drehen mit der linken Hand und durch Einführen mit der rechten Hand am Rohrlager befestigt. Schütze 1 nimmt das Rohr von der Bodenplatte ab, übergibt einen Munitionskasten an den Schützen 1, Rohr und Bodenplatte werden bei auseinandergenommenem Werfer in der Hand getragen.

Auf das Kommando „Werfer verlasten" (Truppführer und Schützen unterstützen sich gegenseitig) lösen Truppführer und Schütze 2 den Munitionskasten vom Tragegestell des Schützen 1 und 2. Schütze 1 übergibt dem Schützen 2 die Bodenplatte, Schütze 2 dem Truppführer das Rohr. Truppführer befestigt das Rohr — Mündung nach rechts — auf dem Tragegestell des Schützen 1, Schütze 1 die Bodenplatte — Tragegriff nach rechts — auf dem Tragegestell des Schützen 2.

Das Auf- und Abnehmen des Gerätes erfolgt gleichzeitig mit dem Kommando der Gewehrgriffe bei „Gewehrriemen lang". Ist der „Gewehrriemen kurz", so wird das Gerät auf Sonderbefehl auf- und abgenommen (wie bei M. G. 34). Das Auf- und Abnehmen des Gerätes erfolgt stets im Rühren. Die Schützen setzen den linken Fuß einen Schritt vor und lassen sich auf das rechte Knie nieder. Nachdem sie das Gerät erfaßt haben oder abgesetzt haben, stehen sie nach hinten auf. Exerziermäßige Ausführung ist nicht zu fordern.

Die Formen der **geschlossenen Ordnung** sind die Linie und die Reihe. Im **übrigen gelten die Ziff. 228—239 der H. Dv. 130/2 a.**

 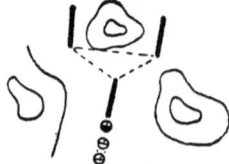

Bild 5. „Zugkeil."   Bild 6. „Zugbreitkeil."

Die Formen und Bewegungen der **geöffneten Ordnung** sind die gleichen wie bei der Gruppe. Solange bei der Entfaltung und Entwicklung mit dem Einsatz des l. Gr. W.-Trupps nicht zu rechnen ist, folgt er auf Befehl des Zugführers im allgemeinen am Ende des Zuges; auf das Kommando „Zugkeil" nach Bild 5, auf das Kommando „Zugbreitkeil" nach Bild 6 (desgleichen auf Zeichen). Für den Einsatz hat der Zugführer den l. Gr. W.-Trupp rechtzeitig heranzuziehen. Ist die Annäherung an den Feind soweit erfolgt, daß ein Einsatz des l. Gr. W. zu erwarten ist, so hat der Truppführer auch ohne besonderen Befehl den Werfer zusammensetzen zu lassen und mit dem Zugführer Verbindung aufzunehmen.

Der Marsch wird nach der H. Dv. 130/2a Ziff. 17—25 ausgeführt. Dem Schützen ist es freigestellt, den zusammengesetzten l. Gr. W. in der rechten oder linken Hand zu tragen (desgleichen beim auseinandergenommenen Werfer).

Instellunggehen.

Das Instellunggehen ist drillmäßig zu üben, so daß es schnell und reibungslos auch bei Dunkelheit und unter der Gasmaske durchgeführt werden kann. Der l. Gr. W. wird vor dem Instellunggehen zusammengesetzt. Schütze 1 macht mit dem Spaten den Untergrund locker und ebnet ihn ein und setzt den Werfer auf den Boden. Er richtet ihn mit Hilfe des auf dem Rohr befindlichen weißen Striches durch Drehen der Bodenplatte grob auf das Ziel ein. Der Seitentrieb ist auf „0" gestellt. Die Bodenplatte wird so in den Boden eingedrückt bzw. eingerüttelt — rechte Hand am Griff, linke Hand am Tragegriff —, daß die Unterseite der Bodenplatte mit ihren Rippen fest auf dem Boden sitzt und mit ihrer ganzen Fläche aufliegt, dabei leicht nach vorn geneigt. Die Bodenplatte wird an beiden Seiten mit Hilfe des Spatenstieles unterstopft. Schütze 1 stellt die vom Truppführer befohlene Entfernung ein. Er entnimmt dem Richtaufsatzbehälter den Richtaufsatz mit der linken Hand und stellt mit der rechten Hand, durch Zurückdrehen des Ausschalthebels mit der linken, den Richtaufsatzoberteil auf „0". Die Teiltrommel ist grundsätzlich auf „0" gestellt. Die linke Hand setzt den Richtaufsatz unter Eindrücken des Klemmbolzens am Richtaufsatz — Richtglas waagerecht — auf den Richtaufsatzträger auf. Die Klemmschraube am Richtaufsatz wird mit der rechten Hand leicht angezogen.

Einkippen.

Schütze 1 liegt hinter dem Werfer und spielt durch Drehen der Handgriffe der Einkipptriebe nach Bild 7 und 8 in gleicher oder entgegengesetzter die Luftblase der Dosenlibelle ein. Es sind stets beide Handgriffe zu drehen.

1. Luftblase zeigt zum Schützen:	2. Luftblase zeigt zum Ziel:	3. Luftblase zeigt nach rechts:	4. Luftblase zeigt nach links:
Beide Handgriffe nach **links** drehen.	Beide Handgriffe nach **rechts** drehen.	Beide Handgriffe nach **außen** drehen.	Beide Handgriffe nach **innen** drehen.

Bild 7. **Einspielen der Dosenlibelle.**

1. Beide Handgriffe nach **rechts** drehen. 	2. Beide Handgriffe nach **innen** drehen. 	3. Dosenlibelle eingespielt. 

Bild 8. **Beispiel für die Reihenfolge der Handgriffe beim Einspielen b. D. L.**

Richten.

Allgemeines.

Genaues und schnelles Richten sowie sicheres und gewandtes Handhaben der Richtmittel sind Vorbedingung für die Schußleistungen. Das Richtverfahren wird drillmäßig geübt. Die zu fordernde Schnelligkeit darf die Genauigkeit beim

Richten nicht beeinflussen. Der l. Gr. W. wird grundsätzlich in verdeckter Feuerstellung eingesetzt und indirekt gerichtet.

Seitenrichtung. Zum Nehmen der Seitenrichtung dienen folgende Verfahren: 1. Grobes Einrichten. 2. Einfluchten mit zwei Richtstäben.

Grobes Einrichten. Der Truppführer richtet den Werfer mit Hilfe des auf dem Rohr befindlichen weißen Striches durch Zuruf oder selbst grob auf das Ziel ein. Schütze 1 rüttelt den Werfer fest, stellt die Entfernung ein, befestigt den Richtaufsatz und läßt die Dosenlibelle einspielen (Bild 9).

Einfluchten mit zwei Richtstäben. Es wird angewendet, wenn Gelände und Bodenbewachsung ein grobes Einrichten nicht zulassen. Der Truppführer legt über die vor der Feuerstellung befindliche Deckung kurz die Richtung auf das Ziel fest und steckt Richtstab 1 senkrecht in den Boden. Er geht dann gedeckt in der

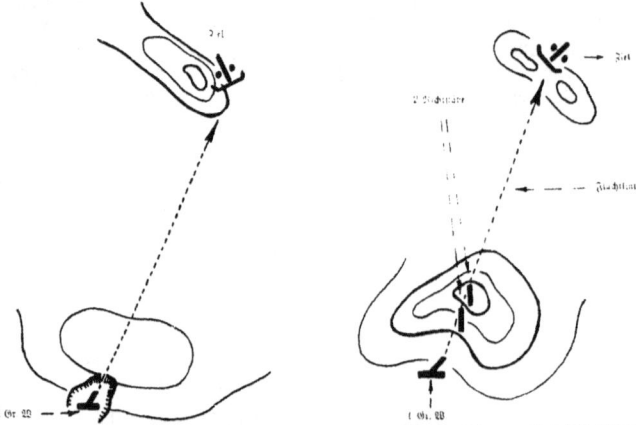

Bild 9. **Grobes Einrichten.**   Bild 10 **Einfluchten mit 2 Richtstäben.**

Verlängerung der Linie Ziel—Richtstab 1 so zurück, daß er das Ziel im Auge behalten kann und steckt Richtstab 2 in dieser Verlängerung Ziel—Richtstab 1 senkrecht in die Erde. Die Feuerstellung darf durch das Einfluchten nicht erkannt werden. Schütze 1 oder 2 bereiten mit dem Spaten die Feuerstellung vor. Schütze 1 setzt den Werfer in Verlängerung der durch die beiden Richtstäbe gegebenen Linie auf den Boden und richtet ihn mit Hilfe des auf dem Rohr befindlichen weißen Striches grob auf beide Richtstäbe ein. Seitenrichttrieb und Richtaufsatz zeigen auf „0".

Festlegen der Seitenrichtung. Ein Festlegen wird im allgemeinen notwendig, wenn das Wirkungsschießen nicht unmittelbar dem Einschießen folgt. Es dient dann zum Nachprüfen der beim Einschießen gewonnenen Richtung. Zum Festlegen dient: 1. Beim groben Einrichten ein vorwärts der Feuerstellung senkrecht in die Erde gesteckter Richtstab, der mit dem senkrechten Strich im Strichkreuz des Richtglases des Richtaufsatzes eingefluchtet wird. 2. Beim Einfluchten mit zwei Richtstäben der dritte Richtstab, der wie unter 1. eingefluchtet wird.

Änderung der Seite. Die Änderung der Seitenrichtung wird mit der Markeneinteilung auf dem Halter durch Drehen am Seitenrichttrieb durch den Schützen 1 vorgenommen. Die vordere Markeneinteilung auf dem Halter entspricht von Marke zu Marke einer Seitenänderung von 20 Strich. Die hintere Markenreihe ist gegenüber der vorderen um 10 Strich versetzt angebracht. Hierdurch ist bei Seitenverschiebung des Rohres ein genaues Einstellen von 10 zu 10 Strich möglich. Soll die Schußrichtung nach links (rechts) verlegt werden, so lautet das

Kommando z. B.: „20 nach links!" oder „20 nach rechts!". Die befohlene Seiten=
änderung wird stets von der letzten Markeneinstellung am Halter genommen. Das
Rohr kann nach beiden Seiten um je 300 Strich geschwenkt werden, ohne die Lage
der Bodenplatte zu verändern. Bei Zielwechsel mit größerer Seitenänderung muß
die Bodenplatte gedreht oder erneut eingerüttelt werden.

Erhöhung. Die der Schußentfernung entsprechende Erhöhung wird in
Metern (Entfernung) kommandiert und mit Hilfe des Gradbogens gegeben.
Schütze 1 erfaßt mit der linken Hand die Grobverstellung derart, daß der Mittel=
finger auf dem Drücker liegt. Die rechte Hand erfaßt den Griff. Nach Ausrasten
des Drückers gibt er mit der rechten Hand dem Rohr grob die Erhöhung der
befohlenen Entfernung und läßt den Drücker einrasten. Schütze 1 stellt durch
Drehen mit der linken Hand an der Höhenrichtspindel die genaue Entfernung so
ein, daß die Ablesekante — unterer Rand des Zeigers — auf die am Gradbogen
befindliche Meterzahl zeigt.

Änderung der Erhöhung. Änderungen der Erhöhung erfolgen auf das
Kommando: „... weiter!" bzw. „... kürzer!"

Feuertätigkeit.

Laden. Das Laden erfolgt mit der rechten Hand.

Auf das Kommando des Truppführers „1 Schuß" befiehlt der Schütze 1 nach
Beendigung seiner Tätigkeiten „Laden!" Schütze 2 entnimmt darauf dem Muni=

Bild 11. „Laden!"

Bild 12. „Feuerbereit!"

tionskasten mit der rechten Hand eine Wurfgranate, läßt sie — Flügelschaft nach
unten (Bild 11) — vorsichtig in das Rohr gleiten und nimmt die Hand **sofort** von
der Mündung weg. Er meldet „Feuerbereit". Nach dieser Meldung legen sich
Schütze 1 und Schütze 2 nach Bild 12 flach, dicht auf den Boden und nehmen den
Kopf soweit wie möglich, mit dem Gesicht zur Erde, herunter. Die Dosenlibelle wird
nicht mehr beobachtet. Solange die Wurfgranate das Rohr nicht verlassen hat, ist
es verboten, den Kopf oder sonstige Körperteile über die Rohrmündung zu halten.
Sollen mehrere Wurfgranaten hintereinander abgefeuert werden, so befiehlt der
Truppführer die Zahl, z. B. „5 Schuß!". Schütze 2 entnimmt die befohlene Anzahl
dem Munitionskasten und legt sie — Flügelschaft nach hinten — griffbereit in den
Munitionskasten. Auf Befehl des Schützen 1 „Laden" wird die erste Wurfgranate
geladen. Er meldet „5 Schuß feuerbereit!".

Feuern. Auf das Kommando: „Feuer frei!" drückt der Schütze 2 mit der
rechten Hand den Abzugshebel langsam in einem Zuge herunter, ohne den Werfer
in seiner Lage zu verändern und meldet: „Abgefeuert!" Schütze 1 erfaßt mit beiden
Händen die Griffe zum Kipptrieb und verhindert durch kräftigen Druck nach unten,
daß sich der vordere Teil der Bodenplatte beim Schuß anhebt. Die Unterarme
liegen unter gleichmäßiger Verteilung des Körpergewichtes an den Längsseiten der
Bodenplatte. Nach Abgabe jedes **Einzelschusses** läßt Schütze 1, wenn erforderlich,
die Dosenlibelle einspielen. Sollen mehrere Schüsse hintereinander abgegeben

werden, so erfolgt das Feuerkommando und der Befehl des Schützen 1 nur für den ersten Schuß. Schütze 2 betätigt selbständig nach jedem weiteren Laden den Abzug, bis die befohlene Schußzahl verschossen ist und meldet nach Abgabe des letzten Schusses die befohlene Schußzahl, z. B.: „5 Schuß abgefeuert!".

Kommandobeispiele:

Truppführer: „1 Schuß!"	Truppführer: „5 Schuß!"
Schütze 1: „Laden!"	Schütze 1: „Laden!"
Schütze 2: „Feuerbereit!"	Schütze 2: „5 Schuß feuerbereit!"
Truppführer: „Feuer frei!"	Truppführer: „Feuer frei!"
Schütze 2: „Abgefeuert!"	Schütze 2: „5 Schuß abgefeuert!"

Entladen. Auf das Kommando: „Werfer stopfen!" unterbricht der Schütze 2 jede Feuertätigkeit. Soll der Werfer entladen werden, so befiehlt der Truppführer: „Entladen!" Schütze 1 zieht den Griffbolzen heraus und klappt mit der linken Hand den Zeigerträger herunter. Dann erfaßt er das Rohr mit der rechten Hand am Griff und gibt dem Rohr langsam eine Neigung nach vorn, bis die Wurfgranate sichtbar wird. Schütze 2 legt gleichzeitig die rechte Hand mit dem Daumen und Zeigefinger trichterförmig um die Rohrmündung, erfaßt die Wurfgranate an der Zentrierwulst, entnimmt sie vorsichtig dem Rohr, legt sie in den Munitionskasten und reinigt sofort mit dem Rohrwischer das Rohr. Das Entladen von Versagern darf erst nach mehrmaligem Abziehen des Abzugshebels und eine Minute nach dem letzten Abziehen erfolgen. Truppführer, Schütze 1 und 2 bleiben während dieser Zeit in voller Deckung.

Auswechseln der Schlagbolzenschraube geschieht nach Entladen des Werfers. Schütze 2 entnimmt mit der linken Hand dem Zubehörbehälter den Schraubenschlüssel und die Schlagbolzenschraube und unterstützt das Rohr mit der rechten Hand. Schütze 1 drückt die Sperrfeder des Haltebolzens ein, schiebt diesen heraus und legt ihn auf die Bodenplatte; Schütze 1

Bild 13. „Auswechseln der Schlagbolzenschraube."

zieht mit der rechten Hand den Abzugshebel zurück, nimmt mit der linken Hand das Einsatzstück heraus, so vorsichtig, daß das Schlagstück nicht herausfällt und legt es auf die Bodenplatte. Schütze 1 sichert mit dem Daumen der linken Hand die Federhülse, bis die Abzugswelle mit der rechten Hand herausgenommen ist und legt die Abzugswelle auf die Bodenplatte. Schütze 1 schraubt mit dem Schraubenschlüssel den Gewindering heraus und den neuen hinein. Das Zusammensetzen der einzelnen Teile erfolgt in umgekehrter Reihenfolge.

Kampfweise.

Der **Kampfauftrag** für den l. Gr. W. wird vom Zugführer gegeben. Engste Zusammenarbeit zwischen Zugführer und Truppführer sind Voraussetzung für einen wirkungsvollen Einsatz. Der Kampfauftrag muß enthalten: 1. Feind. 2. Auftrag und Absichten des Zugführers. Verhalten und Verbleib der eigenen vorderen Teile. 3. Auftrag. Welche Ziele sollen bekämpft werden und wann? 4. Munitionseinsatz. 5. Verbindung zum Zugführer. Die Feuerstellung ist, wenn möglich, in der Nähe des Zugführers zu wählen. Richt- und Schießverfahren bleiben dem Truppführer überlassen.

Das **Einnehmen und Einrichten der Feuerstellung** ist Aufgabe des Truppführers. In der Regel liegt die Feuerstellung am tiefsten Punkt der schützenden Deckung. Schütze 1 ist dafür verantwortlich, daß vor der Rohrmündung keinerlei

Fremdkörper sich befinden und daß das Rohr über die Deckung nicht hinwegzeigt. Die Stellung ist so tief zu nehmen, daß auch ein Laden nicht feindwärts zu sehen ist. Sämtliche Tätigkeiten und Vorbereitungen zur Feuereröffnung haben möglichst in voller Deckung zu erfolgen. Das Einnehmen der Feuerstellung erfolgt auf das Kommando oder Zeichen „Stellung!" bzw. „Stellung! Marsch! Marsch!" Der Truppführer wählt in Rufweite, möglichst vor oder hinter, oder auch in seitlicher Nähe des l. Gr. W. seinen Platz, von dem aus er das Zielgelände, das Feuer des Werfers und den Zugführer und die vordere eigene Linie beobachten kann.

Feuerleitung. Der Truppführer leitet das Feuer des l. Gr. W. Er kommandiert Feuerabgabe, Schußzahl, Entfernung und die erforderlichen Änderungen der Seite und Entfernung. Alle Kommandos oder Befehle des Truppführers sind vom Schützen 1 durch Wink oder Zuruf zu bestätigen.

Kommandobeispiele:

B.-Stelle.	Feuerstellung.
Truppführer:	
„350 — 1 Schuß!"	Schütze 1: „350 — Laden!"
„Feuer frei!"	Schütze 2: „Feuerbereit!"
	Schütze 2: „Abgefeuert!"
„40 nach rechts — 50 kürzer — 1 Schuß!"	Schütze 1: „40 nach rechts — 50 kürzer — Laden!"
	Schütze 2: „Feuerbereit!"
„Feuer frei!"	Schütze 2: „Abgefeuert!"
„30 nach links — 40 weiter — 1 Schuß!"	Schütze 1: „30 nach links — 40 weiter — Laden!"
	Schütze 2: „Feuerbereit!"
	Schütze 2: „Abgefeuert!"
„Feuer frei!"	Schütze 1: „Werfer festgeschossen!"
„Dieselbe Entfernung — 4 Schuß!"	Schütze 1: „Dieselbe Entfernung — 4 Schuß — Laden!"
	Schütze 2: „4 Schuß feuerbereit!"
„Feuer frei!"	Schütze 2: „Schuß abgefeuert!"

Soll das Feuer unterbrochen werden, so wird vorher vom Truppführer oder, wenn technische Gründe am Werfer es notwendig machen, vom Schützen 1 „Werfer stopfen!" kommandiert. Jede Tätigkeit wird sofort unterbrochen. Weitere Kommandos oder Befehle sind abzuwarten. Liegt der erste Schuß so weit seitlich vom Ziel, daß seine Entfernung nicht oder nur unsicher mit dem Ziel verglichen werden kann, so sind nach dem ersten Schuß grobe Änderungen nach der Seite vorzunehmen. Ist der erste Schuß nach der Seite und Entfernung mit dem Ziel in Einklang zu bringen, so erfolgt nach dem ersten Schuß nur eine Änderung nach der Entfernung. Mit dem Nehmen der genauen Seitenrichtung ist erst dann zu beginnen, wenn der Werfer festgeschossen ist. Verbesserungen nach der Entfernung um weniger als 10 m sind wertlos. Abweichungen nach der Seite unter 10 Strich werden in der Regel nicht verbessert.

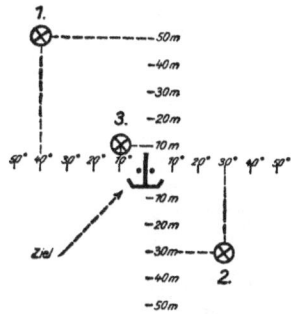

Bild 14. **Einschießen.**

Munitionseinsatz. Die Munitionsausstattung der l. Gr. W. ist sehr gering. Sparsamster Verbrauch bei allen Aufgaben ist erforderlich). Es ist daher vor jedem Beschuß genau zu überprüfen, welcher Munitionseinsatz für jedes Ziel unbedingt erforderlich ist. Der Truppführer hat dem Zugführer oder dem Führer, dem er unterstellt ist, laufend Munitionsmeldung zu machen.

Stellungswechsel. Soll die Feuerstellung gewechselt werden, so erfolgt das Kommando: „Stellungswechsel!". Der Truppführer ordnet an, wo sich die neue Feuerstellung befindet oder wohin die Bewegung ausgeführt werden soll. Er eilt zur Erkundung voraus. Die Richtstäbe werden von ihm mitgenommen. Schütze 1 nimmt den Richtaufsatz ab; bei geladenem Werfer ist dieser zu entladen. Die Ausführung des Stellungswechsels ist dieselbe wie beim l. M. G.

Schießen.

Grundbegriffe des Schießens. Das Schießen mit dem l. Gr. W. besteht im allgemeinen aus dem Einschießen und Wirkungsschießen. Das Einschießen bezweckt, die Schüsse in die Nähe des Zieles zu bringen, die hierfür nötige Seite und Entfernung zu ermitteln und zum Festschießen. Im Wirkungsschießen soll ein Ziel niedergekämpft werden.

Das Einschießen beginnt auf der geschätzten oder übermittelten Entfernung. Es dient gleichzeitig zum Festschießen. Nach Möglichkeit ist die Feuerstellung so vorzubereiten, daß die Bodenplatte beim ersten Schuß festliegt. Zeit und Munitionsbedarf für das Einschießen werden hierdurch verringert. Bei ungünstigem Boden und in flüchtig vorbereiteter Feuerstellung ändert sich die Lage der Bodenplatte bei den ersten Schüssen. Unregelmäßige Lage der Schüsse ist die Folge. Nach 2 bis 3 Schuß treten meist keine oder nur unwesentliche Veränderungen in der Lage der Bodenplatte ein. Der Werfer ist dann festgeschossen. Werden mehrere Werfer auf ein Ziel zusammengefaßt, so ist jeder Werfer einzeln einzuschießen. Seitenabweichungen eines Schusses vom Ziel werden mit der Stativeinteilung im Doppelfernrohr gemessen oder durch Daumenbreiten (Daumenbreite = 40 Strich) ermittelt. Je nach Beobachtung der Schüsse vor oder hinter dem Ziel wird die Entfernung so lange grob zugelegt oder abgebrochen, bis das Ziel durch einen Kurz- und Weitschuß eingeschlossen ist. Ist die eigene Truppe schon nah am Ziel, so wird aus Sicherheitsgründen von hinten an das Ziel herangeschossen. Während des Einschießens beobachtet der Richtschütze nach jedem Schuß die Dosenlibelle. Abweichungen sind zu verbessern. Wenn Zeit vorhanden ist, so ist zur Wahrung der Überraschung ein unauffälliges Einschießen (z. B. auf einen in der Nähe des Zieles befindlichen Geländepunkt) anzustreben.

Beobachtung. Die Beobachtung soll die Lage der Schüsse zum Ziel feststellen. Verdeckt die Rauchwolke der Wurfgranate das Ziel ganz oder teilweise, so liegt der Schuß „kurz", d. h. vor dem Ziel. Hebt sich das Ziel auf der Rauchwolke ab, so liegt der Schuß „weit", d. h. hinter dem Ziel. Erscheint die Rauchwolke zuerst vor und gleich darauf hinter dem Ziel, oder umgekehrt, so liegt der Schuß im allgemeinen dicht am Ziel. Richtung und Stärke des Windes beeinflussen die Rauchwolke. Die Rauchwolke ist grundsätzlich im Augenblick des Entstehens mit dem Ziel zu vergleichen.

Wirkungsschießen. Das Wirkungsschießen richtet sich nach der Art des Zieles und nach der Lage. Die zur Bekämpfung eines Zieles vorgesehene Munition wird in der Regel in einem Feuerüberfall mit höchster Feuergeschwindigkeit abgeschossen. Die Art des Zieles kann einen größeren Munitionseinsatz rechtfertigen. Ungenügende Wirkung kann eine Wiederholung des Feuerüberfalles notwendig machen.

Verspricht das Niederkämpfen eines Zieles mit der verfügbaren Munition keinen Erfolg, so muß der Gegner durch Niederhalten zeitweise in Deckung gezwungen werden. Hierbei wird meist die Abgabe einer zahlenmäßig und zeitlich unregelmäßigen Schußfolge angewendet.

Zielwechsel: Die Seitenrichtung nach dem neuen Ziel wird stets von dem letzten Ziel unter den alten Grundlagen genommen. Seitenänderung siehe vorher. Für die Entfernung wird oft die gegen das alte Ziel oder ein früheres Ziel ermittelte Entfernung (Erhöhung) einen Anhalt geben. Liegt das neue Ziel annähernd in gleicher Höhe (Entfernung) wie das alte, so wird meist ein Schuß genügen, um die Seitenrichtung zu überprüfen. Anschließend wird nach verbesserter Seite zum Wirkungsschießen übergegangen. Wenn die Entfernung nach dem neuen Ziel nicht sicher ermittelt werden kann, muß der Werfer erneut eingeschossen werden. Reichen die Richtvorrichtungen zum Zielwechsel nicht aus, so ist der Werfer erneut in Stellung zu bringen.

Schießausbildung.

Die Schießausbildung ist der wichtigste Teil der Ausbildung am l. Gr. W. Sie hat den Forderungen des Krieges zu entsprechen. Sie erfolgt: 1. Im Unterricht, durch Lösen von Schießaufgaben von der Wandtafel oder am Sandkasten. Die Schüsse werden hierbei durch Einzeichnen mit Kreide oder durch Andeuten mit Watteflocken dargestellt. 2. Im Gelände: a) durch Übungen in der Zielaufklärung. Dabei werden das Ansprechen und Übermitteln von Zielen und die zur Feuereröffnung gehörenden Kommandos geübt. b) bei Beobachtungsübungen durch Verwendung von Rauchkörpern, wobei nicht immer ganze Schießverfahren durchgeführt werden müssen, sondern auch ohne Aufbau eines großen Leitungsapparates das Beobachten einzelner Schüsse geübt werden kann. c) bei der Gef.-Ausbildung des Zuges. Dies ist der wichtigste Teil der gefechtsmäßigen Ausbildung im Schießen. 3. Bei den verschiedenen Schießen selbst.

Das Schießen wird eingeteilt in Schulschießen, Schulgefechtsschießen, Gefechtsschießen und Belehrungs- und Versuchsschießen.

Das Schulschießen dient der Erlernung der Technik des Schießens. Ihm wird keine taktische Lage zugrunde gelegt. Die Lage der B.-Stelle, der Feuerstellung und das Richt- und Schießverfahren werden befohlen. Das Einnehmen und Einrichten der Feuerstellung sowie die zum Schießen erforderlichen Tätigkeiten werden gefechtsmäßig durchgeübt. Es sind zu üben: Einbetten der Bodenplatte, Ermitteln der Schießgrundlagen für die Feuereröffnung, grobes Einrichten, Einfluchten mit zwei Richtstäben, Nehmen der Seitenrichtung und Erhöhung, Einschießen, Änderung der Seite und Erhöhung, Festlegen, Heranschießen von rückwärts, Übergang zum Wirkungsschießen, Zielwechsel und Schießen unter der Gasmaske.

Das Schulgefechtsschießen soll den Schützen Gelegenheit geben, die im Schulschießen erworbene Schießfertigkeit gegen gefechtsmäßige Ziele anzuwenden und sie zum kriegsmäßigen Verhalten beim Schießen erziehen. Es wird eine taktische Lage zugrunde gelegt. Es sind zu üben: Erkunden, Einnehmen und Einrichten der Feuerstellung; gefechtsmäßiges Verhalten und Zusammenarbeit des l. Gr. W.-Trupps, Zeitbedarf des Trupps vom Beginn des Kommandos „Stellung!" bis zur Meldung der Feuerbereitschaft oder „Festgeschossen!"; Stellungswechsel, gefechtsmäßiges Auswechseln der Schlagbolzenschraube, gefechtsmäßiges Entladen des Werfers und Schießen unter Gasmaske.

Das Gefechtsschießen des l. G. W. findet im allgemeinen in Verbindung mit dem Gef.-Schießen eines Zuges statt; es kann auch mit dem Gef.-Schießen der Gruppe verbunden werden. Die Gef.-Schießen sollen der Wirklichkeit nahekommen und das taktische Handeln in den Vordergrund stellen.

Belehrungs- und Versuchsschießen sollen die Wirkungsmöglichkeit von scharfen Wurfgranaten gegen feldmäßige Ziele veranschaulichen.

Neunter Abschnitt.

Schießausbildung.

1. Schießlehre für Gewehr und M. G.

Schußvorgang in der Waffe und Flugbahn.

1. Durch den Schlag des vorschnellenden Schlagbolzens auf das Zündhütchen wird die Pulverladung der Patrone entzündet. Die bei der Verbrennung entstehenden Pulvergase treiben das Geschoß mit zunehmender Geschwindigkeit aus dem Lauf.

2. Der Weg, den das Geschoß nach dem Verlassen der Mündung zurücklegt, heißt **Flugbahn**. Auf die Gestalt der Flugbahn wirken ein:
   a) die Anfangsgeschwindigkeit des Geschosses,
   b) die Schwerkraft (Anziehungskraft der Erde!),
   c) die Richtung, mit der das Geschoß den Lauf verläßt,
   d) der Luftwiderstand,
   e) **die Drehung des Geschosses um seine Längsachse.**

3. **Anfangsgeschwindigkeit** ist die Geschwindigkeit, mit der das Geschoß den Lauf verläßt. Man drückt sie aus durch die Länge der Strecke in Metern, die das Geschoß in der ersten Sekunde nach dem Verlassen des Laufes zurücklegen

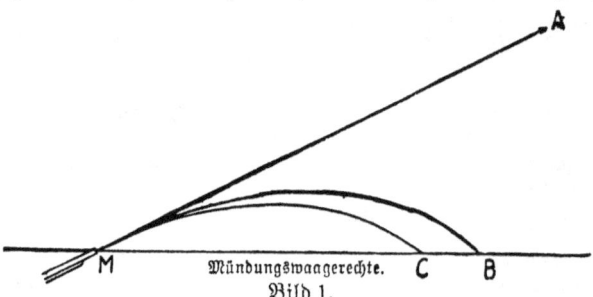

Bild 1.

Im luftleeren Raum wäre die Endgeschwindigkeit gleich der Anfangsgeschwindigkeit und der Fallwinkel gleich dem Abgangswinkel (Ziffern 10 und 11). Die größte Schußweite würde bei gleichbleibender Anfangsgeschwindigkeit unter einem **Abgangswinkel** von 45° erreicht werden.

würde, wenn es in geradliniger Richtung mit unveränderten Geschwindigkeit weiterfliegen könnte. Die Anfangsgeschwindigkeit (v_0) wird in „m/sek" (Meter in der Sekunde) gemessen.

4. Wenn nur die Anfangsgeschwindigkeit auf das Geschoß wirkte, würde es mit unverminderter Geschwindigkeit geradlinig in der Abgangsrichtung (M—A, Bild 1) weiterfliegen.

Träte allein die **Schwerkraft**, die ein Fallen während des Fluges bewirkt, hinzu, würde die Flugbahn eine gekrümmte Linie sein, deren höchster Punkt in der Mitte liegt und deren Gestalt zu beiden Seiten des höchsten Punktes gleich wäre (Flugbahn im luftleeren Raum, Parabel M—B, Bild 1).

5. Tatsächlich verzögert aber die **Luftwiderstand** dauernd die Geschoßbewegung. Dadurch wird die Flugbahn stärker gekrümmt, als dies im luftleeren Raum der Fall wäre. Die Schußweite wird kürzer, die Endgeschwindigkeit kleiner als die Anfangsgeschwindigkeit, der Fallwinkel größer als der Abgangswinkel. Der höchste Punkt der Flugbahn (Gipfelpunkt) liegt dem Ende der Flugbahn näher als der Mündung (Flugbahn im lufterfüllten Raum, M—C, Bild 1).

6. Ein Langgeschoß, das aus einem glatten (nicht gezogenen) Lauf verschossen wird, stellt sich unter der Einwirkung des Luftwiderstandes quer oder überschlägt sich. Der Flug wird unregelmäßig, die Schußweite verkürzt, die Treffsicherheit schlecht. Diese Nachteile werden durch Verwendung gezogener Läufe vermieden. In ihnen erhält das Geschoß durch Einpressen in die Züge eine Drehung um seine Längsachse. Diese Drehung nennt man **Drall**. Durch die Drehung des Geschosses wird erreicht, daß seine Spitze im Fluge nach vorn gerichtet bleibt und zuerst das Ziel trifft.

Die Drehung um die Längsachse läßt das Geschoß in der Regel nach **der** Seite abweichen, nach der die Drehung erfolgt (Rechtsdrall).

Mündungs- und Geschoßknall.

7. Beim Schießen mit Gewehren und Maschinengewehren treten **zwei verschiedene Schall**erscheinungen auf:

a) Der **Mündungsknall**, hervorgerufen durch die hinter dem Geschoß stoßartig austretenden Pulvergase,

b) der **Geschoßknall**, hervorgerufen durch eine Luftverdichtung — die sogenannte „Kopfwelle" —, die sich vor dem fliegenden Geschoß bildet, solange die Geschoßgeschwindigkeit größer als die Schallgeschwindigkeit ist (Bild 2).

8. Bei Beschießung durch den Feind hört man zuerst den meist hellen Geschoßknall und hinterher den meist dumpfen Mündungsknall. Der Zeitabstand zwischen Geschoß- und Mündungsknall ist dabei in der Schußrichtung am größten.

Hinter einer Waffe und seitlich rückwärts hört man stets nur e i n e n Knall, der aus Mündungs- und Geschoßknall zusammengesetzt ist. Daher nimmt auch der hinter seiner Waffe liegende Schütze nur einen Knall wahr.

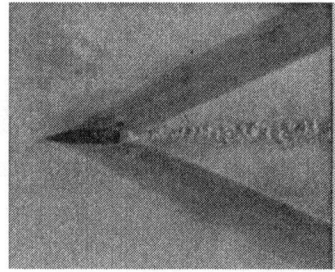

Bild 2.

9. Der Geschoßknall kann zu großen Täuschungen über die Entfernung und besonders über die Richtung des Abschusses führen. Die Richtung, aus der geschossen wird, kann nur aus dem Mündungsknall beurteilt werden.

Erläuterung wichtiger Flugbahnelemente.

10. M ü n d u n g s w a a g e r e c h t e M—B (Bild 3) ist die gedachte waagerechte Ebene, in der die Mitte der Mündung der Waffe in dem Augenblick liegt, in dem das Geschoß die Mündung verläßt.

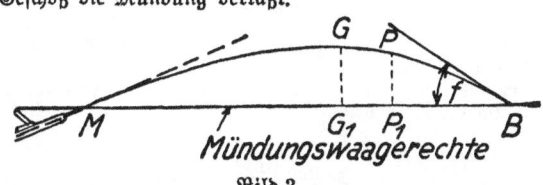

Bild 3.

Z i e l w a a g e r e c h t e (Bild 4) heißt die gedachte, waagerechte Ebene, in der das Ziel liegt.

Bild 4.

Visierlinie (Bild 7) ist die gedachte gerade Linie, welche die Mitte der Kimme und die Kornspitze verbindet.

Visierwinkel e (Bild 7) ist der Winkel, den die Visierlinie mit der Seelenachse bildet.

Geländewinkel ist der Winkel, den die Visierlinie mit der Mündungswaagerechten bildet. Er ist positiv, wenn das Ziel über, negativ, wenn das Ziel unter der Mündungswaagerechten liegt.

11. In den folgenden Erklärungen der Flugbahn ist angenommen, daß Mündung und Ziel sich in derselben Waagerechten befinden.

Der **Gipfelpunkt** G (Bild 3) ist der höchste Punkt der Flugbahn. Der lotrechte Abstand des Gipfelpunktes von der Mündungswaagerechten G—G₁ ist die **Gipfelhöhe** der Flugbahn.

Gipfelentfernung M—G₁ (Bild 3) ist der auf der Mündungswaagerechten gemessene Abstand der Gipfelhöhe von der Mündung.

Aufsteigender Ast M—G (Bild 3) ist der Teil der Flugbahn von der Mündung bis zum Gipfelpunkt, **absteigender Ast** G—B (Bild 3) der Teil vom Gipfelpunkt bis zum Ende der Flugbahn.

Flughöhe P—P₁ (Bild 3) ist der lotrechte Abstand eines beliebigen Punktes der Flugbahn von der Mündungswaagerechten.

Fallwinkel f (Bild 3) ist der Winkel, den die Tangente der Flugbahn im Fallpunkt mit der Mündungswaagerechten einschließt.

Auftreffpunkt ist der Punkt, in dem das Geschoß in seiner Flugbahn das Ziel oder Zielgelände trifft.

Endgeschwindigkeit ist die Geschwindigkeit des Geschosses in m/sek im Fallpunkt.

Flugzeit ist die Dauer der Geschoßbewegung in Sekunden von der Mündung bis zum Auftreffpunkt.

Das Zielen.

12. Da das Geschoß nach dem Verlassen der Mündung durch Einwirken der Schwerkraft unter die verlängerte Seelenachse fällt, muß man den Lauf, um in

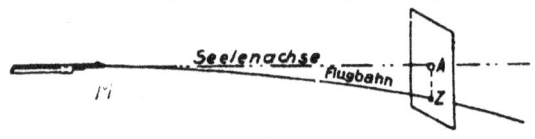

Bild 5.

bestimmter Entfernung ein Ziel zu treffen, um so viel über dieses richten, als das Geschoß bis dahin fällt.

Wenn bei waagerechter Lage des Laufes das Geschoß auf einer Zielentfernung M—A (Bild 5) um die Strecke A—Z fällt, muß man, um das Ziel A zu treffen,

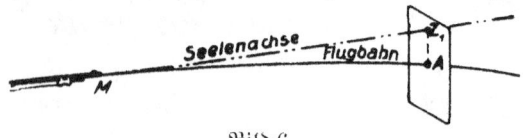

Bild 6.

die Seelenachse auf den Punkt Z₁ (Bild 6), der um die Strecke A—Z über A liegt, richten.

13. Der Haltepunkt muß aber beim Zielen in oder dicht unter dem Ziel liegen. Deshalb ist die Waffe mit einer Visiereinrichtung (Visier und Korn) versehen. **Wenn man die Visierlinie mit dem Auge auf einen bestimmten Punkt einrichtet, zielt man.**

Es bedeuten:
  Haltepunkt: Der Punkt, auf den die Visierlinie gerichtet sein soll.
  Abkommen: Der Punkt, auf den die Visierlinie beim Losgehen des Schusses tatsächlich gerichtet war.
  Treffpunkt: Der Punkt, den das Geschoß beim Einschlagen trifft.

14. Je weiter das Ziel entfernt ist, um so größer muß der **Visierwinkel** sein, d. h. mit einem um so höheren Visier muß geschossen werden.

Da die Kimme des Visiers höher als die Spitze des Korns über der Seelenachse liegt, schneidet die Flugbahn die Visierlinie kurz vor der Mündung (Bild 7).

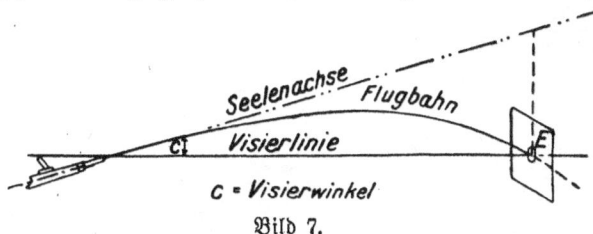

Bild 7.

Die Entfernung bis zum zweiten Schnittpunkt der Flugbahn mit der Visierlinie (E in Bild 7), wo also Haltepunkt und Treffpunkt zusammenfallen, nennt man Visierschußweite und den entsprechenden Schuß **Visierschuß**.

Je nach Wahl des Haltepunktes im Ziel, an seinem unteren oder oberen Rand, sagt man: in das Ziel gehen, Ziel aufsitzen lassen, Ziel verschwinden lassen (siehe Bild 1, S. 219).

Witterungseinflüsse.

15. Unter Witterungseinflüssen versteht man die Einwirkung von Luftgewicht und Wind auf die Flugbahn.

Das Luftgewicht ist abhängig von dem Luftdruck, der Temperatur und dem Feuchtigkeitsgehalt der Luft. Es ist um so geringer, je höher ein Ort liegt und je größer die Luftwärme ist.

16. Geringes Luftgewicht vergrößert, hohes verkürzt die Schußweite.

Starke Temperaturunterschiede können die Schußweite erheblich ändern. Im allgemeinen hat man bei **warmer** Witterung mit **Weitschuß**, bei **kalter** mit **Kurzschuß** zu rechnen.

17. Wind von vorn verkürzt, Wind von rückwärts vergrößert die Schußweite. Mittlerer Wind (4 m/sek) bewirkt auf 1000 m eine Seitenabweichung um 2 bis 3 m. Starker Wind (8 m/sek) verlegt die Garbe um das doppelte Maß.

18. Ein von oben hell beleuchtetes Korn erscheint durch Strahlung dem Auge größer als sonst. Man wird daher unwillkürlich das Korn nicht so hoch wie nötig in die Kimme bringen und zu tief oder zu kurz schießen. Umgekehrt werden trübe Witterung, Waldlicht, Dämmerung leicht dazu verleiten, das Korn zu hoch in die Kimme zu nehmen. Dies ergibt einen Hoch- oder Weitschuß (Bild 5, S. 220).

Wird das Korn stark von einer Seite beschienen, so erscheint die hellbeleuchtete größer als die dunkle. Man ist daher geneigt, nicht die Kornspitze, sondern den heller beleuchteten Teil des Korns in die Mitte der Visierkimme zu bringen, das bewirkt ein Abweichen des Geschosses nach der dunklen Seite (Bild 6, S. 220).

Streuung.

19. Gibt man aus einer Waffe unter möglichst gleichbleibenden Bedingungen eine größere Anzahl von Schüssen nacheinander ab, so treffen die Geschosse nicht ein und denselben Punkt, sondern verteilen sich über eine mehr oder weniger große Fläche. Man nennt dies **Streuung** (Streuung der einzelnen Waffe).

Die Ursachen der Streuung sind:
Schwingungen des Laufes der Waffe, Schwankungen der Witterungseinflüsse, kleine nicht zu vermeidende Unterschiede in der Munition und in der Verbrennungsweise des Pulvers.

Vergrößert wird die Streuung durch die Fehler des einzelnen Schützen beim Zielen und Abkommen (Schützenstreuung).

20. Das auf einer senkrechten Fläche aufgefangene Streuungsbild ist meist höher als breit (Höhenstreuung also größer als Breitenstreuung, Bild 8).

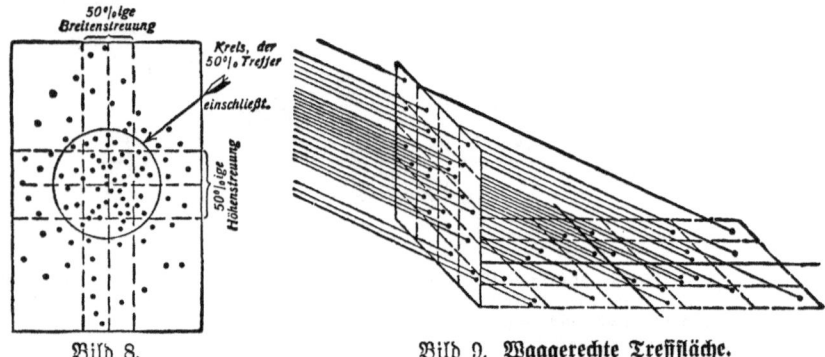

Bild 8.   Bild 9. **Waagerechte Trefffläche.**

21. Auf dem Erdboden verteilen sich die Schüsse in einer Fläche, der waagerechten Trefffläche (Bild 9), deren Breite mit der Entfernung zunimmt und deren Länge von der Größe der Höhenstreuung und dem Fallwinkel abhängt (Längenstreuung, Ziff. 24).

22. Für kleine Entfernungen, auf denen Höhen= und Breitenstreuung nicht sehr verschieden sind, gibt der Radius des Kreises, welcher 50% Treffer einschließt (Bild 8), ein geeignetes Maß zur Beurteilung der Treffähigkeit.

Die Geschoßgarbe.

23. Bei der Abgabe von Feuerstößen durch ein l. M. G., Dauerfeuer durch s. M. G. oder beim Schießen mit **mehreren Gewehren** verteilen sich die Treffer auf eine mehr oder weniger große Fläche. Die Flugbahnen der Geschosse bilden eine Geschoßgarbe, deren Dichte von der Mitte der Trefffläche nach dem Rande zu allmählich abnimmt.

24. Die Tiefenausdehnung (Längenstreuung) der Geschoßgarbe hängt von der Größe der Höhenstreuung und des Fallwinkels ab. Wachsende Höhenstreuung vergrößert, steiler werdender Fallwinkel verringert die Tiefe der Garbe.

25. Die Tiefe der Garbe wird durch Witterungseinflüsse und Fehler des Schützen erweitert. Hierbei sprechen mannigfache Einflüsse, z. B. Ausbildungsgrad, Sichtbarkeit des Ziels, Feuergeschwindigkeit usw., vor allem die körperliche und seelische Verfassung des Schützen mit.

26. Fängt man die **s. M. G.=Garbe** auf einer senkrechten Scheibenwand auf, so erhält man das senkrechte Trefferbild (100% Streuung der Waffe). Der senkrechte Durchmesser dieses Trefferbildes ist größer als der waagerechte. Mit zunehmender Entfernung wächst hauptsächlich die Höhenstreuung.

Auf dem Erdboden bilden die Geschoßeinschläge das waagerechte **Trefferbild**. Die Entfernung vom kürzesten bis zum weitesten Schuß in der Schußrichtung nennt man die Tiefe des vom Feuer bedeckten Raumes. Sie nimmt mit wachsender Entfernung infolge der stark zunehmenden Einfallwinkel ab.

Den mittleren, dichteren Teil der Geschoßgarbe, der etwa 75% aller Schüsse enthält, nennt man den n u ß b a r e n T e i l, den Rest o b e r e n und u n t e r e n A n s ch l u ß t e i l (Bild 10).

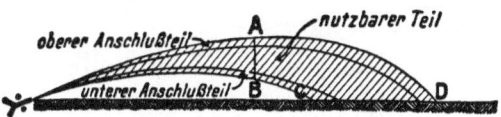

Bild 10. **Die f. M. G.=Garbe von der Seite gesehen.**
A—B 100%iger Höhendurchmesser, C—D der vom Feuer gedeckte Raum.

27. Beim P u n k t f e u e r mit fester Höhen= und Seiteneinstellung ist **die** Ausdehnung der Garbe nach Breite, Höhe und Tiefe am geringsten. Beim Punkt= feuer mit l o s e n Hebeln wächst die Ausdehnung nach der Breite, nach der Höhe und Tiefe jedoch nur unwesentlich. Die Ausdehnung der Garbe hängt von dem Maß des Festhaltens des M. G. durch den Richtschützen und vom Zustand der Lafette ab

28. Gibt man B r e i t e n f e u e r (ohne Tiefenfeuer) ab, so treten Schwan= kungen in der Höhenlage der Garbe auf. Sie haben ihre Ursache in der verschieden starken Belastung der Stützen des Schießgestells beim seitlichen Schwenken der Seelenachse und damit der Richtung des Rückstoßes. Es entsteht ein enges, wellen= artiges Trefferbild, dessen Höhe nach der Entfernung verschieden ist (Bild 11).

Bild 11. **Senkrechtes Streubild bei Breitenfeuer mit festem Höhenwinkel.**

Die Tiefenausdehnung der nutzbaren f. M. G.=Garbe ist im allgemeinen **ge**= ring (z. B. auf 2000 m Entfernung 65 m).
Beim Messen der Entfernung mit Em. 14 und 34 ist auch bei berichtigtem Gerät und bei guten Messungen stets mit „Meßfehlern" zu rechnen (siehe S. 255), die oft größer sind als die Tiefenausdehnung der nutzbaren f. M. G.=Garbe. (Der praktische Meßfehler auf 2000 m Entfernung beträgt z. B. beim Em. 14 und 34 = 75,6 m). Um daher die f. M. G.=Garbe mit größerer Sicherheit in das Ziel zu bringen, wird die Tiefenstreuung planmäßig vergrößert und bewußt auf die er= reichbare Höchstleistung verzichtet. Dies geschieht durch die Anwendung von 100 m= und 200 m=Tiefenfeuer.
Bei Tiefenfeuer überlagern sich die den verschiedenen Erhöhungen des f. M. G. entsprechenden Trefferbilder so, daß die Treffer im nutzbaren Teil sich annähernd gleichmäßig verteilen.
Je größer das Tiefenfeuer ist, desto weniger Treffer entfallen auf einen **der** Tiefe nach begrenzten Streifen.

29. **Der Visierbereich** ist der Raum, in dem ein Ziel von bestimmter Größe bei g l e i ch b l e i b e n d e m Haltepunkt ohne Umstellung des Visiers getroffen werden kann.

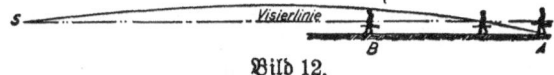

Bild 12.

In Bild 12 bewegt sich ein Ziel von A aus auf den Schützen S zu. In **A**, wo die Flugbahn die Füße des Ziels trifft, tritt es in den Visierbereich und bleibt in diesem bis B, wo die Flugbahn gerade noch den Kopf des Ziels streift.

30. Bei Abgabe von Feuerstößen durch l. M. G. oder bei zusammengefaßtem Feuer mehrerer Gewehre vergrößert sich der Visierbereich um die Längenstreuung (A—C in Bild 13).

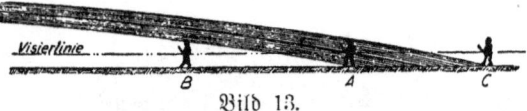

Bild 13.

31. Wenn ein Ziel beschossen wird, ist ein bestimmter Raum vor und hinter diesem Ziel gefährdet. Diesen gefährdeten Teil nennt man **bestrichenen Raum** (Bild 14). Große bestrichene Räume erschweren das Vorgehen von Unterstützungen und das Heranbringen von Munition.

Bild 14.

32. Den Raum hinter einer Deckung, der von dem Geschoß in seiner Flugbahn nicht erreicht werden kann, nennt man „gedeckten Raum"*) (Bild 15). Er

Bild 15.

hängt ab von der Höhe der Deckung, der Größe des Auftreffwinkels der tiefsten Flugbahn und von der Zielhöhe.

Abpraller.

33. Geschosse, die im Aufschlag abprallen, fliegen meist als Querschläger weiter. Abpraller von Kurzschüssen können die Wirkung im Ziel und den bestrichenen Raum vergrößern. Abpraller treten besonders auf, wenn die Geschosse bei kleinen Auftreffwinkeln auf hartem, steinigem oder mit fester Grasnarbe bewachsenem Boden oder auf Wasser aufschlagen. Bei großem Auftreffwinkel prallen sie seltener ab. Durch Anstreichen an Gräsern, Gestrüpp usw. können die Geschosse auch abweichen.

Schußleistungen und Durchschlagswirkung.

34. Die Gesamtschußweite des Gewehrs (M. G.) mit sS=Munition beträgt bei etwa 30° Erhöhung rund 4500 m.

Das sS=Geschoß durchschlägt:
a) auf 100 m 65 cm starkes trockenes Kiefernholz
 » 800 » 45 » » »
 » 400 » 85 » » »
 » 1000 » 20 » » »

b) bei senkrechtem Auftreffen:
 7 mm starke Eisenplatten bis etwa 550 m
 10 » » » » » 300 »
 3 » » Stahlplatten » 600 »
 und 5 » » » » 100 »

Auf 800 m bieten 3 mm starke Stahlplatten sicheren Schutz gegen sS=Munition. In Sand dringen sS=Geschosse bis 90 cm ein.
Ziegelmauern von der Stärke eines ganzen Steines (25 cm) können von einzelnen sS=Geschossen nur durchschlagen werden, wenn sie zufällig die Fugen treffen. Bei längerer Beschießung bieten auch stärkere Mauern, zumal wenn dieselbe Stelle häufig getroffen wird, keinen sicheren Schutz.
SmK=Munition durchschlägt 8,5 mm starke Stahlplatten bester Fertigung auf 400 m und 10 mm starke Stahlplatten gleicher Art noch auf 100 m

---

*) Nicht eingesehener Raum = Deckung gegen Sicht.

2. Schießausbildung mit Gewehr.

1. **Beim Zielen** richtet man das Gewehr nach der Höhe und Seite so ein, daß die Visierlinie auf den Haltepunkt zeigt. Der Visierkamm steht waagerecht, das gestrichene Korn in der Mitte der Kimme (Bild 1 a und 2 b).

Nach der **Wahl des Haltepunktes im Ziel** unterscheidet man: In=das=Ziel= Gehen (Bild 1 a), Ziel aufsetzen (Bild 1 b), Ziel verschwinden lassen (Bild 1 c).

Bild 1. **Haltepunkt.**

 a) 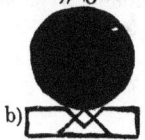 b)  c)

Die häufigsten **Zielfehler** sind:
a) **Voll= oder Feinkornnehmen.** Sie entstehen, wenn das Korn zu viel oder zu wenig in die Kimme gebracht wird (Bild 2 b und c) und veranlassen Hoch= (Weit=) oder Tief= (Kurz=) Schüsse.

Bild 2. **Zielen.**

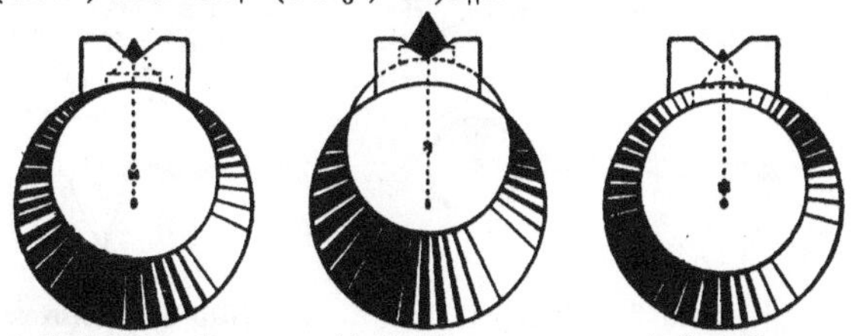

a) **Gestrichen Korn.** b) **Vollkorn.** c) **Feinkorn.**

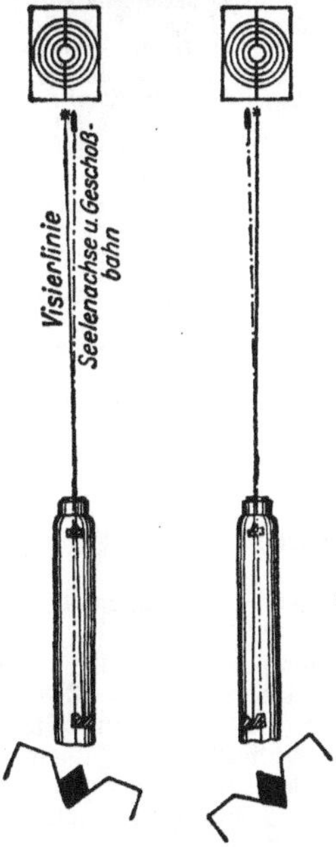

rechts Bild 3. links
verkantetes Gewehr.

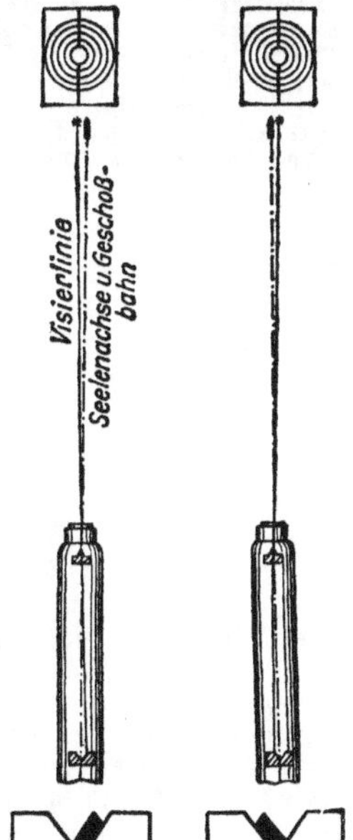

rechts Bild 4. links
geklemmtes Korn.

b) **Gewehr drehen.** Der Fehler entsteht, wenn der Visierkamm nicht waagerecht, sondern nach der einen oder anderen Seite geneigt, d. h. verkantet wird. Das Geschoß weicht nach der Seite ab, nach der das Gewehr verkantet wird, und schlägt etwas zu tief (kurz) ein (Bild 3).

c) **Korn klemmen.** Man klemmt das Korn, wenn man die Kornspitze nicht scharf in die Mitte der Kimme, sondern seitlich davon stellt. Links geklemmtes Korn ergibt Links-, rechts geklemmtes Korn Rechtsschuß (Bild 4).

d) **Belichtungsfehler** (Bild 5 und 6): Siehe S. 215, Ziff. 18.

Bild 5.   Bild 6.
Korn von oben hell beleuchtet.   Korn von rechts hell beleuchtet.

2. Zur Prüfung und Förderung im Zielen dient das **Dreieckzielen** (Bild 9). Es wird in allen Körperlagen geübt. Hierbei richtet der Lehrer das auf einem Sandsack liegende Gewehr auf einen beliebigen Punkt der Scheibe. Dieser Punkt wird festgelegt (Kontrollpunkt). Dann zielt der

Bild 7. **Ziellöffel.**   Bild 8. **Zieldreieck.**

Schütze, ohne das Gewehr zu berühren. Hierbei wird eine kleine durchlochte Blechscheibe (Bild 7), die von einem Manne gehalten wird, durch Zuruf oder Wink so lange auf der Scheibe hin und her bewegt, bis die Visierlinie nach Ansicht des Schützen den Mittelpunkt der Blechscheibe trifft.

Dieser Punkt wird auf der Scheibe mit einem Bleistift bezeichnet und das Verfahren noch zweimal wiederholt. Aus der größeren oder geringeren Abweichung der Punkte läßt sich dann die Fertigkeit im Zielen ersehen (Zieldreieck, Bild 8). Es ist zu beachten, daß beim Dreieckzielen sich Zielfehler e n t g e g e n g e s e t z t auswirken wie beim Zielen im Anschlag (siehe Bild 9).

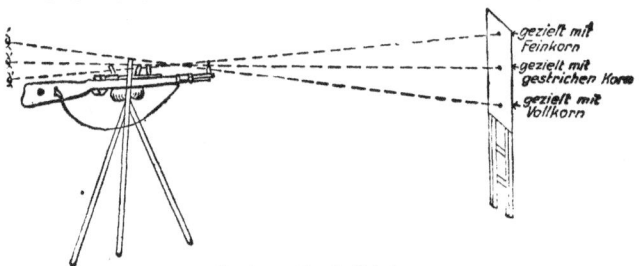

Bild 9. **Dreieckzielen.**

3. Mit dem Unterricht im Zielen wird das **Umfassen des Kolbenhalses** (Bild 10) zunächst am festliegenden Gewehr geübt.

Der Kolbenhals wird mit der rechten Hand so weit vorn umfaßt, daß der ausgestreckte Zeigefinger auf der inneren unteren Seite des Abzugsbügels liegt und später beim Abkrümmen mit der Wurzel des ersten Gliedes oder mit dem zweiten Gliede den Abzug berühren kann. Die übrigen Finger umfassen den Kolbenhals fest gleichmäßig und möglichst so, daß der Daumen dicht neben dem Mittelfinger liegt. Der Handteller paßt sich bis zur Handwurzel dem Kolbenhalse an.

4. Die Art des Zurückziehens des Abzuges bis zur Schußabgabe (Abkrümmen) hat großen Einfluß auf das Treffen. Das **Abkrümmen** wird zunächst an dem nach rechts gelegten Gewehr geübt.

Der Zeigefinger nimmt mit der **Wurzel** des ersten Gliedes oder mit dem zweiten Gliede Fühlung am Abzug und führt ihn durch Krümmen der beiden vorderen Glieder in e i n e m Zuge zurück, bis Widerstand verspürt wird, d. h. man nimmt „Druckpunkt" (Bild 11); dann wird sofort g l e i c h m ä ß i g weitergekrümmt.

Die rechte Hand muß bis zur Handwurzel fest am Kolbenhalse verbleiben und die Bewegung des Zeigefingers in seinem Wurzelgelenk ihren Abschluß finden, damit sie sich nicht auf Hand und Arm überträgt.

Bild 10. **Umfassen des Kolbenhalses.** Bild 11. **Druckpunkt.**

Nach dem Vorschnellen des Schlagbolzens wird der Zeigefinger noch **einen** Augenblick am völlig zurückgezogenen Abzuge behalten und dann langsam gestreckt.

5. **Die Scheiben** zum Schulschießen sind aus Pappe oder Leinwand, die Rahmen aus Holz. Mit ihrer Ringeinteilung muß sich der Schütze eingehend vertraut machen (Bild 12, 13 und 14).

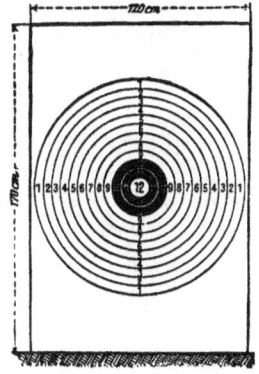 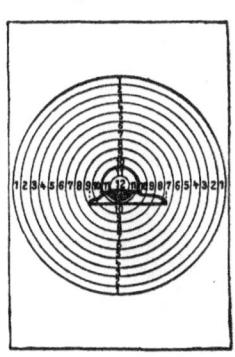 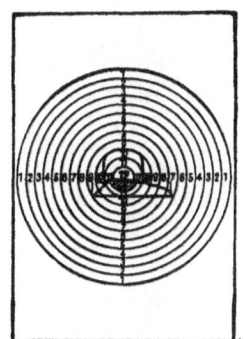

Bild 12. **Ringscheibe.**   Bild 13. **Kopfringscheibe.**   Bild 14. **Brustringscheibe.**

Anschlagarten.

6. Beim Anschlage bleibt der Blick auf das Ziel gerichtet; der Körper wird fest, aber frei und ungezwungen gehalten und das Gewehr kräftig in die Schulter gezogen. Beim Vorbringen des Gewehrs wird eingeatmet, **beim Einziehen wird:**

  das Gewehr gleich auf den Haltepunkt gerichtet,
  ausgeatmet (und der Atem bis zur Schußabgabe angehalten),
  das linke Auge geschlossen,
  gleichzeitig Druckpunkt genommen
  und s o f o r t unter Festhalten oder Berichtigen des Haltepunktes
    g l e i c h m ä ß i g abgekrümmt.

Selbst wenn die Visierlinie etwas schwankt, darf das gleichmäßige Abkrümmen nicht unterbrochen werden. Bei erheblicher Abweichung, wenn der Schütze erneut atmen muß oder wenn er glaubt, das gleichmäßige Abkrümmen bis zur Schußabgabe nicht durchführen zu können, setzt der Schütze ab. Das Absetzen darf nicht zur Gewohnheit werden. Es ist vielfach ein Zeichen von Ängstlichkeit oder mangelndem Entschluß.

Nach Abgabe des Schusses
öffnet der Schütze das geschlossene Auge, streckt langsam den Zeigefinger, hebt den Kopf und setzt ruhig ab.

Der Schütze überlegt einen Augenblick und meldet dann sein **Abkommen**, d. h. er gibt den Punkt an, auf den die Visierlinie im Augenblick der Schußabgabe gerichtet war.

Wenn der Schütze sonst richtig gezielt usw. hat, aber übereilt und ruckweise abzieht, so „reißt" er. Neigt er in Erwartung des Knalles und Rückstoßes den Kopf nach vorn, schließt er das zielende Auge und bringt er die rechte Schulter vor, dann „muckt" er. Beides sind schwere Fehler, da der Schütze keinen sicheren Schuß abgibt.

Bild 15. Anschlag sitzend am Anschußtisch.

7. **Anschlag sitzend am Anschußtisch** (Bild 15). Der Schütze stützt beide Ellenbogen auf, nimmt die rechte Schulter etwas zurück und umfaßt, bei leichter Anlehnung der linken Körperseite an den Tisch, mit der rechten Hand den Kolbenhals. Die linke Hand unterstützt das Gewehr vor dem Abzugsbügel oder umfaßt den Kolben von unten. Nun wird unter tiefem und ruhigem Ein- und Ausatmen der Kolben gehoben und durch die rechte Hand in die zwischen Kragen- und Muskelwulst der Achsel gebildete Höhlung fest eingezogen, nicht aber die Schulter gegen den Kolben vorgebracht oder gar gehoben. Gleichzeitig wird der Kopf zum Erfassen der Visierlinie leicht nach rechts vorwärts geneigt und diese auf das Ziel gerichtet. Fehlerhaft ist, den Kolben nahe am Halse auf das Schlüsselbein oder auf den Muskelwulst des Oberarms zu setzen. Lockern oder Nachgreifen der rechten Hand im Anschlag ist nicht gestattet.

8. Beim **Anschlag liegend aufgelegt** oder **freihändig** (Bild 16) liegt der Körper etwas schräg zum Ziele, in

Bild 16. Anschlag liegend freihändig.
(Das Lager steht etwas schräg zum Ziel.)

sich gerade ohne Biegung der Hüften, beide Beine, mit der Innenseite des Ober- und Unterschenkels am Boden, sind ein wenig auseinandergenommen und ausgestreckt. Die Beine dürfen nicht gekreuzt, die Absätze nicht hochgestellt werden. Der Körper ruht fest auf beiden Ellenbogen. Die rechte Hand umfaßt den Kolbenhals und drückt mit dem Daumen kräftig von oben. Die linke Hand, der Daumen längs des Schaftes ausgestreckt, die vier anderen Finger gekrümmt und lose angelegt, unterstützt das Gewehr mit der vollen Handfläche vor dem Abzugsbügel. Beide Arme richten das Gewehr, das die rechte Hand kräftig in die Schulter zieht, auf den Haltepunkt.

Beim Anschlag liegend aufgelegt ist es vorteilhaft, den Kolben mit der linken Hand von unten zu erfassen.

9. Zum **Anschlag kniend** (Bild 17) setzt der Schütze den linken Fuß unter gleichzeitiger Drehung auf dem rechten Fußballen etwa einen Schritt vor die rechte Fußspitze und läßt sich auf das rechte Knie mit dem Gesäß bis auf den Hacken herunter. Der rechte Fuß kann dabei ausgestreckt, angezogen oder flach auf den Boden gelegt werden. Es bleibt dem Schützen überlassen, wie er durch Vor- oder Zurücksetzen des linken Fußes das Gewicht des Oberkörpers verteilt.

Das Gewehr wird mit dem Kolben an die rechte Seite auf die rechte Patronentasche gebracht, Mündung in Augenhöhe. Die rechte Hand umfaßt den Kolbenhals, der rechte Arm liegt leicht an der äußeren Seite des Kolbens. Die linke Hand unterstützt das Gewehr mit der vollen Handfläche ungefähr im Schwerpunkt. Der linke Arm stützt sich auf das linke Knie, wobei er entweder mit dem Ellenbogen auf

Bild 17. **Anschlag kniend.**

das dicke Muskelfleisch des Oberschenkels dicht am Knie oder etwas oberhalb des Ellenbogengelenks auf das Knie gesetzt wird. Jetzt wird das Gewehr so weit vorgebracht, daß der Kolben beim Heben nicht unter dem Arme anstößt, und auf den Haltepunkt gerichtet, während die rechte Hand es gleichzeitig fest in die Schulter zieht, ohne den Ellenbogen über Schulterhöhe zu heben. Der Kopf, ein wenig nach vorn geneigt, liegt ganz leicht am Kolben, die Halsmuskeln sind nicht angespannt.

Die Höhenrichtung wird durch Anziehen oder Ausstrecken der rechten Fußspitze, durch Vor- oder Zurückziehen des linken Fußes oder des Ellenbogens auf dem linken Knie geändert. Fehlerhaft wäre es, zu diesem Zwecke die linke Fußspitze, die Ferse oder die linke Hand zu heben.

Gegen schnell sich seitwärts bewegende Ziele muß der Schütze **kniend freihändig**, d. h. ohne Aufstützen des linken Armes, anschlagen.

Bild 18. **Anschlag sitzend.**

10. Statt des Anschlags kniend kann im Gelände ein **Anschlag sitzend** (Bild 18) zweckmäßig sein.

Der Schütze ermüdet in diesem Anschlage weniger und bietet ein kleineres Ziel. Er stützt den linken Ellenbogen auf das linke Knie wie beim Anschlag kniend. Das rechte Bein kann mit seinem Knie dem rechten Arm als Stütze dienen, aber auch ausgestreckt werden oder dem linken Fuß einen Halt geben. Bäume usw. können zum Anlehnen des Rückens ausgenutzt werden.

11. Zum **Anschlag stehend freihändig** (Bild 19) wendet sich der Schütze unter Anheben des Gewehrs halbrechts, setzt den rechten Fuß in der neugewonnenen Linie etwa einen Schritt nach rechts und stellt das Gewehr, Abzugsbügel nach vorn, an die innere Seite des rechten Fußes.

Die Knie sind leicht durchgedrückt. Die Hüften und Schultern machen die gleiche Wendung wie die Füße.

Bild 19. **Anschlag stehend freihändig.**

Das Gewicht des Körpers ruht gleichmäßig auf Hacken und Ballen beider Füße.

Das Gewehr wird wie beim Anschlag kniend an die rechte Brustseite gebracht, dann mit beiden Händen auf den Haltepunkt gerichtet und mit der rechten Hand fest in die Schulter gezogen. Der rechte Ellenbogen wird etwa bis zur Schulterhöhe gehoben. Der linke Arm, Ellenbogen möglichst senkrecht unter dem Gewehr, dient als Stütze. Das Gewehr ruht in der vollen Handfläche.

Der Kopf, mäßig nach vorn geneigt, liegt ganz leicht am Kolben, die Halsmuskeln sind nicht angespannt.

12. Bei **gefechtsmäßigen Anschlagarten** (Bild 20 und 21) kommt es darauf an, daß sich der Schütze unter Ausnutzung der Deckung in erster Linie eine Gewehrauflage schafft. Beim Anschlag hinter einer Böschung oder in einem Schützenloch für stehende Schützen wird die Vorderseite des Körpers angelehnt. Nach Möglichkeit werden beide Ellenbogen aufgestützt. Der Anschlag auf Bäumen hängt von der Beschaffenheit des Baumes ab; die Ausführung wird dem Schützen überlassen.

Bild 20.   **Gefechtsmäßiger Anschlag.**   Bild 21.

13. Der „**Schnellschuß**", d. h. der rasch angebrachte Schuß, muß in allen Anschlagarten schulmäßig vom Soldaten erlernt sein.

Erfolgreiche Schnellschüsse werden erzielt durch schnelle und sichere Anschlagbewegungen mit sofortigem Druckpunktnehmen während des Einziehens, dem unverzüglich ein ruhiges, aber entschlossenes Abkrümmen folgt. Der Schütze „sticht" beim Vorbringen des Gewehrs, während das Auge fest auf den Haltepunkt gerichtet ist, mit der Mündung das Ziel an und zieht den Kolben kurz ein, so daß sich das Korn in der Linie Auge—Haltepunkt schnell vor- und zurückbewegt. Gewohnheitsmäßiges, richtiges Einsetzen des Kolbens ist hierbei besonders wichtig, es darf kein Verändern der Kolbenlage oder der Kopfhaltung mehr notwendig werden. Es kann nicht genügend betont werden, daß die Schnelligkeit nur durch Beschleunigung aller Bewegungen bis zum Druckpunktnehmen einschließlich erreicht werden darf, während das Durchkrümmen und Zielen zwar unverzüglich, aber ruhig zu erfolgen hat.

3. Schießausbildung mit M. G. 34 (l. M. G.).

1. Das **Feuer des l. M. G.** besteht aus schnell aufeinanderfolgenden **Feuerstößen** von 3 bis 8 Schuß. Die Pausen zwischen den Feuerstößen dürfen nur so lang sein, als zum erneuten Anvisieren des Ziels unbedingt erforderlich ist.

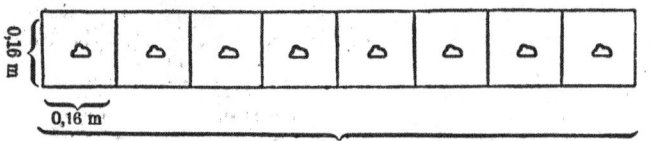 

Bild 1. **Grundscheibe** (schematisch).   Größe der Figuren.

Das l. M. G. gibt stets **Punktfeuer** ab. Breite Ziele werden bekämpft, indem der Schütze Punktfeuer an Punktfeuer reiht. **Einzelfeuer** wird nur in Ausnahmefällen angewandt.

2. Für das **Zielen mit l. M. G.** gelten die gleichen Grundsätze wie für das Zielen mit Gewehr (siehe S. 219 f.).

3. Die **Scheiben** werden für die jeweilige Übung und Schießklasse hergerichtet. Es gelten Quadrat oder Figurenfeld als getroffen, wenn ihr Rand berührt ist.

4. **Abziehen.** Beim Einsetzen des Kolbens in die Schulter richtet der Schütze die Visierlinie auf den Haltepunkt und nimmt Druckpunkt. Unter Festhalten der Visierlinie ist mit dem Zeige- und Mittelfinger mit stetig zunehmendem Druck abzuziehen. Beim Abgeben von Feuerstößen ist der am Abzug liegende Finger der rechten Hand in den Feuerpausen nur so lang zu machen, als es zur Unterbrechung des Feuers erforderlich ist.

5. **Anschlag liegend.** Die Trefflleistung (Zusammenhaltung der Garbe im Ziel) hängt beim M. G. 34 von der Lage des Körpers zur Seelenachse (Schußrichtung) ab. Der Körper muß so zur Schußrichtung liegen, daß die nach rückwärts verlängerte Seelenachse durch die Mitte des Körpers geht (Bild 2). Durch Auseinanderspreizen der Beine wird eine feste Lage des Körpers erreicht.

Zweibein, Schulter und Ellenbogen stützen gleichmäßig das M. G. Es ist mit dem Gewicht des Körpers — nicht mit der Schulter allein — leicht nach vorn gegen das Zweibein zu drücken. Der Kolben wird mit der **linken** Hand in die Schulter eingezogen und während des Schießens festgehalten.

Zwischen Schulter und Zweibein ist eine feste, aber zwanglose Verbindung herzustellen (Bild 3). Jede krampfhafte Anspannung ist

Bild 2.   **Anschlag liegend.**   Bild 3.

zu vermeiden. Läßt sich das verkantete M. G. im Anschlag schwer drehen, so genügt ein leichtes Zurückziehen, um das Drehen des M. G. im Zweibein zu erleichtern.

6. **Anschlag stehend, kniend, sitzend,** Anschlag ohne Gabelstütze und Anschlag auf Bäumen.

Hinter einer Böschung, in Gräben, Granattrichtern usw. wird der Schütze auch stehend, kniend oder sitzend anschlagen. Beim stehenden Anschlag nimmt der Schütze durch engere oder weitere Fußstellung die entsprechende Anschlagshöhe ein.

Die Ausführung des Anschlages auf Bäumen hängt von der Beschaffenheit des Baumes ab und ist dem Schützen überlassen.

7. **Anschlag mit Dreibein.** Ist beim Erdbeschuß das Schießen auf Gabelstütze infolge der Bodenform oder Bodenbedeckung nicht möglich, so kann zu einem höheren Anschlag das Dreibein verwendet werden.

Beim Anschlag kniend läßt sich der Schütze auf ein oder beide Knie herunter.

Bild 4. **Anschlag kniend mit Dreibein.**

Das Dreibein muß beim Anschlag kniend oder stehend (z. B. bei hohem Getreide) während des Schießens von einem liegenden Schützen festgehalten werden (Bild 4).

8. **Anschlag in der Bewegung.** Schütze 1 legt das M. G. in die rechte Hüfte und faßt mit der linken Hand am Zweibein zu wie Bild 5 oder 6 oder aber mit dem Asbestlappen am Mantel. Die linke Hand gibt dem M. G. die Richtung beim Schießen. Der Schütze schießt im Gehen. Er kann auch stehenbleiben oder hinknien und Feuerstöße abgeben.

Bild 5.   Anschlag in der Bewegung.   Bild 6.

4. Schießausbildung mit Pistole.

1. **Die Handhabung der Pistole** siehe S. 150 f.
2. **Anschlag.** Da der Schütze beim kriegsmäßigen Gebrauch der Pistole schnell zum Schuß kommen muß, wird er meist im Stehen anschlagen. Bei schulmäßiger Ausführung dieses Anschlages stellt er sich — die Pistole in der rechten Hand — wie zum Anschlag stehend freihändig mit Gewehr hin, jedoch **mit einer Wendung halblinks** (siehe Bild). Der linke Arm kann beliebig gehalten werden; der rechte Arm ist, natürlich ausgestreckt, vorwärts abwärts gerichtet.

Die Pistole wird geladen und entsichert. Während die Augen den Haltepunkt suchen, hebt die rechte Hand mit leicht gekrümmtem oder zwanglos gestrecktem Arm die Pistole bis in Augenhöhe und richtet sie gleichzeitig auf das Ziel. Der Zeigefinger geht an den Abzug, das linke Auge wird geschlossen und die Visierlinie auf den Haltepunkt gerichtet. Langes Zielen ist zu vermeiden.

Besondere Kampfverhältnisse können den Gebrauch der Pistole auch in **anderen Körperlagen** notwendig machen.

Im Anschlag liegend kann es zweckmäßig sein, daß die linke Hand den rechten Unterarm dicht hinter dem Handgelenk umfaßt oder die rechte Hand von unten stützt.

3. **Abkrümmen.** Der Abzug wird durch gleichmäßiges, entschlossenes **Krümmen** des Zeigefingers zurückgezogen, bis der Schuß fällt. Reißen verschlechtert wegen der Kürze der Waffe und der Art des Anschlages das Ergebnis noch mehr als beim Schießen mit Gewehr.

Wenn nicht sofort weitergeschossen wird, gibt der Zeigefinger nach dem Schuß den Abzug langsam frei und legt sich oberhalb des Abzugsbügels. Die Pistole wird im Anschlag gesichert.

Anschlag stehend freihändig.

4. **Haltepunkt.** Der Haltepunkt ist im allgemeinen „Mitte des Ziels".
5. **Das Deuten.** Wenn der Schütze das überlegte Zielen und das Abkrümmen beherrscht, wird er im Deuten ausgebildet. Der Mann „deutet" auf den Haltepunkt und krümmt ohne genaues Zielen rasch ab. Dabei ist es ihm gestattet, mit dem längs des Gleitstückes ausgestreckten Zeigefinger auf das Ziel zu deuten und mit dem Mittelfinger abzukrümmen.

5. Flugzielbeschuß.

1. Abwehrwaffen. Unter 1000 m werden die l. und f. M. G., unter 500 m auch Gewehre zur Flugabwehr eingesetzt. Die leichten und schweren M. G. sind hierbei gleichwertige Waffen.

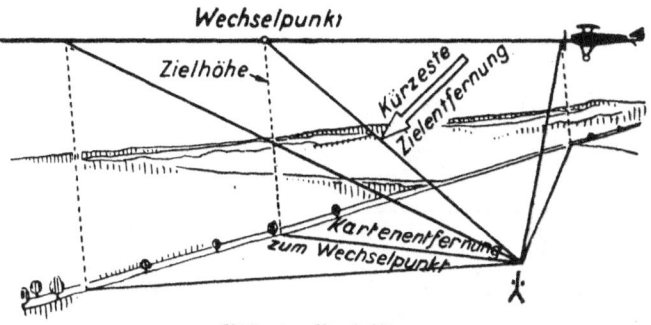

Bild 1. **Vorbeiflug.**

2. Flugrichtungen der Flugziele. Vom Schützen aus gesehen unterscheidet man den Vorbeiflug, den An= und Abflug und den Sturzflug.

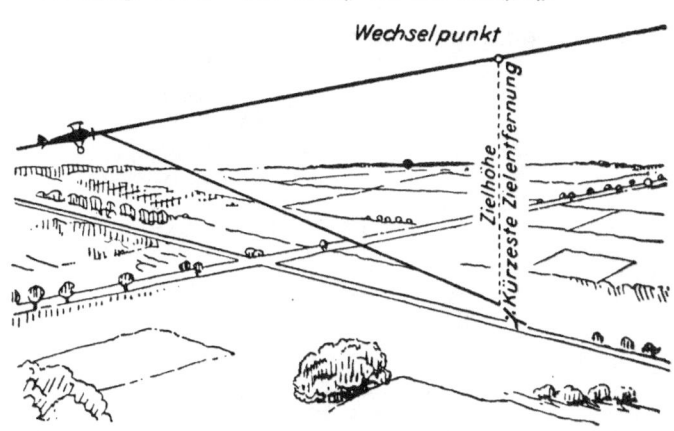

Bild 2. **An= und Abflug.**

3. **Vorbeiflug** (Bild 1) wird jeder Flug genannt, der nicht unmittelbar über den Schützen hinwegführt.

4. **An= und Abflug** (Bild 2) ist jeder Flug, der — gleich aus welcher Richtung er erfolgt — **über** den Schützen hinwegführt.

5. **Sturzflug** ist ein Flug, bei dem das Flugziel aus größeren Höhen auf ein Ziel herunterstößt.

6. **Wechselpunkt** ist der Punkt, an dem das Flugziel beim Vorbei- oder An- und Abflug die kürzeste Entfernung zum Schützen erreicht hat.

Bis zum Wechselpunkt heißt das sich nähernde Flugziel „kommendes Ziel", nach dem Wechselpunkt das sich entfernende Flugziel „gehendes Ziel".

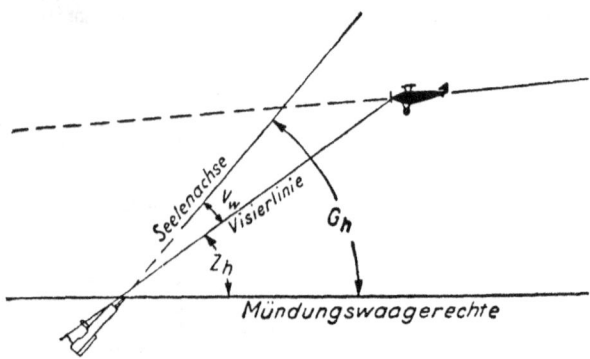

Zh = Zielhöhenwinkel   Vw = Visierwinkel   Gh = Gesamterhöhung

Bild 3. **Visierwinkel.**

7. **Toter Trichter** nennt man den Raum, in welchem ein Flugziel von Maschinenwaffen infolge der Lagerung auf dem Schießgestell nicht unter Feuer genommen werden kann (Bild 6).

8. Die **Zielhöhe** ist die Höhe des Zieles über der Mündungswaagerechten (Bild 1).

9. Die **Kartenentfernung zum Wechselpunkt** ist die Entfernung von der Waffe zum Wechselpunkt in der Horizontalebene (Bild 1).

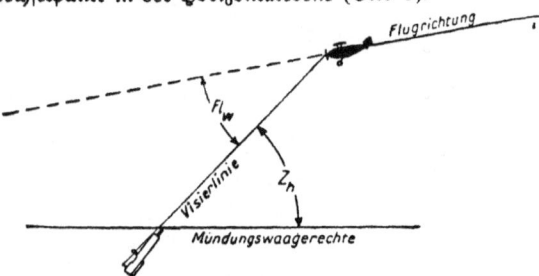

Flw = Flugwinkel   Zh = Zielhöhenwinkel

Bild 4. **Flugwinkel.**

10. Der **Zielhöhenwinkel** (Bild 3) ist der Winkel, den die Visierlinie (Ziellinie) mit der Mündungswaagerechten bildet.

11. Der **Visierwinkel** (Bild 3) ist der Winkel, den die Visierlinie über Kimme—Fadenkreuzmitte mit der Seelenachse bildet.

12. Die **Gesamterhöhung** (Bild 3) ist der Winkel, den die Seelenachse der eingerichteten Waffe vor Abgabe des Schusses mit der Waagerechten bildet (Zielhöhenwinkel + Visierwinkel).

13. Unter **Flugwinkel** (Bild 4) versteht man den Winkel, den die Visierlinie mit dem Flugweg des Flugzieles bildet.

14. Unter **Winkelgeschwindigkeit** versteht man die Geschwindigkeit, mit der das Flugziel in 1 Sekunde am Schützen vorbeifliegt. Sie wird nicht nach der durchflogenen Strecke in Metern, sondern nach dem vom Schützen aus gesehenen Winkel (Bild 5) in Graden bezeichnet.

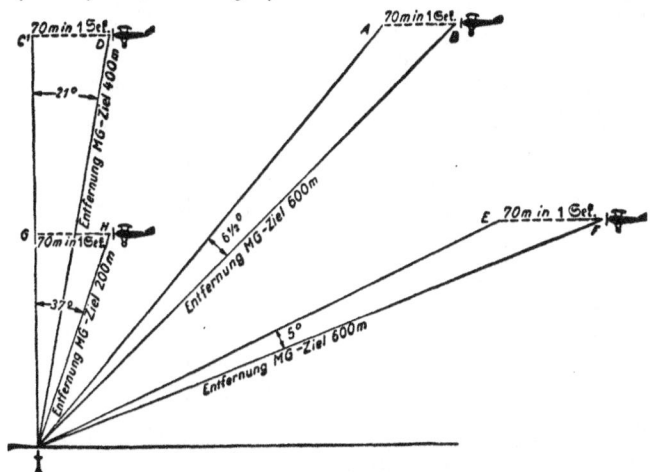

Bild 5. **Winkelgeschwindigkeit.**

15. **Wirkungsbereich der M. G.** Flugziele, die sich mit einer Geschwindigkeit bis zu 100 m in der Sekunde (360 km/Std.) bewegen, durchqueren beim Schießen den zu ihrer Bekämpfung vor dem Flugziel liegenden M. G.-Feuerkegel in

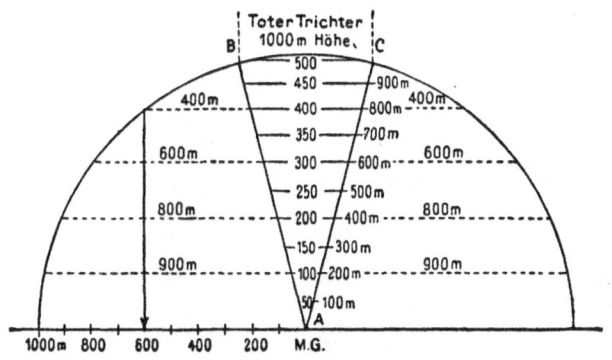

Bild 6. **Wirkungsbereich und toter Trichter.**

Bruchteilen von Sekunden. Während dieser Zeit kreuzen beim Einsatz eines M. G. nur wenige Geschosse den Weg des Flugziels. Unter Umständen kann das Flugziel zwischen zwei sich folgenden Geschossen hindurchkommen, ohne getroffen zu werden. Die Möglichkeit des Durchfliegens zwischen zwei sich folgenden Geschossen kann nur durch zusammengefaßtes Feuer mehrerer M. G. oder durch M. G. mit großer Schußgeschwindigkeit vermindert werden.

16. Den Einfluß, den der beim Schießen (vom Schießgestell) über dem M. G. entstehende tote Trichter auf den Wirkungsbereich ausübt, zeigt das Bild 6.

17. Ein in 800 m Höhe mit 70 m/Sek. unmittelbar über den Schützen hinwegfliegendes Flugziel durchquert den Wirkungsbereich des M. G. in etwa 12 Sekunden — 6 Sekunden im Anflug und 6 Sekunden im Abflug —. Die Zeit für das Durchfliegen durch den toten Trichter ist dabei nicht eingerechnet.

18. Wenn das Flugziel den toten Trichter in seinem ganzen Durchmesser durchfliegt, ergeben sich für den An- und Abflug in den verschiedenen Flughöhen folgende Flugstrecken und Beschußzeiten für die Bekämpfung mit M. G.:

Höhe des Flugzieles	Flugstrecke für die Bekämpfung mit M. G.	Beschußzeit bei einer Fluggeschwindigkeit von 250 km/Std. (70 m/Sek.)	Schußzahl für ein M. G. bei einer ununterbrochenen Geschoßfolge von 400 bis 500 Schuß in der Minute
m	m	Sekunden	
800	800	11½	77 — 96
600	1200	17⅓	116 — 144
400	1600	23	153 — 192
200	1800	26	173 — 217

19. **Wirkungsbereich der Gewehre.** Die kurze Zeit, die dem Schützen beim Schießen gegen Flugziele mit Gewehr zum Laden, Anschlagen, Zielen und Abkrümmen zur Verfügung steht, erschwert die Abgabe eines ruhigen, gutgezielten Schusses. Über 500 m Entfernung entspricht die Wirkung nicht mehr dem Munitionseinsatz. Ein toter Trichter entsteht hier nicht.

20. Die **Entfernung zum Flugziel** wird mit Hilfe des Entfernungsmessers*) ermittelt. Er ist hierfür stets auf 1200 m zu stellen. Deckt sich das Meßbild im Entfernungsmesser, so ist das Flugziel im Wirkungsbereich. Ist der Entfernungsmesser nicht zur Stelle, so muß die Entfernung geschätzt werden. Dazu gelten ohne Glas folgende Anhaltspunkte. Es sind zu erkennen:

Die Hoheitsabzeichen . . ab 1200 m,   Verstrebungen . . . . ab 600 m,
Räder und Fahrgestell . ab 800 m,   Köpfe der Insassen . . . . ab 300 m.

21. **Zielen auf Flugziele mit M. G.** Um beim Flugzielbeschuß mit M. G. ein für alle Fälle richtiges Vorhaltemaß zu haben, wird die Fliegervisiereinrichtung (Kimme—Kreiskorn) verwendet. Das Kreiskorn gibt das Vorhaltemaß an (Bild 7). Es trägt Zielgeschwindigkeiten von 150 bis 300 km/Std., Entfernungen von 0 bis 1000 m und allen An- und Abflugrichtungen Rechnung.

Der Schütze zielt das Flugziel an seiner Spitze (Propeller) an:
a) an einem Punkt des mittleren Kreises, wenn er das Flugziel stark verkürzt sieht (bei dem Anzielen an einem Punkt des äußeren Kreises würde die Vorhaltestrecke am Flugziel zu groß werden),
b) an einem Punkt des äußeren Kreises, wenn er das Flugziel in ganzer Länge oder nur wenig verkürzt sieht.

Der Punkt an dem entsprechenden Kreis des Kreiskorns ist beim Anzielen so zu wählen, daß der verlängerte Flugweg durch die Mitte des Kreiskorns (Fadenkreuzmitte) geht (Bild 8).

Beim Sturzflug wird immer über die Fadenkreuzmitte angerichtet (Bild 9).

22. **Zielen auf Flugziele mit Gewehr.** Da sich das Flugziel in Bewegung befindet, das Geschoß ferner eine bestimmte Zeit braucht, um es zu erreichen, haben sich folgende V o r h a l t e m a ß e herausgebildet:

---

*) Über das Messen mit Em. siehe S. 255 f.

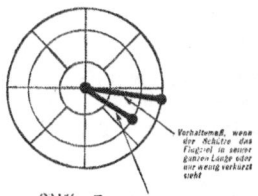 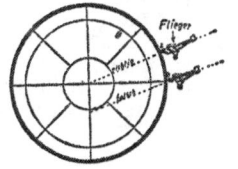 

Bild 7. Bild 8. Bild 9.

Bei einer Entfernung von:

100 m vom Schützen = 12 m, | 300 m vom Schützen = 38 m,
200 m ″ ″ = 24 m, | 400 m ″ ″ = 52 m.

Diese Maße in der Luft abzuschätzen, ist aber sehr schwierig, weshalb man sich merken kann, etwa 1 bis 5 Flugziellängen vor das Ziel zu halten.

Das Zielen beim Vorbeiflug geschieht in der Weise, daß man das Flugziel anzielt (Mitte des Ziels) und dann durch kurzen Ruck die Mündung des Gewehrs 2 bis 5 Flugziellängen vor das Ziel richtet.

In der Regel sind mit dem Gewehr nur Flugziele zu bekämpfen, die sich auf den Schützen zu bewegen. Die Bekämpfung der Flugziele im Vorbeiflug ist Sache der Maschinengewehre.

Beim An- und Abflug ist „Ziel aufsitzend" zu halten. Ein Visier ist nicht zu stellen; es wird mit Visier 100 geschossen.

23. **Anschlagarten** (Bild 10 und 11). Bei allen Anschlagarten ist beim Schützen besonders auf ruhigen, aber raschen Übergang von einer Körperstellung zur anderen (Wechsel der Erhöhung) und auf schnelles Erfassen des Ziels und erneutes Anzielen zu achten.

Anschlagarten zum Flugzielbeschuß.

Der Anschlag richtet sich nach der Flugrichtung und der Erhöhung, die dem M. G. beim Zielen gegeben werden muß. Fliegt das Flugziel unmittelbar auf die

Bild 10. **Anschlag auf Dreibein 34.** Bild 11. **Anschlag von der Schulter eines Schützen.**

Feuerstellung zu oder von rechts heran, so wird der Kolben (Schulterstütze) in die rechte Schulter eingesetzt; bei einem Anflug von links kann der Kolben (Schulterstütze) in die linke Schulter eingesetzt werden.

24. **Einsatz der M. G.** Zur Bekämpfung von Flugzielen werden die Maschinengewehre im Dreieck mit Zwischenräumen mit 50 bis 60 m und etwa 200 bis 600 m vom zu schützenden Objekt entfernt aufgestellt. Das Feuer wird im allgemeinen erst dann eröffnet, wenn das Leit-M. G. das Feuer eröffnet. Das Feuer ist auf **ein** Flugziel zu vereinigen (Bild 12). Um die Flugbahn der Geschosse besser kenntlich zu machen, wird zum Flugzielbeschuß Munition mit eingegurteten Leuchtspurpatronen (Verhältnis 3 : 1) verwendet.

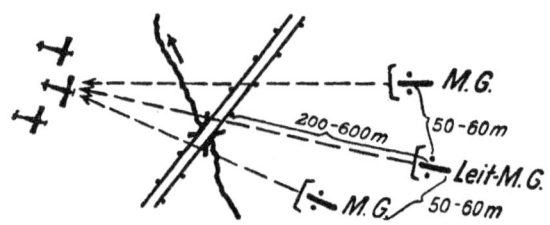

Bild 12. **Einsatz von 3 M. G.**

25. Nach der **Verwendung** unterscheidet man folgende **Flugzeugarten:**

Aufklärungsflieger für operative, taktische und Gefechts-Luftaufklärung; Artilleriefliegerdienst (Zielerkundung; Schußbeobachtung). Augen- und Bilderkundung. — Aufklärungsflieger können ausnahmsweise erkannte Ziele bekämpfen (Bombenabwurf).

Jagdflieger: Kampf gegen Feind in der Luft, ausnahmsweise Angriff gegen Erdziele (nur am Tage!) in stärkeren Verbänden im Tiefangriff. Einsatz am Tage in der Regel in geschlossenen Verbänden (Staffeln, Gruppen); Nachtjagd einzeln.

Kampfflieger: Angriffe gegen Erdziele mit Bomben (Brandbomben, Minenbomben, Splitterbomben). Abwurfsarten: Einzel-, Reihen-, Verbands- und Schüttabwürfe (Abwurf größerer Zahl Brandbomben ohne Zielen). Angriffsarten: Hochangriff (4000 bis 6000 m Abwurfhöhe), Tiefangriff meist gegen lebende Ziele (Ansammlungen), Sturzbomberangriff gegen Ziele mit geringer Ausdehnung (Brücken, Straßen und Bahnüber- bzw. -unterführungen). Verbandsformen für Bombenabwurf: Keile, Kolonnen; am Tage geschlossen im Staffel-, Gruppen- oder Geschwaderverband, seltener im Einzelflug; nachts nur Einzelflug mit geringem Zeitabstand.

26. **Flugeinheiten** sind (Bild 13): Kette = 3 Flugzeuge, Staffel = 9 Flugzeuge, Gruppe = 27 Flugzeuge.

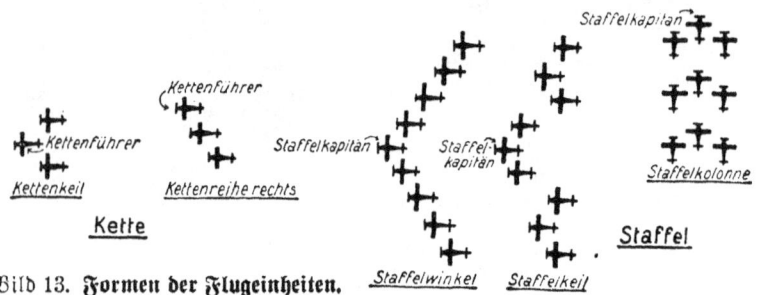

Bild 13. **Formen der Flugeinheiten.**

27. Flugzeugarten:
1. Unterscheidung nach dem Tragdeck (Ansicht von vorn).
a) Normalkonstruktionen.

Eindecker (freitragend) — Doppeldecker (verspannt) — Hochdecker (nach dem Rumpf verstrebt)

b) Sonderkonstruktionen.

Eindecker mit Knickflügel — Doppeldecker (verstrebt) — Anderthalbdecker

2. Unterscheidung nach dem Tragdeck (Ansicht von unten).

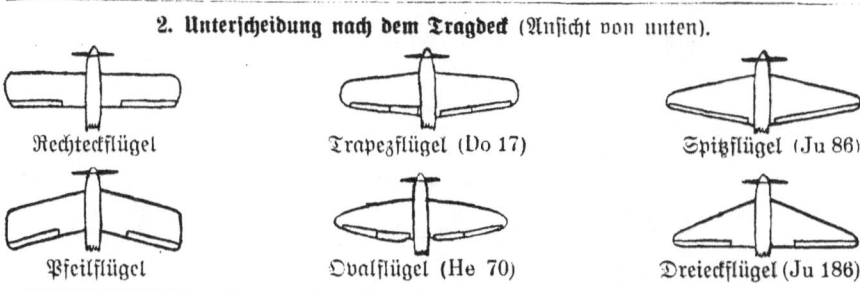

Rechteckflügel — Trapezflügel (Do 17) — Spitzflügel (Ju 86)

Pfeilflügel — Ovalflügel (He 70) — Dreieckflügel (Ju 186)

3. Unterscheidung nach Motorenbauart.
a) Normalkonstruktionen.

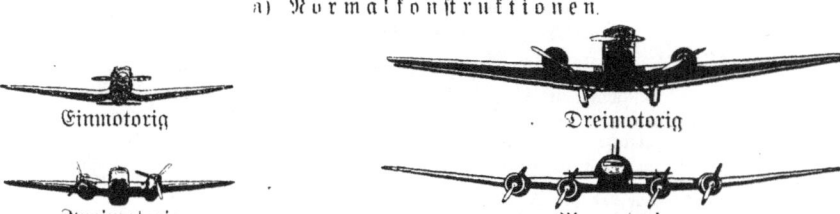

Einmotorig — Dreimotorig

Zweimotorig — Viermotorig

b) Sonderkonstruktionen.

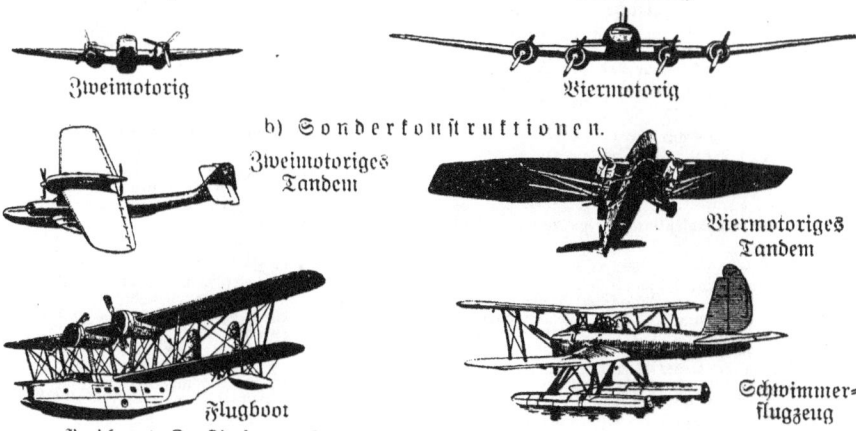

Zweimotoriges Tandem — Viermotoriges Tandem

Flugboot — Schwimmerflugzeug

6. Schulschießen mit Gewehr und M.G.

Der Grundsatz, daß der Soldat zu jedem Dienst vorbereitet erscheinen soll, gilt besonders für das Schießen. Es ist eine alte Lebensweisheit, daß Bescheidwissen in einer Angelegenheit dem Menschen Ruhe und Sicherheit verleiht. Gerade diese Voraussetzungen sind für ein gutes Schießen von größtem Wert.

Am Tage vor dem Schießen prüft der Soldat sein Gewehr, ob es zum Schießen in Ordnung ist (z. B. prüft er Druckpunkt, Ladeeinrichtung, Kornstellung). Findet er Übelstände, so ist es jetzt noch Zeit, sie zur Meldung zu bringen. Die Übung, die er zu schießen hat, prägt er sich ein und überlegt sich, ob er durch Erlernen des Anschlags und im Zielen genügend für sie vorbereitet ist. Mit allem Ernst denkt er an Fehler, die sich beim letzten Schießen gezeigt haben, und sorgt dafür, daß sie nunmehr nicht erneut auftreten. Seinen Anzug bringt er tadellos in Ordnung (Sitz des Schießanzugs!).

Da ein ausgeruhter Körper eine ausgezeichnete Grundlage für gutes Schießen ist, begibt sich der ordentliche Soldat abends frühzeitig zur Ruhe, raucht nicht übermäßig und trinkt keinen Alkohol. Morgens ißt er sich völlig satt, da ein leerer Magen die Erhaltung der körperlichen Ruhe sehr beeinträchtigen kann. Das kleine Schießbuch nimmt er mit, die Exerzierpatronen läßt er zu Hause. Auf dem Wege zum Schießstand achtet er auf das Wetter und die Beleuchtung und überlegt sich, inwieweit die herrschende Witterung auf das Schießen von Einfluß sein kann.

Schießbetrieb beim Schießen mit Gewehr.

Jeder Schütze schießt grundsätzlich mit seinem Gewehr. Eine Übung ist nur erfüllt, wenn das geforderte Ergebnis entweder mit der vorgeschriebenen Schußzahl oder beim Nachgeben von Patronen mit den letzten Schüssen in der vorgeschriebenen Schußzahl an einem Tage erreicht wird. Nur in Ausnahmefällen darf der Schütze an einem Tage zwei Schulschießübungen schießen. Eine nicht erfüllte Schulschießübung darf er am gleichen Tage nicht wiederholen.

Auf dem Stande müssen alle Gewehre, die nicht in der Hand der zum Schießen angetretenen Soldaten sind, geöffnete Kammern haben und dürfen keine Patronen enthalten.

Geladene Gewehre sind, auch wenn sie gesichert sind, nicht aus der Hand zu setzen. Soll dies geschehen, sind sie vorher zu entladen und zu öffnen.

Geladene Gewehre werden, nachdem sie gesichert sind, stets mit den Worten **„ist geladen und gesichert"** übergeben.

Aus Sicherheitsgründen ist es verboten, auf den Ständen während des Schießens Anschlag- und Zielübungen abzuhalten.

Auf jedem Stande sind zum Schießen erforderlich:
ein Offizier oder Portepeeunteroffizier als Leitender,
ein Unteroffizier zur Aufsicht beim Schützen,
ein Patronenausgeber,
ein Schreiber zum Eintragen der Trefferergebnisse in die Schießkladde und Schießbücher.
Bei längerem Schießen werden diese Personen abgelöst.

Der Leitende ist für den gesamten Schießbetrieb verantwortlich. Vor Beginn des Schießens prüft er den Stand, die Deckung, die Scheiben und Geräte und läßt sich die Patronen vorzählen. Über den Befund, die Zahl der Patronen und die Verwarnung der Anzeiger und des Schreibers läßt er in die Schießkladde einen Vermerk aufnehmen, den er unterschreibt*).

---
*) Anzeiger und Schreiber werden über die Strafbestimmungen des § 139 M. St. G. B. belehrt, wonach vorsätzlich falsches Anzeigen oder Aufschreiben der Trefferergebnisse unter hohe Strafen gestellt sind. Der § 139 lautet: „Wer vorsätzlich ein unrichtiges Dienstzeugnis ausstellt oder eine dienstliche Meldung unrichtig abstattet oder weiterbefördert und dadurch vorsätzlich oder fahrlässig einen erheblichen Nachteil, eine Gefahr für Menschenleben in bedeutendem Umfange oder für fremdes Eigentum oder eine Gefahr für die Sicherheit des Reichs oder für die Schlagfertigkeit oder Ausbildung der Truppe herbeiführt, wird mit Gefängnis von sechs Monaten bis zu drei Jahren bestraft. Zugleich ist gegen Unteroffiziere und Mannschaften auf Dienstentlassung zu erkennen. In minder schweren Fällen tritt geschärfter Arrest oder Gefängnis oder Festungshaft bis zu sechs Monaten ein."

Der **Unteroffizier zur Aufsicht beim Schützen** überwacht die Tätigkeit des Schützen, achtet auf die Zeichen des Anzeigers und bedient die Zeichentafel (Flagge) oder den Fernsprecher auf Befehl des Leitenden.

Der **Patronenausgeber** übernimmt vor dem Schießen die Patronen und gibt sie nach Bedarf aus. Nicht verschossene Patronen und Versager werden an ihn zurückgegeben.

Der **Schreiber** erhält in der Nähe des Leitenden seinen Platz, von dem er die Zeichen des Anzeigers sehen kann. Er achtet genau auf sie und trägt nach Meldung des Schützen das Abkommen oder den angesagten Sitz des Schusses in einer besonderen Zeile und darunter den angezeigten Sitz des Schusses in die Schießkladde mit Tinte oder Tintenstift ein. In den Schießbüchern der Schützen bemerkt er nur den angezeigten Schuß.

Vor dem Eintragen wiederholt der Schreiber die Angaben des Schützen.

Die Schüsse werden mit folgender Bezeichnung eingetragen:

1—12 (bzw. 1—24): Treffer innerhalb der Ringe,

+: Treffer außerhalb der Ringe (bei Ring- und Figurringscheiben),

F: Treffer in der Figur (bei Figurscheiben oder in den Figurquadraten beim Einzelfeuer mit dem l. M. G.),

0: Fehler oder Querschläger, der die Scheibe getroffen hat,

⊕: nicht gefeuert (bei Übungen mit Zeitbegrenzung).

Der genaue Sitz des Schusses ist durch einen Punkt zu bezeichnen, z. B.:

+ . . · 9, 10, 11.

Alle an einem Schießtage zur Erfüllung einer Übung abgegebenen Schüsse werden auf eine Linie gesetzt. Die Schüsse, mit denen die Übung erfüllt wurde, werden unterstrichen.

Die Schüsse innerhalb der Ringe 1—9 werden durch arabische Zahlen, die anderen durch die folgenden Zeichen angezeigt.

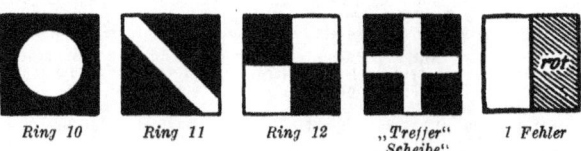

Ring 10   Ring 11   Ring 12   „Treffer" „Scheibe"   1 Fehler

Dienst an der Scheibe. Zum Dienst an der Scheibe sind ein Unteroffizier oder geeigneter Mann als Aufsichtführender und 3 Gehilfen erforderlich. Sie werden nach etwa 2 Stunden abgelöst.

Der **Aufsichtführende** ist verantwortlich für sorgfältige Beachtung der Sicherheitsbestimmungen, für richtiges Aufstellen der Scheiben (lotrecht und rechtwinklig zur Schießbahn) und der Spiegelvorrichtung, für gewissenhaftes Feststellen und Anzeigen der Trefferergebnisse und für das Zukleben der Schußlöcher.

Er beobachtet die Schießbahn durch den Spiegel, bedient den Fernsprecher, bezeichnet die Schußlöcher mit einem Bleistiftstrich und zeigt den Sitz des Schusses mit einer Stange an, wenn kein Schußzeiger vorhanden ist.

Von den **Gehilfen** sitzt der eine bei gedeckter Anzeigerdeckung hinter dem großen Rade und bewegt die Scheibenwagen, bei versenkter Deckung bedient er das Scheibengestell. Der zweite schiebt nach Weisung des Aufsichtführenden die Anzeigertafeln vor und zurück und bedient den Schlußzeiger. Der dritte verklebt die Schußlöcher und tritt, sobald die Scheibe wieder sichtbar gemacht wird, an die Rückwand der Deckung.

Vor **Beginn des Schießens** verschließt der Leitende die Deckung. Beim Wechsel der Anzeiger meldet ihm der abgelöste Aufsichtführende, bei Unterbrechungen des Schießens der zur Deckung entsandte Soldat, daß er die Deckung wieder verschlossen hat.

Sobald von der schießenden Abteilung der Befehl oder das Zeichen zum Beginn des Schießens gegeben, darauf die Scheibe sichtbar gemacht und von der Anzeigerdeckung die „1" als Verstandenzeichen gegeben worden ist, darf geschossen werden. Scheibenwechsel während des Schießens darf nur in der Deckung vorgenommen werden.

Wenn nichts anderes befohlen ist, wird die Scheibe nach jedem Schuß in die Deckung gezogen, das Schußloch gesucht und, nachdem das vorhergehende verklebt worden ist, mit einem Bleistiftstrich bezeichnet. Werden zwei Scheiben abwechselnd beschossen, bleibt auf beiden das letzte Schußloch offen, das Kleben beginnt also erst nach dem dritten Schuß. Nachdem Trefferergebnis und Sitz des Schusses angezeigt sind, wird die Scheibe wieder sichtbar gemacht. Anzeigetafel und Schußzeiger werden nach kurzer Zeit wieder eingezogen.

Hat das Geschoß die zwischen zwei Ringen befindliche Linie berührt, so wird der höhere Ring angezeigt. Ebenso gilt die Scheibe als getroffen, wenn der Scheibenrand gestreift ist.

Muß in besonderen Fällen das Schießen u n t e r b r o c h e n werden, ist dies durch Fernsprecher zu melden oder die Tafel „Scheibe" wiederholt herauszuschieben.

Keinesfalls dürfen vor Erscheinen des Leitenden oder eines von ihm entsandten Soldaten Körperteile der Anzeiger über die der Schießbahn zugekehrte Wand der Deckung herausgestreckt werden.

Schießende Abteilung. Vor dem Abmarsch zum Schießstand ist von dem Führer der Abteilung, kurz vor und unmittelbar nach jedem Schießen vom Patronenausgeber, festzustellen, ob Kasten und Lauf rein und frei von Fremdkörpern und Munition sind. Die Patronentaschen sind nachzuziehen. Dem Leitenden ist hierüber zu melden.

Beim Schulschießen sind die Läufe auf dem Schießstand durch einmaliges Hindurchziehen eines trockenen Dochtes zu entölen, bevor die Gewehre nachgesehen werden.

Auf dem Stand stellt sich die Abteilung, die schießen soll, in der Regel nicht mehr als fünf Mann, mit geöffneten Gewehren und langgemachtem Gewehrriemen einige Schritte hinter dem Plan des Schützen mit der Front zur Scheibe auf. Die Schießbücher sind dem Schreiber zu übergeben. Der Patronenausgeber sieht die Gewehre nach, gibt die Patronen aus und meldet dem Leitenden mit etwa folgenden Worten: „**Fünf Mann zum Schießen angetreten. Gewehre und Patronentaschen nachgesehen: In Ordnung! Patronen ausgegeben!**"

Der einzelne Schütze tritt mit dem Gewehr ab vor, nimmt die für die Übung vorgeschriebene Stellung oder Lage ein, lädt ohne Kommando einen vollen Ladestreifen, stellt das Visier und schlägt an (bei Schnellschußübungen erst auf Befehl).

Setzt der Schütze vor dem Schusse ab, so hält er das Gewehr schußbereit, wenn er nicht wegtreten will. Sonst sichert er und nimmt das Gewehr ab. Ebenso ist zu sichern, wenn der Schütze wegtritt, um später weiterzuschießen.

Nach dem Schuß setzt der Schütze ab, meldet das Abkommen oder den Sitz des Schusses — z. B. „**11 (tiefrechts) abgekommen**", „**Sitz des Schusses 10 (links)**" — und ladet. (In der 11. Schießklasse ist bei Gruppe A von der 5. Übung ab, bei Gruppe B von der 3. Übung ab der Sitz des Schusses anzugeben.) Beim Anschlag stehend ist zu sichern.

Ist angezeigt, so meldet der Schütze unter Angabe seines Namens das Trefferergebnis (z. B. „**Schütze Müller, erster Schuß, 11 tief!**").

Hat der Schütze abgeschossen, dann entfernt er die Hülse oder entladet nötigenfalls mit der Front nach der Scheibe. Die Kammer bleibt offen. Nachdem er sein Schießbuch zurückerhalten hat, meldet er dem Leitenden, daß er abgeschossen hat, wieviel Ringe er getroffen und ob er die Übung erfüllt hat (z. B. „**Schütze Müller abgeschossen. Übung mit 51 Ringen erfüllt!**").

Versagt eine Patrone, setzt der Schütze ab, wartet und öffnet das Gewehr erst nach etwa einer Minute, damit er nicht beschädigt wird, wenn das Zündhütchen nachbrennen sollte, d. h. wenn der Zündsatz und das Pulver der Patrone erst einige Zeit nach dem Aufschlag der Schlagbolzenspitze entzündet wird. Dann wird dem Zündhütchen durch Drehen der Patrone eine andere Lage gegeben und noch mal abgedrückt. Versagt die Patrone wieder, so ist sie zurückzugeben.

Haben die fünf Leute der schießenden Abteilung abgeschossen, so werden vom Patronenausgeber wiederum die Gewehre und die Patronentaschen nachgesehen, dann vom Leitenden wird die Abteilung abgemeldet (z. B. „**Fünf Mann abgeschossen, Gewehre und Patronentaschen nachgesehen: In Ordnung!**") Darauf tritt die Abteilung zurück und reinigt die Gewehre.

Schießbetrieb beim Schießen mit M. G.

Die Treffpunktlage wird an jedem Schießtage und für jedes l. M. G. nach Weisung des Leitenden durch einige Probeschüsse festgestellt. Der Haltepunkt wird auf einen Trefferstreifen aufgenommen und dem Schützen vor dem Schießen gezeigt.

Bei Hemmungen stellt der Leitende die Ursache fest und erklärt das Erkennen und die gesetzmäßige Beseitigung der Hemmung. Er entscheidet, ob die Hemmung dem Schützen zur Last fällt oder nicht. Sie belasten den Schützen, wenn sie auf schlechtes Fertigmachen des Gewehres oder der Munition oder fehlerhafte Handhabung des M. G. durch den Schützen zurückzuführen sind.

Fehlerhafte Munition (Versager, loses Geschoß, Hülsenreißer) und Brüche eines M. G.-Teiles belasten den Schützen nicht.

Übungen mit den Schützen nicht belastenden Hemmungen sind ungültig und werden erneut geschossen. Übungen mit den Schützen belastenden Hemmungen sind abzubrechen und gelten nicht als erfüllt. Alle Hemmungen sind in der Schießkladde und dem Schießbuch des Schützen kenntlich zu machen.

Außer dem beim Schießen mit Gewehr erforderlichen Personal tritt bei den Übungen, bei denen eine Feuerleitung vorgeschrieben ist, der Führer des M. G. (Gruppen- oder Gewehrführer) ein. Dieser ruft dem Schützen zu, wie er sich verbessern soll, z. B. „tiefer" usw.

Auf dem Stand stellen sich die zum Schießen bestimmten Schützen — in der Regel nicht mehr als 5 — einige Schritte hinter dem M. G. mit der Front zur Scheibe auf. Bevor der Schütze schießt, prüft er sorgfältig das M. G., den Patronenstahlgurt (Patronentrommel), richtet das M. G. zum Schießen her und nimmt die für die betreffende Übung vorgeschriebene Anschlagart ein.

Wird die Scheibe gewechselt oder angezeigt, entladet der Schütze, sichert, dreht das Gehäuse des M. G. nach links, meldet „Lauf frei" und tritt zurück.

Zehnter Abschnitt.

Ausbildung im Feld- und Gefechtsdienst.

1. Leitsätze für den Infanteristen.

Nicht nur zahlenmäßig stellt die Infanterie die Masse des Heeres dar, sondern sie ist auch das moralische Rückgrat der Armee. In der Ausbildung und in der Willenskraft des deutschen Infanteristen lag von jeher in der Hauptsache das Geheimnis der deutschen Siege. Hieran hat auch der moderne Kampf nichts geändert; im Gegenteil, er hat durch das Hinzutreten neuzeitlicher Waffen und die Einführung lockerer Gefechtsformen den Wert der Infanterie eher noch erhöht. An diese gewaltige Bedeutung und höchste Wertschätzung muß der Soldat denken, wenn der zwar entbehrungsreiche, aber s c h ö n e Dienst des Infanteristen von ihm Härte gegen sich selbst und persönliche Opfer fordert.

Die Ausbildung des Infanteristen für den K a m p f ist das wichtigste Ausbildungsgebiet. Die A. V. J. 2 a, Ziff. 128, sagt: „**Die Gefechtsausbildung und die Ausbildung im Felddienst sind die wichtigsten Ausbildungszweige. Das Ziel ist geschicktes Verhalten auf dem Gefechtsfeld sowie zweckvolle und sichere Verwendung der Waffen im Kampf. Gute waffen- und schießtechnische Ausbildung sind Vorbedingung.**" Die Gefechtsausbildung im besonderen ist in der A. V. J. 1, Ziff. 29, noch wie folgt umschrieben: „**Die Gefechtsausbildung soll den Soldaten zum Kämpfer heranbilden, der befähigt ist, auch ohne Befehl im Sinne des Ganzen zu handeln. Aufgabe des Gefechtsdrills ist es, dem Soldaten die richtigen Bewegungsformen auf dem Gefechtsfeld und die selbständige, zweckvolle Verwendung seiner Waffen im Kampf unauslöschlich einzuprägen.**"

In diesen Ziffern sind dem Soldaten die Ziele angegeben, die er im Feld- und Gefechtsdienst zu erreichen hat. Neben der ihm zuteil werdenden sorgfältigen Ausbildung liegt es aber in der Hauptsache an ihm selbst, sich zum selbständig denkenden und handelnden Kämpfer, der jede Lage ü b e r l e g t und k ü h n a u s n u t z t, zu erziehen. Die Gewöhnung an körperliche Anstrengungen, das rücksichtslose Einsetzen der eigenen Person, ein festes Selbstvertrauen und ein kühner Wagemut müssen ihn befähigen, auch die schwersten Lagen zu meistern. Diese großen Ziele werden aber nur erreicht, wenn ihre Voraussetzungen beherrscht und befolgt werden. Deshalb wird von dem Soldaten im einzelnen verlangt:

Bedürfnislosigkeit in jeder Beziehung,
Peinlichste Befolgung aller Befehle (oft sinngemäß!),
Größte Aufmerksamkeit auf den Führer im Gefecht,
Ständige Beobachtung des Gefechtsfeldes. Bewegungen und Veränderungen beim Feind müssen sofort erkannt werden.
Gewährleistung von Marschrichtung (Anschluß), Zusammenhang mit den Nebenleuten, Verbindung nach dem Führer, nach vor- und gegebenenfalls auch nach rückwärts.

Ruhe und Lautlosigkeit bei Dunkelheit und Nebel; jedes Sprechen, Klappern mit Ausrüstungsstücken, Rauchen, Zeigen von Licht usw. können die Truppe verraten und ihr verhängnisvoll werden.

Hat sich der Führer die Feuereröffnung vorbehalten, so darf keinesfalls geschossen werden.

Aller Rücksicht auf Deckung geht jedoch die eigene Feuerwirkung vor. Hat der Schütze nach der Feuereröffnung aus einer Deckung kein Schußfeld, so muß er auf sie verzichten; dagegen hat er sie voll auszunutzen, wenn nicht geschossen werden soll. Sind Deckungen nicht vorhanden, so sind solche mit Hilfe des Schanzzeuges zu schaffen.

Mit der Munition ist sparsam umzugehen. Niemals weiß man, wie lange das Gefecht dauert, wann Ersatz eintrifft oder welche Aufgaben noch bevorstehen. Verwundeten und Gefallenen ist die Munition abzunehmen. Verwundete, die nicht mehr schießen können, geben ihre Munition an Kameraden ab.

Die eiserne Portion darf nur in äußersten Notfällen oder auf Befehl eines Vorgesetzten angegriffen und verbraucht werden.

Verwundete, die gehen können, begeben sich auf den Truppenverbandplatz, Schwerverwundete werden von den nachfolgenden Krankenträgern oder dem Sanitätspersonal weggeschafft und versorgt. Sich in läppischer Weise mit Verwundeten zu beschäftigen oder sie ohne ausdrücklichen Befehl zurückzuschaffen und dadurch die Kampfhandlung zu unterbrechen, ist strengstens verboten. So sehr das kameradschaftliche Gefühl diese Absicht auch nahelegen mag, ebensowenig darf ihm aber der Soldat nachgeben. Im anderen Falle wäre die Kampfkraft der Truppe bald erschöpft und die Durchführung des Gefechts unmöglich.

Über das Verhalten Versprengter, die Pflege des Anzuges, Pflege der Waffen usw. siehe S. 48 f.

Herankommenden Vorgesetzten, vorbeigehenden Spähtrupps usw. sind Wahrnehmungen über den Feind u n a u f g e f o r d e r t mitzuteilen. Vorbeikommenden Spähtrupps usw. sind nach Wahrnehmungen über den Feind zu fragen.

Der Soldat muß jederzeit wissen:
1. Feindlage, soweit sie ihm bekannt sein kann.
2. Auftrag seiner Gruppe (u. U. auch des Zuges und der Kp.).
3. Wo sich sein nächster Führer befindet.
4. Wer rechts, links, vor und hinter ihm ist.

Über diese Dinge hat er sich — auch während der sich ändernden Verhältnisse im Gefecht — Gewißheit zu verschaffen (Beobachtung!). Auf Befragen muß er jederzeit darüber Auskunft geben können.

Vorgesetzten, Meldern usw, die z. B. die getarnte Truppe suchen, ist sich im Gefecht in geeigneter Weise zu zeigen. Wenn sie sich aber z. B. bei einer Gefechtsübung unmittelbar vor dem Schützen vorbeibewegen, ist nicht zu schießen.

2. Geländekunde und Kartenlesen.

Der Soldat muß lernen, das **Gelände**, d. h. die Formen der Erdoberfläche und ihre Bedeckung mit militärisch geschultem Blick zu betrachten und zu erkennen. Dabei ist es wichtig, neben der richtigen Bezeichnung der Bodenformen

Bild 1. **Bodenformen.**

(Bild 1) und der Bodenbedeckungen (Bild 2), das Wesentliche in einem Geländeabschnitt herauszufinden (z. B. Höhe mit Steinbruch, Hecke mit Durchlaß, Haus mit rotem Dach) und mit kurzen, knappen Worten beschreiben zu können.

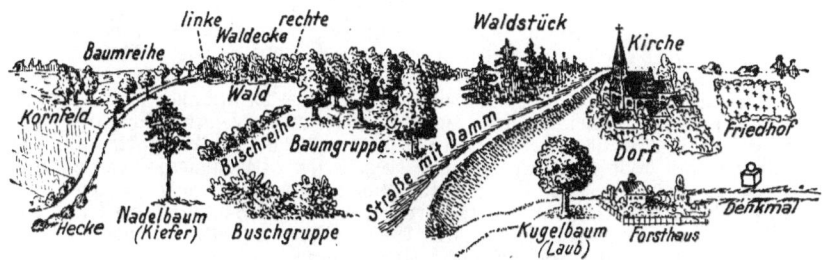

Bild 2. **Bodenbedeckungen** (Grundriß).

Die Karte

ist die bildliche Darstellung eines Teiles der Erdoberfläche in der Ebene des Geländes in dem der Karte zugrunde liegenden **Maßstab**. Je größer der Maßstab, desto mehr Einzelheiten kann die Karte enthalten, desto deutlicher und naturgetreuer ist die Darstellung der Erdoberfläche. Der Maßstab einer Karte ist das **Verhältnis** vom Gelände zur Karte. So z. B. besagt der Maßstab

1 : 25 000 (sprich: 1 zu 25 000), daß die Natur 25 000mal größer ist als die Karte sie zeigt. Es sind bei den Karten:

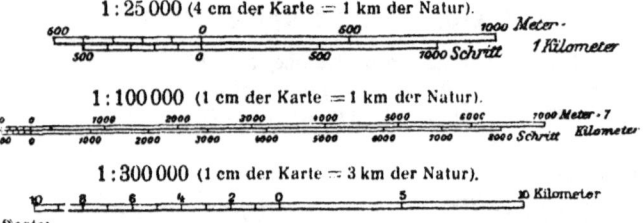

Die Karte:

1 : 25 000 ist zum Ermitteln von Schießgrundlagen die geeignetste Karte, also **Schießkarte**;
1 : 100 000 ist bei der Truppe als Einheitsblatt vorhanden und ist ein zusammengestelltes Kartenbild mit genügend genauer Grundlage. Sie ist **Marsch- und Gefechtskarte** (gegebenenfalls auch Schießkarte gegen Ziele von größerer Flächenausdehnung);
1 : 300 000 ist nur ein Kartenbild und dient der höheren Führung, also **Führungskarte**.

Man mißt die Entfernungen auf der Karte mit Hilfe eines Kilometermessers oder Lineals. Als Hilfsmittel können auch bekannte Größen einer Fingerbreite, Gliedlänge eines Fingers oder Spannweite von Daumen und kleinem Finger dienen (der gute, denkende Soldat kennt solche Maße!).

Für Übermittlung von Meß- und Aufklärungsergebnissen sind die amtlichen Karten mit **Gitternetz** versehen. Die Maschenweite beträgt

bei der Karte 1 : 25 000   1 km (4 cm),
      "   "   1 : 100 000   5 km (5 cm),
      "   "   1 : 300 000 10 km (3,33 cm).

Auf jeder Karte mit Gitternetz befindet sich ein Kärtchen mit Linien gleicher **Nadelabweichung** für den Bereich der Karte und ein aufgedruckter **Planzeiger** mit Gebrauchsanweisung im Maßstabe der Karte.

Der **Inhalt einer Karte** setzt sich zusammen aus dem Grundriß, den Bodenformen und der Beschriftung.

Der Kartengrundriß

ist das auf der Kartenebene wiedergegebene Bild der auf der Erde vorhandenen Gegenstände (Häuser, Eisenbahnen, Straßen, Wege, Flüsse, Wald, Wiesengrenzen usw.). Im allgemeinen sind alle Grundrißgegenstände im richtigen Maßstabsverhältnis auf der Karte dargestellt. Für einige Gegenstände aber würde die maßstabgerechte Wiedergabe dem Auge kaum erkennbar bleiben. So würden z. B. Wege von 5 m Breite in der Karte 1 : 25 000 nur 0,2 mm, in der Karte 1 : 100 000 nur 0,05 mm breit erscheinen. Es sind deshalb für Eisenbahnen, Straßen, Wege, Brücken, Einfriedigungen und einzelne andere Gegenstände von besonderer Bedeutung bestimmte Zeichen vorgeschrieben (siehe S. 243 ff.), die abweichend vom Maßstab der Karte diese Dinge ihrer Wichtigkeit entsprechend besonders deutlich hervortreten und ihre Beschaffenheit erkennen lassen.

Gewässer (Seen, Teiche usw.) sind maßstabgerecht wiedergegeben. Die Darstellung der Wasserläufe erfolgt, soweit irgend angängig, in natürlicher, maßstäblich verjüngter Breite. Hierbei sind Gräben und Wasserläufe, die für das Überqueren infolge ihrer Breite ein besonderes Hindernis bilden, in doppelter Liniendarstellung gezeichnet, auch wenn auf Grund der Maßstabsverhältnisse noch keine Notwendigkeit vorliegt. Die Laufrichtung ist durch einen Flußpfeil gegeben.

Die ständige Bodenbewachsung ist durch besondere Zeichen kenntlich gemacht (siehe S. 245 ff.).

Wohnplätze (Städte, Dörfer, Siedlungen und einzelne Gehöfte) sind, soweit es in den Maßstäben 1 : 25 000 und 1 : 50 000 möglich ist, maßstabgerecht

— 241 —

und lagerichtig wiedergegeben. Im Maßstab 1 : 100 000 und darunter ist durch Zusammenfassung kleinster Teile in größere Einheiten das Gesamtbild dargestellt.

Die Bodenformen

bestehen aus der natürlichen, außerordentlich verschiedenartigen Gestalt der Erdoberfläche (Gelände im engeren Sinn). Dementsprechend ist das Gelände als eben, flachwellig, hügelig, bergig oder felsig zu betrachten, mit weiten Tiefebenen oder engen, flach oder tief eingeschnittenen Tälern, denen Bodenwellen, Berge, Hochebenen, Gebirge und das Hochgebirge gegenüberstehen.

Die topographische Darstellung der Bodenformen erfolgt bei der Karte:

    1 : 25 000 durch S ch i ch t l i n i e n ,
    1 : 100 000 durch S ch r a f f e n (Bergstriche)

und nimmt folgende Formen an: Rücken, Kuppe, Kegel, Nase, Grat, Mulde, Schlucht, Kessel, Sattel, Gleitufer, Prallufer (siehe S. 239, Bild 1, und S. 242, Bild 4).

Bei der Darstellung der Bodenformen auf der **Karte 1 : 25 000** denkt man sich die Erdoberfläche durch waagerechte Schichtflächen in gleichem, senkrechtem

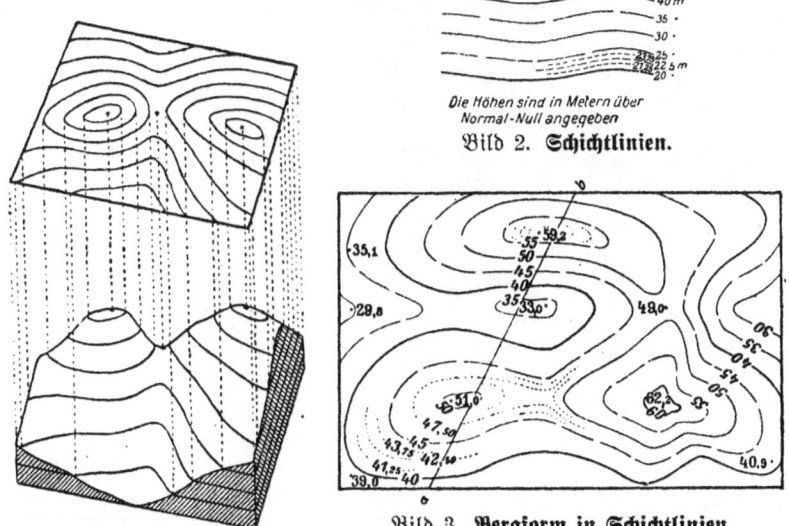

Bild 1. **Perspektivisches Bild.**

Bild 2. **Schichtlinien.**

Bild 3. **Bergform in Schichtlinien** (1 : 25 000).

Abstand, in Schichthöhe, durchschnitten (siehe Bild 1, 2 und 3). Die Schnittlinien dieser Schichtflächen geben auf eine waagerechte Fläche übertragen die Bodenformen wieder und heißen Schichtlinien. Jede Schichtlinie verbindet Punkte gleicher Höhe. Es sind gezeichnet die

  20, 40, 60 usw. m-Schichtlinien als dicke durchzogene Linien,
  10, 30, 50 usw. m-Schichtlinien als dünne durchzogene Linien,
  5, 15, 25 usw. m-Schichtlinien als unterbrochen durchzogene Linien,
  2½ und 1¼ m-Schichtlinien als gerissene durchzogene Linien (s. Bild 4 und 5).

Häufig sind auf der Karte Höhenzahlen eingetragen. Durch sie und mit Hilfe der Schichtlinien kann man jede beliebige Höhe sicher bestimmen. Da Kessel und Kuppe die gleichen Schichtlinien haben, ist der Kessel durch einen Pfeilstrich gekennzeichnet.

Der Darstellung der Bodenformen auf der **Karte 1 : 100 000** liegt die Tatsache zugrunde, daß waagerechte Flächen, wenn parallele Lichtstrahlen senkrecht von oben auf sie fallen, ganz hell erscheinen. Ist eine Fläche schräg, so fallen weniger Lichtstrahlen auf sie, und sie erscheint dunkel. Je nach der Steigung erscheint sie dunkler oder heller. Dieses Verhältnis von hell und dunkel (Licht und Schatten) wird durch das Verhältnis der Stärke der Schraffen (Bergstriche) und der Breite der sie trennenden Zwischenräume auf der Karte zum Ausdruck gebracht. Die Schraffen laufen stets in Richtung des steilsten Falls, d. h. in der Richtung, die Wasser zum Abfluß wählt, wenn es auf die Oberfläche geschüttet wird. Je steiler der Hang ist, desto dunkler und dichter sind die Schraffen (Bergstriche). Auf diese Weise ergibt sich ein plastisches Bild der dargestellten Bodenformen (siehe Bild 4, 5 und 6).

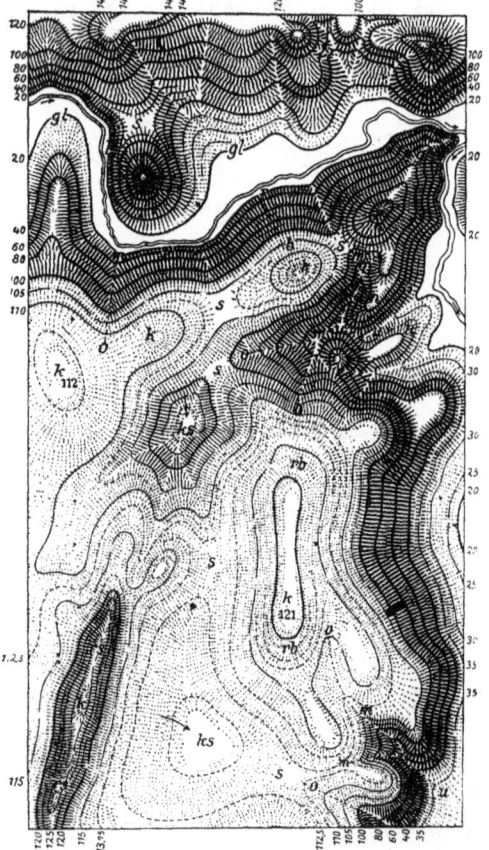

rb = Rücken, breit, stumpf; rs = Rücken, schmal, scharf;
k = Kuppe; kg = Kegel; n = Nase; g = Grat;
om = Mulde; mu = Schlucht; ks = Kessel; s = Sattel;
gl = Gleitufer; p = Prallufer

Bild 4. **Darstellung der Bodenformen in Schichtlinien und Bergstrichen.**

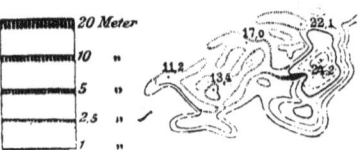

Bild 5. **Darstellung der Steilränder und Dünen.**

Bild 6. **Darstellung von Bodenformen in:**

a) B e r g s t r i c h e n (1 : 100 000),

Die Böschungen werden in Bergstrichen von 1° 5° nach Müffling schem, über 5° nach Lehmann schem System dargestellt, im Hochgebirge kommen außerdem Schichtlinien in Stufen von 100 m zur Anwendung.
In der Buntausgabe geben die Schichtlinien Stufen von 50 m an.

b) S c h r a f f e n (1 : 300 000),

c) S c h u m m e r u n g (1 : 300 000).

Die Kartenzeichen.

	1 : 25 000	1 : 100 000	1 : 300 000
Grenzen:			
Reichs= oder Landesgrenze . .			
Provinz= oder Regierungs= bezirksgrenze			
Kreisgrenze			
Gemeindegrenze			
Eisenbahnen:			
Mehrgleisige Haupt= und voll= spurige Nebenbahn (Bild 1)			Bhf. Tunnel Hp.
Eingleisige Haupt= und voll= spurige Nebenbahn (Bild 2)			
Vollspurige nebenbahnähnliche Kleinbahn			Klbhf.
Schmalspurige Nebenbahn . .			
Schmalspurige nebenbahnähn= liche Kleinbahn			
Straßen= und Wirtschaftsbahn			
Seil= und Schwebebahn . . .			
Straßen:			
Reichsautobahn			
	54	12	56
I A etwa 5,5 m Mindestnutz= breite mit gutem Unterbau, für Lastkraftwagen zu jeder Jahreszeit unbedingt brauch= bar (Bild 3)		Größere Steigungen	
I B weniger fest, etwa 4 m Mindestnutzbreite, für Last= kraftwagen nur bedingt brauchbar			
Wege:			
II A Unterhaltener Fahrweg, für Personenkraftwagen zu jeder Zeit brauchbar, abge= sehen von außergewöhnlichen Witterungsverhältnissen . .			
II B Unterhaltener Fahrweg .			
III Feld= und Waldwege A/B (Bild 4)			
IV Fußweg			

Bild 1.
Mehrgleisige Hauptbahn.

Bild 2.
Vollspurige Nebenbahn mit Bahnunterführung.

Bild 3. Straße I A mit Straßenunterführung.

Bild 4. Feldweg III A, zugleich Hohlweg.

	1:25 000	1:100 000	1:300 000
Damm (Bild 5)			
Drahtzaun			
Fels			
Hecke			
Knick (kleiner Wall mit Hecke)			
Mauer			
Trockener Graben			
Wall (Feldeinfriedigung)			
Zaun			
Alte Schanze			
Bergwerk im Betrieb und verlassen			
Bruchfeld (durch Bergbau unterhöhlt)			
Denkmal			
Einzelgrab, Feldkreuz	3 Denkm.		
Erratischer Block	□ Err. Block		
Oberförsterei (Forstamt)	O.F.	O.F.	O.F.
Försterei, Waldwärter, Forstwart	F.W.W.	F.W.W.	
Friedhof für Christen			
Friedhof für Nichtchristen			
Funkstelle	F.St.	F.St.	
Funkturm (über 60 m hoch)		F.T.	
Gradierwerk, Saline (Bild 6)			
Grenzgraben, Grenzwall, Grenzzeichen	● 12		
Grube, Steinbruch			
Heiligenbild, Kapelle (Bild 7)	Kp	Kp.J	
Hervorragender Baum			
Höhenpunkt	113,6	·358	366
Höhle		Hhl.	
Hünenstein, Hünengrab		Hüngr	
Kalkofen		K.O.	Fabrik
Kilometerstein	● 120		
Kirche	K.		
Landwehr, Ringwall			
Luftfahrtfeuer, freistehend und auf Haus	Luftf	Luftf	
Meilenstein (Bild 8)	Mlst.		
Naturschutzgebiet	N.S.G.	N.S.G.	
Nivellem. Punkt	● 9.13	●	
Pegel	P.		
Ruine	● 5 R.	R.	r
Schlacht-, Gefechtsfeld	× 20.8.1914	× 1813	x
Schornstein (weit sichtbar)	(S.)	(S.)	
Steinriegel, Steinhaufen			
Teerofen		T.O.	
Terrasse, Steilrand und Schutthalde	(50)		
Trigonom. Punkt	△ 76,4		
Turm, Warte	T.W.	T.W.	
Turm auf Haus (weithin sichtb.)	(T.)		weit sichtbar

Bild 5. Damm.

Bild 6. Gradierwerk, Saline.

Bild 7. Kapelle.

Bild 8. Meilenstein.

	1 : 25 000	1 : 100 000	1 : 300 000
Umformer			
Waſſermühle	⚙ U.		
Waſſerturm	✦	●	●
Wegweiſer	◊ W.T.		
Windmotor (Bild 9) . . .	⚘		
Bock- und Holländ. Windmühle (weit ſichtbar)	⚘ (M.) ⚘	⚘ (M.)	⚘

Bild 9. Windmotor.

Beſondere Zeichen im Maßſtab 1 : 300 000.

⌃ *Einzelhöfe* ⚘ *Gut, Schloß* ▬ *Vorwerk, Meierei* ⌐ *Wirtshaus, Krug*
✱ *Kloſter* ✠ *Flughafen* ▬ *Fabrik, Hochofen, Ziegelei u. dergl.*

Die Bodenbewachſung.

	1 : 25 000	1 : 100 000	1 : 300 000
Laubwald			
Nadelwald			
Miſchwald (Bild 10) . . .			
Buſchwerk und Weidenanpflanzung (Bild 11) . . .			
Heide und Ödland			
Hutung			
Sand oder Kies (Bild 12) . .			
Wieſe (naſſe Wieſe)			
Bruch mit Torfſtich			
Naſſer Boden			
Weingarten			
Hopfenanpflanzung			
Baumſchule			
Park			

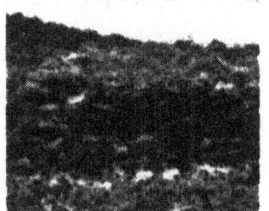

Bild 10. Miſchwald.

Bild 11. Buſchwerk.

Bild 12. Kiesboden.

Wohnplätze.

1 : 25 000

Häuser und Höfe
mit und ohne Gärten.

Altes Zeichen für
massive Häuser

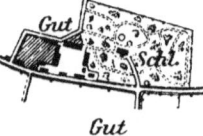

Gut
mit Schloß und Park.

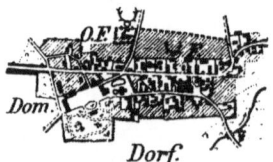

Dorf.

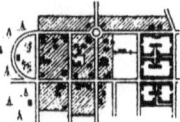

Villenkolonie und
Siedlung

Fabrik
und
größere bauliche Anlage.

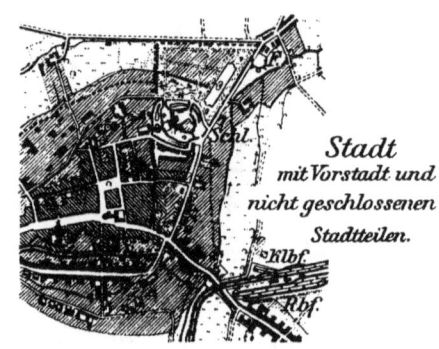

Stadt
mit Vorstadt und
nicht geschlossenen
Stadtteilen.

1 : 100 000

Gut mit Park
u. Einzelhöfe

Villenkolonie
und Siedlung

Dorf

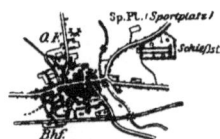

Stadt mit Vorstadt u. Gärten

1 : 300 000

o   Dörfer u. Weiler als Gemeindeteile

o   Landgemeinden   unter 400 Einw.
     oder Gutsbezirke

⊙   "   von 400-1000 "

⊚   "   über 1000 "

⊕   (Altes Zeichen für Kirchdorf)

◎   Städte unter 5000 Einw.
     (Altes Zeichen für Marktflecken
     über 300 Einw.)

     Städte über 5000 "

   . 30000 "

Gewässer.

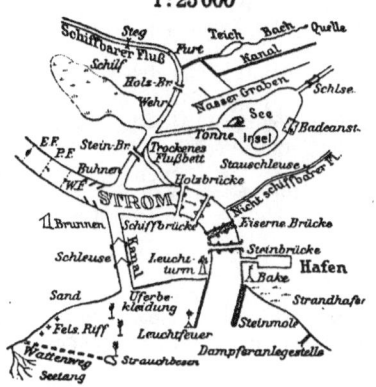

Abkürzungen.

A.	Alp	Hbf.	Hauptbahnhof	Pvhs.	Pulverhaus
Abl.	Ablage	Hp.	Haltepunkt	Pumpw.	Pumpwerk
Adl.	Adlig	Hs.	Haus	Qu.	Quelle
Anst.	Anstalt	Htr.	Hinter	R.	Ruine
A. T.	Aussichtsturm	H. O.	Hochofen	Rbf.	Reichsbahnhof
B.	Bach	Hügelgr.	Hügelgrab	(S.)	Schornstein (weithin sichtbar)
Bäuerl.	Bäuerlich	Hünenst.	Hünenstein		
Bew. M.	Bewässerungsmühle	Ig. Hb.	Jugendherberge	S.	See
		(K.)	Kirche (weithin sichtbar)	Sgr.	Sandgrube
Bf.	Bahnhof			Sch.	Scheune
Bge. B.	Berge, Berg	Kan.	Kanal	Schießst.	Schießstand
Bgr. Pl.	Begräbnisplatz für Nichtchristen	Kas.	Kaserne	Schießstde.	Schießstände
		K. D.	Kulturgeschichtliches Denkmal	Schl.	Schloß
Blst.	Blockstation			Schlf. M.	Schleifmühle
Brk.	Braunkohle	K. F.	Kahnfähre	Schlse.	Schleuse
Br.	Brunnen	Kgr.	Kiesgrube	S. H.	Sennhütte
Brn.	Brennerei	Khf.	Kirchhof	Schp.	Schuppen
B. W.	Bahnwärter	Kl.	Klein	Soldgr.	Soldatengrab
Chs. od. Ch. Hs.	Chausseehaus	Klbf.	Kleinbahnhof	Sportpl.	Sportplatz
		K. O.	Kalkofen	St.	Stall
D. A.	Dampferanlegestelle	Kol.	Kolonie	Staatl.	Staatlich
		Kap.	Kapelle	St. Br.	Steinbruch
Denkm.	Denkmal	Kr.	Krug	Steingr.	Steingrab
Denkst.	Denkstein	Lgr.	Lehmgrube	Stk.	Steinkohle
D. M.	Dampfmühle	L. M.	Lohnmühle	Stsbf.	Staatsbahnhof
Dom.	Domäne	Lpl.	Ladeplatz	S. W.	Sägewerk (elektrisch oder Dampf)
Dtsch.	Deutsch	Lst.	Ladestelle		
D. W.	Dammwärter	(M.)	Mühle (weithin sichtbar)	T. O.	Teerofen
E. F.	Eisenbahnfähre			T.	Teich
ehem.	ehemalig	Mag.	Magazin	T.	Turm
Ehr. Fdhf.	Ehrenfriedhof	Mlst.	Meilenstein	T. W.	Turmwärter
El. W.	Elektrizitätswerk	Mgr.	Mergelgrube	U.	Umformer
Entw. M.	Entwässerungsmühle	Mttl.	Mittel	Unt.	Unter
		Molk.	Molkerei	Vdr.	Vorder
Erbbgr.	Erbbegräbnis	Mus.	Museum	Vw.	Vorwerk
Err. Block	Erratischer Block	N. D.	Naturdenkmal	W.	Warte
Exerz. Pl.	Exerzierplatz	N. S. G.	Naturschutzgebiet	Wasserw.	Wasserwerk
Fbr.	Fabrik	Ndr.	Nieder	Wbh.	Wasserbehälter
F.	Fähre	Obr.	Ober	W. F.	Wagenfähre
E.	Försterei	O. F.	Oberförsterei	Whr.	Weiher
Fl.	Fluß	O. M.	Ölmühle	Whs.	Wirtshaus
F. St.	Funkstelle	P.	Pegel	Wltg.	Wasserleitung
F. T.	Funkturm (üb. 60 m)	Pap. M.	Papiermühle	W. T.	Wasserturm
Ft.	Furt	Pav.	Pavillon	W. W.	Waldwärter
Gr.	Graben	P. F.	Personenfähre	Zgl.	Ziegelei
Gr.	Groß	Pl.	Platz	Zollhs.	Zollhaus
H.	Hütte	Pr.	Preußisch		

Erläuterungen zum Gebrauch der Karte.

Der unterhaltene Fahrweg II B sowie die Feld- und Waldwege sind nicht zu jeder Zeit brauchbar. Sie bedürfen für ihre Benutzung der Erkundung auf Breite, Zustand und Tragfähigkeit.

Fußwege sind auf den Karten nur dann eingezeichnet, wenn sie eine dauernde Verbindung darstellen, z. B. zwischen zwei Dörfern.

Wassertiefe, Gefälle, Uferbeschaffenheit usw. von Flüssen, Bächen, Kanälen und Furten (oft auch Brücken und Stegen) sind aus der Karte nicht zu ersehen. Daher ist auch hier Erkundung nötig.

Neben Laub-, Nadel- und Mischwald unterscheidet man auch Hochwald und Schonungen. Dichte und Gangbarkeit des Waldes sind aus der Karte nicht zu ersehen.

Im allgemeinen stellen dar:
dünne Schichtlinien oder Bergstriche einen **fahrbaren,**
mitteldicke Schichtlinien oder Bergstriche einen **gangbaren,**
dicke Schichtlinien oder Bergstriche einen **ersteigbaren Hang.**

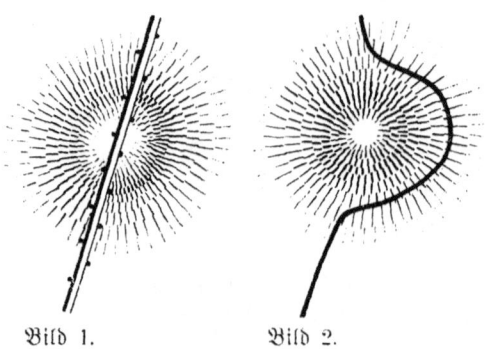

Bild 1.   Bild 2.

Beispiele des Steigungsgrades einer Straße.

Straßen und Wege, die senkrecht zu den Schichtlinien oder gleichlaufend zu den Bergstrichen verlaufen, haben an der betreffenden Stelle ihre größte Steigung. Straßen mit besonders starker Steigung sind auf der Karte 1 : 100 000 mit Querstrichen versehen. Straßen und Wege, die gleichlaufend zu den Schichtlinien oder senkrecht zu den Bergstrichen verlaufen, oder je nach der Größe des Winkels, den sie mit den Schichtlinien oder Bergstrichen bilden, eine entsprechende Steigung (siehe Bild 1 und 2).

Beim Gebrauch der Karte im Gelände ist grundsätzlich nach den Bodenformen, die unveränderlich sind, zu richten (z. B. nach Bergen und Mulden). Die Bodenbedeckung (Wald, Häuser usw.) soll nur zur Unterstützung dienen. Wird sie herangezogen, so ist ihre Übereinstimmung mit der Karte genau zu prüfen, da sie bekanntlich häufig Veränderungen unterworfen ist (z. B. Wald wird abgeholzt, neue Häuser entstehen usw.).

Als Reihenfolge beim Gebrauch der Karte ist zu merken:

1. Festlegen der Himmelsrichtungen (siehe S. 249 f.).
2. Bestimmen des eigenen Standpunktes (durch Vergleichen der Karte mit der Natur, z. B. den Verlauf einer Straße mit ihrer Zeichnung auf der Karte in Übereinstimmung bringen).
3. Einzeichnen der Karte im Gelände suchen.

3. Der Schütze im Feld- und Gefechtsdienst.

Zurechtfinden im Gelände.

Das Zurechtfinden im Gelände (vielfach Orientieren oder Orten genannt) ist nicht nur für die Führer aller Grade, sondern für jeden Mann, insbesondere für Melder, Späher usw. von größter Wichtigkeit. Zum Orientieren gehören:
a) Festlegen der Himmelsrichtungen,
b) Bestimmen des eigenen Standpunktes,
c) diesen zu anderen Punkten in Beziehung bringen und sich danach richten.

Mittel zum Orientieren sind:

1. **Marschkompaß und Karte:** Zunächst sind vom Marschkompaß der Richtungszeiger und das „N" durch Drehen der Teilscheibe aufeinanderzustellen. Dann ist der Kompaß so auf die Karte zu legen (bei Karten mit Gitternetz Anlegekante an die Nord-Süd-Linie), daß der Richtungszeiger zum oberen Kartenrand (Kartennordrand) zeigt. Karte mit Kompaß sind nun so zu drehen, daß sich Magnetnadel und Mißweisung (Abweichung der Magnetnadel vom geographischen Nordpol) decken. Jetzt ist die Karte (nach Norden) eingerichtet (Bild 1). Nimmt man die Front in diese Richtung, so ist im Rücken Süden, rechts Osten, links Westen. Nachdem der eigene Standpunkt durch Vergleichen der Karte mit der Natur bestimmt ist (siehe S. 248), liegen von ihm alle Geländepunkte in derselben Richtung wie die entsprechenden auf der Karte.

Soll man Geländepunkte benennen, so geschieht das unter Hinzeigen, wobei zunächst alle Punkte des Vorder-, dann des Hintergrundes von rechts nach links in Stichworten zu benennen sind. So z. B. **halbrechts Berg mit Steinbruch: Galgenberg!, eine Handbreit links davon Gehöft: Marinenhof!, davor Waldstück: Husarwald!** usw.

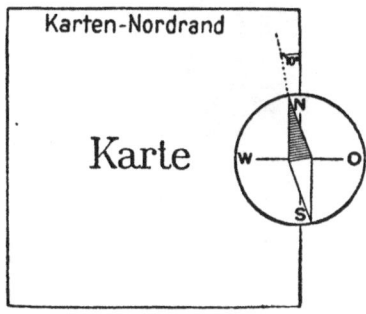

Bild 1. **Eingerichtete Karte.**

2. **Marschkompaß:** Er ist beim Gebrauch von Stahl- und Eisengegenständen (z. B. Stahlhelm, Gewehr) möglichst weit entfernt zu halten, da sonst die Nadel abgelenkt wird. Mit seiner Hilfe kann man nicht nur Karten und Skizzen einrichten (siehe oben!), sondern auch jederzeit die Himmelsrichtungen bestimmen und den Weg nach ihm wählen.

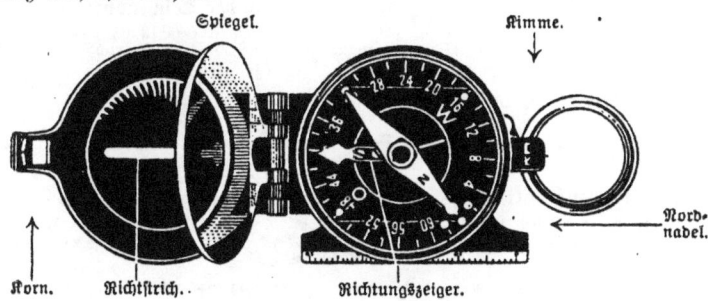

Bild 2. **Marschkompaß.**

Feststellen einer Marschrichtung (Kompaßzahl).

A. Muß der Marschrichtungspunkt auf der Karte festgelegt werden, dann sind:
a) Abmarsch- und Richtungspunkt auf der Karte durch einen Bleistiftstrich zu verbinden,
b) die Karte nach Norden einzurichten (siehe oben!).
c) der Kompaß mit der Anlegeschiene so an die gezogene Verbindungslinie zwischen Abmarsch- und Richtungspunkt anzulegen, daß der Pfeil nach dem Richtungspunkt zeigt,
d) die Nordnadel durch Drehen an der Scheibe auf den 0-Punkt einspielen zu lassen.

Der Pfeil zeigt nun die Kompaßzahl an.

B. Ist der Richtungspunkt vom Abmarschpunkt zu sehen, dann sind:
a) der Richtungspunkt über Kimme und Korn unter hochgeklapptem Spiegel anzuvisieren (Bild 3),
b) die Drehscheibe dabei so zu drehen, daß die Nordnadel auf das „N" der Drehscheibe einspielt (was im Spiegel zu sehen ist).

Der Pfeil zeigt nun die Kompaßzahl an.

Marschieren nach der Kompaßzahl. Dazu ist die Drehscheibe so einzustellen, daß der Pfeil auf der Kompaßzahl steht, und der Kompaß so zu drehen, daß die Nordnadel auf die Mißweisung zeigt. Die Marschrichtung ist durch Anvisieren über Kimme und Korn, bei Nacht durch Verlängern der Linie, Leuchtpfeil—Leuchtstrich, zu finden.

Bild 3.
Anvisieren des Richtungspunktes.

3. Feststellung der Himmelsrichtung nach:

a) **Stand der Sonne:** Die Sonne steht um 3 Uhr im Nordosten, um 6 Uhr im Osten, um 9 Uhr im Südosten, um 12 Uhr im Süden, um 15 Uhr im Südwesten, um 18 Uhr im Westen, um 21 Uhr im Nordwesten, um 24 Uhr im Norden.

b) **Stand des Mondes:** Vollmond: Der Vollmond steht genau der Sonne entgegen, also um 3 Uhr im Südwesten, um 6 Uhr im Westen usw.
Erstes Viertel: Das erste Viertel des (zunehmenden) Mondes steht dort, wo die Sonne vor 6 Stunden gestanden hat, z. B. um 24 Uhr im Westen.
Letztes Viertel: Das letzte Viertel des (abnehmenden) Mondes steht dort, wo die Sonne nach 6 Stunden stehen wird, z. B. um 24 Uhr im Osten.

c) **Stand des Polarsterns:** Der Polarstern, ein schöner, heller Stern, steht stets im Norden. Man findet ihn durch fünfmaliges Verlängern der Hinterräder des Großen Wagens (Großen Bären). Bild 4.

4. Feststellung der Himmelsrichtung nach der Taschenuhr:

Man bringt die Uhr so in die Waagerechte, daß der kleine Zeiger auf die Sonne gerichtet ist. Dann ist Süden in der Mitte zwischen dem kleinen Zeiger und der 12 des Zifferblattes, und zwar am Vormittag nach

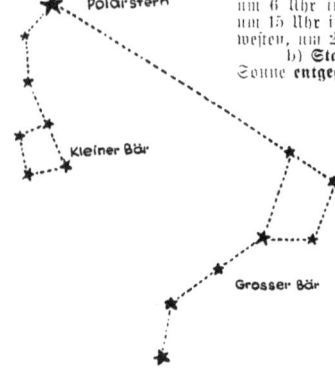

Bild 4. Finden des Polarsterns.

vorwärts und am Nachmittag nach rückwärts gelesen (Bild 5).

5. Sonstige Hilfsmittel:

Die Türme der Kirchen und Kapellen stehen im allgemeinen nach Westen, die Altäre nach Osten. Häuser, Schuppen, Bäume, Felsen usw. sind oft von der Wetterseite her (von Nordwesten) verwittert oder nach dieser Seite hin bemoost.

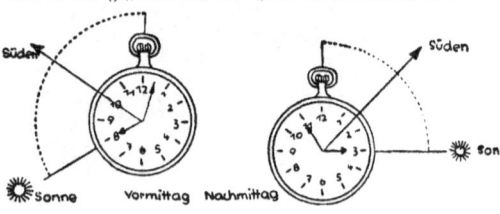

Bild 5. Uhr als Kompaß.

Geländebeschreibung, -beurteilung und -erkundung.

Die **Geländebeschreibung** bezieht sich auf das Beschreiben der Bodenformen und Bodenbedeckungen. Wendiges Sprechen und die richtige Ausdrucksweise sind wichtig (siehe S. 239 ff.). Die Beschreibung kann sich auf einen einzusehenden oder nur kurz eingesehenen Geländeabschnitt beziehen. Sie muß kurz sein, das Wichtigste wiedergeben und dem Zuhörer ein klares Bild verschaffen. Am besten beginnt sie vom eigenen Standpunkt oder einem auffallenden Geländepunkt aus. Sie wird von rechts, im Vordergrund beginnend, nach links vorgenommen. So z. B. **halbrechts — auf 150 m — hellgrünes Saatfeld, in der Mitte Kugelbaum mit schiefem Stamm, nach links hinziehend Hecke mit Durchlaß, links davon dunkelgrüne Wiesenfläche usw.**

Die **Geländebeurteilung** schafft die Voraussetzung für die Geländebenutzung. Sie erstreckt sich auf die Beurteilung, ob die Benutzung der Bodenformen und Bodenbedeckungen für einen bestimmten Zweck günstig oder ungünstig erscheint. Bei der Beurteilung für eine Kampfhandlung ist zu ermitteln, ob das Gelände Deckungen bietet und dabei die Verwendung der eigenen Waffen nicht beeinträchtigt und wie es unter Ausnutzung der Deckungen überwunden werden kann; z. B. durch Anschleichen, Kriechen, Vorarbeiten durch Trichterfeld oder sprungweises Vorgehen. Dabei ist zu beachten, daß die Bewegung des Schützen auf dem Gefechtsfeld oft unter Ausnutzung der kleinsten Bodenvertiefungen und Deckungen vor sich gehen muß. Bei der Beurteilung ist es also nötig, daß sich der Schütze körperlich in die entsprechende Lage begibt (hinlegt, kriecht usw.) und sich geistig in die zu erwartende Kampfhandlung versetzt. Dabei soll er sich z. B. fragen: Wo habe ich Schußfeld? Wo komme ich am besten gedeckt vorwärts? Von wo können mich l. M. G. und schwere Waffen unterstützen? Wo liegen gute Feuerstellungen? Welche Vor- oder Nachteile habe ich oder der Feind?

In der Regel ist das Gelände zu beurteilen, ob es geeignet ist für:

    Späher und Melder,
    den Angriff,
    die Verteidigung.

Am Schluß jeder Beurteilung ist ein Gesamturteil abzugeben. Im allgemeinen ist:

für den Angriff, für Spähtrupps usw.
    günstig: bedecktes und welliges Gelände,
    ungünstig: offenes und ebenes Gelände;

für die Verteidigung
    günstig: Stellungen mit offenem und unbedecktem Vorgelände und in denen die schweren Waffen überhöhend und flankierend eingesetzt werden können,
    ungünstig: Stellungen mit bedecktem und welligem Vorgelände.

Die **Geländeerkundung** erstreckt sich auf Einzelheiten des Geländes, wie z. B. im Abschnitt „Geländebeurteilung" gesagt, und richtet sich nach dem Auftrag. Im allgemeinen ist zu erkunden bei:

1. Straßen und Wegen: Länge — Breite — Beschaffenheit — Hindernisse — Steigungen — Engen — Brücken — Ortschaften — Nebengelände.
2. Bahnen: Gleiszahl — Dämme — Einschnitte — Unterführungen — Brücken — Wegkreuzungen — Steigungen — Kurven — Tunnel — Haltestellen — Bahnhöfe — Signalanlagen — Wagenmaterial — Ausweichstellen — Wasserbehälter — Zugverkehr in einer bestimmten Zeit.
3. Gewässer: Breite — Tiefe — Grund — Richtung — Stromgeschwindigkeit — Ufer- und Anmarschwege — Brücken und ihre Bauart (Holz, Stein, Eisen, Beton) — Tragfähigkeit (Fahrzeuge, beladene Lastkraftwagen) — Furten (Tiefe) — Übersetzmittel (Kähne, Fähren, Flöße) — Baustoffe für Brücken — Schiffbarkeit.
4. Wald: Ausdehnung — Gangbarkeit — Form — Waldbäume (Winkel) — Baumbestand — Pfade — Wege — Schneisen — Unterholz — Dichte des Laubdaches.
5. Wiesen und Felder: Gangbarkeit — Bewässerung — Gräben — Art der Bodenerzeugnisse.
6. Bergen: Höhe — Übersicht — Steile — Ausdehnung und Form (Kuppe, Fläche, Rücken).

7. **Mulden und Täler:** Ausdehnung — Ränder — Abhänge — Sohle — Gewässer — Sperrmöglichkeit.
8. **Engwege:** Ein- und Ausgänge — Breite — Gangbarkeit — Umgehungsmöglichkeit — Sperrbarkeit.
9. **Ortschaften:** Größe — Saum — Inneres — Straßenbreite, Beschaffenheit — Baulichkeiten — Quartiere — Brunnen — Post — Fernsprecher — Vorräte — Sicherungsmöglichkeit.

Zielerkennen, Zielbezeichnen und Entfernungsermittlung.

Zielerkennen. Nur das Ziel kann der Schütze wirksam bekämpfen, das er erkannt hat. In der Regel sind die Ziele, die sich ihm bieten, sehr klein, z. B. liegender, getarnter oder eingegrabener Feind. Deshalb ist das Erkennen von Zielen überaus wichtig. Es wird in allen Körperlagen geübt und durch Gewehr usw. Einrichten auf das Ziel nachgeprüft.

Neben häufigen Schübungen hat sich der Schütze in erster Linie die Umrisse von gefechtsmäßigen Zielen auf die verschiedensten Entfernungen und bei wechselnder Beleuchtung einzuprägen. Stets ist die Farbe des Ziels mit der seiner Umgebung zu vergleichen. Im Gefecht können auch aus den Bewegungen des Ziels, der Art seines Feuers (Raucherscheinung, Mündungsknall) und dem Verhalten bei eigenem Feuer Schlüsse gezogen werden.

Zielbezeichnen. Ein erkanntes Ziel wird mit Stichworten in folgender Reihenfolge angesprochen:
1. Angabe der groben Richtung und ungefähren Entfernung. Z. B.: **„Halbrechts! — auf 600 m!"**
2. Namen eines (oder mehrerer) auffallenden Geländepunktes (Hilfsziel) in Zielnähe. Z. B.: **„Zwei Kugelbäume — davor weißer Fleck!"**
3. Mit Zwischenzielen und Entfernungen den Zuhörer mit den Augen auf das Ziel führen. Z. B.: **„Links davon — 50 m — Hecke mit Durchlaß — davor 20 m — dunkle Punkte — am zweiten von rechts!"**
4. Nähere Beschreibung des Zieles (Zielart). Z. B.: **„M. G.!"** (oder: „Ein knieender Schütze!").

Ein Antworten der Zuhörer, wie z. B. „Ziel erkannt!" oder die Angabe von Hilfszielen während der Zielansprache ist störend und daher falsch; dagegen ist es richtig, wenn zum Schluß ein Hilfsziel oder das Charakteristische des Ziels angegeben wird. Z. B.: **„Dahinter brauner Fleck!"** (oder: „Der Schütze bewegt sich!").

Ist die Zielbeschreibung schwierig, so wird mit Hilfe von Finger-, Daumen- oder Handbreite, Daumensprung oder der Strichplatte des Fernglases das Ziel angesprochen. Zur Zielbezeichnung nach der Karte dient der Planzeiger oder die Zielgevierttafel.

Daumenbreite (Bild 1): Dazu wird ein Arm ausgestreckt, Daumen nach oben, und ein Auge geschlossen. Mit einer Kante des Daumens wird das Ziel anvisiert. Die Fläche, die der Daumen deckt, ist die Daumenbreite. Das Verfahren der Finger- und Handbreite ist dasselbe. Die Daumenbreite deckt etwa 35 Teilstriche des Fernglases.

Bild 1. Daumenbreite.   Bild 2. Daumensprung.

Daumensprung (Bild 2): Dazu wird der rechte (linke) Arm ausgestreckt, Daumen nach oben und mit dem rechten (linken) Auge unter Schließen des linken (rechten) Auges das Ziel über eine Kante des Daumens anvisiert. Dann wird das geöffnete Auge geschlossen und das geschlossene geöffnet. Der Daumen springt dann um den Daumensprung nach rechts (links). Er beträgt etwa 100 Teilstriche des Fernglases. Das sind auf 1000 m Entfernung etwa 100 m.

Strichplatte des Fernglases (Bild 3): Die Strichplatte im Fernglase ist so eingerichtet, daß der Seitenabstand der waagerechten Einteilung von Strich zu Strich immer $^1/_{1000}$ der Entfernung wiedergibt. Beträgt z. B. die Entfernung bis zum Ziel (geschätzt, gemessen oder von der Karte abgegriffen) 2000 m und befindet sich das Ziel seitlich auf dem 25. Strich, so beträgt die seitliche

Entfernung: $^{25}/_{1000}$ der Entfernung, das sind $\frac{25 \cdot 2000}{1000} = 50$ m.

Die Meldung des mit dem Fernglas ausgerüsteten Schützen nach Bild 3 hat zu lauten: „**M. G.-Nest 12 Strich links vom Kirchturm!**" Beträgt die Entfernung vom Schützen bis zum Ziel z. B. 1000 m, dann befindet sich das M. G.-Nest 12 m links vom Kirchturm, bei 2000 m Entfernung = 24 m links vom Kirchturm.

Da nicht jeder Schütze ein Fernglas besitzt, muß die Strichzahl zur Daumenbreite (Daumensprung) umgerechnet werden. Dazu ist der Nullstrich der Strichplatte auf einen von allen erkannten Punkt zu richten, der Teilstrich zu suchen, auf dem das Ziel liegt, und den anderen Schützen die Strichzahl zu melden. (Umrechnung siehe obenstehend!)

Planzeiger (Bild 4): Er dient zum Bestimmen eines Geländepunkts oder eines erkannten Ziels nach der Karte, z. B. für die schweren Waffen. Dabei wird seine waagerechte Teilung so an eine waagerechte Gitterlinie gelegt, daß die senkrechte Einteilung den zu bezeichnenden Kartenpunkt berührt. Alsdann wird an der waagerechten Teilung bei der nächsten senkrechten Gitterlinie zuerst der Rechtswert und an der senkrechten Teilung der Hochwert abgelesen. Beide Werte sind stets mit fünfstelligen Zahlen zu bezeichnen. (Z. B. bei Bild 4 ist der Rechtswert 67680, der Hochwert 62440.) Der Rechtswert ist stets zuerst anzugeben.

Zielgeviertafel (Bild 5). Sie ist für die Karten jeden Maßstabes verwendbar und soll die Zielbezeichnung erleichtern, wenn Karten mit eingezeichnetem Gitternetz fehlen. Sie wird so auf die Karte gelegt, daß die an ihrem Rande befindlichen Pfeilstriche in die Himmelsrichtungen der Karte zeigen.

Bild 3.
Strichplatte des Fernglases.

Zur Zielbezeichnung ist zu bestimmen, welches der fünf Kreuze benutzt wird und auf welchen leicht auffindbaren und eindeutig zu bestimmenden Kartenpunkt das bezeichnete Kreuz zu legen ist. Z. B. Einheitsblatt 67, linkes unteres Kreuz: Kirche A.-Dorf.

Die weiteren Angaben erfolgen durch vier Ziffern, von denen die beiden ersten die senkrechte Spalte, die beiden letzten die waagerechte Spalte der Zielgeviertafel, zwischen denen der zu bezeichnende Punkt liegt, angeben.

Zum genauen Bezeichnen denkt man sich das angegebene Viereck noch in vier Untergevierte geteilt.

Beispiel: „Karte Halle a. d. Saale (Nord) 1 : 100 000, mittleres Kreuz auf Kirche Thurland. Ziel (Sch. 2 km südostw. Wadendorf) liegt 23/50."

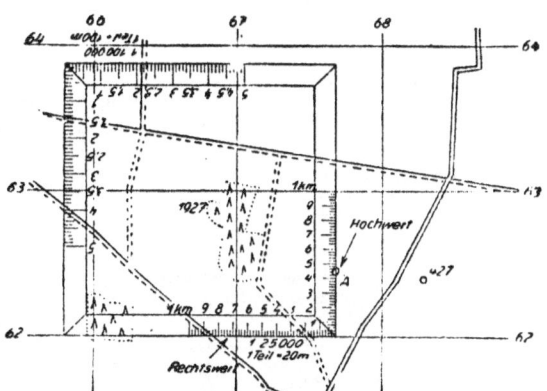

Bild 4. **Planzeiger.**

Die Zahlenangabe wird erst nach rechts in der waagerechten, dann hoch in der senkrechten Zahlenreihe abgelesen. Das so bezeichnete Geviert denkt man sich noch in vier Untergevierte a, b, c, d geteilt (Bild 6), also liegt Ziel hier genau: 23/50 a.

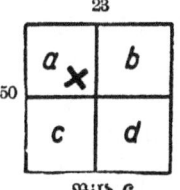

Bild 6.

— 254 —

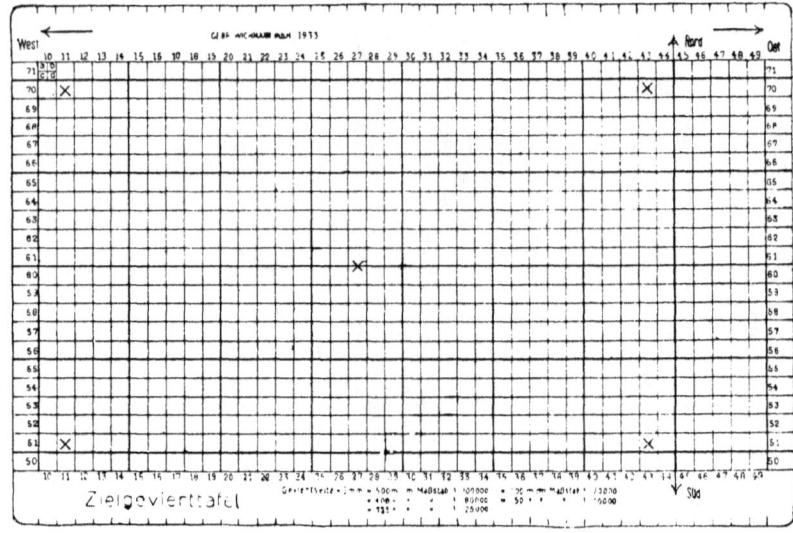

Bild 5. **Zielgevierttafel** (neuer Fertigung).

Entfernungsermittlung.

Im Gefecht wird die Entfernung zum Ziel durch Schätzen, Messen mit dem Entfernungsmesser und gegebenenfalls durch Abgreifen von der Karte ermittelt.

Man unterscheidet: **nächste** Entfernungen bis zu 100 m, **nahe** Entfernungen von 100 bis 400 m, **mittlere** Entfernungen von 400 bis 800 m, **weite Entfernungen** über 800 m.

1. **Entfernungsschätzen.** Es besteht in der Überlegung: wie weit ist es bis zum Ziel? Dazu hat sich der Schütze einzuprägen:

einige Entfernungen, z. B. von 100 bis 400 m,

den Grad der Erkennbarkeit verschieden großer Ziele, in wechselndem Gelände, auf verschiedenen Entfernungen, bei wechselnder Beleuchtung und Witterung,

die Doppelschritte, die er braucht, um 100 m zurückzulegen (je nach der Größe des Mannes etwa 55 bis 60),

die **Schätzungsfehler.**

Man schätzt:

zu kurz	zu weit
bei grellem Sonnenschein,	bei flimmernder Luft,
bei reiner Luft,	bei dunklem Hinter- und Untergrund,
bei Stand der Sonne im Rücken,	gegen die Sonne,
auf gleichförmigen Flächen (Wasser, Schnee),	bei trübem, nebligem Wetter,
bei hellem Hintergrund,	in der Dämmerung,
bei nicht völlig einzusehenden Strecken,	im Walde,
nach Regen,	gegen schlecht, nur teilweise sichtbaren Gegner,
bergab	an langer, gerader Straße,
	bergauf.

Das Entfernungsschätzen kann nach folgenden Schätzungsarten vorgenommen werden (siehe Bild 7):

a) **Halbieren** der Strecke in eine oder mehrere Teilstrecken mit Hilfe der eingeprägten Entfernungen.

b) **Annehmen der Höchst= und Mindestentfernungen**, d. h. man überlegt sich, wie groß die Strecke höchstens sein kann, aber mindestens sein muß, und nimmt davon das Mittel.
c) **Übertragen oder Vergleichen** mit anderen Strecken, vor allem dann, wenn die zu schätzende Strecke nicht ganz einzusehen ist.
d) **Zeitermittlung**, d. h. man fragt sich, wie lange man geht, um die Strecke zurückzulegen (in der Regel 1 Minute für 100 m).

Allgemein ist zu merken, daß bei schräg laufender Entfernung die Streckenverkürzung bei zunehmender Entfernung zu berücksichtigen ist.

Als Hilfsmittel zum Entfernungsschätzen können dienen: Die Abstände von regelmäßig gepflanzten Baumreihen, die Abstände von Telegraphenstangen und die Beachtung der Schallgeschwindigkeit. Der Schall legt in der Sekunde

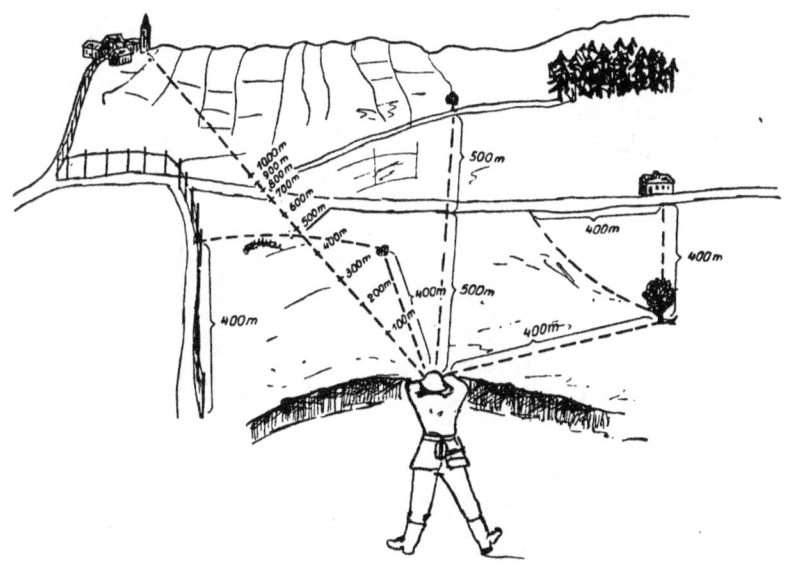

Bild 7. **Arten des Entfernungsschätzens.**

330 m zurück. Beträgt die Zeit von der Abgabe eines Schusses (oft Mündungsfeuer oder Rauch zu sehen) bis zum Hören des Knalls drei Sekunden, so ist das Ziel etwa 1000 m entfernt.

Entfernungsmesser (Em.). Zum Entfernungsmessen wird dem Em. mit Hilfe des Suchers die ungefähre Richtung auf das Ziel gegeben. Hierauf sieht man in den Einblick. Bietet sich dem Auge kein scharfes Bild, muß der Einblick durch Drehen auf Sehschärfe eingestellt werden. Wird das Auge durch zu große Helligkeit geblendet, so ist das Blendglas vor den Einblick zu setzen. Man erblickt in dem kreisrunden Gesichtsfeld das vom linken Ausblick aufgenommene Bild umgekehrt. Am linken, rechten bzw. unteren Rande des Gesichtsfeldes ist die Entfernungsteilung sichtbar, die sich beim Drehen der Meßwalze an einer feststehenden dreieckigen Marke vorbeibewegt. Diese dient zum Ablesen der gemessenen Entfernung. Dazu sind durch Drehen des Entfernungsmessers um seine Längsachse die beiden Zielbilder zur Berührung mit der unteren Begrenzungslinie des fensterartigen Ausschnitts (der Trennungslinie) zu bringen und durch Drehen

Bilder im Entfernungsmesser.

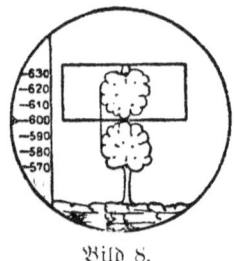  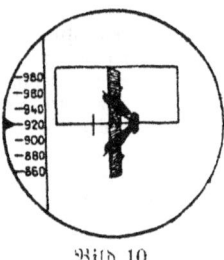

Bild 8.   Bild 9.   Bild 10.

der Meßwalze genau untereinander zu stellen (Bild 8). Verlaufen die Linien nicht senkrecht, dann muß der Entfernungsmesser so getippt werden, daß die Trennungslinie die Linie am Ziel rechtwinklig schneidet. Dies ist notwendig, da sonst ein im Em. etwa vorhandener Höhenfehler auch einen Fehler der Entfernungsmessung herbeiführen kann (Bild 9 und 10).

Allgemein ist mit folgenden durch den Em. bedingten Meßfehlern zu rechnen:

Entfernung	Theoretischer Meßfehler	Annähernd wirklicher Meßfehler	Entfernung	Theoretischer Meßfehler	Annähernd wirklicher Meßfehler	Entfernung	Theoretischer Meßfehler	Annähernd wirklicher Meßfehler
m	± m	± m	m	± m	± m	m	± m	± m
200	0,25	1,04	800	4,2	16,8	2 500	40,7	162,8
250	0,4	1,6	900	5,3	21,2	3 000	58,4	233,6
300	0,58	2,32	1000	6,5	26,3	3 500	79,5	318,0
350	0,8	3,2	1200	9,4	37,4	4 000	104,0	416,0
400	1,0	4,0	1400	12,7	50,8	4 500	131,5	526,0
450	1,3	5,2	1600	16,6	66,4	5 000	162,0	648,0
500	1,6	6,4	1800	21,0	84,5	6 000	233,8	935,2
600	2,3	9,2	2000	26,5	101,6	10 000	649,5	2597,2
700	3,2	12,8						

Grundsätzlich ist jede Entfernung zweimal zu messen und danach die mittlere Entfernung zu errechnen.

Abgreifen der Entfernung auf der Karte. Dieses Verfahren setzt voraus, daß der eigene Standpunkt und das Ziel auf der Karte genau bestimmt sind. Mit einem Kilometermesser oder Lineal wird die Entfernung auf der Karte gemessen und mit Hilfe des Maßstabes umgerechnet (siehe S. 240).

Geländebenutzung.

Die zweckmäßige Geländebenutzung spart Blut und ermöglicht:
Spähern, Meldern usw., den Auftrag auszuführen,
　im Angriff die Nahkampfwaffen des Schützen an die Kehle des Feindes
　　zu bringen,
　in der Verteidigung unerkannt den feindlichen Angriff durch Feuer zu ver
　　nichten.
Der Drang nach Geländeausnutzung darf aber nicht so weit gehen, daß die eigene Waffenwirkung dadurch behindert wird. Diese geht jeder Deckung vor.
Die Geländebenutzung besteht in dem Anpassen an die Umgebung (Tarnung) und in dem Ausnutzen von Deckungen, N u r d e r S c h ü t z e w i r d d a s G e l ä n d e r i c h t i g a u s n u t z e n , d e r s i c h m i t d e m g e i s t i g e n A u g e v o n d e r F e i n d s e i t e h e r s e l b s t k r i t i s i e r t. Durch die **Tarnung** (unsichtbar machen, Tarnkappe) sollen sich Schütze, Gerät und Anlagen der feindlichen Erd- und Luftbeobachtung entziehen oder diese irre

führen (Scheinhandlungen, Scheinanlagen). Die Tarnung darf aber die Beweglichkeit des Schützen und den Gebrauch der Waffen nicht behindern.

Getarnt wird, indem man den zu tarnenden Gegenstand durch Ausnutzen von Bodenbedeckungen (Häuser, Wald, Bäume), Dunkelheit, Nebel, Schatten usw. der Sicht entzieht oder ihn in der F o r m der Umgebung anpaßt.

Bild 1. **Tarnen.**

Man unterscheidet zwischen natürlichen Tarnmitteln, wozu alles zählt, was der Bodenbedeckung entnommen ist, und künstlichen, wie z. B. Zeltbahn und Schneehemd.

F a l s c h e T a r n u n g oder solche, die nicht gewechselt wird, verrät den Schützen. Auch können unvorsichtige Bewegungen, z. B. Laufen anstatt Erstarren bei plötzlicher Luftbeobachtung, oder Sprechen den Schützen verraten.

Bild 2. **Geländebenutzung.**

Unter **Deckung** versteht man alles, was zum Verstecken oder Verdecken des Schützen, der Waffen, des Geräts usw. vor der feindlichen Beobachtung und dem feindlichen Feuer dient. Man unterscheidet zwischen Deckungen gegen Sicht und Deckungen gegen Schuß.

Als **Deckungen gegen Sicht** ist jede Bodenform und Bodenbedeckung, ebenso jede Tarnung geeignet, die den Schützen der Sicht des Feindes entzieht. So z. B. sind gegen E r d b e o b a c h t u n g Wald, Hecken, hohes Getreide, Schatten usw. geeignet, dagegen gegen L u f t b e o b a c h t u n g nur solche Deckungen, die einen Schutz nach oben bieten, wie z. B. belaubte Bäume und dichtes Gebüsch.

Deckungen gegen Schuß bieten Erdhöhlen, Gräben, Mulden, Erdhaufen dicke Bäume, dicke Mauern usw., wobei jedoch ihre Beschaffenheit (siehe S. 218) und die Art des feindlichen Feuers (Infanterie-, Artillerie- usw. Feuer) zu berücksichtigen sind. Steinhaufen und dünne Mauern sind wegen ihrer Splitterwirkung zur Deckung gegen Schuß nicht geeignet.

Bild 3.

Der Schütze hat **volle Deckung,** wenn er sich in einer Deckung befindet, die ihm Schutz gegen Sicht und möglichst auch gegen Schuß bietet. Volle Deckung ist auf dem Gefechtsfeld immer zu nehmen, wenn der Schütze nicht feuern oder beobachten soll. Niemals darf er dem Feinde „S ch e i b e l i e g e n!"

Manche Deckungen, z. B. einzelner Busch, einzelner Baum oder auffallender Erdhaufen, ziehen die Aufmerksamkeit des Feindes auf sich und sind deshalb n i ch t auszunutzen (Bild 2). Auffallende Geländepunkte, Linien und Abheben gegen den Horizont bieten dem Feinde gute Anhaltspunkte für die Zielbezeichnung (Bild 3).

Bei allen **Bewegungen** auf dem Gefechtsfeld sind stets Schatten, Nebel und deckendes Gelände (Hintergrund und Untergrund) auszunutzen (Bild 4). Bewegungen am Waldrand haben wenigstens 15 bis 20

Bild 4.

Schritt waldeinwärts zu erfolgen, vor allem dann, wenn noch die Sonne schräg in den Wald scheint (Bild 5). Deckungsarmes Gelände ist schnell zu überwinden.

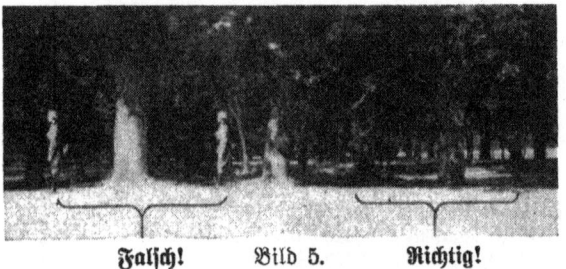

Bild 5.

Beim Vorarbeiten ist die nächste Deckung zu erspähen und in sie zu s t ü r z e n. Niemals ist auf oder vor die Deckung zu legen; der Schütze wirft sich hinter sie hin und kriecht dann hinein.

Feuerstellungen sollen in oder hinter Deckungen liegen. Eine ungedeckte Feuerstellung wird leicht erkannt und bringt unnötige Verluste. Nur Ausnahmefälle rechtfertigen sie. Feuerstellungen in Gräben und Mulden, hinter Erdhaufen und Bäumen, in Hecken und Büschen sind in der Regel richtig gewählt. Feuerstellungen, die sich gegen den

Horizont abheben (Bild 3), sind immer falsch. Stellungen am Waldrand müssen etwas waldeinwärts liegen. Aus jeder Feuerstellung zeigt sich der Schütze nur so weit und so lange, als es zum Feuern oder Beobachten nötig ist.

Geländeverstärkung: Wo die vorhandenen Deckungen nicht ausreichen, ist das Gelände mit Hilfe des Schanzzeuges (Spaten!) zu verstärken. In erster Linie sind die vorhandenen natürlichen Deckungen, wie Gräben, Ackerfurchen, Feldraine,

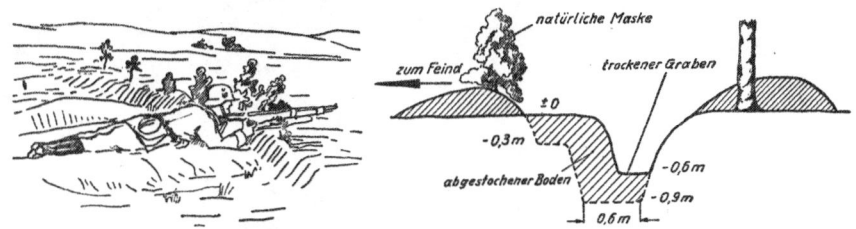

Bild 6. **Ausnutzen eines Feldraines.**   Bild 7. **Ausnutzen eines Straßengrabens.**

Gruben usw., auszunutzen und mit Hilfe des Schanzzeuges herzurichten (Bild 6 und 7). Nur im ebenen Gelände müssen Deckungen geschaffen werden (Eingraben!)

Bei jeder Geländeverstärkung ist darauf zu achten, daß sie als solche nicht zu erkennen ist. Sie ist zu tarnen und jede Regelmäßigkeit in der Anlage oder scharfe Kanten, die Schatten werfen, sind zu vermeiden. Bei Deckungen für den Feuerkampf ist in erster Linie das S c h u ß f e l d zu prüfen.

Eingraben. Ist der Schütze keiner Feindeinwirkung (Sicht und Schuß) ausgesetzt, so schafft er sich je nach Lage und der verfügbaren Zeit eine Deckung nach den Bildern 9 bis 13. Muß er sich in feindlichem Feuer eingraben, was oft der Fall ist, so schafft er sich durch Zusammenscharren von Erde mit Spaten (Klapphacke) oder den Händen oder durch Ausnutzen geringer Bodenvertiefungen zunächst eine Gewehrauflage und Deckung gegen Erdsicht. Unter diesem Schutz hebt der Schütze im Liegen, neben sich von vorn nach hinten arbeitend (Bild 8),

Bild 8. **Eingraben!**

eine **Schützenmulde** nach Bild 9 aus. Der Bodenaushub ist zunächst für die Gewehrauflage und Brustwehr, dann für Deckung nach den Seiten und nach rückwärts zu verwenden.

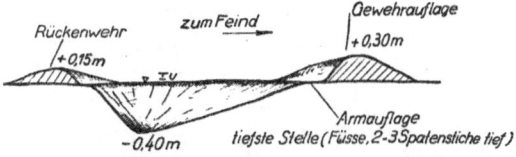

Bild 9. **Schützenloch für liegenden Schützen (Schützenmulde).**

Sollen **Schützenlöcher für kniende und stehende Schützen** (Bild 10 bis 12) geschaffen werden, so ist der Grundriß so groß zu nehmen, daß man das Schützenloch für knieende Schützen, ohne die Erde doppelt zu bewegen, zum Schützenloch für stehende Schützen erweitern kann. Den zuerst ausgehobenen Boden wirft man mindestens 3 m über die Armauflage. Böschungen im festen Boden hält

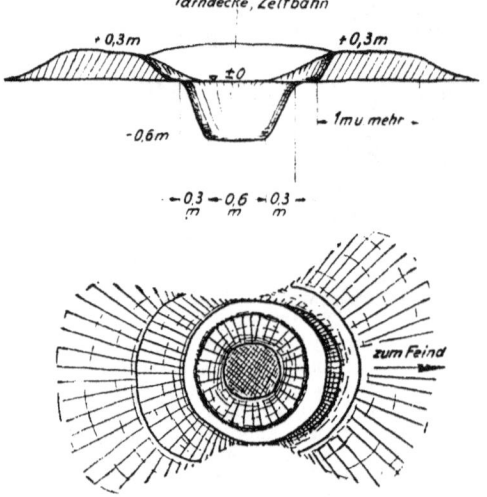

Bild 10. Schützenloch für knienden Schützen.

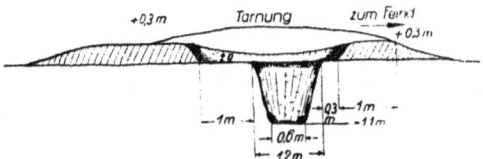

Bild 11. Schützenloch für stehenden Schützen.

man steil, in losem flach. Mit der abgestochenen Bodennarbe sind die Schüttungen zu tarnen.

Unterschlupfe (Bild 12) bieten Schutz gegen Witterung und Geschoßsplitter, vor allem, wenn die feindliche Artillerie Abpraller schießt. Geeignete Stellen für Unterschlupfe sind Mulden, Hohlwege, Gräben und Dämme.

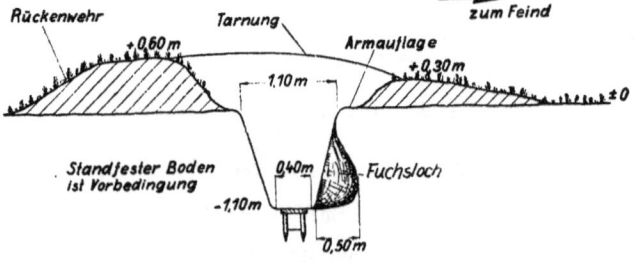

Bild 12. **Unterschlupf** (Fuchsloch).

Schützenschacht [Pz.=Deckungsloch) (Bild 13)] bietet Schutz vor feindlichen Panzerkampfwagen. Bei ihrer Herstellung kommt es darauf an, daß sie so schmal wie möglich (Schulterbreite!) gehalten werden.

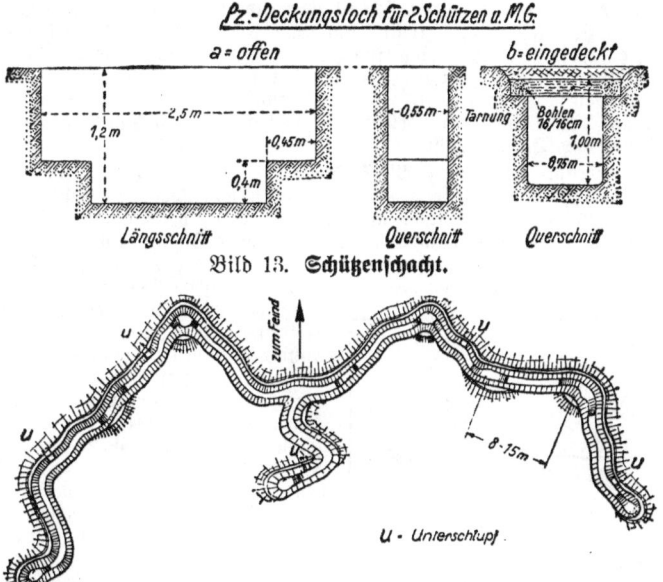

Bild 13. **Schützenschacht.**

Bild 14. **Nest mit Unterschlupfen für Schützen.**

Nester: Werden mehrere Schützenlöcher durch Gräben verbunden, so entstehen Nester, die durch Einbau von Unterschlupfen verstärkt werden können (Bild 14 und 15).

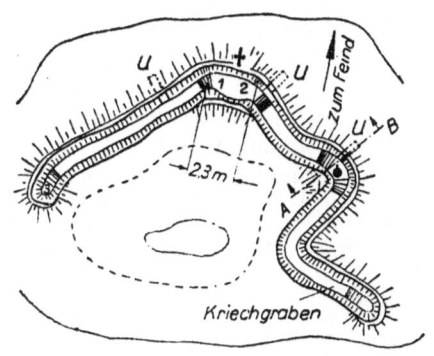

Bild 15. **Nest für ein l. M. G.**

Ist das Eingraben bei Übungen nicht erlaubt (Flurschaden!), so ist es durch Einstecken des Schanzzeuges in den Boden anzudeuten (siehe z. B. Bild 12, S. 280).

Allgemeines Verhalten bei Feindeinwirkung.

Das richtige Verhalten im feindlichen Feuer und das Decken gegen seine Wirkung hat jeder Schütze voll zu beherrschen. Als Grundforderung ist zu merken: **Im Feuer die Nerven behalten, schnell aber überlegt handeln!** Die Erfahrung zeigt, daß „nicht jede Kugel trifft" und daß bei richtigem Verhalten selbst in starkem Feuer die Verluste gering sind. Der Drang nach Deckung vor dem Feindfeuer darf aber den Drang nach vorwärts nicht aufhalten. Die Art des Vorgehens (Gehen, Laufen, Kriechen) wird oft vom Feindfeuer bestimmt. Im allgemeinen ist es immer richtig, dort vorzugehen, wo Gräben, Mulden und Bodenbewachsung einen Schutz und Deckungen bieten.

Die Wirkung feindlichen **M. G.=Feuers** kann durch volles Ausnutzen der Deckungen sehr herabgemindert werden. Feuerpausen, Ladehemmungen usw. beim Feinde sind zum Vorwärtsstürzen auszunutzen. Merkt der Schütze an dem Feuer, daß er erkannt ist, so ist je nach Lage ein Orts= oder Stellungswechsel (z. B. durch Kriechen oder überraschenden Sprung) nötig. Kann der Schütze aus Mangel an Deckungen oder ungenügendem Feuerschutz mit eigene Waffen nicht gegen ein feindliches M. G. vorgehen, so hat er durch Meldung (Ruf, Zeichen usw.) an seinen Führer oder gegebenenfalls an vorgeschobenen Beobachter der eigenen schweren Waffen für Feuerunterstützung zu sorgen. Daher ist es wichtig, daß der Schütze grundsätzlich durch Meldung an seinen Führer dafür sorgt, daß erkannte M. G. den schweren Waffen gemeldet werden oder mit deren vorgeschobenen Beobachtern Verbindung aufgenommen wird. Es ist ein Zeichen von mangelhafter Ausbildung, wenn z. B. ein vorgeschobener Beobachter sich unmittelbar bei dem Schützen befindet, ohne daß dieser sein Erscheinen gemeldet oder gar beobachtet hat.

Ungezieltes Artilleriefeuer ist möglichst zu umgehen.

Ungezieltes Artilleriefeuer ist möglichst zu umgehen (siehe Bild). Ist dies nicht möglich, so ist es in den Feuerpausen zu durcheilen. Hört der Schütze eine Granate ankommen oder schlägt sie in seiner Nähe ein, so wirft er sich blitzschnell ohne Befehl dort zu Boden, wo er sich befindet. Falsch ist es, in die nächste Deckung zu laufen. Gegen gezieltes Artilleriefeuer ist je nach Lage und Vorhandensein Deckung zu nehmen oder Ortswechsel vorzunehmen.

Verhalten gegen **chemische Kampfstoffe:** siehe S. 133 ff.

Bei Erscheinen von **Beobachtungsfliegern** ist es wichtig, daß sich der Schütze sofort hinwirft — möglichst aber nächstgelegene Deckung ausnützen —, Gesicht zur Erde und regungslos liegenbleibt. Laufen und Bewegung verraten ihn. In der Regel wird dem Auftreten von Fliegern das Signal „Fliegerwarnung" vorausgehen.

Fliegerangriffe wirken durch Bomben und M. G.=Feuer. Der Schütze verhält sich gegen ihre Wirkung ähnlich wie gegen Granaten und M. G.=Feuer von der Erde aus. Im übrigen siehe S. 227 ff.

Verhalten gegen **Panzerkampfwagen:** Der Schütze entzieht sich ihrer Waffenwirkung (M. G., u. U. auch Granatfeuer) durch Aufsuchen von Deckung. Von hier aus hat er sofort die Bekämpfung der den Panzerkampfwagen folgenden Infanterie aufzunehmen. Die Waffenwirkung der Panzerkampfwagen ist oft geringer als ihre seelische Wirkung. Der Schütze darf sich daher nicht beirren lassen! Näheres siehe S. 291 ff.

Verwendung der Waffen.

In erster Linie wird verlangt, daß der Schütze Vertrauen zu seiner Waffe besitzt. Gewehr und M. G. leisten Hervorragendes, wenn sie gepflegt, richtig bedient und von einem beherzten Mann geführt werden. Es ist Sache der Selbsterziehung des Schützen, daß z. B. Laufaufbauchungen oder sonstiges Versagen der Waffe im richtigen Augenblick nicht vorkommen.

Täuschung und Überraschung.

Beide sparen Blut. Der Schütze muß sie stets anwenden und darin erfinderisch sein. In dem aus einer Deckung überraschend angebrachten Schuß und dem sofortigen Verschwinden in der Deckung hat er Meister zu sein. Er hat anzustreben, immer dort aufzutauchen, wo ihn der Feind nicht erwartet.

Täuschung und Überraschung sind in allen Gefechtslagen angebracht. Ist der Schütze in einer Deckung oder Stellung erkannt, so muß er sie, ohne vom Feind

Bild 1. **Vorgetäuschte Stellung zieht das Feindfeuer auf sich und ermöglicht es, den Feind aus der sicheren Deckung heraus zu bekämpfen.**

bemerkt zu werden, durch Kriechen oder durch überraschenden Sprung verlassen. Durch gewandtes Anschleichen, schnelles Auftauchen und ebenso schnelles Verschwinden muß er den Feind so überraschen, daß dieser gar nicht zum Gebrauch seiner Waffe kommt. Ein bekanntes Täuschungsmittel ist das Vortäuschen des Getroffenseins (Arme in die Luft strecken, hinstürzen), um später den nichts ahnenden Feind aus einer sicheren Deckung zu beseitigen.

Beobachtungs= und Meldedienst.

Die **Beobachtung** ist ein wesentlicher Teil der Gefechtsaufklärung. Es gilt der Grundsatz: **Viel sehen und selbst nicht gesehen werden!** Sehen kann ein Beobachter nur, wenn er sich auch dort hinbegibt, wo er überblick hat (z. B. erhöhtes Gelände, auf Bäume usw.) und wenn er mit dem Fernglas umzugehen versteht. Schnelles Einstellen des Fernglases auf Augenweite und Sehschärfe (die der Schütze kennen muß) hat er zu üben. Die Beobachtungsstelle muß dem Feinde verborgen bleiben. Auf Hintergrund, Umgebung und Tarnung ist zu achten (Bild 1 und 2).

Aus den Beobachtungen muß der Schütze die richtigen Folgerungen ziehen. Sieht er z. B. langsam aufsteigende Staubwolken, so kann auf eine marschierende, bei schnellem Aufsteigen von Staubwolken auf eine reitende, fahrende oder motorisierte Truppe geschlossen werden. Auf feindliche Befehlsstellen deuten oft Trampelwege hin, auf Menschennähe auffliegende Vögel, Hundegebell, auf Gasgefahr Nebelschwaden.

Bild 1. **Falsch!**   Bild 2. **Richtig!**

Wahrnehmungen über den Feind sind von dem Beobachter sofort zu melden (bei drohender Gefahr auch allen vorbeikommenden eigenen Truppen).

Übermitteln von Meldungen. Meldungen und Befehle werden durch technische Nachrichtenmittel (Fernsprecher-, Funk- und Blinkgerät) und durch das sicherste Mittel, den **Melder**, übermittelt. Dieser muß im Orientieren, Laufen und Geländeausnutzen besonders gut ausgebildet sein. Die Kommandierung zum Melder ist ein Zeichen des Vertrauens!

Bei mündlicher Übermittlung einer Meldung oder eines Befehls hat der Überbringer den Wortlaut dem Befehlenden oder Meldenden zu wiederholen, dem Überbringer einer schriftlichen Meldung wird das Wesentliche ihres Inhalts, soweit es die Verhältnisse gestatten, bekanntgegeben.

Fällt der Melder dem Feind in die Hände, so hat er die schriftliche Meldung zu vernichten (siehe Beispiel S. 40, Ziff. 8).

Melder dürfen durch ungeschicktes Verhalten auf dem Gefechtsfeld die absendende und empfangende Stelle nicht verraten (Anhäufungen, Trampelpfade). Bei drohender Gefahr teilt der Melder begegnenden eigenen Truppen seine Wahrnehmungen und den Inhalt seiner Meldung mit.

Jeder Überbringer einer wichtigen Meldung oder eines wichtigen Befehls ist verpflichtet, eine Besprechung oder Befehlsausgabe bei der empfangenden Stelle, z. B. durch den Zuruf „Bataillonsbefehl!" oder „Wichtige Meldung!", zu unterbrechen. Bevor der Melder die empfangende Stelle verläßt, hat er zu fragen, ob Befehle mitzunehmen sind.

Meldungen müssen kurz, aber vollständig sein. Bei jeder Meldung ist zu unterscheiden zwischen persönlichen Wahrnehmungen und übermittelten. Letztere sind wörtlich wiederzugeben, z. B. „Ich habe von dem Spähtrupp Müller II der 10./J.R. 109 gehört, daß . . ."

Die schriftliche Meldung muß so geschrieben sein, daß sie auch bei schlechter Beleuchtung gelesen werden kann. Tintenstift ist nicht zu verwenden (Regen!). Über Schreibweise der Ortsnamen usw. siehe S. 127 ff. Während des Abfassens einer Meldung muß die Beobachtung gewährleistet sein.

Jede Meldung über den Feind hat zu enthalten (**merke**: 4mal „W").
1. **Wer** (was) wurde festgestellt?
    Waffengattung, Marschlänge, ungefähre Stärke des Feindes; z. B. 1 l. M. G. und 8 Kradschützen.
2. **Wo** wurde der Feind festgestellt?
    Der Ort ist genau zu bezeichnen, z. B. an Brücke 500 m südl. A-Dorf.
3. **Wann**, d. h. um wieviel Uhr wurde die Beobachtung gemacht?
4. **Wie** wurde der Feind gesehen?
    Marschierend, vorbeigehend (in welcher Richtung?), beobachtend, in Ruhe, bei Schanzarbeiten usw.

Am Schluß einer Meldung können **Vermutungen** kurz zum Ausdruck gebracht werden. Z. B.: „Ich vermute, daß der mir begegnete feindliche Spähtrupp die rechte Flanke der Schützenkompanie sichern soll, die auf der Straße von A=Dorf—B=Dorf marschiert."

Die beste Meldung ist wertlos, wenn sie zu spät eintrifft. Eine Meldung, die falsch ist, kann ungeheuren Schaden anrichten.

Beispiel einer Meldung.

Absendestelle:	1te Meldg.	Ort	Tag	Zeit
Spähtrupp Schulze 1./J.R.88	Abgegangen	Waldrand 300 m östl. Ortsmitte, 600 m südl. • 217	11.8. 39.	20-10 Uhr
	Angekommen			

An: 1./J.R. 88

1). 20⁰⁰ Uhr vom Ortsausgang Mörlau feindl. Inf.= Spähtrupp, Stärke 5 Mann, auf Straße Mörlau= Launsbach vorgehend, beobachtet.

2). Dort traf ich einen Spähtrupp der 5./J.R. 14. Der von Mörlau kam und mitteilte: „Um 19⁴⁵ Uhr rastet feindl. Infanterie, etwa 2 Kp., am Westrand Mörlau, habe dort auch Kraftfahr= und Panzerfahrzeuge (Panzertransportwagen?) gesehen."

3). Ich gehe in Gegend Höhe • 217 und beobachte Feind bei Mörlau.

Durch Melder!   Schulze, Gefreiter

Skizzen.

Skizzen einfachster Art können Meldungen ersetzen. Im übrigen dienen sie der Erläuterung der Meldung. Sie dürfen keinesfalls das Absenden der Meldung verzögern. Truppen usw. sind zuletzt nach den taktischen Truppenzeichen (siehe S. 269), Feind rot, eigene Truppe blau, einzutragen.

Die **Grundrißskizze** (Bild 1) muß in beschränkter Zeit mit wenigen Bleistift= strichen die Örtlichkeit darstellen. Meist kann sie nach dem Augenmaß erfolgen. Entfernungen und Abmessungen, auf die es ankommt, z. B. Breite eines Baches an einer bestimmten Stelle, sind in Zahlen anzugeben.

Das **Kroki** ist eine ziemlich kartenmäßige Darstellung eines Gelände= abschnittes, nach Norden orientiert, meist im Maßstab 1 : 25 000.

Die **Ansichtsskizze** (Bild 2 und 3) gibt das Gelände so wieder, wie es der Zeichner sieht. Sie ist deshalb für Feldposten und Beobachter zweckmäßig.

Feindbesetzung Pödeldorf 11. 5. 38 8³⁰ Uhr

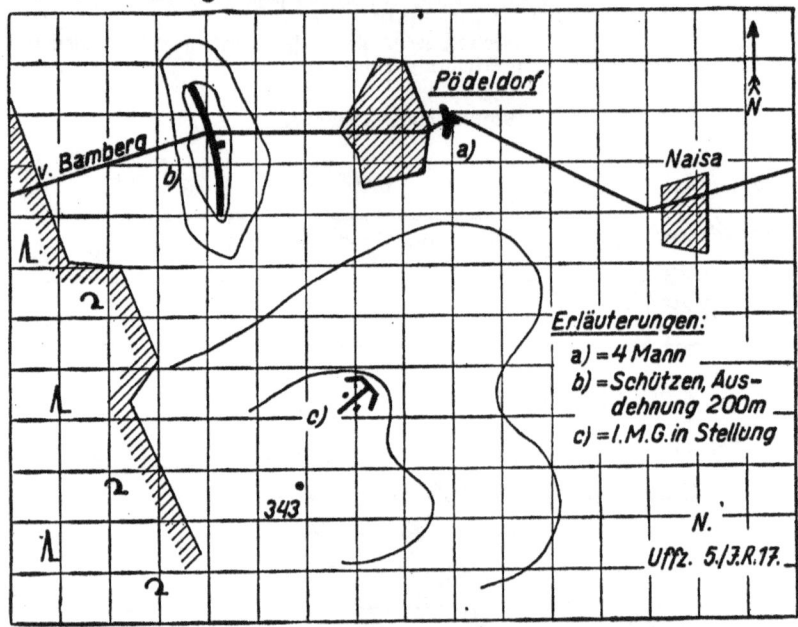

Bild 1. **Grundrißskizze.**

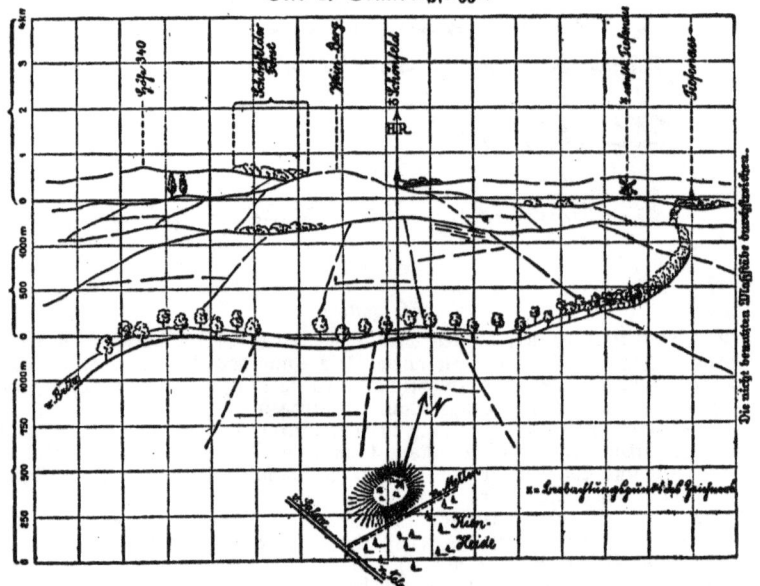

Bild 2. **Ansichtsskizze.**

Für die Ansichtsskizze teilt man das darzustellende Gelände ein, deutet diese Einteilung auf dem Zeichenblatt an und trägt in dieses Gerippe die Hauptpunkte und -linien des Landschaftsbildes mit weichen, dunklen Bleistiftlinien ein. Danach stellt man mit zarten, schwachen Bleistiftstrichen den Hintergrund, schließlich mit kräftigeren Strichen den Vordergrund her. Alle überflüssigen Einzelheiten sind fortzulassen. Der Ort, von wo, und die Richtung, in der die Ansichtsskizze gezeichnet ist, sind anzugeben. Die Namen von Örtlichkeiten werden über oder unter das Bild gesetzt, Truppen angedeutet und erläutert.

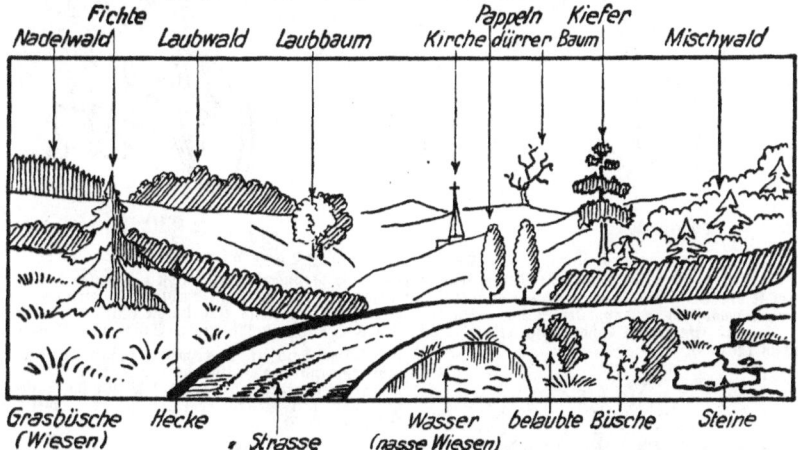

Bild 3. Wichtige Darstellungsformen für Ansichtsskizzen.

Abkochen und Verwendung der Zeltausrüstung.

Das **Abkochen** auf offenem Feuer im Freien ist aus Tarnungsgründen zu vermeiden. Ist dies nicht möglich, so wird in Kochlöchern (Bild 1) oder Kochgräben (Bild 2) abgekocht. Vorhandene Erdlöcher und Gräben sind auszunutzen. Die Windrichtung ist zu beachten.

Bild 1. Kochloch.   Bild 2. Kochgraben.

Verwendung der Zeltbahn als Regenmantel.

1. Unberittene.

Die Zeltbahn wird nach Durchstecken des Kopfes durch den geöffneten Schlitz derart über die Schulter gelegt, daß der eine Teil mit der breiten Seite über den Rücken, der andere mit der Spitze vorn über den Leib fällt. Nachdem die unteren Ecken der Breitseite nach vorn genommen und unten zusammengeknöpft sind, wird der vordere Zeltbahnteil bis unten auf die jetzt vorn liegenden Schenkelseiten des breiten hinteren Zeltbahnteils aufgeknöpft (Bild 1).

2. Berittene.

Um beim Reiten Ober- und Unterschenkel gegen Regen zu schützen, wird die Zeltbahn sinngemäß wie für Unberittene, jedoch so geknöpft, daß die zwei untersten Knöpfe und Knopflöcher der Schenkelseiten und je ein Knopf und Knopfloch an der Zeltbahnspitze offenbleiben (Bild 2).

18*

Bild 1.   Bild 2.   Bild 3.

3. Gebirgstruppen, Radfahrer usw.

Die Zeltbahn wird wie für Unberittene geknöpft, die herunterhängenden Zeltbahnecken werden um je ein Bein nach innen herumgeschlagen. Der Knopf auf der schmalen Rechteckseite wird in das zweite Knopfloch im doppelten Randstreifen des rechteckigen Unterteils eingeknöpft (Bild 3).

Das Einerzelt. Schon eine Zeltbahn gibt 1 bis 2 Mann notdürftigen Wind- und Wetterschutz (Bild 4).

Das Halbzelt. Aus zwei mit einer Seite zusammengeknöpften Zeltbahnen kann eine Deckung hergerichtet werden, die 2 bis 3 Mann im Rücken und von den Seiten gegen Wind und Wetter schützt (Bild 5).

Bild 4.

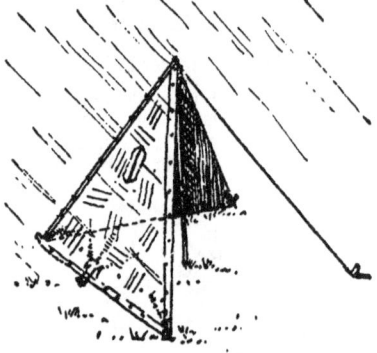

Bild 5.

Schwimmer aus Zeltbahnen.

Zwei dreieckige Zeltbahnen werden nach Bild 6 zusammengeknöpft und darauf in Richtung des langen Durchmessers (3,43 m) etwa 1½ Bund Langstroh (Schilf, Binsen u. dgl.) gelegt und fest in die Bahnen eingerollt. Dann werden die in der Längsrichtung liegenden Zipfel unter Einschlagen des Stoffes scharf umgeschlagen, straff angezogen und festgeknöpft oder besser noch mit einer durch die beiden großen Kauschen genommenen Leine fest zusammengezogen (Bild 6).

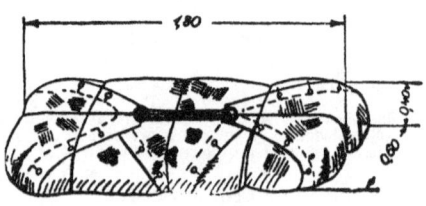

Bild 6.

Taktische Truppenzeichen der Infanterie.

Symbol	Bezeichnung	Symbol	Bezeichnung	Symbol	Bezeichnung
	Stab eines Inf.-Rgt.		Panzerabwehr-Kp.		Panzerabwehr-kanone (Pak).
	Stab eines Ge-birgsjäger-Rgt.		Inf.-Geschütz-Kp.		Pak in Stellung.
	Stab eines M. G. Btl. (mot).		Inf.-Reiterzug.		leichtes Inf.-Geschütz.
	Stab eines Inf.-Btl.		Nachrichtenzug.		schweres Inf.-Geschütz.
	Stab eines Ge-birgsjäger-Btl.		Granatwerferzug.		Feldposten, Spähtrupp.
	Stab eines Rad-fahrer-Btl. (tmot).		leichte Inf.-Kolonne.	F.W.	Feldwache.
	Kompanieführer.		leichte Inf.-Kolonne (mot).	B	Beobachtungsstelle.
	Schützen-Kp.		l. M. G.		Schützennest.
	Gebirgsjäger-Kp.		l.M.G. in Stellung.		Schützen in Entwicklung.
	Radfahrer-Kp.		s. M. G.	1/1 13/1	Marsch-kolonne b. Inf.
	Kraftradschützen-zug.		s.M.G. in Stellung.		Hauptkampflinie.
	M. G. K.		leichter Granat-werfer.		Schützen- und M.G.-Nester.
	Gebirgsjäger-M. G. K.		schwerer Granat-werfer.		Scheinstel-lungen.
	M. G. K. (mot)				

Zeichen aus dem Sperrdienst
(Scheinsperren erhalten neben dem Zeichen ein S).

Symbol	Bezeichnung	Symbol	Bezeichnung	Symbol	Bezeichnung
xxxxxx	Drahtzaun (Flandern-zaun).		Baum-sperren.		Abgeholzter Wald.
	Stolperdraht.				
	zerstört.		Anstauung (blaue Farbe).		Niedergelegtes Gehöft.
	Minenfeld.				

Taktische Grenzen.

Symbol	Bezeichnung	Symbol	Bezeichnung
—··—··—	Regimentsgrenze.	— — — —	Kp.- usw. Grenze.
—···—···—	Btl.-Grenze.	··········	Zielgrenze.
		+—+—+—	Aufklär.-Grenze.

Aufklärungs- und Sicherungsdienst.

Alle im Aufklärungs- und Sicherungsdienst eingesetzten Soldaten haben mit ihren sonstigen Aufgaben, soweit es ihr Auftrag gestattet, ohne besonderen Befehl zu verbinden:
1. die Erkundung des Geländes (s. S. 251 ff.),
2. die Prüfung auf Vorhandensein chemischer Kampfstoffe (s. S. 133 ff.),
3. die Warnung vor Annäherung feindlicher Panzerfahrzeuge (s. S. 291 ff.).

Spähtrupps sollen s e h e n (aber möglichst nicht gesehen werden) und m e l d e n.

Sie sollen mit Fernglas, Blei- und Buntstiften, Meldekarten, Kompaß, Leuchtpistole (nachts Taschenlampe), Karte usw. ausgerüstet sein.

Jeder Spähtrupp erhält einen bestimmten Auftrag, den jeder Mann des Spähtrupps sowie die beabsichtigte Durchführung k e n n e n m u ß.

Das Vorgehen des Spähtrupps geschieht dem Gelände angepaßt (Geländeausnutzung S. 256 f.) a b s c h n i t t s w e i s e von Beobachtungspunkt zu Beobachtungspunkt (siehe Bild!). In Feindnähe werden kleine Abschnitte notwendig. Die einzelnen Leute des Spähtrupps gehen so nahe zusammen, daß sie ihre Beobachtungen austauschen können. Ist Feindberührung wahrscheinlich, so pirscht sich der Führer oft nur mit einem Teil des Spähtrupps vor. Die übrigen Schützen folgen schußbereit oder überwachen das Vorgehen aus der Deckung.

Spähtrupps sollen sich genau an Zeit und Auftrag halten. Sie sollen das, was sie gesehen oder festgestellt haben, sofort m e l d e n; die erste Berührung mit dem Feind ist immer zu melden (über Meldungen s. S. 264 ff.). Spähtrupps sollen, wenn irgend möglich, den Kampf mit dem Gegner vermeiden. Deshalb sind z. B. feindliche Postierungen zu umgehen, feindlichen Spähtrupps ist auszuweichen, wenn nicht gerade der Auftrag das Gegenteil erfordert.

An geeignete Geländepunkte können s t e h e n d e S p ä h t r u p p s vorgeschoben werden. Sie bleiben dort bis zur befohlenen Zeit bzw. bis zur Ablösung.

Im Angriff und in der Verfolgung gehen unabhängig von der Gefechtsaufklärung jedem in vorderer Linie eingesetzten Zuge in der Regel 2 Mann als **Sicherer** voraus (Nahsicherung). Sie sollen die nachfolgende Truppe vor Überraschungen sichern und zugleich das Gelände vor der Truppe erkunden.

Die Sicherer bleiben so nahe zusammen, daß sie sich verständigen können. Bei drohender Gefahr warnen sie durch schnell aufeinanderfolgende Schüsse.

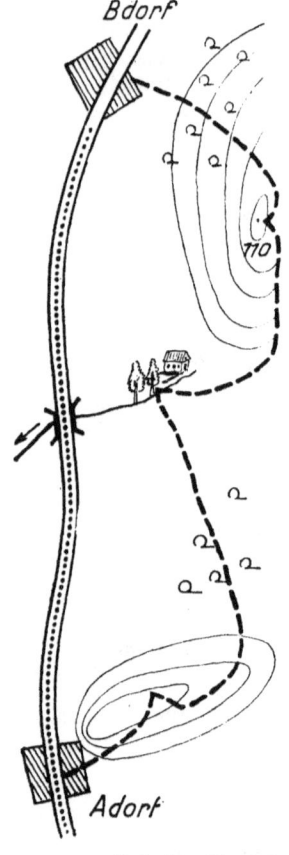

·········· Falsches Vorgehen
------ Richtiges   "
< Beobachtungspunkt

Weg eines Spähtrupps, der feststellen soll, ob B=Dorf und die Straße dorthin vom Feinde frei ist.

Vor Abmarsch bespricht der Führer den Auftrag und das Vorgehen. Letzteres wird in Feindnähe oft so erfolgen, daß einige beobachten, während die anderen vorgehen.

Treten die vordersten Gruppen in den Feuerkampf, so lassen sich die Sicherer aufnehmen.

Für **Luftspäher** und **Gasspürer** sind die besonderen Vorschriften maßgebend.

Sicherungen sind an die zu sichernde Truppe örtlich gebunden. Sie können sich also nicht wie die im Aufklärungsdienst eingesetzten Kräfte frei bewegen und nach dem Feinde richten. Der Grad der Gefechtsbereitschaft richtet sich nach dem Feinde und dem Gelände. (Näheres siehe S. 289 f.).

4. Die Gruppe im Gefecht.
Einteilung, Ausrüstung und Aufgaben der Gruppe.

	Ausrüstung	Aufgaben
Gruppenführer	M. P. mit 6 Magazinen zu je 32 Schuß in Magazintaschen, Magazinfüller, Doppelfernrohr, Drahtschere, Marschkompaß, Signalpfeife, Sonnenbrille, Taschenlampe.	Der Gruppenführer ist Führer und **Vorkämpfer** seiner Gruppe. Er leitet das Feuer des l. M. G. und — soweit es das Gefecht zuläßt — auch das der Gewehrschützen. Er ist für **Kriegsbrauchbarkeit** von **Waffen, Munition** und **Gerät** seiner Gruppe verantwortlich.
Schütze 1 (Richtschütze)	M. G. 34 mit Gurttrommel 34 zu 50 Schuß (meist angehängt), Werkzeugtasche, Pistole, kurzer Spaten, Sonnenbrille, Taschenlampe.	Schütze 1 bedient das M. G. im Kampf. Er ist für Pflege und den einwandfreien Zustand des M. G. verantwortlich.
Schütze 2	Laufschützer mit einem Vorratslauf, 4 Gurttrommeln (je 50 Schuß), 1 Patronenkasten (= 300 Schuß), Tragegurt 34, Pistole, kurzer Spaten, Sonnenbrille	Schütze 2 ist der Gehilfe des Schützen 1 im Kampf, Nahkämpfer. Er sorgt für Munition. Er hilft dem Schützen 1 bei den Vorbereitungen für die Feuereröffnung und beim Instellunggehen. Dann legt er sich in der Regel mehrere Schritte links seitwärts oder seitlich rückwärts des Schützen 1 möglichst in voller Deckung hin. Er ist jederzeit bereit, den Schützen 1 zu unterstützen (z. B. beim Beseitigen von Hemmungen, Laufwechsel, Zurechtsetzen des Zweibeins) oder ihn zu ersetzen. Beim Vorhandensein einer geeigneten Deckung bleibt er nach dem Instellunggehen neben dem Schützen 1 liegen und unterstützt ihn bei der Bedienung des M. G. Er unterstützt den Schützen 1 in der Pflege des M. G.
Schütze 3	Laufschützer mit einem Vorratslauf, 2 Patronenkasten (je 300 Schuß), Tragegurt 34, Pistole, kurzer Spaten.	Munitionsschütze, Nahkämpfer. Er liegt nach Möglichkeit rückwärts in voller Deckung. Er prüft selbständig Patronengurte und Munition.
Gewehrschützen 4—9	Gewehr, 2 Patronentaschen, kurzer Spaten, ferner, je nach Befehl Handgranaten, Nebelhandgranaten, geballte Ladungen, Munition, das Dreibein.	**Führung des Feuerkampfes mit Gewehr, Nahkämpfer.** Ein Gewehrschütze ist **stellvertretender Gruppenführer.** Er ist der Gehilfe des Gruppenführers und vertritt ihn gegebenenfalls. Er ist verantwortlich für die Verbindung zum Zugführer und zu den Nachbargruppen. Es widerspricht dem Sinn der Neugliederung, wenn er selbständig einen Teil der Gruppe führt.

Fehlende M. G., Pz. B. oder M. P. sind durch Gewehre zu ersetzen.

Die geöffnete Ordnung.

Den Übergang aus der geschlossenen (siehe S. 197) in die geöffnete Ordnung, der Kampfform der Gruppe, nennt man Entwicklung.

Die **Grundformen der geöffneten Ordnung** sind:
  die „Schützenreihe" (Bild 1),
  die „Schützenkette" (Bild 2 und 3).

Sie werden gebildet auf Zeichen (siehe S. 296 ff.), Befehl oder Kommando. **Die Gruppe wird grundsätzlich einheitlich entwickelt.** Schütze 1 ist stets Anschlußmann.

Falls die Lage dazu zwingt, ist ein Bilden anderer Formen oder ein **Absetzen einzelner Teile der Gruppe** besonders zu befehlen. Der Zusammenhalt der Gruppe muß dabei gewährleistet bleiben.

Zum Abschwächen der feindlichen Feuerwirkung und zum Ausnutzen des Geländes entstehen aus der Schützenreihe und aus der Schützenkette **unregelmäßige** tiefere oder breitere Formen, die vielfach wechseln. Sie ergeben sich bei Bewegungen in stark durchschnittenem Gelände, beim Überwinden und Umgehen von Hindernissen oder beim Aufschließen rückwärtiger Gruppen.

Die **Schützenreihe** eignet sich zur Annäherung an den Feind und zum Feuerkampf, wenn das l. M. G. allein feuert und die Gewehrschützen zurückgehalten werden.

Am Schluß der Schützenreihe befindet sich der stellvertretende Gruppenführer; er sorgt dafür, daß niemand zurückbleibt.

Die Entwicklung der Gruppe erfolgt stets auf den **Anschlußmann** (Schütze 1). Auf ihn werden Abstände und Zwischenräume genommen. Der Anschlußmann hält die befohlene Richtung inne. Dazu wählt er sich Zwischenpunkte im Gelände.

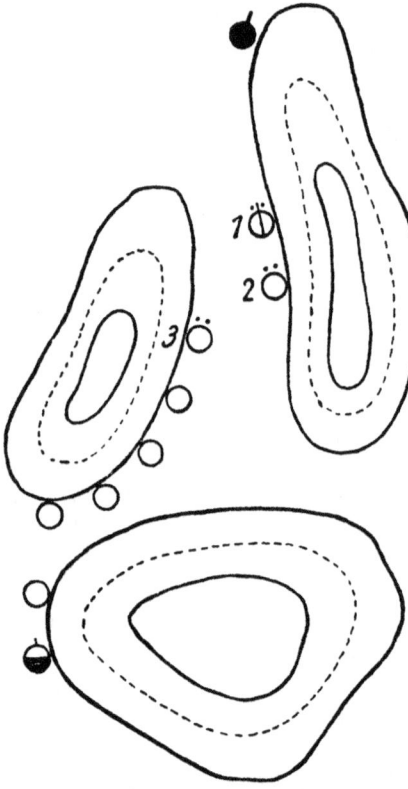

Bild 1. **Gruppe in Schützenreihe*).**

Ist keine Richtung befohlen, folgt er dem vorangehenden Gruppenführer.

Muß beim Vorgehen gegen den Feind eine sofortige Feuerbereitschaft vom l. M. G.- und Gewehrschützen gewährleistet sein, so ist die **Schützenkette** zu bilden. Auch zum schnellen Überwinden eingesehener Geländestrecken kann sie erforderlich sein.

Zum Feuerkampf der **ganzen** Gruppe gehen die Schützen, dem Gelände angepaßt, beiderseits des l. M. G. in Stellung und bilden so die Schützenkette. Das l. M. G. bleibt der Mittelpunkt der Gruppe.

---

*) Zeichen: ● Gruppenführer, ⦶ l. M. G.-Schütze 1 (Richtschütze), ○ l. M. G.-Schützen 2—3, ○ Gewehrschütze, ◐ Gewehrschütze, zugleich stellv. Gruppenführer.

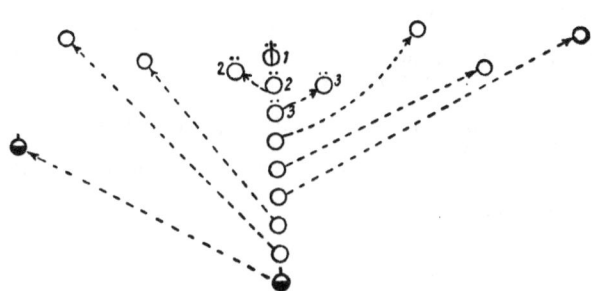

Bild 2. **Gruppe in Schützenkette*).**

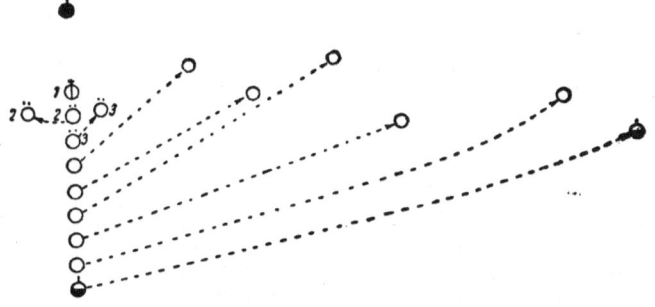

Bild 3. **Schützenkette rechts*).**

Wird aus der Schützenreihe sofort zum Feuerkampf übergegangen, so wird die Schützenkette ohne weiteres auf das Zeichen oder Kommando „Stellung" gebildet. **Ein Zusammenballen um das l. M. G. muß unter allen Umständen vermieden werden.**

Zum Bilden der **Schützenkette** entwickelt sich aus der Reihe die vordere Hälfte der Gewehrschützen rechts, die hintere Hälfte links vom Schützen 1 (Bild 2). Wird nichts anderes befohlen, beträgt der Zwischenraum etwa 5 Schritt. Sollen sich die Gewehrschützen nach e i n e r Seite zur Schützenkette entwickeln, so ist es zu befehlen (Bild 3). Bei der Entwicklung aus der Marschordnung nehmen die Schützen die gleichen Plätze wie im Bild 1, 2, 3 ein.

Beispiele für Kommandos und Befehle zur Entwicklung:

a) In der Vorwärtsbewegung.

1. „Richtung Waldecke! 20 Schritt Abstand — Schützenreihe!"
2. „Auf der rechten Straßenseite in Schützenreihe mit 15 Schritt Abstand folgen!"
3. „Richtung Kirchturm — 10 Schritt Zwischenraum — Schützenkette — Marsch! Marsch!"

---

*) Siehe Fußnote S. 272.

b) **Auf der Stelle.**
1. „Im Straßengraben! Front Schornstein — 15 Schritt Zwischenraum — Schützenkette links!"
2. „Hinter dieser Höhe! M. G. links, Schützen rechts vom Weg — Schützenkette!"
   Der Gruppenführer ist an keinen bestimmten Platz gebunden. In der Regel befindet er sich **vor** seiner Gruppe. Zur Beobachtung des Gegners, zur Geländeerkundung und zum Verbindunghalten mit Nachbarn entfernt er sich oft vorübergehend von seiner Gruppe. Erst bei wirksamem feindlichem Feuer befindet er sich **inmitten** seiner Schützen.
   In der geöffneten Ordnung wird das M. G. so getragen, daß es vom Gegner möglichst nicht zu erkennen ist.
   Das Gewehr wird so getragen, wie es dem Schützen am handlichsten ist (aber nicht mit Gewehr über). In Feindnähe muß schneller Gebrauch gewährleistet sein. Der Gewehrriemen wird stets lang gemacht.
   Praktische Trageweise des Gewehrs: Gewehr unter dem rechten Arm, auf der rechten Patronentasche, Lauf nach links, Gewehr mit der rechten Hand etwa am Schwerpunkt erfaßt.
   In der geöffneten Ordnung darf gesprochen werden, wenn es zum Austausch von Beobachtungen über Feld, Nachbarn usw. **erforderlich** ist (aber kein „Quatschen" über beliebige Dinge). Im übrigen hat besonders bei Nacht, Nebel und im Walde — R u h e z u h e r r s c h e n.

Bewegungen.
   Vor Beginn jeder Bewegung müssen l. M. G., Gewehr und Pistolen gesichert, Patronentaschen und Patronenkästen geschlossen sein.
   Bewegungen werden mit u n g e l a d e n e m l. M. G. ausgeführt. Nur beim Schießen in der Bewegung und beim Instellunggehen darf das M. G. geladen sein. Ist mit plötzlichem Zusammenstoß mit dem Feinde zu rechnen, so kann das Laden durch Einsetzen der Gurttrommel vorbereitet werden.
   Antreten in der geöffneten Ordnung erfolgt durch Zeichen oder das Kommando: „**Marsch! (Marsch! Marsch!)**"
   Kurze Seitenbewegungen erfolgen auf Zeichen oder Befehl.
   Rückwärtsbewegungen werden auf „**Kehrt Marsch!**" ausgeführt und auf „**H—a—l—t Kehrt!**" unterbrochen. Alle Führer bleiben auf der Feindseite.
   Frontänderungen erfolgen durch Angabe einer neuen Richtung, wobei sich die Truppe allmählich in die neue Front hineinschiebt.
   Vorwärtsbewegungen in der geöffneten Ordnung werden auf „**H—a—l—t!**" oder „**Hinlegen!**" oder „**Volle Deckung!**" unterbrochen.
   Auf: „H—a—l—t!" bleiben die Schützen stehen, das Gewehr wird in die Stellung „Gewehr ab" gebracht. Das l. M. G.-Gerät wird auf B e f e h l abgesetzt.
   „H i n l e g e n!" legt sich der Schütze an Ort und Stelle hin.
   „V o l l e D e c k u n g!" sucht sich jeder Schütze schnell einen geeigneten Platz in seiner Nähe und legt sich hin. Deckung gegen feindliche Feuerwirkung, Erd- und Luftbeobachtung ist anzustreben.
   Es ist auch möglich, Bewegungen durch das Kommando „**Stellung!**" zu beenden.

Sammeln.
   Wenn nichts anderes befohlen ist, so sammelt die Gruppe in Reihe und nimmt dabei selbständig die ursprüngliche Gliederung ein. Das Sammeln kann auf der Stelle oder in der Bewegung erfolgen. Es geschieht lautlos in guter Haltung. Das Gewehr wird umgehängt, und — wenn nötig — wird der Anzug in Ordnung gebracht.
   Beim S a m m e l n a u f d e r S t e l l e gehen die Schützen auf dem k ü r z e s t e n Wege auf den befohlenen Platz, in der B e w e g u n g sammeln sie s t r a h l e n f ö r m i g hinter dem vorangehenden Gruppenführer, seltener auf einen befohlenen Richtungspunkt.

Das l. M. G.-Gerät wird zum Sammeln aufgenommen, in der Trageweise des Gewehrs richten sich die Schützen nach ihrem Führer.

Beispiele:

„Gruppe! — Sammeln!" oder „Gruppe! Richtung Strohschober! — Sammeln!" oder „Gruppe A.! In der Sandgrube! Front das Dorf! In Linie zu einem Gliede! — Sammeln!"

Feuerkampf und Kampfweise.

Allgemeine Grundsätze. Der Gruppenführer ist der Anführer seiner Mannschaft.

Grundsätzlich ist die Gruppe im Kampf als Einheit einzusetzen. Eine Unterteilung in Trupps mit verschiedener Gefechtsverwendung gibt es nicht.

Der **Feuerkampf** wird im Rahmen der Gruppe geführt.

Erfordert die Lage eine Feuereröffnung, so setzt in der Regel der Gruppenführer zunächst nur das M. G. ein, er leitet das Feuer.

In manchen Fällen ist an Stelle des M. G. der Einsatz eines guten Gewehrschützen vorzuziehen.

Bei guter Wirkungsmöglichkeit, gegebenenfalls auch bei unzureichender Deckung, werden die Gewehrschützen schon frühzeitig am Feuer teilnehmen. Spätestens wenn der Angreifer sich zum Einbruch gliedert, ist die Masse der Gewehrschützen in vorderer Linie einzusetzen und das Feuer mit ihnen zu eröffnen.

Die Teile der Gruppe, die sich am Feuerkampf nicht beteiligen, werden in Deckung zurückgehalten. Wenn es das Gelände erfordert, setzen sie sich ab. Der Zusammenhalt innerhalb der Gruppe darf dabei nicht verlorengehen.

Die **Feuereröffnung** behält sich der Gruppenführer in der Regel vor.

Bei der Breite und Tiefe einer entwickelten Gruppe ist unter Einwirkung des feindlichen Feuers eine Feuerleitung der gesamten Gruppe nur ausnahmsweise möglich.

Die Gewehrschützen führen daher im Rahmen der Gruppe den Feuerkampf meist selbständig, es sei denn, daß der Gruppenführer das Feuer seiner Gewehrschützen auf ein Ziel zusammenfaßt.

Beispiel für Feuereröffnung von l. M. G. und Gewehrschützen nacheinander:

„l. M. G.: Geradeaus, Schornstein! — Rechts davon im Acker, Schützen! Visier: 400! — Stellung! Feuer frei!"

(Einsatz der Gewehrschützen wird während des Feuerkampfes erforderlich.)

„Schützen! Stellung! Marsch! Marsch! Feuer frei!"

Beispiele für Feuereröffnung der ganzen Gruppe:

1. „Halbrechts im Waldrand Schützen! Ganze Gruppe: Visier 450! M. G.: 100 Schuß! Stellung! Feuer frei!"
2. „Ganze Gruppe! Stellung! Marsch! Marsch! Feuer frei!"

Auf sorgfältiges Fertigmachen des M. G. und auf einwandfreies Gurten ist als Voraussetzung für die Leistung des M. G. besonders zu achten.

Jeder Schütze prüft selbständig in den Feuerpausen seine Waffe und seine Munition.

Die Feuerbereitschaft des M. G. 34 ist dadurch vorzubereiten, daß das Schloß in vorderster Stellung ist, Trommel angehängt oder Magazin angesteckt.

Alle Mittel zur Steigerung der eigenen Feuerwirkung müssen ausgenutzt werden. So ist überraschendes und flankierendes Feuer auf allen Entfernungen und gegen alle Ziele besonders wirksam. Es vervielfacht die Geschoßwirkung und zermürbt die Nerven des Gegners.

— 276 —

Da l. M. G.- und Gewehrschützen keine langen Feuerkämpfe führen können, ist stets anzustreben (wo es die Lage erlaubt), daß sie überraschend auftauchen und überfallartig zur Wirkung kommen (**Feuerüberfall!**). Sieger bleibt, wer **am schnellsten die größere Anzahl von gut liegenden Schüssen auf seinen Gegner abgibt.** Nach kurzer Feuerdauer oder sobald die mit Feuer verbundene Absicht erreicht worden ist, verschwinden l. M. G. und Gewehrschützen in voller Deckung. (**Niemals untätig Scheibe liegen!**) Wenn nötig, gehen sie an anderer Stelle erneut in Stellung. Diese Wechselstellungen müssen gedeckt erreichbar sein.

Wenn Deckung vorhanden, ist die Feuereröffnung stets in ihr vorzubereiten.

Der Schütze bekämpft das befohlene Ziel, bei breiten Zielen den ihm gegenüberliegenden Teil des Ziels (Bild 4). Ist die Wahl des Ziels dem Schützen überlassen, so sucht sich dieser sein Ziel (im allgemeinen das ihm gegenüberliegende Ziel). Alle Schützen müssen den Kampfauftrag kennen und wissen, wie der Führer diesen ausführen will. Bei günstiger Munitionslage können auch Ziele, deren Bekämpfung durch den Kampfauftrag nicht bedingt ist, unter Feuer genommen werden, wenn die Bekämpfung einen besonders guten Erfolg verspricht und die Gefechtslage es erlaubt.

Bild 4. **Wenn nicht anders befohlen, bekämpft jeder Schütze das ihm gegenüberliegende Ziel.**

Das **Visier** wird nach der ermittelten Entfernung gestellt. An dem Verhalten des Feindes und an den Geschoßeinschlägen kann der Schütze erkennen, ob sein Feuer richtig liegt. Nach Vorarbeiten ist das Visier selbständig zu ändern.

Der günstigste **Haltepunkt** ist gegen kleine Ziele: „Zielaufsitzen" gegen große Ziele: „Mitte des Ziels". Gegen Ziele, die sich seitwärts bewegen, müssen Schnelligkeit der Bewegung und Flugzeit des Geschosses berücksichtigt werden (Bild 5). Deshalb ist vorzuhalten oder gleichzeitig mitzugehen mit der Bewegung des Ziels. Bei Seitenwind ist seitlich — am besten nach Zielbreiten — anzuhalten (Bild 6).

Feuerzucht in allen Kampfarten. Das Ziel des Feuerkampfes, die Erringung der Feuerüberlegenheit verlangt straffste Feuerzucht. Diese findet ihren Ausdruck in der Wahl der Feuerstellung des einzelnen Schützen, im Fertigmachen in der Feuerstellung

Bild 5. **Bei beweglichen Zielen ist vorzuhalten.**

Bild 6. **Bei Seitenwind ist seitlich anzuhalten.**

(„Tarnung, Wirkung geht aber vor Deckung"), in der richtigen Visierstellung, Wahl des Zieles, Feuereröffnung, Feuerverteilung und Munitionseinsatz. **Die Feuerzucht ist somit die Vorbedingung für den erfolgreichen Feuerkampf. Auch nach großen Anstrengungen muß sie gewährleistet sein.**

Das l. M. G. im Feuerkampf.

Gegen kleine Ziele ist das l. M. G. wirksam
mit Vorderunterstützung bis 1200 m,
mit Mittelunterstützung bis 800 m.

Es ist jedoch mit Vorderunterstützung so lange zu schießen, bis das Anbringen der Mittelunterstützung unbedingt nötig ist.

Das l. M. G. feuert in Feuerstößen von 3 bis 8 Schuß. Die Pausen sollen nur so lang sein, als zum neuen Anvisieren nötig ist. Es ist stets Punktfeuer abzugeben, bei breiten Zielen ist das Punktfeuer aneinanderzureihen.

In der Regel leitet der Gruppenführer oder Schütze 1 das Feuer.

Instellungbringen des l. M. G. zum Feuerüberfall.

Mit dem Feuerüberfall wird das Niederkämpfen eines oder mehrerer Ziele in kürzester Zeit angestrebt.

Die ausgewählte Stellung ist für das l. M. G. herzurichten. Die Herrichtung ist sehr wichtig, da sie ausschlaggebend für den Erfolg sein kann.

Bild 7. Fertigmachen des l. M. G. in Deckung zum Feuerüberfall.

Der Gruppenführer zeigt dem Schützen 1 unauffällig das Ziel, z. B.: „Geradeaus, weißes Haus mit Fahnenmast! 25 Strich rechts davon M. G.!"

Der Schütze 1 bestätigt das richtige Erkennen des Zieles, z. B.: „Am M. G. Raucherscheinung!"

Der Gruppenführer befiehlt das Visier, z. B.: „Visier 900", und die Lage der Feuerstellung. Er kann die bei dem Feuerüberfall zu verschießende Munitionsmenge, z. B.: „50 Schuß", festsetzen.

Während der Einweisung des Schützen 1 macht der Schütze 2, oft mit Unterstützung des Schützen 3, das M. G. in Deckung möglichst dicht hinter der Feuerstellung für die Feuereröffnung fertig. Schütze 2 stellt das befohlene Visier. Das M. G. wird in Deckung geladen (z. B. Bild 7).

Auf „Stellung! Feuer frei!" wird das M. G. vorgebracht, entsichert und das Feuer eröffnet.

Ist Eile geboten oder muß die Feuereröffnung in offenem Gelände angesichts des Feindes erfolgen, so sind lange Befehle nicht am Platze. Der Gruppenführer nimmt bei schwierigen Zielen dem Schützen 1 das l. M. G. zunächst zum Schießen ab. Sonst befiehlt er kurz Ziel und Visier. Nur in besonders dringenden Fällen, z. B. bei plötzlichem Zusammenstoß mit dem Gegner auf nächste Entfernungen, sieht er davon ab.

Bild 8. Schießen durch Lücken
mit l. M. G. und Gewehr bildet im Gefecht die Regel. Als allgemeiner Anhalt gilt, daß mit l. M. G. und Gewehr durch eine Lücke geschossen werden kann, wenn der Abstand des Schießenden von der Lücke kleiner ist, als diese breit ist, und wenn er etwa hinter ihrer Mitte liegt. Im übrigen siehe H. Dv. 240 Ziffer 319 ff.

Der Schütze im Feuerkampf.

Die Art der Feuereröffnung der Gruppe ist stets der Lage und dem Gelände anzupassen. Erfolgt der Einsatz der Gruppe aus der Deckung heraus zum Feuerüberfall, so wird der Gruppenführer den Schützen vor dem Feuerbeginn häufig, möglichst u n a u f f ä l l i g, das Ziel zeigen. Er befiehlt das Visier, das von den Schützen in Deckung zu stellen ist. Auf „**Stellung! Feuer frei!**" gehen die Schützen etwa in Höhe des Gruppenführers in Stellung. Sie bringen das Gewehr vor, entsichern (Bild 9) und eröffnen sofort das Feuer.

Bild 9.
Der Schütze nistet sich auf Kommando: „Stellung!" dem Gelände angepaßt ein und macht sich schußbereit. Er entsichert, stellt das Visier, legt sich Patronen zurecht und paßt auf weitere Befehle seines Führers auf. Hat er Zeit, verbessert er sofort seine Stellung (Gewehrauflage, Deckung, Tarnung). Die Vorbereitungen zum Feuern werden in Deckung ausgeführt.

Leicht erkennbare Ziele können in Deckung angesprochen werden.

Können die Schützen beim Instellunggehen nicht erkannt werden, so läßt der Gruppenführer seine Schützen zunächst in Stellung gehen und nimmt dann die Zielansprache vor. Auch die Feuereröffnung auf Zeichen oder Pfiff ist dabei möglich.

Ist Eile geboten oder muß die Feuereröffnung im offenen Gelände angesichts des Gegners erfolgen, so bleiben Ziel und Visier meist dem l. M. G. und den Schützen überlassen.

Soll das Feuer abgebrochen werden, so ist von dem Gruppenführer „**Stopfen!**" und in der Regel unmittelbar danach „**Volle Deckung!**" zu kommandieren. Bevor der Schütze auf „Volle Deckung!" die Stellung räumt, sind l. M. G., Gewehr usw. zu sichern.

Ist die für einen Feuerüberfall befohlene Munition verschossen, so unterbrechen die Schützen selbständig das Feuer. Sie sichern und gehen in volle Deckung.

„Stopfen!" und „Volle Deckung!" sind von allen Schützen **laut** durchzurufen. Alle anderen Kommandos und Befehle werden nur durchgerufen, wenn es erforderlich ist.

Das Vorarbeiten.

Die Gruppe arbeitet sich in losen Formen vor. Die Einwirkung des Gruppenführers auf die Schützen muß gewährleistet werden.

Das l. M. G. bildet meist innerhalb der Gruppe die **Angriffsspitze**.

Je länger die Gewehrschützen in schmalen, tiefen Formen dem l. M. G. folgen, um so länger können rückwärtige M. G. an der Gruppe vorbeischießen.

Gestatten es Lage und feindliches Feuer, so nutzt der Gruppenführer jede Unterstützung durch Nachbarn oder schwere Waffen aus, um mit **allen** Schützen seiner Gruppe **gleichzeitig** vorzubrechen.

Das Vorarbeiten hat möglichst unter Ausnutzung des Geländes zu erfolgen.

Bild 10. **Kriechen mit Gewehr.**

Kriechen. Der Schütze arbeitet sich kriechend auf den Händen und Knien vorwärts. Das Gewehr ist um den Hals gehängt oder in beide Hände genommen.

Bild 11. **Kriechen mit M. G.**
(Ausführung wie mit Gewehr.)

Ist wenig Deckung vorhanden, so ist oft schnelles Eingraben geboten. Wenn es der Auftrag gestattet, ist feindliches Artilleriefeuer zu umgehen oder bei einer Feuerpause zu durcheilen. Beim Einschlag von Artilleriegeschossen in unmittelbarer Nähe hat man sich schnell hinzuwerfen. Dies kann schon geschehen, wenn aus dem Fluggeräusch zu schließen ist, daß das Geschoß in der Nähe einschlägt. Das Hinwerfen und Weitervorarbeiten geschieht meist ohne Befehl, indem die Schützen dem Beispiel ihres Führers folgen (siehe S. 262).

Das Vorarbeiten kann sprungweise oder kriechend geschehen (Bild 10 und 11). Die Länge der Sprünge ist abhängig von der Feuerunterstützung, der feindlichen Feuerwirkung und dem Gelände. Meist sind **kurze** Sprünge geboten. (Vorstürzen und Hinwerfen!) Seitliche Bewegungen sind unbedingt zu vermeiden. Befindet sich die Gruppe im Feuerkampf oder ist sie feuerbereit, so ist vor dem Vorarbeiten zunächst „Stellungswechsel!" zu kommandieren.

Wenn es das Gelände erlaubt, haben l. M. G.- und Gewehrschützen auf „**Stellungswechsel!**" zunächst zu sichern, in volle Deckung zu gehen und alle Vorbereitungen für den Sprung in voller Deckung zu treffen.

Die Gewehrschützen machen sich sprungbereit. Sie laden durch und sichern. Die Patronentaschen werden geschlossen. Die Schützen nehmen das Gewehr in die linke Hand, stützen die rechte Hand auf den Boden und ziehen das rechte Bein möglichst nahe an den Leib heran Sie dürfen sich bei den Vorbereitungen für den Sprung nicht aufrichten (Bild 12, Tempo 1).

Das l. M. G. wird entladen! Der Schütze setzt beim M. G. 13 ein volles

Tempo 1.   Bild 12. **Sprung mit Gewehr.**   Tempo 2.

Auf Ankündigung des **Sprunges** (siehe oben!) bohrt sich der Schütze ferner mit den Füßen kleine Startlöcher, um auf das Ausführungskommando vorstürzen zu können. Der Kopf wird als letztes vorsichtig aus der Deckung erhoben, ohne dabei den Oberkörper vom Boden zu erheben, um die nächste Deckung und den befohlenen Raum zu erspähen.
Der Spaten wird zum Erfassen bereitgestellt.

Beim Emporschnellen wird nach Abgabe des Gewehres in die linke Hand mit der rechten der Spaten erfaßt.

Magazin in den Magazinhalter ein, ohne den Kammergriff zurückzuziehen. Sobald der Schütze 1 sprungbereit ist, meldet er „**Fertig!**" (Bild 13, Tempo 1).

Tempo 1.   Bild 13. **Sprung mit l. M. G.**   Tempo 2.

Schütze 2 sorgt dafür, daß beim Instellunggehen in der neuen Feuerstellung Munition verfügbar ist. Er ergänzt seine Munition bei dem Schützen 3. Letzterer sorgt dafür, daß in der letzten Feuerstellung keine Munition liegenbleibt.

Tempo 1.   Tempo 2.
Bild 14. **Sprung mit M. G.-Gerät.**

Auf das Kommando: **„Auf! Marsch! Marsch!"** st ü r z t die Gruppe vorwärts (Bild 12 bis 14). Vor diesem Kommando wird oft das zu erreichende Ziel befohlen (z. B. „Nächster Sprung: Hohlweg!").

Der Sprung wird durch Z e i ch e n oder **„Volle Deckung!"** oder **„Stellung!"** beendet.

Liegt die Gruppe n i ch t im Feuerkampf oder ist sie noch nicht feuerbereit, so fällt das Kommando „Stellungswechsel!" fort. D a s z u e r r e i ch e n d e Z i e l w i r d d a n n g r u n d s ä tz l i ch (z. B. „Nächster Sprung: Straßengraben!") b e f o h l e n . Auf diese Ankündigung machen sich l. M. G.- und Gewehrschützen sprungbereit. Die weitere Ausführung des Sprunges erfolgt nach den Bildern 12 bis 14.

Die Kommandos zum Sprung werden oft durch Zeichen oder Befehle (z. B. „Folgen!") ersetzt. Häufig werden die Schützen auch ohne Befehl dem Beispiel des vorstürzenden Führers folgen.

Sollen die Schützen e i n z e l n Gelände gewinnen, so ist das zu erreichende Ziel zu befehlen. U n r e g e l m äß i g e s V o r a r b e i t e n d e r S ch ü tz e n i s t w i ch t i g .

Der Einbruch.

Der Gruppenführer nutzt jede Gelegenheit zum Einbruch auch ohne besonderen Befehl aus.

Durch sein persönliches Beispiel reißt er die ganze Gruppe zum Sturm vor. **Vor und während des Sturmes ist der Feind mit allen Waffen unter höchster Feuersteigerung zu bekämpfen.**

Das l. M. G. stürmt mit, dabei in der Bewegung feuernd.

Mit Handgranate, M. P., Gewehr, Pistole und Spaten wird u n t e r H u r r a (Hornist bläst Signal „Rasch vorwärts!") der letzte Widerstand des Feindes gebrochen.

Alle Schützen beteiligen sich am Nahkampf, die Schützen 2 und 3 mit Pistole.

Nach dem Sturm ist die Gruppe schnell zu gliedern und auseinanderzuziehen.

Befiehlt der Zugführer, daß eine Gruppe den Einbruch anderer Gruppen durch Feuer unterstützen soll, so feuert diese Gruppe **mit reichlichem Munitionseinsatz auf die Einbruchsstelle** oder den Feind, der diese von der Flanke — oder aus der Tiefe — beherrscht. H i e r s i n d m e i s t d a s l. M. G. u n d a l l e G e w e h r e e i n z u s e tz e n , a u f n ä ch s t e E n t f e r n u n g a u ch d i e M. P.

Das Besetzen einer Stellung.

B e i m B e s e tz e n e i n e r S t e l l u n g ist die Gruppe so zu gliedern, daß der Gruppenführer Einfluß auf die ganze Gruppe hat.

Die G e w e h r s ch ü tz e n nisten sich in Nestern — in Rufweite — derart um das M. G. ein, daß stets einige Schützen dicht beieinanderliegen.

Die Stellung ist der feindlichen Beobachtung möglichst zu entziehen, also zu tarnen und auszubauen. Im Vorgelände sind die Entfernungen zu den wichtigsten Punkten festzulegen, um bei Erscheinen des Feindes die Feuereröffnung zu beschleunigen. (Eine einfache Skizze mit den Entfernungen zu den wichtigsten Punkten des Vorgeländes und deren Bezeichnung, sog. Geländetaufe, ist dafür sehr zweckmäßig.)

5. Der Feuerkampf der Infanterie.
(Auszug aus D 101.)

Der Kampf der Infanterie im Angriff und in der Abwehr bis zum Kampf Mann gegen Mann ist ein Feuerkampf.

Der Feuerkampf ist ein Ringen um die Feuerüberlegenheit mit dem Ziel, den Gegner niederzukämpfen und zu vernichten.

Aufgabe der Führung ist es, durch Einsatz einer ausreichenden Zahl von Feuerwaffen und genügender Munition sowie durch zeitliche und örtliche Regelung des Feuers die Feuerüberlegenheit zu erringen.

Das Feuer der einzelnen Waffen der Infanterie wird im Gefecht auf Grund der Lage je nach Auftrag oder Befehl eingesetzt.

Zum Niederkämpfen wichtiger Ziele und zum zeitweiligen Erringen der Feuerüberlegenheit wird das Feuer durch Befehl jeweils örtlich und zeitlich zu stärkster Feuerwirkung zusammengefaßt („zusammengefaßtes Feuer").

Der Schwerpunkt aller Ausbildung vom einzelnen Mann bis zum Verband des Regiments liegt neben der Förderung des Angriffsdranges in der Schulung des Feuerkampfes. Diese Schulung hat als Grundlagen die Beherrschung der Waffe durch den Schützen, das Zusammenarbeiten aller Waffen der Infanterie und das Zusammenwirken mit der Artillerie.

Niederkämpfen bezweckt Vernichten des Feindes und Zerstören seiner Kampfmittel. Unter Ausnutzung dieser Wirkung geht die Infanterie im Angriff bis auf Einbruchsentfernung heran. In der Abwehr wird durch Niederkämpfen des angreifenden Gegners dessen Angriff abgeschlagen.

Niederhalten zwingt den Feind, für die Dauer des Feuers Deckung zu nehmen und das Bedienen seiner Waffen solange einzustellen. Im Augenblick des Einbruchs werden diejenigen Feindteile niedergehalten, welche gegen die stürmende Truppe wirken können. Beim Kampf durch das Hauptkampffeld kann feindliche Flankenwirkung durch Niederhalten ausgeschaltet werden.

Blenden bezweckt in entscheidenden Gefechtsaugenblicken das Ausschalten der feindlichen Beobachtung oder des gezielten Feuers. Hierzu kann eine undurchsichtige Nebelwolke durch Nebelbeschuß von Artillerie und Granatwerfern gebildet und unterhalten werden. Unter besonderen Verhältnissen kann auch durch Verwendung der Nebelkerze und Nebelhandgranate der Gegner in seiner Beobachtung und Bedienung seiner Waffen behindert werden.

Jedes Feuer der leichten und schweren Waffen und der Artillerie muß von der Infanterie im Angriff zu weiterer Vorwärtsbewegung ausgenutzt werden.

Die Führung des Kampfes der Infanterie besteht im wesentlichen aus dem Ansatz ihres Feuers aus wirksamer Richtung und aus einer der jeweiligen Kampflage sich anpassenden schnellen und wendigen Führung des Feuers. Die für einen Erfolg notwendige Feuerüberlegenheit kann nur durch ständige Beobachtung des Geländes beim Feind und Bekämpfung der darin auftretenden Ziele bei überraschender Feuereröffnung, oft unter Zusammenfassen des Feuers, sowie durch zweckmäßigen Einsatz der Munition erkämpft werden. Letzterer muß vorausschauend durchdacht und vorbereitet sein.

Mit dem Feuerüberfall wird das Niederkämpfen eines oder mehrerer Ziele in kürzester Zeit angestrebt.

Der Feuerüberfall beschränkt sich dazu nicht auf die Feuertätigkeit einzelner Waffen. Auch der Bataillonskommandeur kann zusammengefaßte Feuerüberfälle seiner schweren Waffen anordnen, wenn er im Angriff oder Abwehr die Wirkung von Feindwaffen ausschalten oder feindliche Bewegungen oder Ansammlungen zerschlagen will.

Der Angriff wird oft durch kleine und versteckte Ziele aufgehalten werden. Auf nahe Entfernungen verspricht gegen derartige Ziele oft der sorgfältig abgegebene Einzelschuß aus dem Gewehr (Scharfschützen) vernichtende Wirkung.

Die geringe Menge der im Angriff mit eigener Kraft mitgeführten Munition und die Schwierigkeit des Munitionsersatzes zwingt zu schärfstem Haushalten mit der Munition. Sie ist in dem erforderlichen Umfang nur auf solche Ziele anzusetzen, deren Bekämpfung notwendig und aussichtsreich ist.

In der Abwehr ist das Verhältnis der Munitionsmenge zu der durch das Vorgehen des Gegners bedingten Zielgröße günstiger als im Angriff. Durch recht=

zeitiges Bereitlegen und Vorbereitung des Nachschubes wird der Einsatz größerer Munitionsmengen als beim Angriff möglich.

In der Verteidigung werden alle Feindziele bekämpft, deren Bekämpfung sich lohnt. Die Masse der Munition wird so eingesetzt, daß das Feuer an den Stellen zusammengefaßt werden kann, wo sich die meisten oder gefährlichsten Ziele zeigen, zeitlich vor allem für die Augenblicke, in denen der Feind vorgeht, also große Ziele bietet.

Die **Feuerüberlegenheit** über den Gegner wird durch einen hartnäckig und dauernd geführten Feuerkampf errungen. An ihm beteiligen sich Infanterie und Artillerie gemeinsam und sich gegenseitig ergänzend.

Die Grundlage für den **Feuerkampf** ist die planmäßige **Regelung des Feuers** aller Waffen. Diese Regelung erfolgt durch die Gefechtsaufträge und gegebenenfalls weitere Befehle an die unterstellten Waffen.

Für den Angriff gegen einen Feind, der sich zur Verteidigung eingerichtet hat, für den Angriff auf Stellungen sowie für die Verteidigung erfolgt die Regelung durch den **Feuerplan**, der vom Bataillonskommandeur aufzustellen ist.

Der **Feuerplan** enthält:
a) die Kampfaufträge,
b) die Beobachtungs- und Wirkungsstreifen und die Zielverteilung für die schweren Infanteriewaffen und die Artillerie,
c) Angaben über Beobachtungsstellen und Stellungen der schweren Waffen,
d) Befehle über Feuereröffnung, über zeitliche Regelung des Feuers und Munitionseinsatz,
e) Angaben über Panzerabwehr und Flugabwehr.

Der Feuerplan muß ferner gewährleisten, daß Ziele, die bisher nicht erkannt wurden und erst bei Beginn oder im Verlaufe des Gefechts auftreten, vor allem auch solche, die flankierend aus den Nachbarabschnitten wirken, sofort bekämpft werden können.

6. Waffen und Kampfarten der Infanterie.

Waffen der Infanterie.

Die Waffen der Infanterie gliedern sich in leichte und schwere. Es gehören:
a) zu den **leichten Infanteriewaffen:**
  Gewehr. Hauptwaffe des Schützen wirkt in der Hauptsache erfolgreich ab mittleren Entfernungen;
  Leichtes Maschinengewehr (l. M. G.). Hauptfeuerkraft der Schützenkompanie, schießt vornehmlich in Feuerstößen, beste Wirkung unter 1200 m;
  Leichter Granatwerfer (l. Gr. W.). Steilfeuerwaffe des Zuges; Schußweiten zwischen 50 und 450 m;
  Panzerbüchse (Pz. B.). Panzerabwehrwaffe der Schützenkompanie gegen Panzerfahrzeuge.
  Maschinenpistole (M. P.). Nahkampfwaffe mit schnellster Feuergeschwindigkeit;
  Pistole. Nahkampfwaffe mit schneller Feuergeschwindigkeit;
  Handgranate. „Steilfeuerwaffe" des Schützen, Nahkampfwaffe bis 40 m, Wirkung durch Luftdruck von 3 bis 6 m, durch Splitter von 10 bis 15 m im Umkreis;
  Blanke Waffen. Nahkampfwaffen: wirken durch Stich, Stoß oder Schlag;
b) zu den **schweren Infanteriewaffen:**
  Schweres Maschinengewehr (s. M. G.); wirksamste infanteristische Waffe, schießt im direkten Richten bis 3000 m, im indirekten Richten bis 3500 m;

Schwerer Granatwerfer (f. Gr. W.); Steilfeuerwaffe des Bataillons; Schußweiten zwischen 60 und 1900 m;
Infanteriegeschütz; Steil- und Flachfeuerwaffen des Inf. Rgt. mit Schußweiten bis über 3500 m;
Panzerabwehrkanone (Pak.); Waffe gegen Panzerfahrzeuge, Durchschlags-
wirkung innerhalb 400 m gegen alle Panzer.

Kampfarten der Infanterie.

Der **Angriff** soll den Feind vernichten, die Entscheidung bringen. Er wirkt
durch Bewegung, Feuer, Stoß und durch die Richtung, in der er geführt wird.
Im allgemeinen verspricht er aber nur Erfolg, wenn der Angreifer dem Gegner
überlegen ist. Die Überlegenheit braucht nicht in der größeren Zahl der Kämpfer
oder Waffen zu bestehen, sondern kann sich aus einer günstigen Lage, z. B. Überraschung des Feindes, Stoß in Flanke oder Rücken ergeben oder sich auf bessere
Waffenwirkung, bessere Führung, Ausbildung oder besseren Geist der Gruppe
gründen.

Der Angriff kann — gesehen nach der Richtung, in der er geführt wird —
gegen die Front, den Flügel, die Flanke oder den Rücken (umfassend) des Feindes —
gesehen nach der Art der Vorbereitung — aus dem Marsch heraus, aus der Bewegung und Bereitstellung geführt werden.

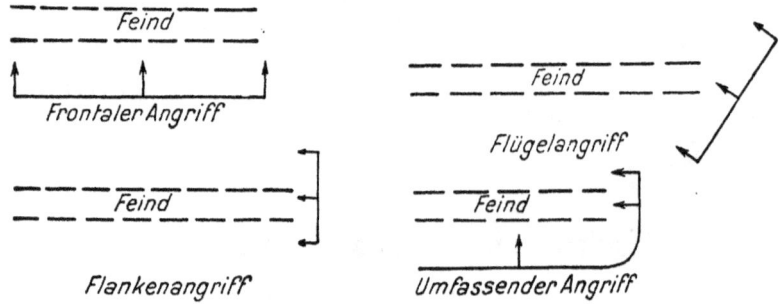

Oft wird der Angriff rechts und links angelehnt geführt werden müssen.
Überraschender Angriff kann zu großem Erfolge führen.

In der Regel erfolgt der Angriff nach vorausgegangener Aufklärung und
Erkundung aus einer Bereitstellung.

Stößt der Angreifer auf eine feste **Stellung** des Gegners oder ist ihm
diese bekannt, so kann der Angriff nur mit Unterstützung der schweren Waffen der
Infanterie und der Artillerie geführt werden. In solchem Falle müssen die
Schützenkompanien auf den Einsatz und die Feuerbereitschaft der schweren Waffen
usw. warten, damit sie sich nicht ungeschützt der feindlichen Waffenwirkung aus-
setzen. Die Wartezeit wird zum Bereitstellen, zur Aufklärung und Beobachtung
ausgenutzt.

Wo auf Grund vorausgegangener Erkundung das Gelände die beste Annäherung bietet oder der Feind schwache Stellen hat, wird der Angriff am
stärksten geführt. Durch Vereinigung der Waffenwirkung, zahlenmäßige Überlegenheit und sonstige Maßnahmen erhält der Angriff einen **Schwerpunkt**.
Dieser kann im Verlauf des Angriffs verlegt oder erst gebildet werden.

Die Truppeneinheiten werden zum Angriff in ihrer seitlichen Ausdehnung
durch **Gefechtsstreifen** oder festgelegte Angriffsziele begrenzt. Ist eine
Anschlußtruppe befohlen, so haben sich die Nachbarverbände nach ihr zu richten.
Im Verlauf des Gefechtes hat aber stets die am weitesten vorgedrungene Truppe
den Anschluß.

Abgesehen von der Bereitstellung kann man den Angriff in folgende Teile zerlegen:
1. das Heranarbeiten an den Feind bis auf Einbruchsentfernung,
2. den Einbruch,
3. den Kampf in der Tiefenzone.

Das **Heranarbeiten an den Feind** hat unter Ausnutzung des Geländes und des Feuerschutzes der leichten und schweren Waffen zu geschehen. (Im übrigen siehe „Feuerkampf der Infanterie" S. 281 ff.)

Der **Einbruch** erfolgt unter Gebrauch der Schuß= und Nahkampfwaffen. Ist er gelungen, so muß sofort das „Durchfressen" durch die feindliche Stellung, von Nest zu Nest, erfolgen. Es ist von den vordersten Teilen durch das feindliche Haupt=

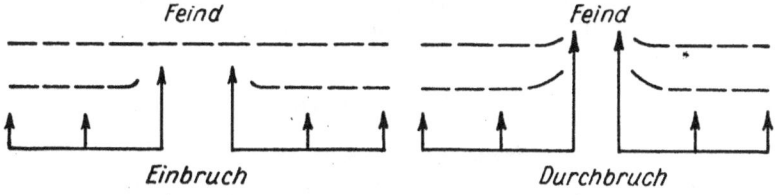

kampffeld hindurchzustoßen (kein Aufrollen nach der Seite, dies ist Sache nach= folgender Truppen). Erst der Durchbruch und die „Umfassung" des Feindes in Flanke oder Rücken bringt den endgültigen Sieg.

Ist der Durchbruch nicht möglich, so ist auf jeden Fall die Einbruchsstelle zu halten. Dabei muß sich der Schütze darüber klar sein, was ihn nach dem Einbruch von der Feindseite her erwarten kann. Dies kann in der Regel dreierlei sein:
> entweder er findet ausweichenden Feind, dann muß er ihn mit Feuer ver= folgen und ihm auf den Fersen bleiben,
> oder der Feind legt Feuer auf die Einbruchsstelle, dann muß er sich decken,
> oder der Feind macht einen Gegenstoß, dann muß dieser abgewehrt werden.

Verfolgung.

Sie kann frontal oder überholend erfolgen und bezweckt die restlose Ver= nichtung des Feindes. Die Infanterie muß dem weichenden oder fliehenden Feind ständig auf den Fersen bleiben.

Verteidigung.

Die Verteidigung wirkt vorwiegend durch Feuer. Die natürliche Stärke des Geländes wird bei dieser Kampfart geschickt ausgenutzt, die Besatzung, Waffen usw. werden getarnt und so der feindlichen Aufklärung und Erkundung entzogen. Reicht die natürliche Verstärkung des Geländes nicht aus, so wird es künstlich verstärkt (Eingraben, Verdrahten, Sperren, Hindernisse usw.). Scheinanlagen zersplittern das feindliche Feuer.

Zur Verteidigung werden den Truppeneinheiten **Abschnitte** zugewiesen. Diese sind bei günstigem Gelände für eine Schützenkompanie etwa doppelt so groß wie ihr Gefechtsstreifen im Angriff.

Die Verteidigung wird in tiefer Gliederung geführt, d. h. die Schützen und l. M. G. sind einzeln in Nestern oder Stützpunkten verteilt. Sie sollen mit dem Feuer gegenseitig flankierend wirken. Die vordersten Verteidigungsanlagen des **Hauptkampffeldes** sind durch die **Hauptkampflinie** (H. K. L.) be= grenzt. Sie ist die Linie, vor der der Angriff des Gegners spätestens zusammen= brechen muß.

Die **schweren Waffen** und die l. M. G. bilden das Gerippe der Verteidigung.

Das gesamte Gelände vor dem Hauptkampffeld muß möglichst lückenlos bis auf weite Entfernungen mit Feuer beherrscht werden (Feuerplan, siehe S. 283). Bei der Aufteilung des Geländes haben sich die einzelnen Waffen nach ihrer Eigenart (flache oder gekrümmte Flugbahn, Geschoßarten usw.) unter Berücksichtigung der Geländeformen und Geländebedeckungen zu ergänzen.

Etwa in das Hauptkampffeld eingebrochener Feind ist durch sofort einsetzende Gegenstöße zurückzuwerfen.

Im Hauptkampffeld hat jeder Soldat bis zum letzten auszuhalten.

Beim Einrichten zur Verteidigung können zur Sicherung und Verschleierung des Hauptkampffeldes **Gefechtsvorposten** vorgeschoben werden. Sie gehen auf das Hauptkampffeld zurück, wenn sie ihren Auftrag erfüllt haben.

7. Der Marsch.

Verhalten auf dem Marsch.

Marschiert wird in der „Marschordnung", nachdem „Rührt Euch!" befohlen ist. Das Gewehr kann auf der rechten oder linken Schulter oder nach Anordnung des Führers auch umgehängt oder um den Hals gehängt getragen werden. Einheitliche Trageweise der Gewehre gibt ein gutes Bild der Truppe. Flügelleute tragen ihre Gewehre so, daß Vorbeireitende usw. nicht belästigt werden. Es darf — abgesehen von besonderen Verhältnissen — gesprochen, gesungen, gegessen und geraucht werden (aber kein Johlen und Schreien).

Gute Ordnung beim Marsch ist nötig. Unordnung erschwert ihn. Der Staub kann dann nicht abziehen, der Wind nicht durch die Reihen streichen, die Marschkolonne verlängert sich, und die rückwärtige Truppe kann u. U. nicht rechtzeitig in den Kampf eingreifen.

Marscherleichterungen werden vom Führer befohlen. Eigenmächtigkeiten sind verboten. Verlassen der Abteilung ist nur mit Erlaubnis ihres Führers, gegebenenfalls des schließenden Offiziers, gestattet.

Es wird grundsätzlich — falls kein anderer Befehl — scharf auf der rechten Straßenseite marschiert. Die linke Straßenseite bleibt für den Meldeverkehr usw. frei. Bei Fliegergefahr wird nach Möglichkeit diejenige Straßenseite ausgenutzt, die Fliegerdeckung bietet.

Ehrenbezeigungen werden auf dem Marsch nicht erwiesen. Läßt ein Vorgesetzter die Truppe an sich vorbeiziehen, so wird er in aufgerichteter Haltung unter Blickwendung angesehen. Auf Befehl wird das Gewehr angezogen.

Über Gesundheitspflege auf dem Marsch siehe S. 65 ff.

Marschsicherung.

Die gegen den Feind marschierende Truppe hat sich gegen Bedrohung aus der Luft und von der Erde zu sichern. Dazu marschiert sie in der **Marschsicherung** (Bild 1).

Zur Sicherung gegen Angriffe aus der Luft kann die Truppe in „**Fliegermarschtiefe**" und „**Fliegermarschbreite**" marschieren. Wenn nicht anders befohlen, räumt die „Fliegermarschtiefe" jeder Truppeneinheit die doppelte Marschtiefe in der Marschkolonne ein. Bei „Fliegermarschbreite" verteilt sich die Truppe beiderseits der Straße. Bei Fliegergefahr wird das Signal „Fliegerwarnung" geblasen.

Zur Sicherung gegen feindliche Bedrohung von der Erde wird eine **Vorhut** vorgeschoben (siehe Bild 1).

Die **Vorhut** soll die Fortbewegung des Ganzen gewährleisten, indem sie Störungen des Marsches beseitigt, schwächeren Widerstand bricht und die marschierende Truppe vor überraschendem Angriff schützt. Beim Zusammentreffen

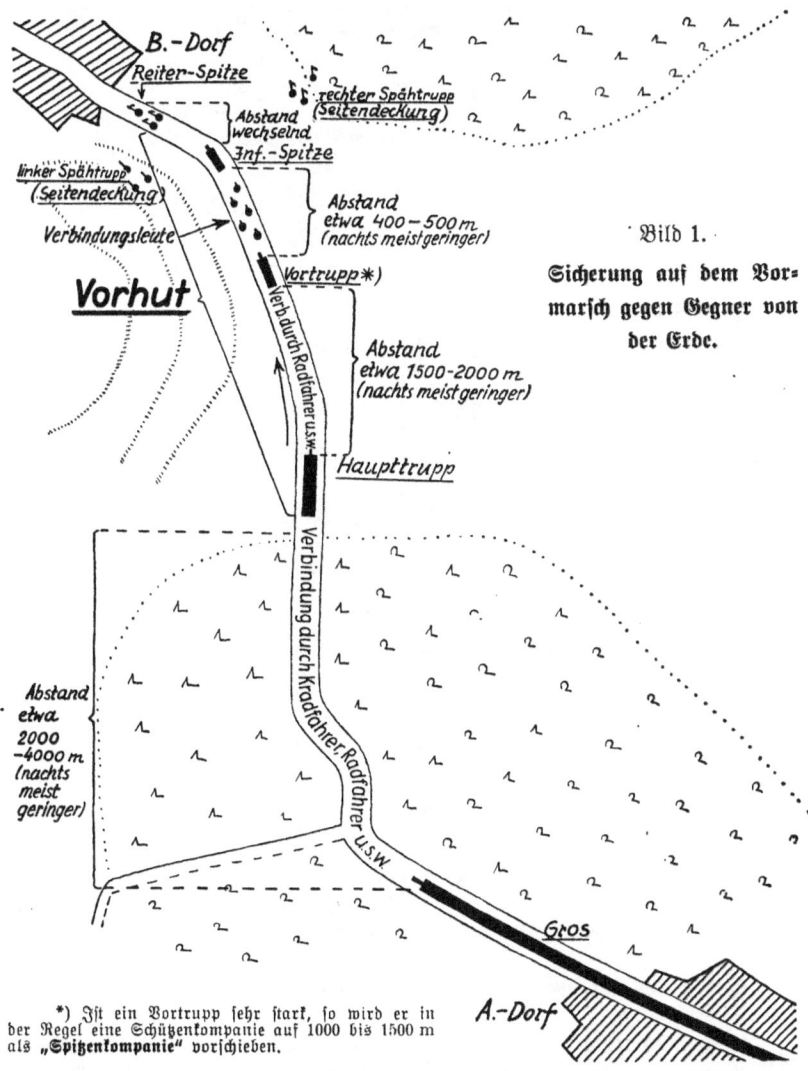

Bild 1.

Sicherung auf dem Vormarsch gegen Gegner von der Erde.

*) Ist ein Vortrupp sehr stark, so wird er in der Regel eine Schützenkompanie auf 1000 bis 1500 m als „**Spitzenkompanie**" vorschieben.

mit dem Gegner muß sie den im Gros marschierenden Truppen Raum und Zeit verschaffen, sich gefechtsbereit zu machen.

Die Gliederung der Vorhut befiehlt der Vorhutführer. Sie gliedert sich in den **Haupttrupp** und den **Vortrupp** (siehe Bild 2). Letzterem voraus marschiert die von einem Offizier geführte **Infanteriespitze** und vor dieser, sprungweise vorgehend, die **Reiterspitze**. Zwischen den einzelnen Gliedern der Marschkolonne wird die Verbindung durch Reiter, Kraftradfahrer, Radfahrer usw., bei kleineren Abständen auch durch Verbindungsleute, aufrechterhalten.

Die Sicherung des Marsches in der Flanke erfolgt in erster Linie durch **Spähtrupps**, ausnahmsweise durch **Seitendeckungen**.

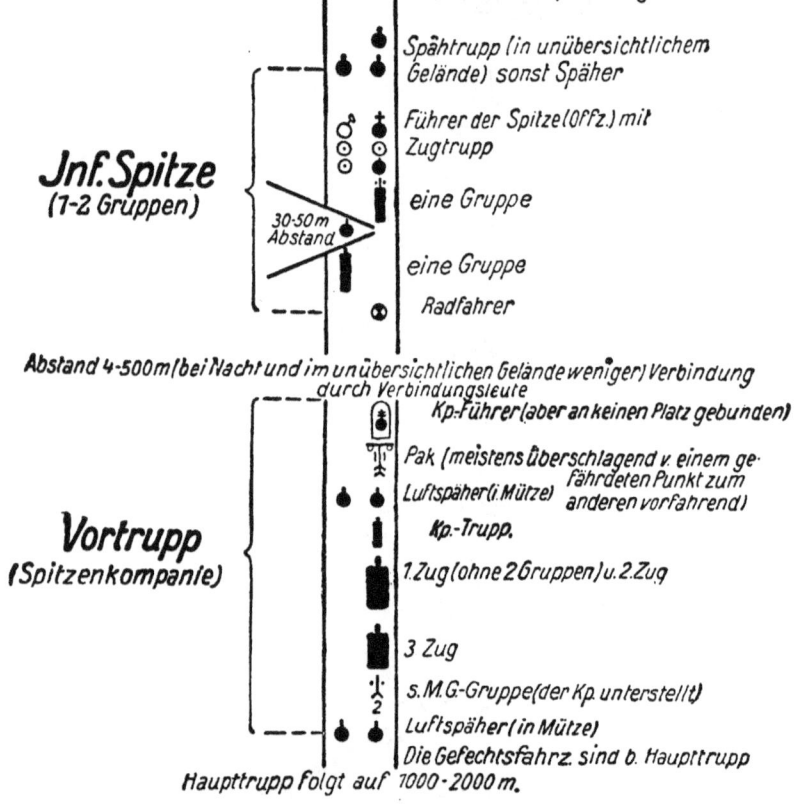

Bild 2. Schematische Gliederung einer Vortrupp= (Spitzen=) Kompanie.

Beim **Rückmarsch** gliedert sich die marschierende Truppe sinngemäß wie beim Vormarsch. Die Sicherung heißt **Nachhut**. Sie marschiert dem Feinde zunächst.

Die Stärke von Vor= und Nachhut, die Abstände in der Marschgliederung und die Gliederung der einzelnen Teile richten sich nach der Nähe und Stärke des Feindes, dem Gelände und der Stärke des Gros. Der Feind schreibt auch vor, inwieweit beim Vor= oder Rückmarsch Gefechtsbereitschaft und Abwehrmaßnahmen gegen Flieger zu treffen sind, um Störungen zu vermeiden.

8. Vorpostendienst.

Die **Vorposten** sollen dem Feind den Einblick in die eigenen Verhältnisse verwehren, die rückwärtige, vielfach ruhende Truppe vor Überraschungen schützen und ihr gegebenenfalls durch Aufhalten des Feindes Zeit verschaffen, sich gefechts- oder marschbereit zu machen.

Ist für die ruhende usw. Truppe teilweise G e f e c h t s b e r e i t s c h a f t angeordnet oder geboten, so werden **Gefechtsvorposten** ausgestellt. Sie haben im allgemeinen die gleichen Aufgaben wie die Vorposten.

Die **Stärke der Vorposten** ist abhängig von der Nähe des Feindes, dem Gelände, der Art der ruhenden Truppe und den sonstigen Verhältnissen. Geht die Truppe auf dem Marsche zur Ruhe über, so werden vielfach die Vorhut oder Nachhut die Aufgaben der Vorposten übernehmen.

Im allgemeinen wird zum Vorpostendienst einem Bataillon ein **Vorpostenabschnitt** zugewiesen. Die in diesem Abschnitt eingesetzte Truppe (meistens eine Schützenkompanie) ist die Hauptträgerin der Sicherung. Ihre Aufgabe erfüllt sie in der Regel durch Aufstellen von **Feldwachen** und **Feldposten** und Entsendung von **Spähtrupps** (siehe Bild 1).

Die Stärke einer **Feldwache** wechselt vom Zuge bis zur Gruppe.

Die Feldwache entsendet zu ihrer Sicherung Feldposten, Spähtrupps und stehende Spähtrupps. Im allgemeinen stehen die Feldposten nicht weiter als 500 m von der Feldwache entfernt. Die Spähtrupps werden nach Lage und Auftrag an geeignete Punkte entsandt.

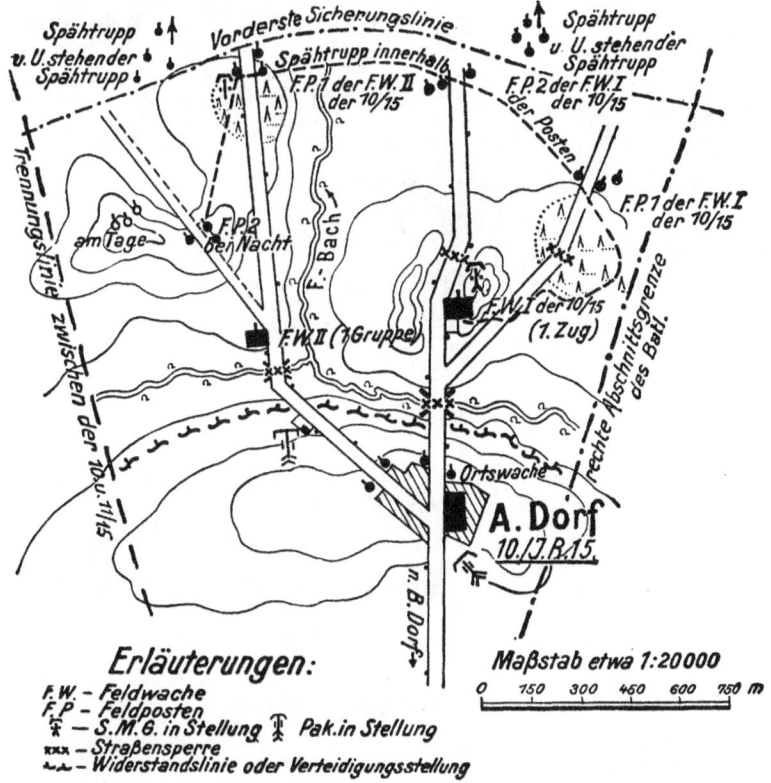

Bild 1. Im Vorpostenabschnitt eingesetzte Schützenkompanie.

Feldposten bestehen — ohne Ablösung — in der Regel aus dem Führer des Feldpostens und 2 Mann. Die Ablösung der Feldposten befindet sich bei der Feldwache (Kompanie). Bei besonderen Gründen kann der Führer des Feldpostens abgelöst werden. Unterbleibt die Ablösung, so darf er in unmittelbarer Nähe seiner beiden Posten ruhen.

Im allgemeinen stehen Feldposten nicht mehr als 500 m vor der Truppe. Wichtige Punkte werden mit l. M. G. besetzt.

Feldposten müssen bei Tage guten Überblick über die zum Feinde führenden Wege und das Zwischengelände haben. Besetzen von hochgelegenen Punkten ist für Sehen und Hören vorteilhaft.

Bei Nacht werden Feldposten an den Straßen aufgestellt. Das Zwischengelände ist durch Spähtrupps zu überwachen.

Feldposten sind mit Fernglas und Signalmitteln ausgerüstet. Das Gepäck wird niedergelegt. Rauchen kann erlaubt werden.

Bild 2. **Feldposten.**

Der Führer des Feldpostens führt seinen Feldposten zu dem befohlenen Aufstellungsplatz und erkundet dabei den Weg zum Ausweichen auf die Stellung seiner Feldwache (Kompanie). Er sorgt für Herrichten des Postenstandes und für Beobachtung während dieser Arbeiten. Der Führer des Feldpostens kann sich in der Nähe seines Postenstandes frei bewegen. Oft ergänzt er die Beobachtung auf wichtige Punkte. Schickt er einen Mann als Melder zurück, so tritt er an dessen Stelle.

Ob der Feldposten sich hinsetzen oder hinlegen darf, wird von dem Führer des Feldpostens befohlen.

Allgemeine Postenanweisung.

Die beiden Leute des Feldpostens beobachten gemeinsam, sie müssen sich verständigen können.

Sobald etwas Verdächtiges vom Feinde wahrgenommen wird, ist es dem Führer des Feldpostens zu melden.

Ist Gefahr im Verzuge oder ein Angriff erkannt, alarmiert der Feldposten durch Schüsse. Vorübergehenden Spähtrupps teilt er seine Wahrnehmungen mit.

Personen, die er kennt, läßt er ein- und ausgehen. Bei allen übrigen prüft er die Ausweise. Wer sich nicht einwandfrei ausweisen kann, wird auf Befehl des Feldpostenführers zum nächsten Vorgesetzten gebracht. Jedermann hat auf Anruf oder Zeichen eines Feldpostens zu halten. Wer den Befehlen eines Feldpostens nicht gehorcht, wird niedergeschossen.

Bei Dunkelheit wird jeder, der sich dem Feldposten nähert, unter Fertigmachen der Schußwaffe mit „Halt! — Wer da!" angerufen. Steht der Angerufene auf ein drittes „Halt" nicht, wird auf ihn geschossen. Der Anruf fällt fort, wenn der Posten einwandfrei Gegner erkannt hat.

Einzelne feindliche Offiziere mit geringer Begleitung, die sich als Unterhändler kenntlich machen, sowie Überläufer werden nicht als Feinde behandelt (Vorsicht bei List!). Sie werden zum Ablegen der Waffen veranlaßt und auf Befehl des Feldpostenführers zum nächsten Vorgesetzten geführt. Unterhändler mit verbundenen Augen und ohne Unterhaltung.

Die Feldposten erhalten neben der allgemeinen eine **besondere Anweisung**. Sie enthält Angaben über:

Bezeichnung des eigenen Feldpostens.

Feind und Örtlichkeiten.

Platz und Angabe vorgeschobener und benachbarter Abteilungen und Art der Verbindung mit ihnen.

Platz der Feldwache und der Kompanie, die nächsten Wege dorthin und die Übermittlung der Meldungen.

Besonders zu beobachtende Geländeteile (sichtbare Wegestrecken, Engen, Brücken, die der Gegner bei seiner Annäherung überschreiten muß).

Verhalten bei feindlichem Angriff.

Sie kann noch weitere Weisungen enthalten, wie Angabe eines Losungswortes, Verhalten an einer Sperre sowie gegenüber eigenen und feindlichen Kraftfahrzeugen.

Der Führer des neuen Feldpostens ist verantwortlich für die Ablösung. Er überzeugt sich davon, daß jeder Mann die allgemeine Postenablösung kennt, der bisherige Feldposten die besondere Anweisung übergibt und der neue Feldposten sie verstanden hat.

Innerhalb der Feldposten wird die Verbindung, wenn erforderlich, durch einen Spähtrupp aufrechterhalten.

Feldwachen, Posten und Spähtrupps erweisen keine Ehrenbezeigungen. Sie melden ihren Vorgesetzten.

9. Panzerfahrzeuge und ihre Abwehr.

Man unterscheidet **Panzerspähwagen** (Bild 1), **Panzerkampfwagen** (Bild 2) und **Panzertransportwagen**. Erstere dienen in der Hauptsache dem Aufklärungs- und Sicherungsdienst und verfügen über hohe Geschwindigkeit und großen Fahrbereich. Die Panzerkampfwagen sind eine Angriffswaffe und infolge ihres Gleiskettenantriebes geländegängig. Sie sind auch meist stärker gepanzert und bewaffnet als die Panzerspähwagen.

Panzertransportwagen dienen der Beförderung von Mannschaften. Sie sind gepanzert und meist unbestückt.

Abgewehrt werden Panzerfahrzeuge in erster Linie durch eigene bewaffnete Panzerfahrzeuge, durch Panzerabwehrwaffen der Artillerie und

Bild 1. Französischer „Berliet"-Panzerspähwagen „P. C.".
Gewicht 8 t, Bewaffnung 1 Kanone, 1 s. M. G., 1 Flieger-M. G., Besatzung 4 bis 5 Mann, Panzerung 9,5 mm, Geschwindigkeit 60 km/Std., Fahrbereich 400 km, Sechsradantrieb, geländegängig.

durch Anlagen von S p e r r e n, die von eigenen Waffen beim Versuch der Beseitigung unter Feuer genommen werden.

Breite und tiefe Wasserläufe, Wald mit engem Baumbestand, Steilhänge über 45° (Bild 3), Sümpfe, steile Dämme, dicke Mauern usw. bilden

Bild 2. Französischer „Renault"-Panzerkampfwagen „D 1".
Gewicht 11 t, Bewaffnung 1 Kanone (3,7 oder 4,7 cm), 2 M. G., Besatzung 2 Mann, Panzerung 10 bis 30 mm, Geschwindigkeit 18 km/Std.

Hindernisse für Panzerfahrzeuge. Künstliche Sperren sind in erster Linie Wagensperren in Ortschaften, Pfahlsperren, Grabensperren (Bild 4) und Minenfelder.

Verhalten des Schützen beim Auftreten von Panzerfahrzeugen. In erster Linie hat er den **Warn-** und **Meldedienst** zu beachten und durch ihn dafür zu sorgen, daß die rückwärtige Truppe nicht überrascht wird und sich die Abwehrwaffen feuerbereit machen können. Der Warn- und Meldedienst wird durch das Signal „Panzerwarnung" oder auch durch Leuchtzeichen durchgeführt (siehe S. 300).

Beim Auftreten von Panzerspähwagen machen die Schützen die Straße frei und begeben sich in Deckung. Panzerkampfwagen lassen sie ebenfalls durchfahren, richten aber ihr Feuer auf die nachfolgende feindliche Infan-

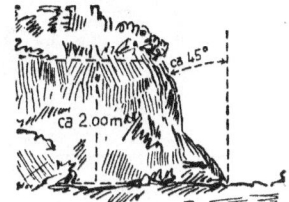

Bild 3. Steilhang über 45°.

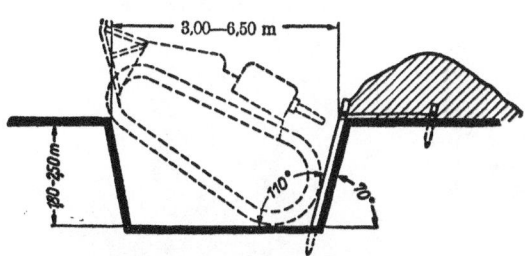

Bild 4. Panzerfahrzeuggraben.

terie. Niemals darf sich der Schütze feindlichen Panzerkampfwagen durch Laufen zu entziehen suchen. Er setzt sich dadurch dem Feuer des Panzerfahrzeugs unnötig aus. Schießen aus nächster Nähe auf die Sehschlitze der Panzerfahrzeuge kann die Besatzung durch Bleispritzer gefährden. Stehen Panzerkampfwagen still, z. B. wegen Motorschäden, so können unter die Raupen geworfene geballte Ladungen ein wirksames Abwehrmittel sein (siehe S. 173 f.).

Panzerkampfwagen werden, solange sie bewegungsunfähig sind, unter Ausnutzung gedeckter Räume, in welche die Waffen des Fahrzeugs nicht wirken können, angegriffen. Beim Bekämpfen des ungepanzerten Gegners, der zusammen mit Panzerkampfwagen angreift, muß man diesen möglichst von den ihn unterstützenden Panzerfahrzeugen zu trennen suchen.

Fester Wille zum Aushalten und das Beispiel der Führer müssen den starken seelischen Eindruck eines Angriffes von Panzerkampfwagen über=

Bild 5.

Wer sich feindlichen Panzerkampfwagen durch Laufen entziehen will, ist verloren. Schießen aus nächster Nähe auf die Sehschlitze des Panzerkampfwagens kann die Be= satzung durch Bleispritzer gefährden. Folgt den Panzerkampfwagen feindliche Infan= terie, so wird unverzüglich das Feuer auf diese als den gefährlichsten Gegner eröffnet.

Bild 6. **Französischer Kleinpanzerkampfwagen.**

winden. Diese greifen meist in großer Zahl und tief gegliedert an. — Wer feindliche Panzerfahrzeuge erkennt, meldet dies sofort seinem Führer und den in der Nähe befindlichen Abwehrwaffen (siehe oben!).

10. Flaggen für den Gefechtsdienst.

Rahmenflaggen zur Truppendarstellung werden verwandt, um fehlende Waffen und Einheiten bei Volltruppen und um Flaggentruppen darzustellen.

Jede blaue bzw. rote Schützenflagge stellt in der Regel eine Gruppe oder einen Zug, jede der anderen Flaggen eine Waffe mit der betreffenden Bedienung dar.

Die Flaggen zeigen die Parteifarbe.

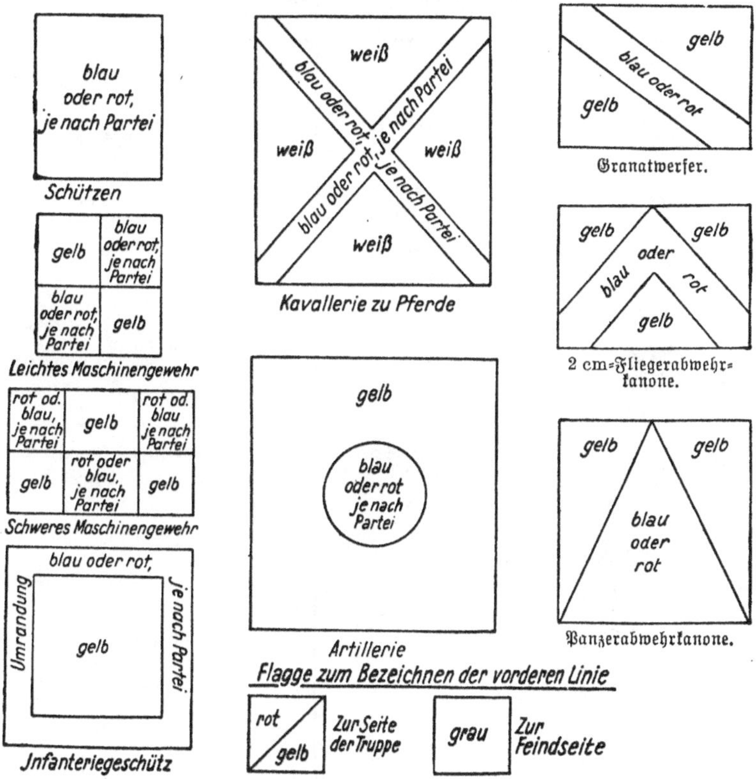

Flaggen zur Darstellung der Waffenwirkung.

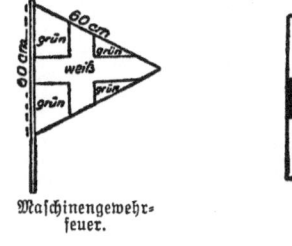

Maschinengewehrfeuer.

Ausfallflagge (Rahmenflagge).

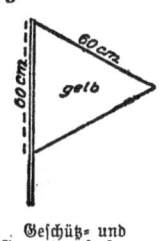

Geschütz- und Granatwerferfeuer.

11. Zeichen für den Gefechtsdienst.

Armzeichen (bei Truppen auf Kfz. mit Zeichenstab oder Flagge).

Lfd. Nr.	Zeichen	Ausführung	Licht bei Kfz. nachts	Bedeutung
1		Arm hoch heben a) vom Führer (dabei Pfiff zulässig) b) vom Unterführer c) in der Bewegung (aufgesessen)	weiß	a) „Achtung!" (Ankündigungszeichen) b) „Verstanden!" oder „Fertig!" oder „Fahrbereit!" c) „Stillgesessen!" (nur bei reitenden, fahrenden und motorisierten Einheiten)
2		Arm einmal hoch stoßen dasselbe mehrmals a) aus dem Halten b) in der Bewegung	weiß grün grün	„Aufsitzen!" a) „Antreten!" oder „Anfahren!" b) „Nächsthöhere Gangart!" oder „Schneller!"
3		Arm mehrmals in Schulterhöhe nach einer Seite seitwärts stoßen	grün	„Rechts (links) heran!"
4		Hochgehobenen Arm mehrmals hin und her schwenken a) aus der Marschordnung b) aus dem „Rührt Euch!"	weiß	a) „Rührt Euch!" b) „Marschordnung!"
5		Hochgehobenen Arm mehrfach seitwärts langsam senken	grün	„Nächstniedere Gangart!" oder „Langsamer!"
6		Hochgehobenen Arm wiederholt scharf nach unten stoßen a) in der Bewegung b) im Halten	rot rot	a) „Halten!" b) „Absitzen!" (gilt für Reiter, Fahrer, aufgesessene Mannschaften)

Lfd. Nr.	Zeichen	Ausführung	Licht bei Kfz. nachts	Bedeutung
7		Ausgestreckten Arm halbkreisförmig rechts und links vom Pferdehals senken. (Nur bei bespannten Einheiten)	—	„Bedienung absitzen!"
8		Hochgehobenen Arm wiederholt tief vorwärts senken	—	„Hinlegen!"
9		Zeigen mit Arm in eine Richtung (in der Bewegung)	grün	„Folgen! Richtung!"
10		Pendeln des Armes vor dem Körper a) bei verladenen und aufgeprotzten Waffen b) bei freigemachtem Gerät	—	a) „Freimachen (Abprotzen) der M. G., J. G., Pak. usw.!" oder „Fertigmachen zum Bau bzw. Aufbau (bei Nachr.-Zügen)!" b) „Gewehr an Ort!" bzw. „Aufprotzen!" bzw. „Fertigmachen zum Abbau und Verladen!"
11		Faust vor die Brust, Arm dann mehrfach scharf waagerecht seitwärts schlagen	weiß	„Fliegerdeckung!" (bei Halten von Fahrzeugen, Kfz.; gilt nur für Einheiten auf Fahrzeugen oder Kfz.)
12		Arm über dem Kopf waagerecht kreisen	grün	„Nächsthöhere Form der Gefechtsbereitschaft!" (Entfaltung oder Entwicklung)

— 298 —

Lfd. Nr.	Zeichen	Ausführung	Licht bei Kfz. nachts	Bedeutung
13		Beide Arme gleichzeitig in Schulterhöhe ausbreiten	—	„Stellung!" („Feuerstellung!")
14		Arm seitlich ausstrecken, aus Schulter heraus seitlich kreisen a) in der geöffneten Ordnung und in der Entfaltung b) in geschlossener Ordnung, abgesessen (nur bei mot. Einheiten) c) bei formalen Bewegungen aufgesessener Einheiten (auf Pferden, Fahrzeugen, Kfz.). Dabei anschl. nach Nr. 9 in Aufmarschrichtung zeigen	— weiß —	a) „Sammeln!" („Zusammenziehen!") b) „ohne Fahrzeuge antreten!" c) „Aufmarsch nach rechts oder links!" (nur bei formalen Bewegungen von reitenden, fahrenden und auf Kfz. aufgesessenen Einheiten)
15		Arme vor der Brust kreuzen	—	„Gewehre zusammensetzen!" oder „Gewehre an die Kfz.!"
16		Erhobene gespreizte Hand wirbeln	—	„Führer der nächstniederen Untereinheit zu mir!"
17		Ausgestreckten linken Arm in Schulterhöhe vor- und rückwärts bewegen	grün	„Erlaubnis zum Überholen!"
18		Linken Arm waagerecht seitwärts ausstrecken	rot	„Überholen nicht möglich!"
19		Arm mit Zeichenstab waagerecht seitwärts ausstrecken. Zeichen mit Fahrtrichtungsanzeiger	grün	„Schwenken oder in Seitenweg einbiegen (auf Kfz.)!"

Lfd. Nr.	Zeichen	Ausführung	Licht bei Kfz. nachts	Bedeutung
20		Beide Arme hochhalten, gleichzeitig scharf anwinkeln und wieder hochstoßen	—	„Handpferde vor!" „Protzen vor!" „Gefechtsfahrzeuge vor!"
21		Kurbelbewegung mit dem Arm vor dem Körper	weiß	„Motor anwerfen!"
22		Unterarm quer über Kopf halten	weiß	„Motor abstellen!"
23		Arm seitlich a u f w ä r t s anwinkeln	—	„Abstände vergrößern!"
24		Arm seitlich a b w ä r t s anwinkeln	—	„Abstände verringern!"

Zeichen mit Kopfbedeckung, Waffen und Gerät.

Lfd. Nr.	Zeichen	Ausführung	Bedeutung
25		Kopfbedeckung hochhalten	„Hier sind wir!"
26		Gewehr s e n k r e c h t über dem Kopf	„Gelände frei vom Feinde!" oder „Gelände gangbar!"

20*

Lfd. Nr.	Zeichen	Ausführung	Bedeutung
27		Gewehr waagerecht über dem Kopf	„Gelände n i c h t frei vom Feinde!" oder „Gelände ungangbar!"
28		Spaten hochhalten a) von vorn gegeben b) von hinten gegeben	a) „Wir graben uns ein!" b) „Eingraben!"
29		Munitionskasten (Geschoßkorb usw.) hochhalten	„Munition vor!"
30		Tragbüchse der Gasmaske hochhalten a) durch Spähtrupps, Sicherer, Gasspürer, Beobachter b) durch Führer	a) „Gaswarnung!" (an Führer) b) „Gasbereitschaft!" (Befehl an Truppe)
31		Gasmaske aus Bereitschaftsbüchse ziehen, hochhalten und schwenken oder aufsetzen	„Gasmaske aufsetzen!"

Leuchtzeichen.

Nr.	Farbe	Bedeutung
1	weiß	„Hier ist die vorderste Linie!" oder „Hier sind wir!" oder „Wir halten die Stellung!" oder „Alles in Ordnung!"
2	weiß, in bestimmte Richtung geschossen	„Dort feindliches Widerstandsnest!"
3	rot	„Feind greift an, Notfeuer erbeten!"
4	grün	„Feuer liegt zu kurz!" oder „Feuer vorverlegen!" oder „Wir wollen vorgehen!"

Sonstige Schallzeichen.

Pfeife: Achtung (als Hilfsmittel bei Armzeichen).

Pfeifpatrone sowie alle Schallmittel, die nicht mit dem Munde bedient werden (außer Hupe): „Gasalarm!"

Hupe: Andauerndes Hupen aller Kfz. (nur bei geschlossenen Einheiten auf Kfz. im Marsch): „Panzerwarnung!"

Gefechtssignale mit Trompete und Signalhorn (für alle Waffen).

Warnungszeichen.

Gaswarnung:
    Hochhalten der Tragebüchse.

Fliegerwarnung:
    Gefechtssignal (siehe oben!).

Panzerwarnung:
1. Gefechtssignal (siehe oben!).
2. Andauerndes Hupen aller Kfz. (nur bei Truppen auf Kfz. beim Marsch).

Alarmzeichen (nur für Gas).
1. Pfeifsignal mit Pfeifpatrone, aus Leuchtpistole.
2. Betätigung von Schallmitteln aller Art (außer Hupen), die nicht mit dem Munde bedient werden.

Morsezeichen.
Abstand und Länge der Zeichen:
1. Ein Strich ist gleich drei Punkten.
2. Der Raum zwischen den Zeichen desselben Buchstabens ist gleich einem Punkt.
3. Der Raum zwischen zwei Buchstaben ist gleich drei Punkten.
4. Der Raum zwischen zwei Gruppen (Wörtern) ist gleich fünf Punkten.

— 302 —

Buchstaben.

a	Anton	·—	n	Nordpol	—·
ä	Ärger	·—·—	o	Otto	———
b	Berta	—···	ö	Ödipus	———·
c	Cäsar	—·—·	p	Paula	·——·
ch	Charlotte	————	q	Quelle	——·—
d	Dora	—··	r	Richard	·—·
e	Emil	·	s	Siegfried	···
f	Friedrich	··—·	t	Theodor	—
g	Gustav	——·	u	Ulrich	··—
h	Heinrich	····	ü	Übel	··——
i	Ida	··	v	Viktor	···—
j	Julius	·———	w	Wilhelm	·——
k	Konrad	—·—	x	Xanthippe	—··—
l	Ludwig	·—··	y	Ypsilon	—·——
m	Martha	——	z	Zeppelin	——··

sch Schule

Sonderbuchstaben.

á oder à	ö
é	ó
ñ	c
u	z
β	ų

Ziffern. (Gekürzt.)

0	—————	0	—
1	·————	1	·—
2	··———	2	··—
3	···——	3	···—
4	····—	4	····—
5	·····	5	·····
6	—····	6	—····
7	——···	7	—···
8	———··	8	—··
9	————·	9	—·

Satz- und andere Zeichen.

Punkt	(.)	······
Beistrich	(,)	·—·—·—
Doppelpunkt	(:)	———···
Fragezeichen	(?)	··——··
Auslassungszeichen	(')	·————·
Bindestrich oder Strich	(—)	—····—
Bruchstrich	(/)	—··—·
Klammern vor und nach den Wörtern	(())	—·——·—
Unterstreichungszeichen (vor und hinter den zu unterstreichenden Wörtern oder Satzteilen zu geben)		
Trennungszeichen zum Geben gemischter Zahlen (zwischen der ganzen Zahl und dem gewöhnlichen Bruch zu geben)		—··—
Irrung (8 Punkte).		········

Tuchzeichen.

Zur Verbindung zwischen Infanterie und Fliegern verwendet die Infanterie kleine und große Tuchzeichen. Die kleinen Tuchzeichen dienen zur Bezeichnung der vordersten Linie, die großen zur Auslegung nachstehender Zeichen:

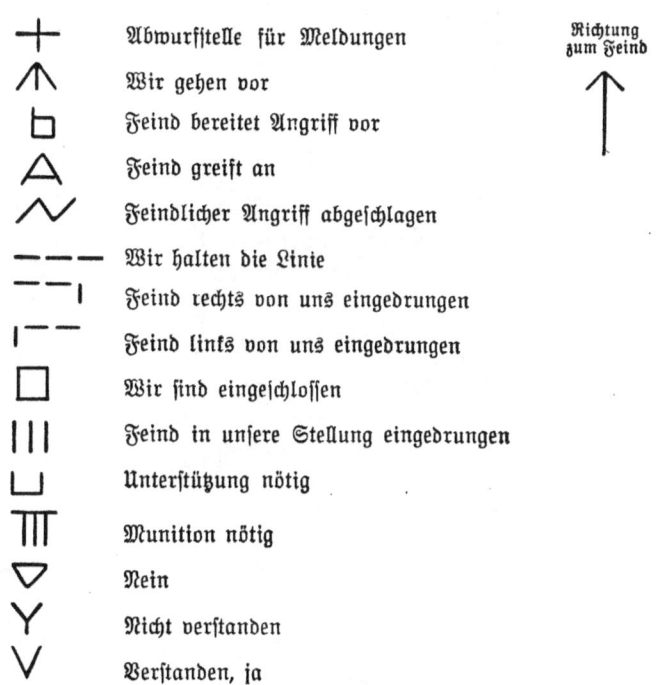

╋	Abwurfstelle für Meldungen
⋀	Wir gehen vor
ᛔ	Feind bereitet Angriff vor
△	Feind greift an
⋁⋀	Feindlicher Angriff abgeschlagen
— — —	Wir halten die Linie
— — ⎮	Feind rechts von uns eingedrungen
⎮ — —	Feind links von uns eingedrungen
☐	Wir sind eingeschlossen
⎮⎮⎮	Feind in unsere Stellung eingedrungen
⊔	Unterstützung nötig
⊤⊤⊤	Munition nötig
▽	Nein
Y	Nicht verstanden
V	Verstanden, ja

Richtung zum Feind ↑

Die Fliegertücher haben eine weiße und eine rote Seite. Die jeweils besser erkenntliche Seite ist dem Flieger sichtbar zu machen.

Bei Wind sind die Tücher mit Steinen u. dgl. zu beschweren.

Meldeabwurfstellen sind nur bei Annäherung eigener Flieger kenntlich zu machen. Sie sind mit Meldern zu besetzen, die für Übermittlung der abgeworfenen Fliegermeldung zu sorgen haben.

Beim Fehlen von Fliegertüchern können vorstehende Zeichen mit Zeitungen, Bettüchern u. dgl. ausgelegt werden.

Viel leisten, wenig hervortreten, mehr sein als scheinen.

Anhang 1.

Uniform- und Abzeichenübersichten.

— 305 —

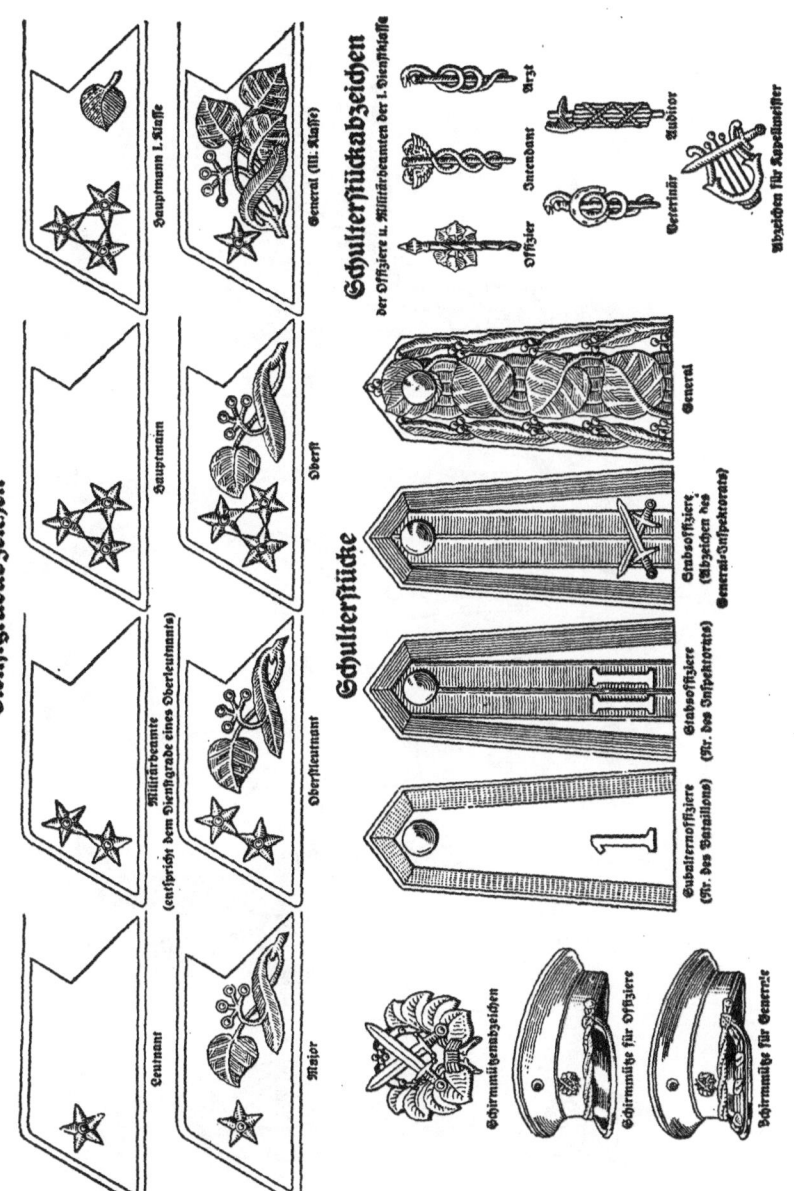

— 307 —

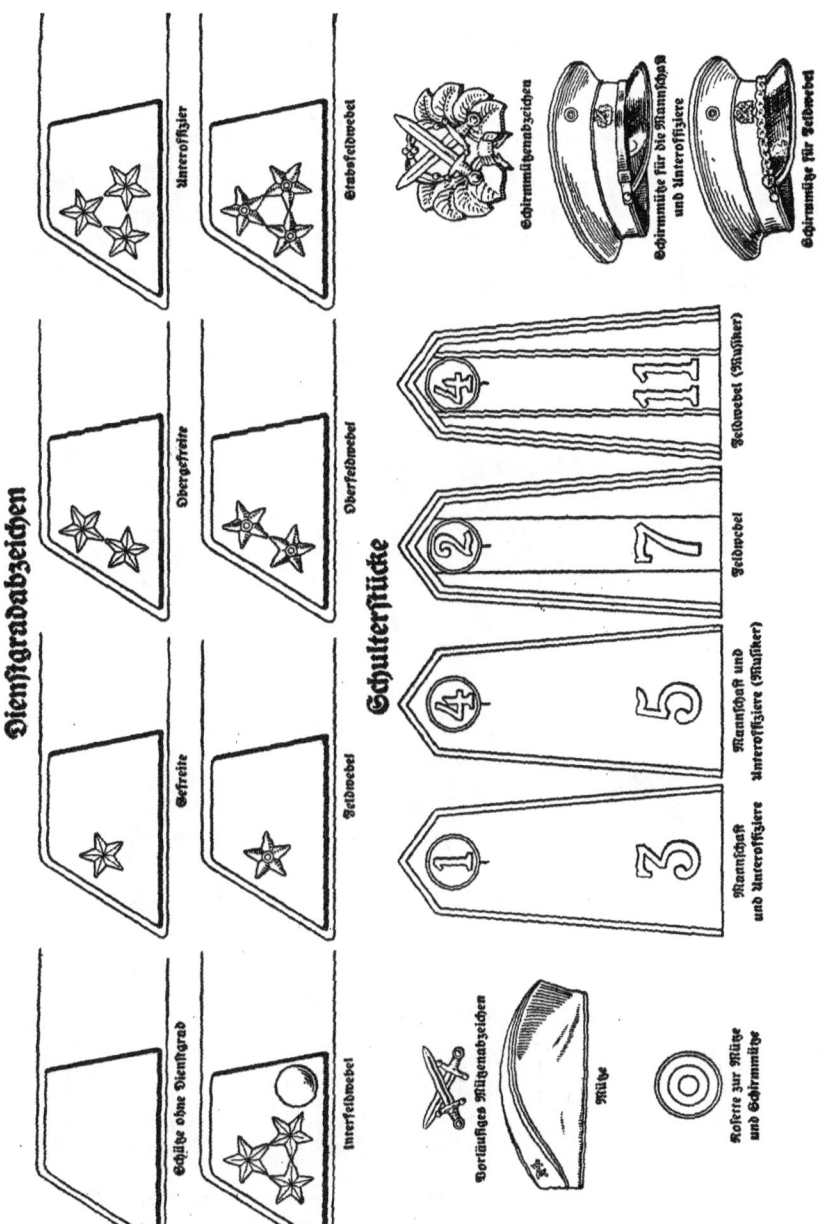

2. Rangabzeichen der politischen Leiter der NSDAP.

Reichsleitung:
Tuchspiegel = hellrot, Einfassung = gold, ▰ = gold; ▢ = silberfarbig.

Reichsleiter   Haupt-   Haupt- Amtsleiter Haupt- Stellenleiter Hilfs- Mitarbeiter
              dienstleiter amtsleiter   stellenleiter   stellenleiter

Gauleitung:
Tuchspiegel = dunkelrot, Einfassung = rot, punktiert = gold; weiß = silberfbg.

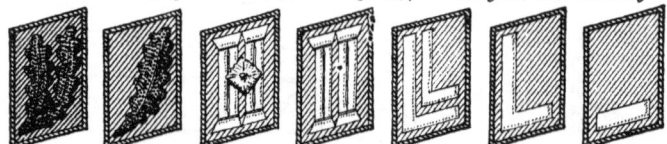

Gauleiter Stellvertr. Haupt- Amtsleiter Haupt- Stellenleiter Mitarbeiter
           Gauleiter   amtsleiter   stellenleiter

Kreisleitung:
Tuchspiegel = dunkelbraun, Einfassung = schwarz, punkt. = gold-, weiß = silberfbg.

Kreisleiter Haupt- Amtsleiter Haupt- Stellenleiter Mitarbeiter
             amtsleiter   stellenleiter

Ortsgruppen- bzw. Stützpunktleitung:
Tuchspiegel = hellbraun, Einfassung = blau, punktiert = gold; weiß = silberfarbig.

Ortsgruppen- Stützpunkt- Zellen- Block- Amtsleiter Haupt- Stellenleiter Mitarbeiter
leiter   leiter   leiter   leiter   stellenleiter

3. Rangabzeichen des Reichsarbeitsdienstes.

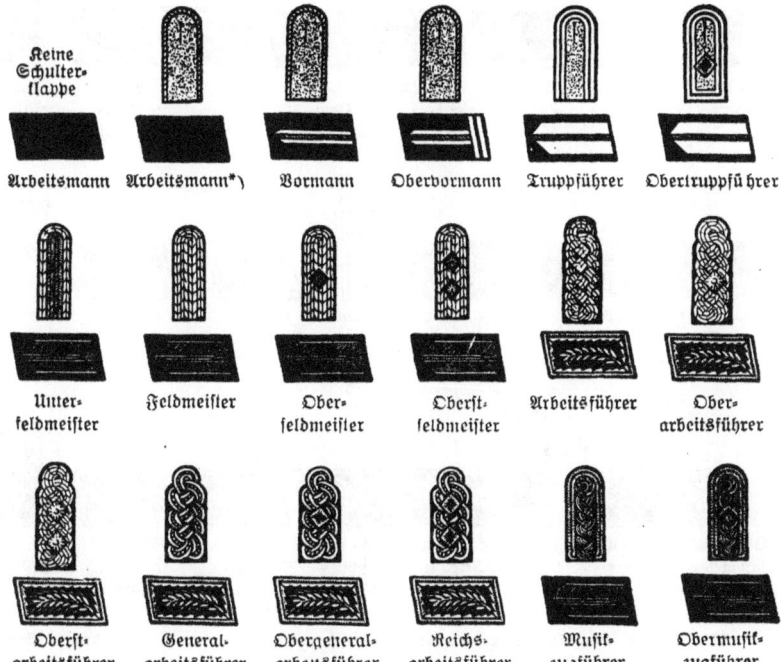

4. Rangabzeichen des Reichsluftschutzbundes.

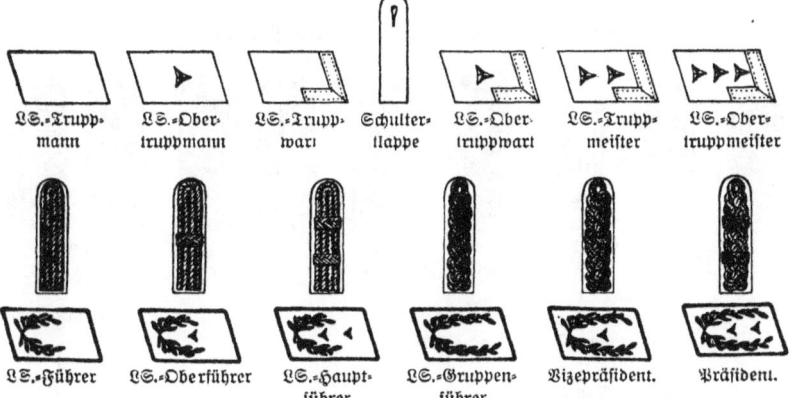

*) Schulterklappe mit schwarz-weißer Freiwilligenschnur nur bei Verpflichtung auf mindestens 1 Jahr, vom Tage des Eintritts gerechnet.

5. Rangabzeichen der SA., ʃʃ und NSKK.

SA.= usw. Mann — SA.= usw. Sturmmann — SA.= usw. Rottenführer — SA.= usw. Scharführer — SA.= usw. Oberscharführer — SA.= usw. Truppführer — SA.= usw. Obertruppführer — Schulterstück

SA.= usw. Sturmführer — SA.= usw. Obersturmführer — SA.= usw. Sturmhauptführer — Schulterstück — SA.= usw. Sturmbannführer*) — SA.= usw. Obersturmbannführer**) — Schulterstück

SA.= usw. Standartenführer — SA.= usw. Oberführer — Schulterstück — SA.= usw. Brigadeführer — SA.= usw. Gruppenführer — SA.= usw. Obergruppenführ. — Stabschef der SA., Reichsführer ʃʃ — Schulterstück

SA.-Gruppen und Gruppenfarben: Apfelgrün: Pommern, Thüringen; dunkelbraun: Westmark, Niedersachsen; dunkelweinrot: Ostland, Westfalen; hellblau: Hochland, Bayer. Ostmark; marineblau: Hansa, Hessen; orangegelb: Mitte, Südwest; rosarot: Ostmark; schwarz: Niederrhein, Berlin-Brandenburg; schwefelgelb: Schlesien, Franken; smaragdgrün: Sachsen, Nordmark; stahlgrün: Nordsee, Kurpfalz.

6. Rangabzeichen der Polizei und Gendarmerie.

      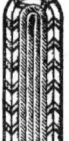  

General — Oberst — Hauptmann — Pol.-Meister — Hauptwachtmeister — Oberwachtmeister — Wachtmeister

Farbe der Kragenspiegel und Ärmelabzeichen sind für: Schutzpolizei: grün, Gemeindepolizei: rot, Gendarmerie: orange, Gendarmerie (mot.): weiß.

*) Bei NSKK.-Staffelführer.
**) Bei NSKK.-Oberstaffelführer.

Anhang II.

Das M. G. 13 (l. M. G.).

Das M. G. 13 besitzt einen beweglichen Lauf mit Luftkühlung. Wie beim M. G. 34 wird auch hier der Rückstoß zum Zuführen, Laden und Entzünden der Patronen sowie zum Ausziehen und Auswerfen der Patronenhülsen ausgenutzt. Die Munition, die gleiche wie für Gewehr, wird in Magazinen von 25 Schuß verschossen.

Beschreibung des M. G. 13.

Die **Haupt- und Einzelteile** des M. G. 13: siehe Bild 1, 2 und 3.

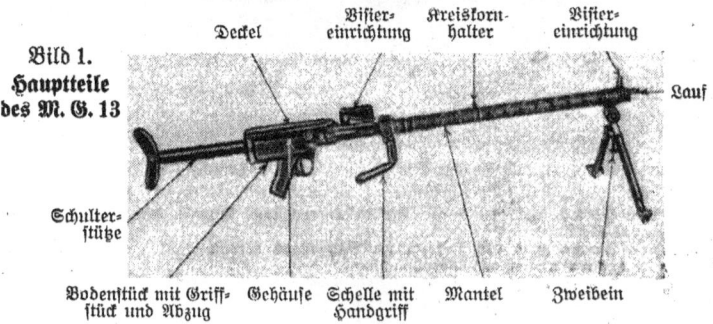

Bild 1. Hauptteile des M. G. 13

(Deckel, Visiereinrichtung, Kreiskornhalter, Visiereinrichtung, Lauf, Schulterstütze, Bodenstück mit Griffstück und Abzug, Gehäuse, Schelle mit Handgriff, Mantel, Zweibein)

Auseinandernehmen.

1. Das M. G. ist zu entladen, das Magazin abzunehmen.
2. Linke Hand umfaßt die Schulterstütze.
3. Rechte Hand zieht die Kammer zurück und läßt sie wieder nach vorn schnellen (um den Hahn zu spannen), drückt den Deckelriegel nach vorn und hebt den Deckel so weit hoch, bis die Sperre einrastet.
4. Linke Hand drückt mit dem Daumen den Riegel zum Bodenstück nach rechts und legt das Bodenstück nach unten.
5. Rechte Hand greift über das Gehäuse und drückt mit dem Daumen den Hebel der Bodenstücksperre nach hinten bis zur unteren Rast.
6. Linke Hand hebt den Schleuderhebel an und legt ihn nach außen um.
7. Rechte Hand zieht am Kammergriff die beweglichen Teile etwas zurück und nimmt die Kammer nach hinten heraus.

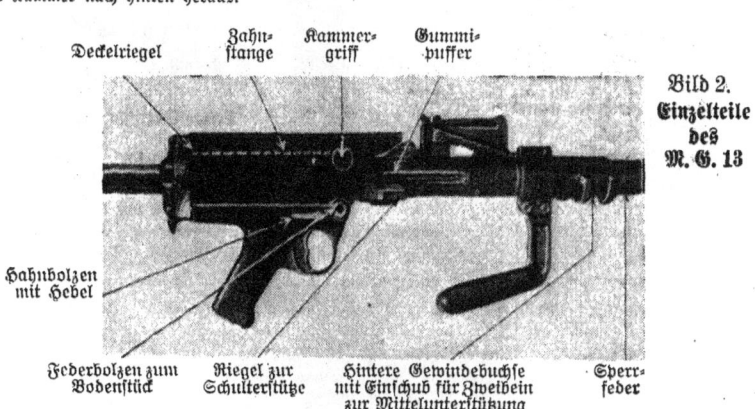

Bild 2. Einzelteile des M. G. 13

(Deckelriegel, Zahnstange, Kammergriff, Gummipuffer, Hahnbolzen mit Hebel, Federbolzen zum Bodenstück, Riegel zur Schulterstütze, Hintere Gewindebuchse mit Einschub für Zweibein zur Mittelunterstützung, Sperrfeder)

8. **Linke Hand** drückt beim Herausnehmen der Kammer den Verschlußriegel an seinem hinteren Teil etwas nach oben.

9. **Beide Hände** ziehen Verschlußhülse mit Lauf heraus, rechte Hand an der Verschlußhülse, linke Hand am Lauf.

10. **Rechte Hand** drückt mit dem Daumen den hinteren Teil des Laufhaltehebels gegen die Verschlußhülse, dreht die Verschlußhülse nach links und trennt sie vom Lauf.

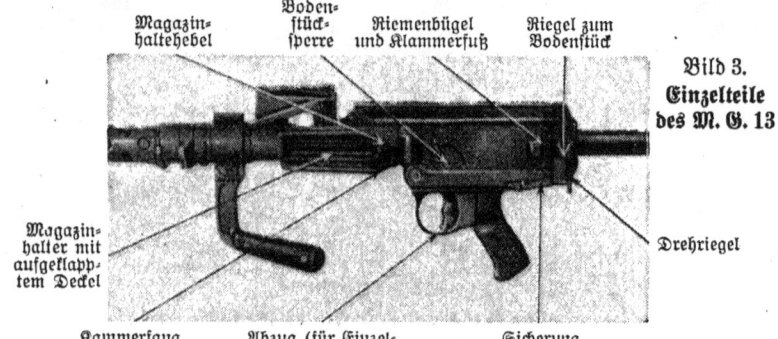

Bild 3.
Einzelteile des M. G. 13

11. **Linke Hand** hält den Lauf. Sie drückt mit dem Daumen den Federbolzen zum Bodenstück gegen das Gehäuse.
12. **Rechte Hand** zieht den Federbolzen nach rechts heraus.
13. **Linke Hand** nimmt das Bodenstück ab.

Hahnentspannen.

14. **Rechte Hand** umfaßt mit dem Zeigefinger den Hahn.
15. **Linke Hand** zieht mit dem Zeigefinger den Abzug zurück.
16. **Beide Hände** drücken mit dem Daumen den automatischen Abzug etwas nach vorn. Der Zeigefinger der rechten Hand verhindert das Hochschnellen des Hahns.

Einstellen der Schließfeder.

Das M. G. muß entladen, das Magazin abgenommen sein.

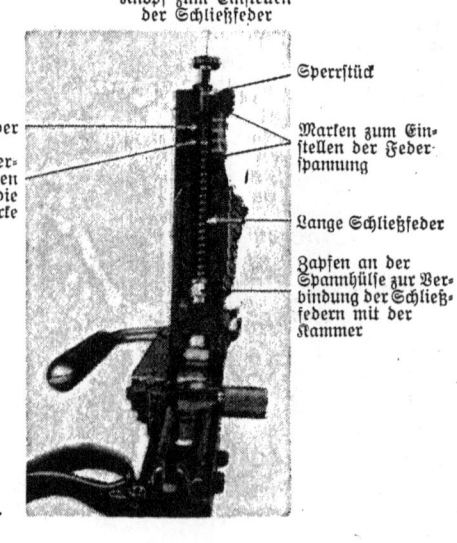

Bild 4.

Das Einstellen der Schließfeder auf bestimmte Marken wird notwendig, wenn aus dem M. G. Munition von unterschiedlichem Gasdruck verschossen wird, z. B. sS=, SmK= oder SmKL=spur=Munition.
  a) Wird mit SmK= und SmKL=spur= oder sS= und SmKL=spur=Munition geschossen, so ist der obere Rand des Ringes auf dem Federrohr ungefähr auf Marke 1 zu stellen.
  b) Wird mit sS=Munition geschossen, so ist der obere Rand des Ringes ungefähr auf Marke 4 einzustellen.
  Ein Einstellen des oberen Randes des Ringes über die Marke 4 hinaus muß unterbleiben, da sich sonst der Deckel des M. G. nicht mehr schließen läßt.
  Die genaue Einstellung der Schließfeder ist für jedes M. G. zu erschießen.
  Der Richtschütze muß die Einstellung der Schließfeder seines M. G. kennen.

Hemmungen und ihre Beseitigung.

Vor Öffnen des Deckels muß das Magazin entfernt werden.

Zu Beginn des Schießens.
a) Kammer sitzt fest, sie läßt sich nicht zurückziehen.

Ursache: Abhilfe:
Nicht entsichert.   Entsichern.

b) Die Kammer wird, wenn der Schütze den Griff losläßt, nicht genügend weit nach vorn geschleudert.

Ursache:

1. Magazin ist nicht richtig in den Magazinhalter eingesetzt.
2. Magazinlippen verbogen.
3. Gleitende Teile schlecht oder gar nicht geölt.
4. Schließfeder zu schwach.

Abhilfe:
Bei Ursache 1—4 nach dem Kammergriff greifen. Sitzt dieser fest oder läßt er sich nicht zwanglos ganz nach vorn drücken, dann sofort Magazin aus dem Magazinhalter nehmen.
Bei Ursache 1 die oberste Patrone wieder in ihre richtige Lage bringen; wenn sie beschädigt ist, nach vorn aus dem Magazin schieben. Magazin richtig in Magazinhalter einsetzen und Kammer am Griff erneut zurückziehen und vorschnellen lassen.
Bei Ursache 2 neues Magazin einsetzen.
Bei Ursache 3 Kammer nach vorn stoßen, Magazin entfernen und entladen. Verschlußhülse, Lauflager, Kammer und Spannhülse der Schließfeder einölen.
Bei Ursache 4 Kammer nach vorn stoßen und Schließfeder stärker spannen; wenn lahm oder gebrochen, auswechseln.

Während des Schießens.
a) Kammer ist nicht ganz zurückgeworfen. Die Kammersperre zeigt in der Regel mit der Spitze nach vorn, dem Mantel zu; Hülse ist nicht ausgeworfen.

Ursache:

1. Rückstoß zu schwach (M. G. zu wenig in die Schulter eingezogen).
2. Schließfeder zu stark.
3. Gleitende Teile trocken oder verschmutzt.
4. Hülse im Patronenlager festgeklemmt.
5. Splintbuchse und Splintbolzen zum Verschlußriegel locker oder gebrochen.
6. Splintbolzen zum Schlagbolzen lose oder gebrochen.
7. Auszieherkralle gebrochen.

Abhilfe:
Bei Ursache 1—3 Kammer vollends zurückziehen und nach vorn schnellen lassen. (Hülse aus dem Auswurf entfernen.)
1. Gewehr ist in die Schulter einzuziehen.
2. Schließfeder schwächer spannen.
3. Magazin entfernen, entladen, gleitende Teile einölen; wenn verschmutzt, erst reinigen.
4. Kammer zurückziehen und festhalten, Blick durch die Patronenauswurföffnung nach dem Patronenlager, Magazin entfernen, Laufwechsel und neu laden.
5. Magazin entfernen, entladen, gleitende Teile aus dem M. G. nehmen. Wenn Splintbuchse und Splintbolzen locker sind, wieder vollends eindrücken, wenn gebrochen, neue einsetzen. — M. G. wieder zusammensetzen und neu laden.
6. u. 7. Magazin entfernen, entladen, Kammerwechsel und neu laden.

b) Kammer bleibt in der Vorwärtsbewegung stehen; Kammersperre zeigt mit der Spitze nach rückwärts, dem Körper zu.

Ursache:

1. Schließfeder zu schwach, lahm oder gebrochen.

Abhilfe:
Bei Ursache 1—7 erst versuchen, die Kammer ganz nach vorn zu stoßen; sitzt sie fest, dann sofort Magazin entfernen, Deckel aufmachen und entladen.
1. Schließfeder stärker spannen bzw. eine neue einsetzen.

Reibert, Der Dienstunterricht im Heere. XII., Schütze.

Ursache:	Abhilfe:
2. Gleitende Teile trocken oder verschmutzt.	2. Magazin entfernen, entladen, gleitende Teile einölen; wenn verschmutzt, erst reinigen.
3. Lahme Zubringerfeder im Magazin.	3. Magazin entfernen, quer oder schräg zum Lauf gestellte Patronen aus dem M. G. nehmen, neues Magazin einsetzen und laden.
4. Hülsenreißer im Patronenlager.	4. Magazin entfernen, Deckel aufmachen und entladen; mit kurzem oder langem Hülsenauszieher den im Patronenlager gebliebenen Teil der Hülse herausziehen und neu laden. Läßt sich der Hülsenreißer nicht mit dem Hülsenauszieher herausziehen, dann sofort Laufwechsel.
5. Geschoß abgefallen.	5. Magazin entfernen, Deckel aufmachen, M. G.-Teile vom Pulver frei machen, eventuell Laufwechsel und neu laden.
6. Ausvieherkralle gebrochen.	6. Magazin entfernen, Kammerwechsel und neu laden.
7. Patrone verbeult.	7. Magazin entfernen, Kammer bei geöffnetem Deckel zurückziehen, so daß verbeulte Patrone ausgeworfen wird. Deckel zumachen und neu laden.
8. Auswerfer verbogen oder gebrochen.	8. Verschlußhülse wechseln bzw. einen neuen Auswerfer einsetzen.

c) Die Kammer läßt sich zwanglos zurückziehen, aber das M. G. feuert nicht oder schweigt nach dem ersten Schuß.

Ursache:	Abhilfe:
Brüche und Abnutzungen von einzelnen Teilen wie:	Ursache 1—3. **Magazin entfernen** und entladen. Deckel aufmachen, Bodenstück nach unten schwenken und Bodenstücksperre einstellen — Ursache feststellen.
1. Schlagbolzenspitze gebrochen oder abgenutzt.	1. Kammer herausnehmen, den Schlagbolzen nach vorn drücken. Ist die Spitze gebrochen oder abgenutzt, neuen Schlagbolzen einstellen oder zweite Kammer einsetzen.
2. Hahn gebrochen oder Rasten abgenutzt.	2. u. 3. Gleitende Teile aus dem M. G. nehmen und neuen Hahn bzw. automatischen Abzug (Federn) einsetzen. M. G. wieder zusammensetzen.
3. Automatischer Abzug gebrochen oder die Federn zum automatischen Abzug lahm.	
4. Versager.	4. Kammer zurückziehen, so daß Versager ausgeworfen wird — und wieder nach vorn schnellen lassen.

Die Einzelausbildung mit M. G. 13.

1. **Zum Anbringen des Zweibeins** als Vorderunterstützung erfaßt Schütze 1 das M. G. mit der linken Hand am vorderen Teil des Mantels. Rechte Hand stellt das Korn hoch. Zeige- und Mittelfinger drücken die Sperrfeder gegen den Mantel. Rechte Hand setzt das Zweibein von oben auf die vordere Gewindebuchse mit dem Einschub und schwenkt Zweibein so weit ein, bis die Sperrfeder einrastet.

Beim Anbringen des Zweibeins als Mittelunterstützung wird das Zweibein in derselben Weise in den Einschub der hinteren Gewindebuchse eingeführt. Die linke Hand erfaßt dabei das M. G. am hinteren Teil des Mantels.

2. **Laden und Sichern.** Linke Hand schwenkt den Sicherungshebel von „S" auf „F" (Entsichern).

Linke Hand drückt mit dem Daumen auf den Magazinhaltehebel. Der Deckel zum Magazinhalter öffnet sich.

Linke Hand schiebt das gefüllte Magazin — Boden schräg nach vorn gerichtet — bis an seinen Anschlag in den Magazinhalter ein und schwenkt es nach hinten, wobei der Magazinhaltehebel hörbar einrastet.

Rechte Hand zieht die Kammer am Kammergriff kräftig bis zum Bodenstück zurück und läßt den Griff los. Die Kammer schnellt nach vorn. Das M. G. ist geladen.

Linke Hand sichert.

Magazin ist leergeschossen, ein neues ist eingesetzt.

Linke Hand drückt — wenn neues Magazin eingesetzt ist — mit dem Daumen auf den Arm des Kammerfangs. (Kammer schnellt nach vorn und bringt eine neue Patrone in den Lauf.)

3. **Entladen und Sichern.** Linke Hand umfaßt das Magazin, drückt mit dem Daumen auf den Magazinhaltehebel, schwenkt das Magazin nach vorn aus dem Magazinhalter und schließt den Deckel zum Magazinhalter.

Rechte Hand zieht die Kammer am Griff kräftig zurück, wobei die im Lauf befindliche Patrone aus dem Lauf gezogen und nach rechts ausgeworfen wird. (Durch einen Blick in die Patronenauswurföffnung überzeugt sich der Schütze, ob der Lauf frei ist.) Beim Loslassen des Griffs schnellt die Kammer wieder nach vorn.

Dann zieht der Zeigefinger der rechten Hand den Abzug zurück, um den Hahn zu entspannen.

Linke Hand sichert.

4. **Feuerarten.**
a). Dauerfeuer. Der Schütze zieht den Abzug am unteren mit „D" bezeichneten Teil zurück.
b) Einzelfeuer. Der Schütze zieht den Abzug am oberen mit „E" bezeichneten Teil zurück. Bei Einzelfeuer wird der Abzug nach jedem Schuß losgelassen und erneut zurückgezogen.

5. **Einstellen der Schließfeder.**

6. **Auswechseln der Schließfeder.**
Der Schütze entfernt das Magazin und entladet.
Beim Herausnehmen der Schließfeder macht die rechte Hand den Deckel auf. Die linke Hand hält den Deckel und drückt mit dem Daumen auf das Sperrstück zum Deckelriegel. Die rechte Hand erfaßt den Deckelriegel mit Daumen und Zeigefinger dicht am Deckel, dreht ihn nach links, fängt den Druck der Schließfeder auf und nimmt den Deckelriegel mit Federeinrichtung und langer Schließfeder heraus.

Das Einsetzen der Schließfeder erfolgt in umgekehrter Reihenfolge.

7. **Laufwechsel.** Er ist erforderlich, wenn 150 bis 200 Schuß ohne Unterbrechung verschossen sind. Dazu nimmt:
1. Schütze 1 das M. G. auseinander (heißen Lauf mit Handschützer anfassen!).
2. Schütze 2 oder 3 reicht den neuen Lauf dem Schützen und empfängt den alten.
3. Schütze 1 führt den neuen Lauf ein und setzt das M. G. zusammen.

Anschlagarten mit M. G. 13.

1. **Anschlag liegend.** Der Schütze legt sich so hinter das M. G., daß die Schulterlinie senkrecht zur Schußrichtung verläuft. Es muß vermieden werden, daß die rechte Schulter zurückgenommen wird, weil sonst während des Schießens

Bild 1.
Anschlag liegend (Vorderunterstützung), die Hand faßt von oben zu.

die Schulterstütze nach rechts abgleitet. Durch Auseinanderspreizen der Beine wird eine feste Lage erreicht. Mit dem Gewicht des Körpers, nicht mit der Schulter allein, drückt der Schütze das M. G. l e i c h t nach vorn. Mit der linken

21*

Hand wird die Schulterstütze in die Schulter eingezogen. Durch Festhalten der Schulterstütze muß während des Schießens das Verkanten des M. G. verhindert werden. Wie hierzu der Schütze mit der linken Hand zufaßt, bleibt ihm überlassen (Bild 1 und 2).

Läßt sich das verkantete M. G. mit Vorderunterstützung im Anschlag schwer drehen, so genügt ein leichtes Zurückziehen des M. G., um das Drehen zu erleichtern.

Die rechte Hand betätigt den Abzug. Sowohl das Vorwärtsdrücken des M. G. durch den Körper als auch das Einziehen des M. G. mit der linken Hand

Bild 2.
Anschlag liegend, die Hand faßt von unten zu.

muß ungezwungen, keinesfalls krampfhaft erfolgen. Zweibein, Ellenbogen und Schulter sind die Unterstützungen, in denen das M. G. während des Schießens gleichmäßig ruht.

2. **Anschlag stehend, kniend, sitzend**, Anschlag ohne Gabelstütze und Anschlag auf Bäumen.

Hinter einer Böschung, in Gräben, Granattrichtern usw. kann der Schütze auch stehend, kniend oder sitzend anschlagen. Hierbei kann auch ein Anschlag ohne Zweibein und eine Lagerung des M. G. auf Rasenstücken, Sandsäcken usw. zweckmäßig sein. Beim stehenden Anschlag nimmt der Schütze durch engere oder weitere Fußstellung die entsprechende Anschlagshöhe ein.

Die Ausführung des Anschlages auf Bäumen hängt von der Beschaffenheit des Baumes ab und wird dem Schützen überlassen. Am zweckmäßigsten ist es, das l. M. G. vor der hinteren Gewindebuchse mit Einschub für Zweibein in eine Astgabel zu legen.

Bild 3.
Anschlag kniend mit Dreibein.

Vergiß nie,

daß von Deinem Verhalten

der Ruf Deines Truppenteils abhängt und daß Du

als Waffenträger besondere Pflichten hast.

Anhang III.

Das Pferd. Fahr= und Reitlehre.

Der **Körperbau des Pferdes** ist aus Bild 1 ersichtlich.

Bild 1.

Benennung der äußeren Körperteile.

1 Stirn	19a Vorderbrust	35 Rücken
2 Ohren	19b Unterbrust	36 Lende
3 Scheitel	19c Brustwand	37 Bauch
4 Nasenrücken	20 Schulter	38 Flanken
5 Nüstern	21 Bugspitze	39 Kruppe
6 Jochleiste	22 Oberarm	40 Hüfte
7 Ober= und Unterlippe	23 Vorarm	41 Hinterbacke
8 Kinngrube	24 Ellenbogenhöcker	42 Oberschenkel
9 Maulwinkel	25 Vorderknie	43 Knie
10 Ganasche	26 Vorderschienbein	44 Unterschenkel
11 Backe	27 Fesselkopf	45 Sprunggelenk
12 Genick	28 Fessel (Köte)	46 Hacke
13 Mähnenrand des Halses	29 Kötenzopf	47 Kastanie
14 Halskerbe	30 Hufkrone	48 Hinterschienbein
15 Ohrdrüsengegend	31 Huf (Seitenwand)	49 Schlauch
16 Drosselrinne	32 Huf (Zehenwand)	50 Hodensack
17 Kehlrand des Halses	33 Huf (Trachtenwand)	51 Schweifansatz
18 Widerrist	34 Ballen	52 Sitzbeinspitze

Pflege des Pferdes*).

Die sorgfältige Pflege des Pferdes ist von ausschlaggebender Bedeutung für seine Leistungsfähigkeit. Jeder Pferdepfleger hat, besonders nach anstrengenden Übungen, zuerst für sein Pferd zu sorgen, dann erst kann er an sich denken. Zur **Pferdepflege** gehören: das **Putzen** (einschließlich der Hufpflege), verständige, liebevolle Behandlung, das Füttern und Tränken, die Sorge für eine tadellose Stallordnung, sorgfältige Behandlung kranker oder verletzter Pferde.

Besondere Sorgfalt bedarf die **Hufpflege,** besonders bei Pferden, die aus irgendeinem Grunde längere Zeit im Stalle stehen müssen; denn solche leiden stets an ihren Hufen, teils durch den Mangel an Bewegung, teils durch den vermehrten Einfluß der Stalljauche, teils durch zu große Feuchtigkeit bei anhaltendem Kühlen.

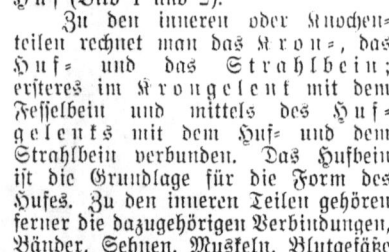

Bild 2. **Huf von unten gesehen.**

Der **Huf** bedarf großer Aufmerksamkeit, um ihn vor Krankheiten zu bewahren. Von der Gesundheit des Hufes hängt die Brauchbarkeit des Pferdes wesentlich ab.

Man unterscheidet die inneren oder Knochenteile, die mittleren oder Fleischteile und die äußeren Hornteile — den Huf (Bild 1 und 2).

Zu den inneren oder Knochenteilen rechnet man das Kron=, das Huf= und das Strahlbein; ersteres im Krongelenk mit dem Fesselbein und mittels des Hufgelenks mit dem Huf= und dem Strahlbein verbunden. Das Hufbein ist die Grundlage für die Form des Hufes. Zu den inneren Teilen gehören ferner die dazugehörigen Verbindungen, Bänder, Sehnen, Muskeln, Blutgefäße und Nerven. Über den Knochenteilen des Hufes liegen die Fleischteile, eingeteilt entsprechend den sie bedeckenden Hornteilen. Über den Fleischteilen liegen, innig mit diesen verbunden, die Hornteile, eingeteilt in Hornsaum, der obere Rand des Hufes k k', Hornwand mit Hornwandeckstrebe aa, Hornsohle b, Hornstrahl c, weiße Linie d d' d", die Sohlenwinkel e e', die Strahlplatte f, die Strahlschentel g g', die Ballen h h', die Eckstrebenwinkel i i'.

Die Hauptforderung der Hufpflege läßt sich in das eine Wort „Reinlichkeit" zusammenfassen. Die **Reinigung** muß mindestens zweimal am Tage, des Morgens und nach dem Gebrauche stattfinden. Nach jedem Gebrauch des Pferdes sollen beschmutzte Hufe so lange gewaschen werden, bis sie völlig frei von Sand und Schmutz sind. Hierzu wird der Huf zuerst mit einem am Ende abgestumpften Hufräumer sauber abgekratzt. Hufkratzer aus Eisen sollen überhaupt keine Verwendung finden; ganz falsch ist ein Herumraspeln mit scharfen Hufkratzern auf der Glasurschicht der Hornwand. Diese kann bei Zerstörung ihren Zweck, den Huf vor Austrocknung zu schützen, nicht mehr erfüllen. Solche Hufe erhalten ein glanzloses, stumpfes Aussehen und werden bröckelig und spröde. Bei dem Auskratzen sind besonders die Strahlgrube und die seitlichen Strahlfurchen sorgfältig zu reinigen. Dann folgt das **Waschen.** Hierbei wird oft der Fehler gemacht, daß

---

*) Vgl. H. Dv. 11/1 vom 18. 8. 1937.

man das Wasser nicht rechtzeitig erneuert; mit einer braunen Schmutzflüssigkeit soll man nicht waschen. Wie nach dem Gebrauch auf die Entfernung des Bodenschmutzes, so ist nach dem Stehen des Pferdes auf der Streu — also z. B. beim Hufwaschen des Morgens — das Hauptaugenmerk auf die Entfernung der ätzenden und Fäulnis erregenden Stalljauche zu richten.

Zur gründlichen Reinigung des Hufes genügt nicht immer bloßes Abspülen mit der Hand, sondern häufig ist die Verwendung von Seife und Wurzelbürste mit nachfolgendem sorgfältigem Abspülen nötig.

Zur Erhaltung der Geschmeidigkeit des Hufhornes kann bei trockenen, spröden Hufen Fett das Wasser niemals ersetzen, denn Fett dringt erfahrungsgemäß nur sehr wenig in das Horn ein, ganz besonders nicht durch die undurchlässige Glasurschicht der Hornwand. Gerade deren Einfettung ist aber bei den Pferdepflegern beliebt; meist bedeutet das weiter nichts, als das Verdecken eines schlecht gereinigten Hufs mittels glänzender Fettschicht. Diejenigen Stellen aber, wo das Einfetten Sinn und Zweck hat, kommen in der Regel zu kurz.

Wichtig ist das Eindringen von Fett in die Krone. Weiterhin einzufettende Teile sind Sohle und Strahl. Dies hat entweder den Zweck, weiteres Eindringen von Wasser in den Huf zu verhüten oder ein rasches Verdunsten der in den Huf gelangten Feuchtigkeit zu verhindern. Bei längerem Kühlen sollte man das Einfetten nicht vergessen, um dem Huf nicht ein Übermaß von Feuchtigkeit zuzuführen. Teer und andere schwarzmachende Hufsalben sind nicht zweckmäßig; man verwende nur reine, gute tierische oder pflanzliche Fette.

Das **tägliche Putzen** dient nicht nur der Reinlichkeit, sondern ist auch eine wesentliche gesundheitliche Maßregel.

Die Haut dient zur Regelung der Körperwärme, zur Ausdünstung, zur Ausscheidung des Schweißes nud als Atmungsorgan. Diesen Tätigkeiten kann sie um so besser nachkommen, je weniger die Poren durch Hautschuppen und Schmutz verstopft sind. Die Fälle sind nicht selten, in denen die rasche Erholung eines heruntergekommenen Pferdes ohne jede Futterzulage vornehmlich auf Rechnung des guten Putzens zu setzen ist. Die Persönlichkeit des Pflegers kommt in ihrem Einfluß auf das Pferd kaum irgendwo so zur Geltung wie beim Putzen. Rohe Behandlung kann das Tier in Grund und Boden verderben. Außer der regelmäßigen Abwartung, die das Pferd nach dem Gebrauch erfährt, ist täglich mindestens einmal gründliches Putzen erforderlich. Erlaubt es die Witterung, Reinigung im Freien.

Länge der Zeit allein bildet durchaus nicht Prüfstein für gutes Putzen. Es muß energisch und schnell geputzt werden und nur so lange, bis das Pferd gereinigt ist, d. h. bis man an den Haarwurzeln keine Schuppen mehr sieht und man mit den Fingern unter leichtem Aufdrücken gegen die Haarrichtung streichen kann, ohne sich zu beschmutzen und ohne staubige Striche zu sehen. Ein Putzen darüber hinaus ist unzweckmäßig. Jedes allzu starke Putzen erzeugt Empfindlichkeit der Haut und eine stark gesteigerte␣Hauttätigkeit durch vermehrte Schuppenbildung und Ausdünstung.

Reihenfolge des Putzens in der Regel von vorn nach hinten.

Der häufigen Neigung, beim Putzen die versteckt gelegenen und schwieriger zu reinigenden Stellen — Ohren, Halsteil unter der Mähne, Bauch, innere Fläche der Hinterschenkel, untere Schweiffläche, die Schlauchöffnung — zu vernachlässigen, muß entgegengetreten werden. Zum Putzen und Reinigen des Pferdes dienen: Kardätsche, Striegel, Wurzelbürste, Hufräumer, Schwamm, mehrere Tuchlappen und Strohwische. — Das Putzzeug ist monatlich gründlich zu reinigen.

Handhabung der Kardätsche: Lang über das Pferd hingleitende, ruhige Striche, ohne zu stoßen oder zu haken; im allgemeinen gut dabei aufdrücken, an den empfindlicheren Körperstellen und bei empfindlichen Pferden den Druck jedoch mäßigen; vorzugsweise mit dem Strich der Haare bürsten, besonders in der Zeit des Haarwechsels.

Besondere Behutsamkeit und Vertraulichkeit beim Putzen des Kopfes! Striegel dabei ganz aus der Hand legen!

In der Hauptsache dient der **Striegel** zur Reinigung der Kardätsche; im übrigen ist er nur zum Abkratzen stärkerer Schmutzkrusten zu benutzen, aber niemals an Körperteilen, denen das Fleischpolster fehlt, also niemals an Knochenvorsprüngen, an den unteren Gliedmaßen und am Kopfe.

Reinigung der Schopf-, Mähnen- und Schweifhaare: Unter Auseinanderfalten der Haarbüschel Ausbürsten des Schinnes und der losen Schuppen mit der Kardätsche, immer nur mit dem Strich der Haare, dann Verlesen der Haare, d. h. je ein paar Haare durch die Finger ziehen. Zum Schluß Glattbürsten mit der Kardätsche, erforderlichenfalls unter Anfeuchten derjenigen Stellen, an denen die Haare nicht ordentlich liegen wollen. — **Anfallendes Roßhaar** darf auf keinen Fall verlorengehen, sondern ist sorgfältig zu **sammeln.** Zur Steigerung des Anfalls an Roßhaar zur Deckung des Bedarfs der Wehrmacht sind besondere Bestimmungen gegeben (vgl. H. Dv. 11, Heft 1, Ziff. 44).

Reinigung der **Körperöffnungen** mittels Schwammes oder feuchten Lappens in der Reihenfolge: Augen, Maul, Nasenlöcher, After, untere Schweißfläche, Schlauchöffnung, wobei nach der Reinigung jeder Körperöffnung der Schwamm oder Lappen auszuspülen ist.

Die für das **Eindecken, Scheren und Bandagieren** der Pferde gegebenen Anordnungen sind peinlich zu befolgen (vgl. H. Dv. 11/1, Ziff. 47—51).

Stallordnung.
Die Stallwache.

Die Stallwache hält den Stall in Ordnung und unterstützt den **Stalleltesten** bzw. **Futtermeister** (Berittunteroffizier) beim Füttern und Tränken. Sie ist keine Wache im Sinne der Standortdienstvorschrift (Wachvorschrift) und steht unter dem Befehl eines Unteroffiziers oder Gefreiten.

Die wichtigsten Pflichten der Stallwache sind:
1. Sofortiges Entfernen von Mist und Jauche — letzteres am besten durch Aufstreuen von Sand — aus den Ständen;
2. Anfegen und Auflockern der Streu;
3. Wiederbefestigen von Pferden, die losgekommen sind, und Hilfeleistung bei Pferden, die über die Ketten und die Flankierbäume gekommen sind;
4. Verhüten des Beißens, Scheuerns, Schlagens der Pferde, des Übertretens über Flankierbäume und Ketten;
5. Wiedereinhängen ausgehakter Flankierbäume;
6. Ordnen verschobener Decken, Halftern und Ersatz dieser, wenn sie zerrissen sind, durch Reservehalfter;
7. während der Nacht Beaufsichtigung der Lampen.

Die **Stallwachposten** verrichten ihren Dienst möglichst geräuschlos, um die Ruhe der Pferde nicht zu stören. Rauchen und Anzünden von Laternen im Stall ist verboten. (Stallaternen außerhalb des Stalles anzünden!)

Bei **Ausbruch von Feuer** sind alle Maßregeln zur Rettung der Pferde zu treffen. Ist ein Hinausführen nicht mehr möglich, so hat die Stallwache die Türen zu öffnen und die Pferde hinauszutreiben. Wenn die Pferde, durch das Feuer scheu gemacht, nicht durch die Stalltür wollen, so wirft man dem dreistesten eine Decke über die Augen und führt es hinaus, worauf die anderen folgen werden.

Lüftung des Stalles.

Gute Luft ist eine Hauptforderung der Gesundheitspflege im Pferdestall. Ein zu **kalter** Stall zwingt die Pferde, von dem Futter einen Teil zu ihrer inneren Erwärmung zu verbrauchen und macht rauh und unansehnlich im Haar. Ein zu **warmer** Stall verweichlicht die Pferde und setzt ihre Widerstandsfähigkeit gegen äußere Krankheitseinflüsse herab. Angemessen ist eine Temperatur von

10 bis 12 Grad Celsius. Aber nicht das in vielen Fällen trügerische Gefühl, sondern nur das **Thermometer** darf dabei der Ratgeber sein.

Wichtig ist die Reinheit der Stalluft; sie bedarf um so mehr der Erneuerung, als sie fortwährend durch Atmung, Ausdünstung und Ausscheidungen der Pferde verunreinigt wird.

Hauptsächlichste und gründlichste Lüftung, während die Pferde bei der Arbeit sind. Ein starker Luftstrom (Zugluft) muß dann alle Winkel des Stalles auskehren. Für das nach der Arbeit schnell und tiefatmend in den Stall zurückkehrende Pferd wirkt verdorbene Luft am schädlichsten.

Schwieriger als im Winter den Stall warm, ist es, ihn im Sommer kühl zu erhalten. Gründlich gelüftet wird am zweckmäßigsten dann nur in den frühen Morgenstunden. Geschlossenhalten, Verhängen oder Blaufärben der Fenster an der Sonnenseite! Besprengen der Stallgasse mit Wasser hat nur vorübergehende Abkühlung zur Folge und nur dann Zweck, wenn gleichzeitig ein geringer Luftdurchzug hergestellt wird; sonst sättigt sich die Stalluft mit Wasserdampf; mit Wasserdampf gesättigte „schwüle" Luft ist aber lästiger als trockene Wärme.

Zur Abhärtung der Pferde ist auch in den Wintermonaten, namentlich wenn der Reitdienst meist in der bedeckten Bahn abgehalten wird, möglichst für zeitweisen Freiluftaufenthalt zu sorgen.

Trockene, mäßig warm gehaltene und gut gelüftete Stallungen tragen wesentlich zum Wohlbefinden und zur Abhärtung der Pferde bei. — Auch dem notwendigen **Licht** und der zweckmäßigen **Beleuchtung** des Stalles ist die nötige Beachtung zu schenken. — N a c h t s ist der Stall d u n k e l zu halten.

Streu.

Die Stallstreu ist nicht nur das Nachtlager des Pferdes, sondern auch ein wichtiges Nahrungsmittel. Die Pferde fressen von dem Stroh nicht aus Spielerei, sondern bei knapper Ration aus wirklichem Bedürfnis. Dem Darm wird dadurch die nötige Füllung gegeben, ohne die er das Geschäft des Verdauens nur unvollkommen besorgt. Die zur Verfügung stehende Häcksel- und Heumenge genügt allein meist nicht. Die Streu ist schließlich der Ort, wohin das Pferd seine Ausscheidungen entleert. Ihr Einfluß auf den Huf, auf das Ansehen und das Wohlbefinden des ganzen Tieres bei Tag und Nacht ist ein wesentlicher.

Zur Erhaltung einer guten Streu gehört für den Pferdepfleger durchaus Liebe zur Sache. Der kurze Dung muß stets sofort entfernt werden, ebenso der hinter dem Stande etwa hervorgetretene Urin. Die oberen Schichten der Streu bedürfen täglich der Auflockerung und Verteilung, wobei stark beschmutzte Teile entfernt werden; an den unteren Schichten darf dagegen nur soviel gerührt werden, um den durch Scharren der Pferde uneben gewordenen Sand wieder gleichmäßig zu machen. Von Zeit zu Zeit muß zu diesem Zwecke die ganze obere Streuschicht abgenommen werden. Eine gründliche Bereitung der Streu ist nur möglich, wenn das Pferd aus dem Stande entfernt wird.

Das Stroh muß beim Einstreuen ordentlich gebrochen werden, Knoten sind zu entfernen. Vor dem Gebrauch spitzer eiserner Streugabeln wird wegen leicht vorkommender Verletzungen des Pferdes gewarnt. Lüften und Aussonnen der Streu und Vermeidung des Hufwaschens im Stande befördern die Trockenheit der Streu.

Füttern und Tränken.

Die Leistungsfähigkeit des Pferdes hängt wesentlich ab von der Ernährung. Pferde gut zu ernähren und satt zu tränken, muß daher der oberste Grundsatz der Pferdepflege sein. Freßlust und gute Futterverwertung gehören zu den unerläßlichen Eigenschaften eines guten Truppenpferdes. Es ist zu beachten, daß das Pferd nicht von dem lebt, was es f r i ß t, sondern von dem, was es v e r d a u t.

Den größten Teil des Futters gibt man vor der längsten Ruhepause, denn in der Ruhe verdauen die Pferde besser als bei der Arbeit. Soweit möglich, soll man deshalb die Pferde erst zwei Stunden nach jedem Futter arbeiten lassen.

Mehrmals am Tage zu füttern ist zweckmäßiger, als den Futtersatz auf ein- oder zweimal zu geben. Die Futtermenge soll der Leistung angepaßt sein. Ein guter Futtermeister ist ein Künstler in seinem Fach. Er muß genau wissen, welche Pferde sich leicht und welche sich schwer füttern, und er muß verstehen, den Futtersatz richtig zu verteilen. Vor größeren Anstrengungen ist die Kraftfuttermenge zu erhöhen. Während der Futteraufnahme ist das Putzen möglichst zu vermeiden. Futterkrippe und Futtergeräte sind peinlich sauberzuhalten. Vor jedem Futterschütten sind etwa vorhandene Reste des vorhergehenden Futters sorgfältig zu entfernen, da sie meist feucht, mit Speichel durchsetzt und häufig angesäuert oder sauer geworden sind. Wenn nach Zeiten großer Leistungen eine längere Ruhepause eintritt, gibt man mit Nutzen Heuzulagen und sucht durch Bewegung und häufiges Tränken Erkrankungen der Verdauungsorgane und des Stoffwechsels vorzubeugen. Kräftige leistungsfähige Muskeln werden bei guter Ernährung nur durch Arbeit erzielt. Müssen Pferde längere Zeit untätig im Stall stehen, so setzen sie zwar Fett an, aber die Muskeln werden nicht kräftiger, sondern erschlaffen. Pferde, die aus Pferdelazaretten oder Pferdedepots kommen, sind durch allmählich gesteigerte Arbeit für größere Leistungen vorzubereiten.

Futtermittel.

Hafer, Heu und Stroh sind das beste Pferdefutter. Hafer und andere Kraftfuttermittel allein ohne genügend Rauhfutter genügen nicht, um die Pferde leistungsfähig zu erhalten. Der Mangel an Rauhfutter macht sich besonders bei Pferden schweren Schlages ungünstig bemerkbar. Aber auch bei Heu und Stroh allein ohne Kraftfutter können arbeitende Pferde längere Zeit nicht dienstbrauchbar erhalten werden. Der Hafer als Hauptkraftfuttermittel kann durch andere geeignete Kraftfuttermittel zum Teil ersetzt werden.

Die **Pferdepflege** gewinnt höhere Bedeutung bei **Märschen, Transporten, im Felde** und bei **allen Leistungen**, die das tägliche Maß überschreiten (Manöver, Übungen). — Das Pferd bedarf in diesen Fällen **ununterbrochener Fürsorge**. Der größte Teil der Ausfälle wird nicht durch die geforderte Leistung, sondern durch Mangel in der Pflege der Pferde verursacht.

Erste Hilfe bei Unglücksfällen und Erkrankungen von Pferden bis zum Eintreffen des Veterinärs.

1. **Kolik.** Frühzeitige Einleitung von sachlicher Hilfe ist für den Erfolg ausschlaggebend. — Folgende Maßnahmen sofort einleiten:
Herausnehmen des Pferdes aus dem übrigen Bestand;
Verbringen des Pferdes in eine geräumige Box, in der Ortsunterkunft auf den Tennboden; hohes Strohlager für das sich hinwerfende Pferd schaffen;
Entfernen aller müßigen Zuschauer zur Vermeidung von Unglücksfällen; aus gleichem Grunde Vorsicht des eingeteilten Personals bei Vornahme der Hilfeleistung;
kräftiges Abreiben der Flanken bis zu 20 Minuten; dazu große, gedrehte Strohwische verwenden, bei Pferden mit Schweißausbruch jedoch lose Strohbauschen verwenden;
Pferd nicht hemmungslos wälzen lassen, durch energische Zurufe ablenken;
Anlegen eines Prießnitzwickels wie eine Bauchbinde und mit zwei Obergurten befestigen; hierzu etwa getauchte und ausgedrückte Hafersäcke auf den auf den Boden dreifach zusammengelegten Woilach ausbreiten, diesen alsdann quer unter den Bauch ziehen und in die Flanken legen. Zur Vermeidung von Druckschäden bringt man Strohbauschen zu beiden Seiten der Wirbelsäule an. Die feuchte Lage soll etwa drei Finger breit den Woilach überragen; Umschlag nach 2 bis 3 Stunden erneuern;
Einflüße, Eingriffe, Tränken usw. von anderer Seite ablehnen. Keine Einläufe in den Mastdarm vornehmen. Führen nur bei windstillem, warmem Wetter und bei Kolikern ohne Schweißausbruch und solchen ohne starke Schmerzenserscheinungen.

2. **Druckschäden.** Beste Hilfe pflegliche Sattelung einschließlich alles dessen, was dazu gehört (Woilach, Ausrüstung); Verpassen des Sattels; dessen Überprüfen auf Sitz und Brauchbarkeit (vgl. die folgenden Seiten).
Satteldruck: Kalte Kompresse auflegen und sie erneuern, sobald sie trocken geworden. Hierzu sauberen Lappen benutzen.
Widerristdruck: Behandlung wie vor. Besteht jedoch beim Betasten am Widerristkamm neben der Schwellung starkes Schmerzgefühl, so handelt es sich in den meisten Fällen um eine bereits vollzogene Infektion des dortigen Schleimbeutels. In diesem Falle keineswegs kühlen, sondern nasse Kompresse mit Woilach überlegen, um feuchte Wärme zu erzeugen. Auch diese Kompresse muß sauber sein. Kein Fett irgendwelcher Art aufschmieren.

3. **Blutende Wunden.** Wunde mit Taschentuch, sauberem Lappen oder ähnlichem verstopfen. Wird Stillung hierdurch nicht herbeigeführt, so drücke man den Tampon für einige Minuten mit aller Kraft ein

Bei nichtblutenden Wunden Auswaschen unterlassen, weil hierdurch der Schmutz nur noch tiefer in die Wundräume gedrückt wird. Abhilfe: Sauberen, sterilen Schutzverband anlegen.

4. **Lahmheit der unteren Gliedmaßengelenke.** Kalte Kompresse auflegen, die vom Huf aus bis zum Vorderknie hinaufzuführen ist. Kein zu starkes Anziehen der Bandage. Sie muß nur am Huf festsitzen und nach oben hin immer lockerer geführt werden. Wirksamer ist Einstellen des Pferdes in ein fließendes Wasser (dieses vorher auf Unrat absuchen und beachten, daß das Pferd mit dem Kopf in die Richtung der Strömung eingestellt wird). Auch Lehmpackungen sind nützlich. Der Lehm wird in feuchtem Zustande so dick wie möglich aufgetragen und darauf dann die Kompresse gelegt. Bei Eisumschlägen beachten, daß das Eis niemals unmittelbar mit der Haut in Berührung kommt: man legt es zweckmäßig in einem Stück Sack und zerkleinert auf.

5. **Nageltritt.** Nagel nicht achtlos herausziehen und wegwerfen. Richtung und Tiefe des eingedrungenen Nagels sind für die Wundbehandlung wichtig. Nagel vorsichtig entfernen. Einstichstelle genau merken. Stichkanal breit öffnen lassen in Form einer flachen, trichterförmigen Öffnung, die den Grund der Wunde erfaßt. Anhaltspunkt hierfür kann die Länge des eingedrungenen Nagels geben. Wunde mit einem Splintverband schließen. Man sorge für baldige v e t e r i n ä r ä r z t l i c h e Hilfe. **Falsch** wären: Hufbäder, Auswaschen.

6. **Sturz des Pferdes.** Stets an den Rücken des gestürzten Pferdes herantreten. Zwei Mann an der Mähne heben kräftig an und stemmen mit Händen und Knien den Hals hoch, so daß die vordere Rumpfpartie aufgerichtet wird. Alsdann zieht ein Mann möglichst rasch die untergeschlagenen Gliedmaßen hervor, so daß die beiden Vorderfüße nunmehr mit Ellenbogen und Hufen auf den Boden stützen. Ein Mann bleibt am Kopf, zwei Mann heben an der Schweifrute an. Auf Zuruf wird jedes unverletzte Pferd aufspringen.

Liegt ein Reiter nach Sturz im Schlagbereich der Hintergliedmaßen, ist schnelle Änderung der Körperachse des Pferdes notwendig. Hierzu ziehen zwei bis drei Mann den Rumpf am Mähnengrund in die neue Richtung herum.

7. **Fieber.** Fieberverdacht besteht in fast allen Fällen, in denen das Pferd vom Futter absteht. Fiebergrenze 38,5 Grad bei dreiminutiger Messung im Mastdarm. Erste Hilfe besteht in sofortiger, radikaler **Absonderung** des fieberkranken Pferdes **mit der Gesamtausrüstung** einschl. Tränkeimer und Putzzeug.

8. **Sonnenstich und Hitzschlag.** Pferd absatteln und an kühlen, schattigen Ort stellen, eventuell auch in fließendes Wasser. Heilsam ist Auflegen eines in Wasser getauchten Tuches auf den Kopf, das öfter zu wechseln ist.

Erkrankte Pferde auf dem Marsch sind abzusatteln und in das nächstgelegene Gehöft zu verbringen. V e t e r i n ä r e Hilfe ist sofort anzufordern.

Satteln, Zäumen und Schirren.

Sattelung.

Nur auf einem gut liegenden Sattel kann der Reiter richtig sitzen und einwirken.

Ein gut verpaßter Sattel liegt mit seinen überall gleichmäßig auf den Rippen aufliegenden Trachten an den Schulterblättern an. Die beiden Enden der Trachten sollen dabei vom Pferdekörper etwas abgebogen sein und mit ihren oberen Kanten nirgends den Rücken klemmen, namentlich nicht am Widerrist. Zwischen Vorderzwiesel und Woilach muß so viel freier Raum sein, daß man mit der Hand hineinfassen kann, solange der Woilach noch nicht in die Kammer gezogen ist.

Liegt der Sattel zu weit vorn, so wird die Vorhand durch das Reitergewicht zu sehr belastet und die Einwirkung auf die Hinterhand erschwert. Ein zu weit hinten liegender Sattel belastet den schwächeren Teil des Rückens in der Nierengegend; die Gurte liegen zum Teil schon auf den falschen Rippen und pressen sie zusammen.

Der sechsfach gelegte Woilach wird so auf den Pferderücken aufgelegt, daß er vorn eine gute Handbreit über den aufgelegten Sattel hinausragt und nach beiden Seiten ohne jede Faltenbildung gleichmäßig herabhängt. Die offenen Teile des Woilachs liegen links unten und hinten.

Dann wird der Sattel behutsam auf das Pferd aufgelegt.

Als nächstes zieht man mit der linken Hand den Woilach so hoch wie möglich in die Sattelkammer ein, um den Widerrist des Pferdes zur Vermeidung von Druck- oder Scheuerstellen freizuhalten.

Jetzt werden die **Sattelgurte** angezogen, aber noch nicht festgezogen. (Vorsicht bei allen jungen Pferden und denjenigen Pferden, von denen bekannt ist, daß sie „Sattelzwang" haben, was man daran merkt, daß diese Pferde oft bereits beim Auflegen des Sattels, meist aber beim Anziehen des Gurts den Rücken nach oben schmerzhaft wölben!) Das Festziehen erfolgt erst vor dem „Fertigmachen" und nachdem sich der Reiter nochmals überzeugt hat, daß der Widerrist frei vom Woilach ist und der Woilach selbst keine Falten schlägt.

Zäumung.

Zum Aufzäumen legt man die Zügel über den Kopf des Pferdes (hierbei Vorsicht bei scheuen und allen jungen Pferden!), ergreift das Kopfgestell mit der rechten Hand und stellt sich links vom Pferdekopf auf, mit der Blickwendung zu

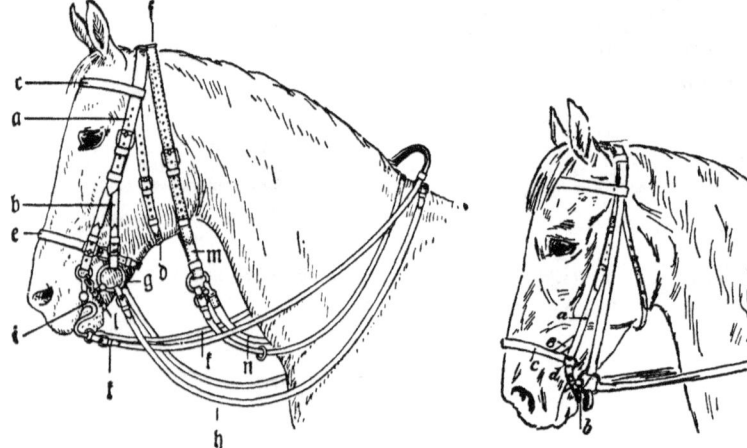

Bild 3. **Zäumung auf Kandare.**
a Kopfstück, b Backenstück, c Stirnriemen, d Kehlriemen, e Nasenriemen, f Halshalfter, g Trensengebiß, h Trensenzügel, i Kandare, k Kandarenzügel, l Kinnkette, m Halshalfter, n Halshalfterriemen.

Bild 4. **Zäumung auf Trense mit Reithalfter.**
a Kopfstück, b Kinnriemen, c Nasenriemen, d Kleine Ringe, e Verbindungssteg.

diesem. Die linke Hand ergreift Kandare und Trense, öffnet mit dem Daumen, evtl. unterstützt durch den kleinen Finger, das Pferdemaul und legt Kandare und Trense ein. Sodann steckt man zunächst das rechte Ohr, dann das linke Ohr zwischen Kopfstück und Stirnriemen durch und zieht den Schopf unter dem Kopfstück über den Stirnriemen nach unten heraus. Der Nasenriemen soll 2 cm unter den Jochbeinleisten liegen. Das Trensengebiß soll in den Mundwinkeln anliegen, ohne diese hochzuziehen. Die Trensenzügel sollen so lang sein, daß das Pferd den Hals völlig strecken kann, ohne daß der Reiter dazu die vorschriftsmäßige Handstellung und den Sitz aufzugeben braucht. Im Winter Trensengebiß und Kandare mit Hand vorher anwärmen.

Die **Kandare** soll so im Maule liegen, daß das Gebiß sich etwa in gleicher Höhe mit der Kinnkettengrube befindet und die Hakenzähne nicht berührt. Bei Pferden, die sich überzäumen, legt man das Mundstück etwas höher.

Die Kinnkettenhaken, nach außen gebogen, sollen bis auf das Mundstück reichen. Ihre richtige Biegung ist von wesentlichem Einfluß auf eine gute Zäumung. Verbogene oder verwechselte Haken, z. B. rechter Haken im linken Obergestell, müssen baldigst umgetauscht werden. Die Kinnkette muß nach rechts glatt ausgedehnt sein und in der Kinnkettengrube, somit in gleicher Höhe mit dem Mundstück liegen. Sie wird unter dem Trensenmundstück mit dem letzten Gliede so in den rechten Haken eingelegt, daß dieses Glied rechts ausgedreht verbleibt und das übrigbleibende Glied auf der linken Seite außerhalb des Hakens herabhängt. Weiter überschießende Glieder werden auf beiden Seiten gleichmäßig verteilt, bei ungerader Zahl kommt die Mehrzahl auf die linke Seite. — Die richtige Lage und Wirksamkeit der Kandare für das einzelne Pferd herauszufinden, bedarf sorgfältigster Prüfung und dauernder Beobachtung. — Der gute Sitz des Zaumzeugs kann nur durch richtiges und sorgfältiges Verschnallen am Backenstück und an den Schnallen für Trense und Kandare erreicht werden.

Dann schnallt man den Kehlriemen zusammen, und zwar so, daß man bei beigezäumtem Pferde die flache Hand zwischen ihn und den Kehlgang stecken kann. Der Kehlriemen wird dann etwa auf der Mitte des Backenknochens liegen.

Zum Schluß überprüft der Reiter nochmals (überhaupt bei allen Gelegenheiten, wo es die Lage erlaubt) Sattelung, Zäumung und Sitz der Ausrüstung am Pferde.

Sielengeschirr 25.

Das Sielengeschirr 25 ist ein Einheitsgeschirr und wird nur in einer Größennummer gefertigt; es paßt infolge seiner weitgehenden Verschnallbarkeit für alle Pferdegrößen (mit Ausnahme der Kleinpferde).

Zu einem „Sielengeschirr 25 vollständig" (vgl. Bild 5 und 6) gehören: 1 Brustblatt, 1 Halsriemen, 1 Halskoppel, 1 Kammkissen, 2 Schnallstößel (lose, zur Verbindung des Brustblattes mit dem Kammkissen bzw. mit dem Armeesattel), 1 Kammkissenbauchgurt, 1 Umgang, 2 Tauträger (zum Umgang), 1 Hinterzeug, 4 Schweberiemen zum Hinterzeug, 1 Verbindungs-

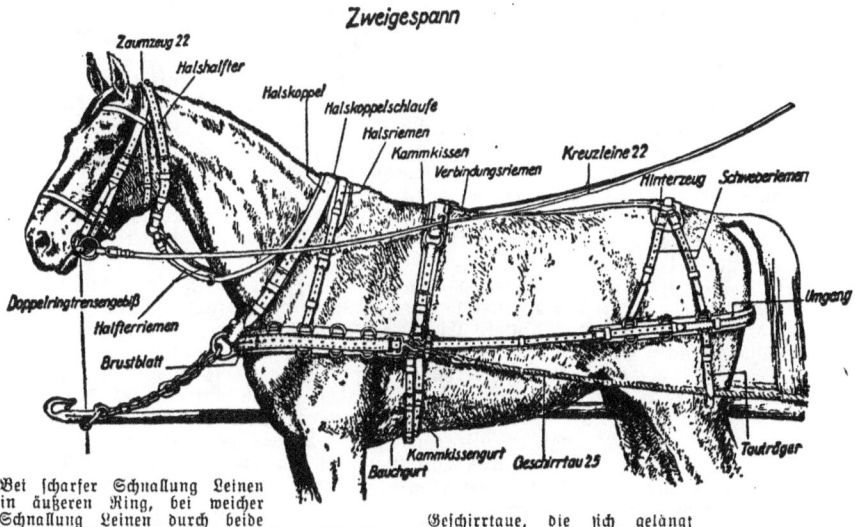

Bei scharfer Schnallung Leinen in äußeren Ring, bei weicher Schnallung Leinen durch beide Ringe des Doppelringtrensengebisses einschnallen. Zum Verhüten des Herumwerfens der Trensengebisses im Pferdemaul kann Leine auf **Innenseite** der Pferde durch **beide** Ringe eingeschnallt werden.

Geschirrtaue, die sich gelängt haben, werden in die 2. bis 5. Schale eingehängen, herunterhängende Schalen sind durch Knopfriemen festzulegen.

Bild 5. **Sielengeschirr 25 für das Fahren vom Bock.**

riemen zur Verbindung des Kammkissens und Hinterzeuges, 1 Bauchgurt, 2 lose Schnallstrippen zur Verbindung des Bauchgurtes mit dem Brustblatt, 2 Geschirrtaue 25, 1 Kissen für Druckschäden.

Außerdem: 2 Verbindungstaue für das Mittelpferd beim Sechsgespann, 2 lange Tauträger für das Vorder- und Mittelpferd beim Mehrgespann, 2 Verbindungstauträger für das Mittelpferd beim Sechsgespann, 2 Verlängerungsstücke (Tauhaken mit Schake), 2 Aufhalteriemen, 2 Scherriemen, 1 Schwunggurt (für Einspänner).

Bei „Geschirre vereinfacht" fallen für alle Pferde des Mehrgespannes die Umgänge und Schweberiemen (zwischen Umgang und Hinterzeug) fort.

Dafür werden zum Halten der Geschirrtaue die langen Tauträger in die Ringe des Hinterzeuges eingeschnallt.

Schirren.

Im Stalle steht das Sattelpferd rechts neben dem Handpferde. Das Sattelpferd wird zuerst aufgeschirrt. Nachdem die Halfter abgenommen ist, nimmt der Fahrer zum Auflegen des Sielengeschirrs Brustblatt und Halskoppel wie folgt in beide Hände. Er faßt die rechte Seite des Brustblattes und die Halskoppel mit der rechten Hand, die linke Seite mit der linken Hand, Aufhaltering nach oben, Rückenriemen und Umgang mit ihrer Mitte über den rechten Unterarm gelegt; er führt sodann Brustblatt und Halskoppel vorsichtig über den Pferdekopf und dreht sie dann auf dem Halse um, so daß die am Halsriemen eingeschnallte Halskoppel mit dem Halsriemen vor dem Widerrist und das Brustblatt mit seiner Mitte vor der Mitte der Brust des Pferdes zu liegen kommt. Das Brustblatt liegt richtig, wenn seine untere Kante mit dem Bug- oder Schultergelenk des Pferdes abschneidet. Die innere Fläche des Brustblattes muß möglichst gleichmäßig am Pferdekörper anliegen.

Der Halsriemen muß, da am Widerrist leicht Druckschäden entstehen, vor dem Widerrist auf dem Mähnenkamm liegen und ist dementsprechend in zwei von den drei Schnallen des Brustblattes so einzuschnallen, daß dieses in der vorgeschriebenen Lage gehalten wird. Der Halsriemen darf nur das Brustblatt tragen, nicht aber beim Aufhalten mitwirken. Es wird mit dem Sattel durch die Halsriemenstrippe verbunden. Da bei Stangenpferden der Halsriemen, wenn auch nur in beschränktem Maße, beim Tragen der Deichsel und beim Aufhalten leicht mit in Bewegung kommt, so empfiehlt es sich, den sechsfach gelegten Woilach so weit nach vorn über den Widerrist aufzulegen, daß der Halsriemen auf den Woilach zu liegen kommt. Nun legt der Fahrer den im rechten Arm gehaltenen Rückenriemen und Umgang auf das Pferd.

Die Halskoppel ist durch den Verbindungsriemen so mit dem Halsriemen zu verbinden, daß sie dicht vor ihm liegt und beim Aufhalten nicht mehr nach vorn gezogen wird. Sie muß durch den Ring des Brustblattes laufen und ist so kurz zu schnallen, daß das Brustblatt bei anstehenden Aufhalteketten seine Lage nicht verändert, andererseits aber bei angezogenen Zugtauen die Atmung des Pferdes nicht behindert.

Die an den Strangstützen befindlichen verschiebbaren Schnallstößel sind derart in die mittlere Sattelstrippe oder in die Schnallstrippe des Rückenriemens einzuschnallen, daß das hintere Ende des Brustblattes in der Zugrichtung der Taue getragen wird.

Der Umgang ist so zu verpassen, daß er hinten eine Handbreit unter den Sitzbeinhöckern liegt, und daß man bei straffen Tauen mit der Faust zwischen Umgang und Muskulatur des Oberschenkels durchfahren kann. Das Pferd darf in der freien Bewegung der Gliedmaßen niemals behindert werden.

Der Verstellriemen zwischen Brustblatt und Umgang ist so zu schnallen, daß die Zusammenwirkung von Brustblatt, Halskoppel und Tauen nicht beeinträchtigt ist.

Das Hinterzeug muß mit dem vorderen Rande des Blattes etwa eine Handbreit hinter dem höchsten Punkt der Kruppe liegen. Die Schweberiemen sind so in zwei oder drei am Umgang befindliche Schnallen einzuschnallen, daß sie den Umgang in der beschriebenen Lage halten. Die Hinterzeugstrippen sind so in die Schnallenstößel des Verbindungsriemens der Satteltrachten einzuschnallen, daß sie eine leichte Verbindung zwischen Rückenriemen mit dem Sattel und dem Hinterzeug herstellen.

Soll das Pferd für das **Fahren vom Sattel** aufgeschirrt werden, so ist es vor dem Auflegen des Sielengeschirrs zu **satteln**.

Beim Auflegen des Geschirrs sind die Tauhaken in die Leinenringe einzuhaken, und zwar der rechte Tauhaken in den linken Leinenring, der linke in den rechten.

Keins der nach Verpassen der Geschirre unbenutzt bleibenden E n d e n v o n S c h n a l l e n = s t r i p p e n darf abgeschnitten werden, damit die Geschirre jederzeit auch für größere Pferde verwendet werden können. Die Enden müssen durch Ringe und Schlaufen gezogen und zurück= geschlauft werden.

Nachdem das Geschirr aufgelegt ist, nimmt der Fahrer das K o p f s t ü c k in die linke Hand, hebt dieses bis zur Pferdestirn, geht mit dem rechten Arm unter dem Halse des Pferdes durch, greift das Kopfstück mit der rechten Hand am Genickstück und hebt es bis zu den Ohren,

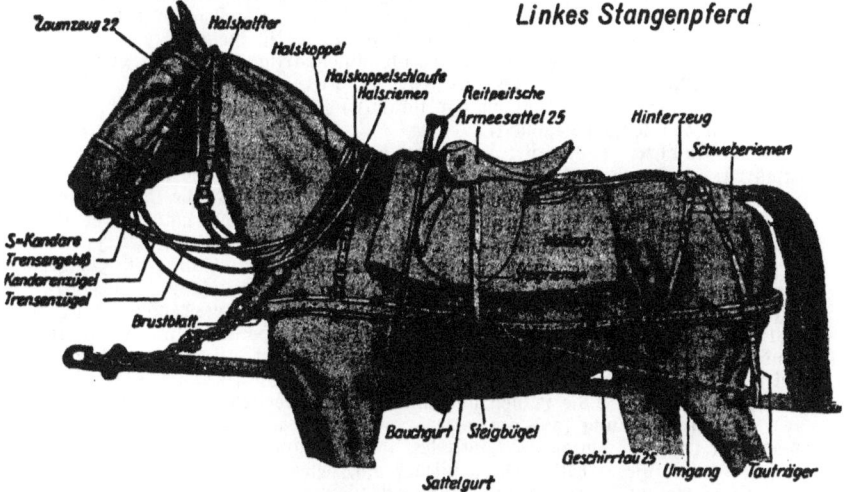

Bild 6. **Sielengeschirr 25 für das Fahren vom Sattel.**

während die linke Hand das Gebiß am Mundstück anfaßt und es ins Maul bringt, das durch einen Druck des linken Daumens auf die Laden geöffnet wird.

Die rechte Hand zieht das Kopfstück über das rechte Ohr, das linke wird behutsam mit der linken durchgesteckt. Hierauf wird der Kehlriemen zugeschnallt.

Beim Verpassen der Halfter ist darauf zu sehen, daß der Schnallenriemen so fest an= gezogen wird, daß das Pferd die Halfter nicht abstreifen kann, jedoch nicht so fest, daß der Nasen= riemen das Pferd am Fressen hindert. Die Halfter soll an den Pferdekopf anschließen, ohne zu pressen. Der Stirnriemen muß glatt an der Stirn anliegen und so lang sein, daß die Backen= stücke 4 cm hinter den Jochbeinleisten liegen. Auch die Backenstücke des Hauptgestells müssen mit den Jochbeinleisten parallel laufen. Der Nasenriemen darf nie am Jochbein scheuern, muß daher etwa 3 cm unter den Jochbeinleisten liegen. Zwischen Kehlriemen und Kehlgang muß eine Hand= breite Raum bleiben.

Sodann werden die vom Sattel gefahrenen Handpferde aufgesetzt und ausgebunden, wobei darauf zu achten ist, daß vor dem Aufsitzen die Kinnkette eingehakt ist.

Nach dem Auflegen des Geschirrs und Zaumzeuges legt der Fahrer für das Fahren vom Bock dem Sattelpferde die linke Leinenhälfte der Kreuzleinen auf, an der sich am Ende des Hand= stückes Schnallen befinden. Die durchlaufende Leine wird nach dem Durchziehen durch den äußeren Leinenring des Halsriemens in den linken äußeren Ring des Gebisses geschnallt. Das andere auf der durchlaufenden Leine verschnallbare Leinenende wird bis zum endgültigen Einschnallen der Kreuzleinen nach dem Durchziehen durch den inneren Leinenring am Kehlriemen befestigt, indem man die Schnallstrippe von unten nach oben etwa 10 cm durch den Kehlriemen führt und dann diese Strippe von rückwärts durch die an der Schnalle befindliche Schlaufe zieht, also nicht einschnallt. Die herunterhängende Leinenhälfte wird nach doppeltem Zusammennehmen an dem äußeren Leinenring befestigt. Das aufgeschirrte Sattelpferd wird entweder im Stande umgedreht und an den Standpfeilern durch hier befindliche Ausbindezügel ausgebunden oder mit dem Kopf nach der Krippe stehengelassen, bis das Handpferd aufgeschirrt ist.

Nachdem der Fahrer auch sein Handpferd aufgeschirrt hat, legt er ihm die rechte Leinen= hälfte der Kreuzleinen in sinngemäßer Weise auf.

Fahrlehre (vgl. H. Dv. 465 [Fahrv.]).

Die Kenntnis der deutschen Fahrweise und der entsprechenden Fahrlehre ist zur Vermeidung von Pferdeverlusten im Krieg, zur Schonung der Pferde und zum Ausgleichen der Zugkraft ein unbedingtes Erfordernis der Fahrerrekruten. Es ist Pflicht jedes Fahrers, in der Öffentlichkeit in soldatischer Haltung und einwandfreiem Anzug vorbildlich zu fahren. (Beachten der Straßenverkehrsordnung!)

Zum Fahren vom Bock wird im Heere die Kreuzleine 22 und eine feste Hinterbracke verwandt. Die Kreuzleine 22 besteht aus den beiden durchlaufenden Außen- und den darauf verschnallbaren Innenleinen. Mit ihr kann man das Temperament der Pferde, die Zugkraft und die Geländeunterschiede ausgleichen. Zur Kreuzleine 22 gehört die feststehende Hinterbracke. Wichtig beim Fahren vom Bock ist das richtige Verschnallen der Kreuzleine. Ohne dieses ist die geregelte Arbeitseinteilung und richtiges Fahren unmöglich. Gleichartige Pferde werden in der „Grundschnallung" gefahren. Bei mittelgroßen Pferden wird in das 6. (Mittel-) Loch, bei breiten, großen Pferden (Kaltblütern) in das 7., bei schmalen, kleinen Pferden in das 5. Loch geschnallt.

Das **Anfahren** erfolgt stets im Schritt. Man unterscheidet fünf Arten von Anfahren: 1. Durch Anfahren mit der Hand. 2. Durch Nachgeben mit beiden Händen. 3. Durch Rechtskopfstellung. 4. Durch vortreibende Peitschenhilfe. 5. Ausnahmsweise durch den Zuruf „Komm". Letzteren wendet man in der Regel beim Einfahren junger Remonten an. (Vgl. H. Dv. 465, Heft 3, 24.)

Jede **Rechtswendung** wird im Straßenverkehr im Schritt gefahren. Grundbedingung ist, daß vor jeder Rechtswendung die Leinen um etwa 10 cm verkürzt werden, weil rechtssitzend gefahren wird. Zur Rechtswendung holt sich die linke Hand das Zwischenstück, dann greift die rechte Hand 10 cm vor, die linke Hand gibt nach und die rechte dreht sich schraubenartig ein. Ist die Wendung drei Viertel beendet, gibt die rechte Hand wieder nach, die linke stellt sich aufrecht, der Fahrer verlängert die Leinen und fährt in der Arbeitshaltung weiter.

Die **Linkswendung** kann im abgekürzten Trabe gefahren werden. Die linke Hand holt sich das Zwischenstück, mit der rechten Hand gibt man das Peitschenzeichen, nimmt die Arbeitshaltung wieder ein, beide Hände drehen sich so, daß die Handrücken nach oben sehen. Ist die Wendung drei Viertel beendet, stellen sich beide Hände wieder senkrecht. Sollte der Fahrer mit dieser Hilfe nicht auskommen, so kann er nach Bedarf die rechte Leine verlängern.

Linksumkehrtwendung. Der Fahrer holt sich mit der linken Hand das Zwischenstück, gibt das Peitschenzeichen und verlängert die rechte Leine um etwa 15 bis 20 cm. Ist die Wendung etwa drei Viertel beendet, teilt die rechte Hand die Leinen und geht hinter die linke und nimmt dann die Arbeitshaltung wieder ein. Vor jeder Linksum- und Linksumkehrtwendung hat der Fahrer für lange Zügel zu sorgen.

Paraden. Man unterscheidet halbe und ganze Paraden. Die halbe Parade wendet man an, wenn man das Tempo oder die Gangart verkürzen, die ganzen Paraden, wenn man zum Halten durchparieren will.

Ausführen der halben Paraden: 1. Durch Eindrehen beider Hände. 2. Durch Steigen mit beiden Händen nach oben. Die ganzen Paraden werden ausgeführt: 1. Durch zentimeterweises Verkürzen beider Leinen. 2. Durch Vorgreifen der linken Hand vor die rechte. 3. Die schärfste Parade wendet man an bei Gefahr. Die rechte Hand greift weit auf beiden Leinen vor und die linke weicht der rechten nach oben aus.

Die Vorteile und Grundsätze der im Heer eingeführten Fahrweise sind kurz zusammengefaßt:

1. Verschnallbarkeit der Leinen zwecks Ausgleich der Temperamente.
2. Die Pferde sind stets am Zügel gehend zu fahren.
3. Alle Richtungsänderungen und Wendungen werden nicht durch Ziehen am inneren, sondern durch Nachgeben am äußeren Zügel ausgeführt.
4. Das Fahren mit einer Hand ist jederzeit auch in den Wendungen anwendbar.

Zu den **häufigsten Fehlern des Fahrers** beim Fahren vom Bock gehören:

a) Nichtnachsehen der Zäumung und der Leinenschnallung vor dem Aufsitzen.

b) **Nichtöffnen** der Bremse beim Anfahren. **Nichtanbremsen** vor dem Absteigen.
c) **Stören der Pferde** beim Anziehen durch ungenügendes Nachgeben oder **zu frühzeitiges „an die Hand stellen"**.
d) **Vornüberlegen** des Oberkörpers beim Anfahren; Verdrehen des Oberkörpers, so daß eine Schulter zurückgenommen ist; Zurücklegen des Oberkörpers beim Parieren; gespreizte Beinstellung.
e) **Beabsichtigtes** oder unbeabsichtigtes Durchgleitenlassen der Leinen. Herausziehen der Leinen mit der rechten aus der linken Hand **nach oben**, statt **langsam vorwärts**.
f) **Ziehen an der inneren Leine** bei den Wendungen (bei den Linkswendungen gar unter Übergreifen der rechten Hand auf die linke Leine).
g) **Zu spätes Parieren** zum Schritt und ungenügendes Leinenverkürzen **vor der Rechtswendung**.
h) **Gebrauch der Peitsche**, ohne die rechte Hand von der Leine zu nehmen. Hierdurch werden die Pferde im Maul gestört, der Fahrer kann nicht richtig mit der Peitsche treffen.
i) **Geräuschvoller Peitschengebrauch**, Zurückzupfen. Schwirrenlassen des Peitschenschlages, Knallen mit der Peitsche.
k) **Bremsengebrauch mit der Peitsche** in der rechten Hand. Hierbei wird das rechte Pferd fast immer mit der Peitsche berührt, die rechte Hand ist beim Bremsen behindert.
l) **Ins Maul reißen** oder Zupfen als treibende Hilfe. Hierdurch werden die Pferde im Maul gestört, das Gegenteil des angestrebten Zweckes wird erreicht.
m) **Umsehen** in der Rechtswendung, ob das rechte Hinterrad aneckt.

Das Fahren vom Sattel.

Das Mehrgespann wird **grundsätzlich vom Sattel gefahren**. Dabei sind Stangenpferde mit Sielengeschirr (vollständig), Vorder- und Mittelpferde mit Sielengeschirr (vereinfacht) auszurüsten. Die Fahrer vom Sattel werden mit Reitpeitsche, die Stangenfahrer außerdem mit Beinleder ausgerüstet.

Aufsetzen. Das **Handpferd** wird mit dem Kandarenzügel am Aufhängeriemen des Sattels aufgesetzt. Der Kandarenzügel soll leicht anstehen, dem Handpferde die nötige Haltung geben und die durch die Reitausbildung erzielte Durchlässigkeit im Genick erhalten. Der Kandarenzügel wird in den Aufhängeriemen des Sattels so eingeknotet, daß die linke längere Seite gut unten liegt, der Schieber sich im Knoten befindet und das Keilende nach links herunterhängt. Auf gleichmäßiges Anstehen beider Zügel ist besonders zu achten. Steht in einem Ausnahmefalle nur ungerittenes Pferde zur Verfügung, so empfiehlt es sich, die Kandare zunächst fortzulassen.

Ausbinden. Der Ausbindezügel wird in den Trensenring unterhalb des rechten Trensenzügels am Sattel in den Ausbindering eingeschnallt. Er dient als Gegenhalt für den linken Trensenzügel mit der aufgeschnallten losen Handschlaufe. Der Ausbindezügel soll das Handpferd veranlassen, Hals und Kopf geradeaus zu behalten und geradeaus zu gehen.

Kandaren- und Ausbindezügel dürfen das Handpferd beim Ziehen nicht behindern, sondern müssen so lang eingeschnallt sein, daß das Pferd auch im schweren Zuge den Hals genügend strecken kann.

Neben dem Ausbindezügel sind beide Trensenzügelhälften, zusammengeschnallt durch den Aufhängeriemen am Sattel gezogen, am Pferde zu belassen.

Für das **Auf- und Absitzen** des Fahrers vom Sattel gelten dieselben Bestimmungen wie für den Reiter. Die Fahrer eines Gespannes sitzen gleichzeitig auf und ab; Vorder- und Mittelfahrer richten sich nach dem Stangenfahrer.

Auf das Kommando **„An die Pferde!"** begibt sich alles an den vorgeschriebenen Platz. Die Fahrer treten neben die Köpfe ihrer Sattelpferde und rühren.

Auf das Kommando **„Einheit —"** steht alles, was noch abgesessen ist, still, **„aufgesessen!"** machen die Fahrer rechtsum, ergreifen mit der rechten Hand über das links des Sattelpferdes hinweg den linken Trensenzügel des Handpferdes, den die linke Hand reicht. Darauf treten sie rechts seitwärts und nehmen die Zügel des Sattelpferdes, den linken Trensenzügel des Handpferdes und die Peitsche in die linke Hand. Dann sitzen sie auf, nehmen die Zügel und Peitsche vorübergehend in die rechte Hand, stecken mit der linken Hand das Gewehr in die Trägevorrichtung, ergreifen Zügel und Peitsche mit der linken Hand, stecken die rechte Hand durch die Handschlaufe der Peitsche und lassen sie am Handgelenk zwischen beiden Pferden herabhängen. Hierauf ordnen sie die Zügel des Sattelpferdes, erfassen die Handschlaufe mit dem linken Trensenzügel des Handpferdes neben den Zügel einer Wassertrense, jedoch den kleinen Finger über den Zügel, und stellen die rechte Hand, nach innen gedreht, Daumen nach oben, in Höhe der linken Hand zwischen beide Pferde. Jeder Fahrer richtet seinen Vordermann durch leisen Zuruf ein und sitzt dann still.

Sollen nur die Fahrer oder die Begleitmannschaften aufsitzen, so erfolgt das Kommando: **„Fahrer (Begleitmannschaften) — aufgesessen!"** Bleiben die Begleitmannschaften abgesessen, so nehmen sie, falls noch nicht geschehen, die Gewehre auf den Rücken, soweit diese nicht in Lagern an den Fahrzeugen angebracht sind.

Auf das Kommando **„Einheit — abgesessen!"** legen die Fahrer die Zügel des Sattelpferdes in die rechte Hand und heben mit der linken das Gewehr aus der Tragevorrichtung. Sodann nehmen sie Zügel und Peitsche wie zum Aufsitzen in die linke Hand, ziehen die rechte aus der Schlaufen des linken Trensenzügels des Handpferdes und der Peitsche und sitzen ab. Darauf treten sie neben den Kopf des Sattelpferdes, nehmen in die rechte Hand den Trensenzügel des Sattelpferdes und den linken Trensenzügel des Handpferdes und halten in der linken Hand die Peitsche mit der Spitze nach unten. Fahrer und Begleitmannschaften stehen still.

Reibert, Der Dienstunterricht im Heere. XII., Schütze.

Auf das Kommando „**Rührt Euch!**" befestigen die Fahrer die Trensenzügel des Handpferdes und die Peitsche am Aufhängeriemen des Sattels ihres Sattelpferdes. Die etwa vorhandene Deichselstütze wird ausgelegt.

Sollen nur die Fahrer oder Begleitmannschaften absitzen, so wird das Kommando: „**Fahrer (Begleitmannschaften) — abgesessen!**" gegeben.

Soll im „Rührt Euch!" auf- oder abgesessen werden, so erfolgt nur das Kommando: „**Aufsitzen!**" oder „**Absitzen!**" oder „**Fahrer (Begleitmannschaften) — aufsitzen!**" oder „**Fahrer (Begleitmannschaften) absitzen!**"

Nach dem Auf- und Absitzen wird selbständig gerührt.

Bei jedem längeren Halt wird abgesessen. Dabei wird die etwa vorhandene Deichselstütze ausgelegt, Pferde, Fahrzeuge und Sitz der Ausrüstung werden nachgesehen und nötigenfalls in Ordnung gebracht.

Beim Halten bergauf sind alle Fahrzeuge anzubremsen. Die Fahrzeuge, insbesondere mit Seilbremsen versehene Fahrzeuge, sind durch Unterlegen von Steinen u. dgl. unter die Räder festzulegen.

Zügel- und Peitschenhilfe, Wendungen.

Die Führung des Sattelpferdes ist die gleiche wie die eines Reitpferdes.

Zum Führen des Handpferdes dienen als Hilfen durchhaltende, nachgebende und annehmende Zügelhilfen und Peitschenhilfen.

Vortreiben. Nachgeben des Trensenzügels, Erheben der Peitsche und nötigenfalls Schlag auf den Sattel hinter den Gurt.

Parieren und Zurücknehmen. Die rechte Hand geht in gleicher Höhe rechtsseitwärts, spannt den Handzügel in Richtung auf die Kruppe des Handpferdes an und wiederholt die Hilfe so lange, bis der Zweck erreicht ist. Der Oberarm bleibt hierbei weich am Oberkörper angelehnt, während der Unterarm im rechten Winkel hierzu nach rechts-rückwärts bewegt wird. Jede Parade muß durch rechtzeitigen Gebrauch der Bremse unterstützt werden. Jede grobe Hilfe mit der Hand (Rucken mit dem Trensenzügel im Maul) ist falsch.

Linkswenden. Mitnehmen des Handpferdes mit anstehendem Handzügel, wenn nötig Vortreiben durch die Peitsche.

Rechtswenden. Anreiten mit dem Sattelpferd gegen die inwendige Schulter des Handpferdes, das auch in der Wendung am Zug beteiligt sein soll, und Vortreiben desselben.

Herannehmen der Hinterhand. Handzügel in die linke Hand, energisches Berühren des rechten Hinterschenkels mit der Peitsche, wobei die rechte Hand möglichst weit über das Handpferd nach außen geht.

Bei den Hilfen ist ein Rucken im Maul zu vermeiden.

Beim Anwenden der Peitschenhilfen nimmt der Fahrer, nachdem er den Trensenzügel des Handpferdes der linken Hand übergeben hat, die Peitsche in die volle rechte Hand und legt sie an der Außenseite des Handpferdes hinter dem Gurt oder als wirkungsvollere Hilfe mit wiederholtem Anlegen an den rechten Hinterschenkel. Hierbei soll die hoch über die Hinterhand gehobene Peitsche die Kruppe des Handpferdes nicht berühren. Richtige und nachdrücklich gegebene Peitschenhilfen flößen dem Pferde Achtung vor der Peitsche ein. Das Schlagen auf Kopf, Hals und Kruppe ist verboten.

Dem Ausschlagen des Handpferdes wird durch kräftige Anzüge nach oben, dem Steigen durch solche nach unten begegnet.

Reitlehre (vgl. H. Dv. 12).

Der Sitz.

Richtiger Sitz im Halten.

Richtiger Sitz ist vollkommen ungezwungen und losgelassen, jedoch in vorschriftsmäßiger Haltung. Gesäß in voller Breite auf dem Pferderücken, Oberschenkel so weit nach innen gedreht, daß Knie flach am Sattel; tiefe Lage des Knies erstreben. Kniescheibe darf nicht nach außen zeigen (hohles oder offenes Knie, das einen sicheren Sitz nicht gewährleistet), kein Festklemmen auf dem Pferde, sondern Gleichgewicht halten durch weiches Mitgehen in der Bewegung.

Oberkörper erhebt sich senkrecht aus den vorgeschobenen Hüften, die nicht einseitig eingeknickt werden dürfen. Schultern fallen lassen, Kopf aufrecht, Kinn nicht vorwärtsstrecken, Blick über die Pferdeohren. Oberarme aus losem Schultergelenk hängen lassen, Unterarme im rechten Winkel dazu. Ihr mittlerer Teil lehnt sich mit der inneren Fläche leicht an den Leib. Hände leicht geschlossen und senkrecht mit gekrümmtem Daumen nach oben, so daß äußere Fläche des Unterarmes mit Handrücken eine gerade Linie bildet.

Unterschenkel vom Knie aus nach rückwärts, mit flacher Wade weiche Fühlung am Pferdeleib. Eine durch das Schultergelenk gefällte Senkrechte soll die Ferse treffen. Absätze leicht herabgedrückt.

Die Hilfen.

Die Einwirkungen des Reiters auf das Pferd, durch die er ihm seinen Willen kundgibt und es beherrscht, nennt man Hilfen.

Der Reiter wirkt auf das Pferd mit Schenkeln, Zügeln und Gewicht ein. Ihrer Natur nach sind die Einwirkungen der Schenkel treibende, die der Hände verhaltende Hilfen. Beide werden wirksam unterstützt durch die Gewichtseinwirkungen des Reiters.

Für die Stärke der Hilfen sind die Empfindlichkeit des Pferdes, der Grad seiner Folgsamkeit und der beabsichtigte Zweck maßgebend. Sie setzen weich ein und steigern sich nach Bedarf. Nach zeitweise kräftigeren Hilfen ist stets wieder Rückkehr zu leichteren Einwirkungen geboten, um das Pferd empfänglich zu erhalten und nicht abzustumpfen. Grobe Hilfen verderben das Pferd.

Die Bedeutung der treibenden Hilfen steht hoch über der der verhaltenden.

Die fehlerhafte Neigung der meisten Reiter, zu viel mit den Händen und zu wenig mit Schenkel- und Gewichtshilfen einzuwirken, muß dauernd bekämpft werden.

a) Schenkelhilfen.

Der Schenkel wirkt auf den gleichseitigen Hinterfuß. Die Lage des Unterschenkels bestimmt die Art der Wirkung. Je näher er dem Gurt liegt, desto mehr wird der Hinterfuß zum Vortreten angeregt (vortreibender Schenkel); liegt der Schenkel weiter zurück, so wird er nach dem Grade der Einwirkung entweder den gleichseitigen Hinterfuß am Verlassen des Hufschlags verhindern (verwahrender Schenkel) oder ihn dazu veranlassen (seitwärts treibender Schenkel).

Bei einem durchgearbeiteten, in guter Haltung schwungvoll an die Zügel tretenden Pferde genügt bei richtigem Sitz das weiche Fühlenlassen der Unterschenkel, um es in Form, Gangart

Lage des vortreibenden Schenkels.

Lage des verwahrenden oder seitwärts treibenden Schenkels.

und Tempo zu erhalten. Der Schenkel muß aber um so tätiger und der Schenkeldruck um so stärker werden, je mehr es gilt, die Hinterfüße anzuregen oder zu beherrschen.

Grundlage und Vorbedingung für gute Schenkelwirkung ist ein mit den Bewegungen des Pferdes mitgehender Sitz.

In der Bewegung wirkt der Schenkel auf den gleichseitigen Hinterfuß nur in dem Augenblick richtig vortreibend ein, wo dieser sich nach dem Abfußen über dem Boden befindet. Der Reiter muß diese Augenblicke, die er im Trabe an der gleichmäßigen Vorbewegung der entgegengesetzten Schulter erkennen kann, herausfühlen und benutzen.

b) Zügelhilfen.

Die durch Zügel und Gebiß dem Pferde übermittelten Einwirkungen der Hände heißen Zügelhilfen. Sie entstehen durch vermehrtes An- und Abspannen der Zügel und äußern sich in dem hierdurch erzeugten stärkeren oder geringeren Druck des Gebisses auf die Laden. Da die Zügelhilfen verhaltend wirken, so müssen sie stets mit treibenden Hilfen verbunden sein.

Gute Zügelhilfen sind nur bei unabhängigem Sitz möglich. Die Zügelhilfen wirken um so sicherer und schneller, je mehr das Pferd die Einwirkungen der Hände auf die Laden durch Genick, Hals und Rücken bis in die Hinterbeine hindurchläßt.

Die dauernde Erhaltung der weichen Verbindung zwischen Reiterhand und Pferdemaul nennt man Anlehnung.

Das Pferd in weicher Anlehnung zu erhalten vermag nur die Hand, die alles Harte, Starre und Ruckhafte vermeidet.

Die annehmende Zügelhilfe findet überall da Anwendung, wo die Vorwärtsbewegung des Pferdes gemäßigt oder wo belastend auf die Hinterhand eingewirkt werden soll.

Annehmende Zügelhilfen werden bei völliger Mittigkeit des Pferdes durch Eindrehen der Hände ausgeführt. Die mittleren Fingergelenke nähern sich hierbei dem Leibe des Reiters, die kleinen Finger steigen nach aufwärts. Bei stärkeren Einwirkungen muß sich der Arm an der verhaltenden Hilfe beteiligen.

Gibt das Pferd dem Anzuge nach, so **hört die annehmende Zügelhilfe auf!** Niemals dauerndes Ziehen, sondern Wechsel mit nachgebenden Hilfen, wenn der Erfolg nicht sogleich eintritt. Hier ist von entscheidender Bedeutung, daß die Hand im Augenblicke des Nachgebens gewissermaßen vorausfühlt. Fährt sie in dem Augenblicke, wo das Pferd leicht am Gebiß wird, festbleibend zurück, belohnt sie also das Pferd nicht durch Leichtwerden, so weiß dieses nicht, was der Reiter will.

Die nachgebende Zügelhilfe besteht darin, daß die Hand stehenbleibend den kleinen Finger dem Pferdemaul nähert oder, ohne die Fühlung mit ihm aufzugeben, vorübergehend so viel vorgeht, wie es das Bedürfnis erfordert. Sie wird angewandt, um dem Pferde die nötige Freiheit zum Antreten oder zur Beschleunigung der Bewegung zu geben. Soll mit einer nachgebenden Zügelhilfe dem Pferde ein Längermachen des Halses erlaubt werden, so ist ein Vorgehen des ganzen Armes und selbst ein Durchgleitenlassen der Zügel notwendig (Überstreichen).

Die volle Wirkung der beschriebenen Zügelhilfen tritt nur bei beiderseitiger Anwendung ein. Einem einseitigen Zügelanzuge wird das Pferd dadurch Folge leisten, daß es nach der betreffenden Seite Kopf und Hals herumbiegt und wendet. Für die richtige Ausführung der Wendung, wie auch zur Begrenzung der Biegung von Kopf und Hals ist eine Gegenwirkung des äußeren Zügels notwendig, die man **verwahrende** Zügelhilfe nennt. Sie besteht im leichten Gegenhalten der Hand.

Zur Wendung steigt beim Reiten auf Trense durch eine Eindrehung der inneren Hand der kleine Finger gegen die innere Brust des Reiters; durch die hierdurch bewirkte Verkürzung des inneren Zügels wird das Pferd in die Wendung hineingeführt. Die äußere Hand gibt nur so viel nach, daß das Pferd dem Anzuge folgen kann, und bestimmt durch den am Hals anliegenden verwahrenden äußeren Zügel die Größe der Wendung. Die Hand muß bei allen Hilfen auf ihrer Seite bleiben; ein Hinüberdrücken über den Widerrist ist fehlerhaft.

Beim Reiten auf Kandare mit angefaßter Trense wird die Wendung nach den gleichen Grundsätzen wie auf Trense ausgeführt.

c) Gewichtshilfen.

Gewichtseinwirkungen des Körpers unterstützen die Schenkel- und Zügelhilfen in hohem Grade, indem sie dem Pferde die Hilfe verständlicher machen.

Bei richtig gehendem Pferd fällt die Schwerpunktlinie von Pferd und Reiter zusammen, wenn dieser bei richtigem Sitz den Oberkörper senkrecht hält. Jedes bewußte Abweichen aus dieser Richtung bedeutet eine Gewichtshilfe. Mit den Gewichtshilfen muß ein Anspannen des Kreuzes verbunden sein.

Ein Zurücknehmen des Oberkörpers hinter die Senkrechte belastet vermehrt Rücken und Hinterhand und wirkt gleichzeitig treibend. Ob die belastende oder die treibende Wirkung mehr in den Vordergrund tritt, hängt davon ab, in welcher Weise gleichzeitig die Zügel einwirken.

Ein Vorneigen des Oberkörpers kann in den Fällen stattfinden, die eine besondere Entlastung des Rückens und der Hinterhand verlangen. Hierdurch kann zugleich verhaltend auf das Vorwärtsdrängen des Pferdes gewirkt werden, da die Vorhand mehr belastet und der Rücken dem vortreibenden Gewicht des Oberkörpers weniger ausgesetzt wird. Ein Vorneigen des Oberkörpers wird aber zum Fehler, wenn Hüften und Gesäß nicht mit nach vorn genommen werden, sondern nach hinten hinausgleiten.

Verlegt der Reiter sein Gewicht nach rechts oder links, so erhält das Pferd den Antrieb, nach dieser Richtung von der bisherigen Linie abzuweichen. Diese Hilfe ist beim Wenden eine stets notwendige Unterstützung der Zügel- und Schenkelhilfen und gelangt beim völlig durchgearbeiteten Pferde bis zur Vorherrschaft, bis sie den Hauptantrieb zum Wenden gibt. Die Gewichtshilfe wird dadurch ausgeführt, daß der betreffende Gesäßknochen mehr belastet wird. Dabei wird sich die Hüfte etwas senken und das Knie eine tiefere Lage erhalten. Fehlerhaft ist es, in die Hüfte einzuknicken, da hierdurch Gewichtsverlegung nach der falschen Seite entsteht.

d) Gebrauch der Sporen.

Sporen werden bei Pferden, die die Schenkelwirkung nicht genügend beachten, als Aufforderung zu größter Kraftanstrengung oder als Strafe gebraucht.

Ein Einsetzen des Sporns in die Flanke ist unbedingt zu vermeiden. Dem vortreibenden Schenkel wird dadurch mehr Nachdruck verliehen, daß der Sporn in fühlbarer Weise die Stelle bezeichnet, unter der der gleichseitige Hinterfuß vortreten soll. Die Wirkung des verwahrenden Schenkels kann durch flaches, weiches Anlegen des Sporns ebenfalls gesteigert werden. Reiter, die aus Bequemlichkeit, statt den Schenkel zu gebrauchen, alle Hilfen mit den Sporen geben, machen ihre Pferde entweder schreckhaft oder stumpf.

Soll der Sporn das Pferd zur größten Kraftanstrengung veranlassen oder als Strafe dienen, so erhält das Pferd dicht hinter dem Gurt, weit mit beiden Sporen, einen oder mehrere Stiche an derselben Stelle. Widersetzt sich das Pferd einem Schenkel, so wird der einseitige Sporn gebraucht.

Nur bei wirklichem Ungehorsam Sporn als Strafe gebrauchen!

Beim Gebrauch der Sporen Haltung des Oberkörpers nicht verändern, kein Reißen mit der Hand im Maul! Unterschenkel dürfen sich nicht vom Pferdeleibe entfernen, um zum Stoß auszuholen.

FÜR DIENSTUNTERRICHT UND AUSBILDUNG

Wertvolle und wichtige Werke

aus dem Verlage E. S. Mittler & Sohn, Berlin SW 68

Von den hier angezeigten Werken liegen zum größten Teil ausführliche Einzelprospekte vor, die wir auf Wunsch gern kostenlos zur Verfügung stellen. Weitere wichtige Werke enthält ferner der Katalog Wehrmachtbücher: „Heer", der gleichfalls auf Wunsch an Interessenten abgegeben wird.

Die Schützenkompanie

Ein Handbuch für den Dienstunterricht. Bearbeitet von Oberstleutnant Ludwig Queckbörner. Mit zahlreichen Abbildungen und Skizzen im Text. 1939. Kartoniert RM 2,25.

Die M.G.-Kompanie

Ein Handbuch für den Dienstunterricht. Bearbeitet von Oberstleutnant Fritz Hofmann. 4., völlig neubearbeitete Auflage des „S.M.G.-Handbuches". Mit zahlreichen Abbildungen und Skizzen im Text. 1939. Kartoniert RM 2,25.

Die Rekruten-Ausbildung

(Infanterie). Ausbildungsplan und Ausbildungspraxis für alle, die Soldaten ausbilden. Von Oberstleutnant Ludwig Queckbörner. 7., neubearbeitete Auflage. Mit 184 Abbildungen und Skizzen im Text sowie 24 Seiten Ausbildungsplan. 1939. Kartoniert RM 2,80.

M.G. 34

Seine Verwendung als l. M. G. oder s. M. G. Unter Zugrundelegung der D 127/1 und D 127/2 herausgegeben von Hauptmann Ernst Hoebel. Mit 38 Abbildungen im Text. Geheftet einzeln RM 0,60, ab 20 Exemplaren je RM 0,55, ab 100 Exemplaren je RM 0,50.

Offizierthemen

Ein Handbuch für den Offizier-Unterricht. Von Hauptmann Schwatlo-Gesterding. Neubearbeitet von Hauptmann Ernst Hoebel. 8. Auflage. Kartoniert RM 2,50.

Unteroffizierthemen

Ein Handbuch für den Unteroffizier-Unterricht. Von Hauptmann Schwatlo-Gesterding. Neubearbeitet von Hauptmann Feyerabend. 5., neubearbeitete Auflage. Kartoniert RM 2,50.

Unterführer-Merkbuch

Für Schützen- und Maschinengewehr-Kompanie. Herausgegeben von Oberst Fritz Kühlwein. 9., von Oberstleutnant von Alberti neubearbeitete Auflage. Mit 5 Bilderläuterungen. Kartoniert einzeln RM 1,—, ab 25 Exemplaren je RM 0,90.

Der Rekrutenunteroffizier

Anleitung zur Ausbildung von Rekruten. Von Hauptmann und Kompaniechef Klaus Stock. Mit 25 Skizzen im Text. Kartoniert einzeln RM 2,—, ab 25 Exemplaren je RM 1,80.

Kleine Lagen und ihre Durchführung

Aufgabensammlung für den Gefreiten und Unteroffizier bei der Gefechtsausbildung des Schützen- und l. M. G.-Trupps und der Schützengruppe. Von Hauptmann und Kompaniechef Fritz Bones. 2., neubearbeitete Auflage. Kartoniert RM 2,—.

Die Ausbildung des Inf.-Kompanietrupps

Aufgaben und Einsatz. Von Feldwebel Dork Kelm. Mit über 100 Abbildungen im Text und einer farbigen Tafel. Kartoniert RM 2,—, ab 25 Exemplaren je RM 1,80.

Der Dienst in der Kompanie

Von Hauptmann und Kompaniechef Klaus Stock. Mit zahlreichen Zeichnungen und Skizzen. Kartoniert RM 4,80, in Ganzleinen RM 5,80.

Die kampfbereite Kompanie

Praktische Anleitung für die Gefechtsausbildung. Von Oberst Dr. Friedrich Altrichter. 3., neubearbeitete Auflage. Bearbeitet von Major Georg Scholtze. 1938. Kartoniert RM 2,—.

NEUE WAFFEN IN DARSTELLUNGEN ERSTER SACHKENNER

Die Panzertruppen und ihr Zusammenwirken mit anderen Waffen

Von General der Panzertruppen Heinz Guderian. 2., neubearbeitete und erweiterte Auflage. Mit 16 Abbildungen auf Tafeln. 1938. Kartoniert RM 1,80.

Panzerabwehr

Eine Untersuchung über ihre Möglichkeiten auf Grund der Ansichten und Maßnahmen des Auslandes sowie kriegsgeschichtlicher Unterlagen. Von Oberst Walther Nehring. 2., neubearbeitete und erweiterte Auflage. Mit 13 Abbildungen im Text und 27 Abbildungen auf Tafeln. 1938. Kartoniert RM 2,25.

Unsere Flak-Artillerie

Einführung in ihre Grundlagen für Soldaten und Laien. Von Major Wolfgang Pickert. 3., neubearbeitete und erweiterte Auflage. Mit 18 Abbildungen auf Tafeln. 1940. Kartoniert RM 1,80.

Gaswaffe und Gasabwehr

Einführung in die Gastaktik. Auf Grund ausländischer Quellen bearbeitet von Generalmajor Friedrich von Tempelhoff. Mit 8 Bildtafeln. 1937. Kartoniert RM 4,—, in Ganzleinen RM 5,50.

Fallschirmtruppen und Luftinfanterie

Von Major Lothar Schüttel. 3., neubearbeitete Auflage. Mit 8 Bildtafeln. 1940. Kartoniert RM 2,—.

Vom Luftkriege

Von Oberstleutnant Herhudt von Rohden. Mit mehreren Skizzen im Text. 1938. Kartoniert RM 1,80.

Der Aufklärungsflieger

Seine Aufgaben und Leistungen und die Überraschung im künftigen Kriege. Von Major Erwin Gehrts. Mit 34 Abbildungen auf Tafeln. 1938. Kartoniert RM 2,80.

Feldballon und Luftsperren

Von Oberst Dr. Wilhelm Kirchner. Mit 38 Abbildungen im Text und auf Tafeln. 1940. Kartoniert RM 2,80.

Die U-Bootswaffe

Von Konteradmiral Karl Dönitz. 2. Auflage. Mit zahlreichen Abbildungen auf Tafeln und Skizzen im Text. 1940. Kartoniert RM 2,—.

Neuzeitliche Festungen

Von der Ringfestung zur befestigten Zone. Von General der Artillerie a. D. Max Ludwig. Mit zahlreichen Abbildungen. 1938. Kart. RM 2,80.

Aufgaben für Zug und Kompanie

(Gefechtsaufgaben, Gefechtsschießen, Geländebesprechung). Ihre Anlage und Leitung. Von Generalmajor Rommel. 4., völlig neubearbeitete Auflage. Mit 66 Kartenskizzen. 1940. Kartoniert RM 2,50.

Gefechtsübungen der Schützenkompanie

Anleitung für ihre Anlage mit Beispielen und praktischen Hinweisen für die Ausbildung. Von Generalleutnant a. D. Artur Boltze. 3., neubearbeitete Auflage. 1937. Kartoniert RM 2,50.

Die Schießausbildung

Winke, Mittel und Wege zur Ausbildung im Schulgefechts- und Gefechtsschießen mit Gewehr, leichtem Maschinengewehr und Pistole und eine Anleitung zur Aufgabenstellung für das Schulgefechts- und Gefechtsschießen von Generalleutnant a. D. Artur Boltze. Mit zahlreichen Skizzen im Text. 1936. Kartoniert RM 2,—.

Gefechtsschießen der Infanterie

Anregungen und Winke für Anlage und Durchführung von Gefechtsübungen mit scharfem Schuß. Von Oberst Paul Mahlmann. Mit 7 Skizzen im Text. 1937. Kartoniert RM 1,20.

Schießlehre der Infanterie in Grundzügen

Von Oberstleutnant Dr. Gustav Däniker. 2., neubearbeitete Auflage. Mit 127 Abbildungen. 1939. Kartoniert RM 6,—, in Ganzleinen RM 7,—.

Der Feuerkampf des l. M. G.

Feuerbefehle und Tätigkeiten in offener und verdeckter Feuerstellung. Zusammengestellt und bearbeitet von Oberleutnant Bernhard Froböse. Mit 26 Abbildungen. 1938. Kartoniert RM 2,50.

Gelände- und Kartenkunde

Handbuch für militärisches Aufnehmen und Kartenwesen für Offiziere, Offizieranwärter und Wehrsportler sowie zum Selbstunterricht. Von Gustav Baumgart, Ministerialrat im Oberkommando des Heeres. 4., völlig neubearbeitete Auflage. Mit zahlreichen Abbildungen im Text, vielen Bildertafeln und Kartenbeilagen. 1939. Kartoniert RM 5,75, gebunden RM 6,75.

Zur Erinnerung an meine Dienstzeit

vom .... bis ....

Dienstgrad: .... Name: ....

Truppenverbände u. unmittelbare Vorgesetzte des Buchinhabers:

Truppenverband	Befehlshaber u. Kommandeure	Vorgesetzte der Kp., Schwadron, Batterie
Heeres-Gruppen-Kdo.	Befehlshaber: General	Oberleutnant ....
		Wohnung: ....
Generalkommando .... Armeekorps Höherer Offz.	Kommandierender General: Gen.:	Leutnant ....
		Wohnung: ....
.... Division	Kdr.: General	Leutnant ....
		Wohnung: ....
Inf.-, Kav.-, Art.-Rgt.	Kdr.: Oberst	Hauptfeldwebel (Hauptwachtm.) ....
		Wohnung: ....
Standortältester Kommandant	....	Rechnungsführer: ....
	....	Wohnung: ....
.... Bataillon .... Abteilung	Kdr.: Obstlt., Major	Bekleidungsunteroffizier: ....
		Stube Nr. ....
.... Kompanie, Schwadron, Batterie	Chef: Hptm., Rittm.	Waffenunteroffizier: ....
	Wohnung:	Stube Nr.: ....

Wichtige Notizen des Buchinhabers:

Gewehr Nr. .... Helmgr.: .... Kopfweite: .... Rockgröße: .... Rückenl.: ....

Seitengewehr Nr. .... Schuhgröße: .... -weite: .... Armellänge: .... Brustw.: ....

Gasmaskengröße Nr.: .... Mantelgröße: .... Hosenlänge: .... Leibweite: ....

Übersicht für Sonnen-Auf- und -Untergang

für Berlin.

Der Sonnen-Auf- und -Untergang erfolgt für jeden Längengrad westlich je 4 Minuten später, ostwärts je 4 Minuten früher (z. B. in Köln etwa 25 Minuten später, in Königsberg etwa 28 Minuten früher).

Monat	Tag	Sonnen-Aufgang Uhr	Sonnen-Untergang Uhr	Monat	Tag	Sonnen-Aufgang Uhr	Sonnen-Untergang Uhr
Januar	1	8^{17}	16^{02}	Juli	1	3^{47}	20^{33}
	11	8^{13}	16^{15}		11	3^{54}	20^{26}
	21	8^{04}	16^{31}		21	4^{07}	20^{17}
Februar	1	7^{49}	16^{51}	August	1	4^{24}	20^{00}
	11	7^{32}	17^{09}		11	4^{40}	19^{41}
	21	7^{12}	17^{29}		21	4^{57}	19^{20}
März	1	6^{54}	17^{43}	September	1	5^{14}	18^{57}
	11	6^{31}	18^{02}		11	5^{31}	18^{33}
	21	6^{09}	18^{19}		21	5^{48}	18^{08}
April	1	5^{43}	18^{38}	Oktober	1	6^{06}	17^{45}
	11	5^{19}	18^{56}		11	6^{22}	17^{23}
	21	4^{57}	19^{14}		21	6^{40}	17^{01}
Mai	1	4^{36}	19^{31}	November	1	7^{00}	16^{39}
	11	4^{18}	19^{47}		11	7^{18}	16^{20}
	21	4^{02}	20^{03}		21	7^{36}	16^{07}
Juni	1	3^{50}	20^{17}	Dezember	1	7^{53}	15^{57}
	11	3^{43}	20^{28}		11	8^{06}	15^{52}
	21	3^{42}	20^{32}		21	8^{14}	15^{50}

www.ingramcontent.com/pod-product-compliance
Lightning Source LLC
Chambersburg PA
CBHW020732160426
43192CB00006B/204